水产动物
组织学
彩色图谱

李　健
靳二辉
肖明松

著

化学工业出版社

·北京·

图书在版编目（CIP）数据

水产动物组织学彩色图谱 / 李健，靳二辉，肖明松著. -- 北京：化学工业出版社，2025. 8. -- ISBN 978-7-122-48462-8

Ⅰ. S917.4-64

中国国家版本馆 CIP 数据核字第 2025B2Q104 号

责任编辑：邵桂林　　　　　　　装帧设计：韩　飞

责任校对：李雨函

出版发行：化学工业出版社

　　　　　（北京市东城区青年湖南街 13 号　邮政编码 100011）

印　　装：北京尚唐印刷包装有限公司

787mm×1092mm　1/16　印张 23　字数 545 千字

2025 年 9 月北京第 1 版第 1 次印刷

购书咨询：010-64518888　　　　售后服务：010-64518899

网　　址：http://www.cip.com.cn

凡购买本书，如有缺损质量问题，本社销售中心负责调换。

定　　价：159.00 元　　　　　　版权所有　违者必究

前　言

　　水产动物是指生活在水中的各种动物，包括鱼、日本沼虾、中华绒螯蟹、贝类、蛙类、中华草龟类等。水产动物种类繁多，在生态系统中扮演重要角色，具有重要的食用价值、观赏价值、科研价值以及社会效益。水产品不仅是人类蛋白质食物的重要来源，也是食品工业、饲料工业和医药工业的重要原料。随着我国经济持续发展、城乡居民收入和城市化进程提高，人民生活水平不断提高，膳食结构也逐步改善，人们对水产品的需求处于逐年增长态势，对品质好、价格高的水产品的需求量也越来越大，直接推动了水产动物养殖业和水产动物科学研究的快速发展。然而，水产动物作为水产养殖业的主体和水产科学研究的主要对象，其相关基础研究资料比较缺乏，尤其是关于水产动物研究最基本的形态学资料、水产动物正常器官组织显微结构的研究更是匮乏，亟需一部关于水产动物组织学知识的图书面世。

　　动物组织学与胚胎学学科通过样品采集、标本制作、显微成像、图像编辑与处理等技术研究动物机体显微结构、病理机制及功能变化，是动物医学、动物科学、动植物检疫、动物药理学、生物技术、生物科学、水产养殖学、水族科学与技术等专业的基础学科，为研究动物机体结构与功能的对应与互动、疾病发生、发展、转归、预后、作用机制、调控途径、疾病预防、药理作用及疫苗作用等提供技术支持与理论指导。我国曾先后出版过多部动物组织学图谱，但其中涉及水产动物的器官组织学内容极少，且我国目前尚无专门的水产动物组织彩色图谱，导致水产动物领域形态学研究资料严重匮乏，影响水产动物科学研究、水产品加工、水产动物疾病防治以及水产品养殖量的提升。本著作的出版可有效填补我国专门以水产动物组织学为主要编写内容的图谱类书籍的空白。

　　本书包括 12 章内容，收录水产动物组织学全真彩色图片 999 幅，直观、形象、生动地展示了水产动物外貌特征、消化系统、循环系统、泌尿系统、神经系统、内分泌系统、免疫系统及生殖系统等的组织学结构特点。本书合理运用图片和通俗易懂的文字进行表达，通过通俗易懂、解说性的文字进行讲解，有效地避免了文字冗余枯燥带来的理解困难，从而实现知识传递和能力培养的目的。本图谱不仅为水产动物相关学科的科研人员、研究生和临床工作者提供基础参考资料，也可为水产科学、水产养殖、水产生物医学、动物医学、动物科学和生物科学等专业的本科生提供课外学习资料和实践指导，有助于推动我国水产科学的发展、水产健康养殖、水产动物疾病防治研究及水产科研人才的培养。

本书著者为阜阳师范大学生物与食品工程学院李健副教授、安徽科技学院靳二辉教授和淮南师范学院肖明松教授，其中李健编写第一章、第二章、第七章、第八章，合计 20 万字；靳二辉编写第三章、第四章、第五章、第六章，合计 17.5 万字；肖明松编写第九章、第十章、第十一章、第十二章，合计 17 万字。

本书的出版得到了安徽省高校自然科学重点项目（项目编号：2022AH051345；2023AH050427；KJ2021A0669）、阜阳师范大学科学研究项目（项目编号：2023KYQD0013）、生物与医药安徽省应用型高峰培育学科（皖教秘科〔2023〕13 号）、阜阳师范大学校级本科教学工程项目（2024YLKC0018；2024KCSZSF07）资助。另外，在编写过程中，还得到了中国农业大学动物医学院陈耀星教授、王子旭高级实验师和曹静副教授，安徽农业大学动物科技学院李福宝教授的大力支持和指导，在此表示衷心的感谢。

由于水平所限及时间仓促，书中疏漏与不足之处在所难免，恳请广大读者批评指正。

著者

2025 年 5 月

目　录

图 1-2
鲢鱼唇皮肤 2
（HE 染色，400 倍）

1—表皮；
2—真皮乳头

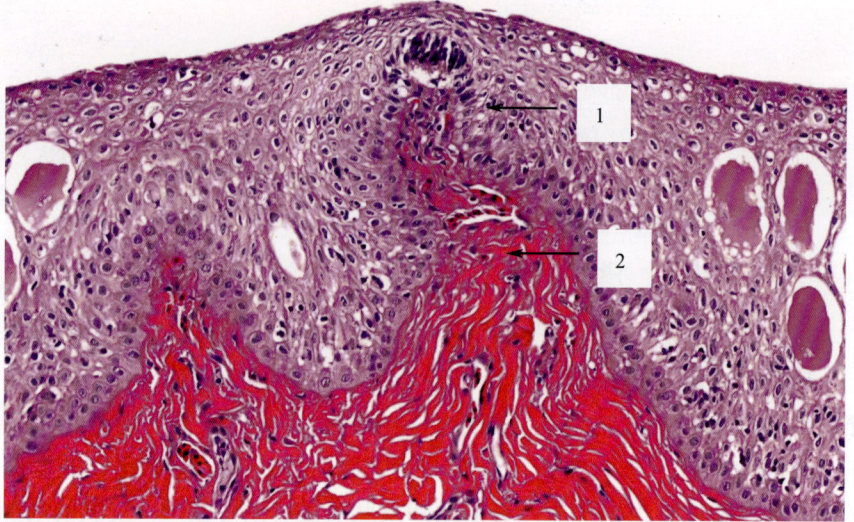

图 1-3
鲢鱼唇皮肤 3
（HE 染色，400 倍）

1—真皮神经；
2—胶原纤维

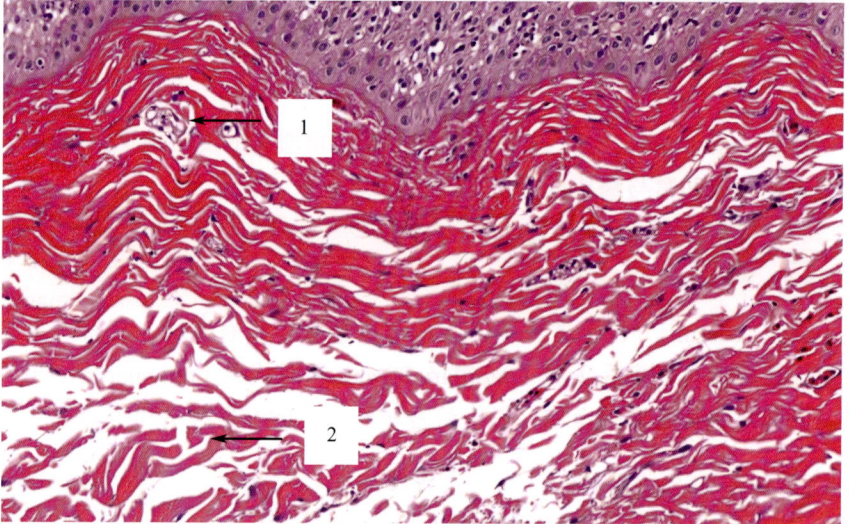

图 1-4
鲢鱼唇皮肤 4
（HE 染色，400 倍）

1—结缔组织；
2—神经纤维

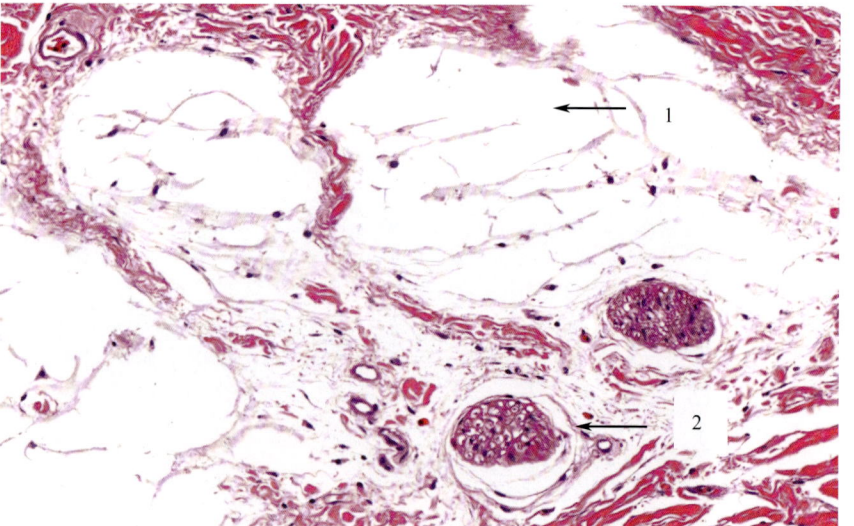

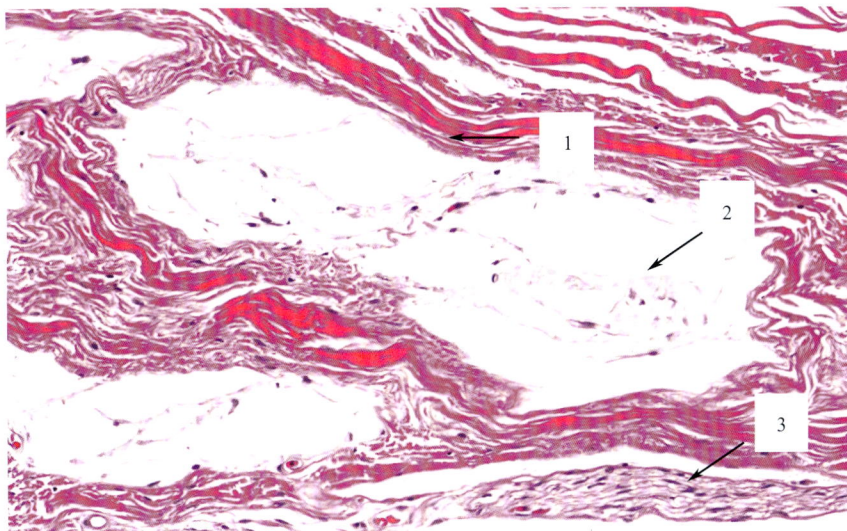

图 1-5
鲢鱼唇皮肤 5
（HE 染色，400 倍）

1—胶原纤维；
2—结缔组织；
3—神经纤维

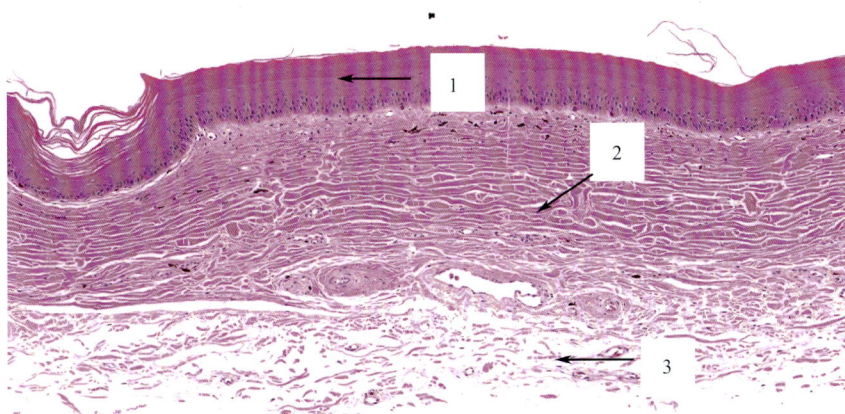

图 1-6
龟头顶皮肤 1
（HE 染色，100 倍）

1—表皮；
2—真皮；
3—皮下组织

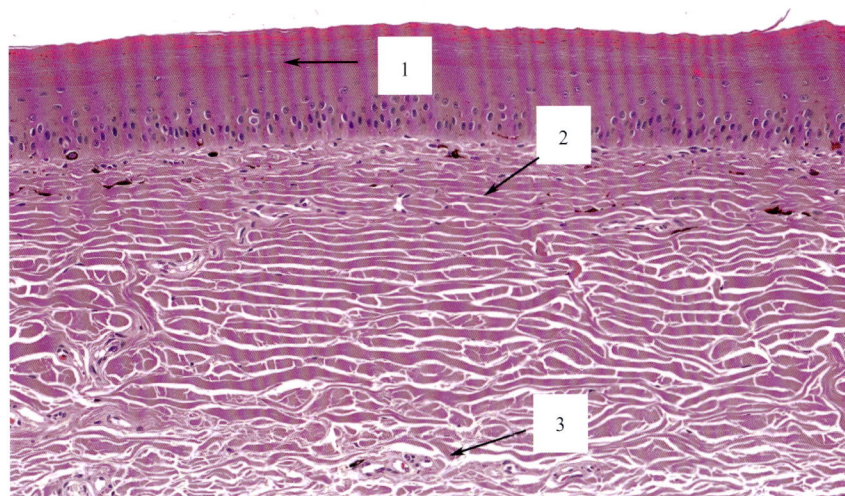

图 1-7
龟头顶皮肤 2
（HE 染色，200 倍）

1—表皮角质层；
2—胶原纤维；
3—毛细血管

图 1-8
龟头顶皮肤 3
（HE 染色，400 倍）

1—表皮角质层；
2—表皮基底层；
3—胶原纤维

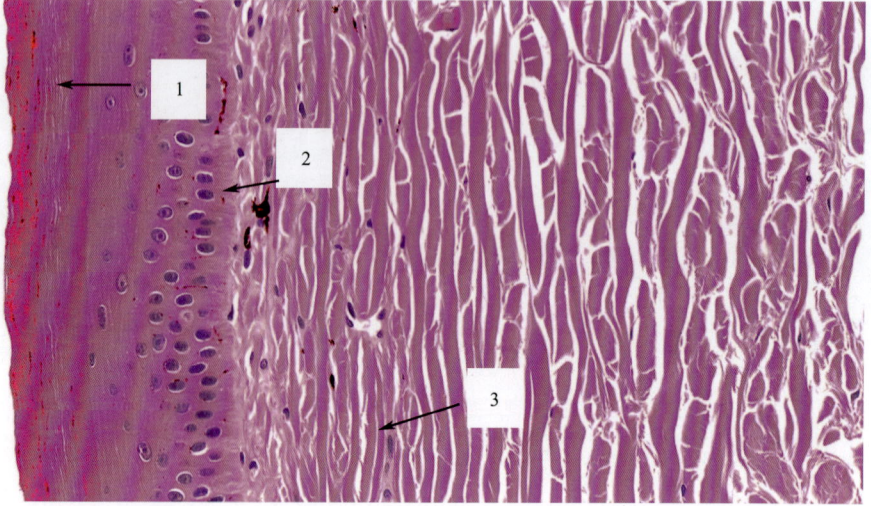

图 1-9
龟头顶皮肤 4
（HE 染色，400 倍）

1—胶原纤维；
2—毛细血管；
3—结缔组织

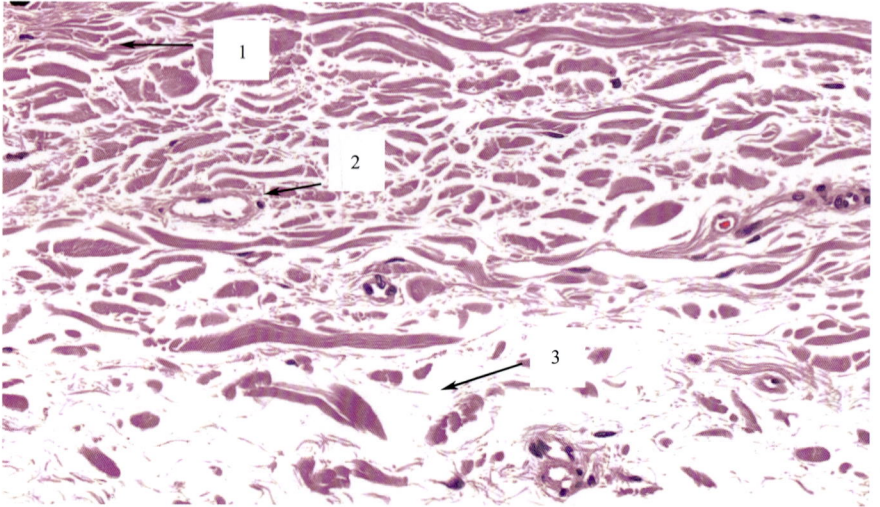

图 1-10
龟下颌皮肤 1
（HE 染色，100 倍）

1—表皮；
2—胶原纤维；
3—结缔组织；
4—肌细胞

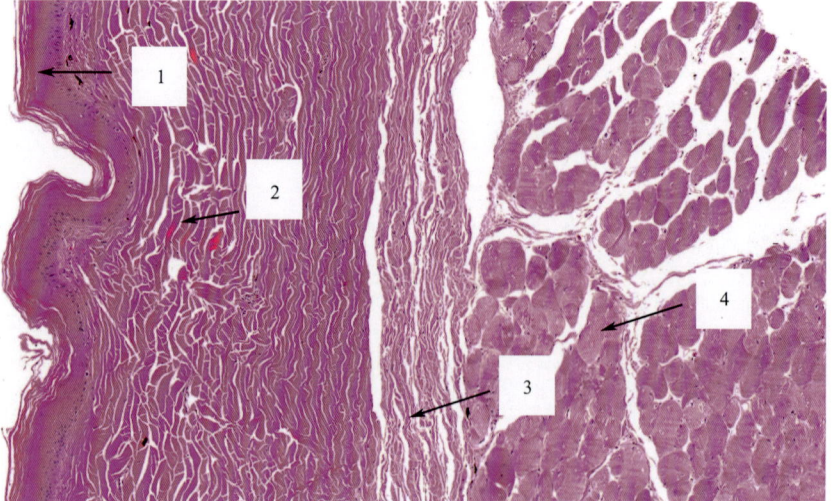

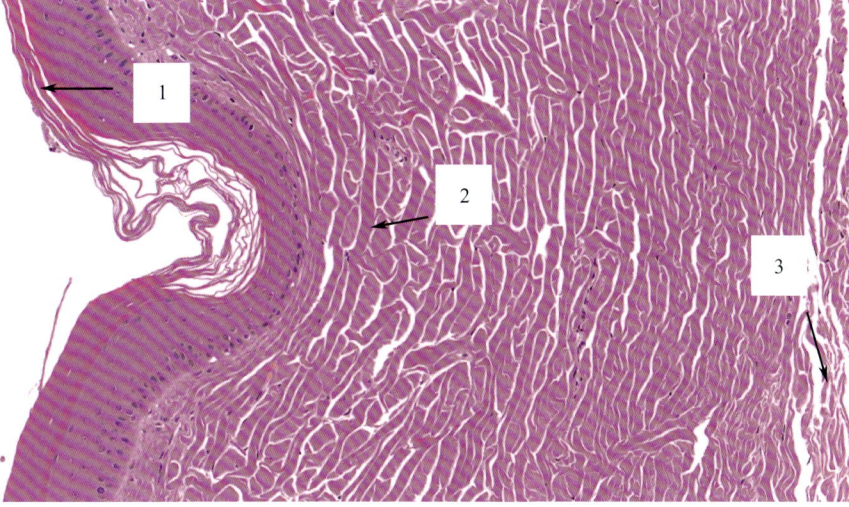

图 1-11
龟下颌皮肤 2
（HE 染色，200 倍）

1—表皮角质层；
2—胶原纤维；
3—结缔组织

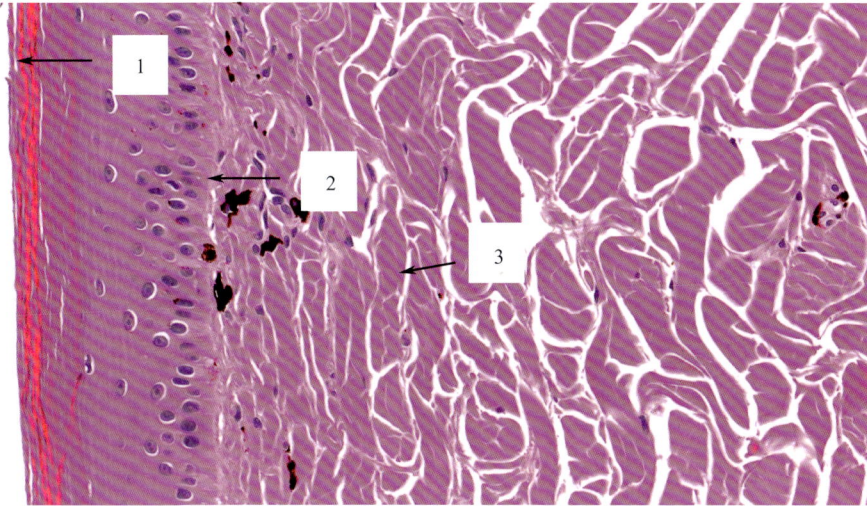

图 1-12
龟下颌皮肤 3
（HE 染色，400 倍）

1—表皮角质层；
2—基底细胞；
3—胶原纤维

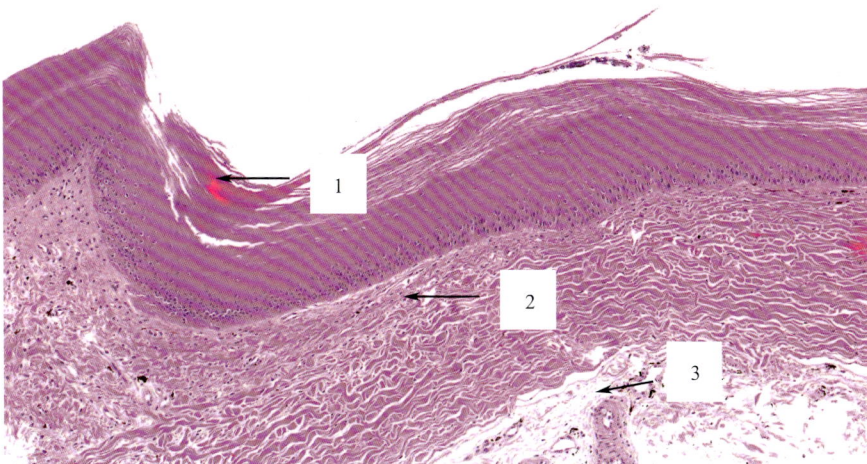

图 1-13
龟前脚掌皮肤 1
（HE 染色，100 倍）

1—表皮角质层；
2—胶原纤维；
3—皮下组织

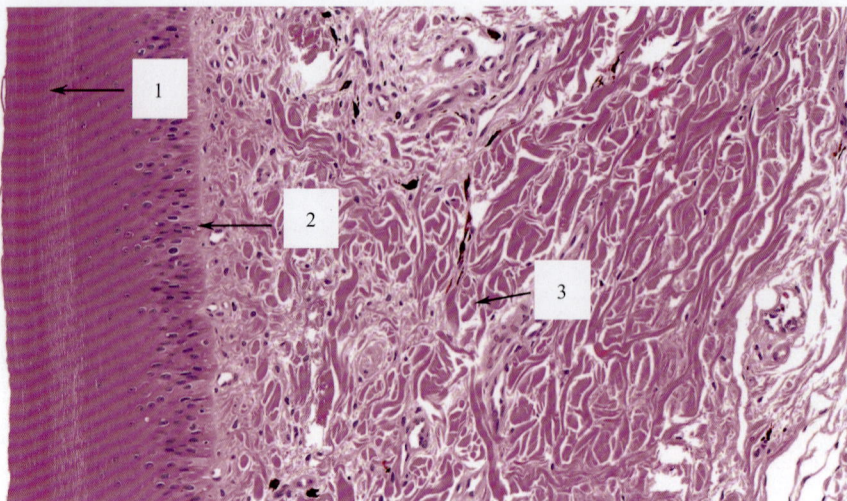

图 1-14
龟前脚掌皮肤 2
（HE 染色，200 倍）

1—表皮角质层；
2—基底细胞；
3—胶原纤维

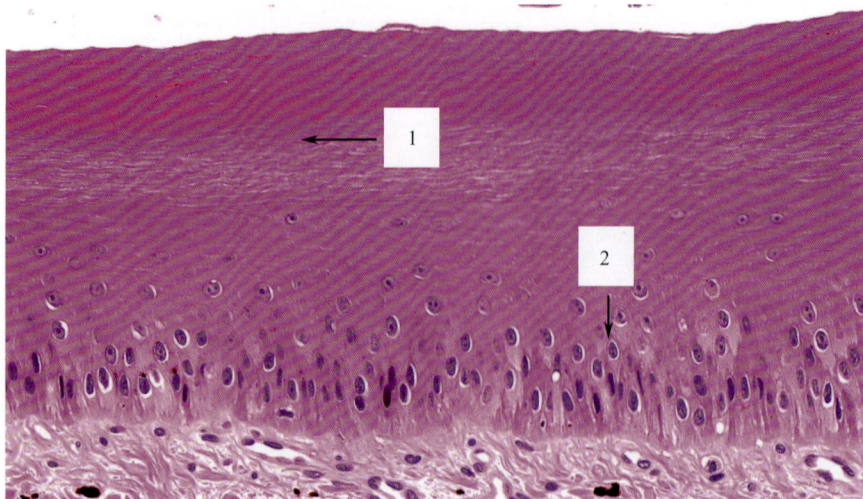

图 1-15
龟前脚掌皮肤 3
（HE 染色，200 倍）

1—皮肤突起；
2—皮下组织静脉

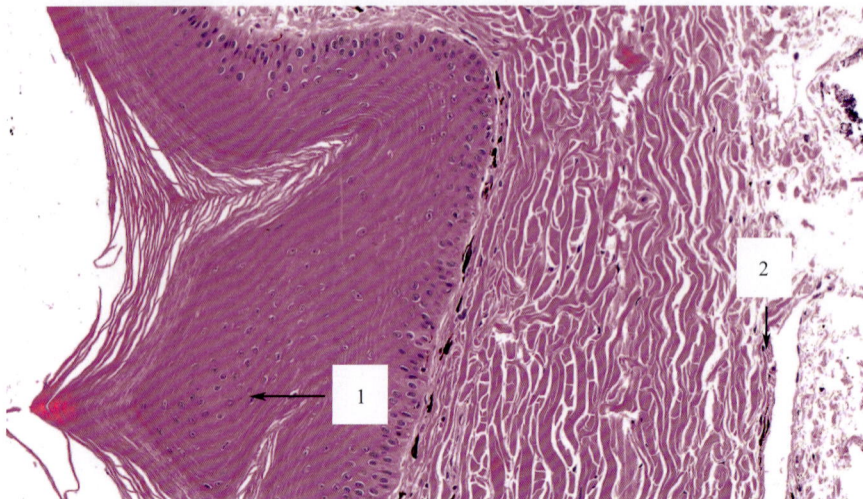

图 1-16
龟前脚掌皮肤 4
（HE 染色，400 倍）

1—表皮角质层；
2—表皮非角质形成细胞

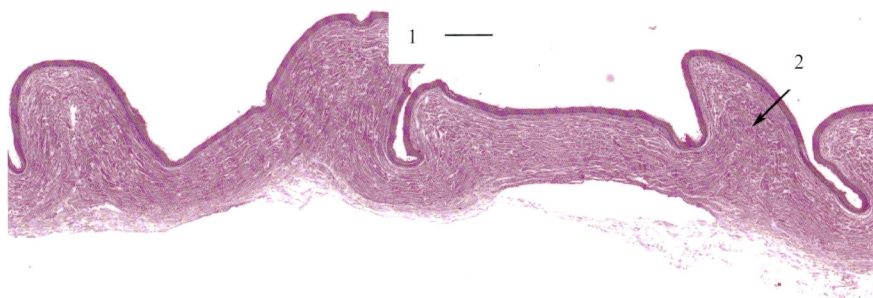

图 1-17
龟腹部皮肤 1
（HE 染色，25 倍）

1—表皮；
2—真皮

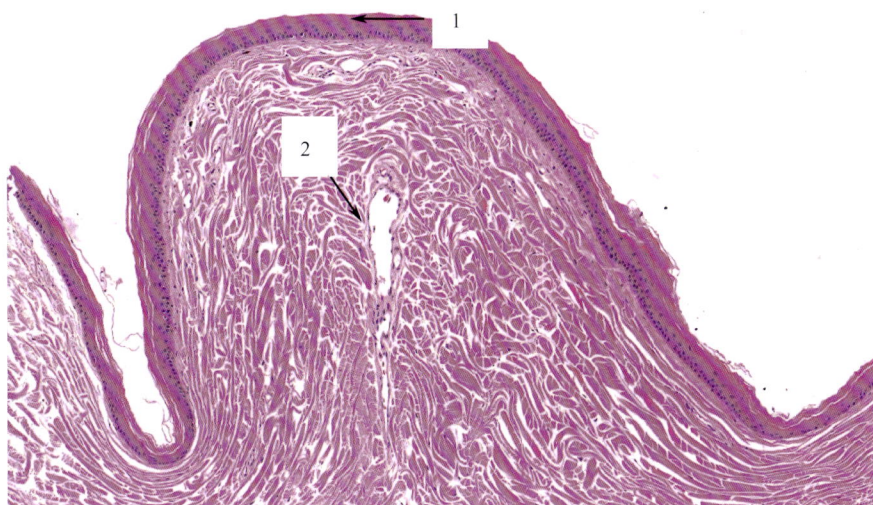

图 1-18
龟腹部皮肤 2
（HE 染色，100 倍）

1—表皮；
2—真皮静脉

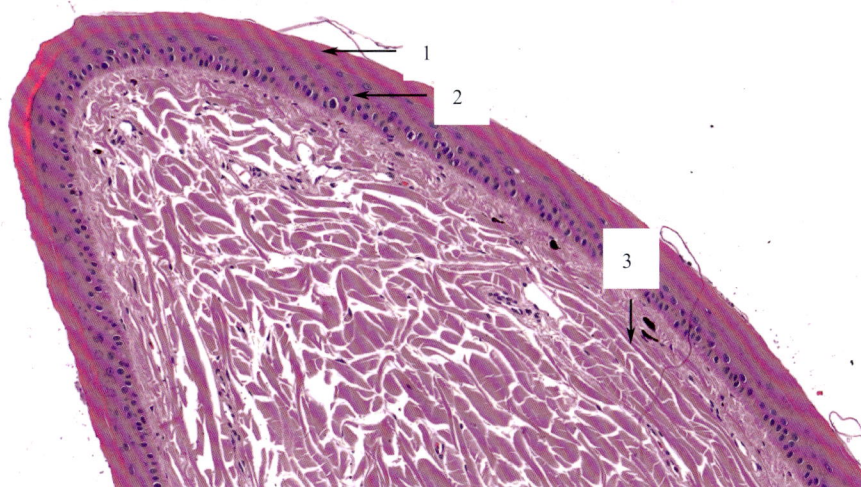

图 1-19
龟腹部皮肤 3
（HE 染色，200 倍）

1—表皮角质层；
2—表皮非角质形成细胞；
3—胶原纤维

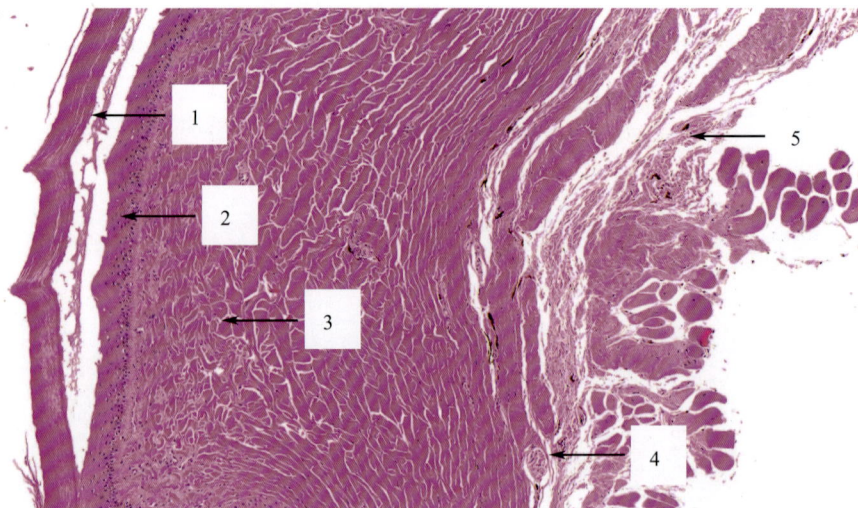

图 1-20
龟腹部皮肤 4
（HE 染色，400 倍）

1—成纤维细胞；
2—胶原纤维；
3—表皮角质层；
4—表皮非角质形成细胞

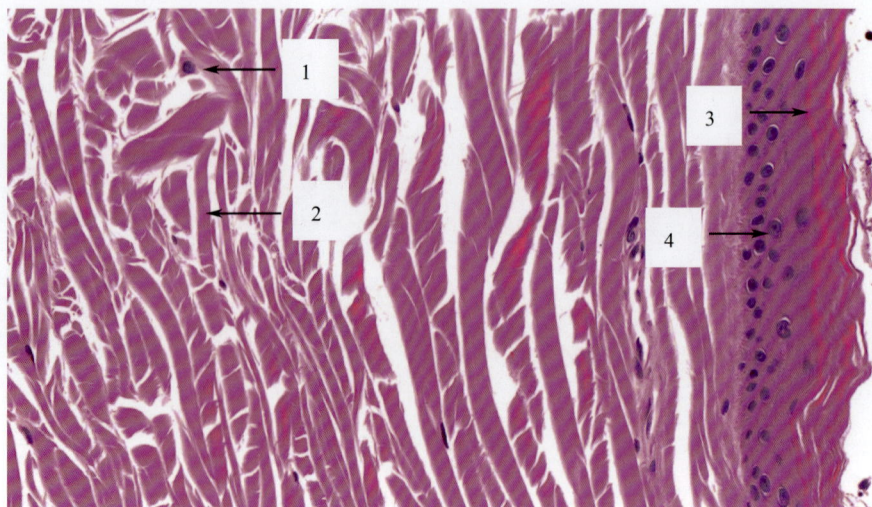

图 1-21
龟尾尖皮肤 1
（HE 染色，40 倍）

1—表皮；
2—真皮；
3—皮下组织

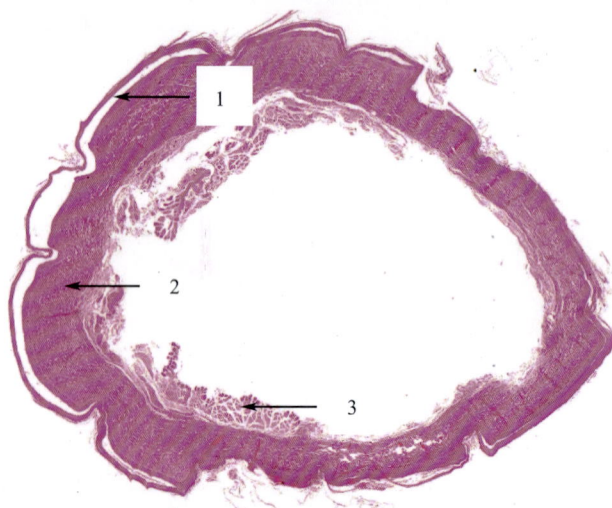

图 1-22
龟尾尖皮肤 2
（HE 染色，100 倍）

1—表皮角质层；
2—表皮非角质形成细胞；
3—胶原纤维；
4—神经；
5—皮下组织

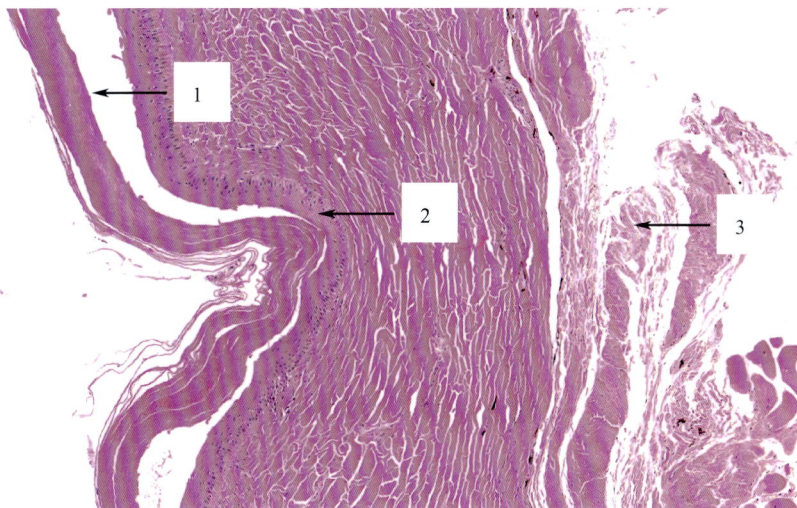

图 1-23
龟尾尖皮肤 3
（HE 染色，100 倍）

1—表皮角质层；
2—表皮非角质形成细胞；
3—皮下组织

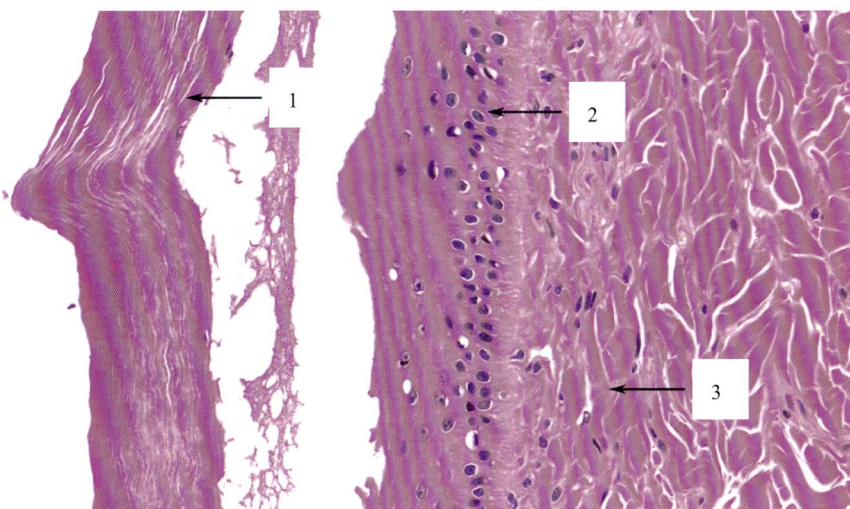

图 1-24
龟尾尖皮肤 4
（HE 染色，400 倍）

1—表皮角质层；
2—表皮非角质形成细胞；
3—胶原纤维

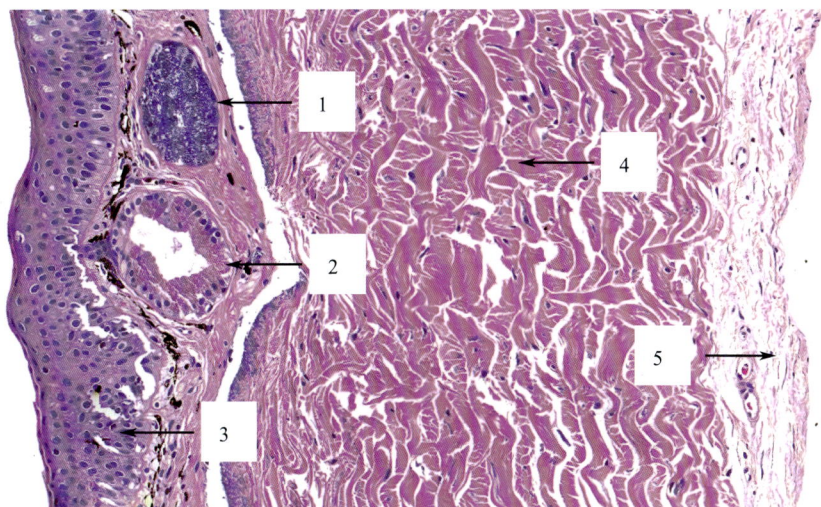

图 1-25
牛蛙背侧皮肤 1
（HE 染色，160 倍）

1—皮肤腺；
2—皮肤腺导管；
3—表皮非角质形成细胞；
4—胶原纤维；
5—皮下组织

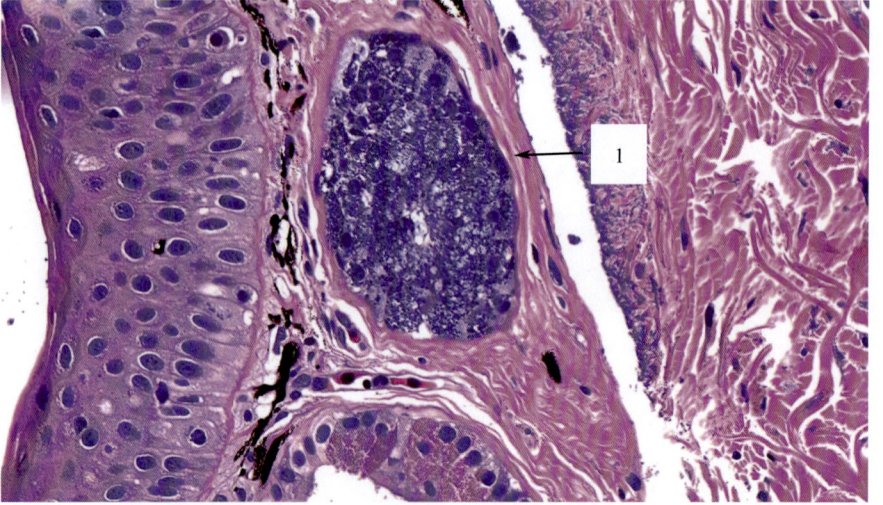

图 1-26
牛蛙背侧皮肤 2
（HE 染色，400 倍）

1—皮肤腺导管柱状上皮
细胞

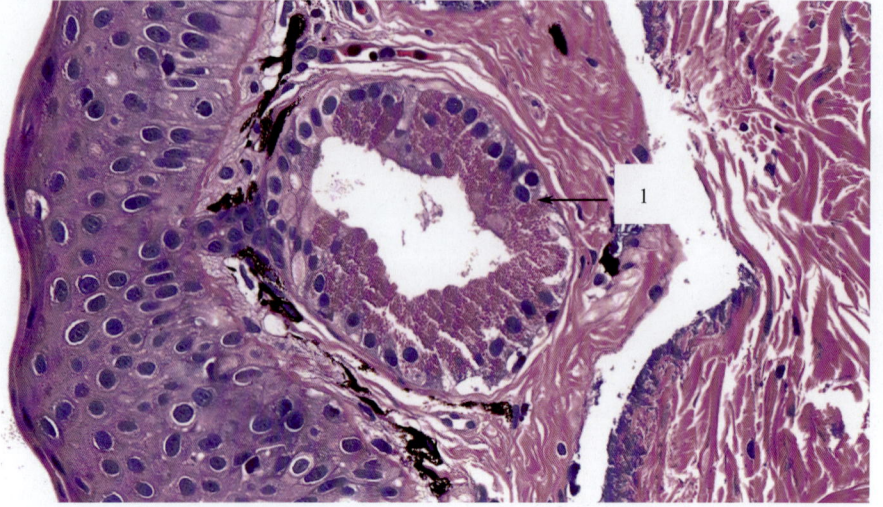

图 1-27
牛蛙背侧皮肤 3
（HE 染色，400 倍）

1—皮肤腺细胞

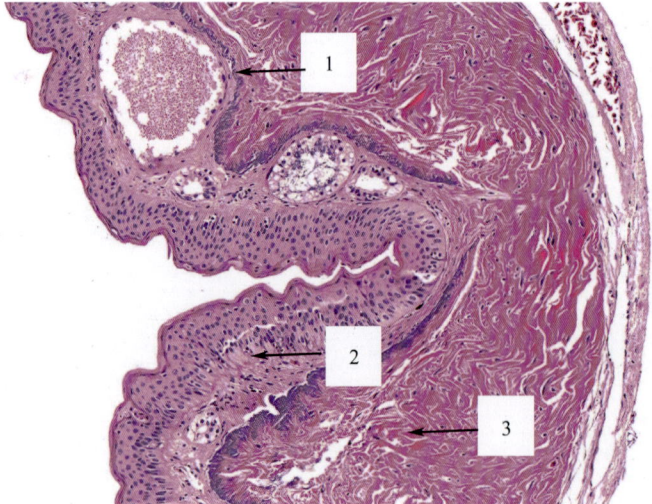

图 1-28
牛蛙腹侧皮肤 1
（HE 染色，100 倍）

1—动脉；
2—表皮；
3—胶原纤维

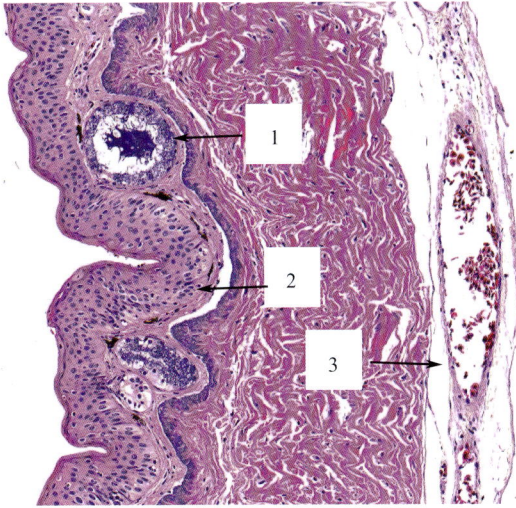

图 1-29
牛蛙腹侧皮肤 2
（HE 染色，100 倍）

1—皮肤腺细胞；
2—表皮；
3—静脉

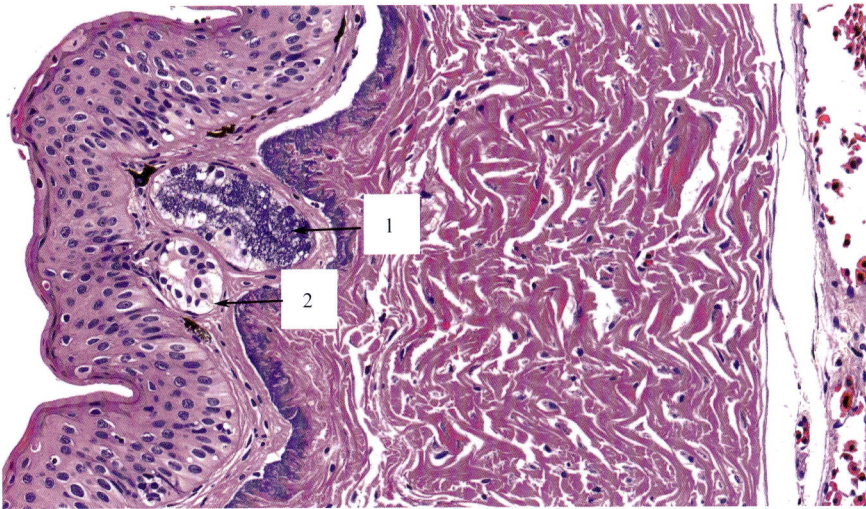

图 1-30
牛蛙腹侧皮肤 3
（HE 染色，200 倍）

1—皮肤腺细胞；
2—导管上皮细胞

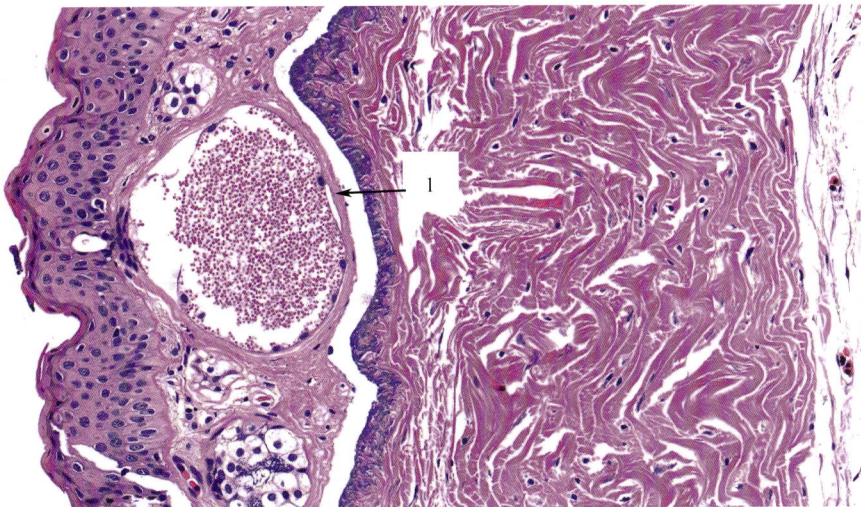

图 1-31
牛蛙腹侧皮肤 4
（HE 染色，200 倍）

1—动脉

图 1-32
牛蛙腹侧皮肤 5
（HE 染色，400 倍）

1—皮肤腺细胞

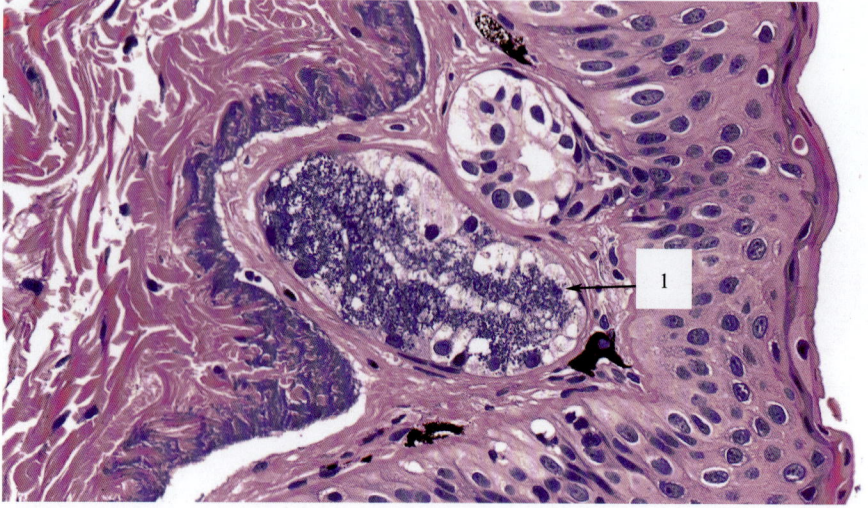

图 1-33
牛蛙前腿皮肤 1
（HE 染色，100 倍）

1—表皮；
2—胶原纤维；
3—神经

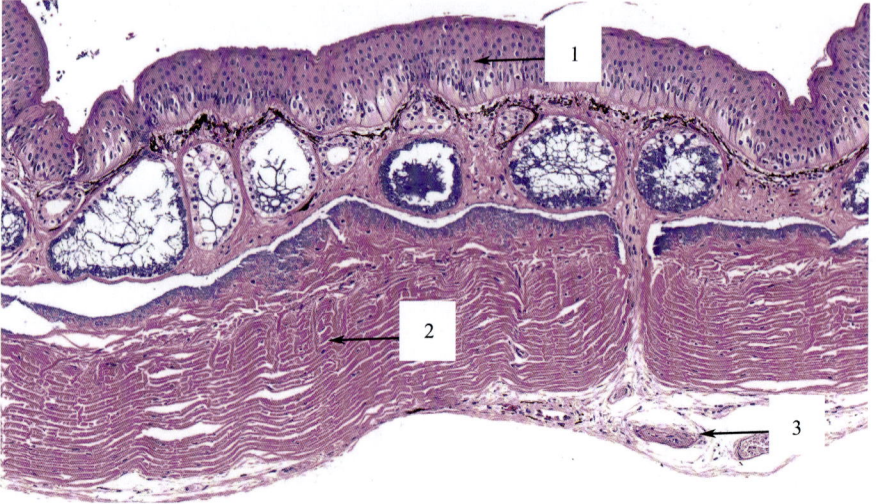

图 1-34
牛蛙前腿皮肤 2
（HE 染色，200 倍）

1—神经；
2—血管

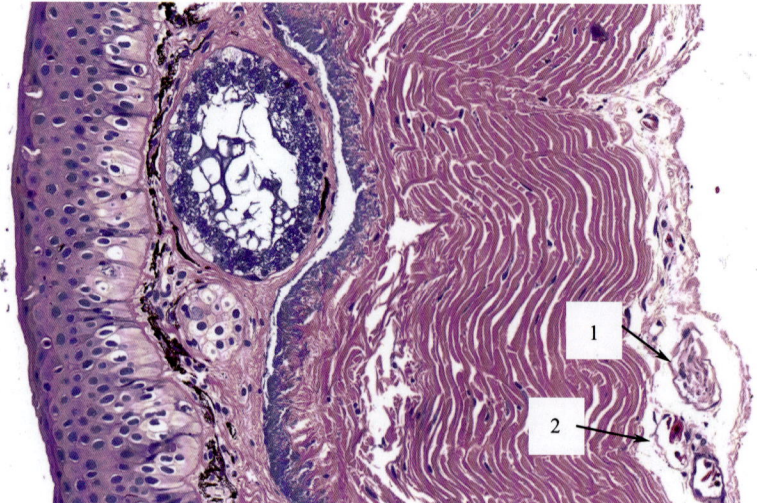

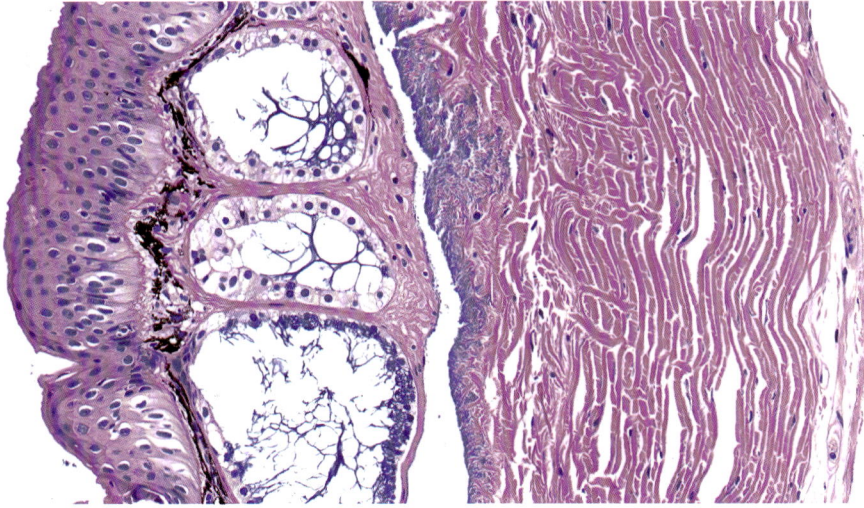

图 1-35
牛蛙前腿皮肤 3
（HE 染色，200 倍）

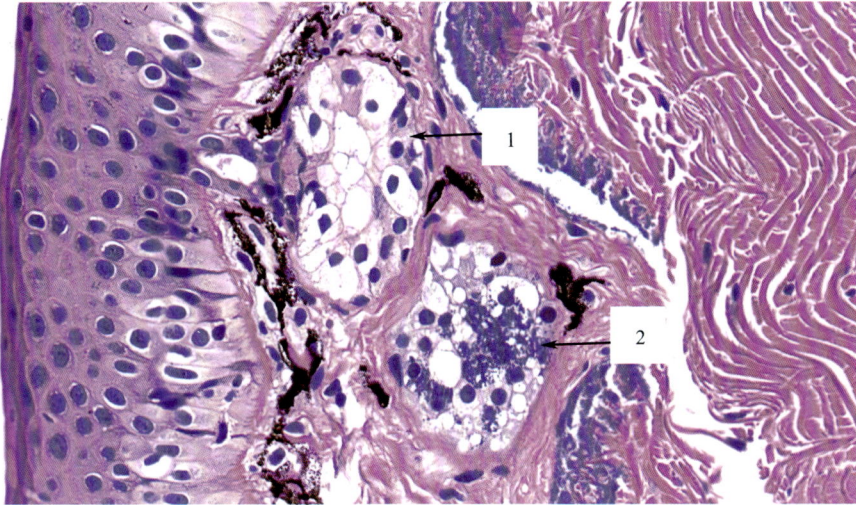

图 1-36
牛蛙前腿皮肤 4
（HE 染色，400 倍）

1—皮肤腺细胞；
2—导管细胞

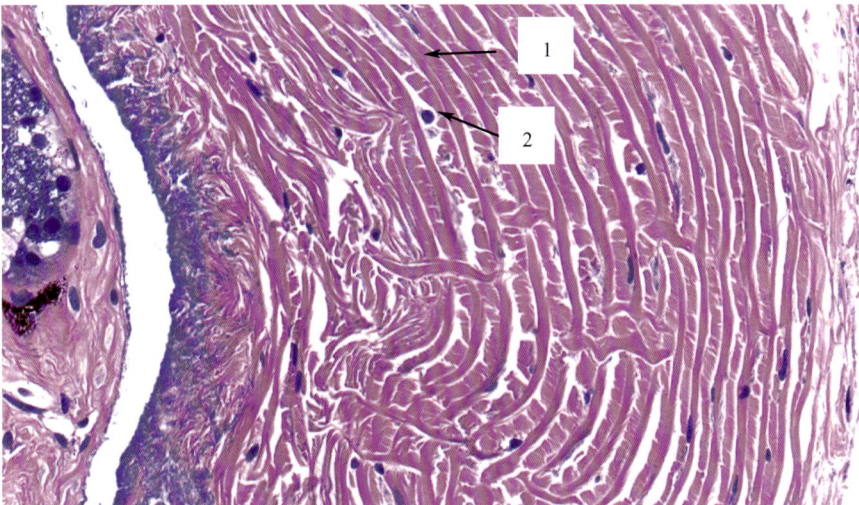

图 1-37
牛蛙前腿皮肤 5
（HE 染色，400 倍）

1—胶原纤维；
2—成纤维细胞

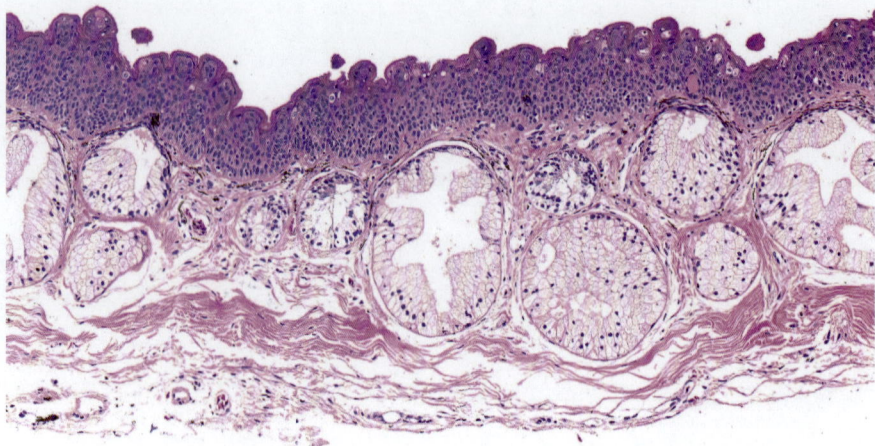

图 1-38
牛蛙前脚皮肤 1
（HE 染色，100 倍）

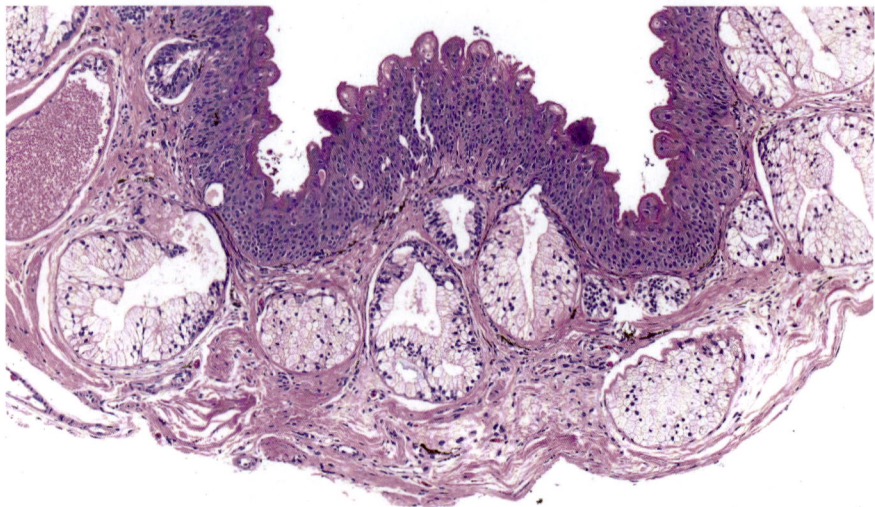

图 1-39
牛蛙前脚皮肤 2
（HE 染色，200 倍）

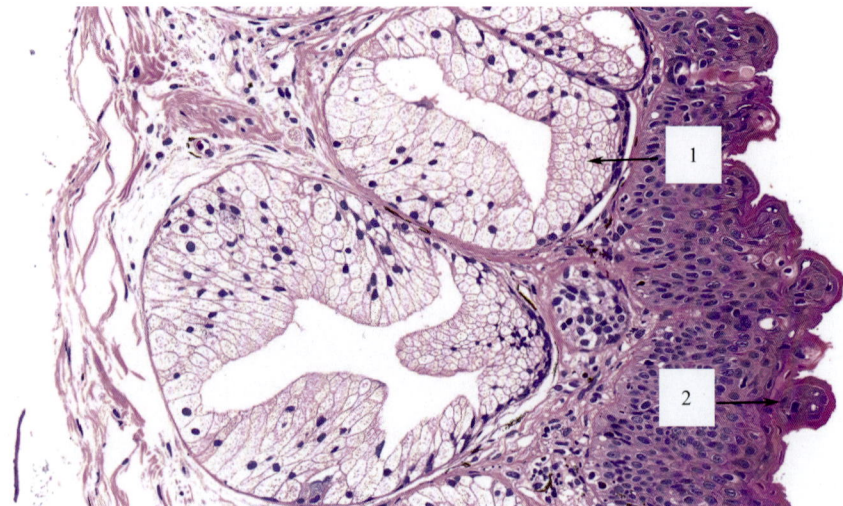

图 1-40
牛蛙前脚皮肤 3
（HE 染色，200 倍）

1—皮肤腺；
2—表皮突起

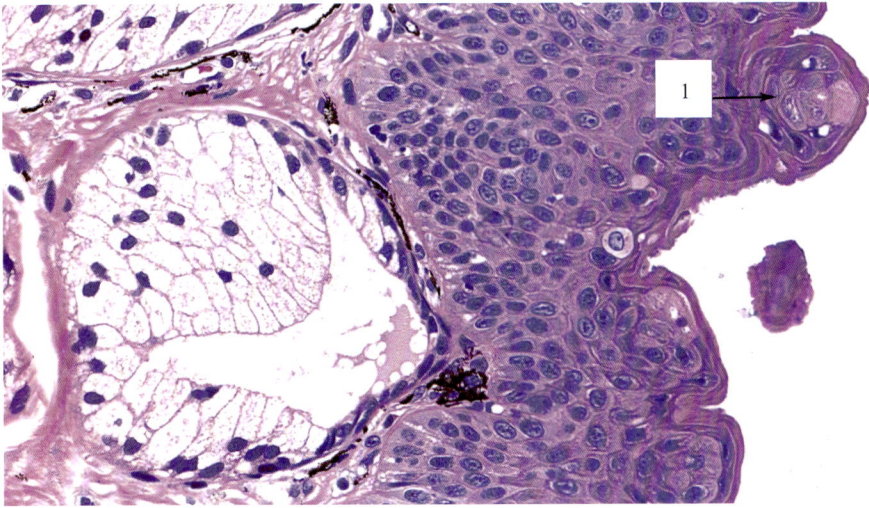

图 1-41
牛蛙前脚皮肤 4
（HE 染色，400 倍）

1—表皮突起

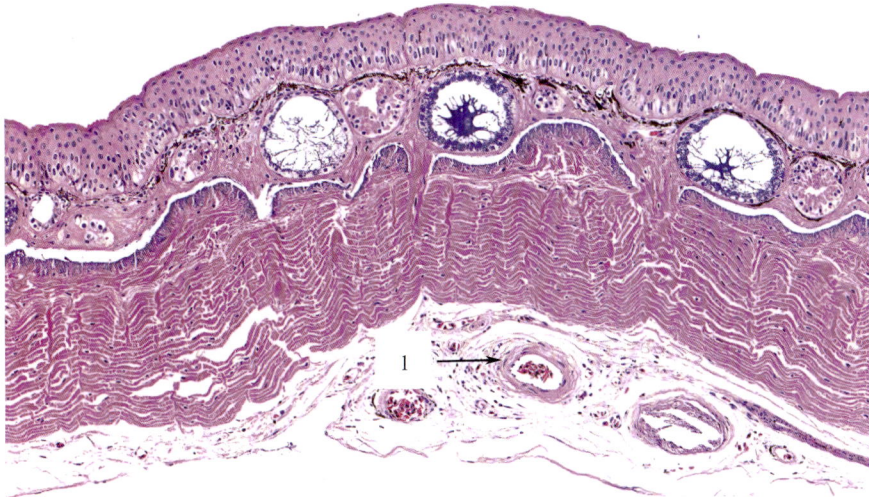

图 1-42
牛蛙后腿皮肤 1
（HE 染色，100 倍）

1—小动脉

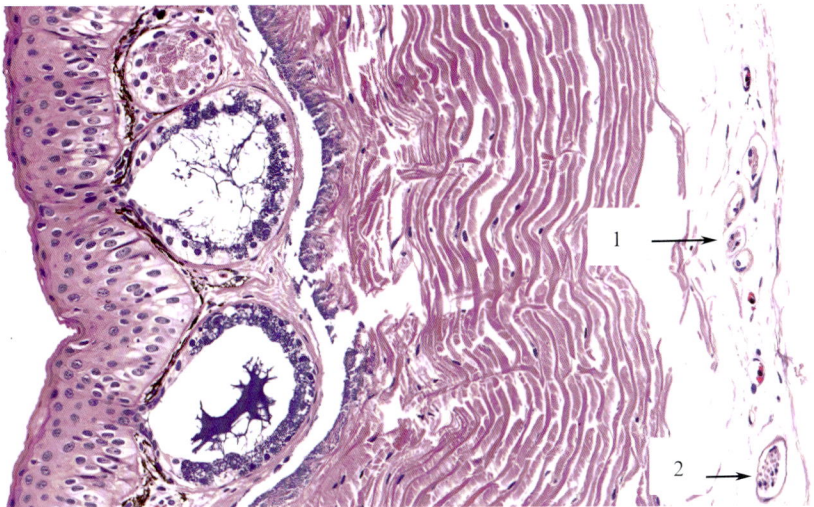

图 1-43
牛蛙后腿皮肤 2
（HE 染色，200 倍）

1—毛细血管；
2—神经

图 1-44
牛蛙后腿皮肤 3
（HE 染色，200 倍）

1—皮肤腺；
2—神经

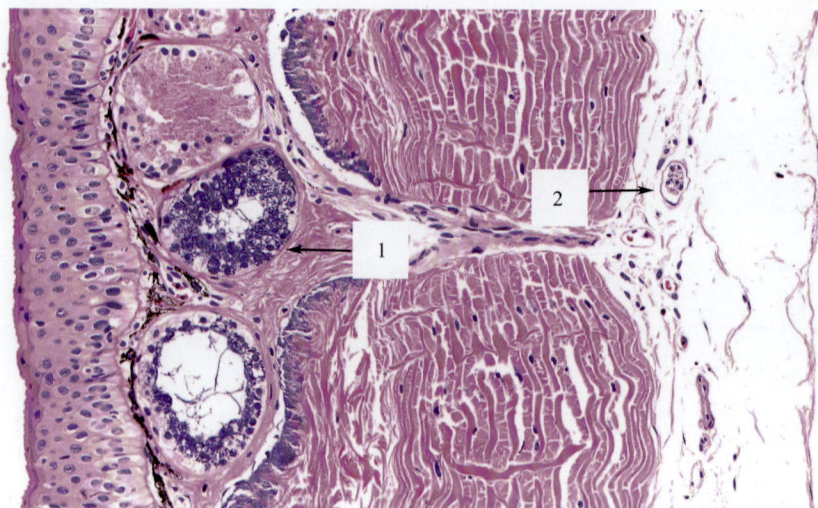

图 1-45
牛蛙后腿皮肤 4
（HE 染色，400 倍）

1—皮肤腺

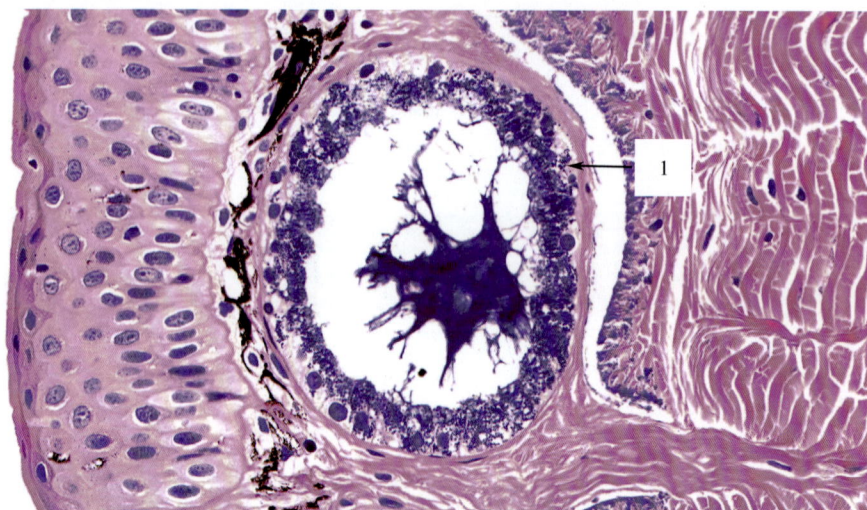

图 1-46
牛蛙后腿皮肤 5
（HE 染色，400 倍）

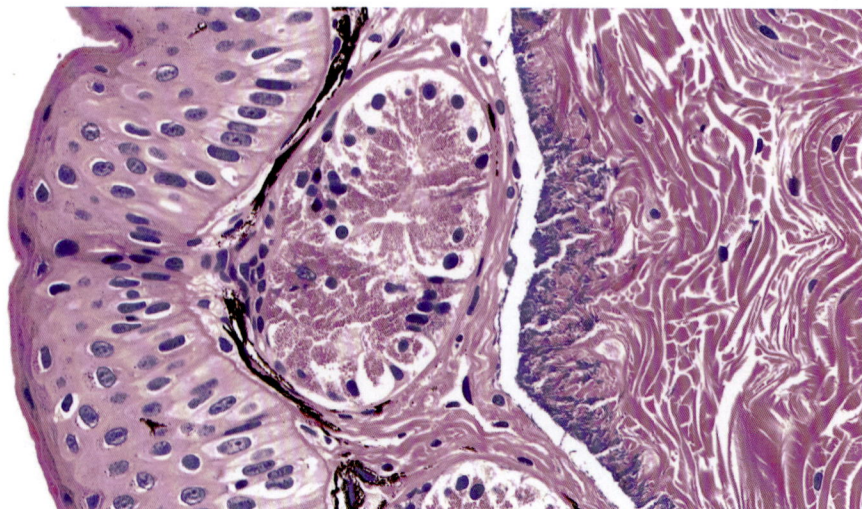

第二章 肌组织

动物肌组织（muscle tissue）是由肌肉细胞组成的一种组织，它可以通过收缩和放松来产生力和运动。在动物中，肌组织有多种类型和形态，其分布位置和功能各不相同。肌组织根据构造可分为骨骼肌、心肌和平滑肌。肌细胞又称肌纤维（muscle fiber），呈柱状或扁平梭形，肌细胞膜称肌膜（sarcolemma），肌细胞质称肌浆（sarcoplsma）。

第一节 骨骼肌

一、分布

骨骼肌（skeletal muscle）主要分布于鳍、体壁及眼球等部位，收缩迅速有力，但易疲劳。骨骼肌细胞外分布有肌外膜（epimysium）、肌束膜（perimysium）和肌内膜（endomysium）三层膜。

二、组织结构

骨骼肌细胞呈长圆柱状，大量细胞核位于细胞周边的细胞膜下，呈椭圆形。细胞质富含与肌纤维长轴平行排列的、有周期性横纹的肌原纤维。

肌原纤维结构和功能的基本单位是肌节，由位于相邻的 2 条 Z 线之间的 1/ 2 I 带 +A 带 +1/ 2 I 带构成，暗带中央有颜色较浅的 H 带，H 带中央有颜色较深的 M 线。明带中央有 Z 线。见图 2-1 ～图 2-195。

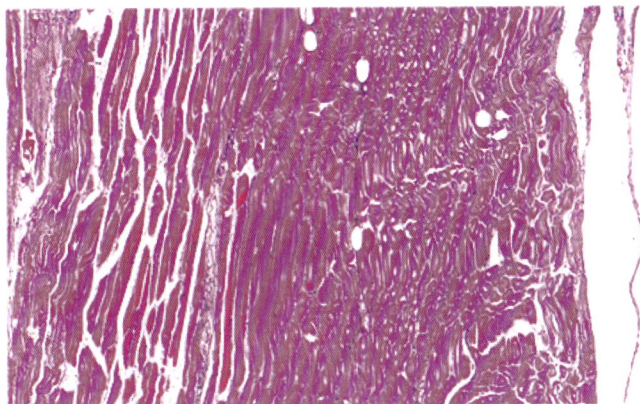

图 2-1
鲢鱼眼肌纵切面 1
（HE 染色，100 倍）

图 2-2
鲢鱼眼肌纵切面 2
（HE 染色，100 倍）

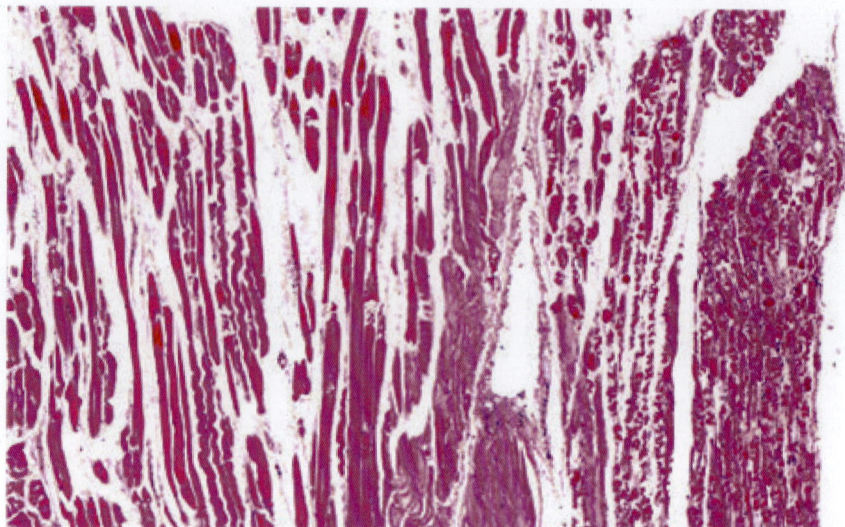

图 2-3
鲢鱼眼肌纵切 3
（HE 染色，400 倍）

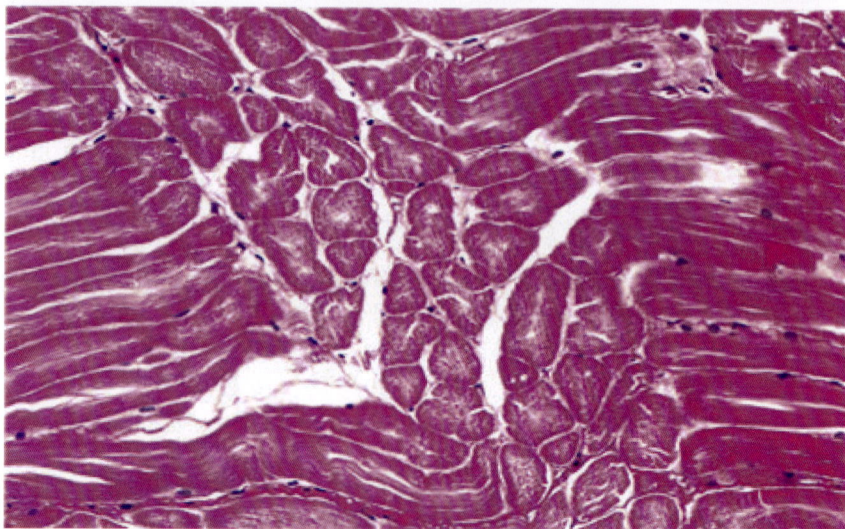

图 2-4
鲢鱼眼肌纵切面 4
（HE 染色，400 倍）

1—肌细胞；
2—毛细血管；
3—成纤维细胞

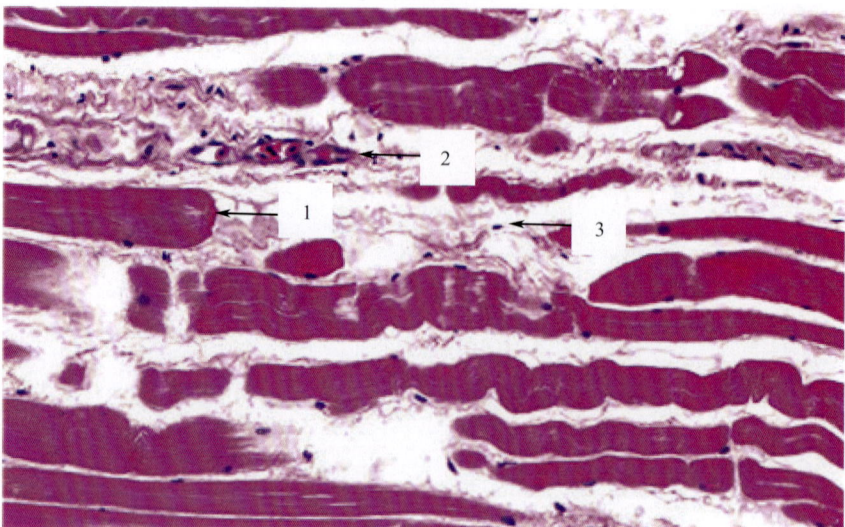

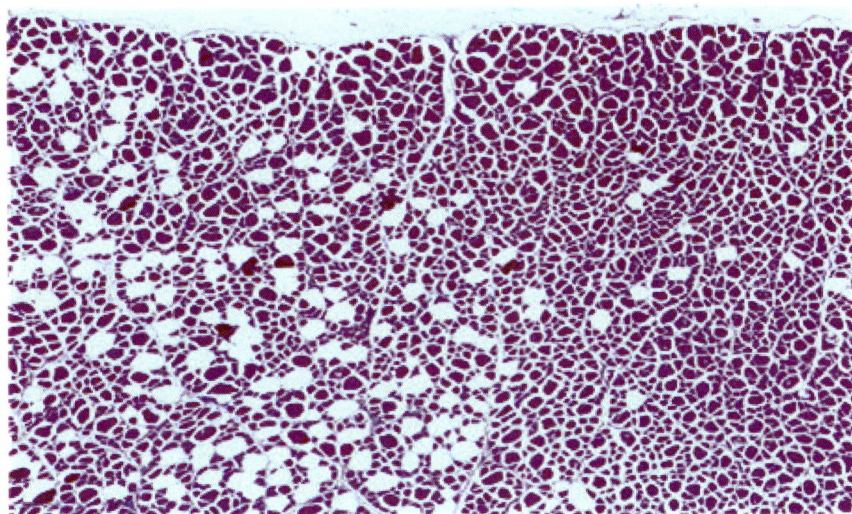

图 2-5

鲢鱼胸舌肌纵切面 5

（HE 染色，40 倍）

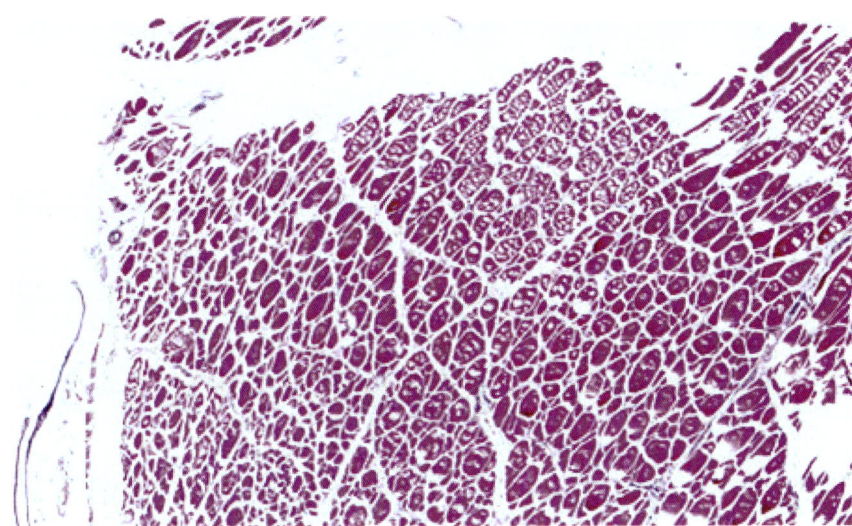

图 2-6

鲢鱼胸舌肌纵切面 6

（HE 染色，40 倍）

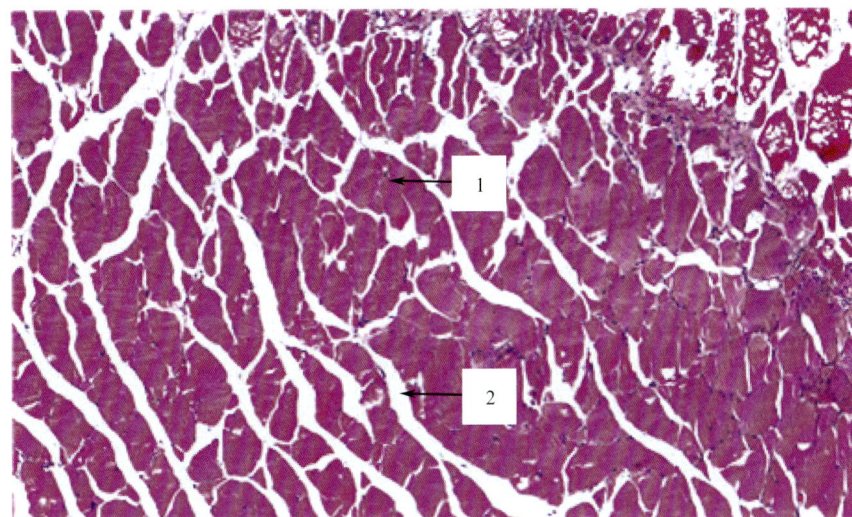

图 2-7

鲢鱼胸舌肌纵切面 7

（HE 染色，100 倍）

1—肌细胞；
2—肌内膜

图 2-8
鲢鱼眼肌纵切面 8
（HE 染色，400 倍）

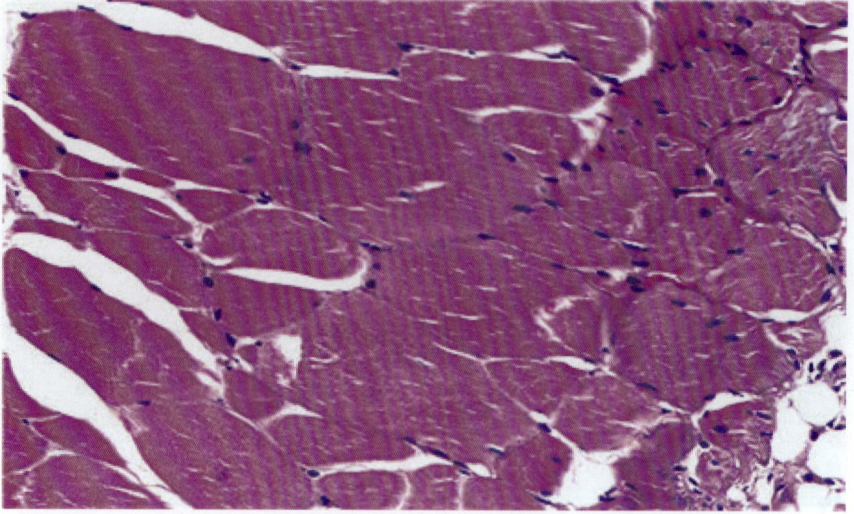

图 2-9
鲢鱼眼肌横切面 9
（HE 染色，400 倍）

1—肌细胞；
2—成纤维细胞

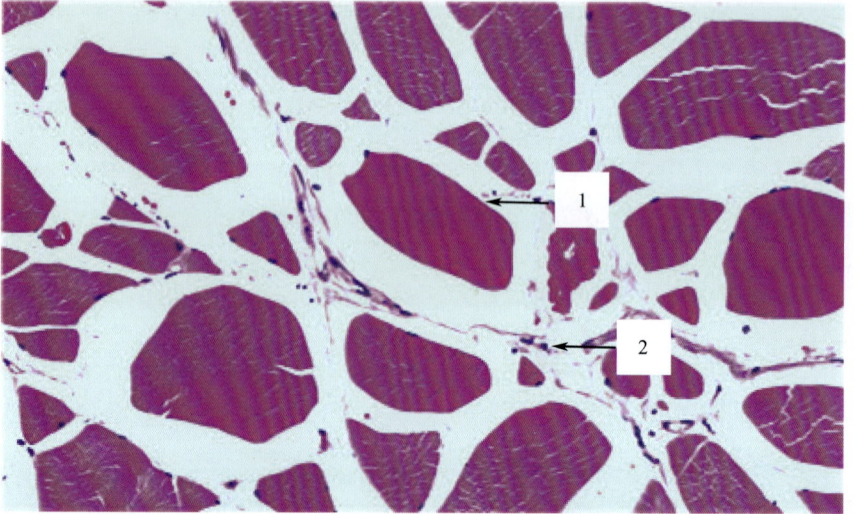

图 2-10
鲢鱼眼肌横切面 10
（HE 染色，400 倍）

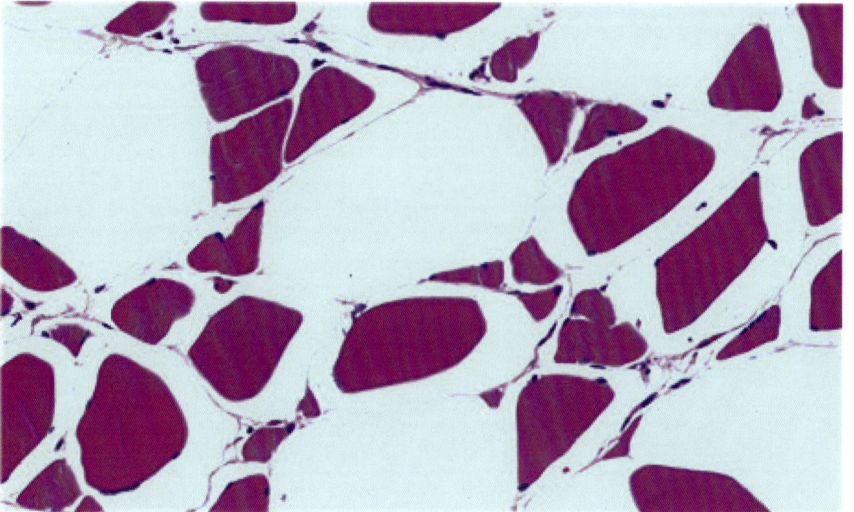

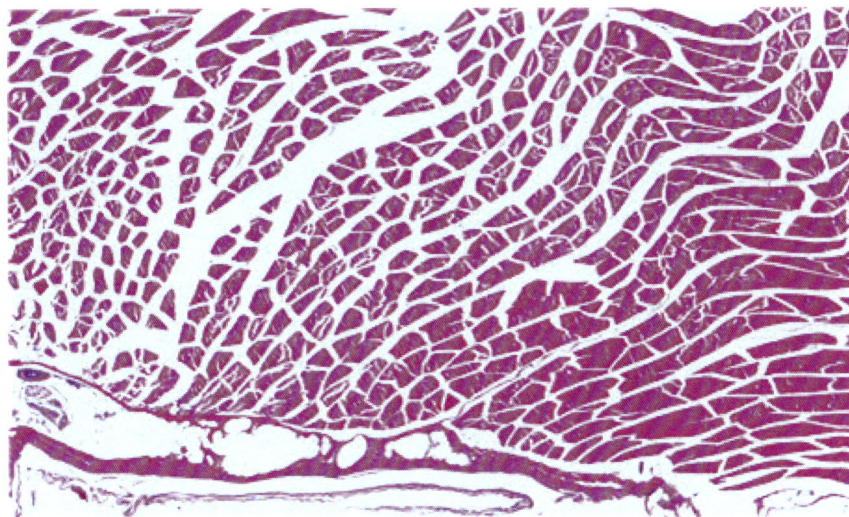

图 2-11
鲢鱼腹肌横切面 1
（HE 染色，50 倍）

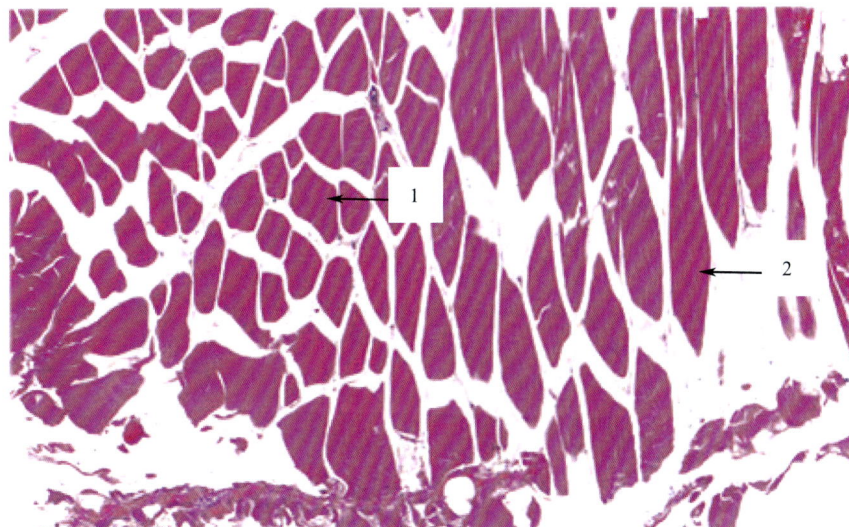

图 2-12
鲢鱼腹肌横切面 2
（HE 染色，100 倍）

1—肌细胞横切面；
2—肌细胞纵切面

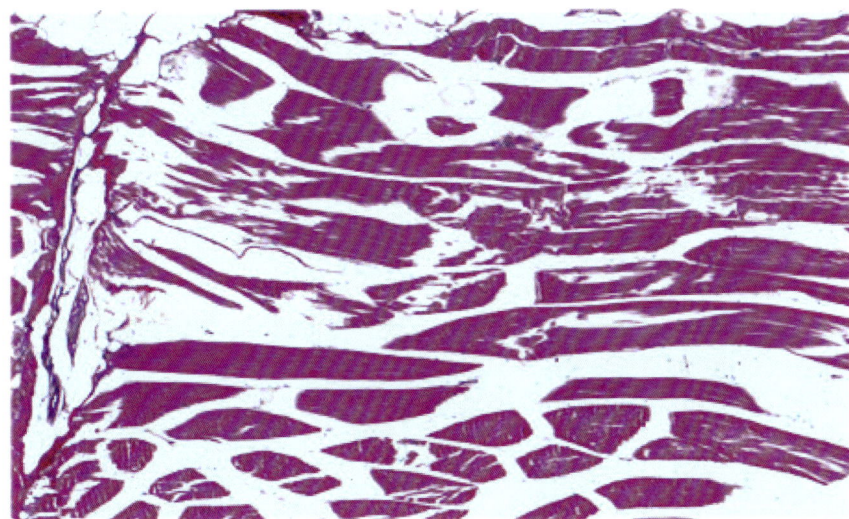

图 2-13
鲢鱼腹肌横切面 3
（HE 染色，100 倍）

图 2-14
鲢鱼腹肌横切面 4
（HE 染色，400 倍）

1—毛细血管；
2—肌细胞

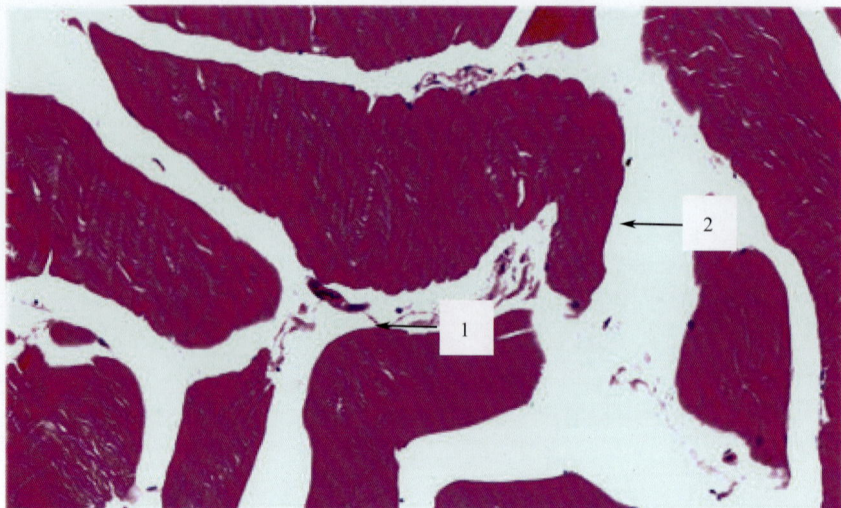

图 2-15
鲢鱼腹肌横切面 5
（HE 染色，400 倍）

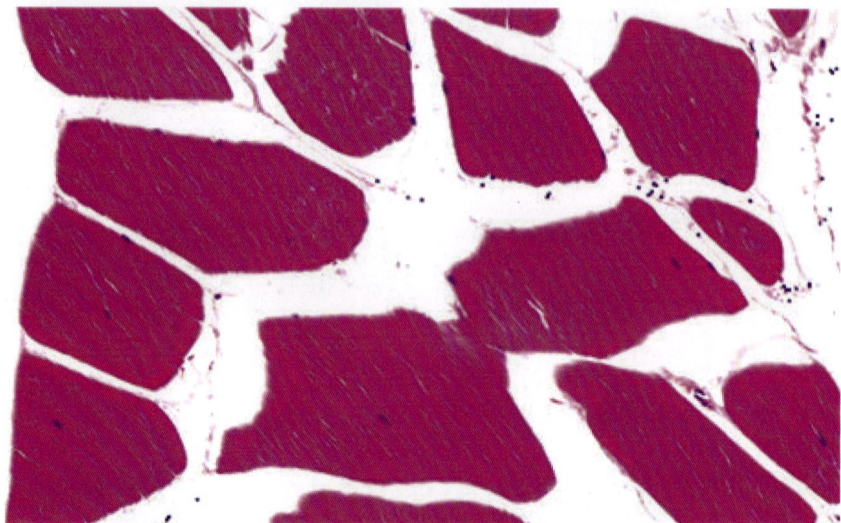

图 2-16
鲢鱼腹肌横切面 6
（HE 染色，400 倍）

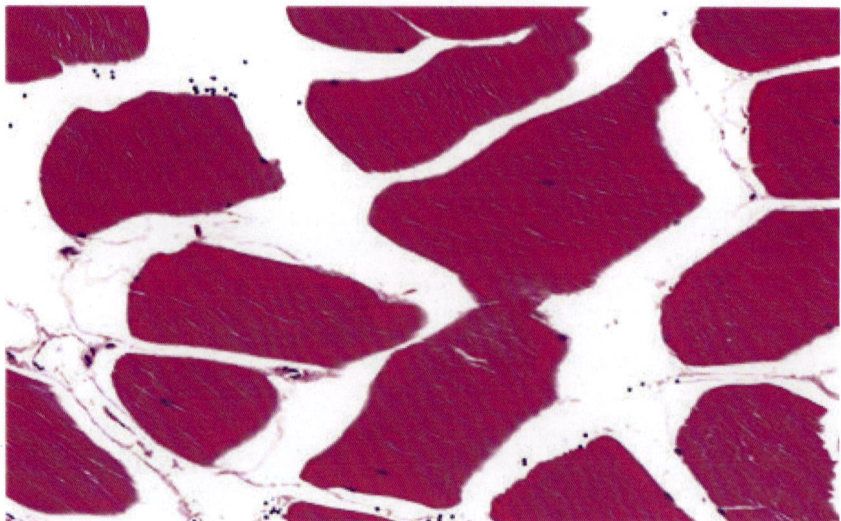

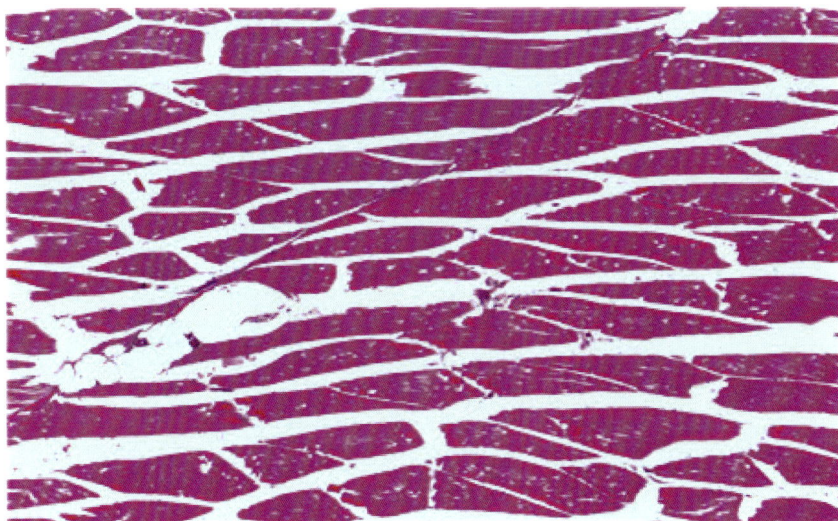

图 2-17
鲢鱼背肌横切面 7
（HE 染色，100 倍）

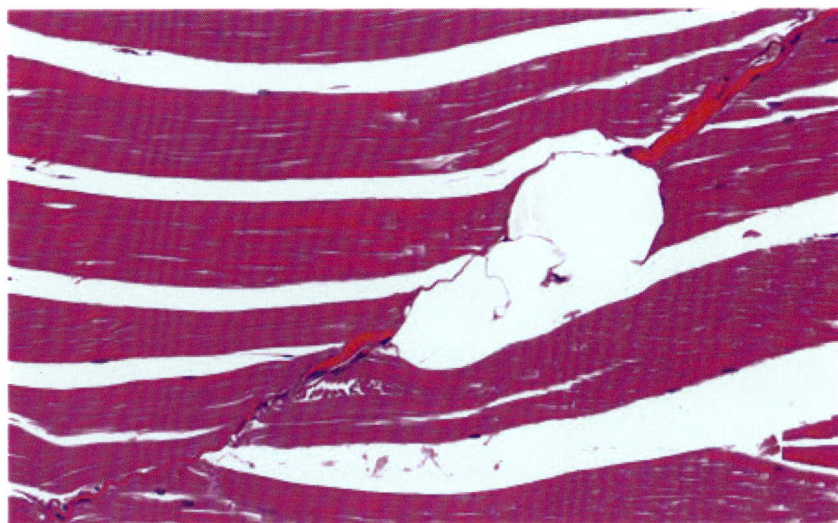

图 2-18
鲢鱼背肌横切面 8
（HE 染色，400 倍）

图 2-19
鲢鱼背肌横切面 9
（HE 染色，400 倍）

图 2-20
龟颈部肌肉横切面 1
（HE 染色，100 倍）

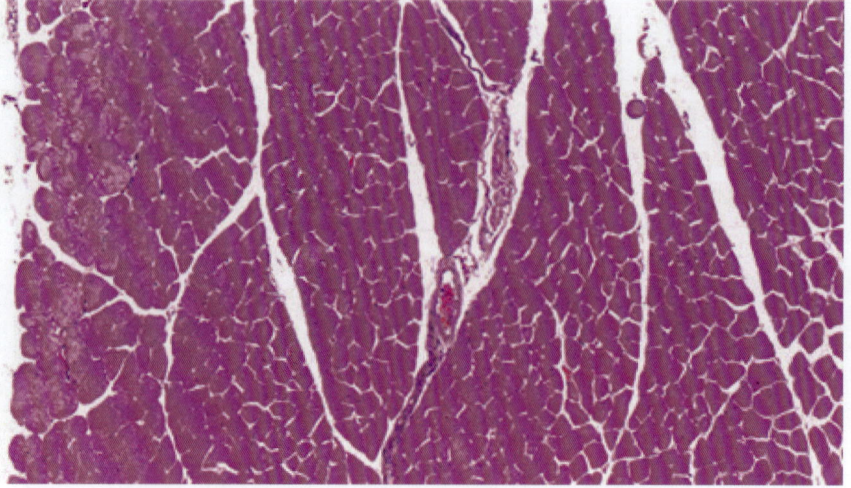

图 2-21
龟颈部肌肉横切面 2
（HE 染色，400 倍）

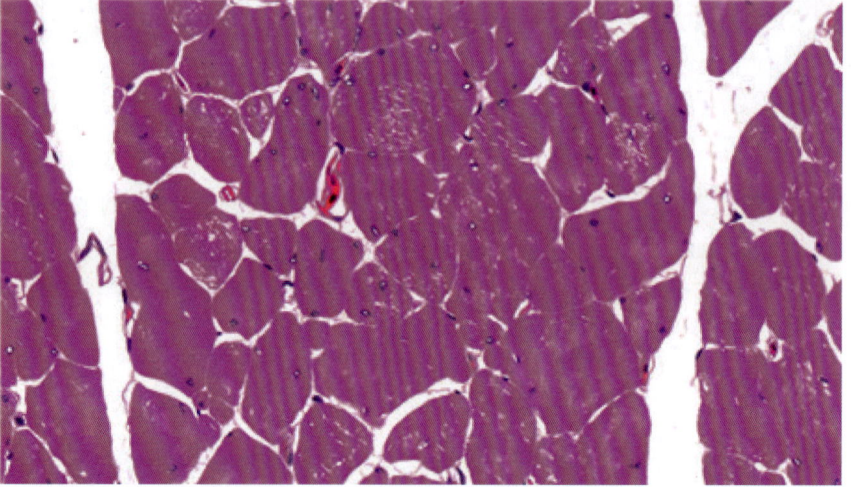

图 2-22
龟颈部肌肉横切面 3
（HE 染色，400 倍）

1—小动脉

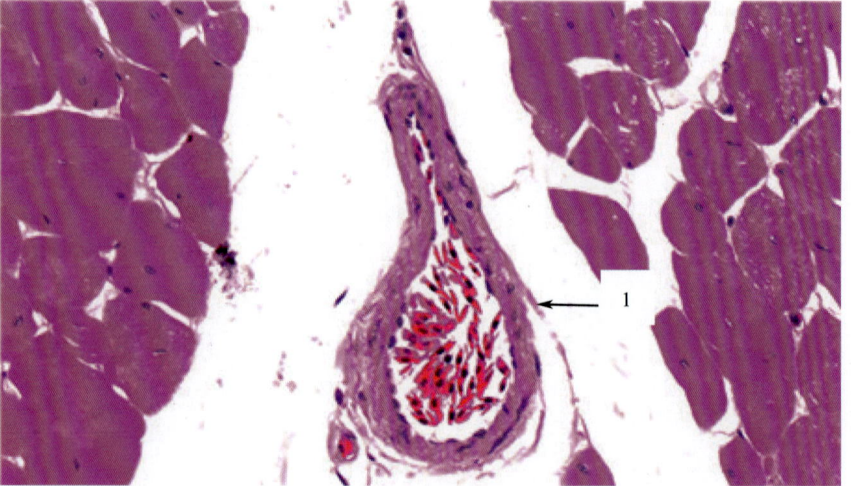

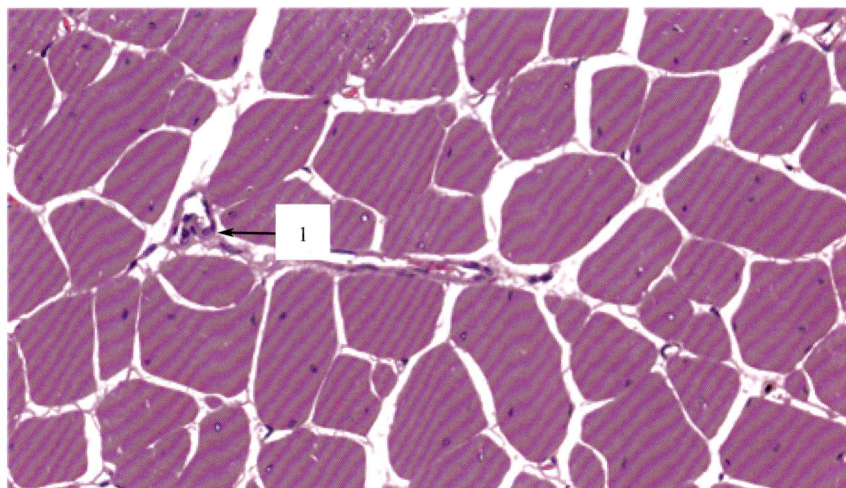

图 2-23
龟颈部肌肉横切面 4
（HE 染色，400 倍）

1—毛细血管

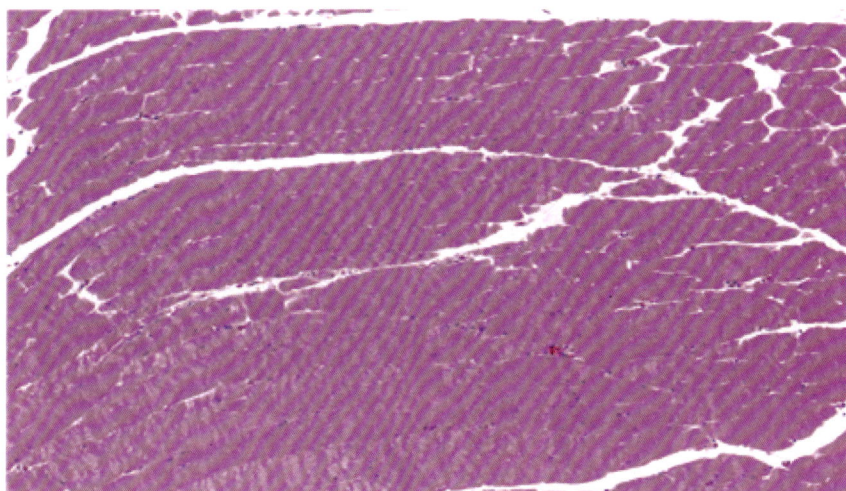

图 2-24
中华草龟颈部肌肉纵切面 1
（HE 染色，100 倍）

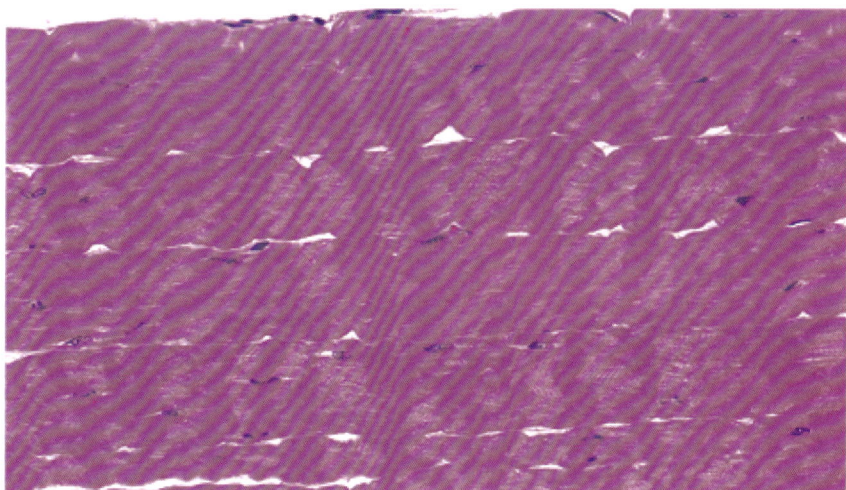

图 2-25
中华草龟颈部肌肉纵切面 2
（HE 染色，400 倍）

图 2-26
中华草龟颈部肌肉纵
切面 3
（HE 染色，400 倍）

1—毛细血管；
2—小动脉

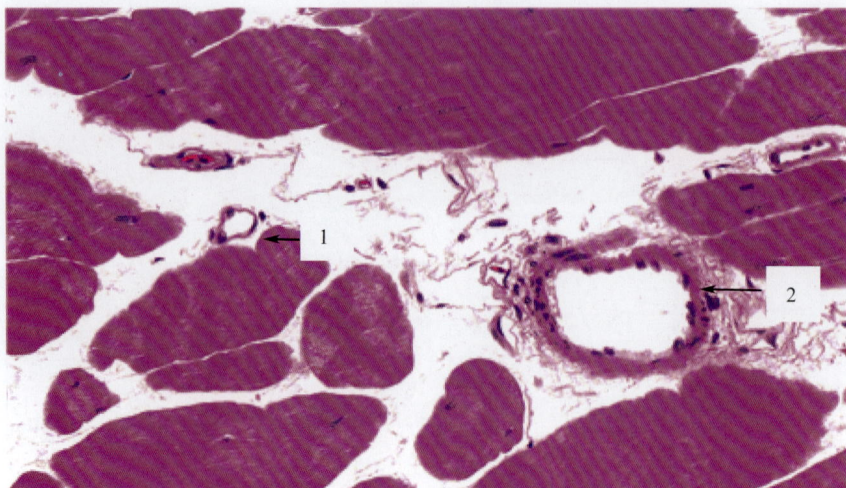

图 2-27
中华草龟颈部肌肉纵
切面 4
（HE 染色，400 倍）

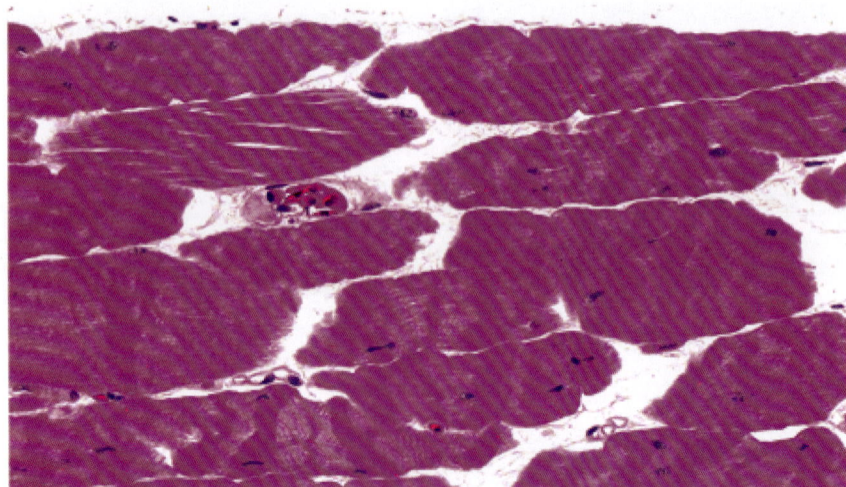

图 2-28
中华草龟臂肌横切面 1
（HE 染色，100 倍）

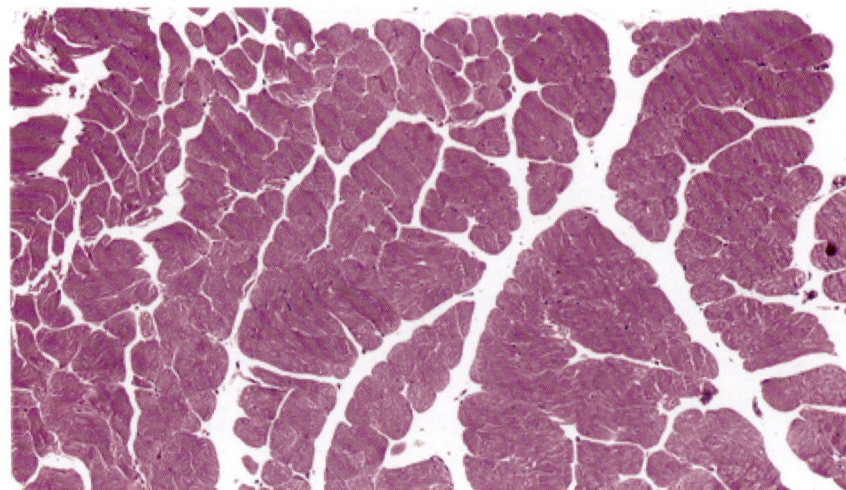

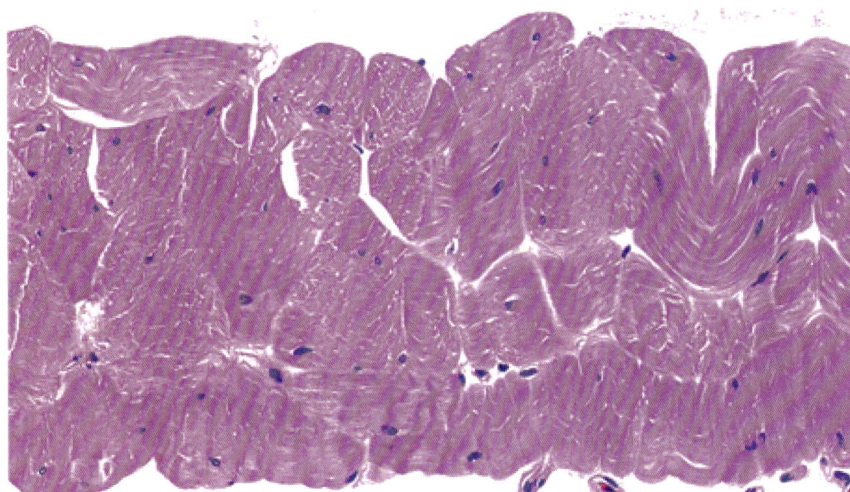

图 2-29
中华草龟臂肌横切面 2
（HE 染色，400 倍）

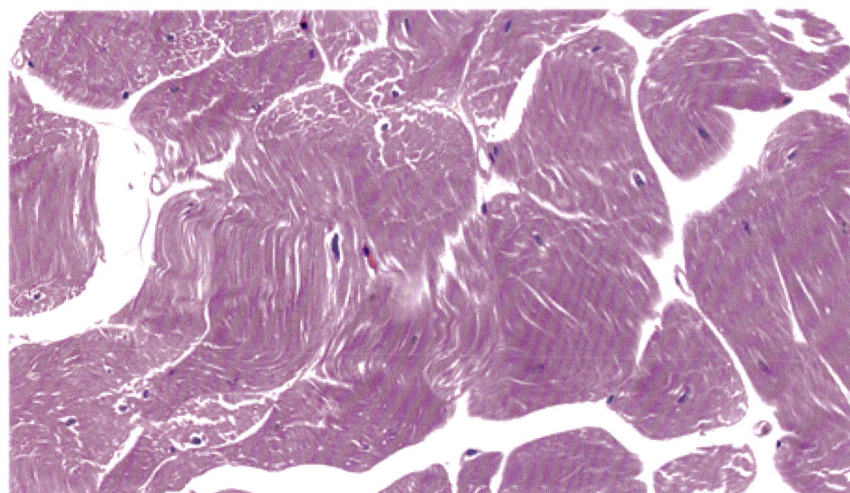

图 2-30
中华草龟臂肌横切面 3
（HE 染色，400 倍）

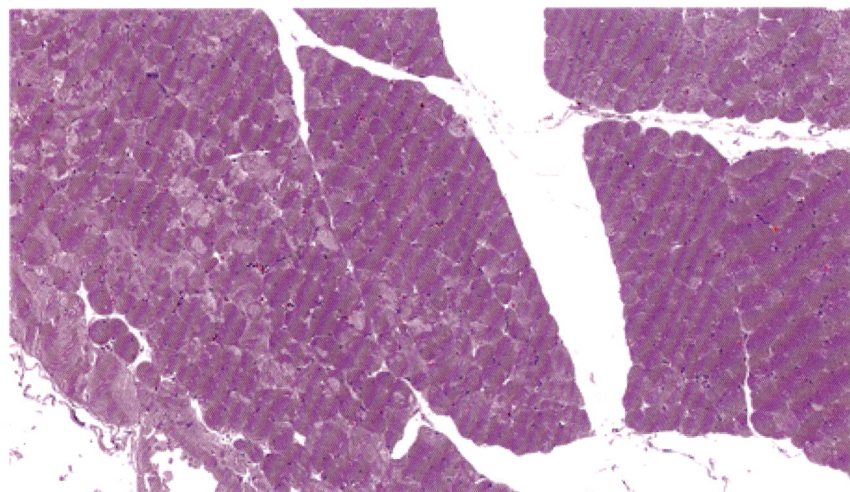

图 2-31
中华草龟三头肌横切 1
（HE 染色，100 倍）

图 2-32
龟三头肌横切面 2
（HE 染色，400 倍）

1—毛细血管；
2—成纤维细胞

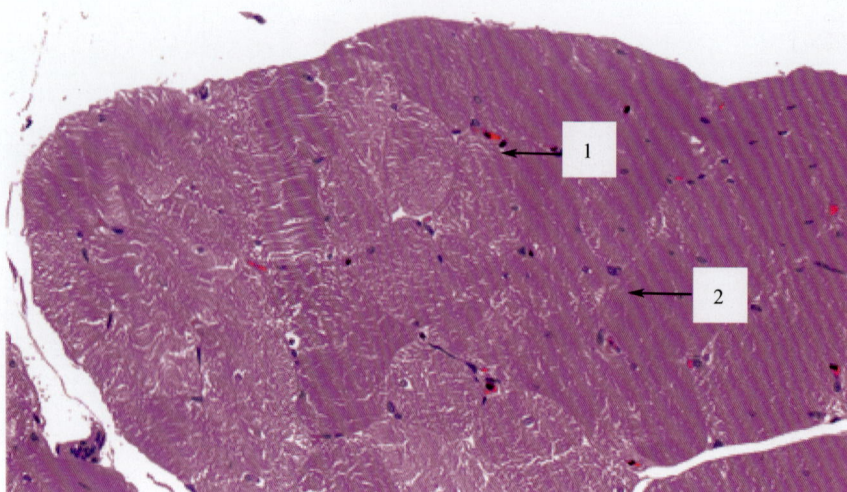

图 2-33
中华草龟三头肌横切面 3
（HE 染色，400 倍）

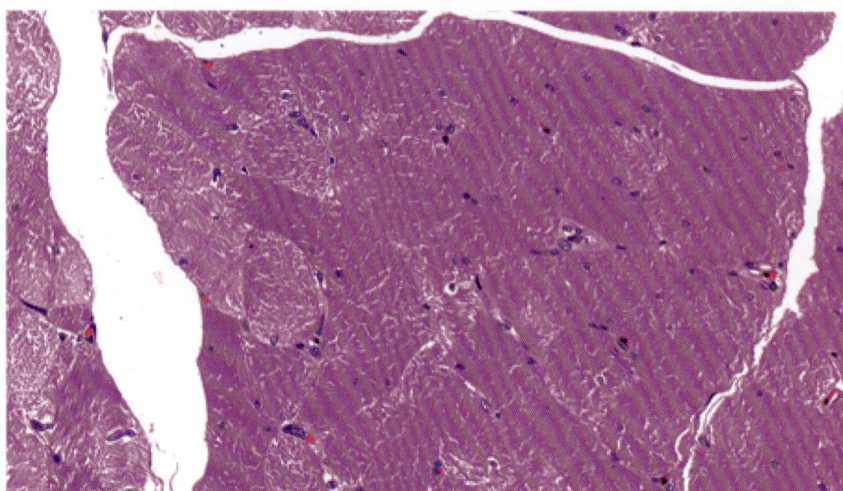

图 2-34
中华草龟三头肌横切面 4
（HE 染色，400 倍）

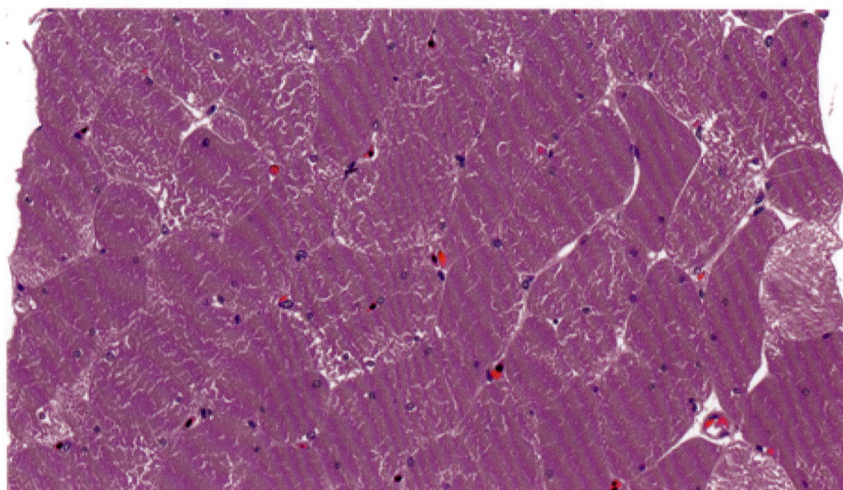

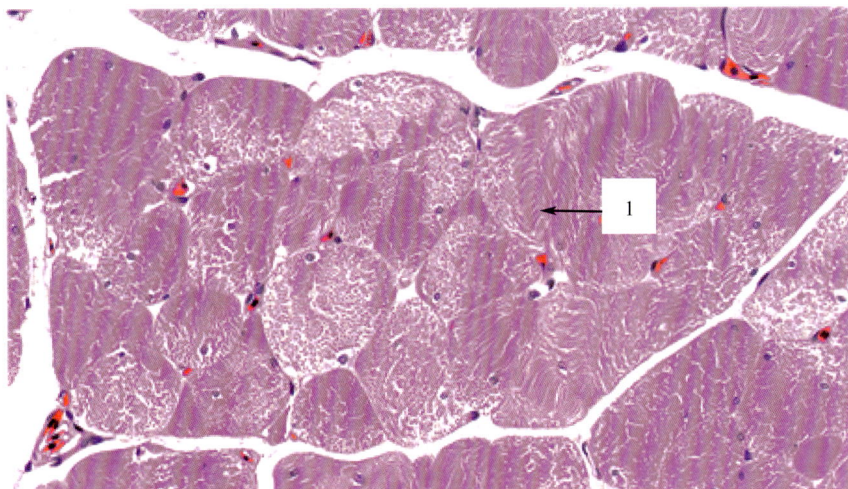

图 2-35
龟三头肌横切面 5
（HE 染色，400 倍）

1—肌细胞花横切面

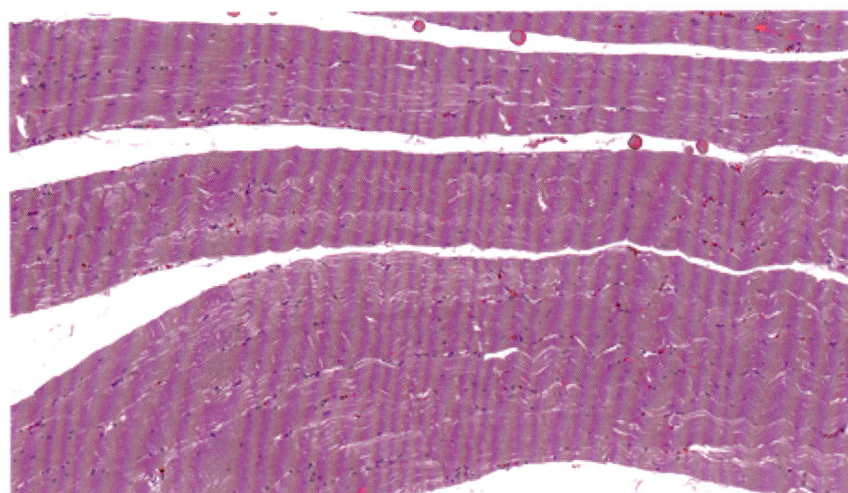

图 2-36
中华草龟三头肌纵切面 1
（HE 染色，100 倍）

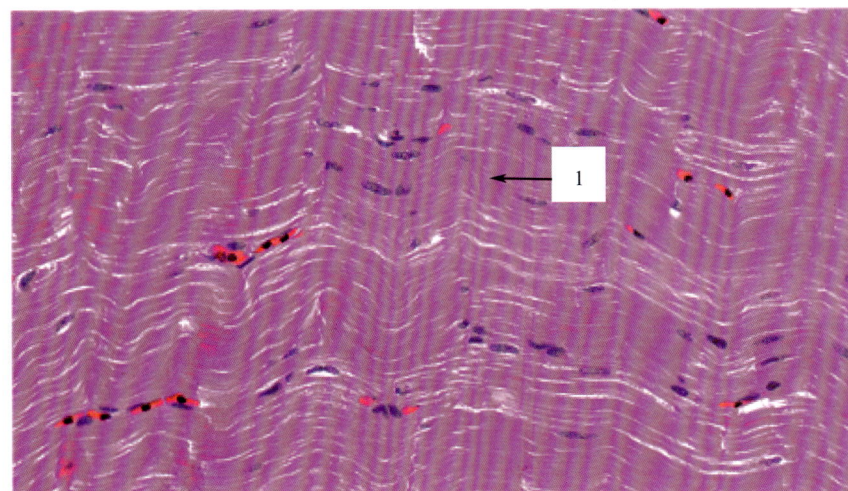

图 2-37
龟三头肌纵切面 2
（HE 染色，400 倍）

1—肌细胞花纵切面

图 2-38
中华草龟三头肌纵
切面 3
（HE 染色，400 倍）

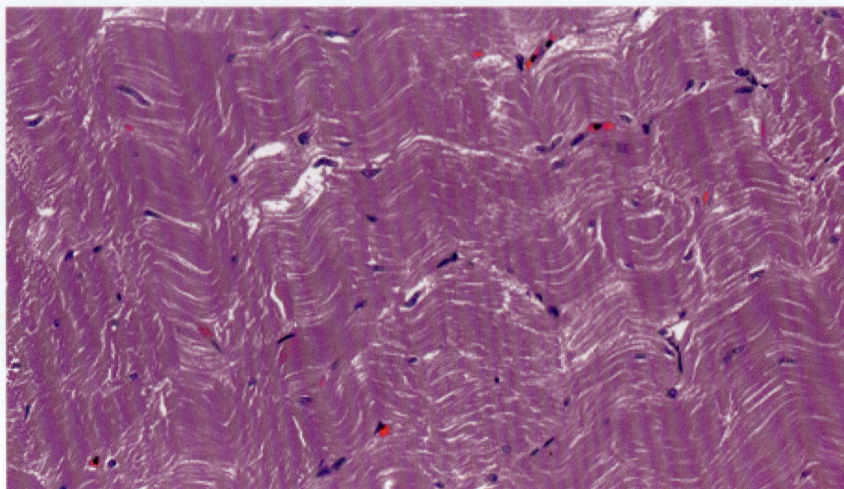

图 2-39
中华草龟三头肌纵
切面 4
（HE 染色，400 倍）

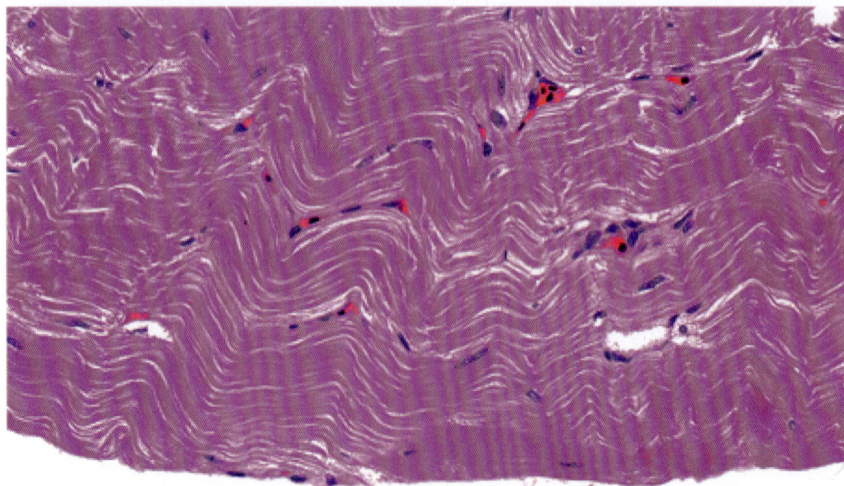

图 2-40
中华草龟前脚掌肌横
切面 1
（HE 染色，100 倍）

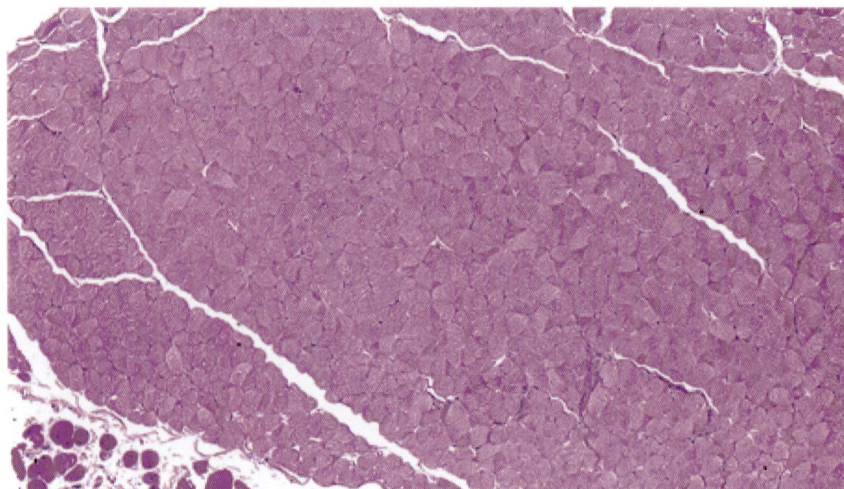

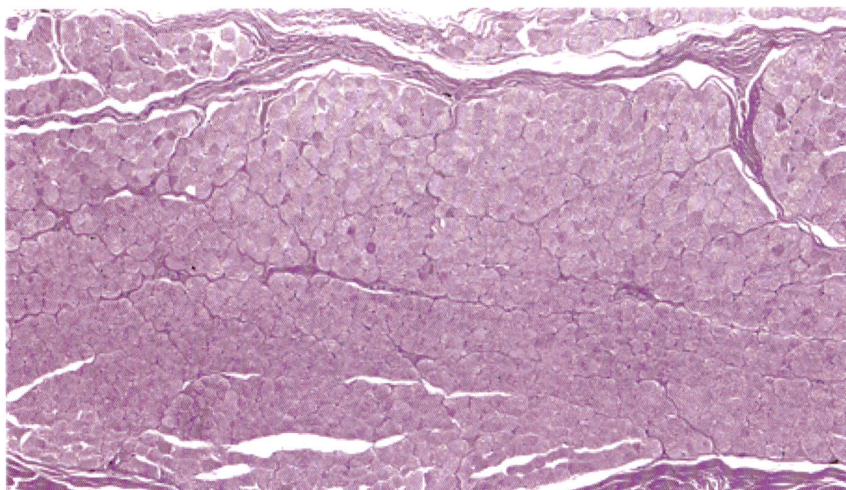

图 2-41
中华草龟前脚掌肌横
切面 2
（HE 染色，100 倍）

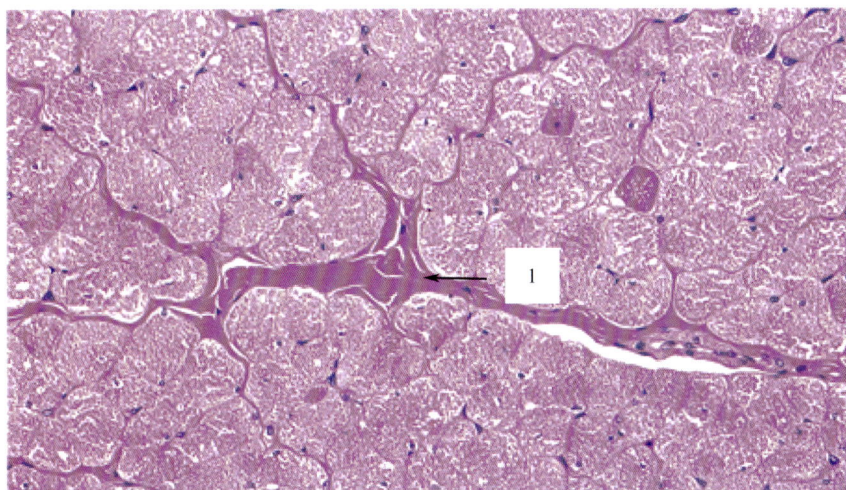

图 2-42
龟前脚掌肌横切面 3
（HE 染色，400 倍）

1—肌束膜

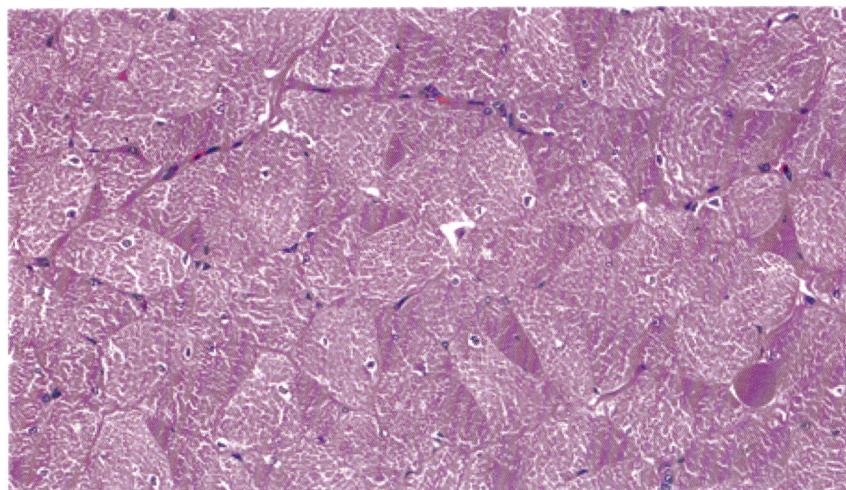

图 2-43
龟前脚掌肌横切面 4
（HE 染色，400 倍）

图 2-44
龟前脚掌肌横切面 5
（HE 染色，400 倍）

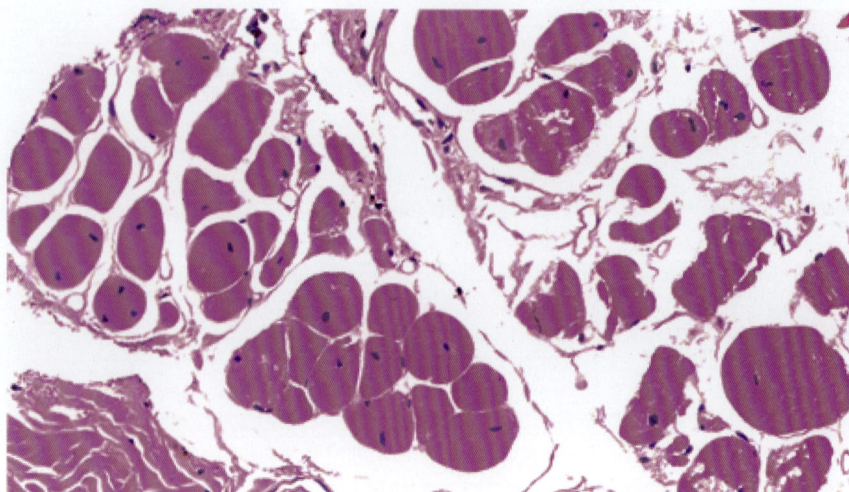

图 2-45
龟前脚掌肌纵切面 1
（HE 染色，100 倍）

图 2-46
龟前脚掌肌纵切面 2
（HE 染色，100 倍）

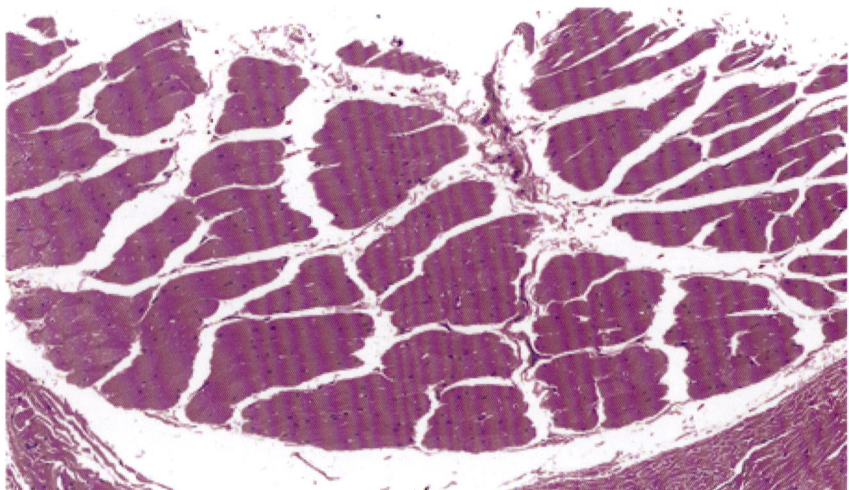

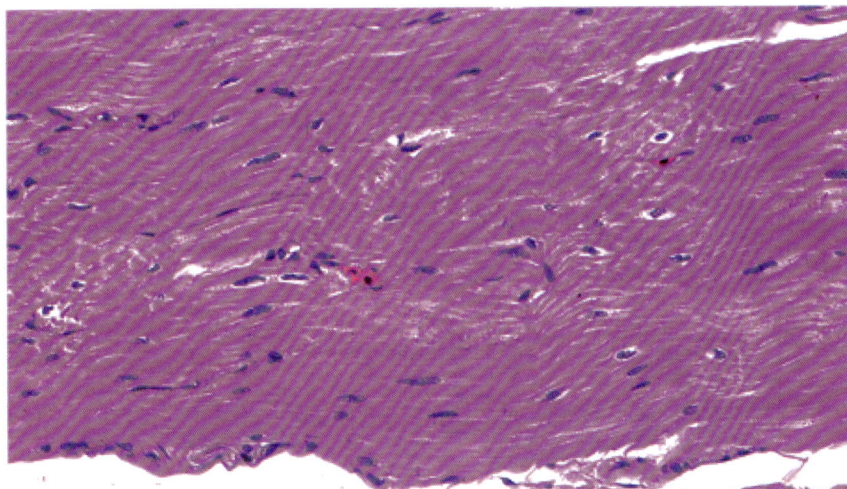

图 2-47
龟前脚掌肌纵切面 3
（HE 染色，400 倍）

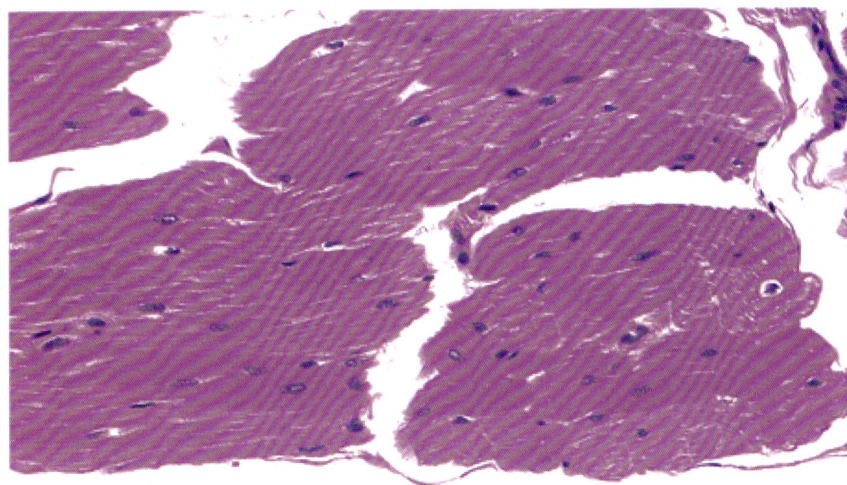

图 2-48
龟前脚掌肌纵切面 4
（HE 染色，400 倍）

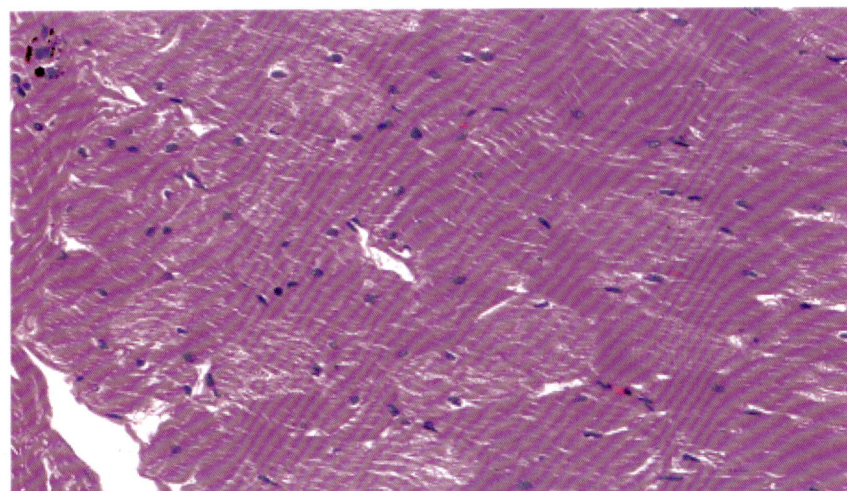

图 2-49
龟前脚掌肌纵切面 5
（HE 染色，400 倍）

图 2-50
龟尾肌横切面 1
（HE 染色，100 倍）

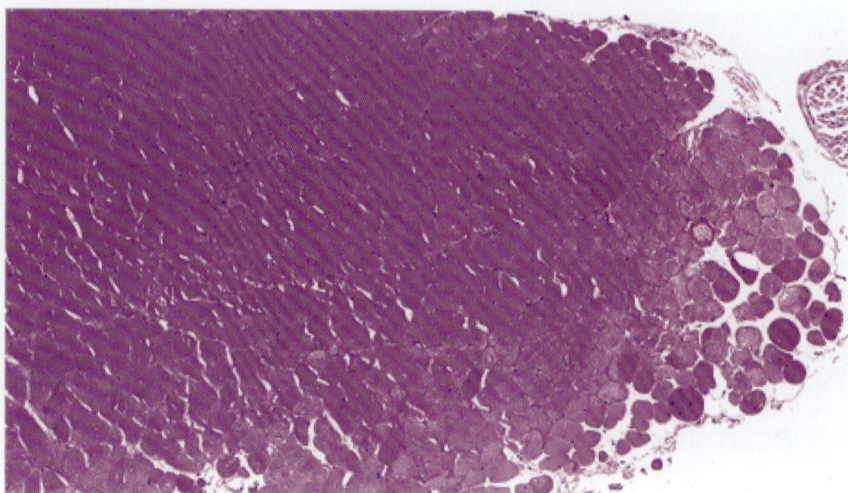

图 2-51
龟尾肌横切面 2
（HE 染色，400 倍）

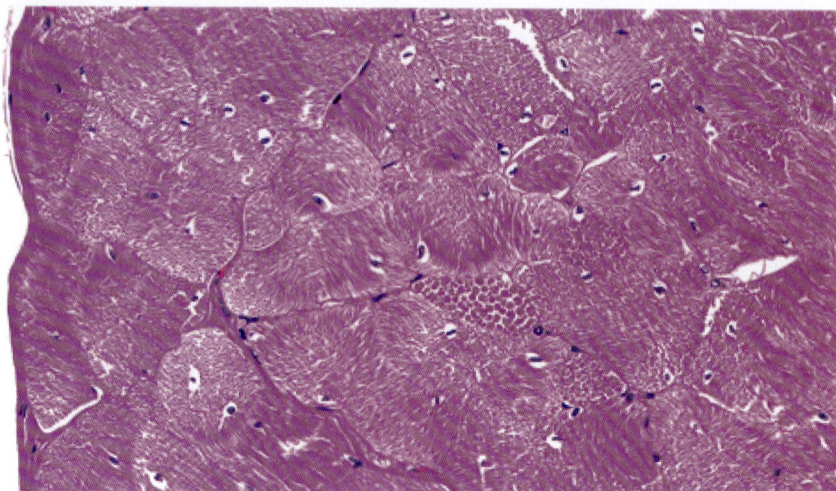

图 2-52
龟尾肌横切面 3
（HE 染色，400 倍）

1—毛细血管

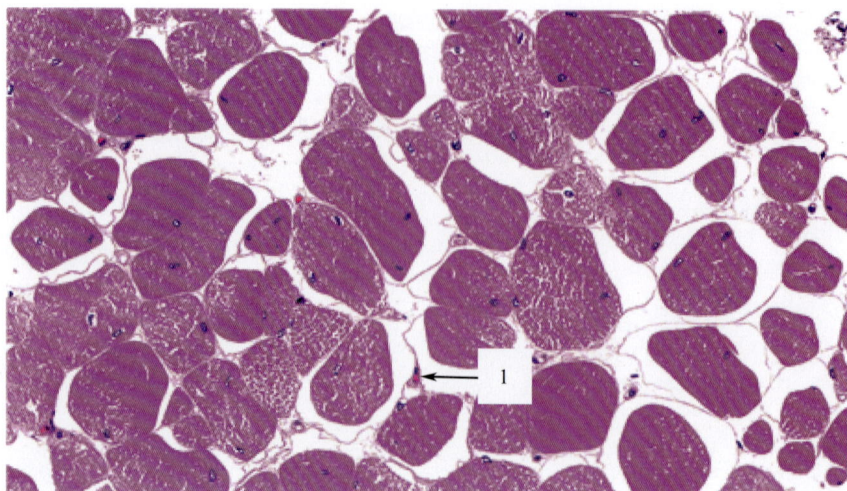

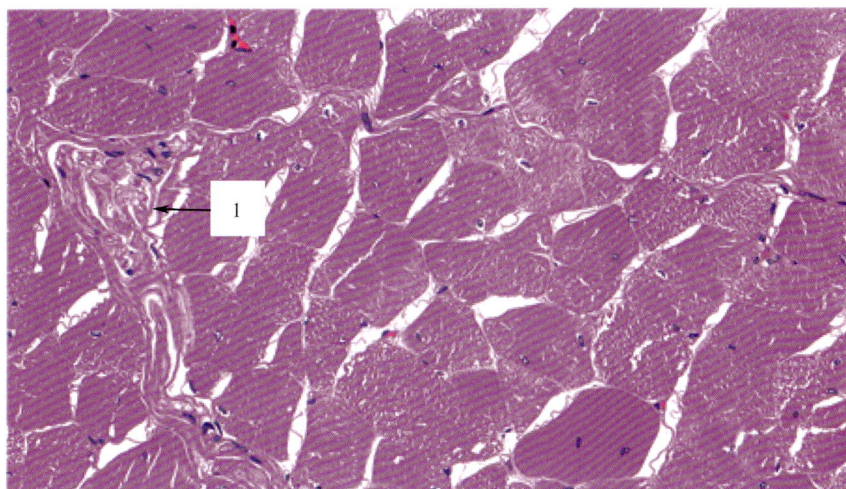

图 2-53
龟尾肌横切面 4
（HE 染色，400 倍）

1—神经

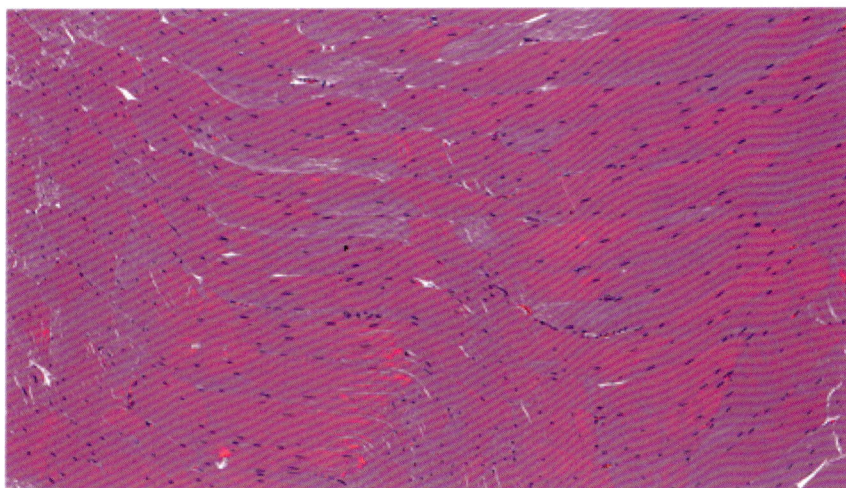

图 2-54
牛蛙四头肌横切面 1
（HE 染色，100 倍）

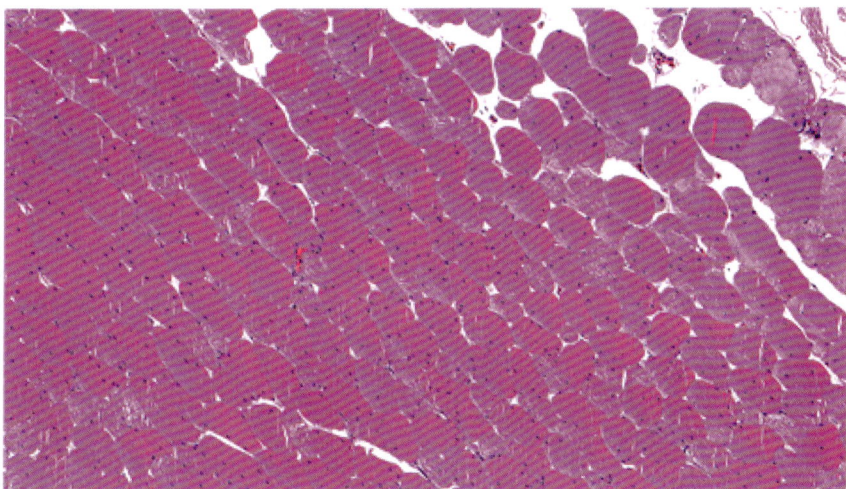

图 2-55
牛蛙四头肌横切面 2
（HE 染色，100 倍）

图 2-56
牛蛙四头肌横切面 3
（HE 染色，200 倍）

1—肌细胞横切面

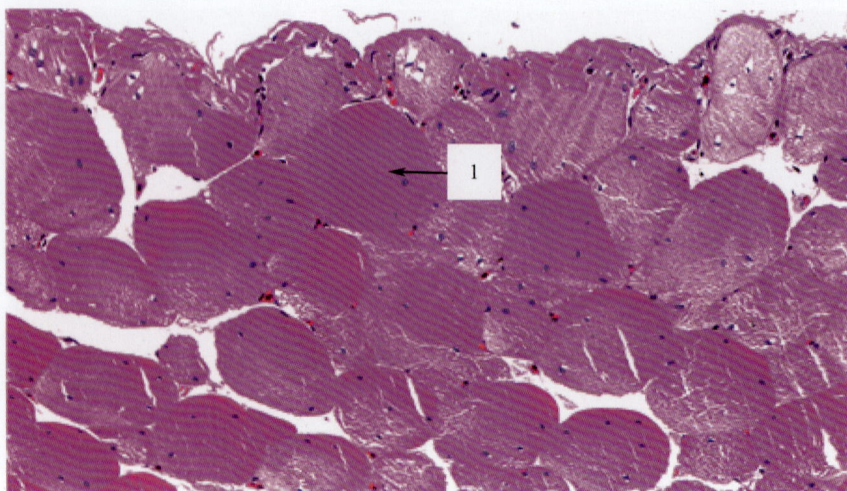

图 2-57
牛蛙四头肌横切面 4
（HE 染色，200 倍）

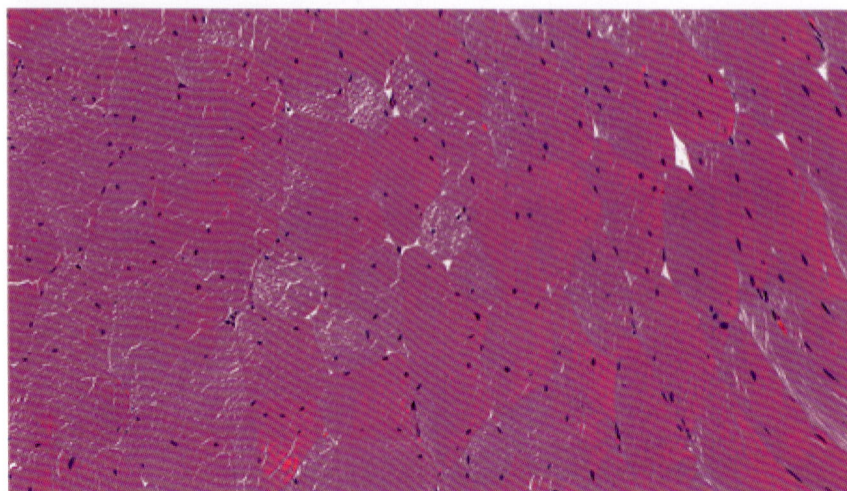

图 2-58
牛蛙四头肌横切面 5
（HE 染色，400 倍）

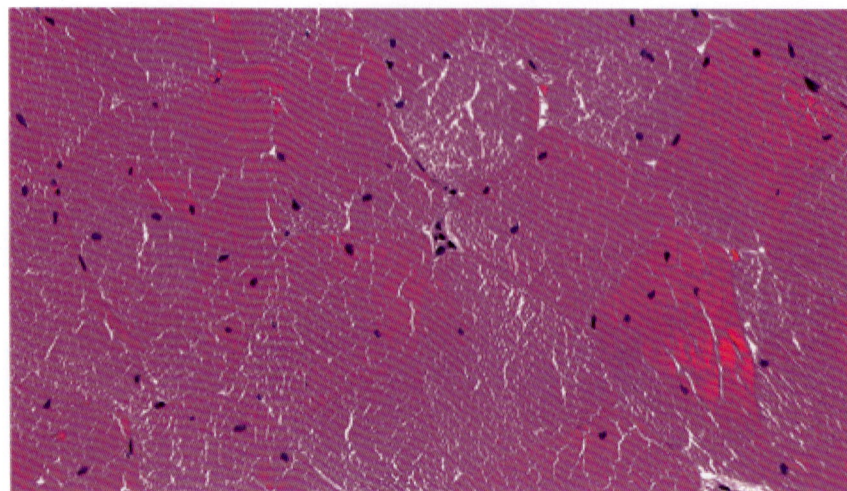

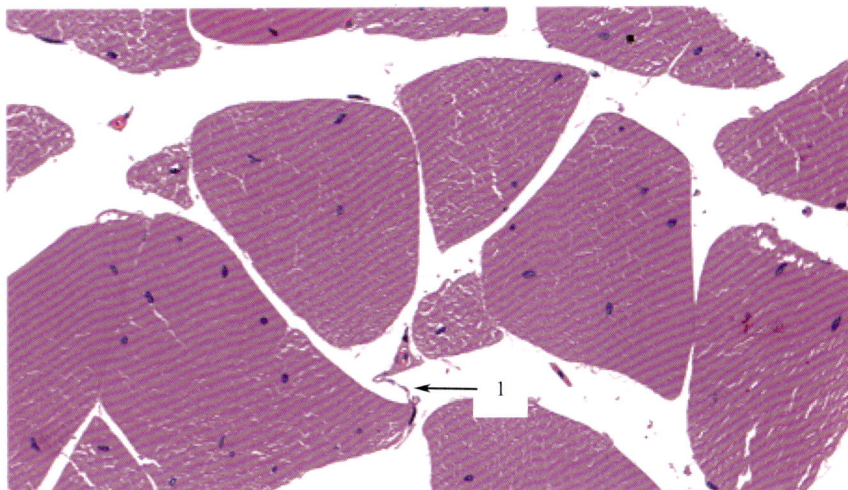

图 2-59
牛蛙四头肌横切面 6
（HE 染色，400 倍）

1—毛细血管

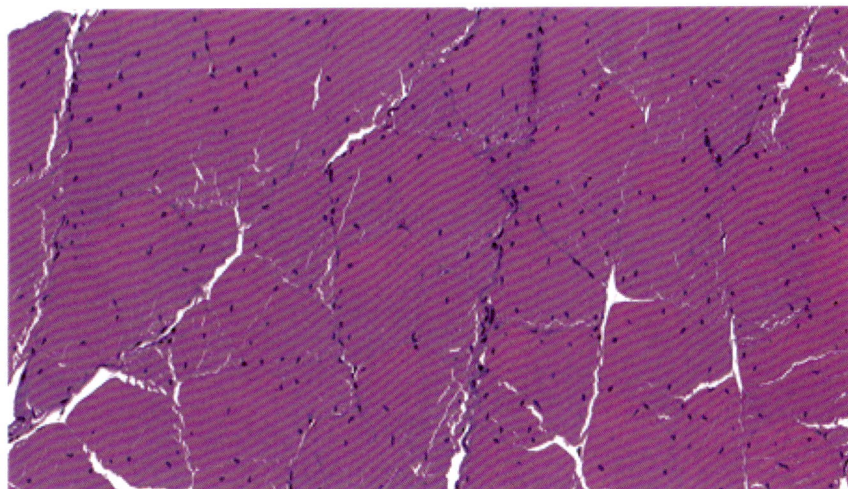

图 2-60
牛蛙腓肠肌横切面 1
（HE 染色，200 倍）

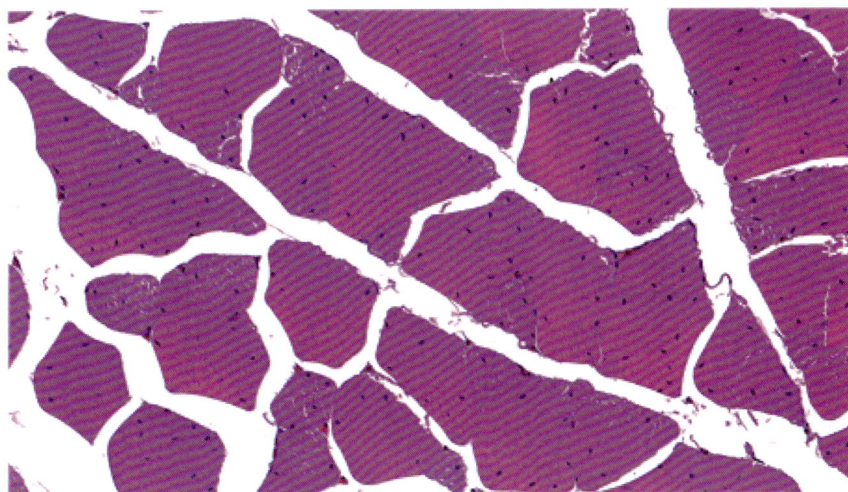

图 2-61
牛蛙腓肠肌横切面 2
（HE 染色，200 倍）

图 2-62
牛蛙腓肠肌横切面 3
（HE 染色，400 倍）

1—肌内膜

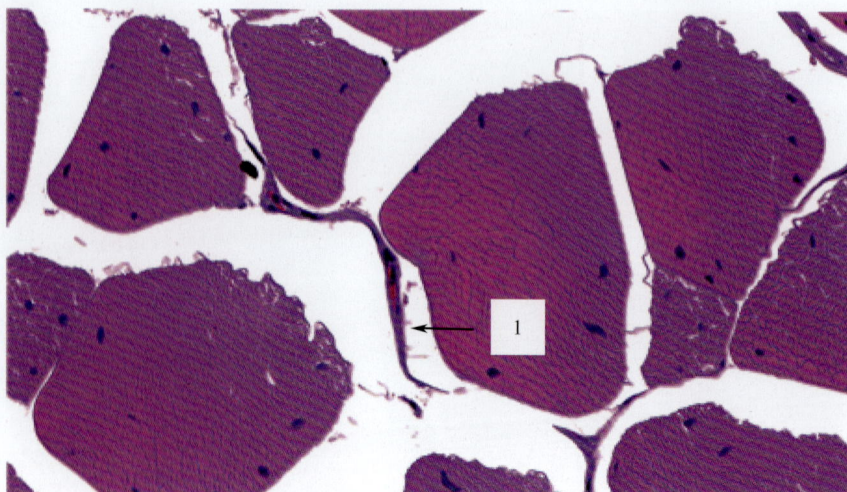

图 2-63
牛蛙腓肠肌横切面 4
（HE 染色，400 倍）

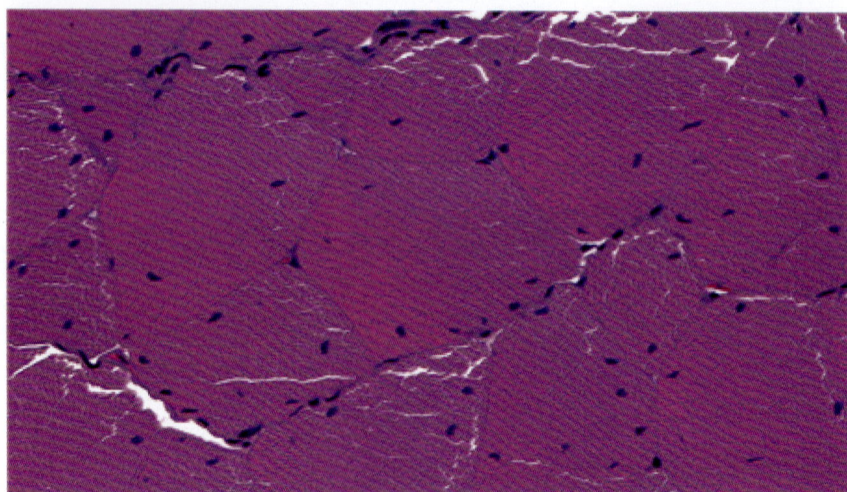

图 2-64
牛蛙腓肠肌纵切面 1
（HE 染色，200 倍）

1—肌细胞纵切面；
2—外膜

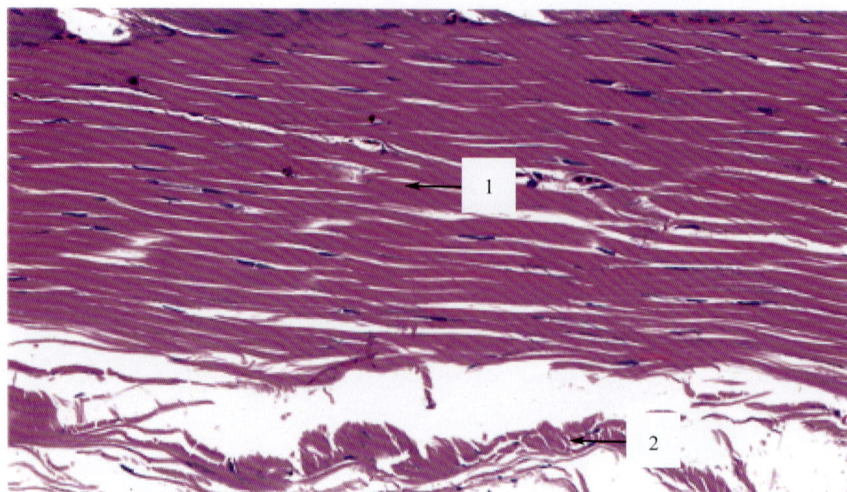

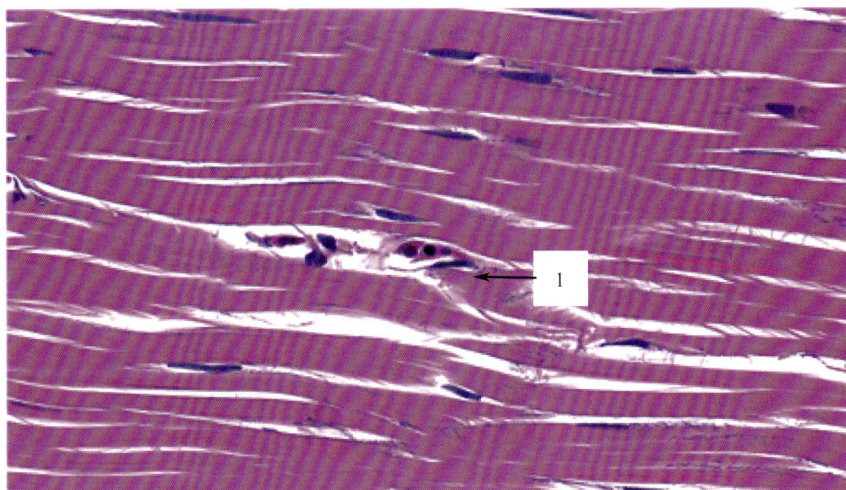

图 2-65
牛蛙腓肠肌纵切面 2
（HE 染色，400 倍）

1—毛细血管

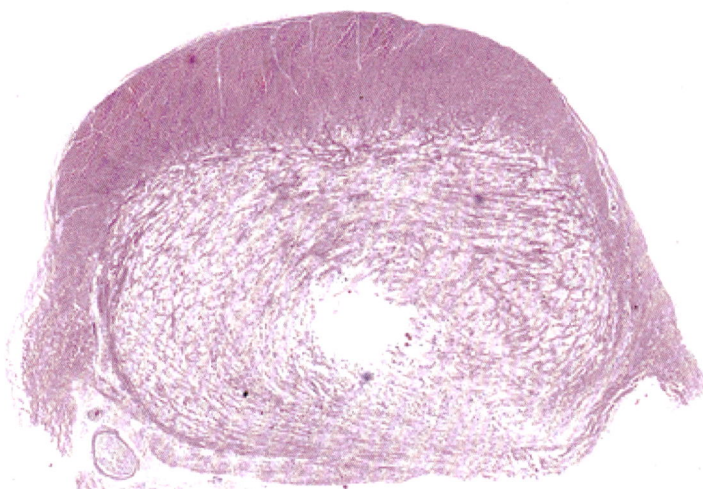

图 2-66
牛蛙腓肠肌肌腱 1
（HE 染色，25 倍）

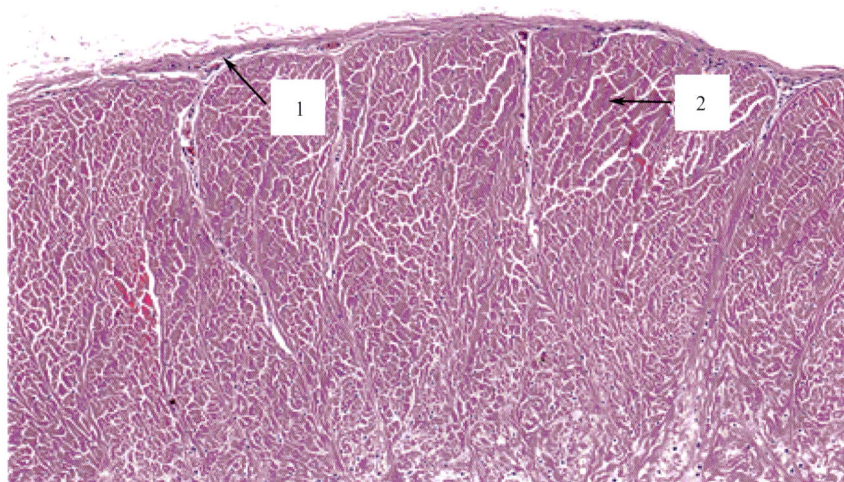

图 2-67
牛蛙腓肠肌肌腱 2
（HE 染色，100 倍）

1—外膜；
2—肌腱

图 2-68
牛蛙腓肠肌肌腱 3
（HE 染色，100 倍）

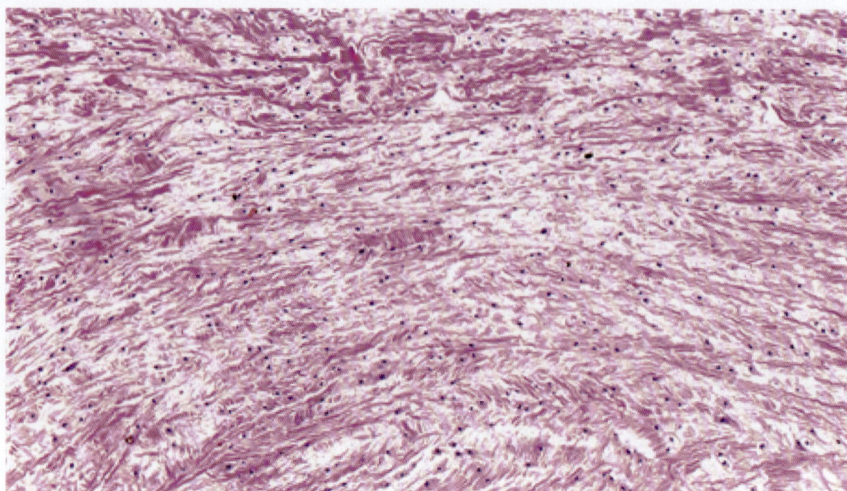

图 2-69
牛蛙腓肠肌肌腱 4
（HE 染色，200 倍）

1—纤维；
2—肌腱细胞

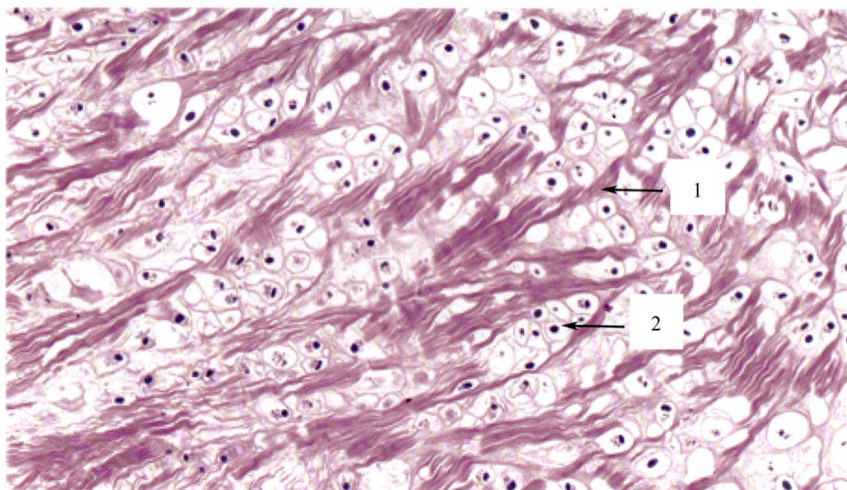

图 2-70
牛蛙腓肠肌肌腱 5
（HE 染色，200 倍）

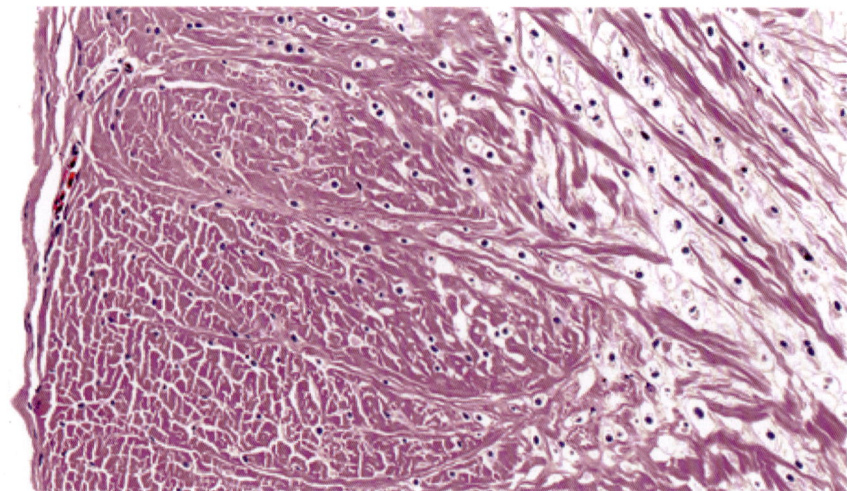

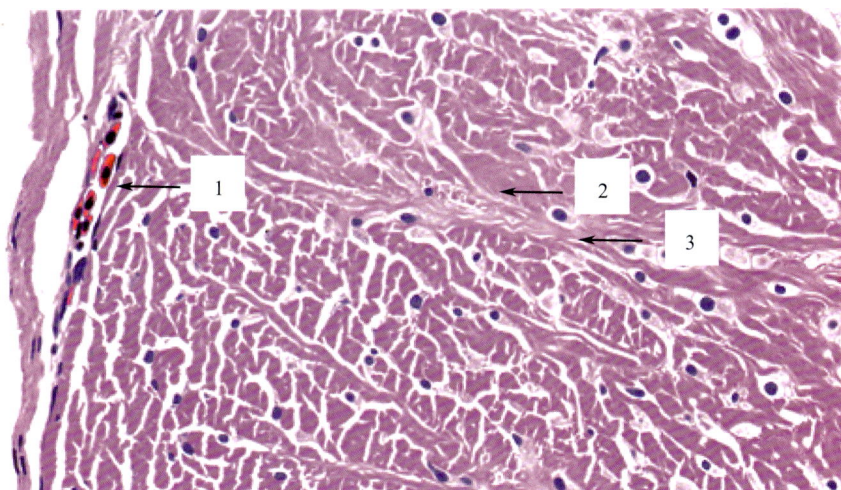

图 2-71
牛蛙腓肠肌肌腱 6
（HE 染色，400 倍）

1—毛细血管；
2—纤维；
3—肌腱

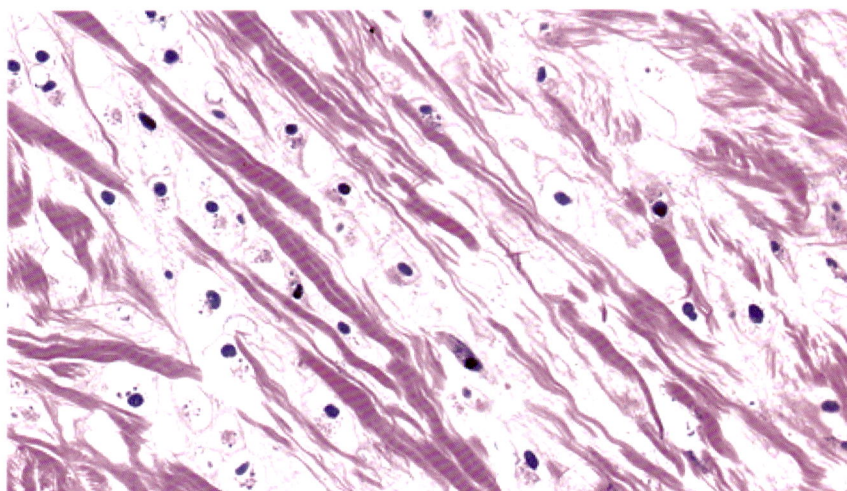

图 2-72
牛蛙腓肠肌肌腱 7
（HE 染色，400 倍）

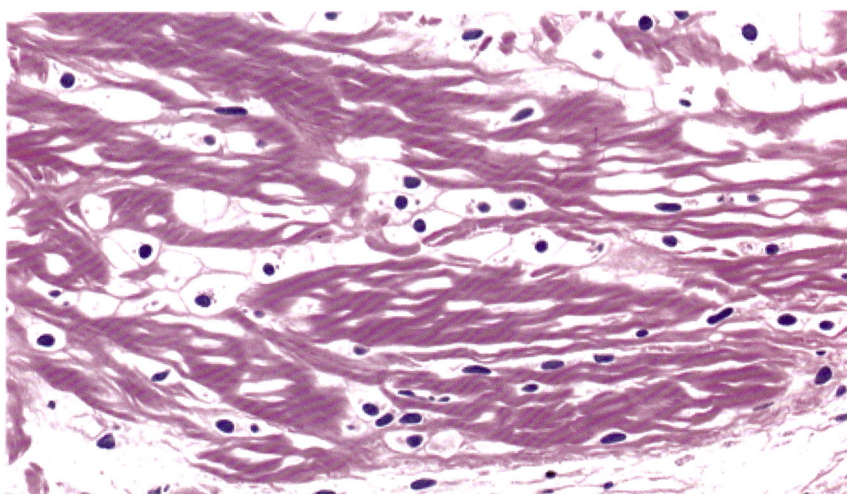

图 2-73
牛蛙腓肠肌肌腱 8
（HE 染色，400 倍）

图 2-74
蟾蜍三头肌横切面 1
（HE 染色，100 倍）

1—毛细血管

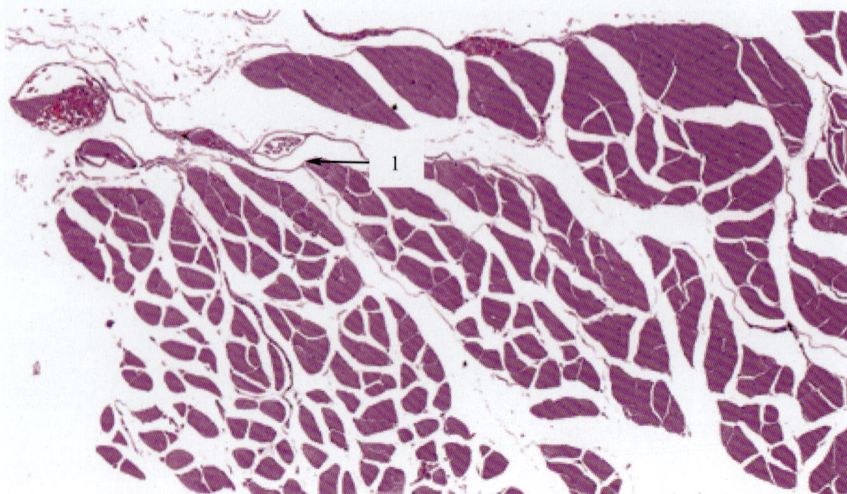

图 2-75
蟾蜍三头肌横切面 2
（HE 染色，100 倍）

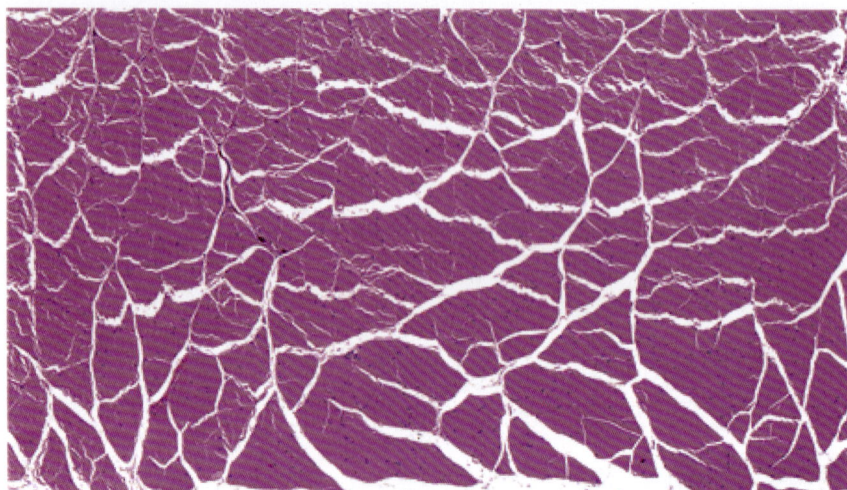

图 2-76
蟾蜍三头肌横切面 3
（HE 染色，100 倍）

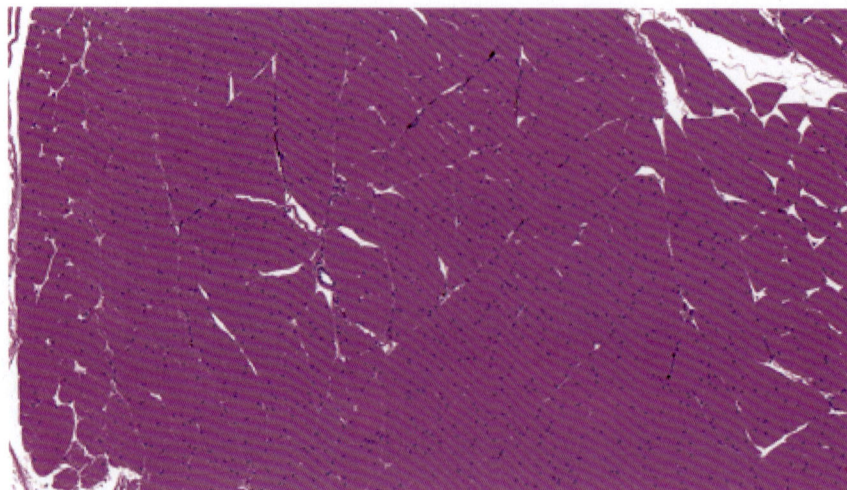

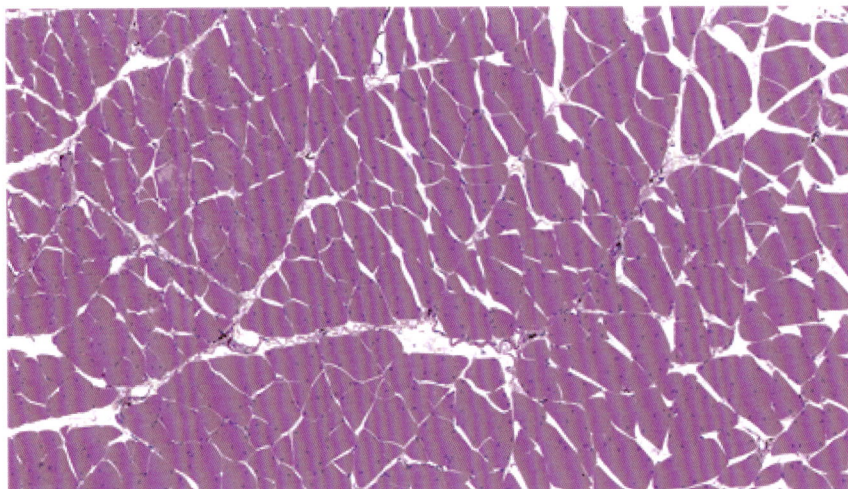

图 2-77
蟾蜍三头肌横切面 4
（HE 染色，100 倍）

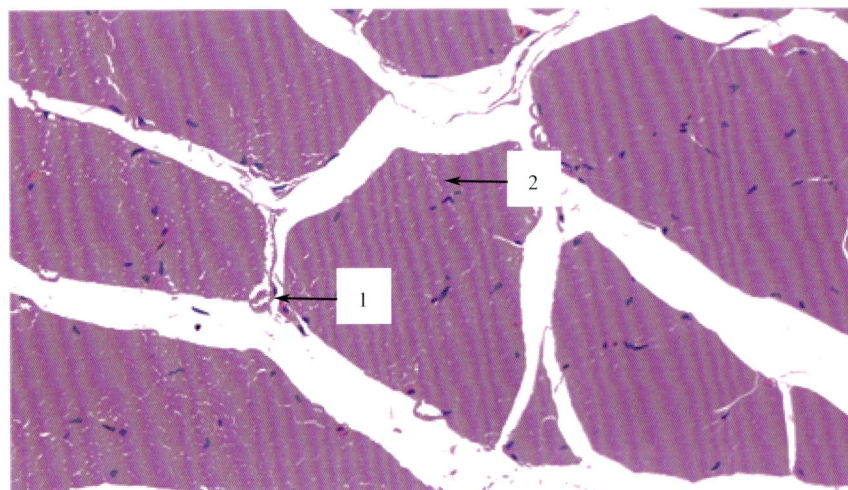

图 2-78
蟾蜍三头肌横切面 5
（HE 染色，400 倍）

1—毛细血管；
2—肌细胞

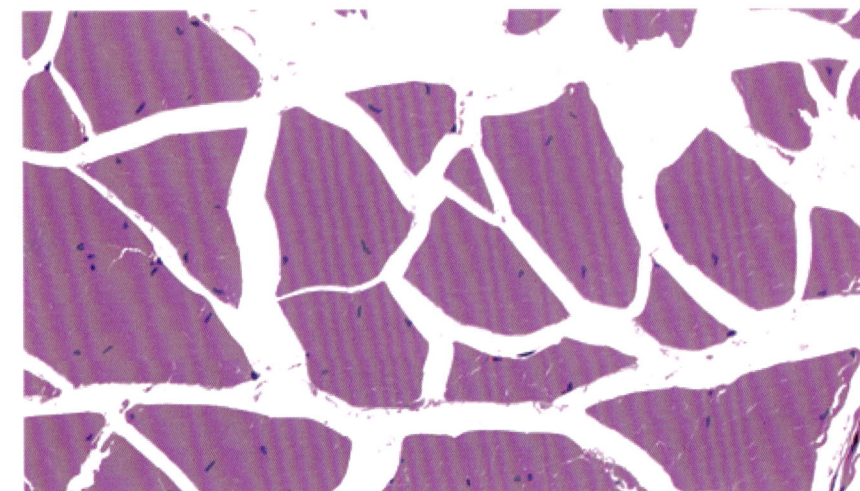

图 2-79
蟾蜍三头肌横切面 6
（HE 染色，400 倍）

图 2-80
蟾蜍三头肌横切面 7
（HE 染色，400 倍）

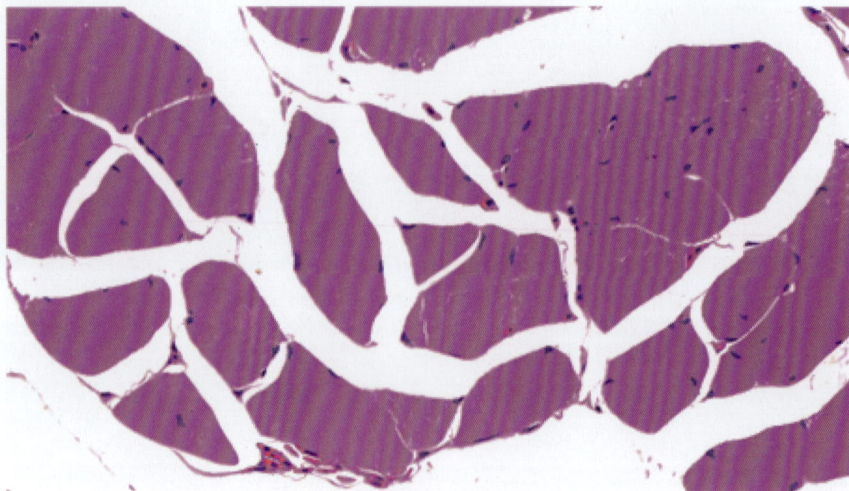

图 2-81
蟾蜍三头肌横切面 8
（HE 染色，400 倍）

1—毛细血管

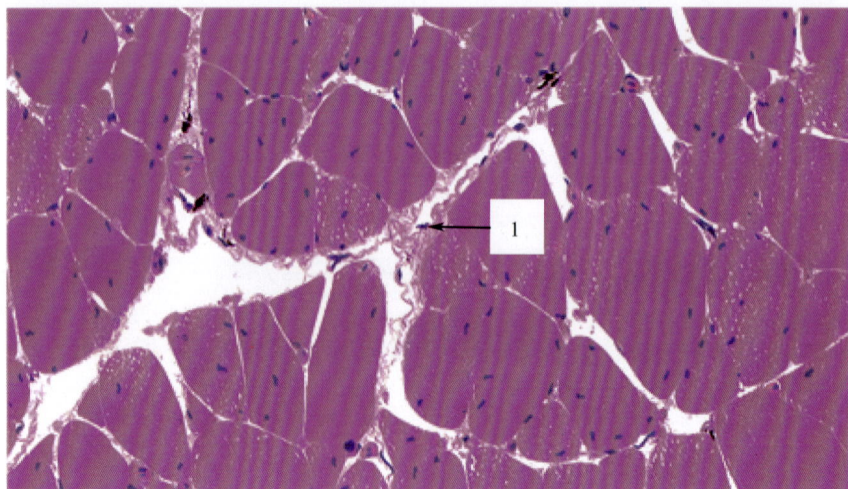

图 2-82
蟾蜍三头肌横切面 9
（HE 染色，400 倍）

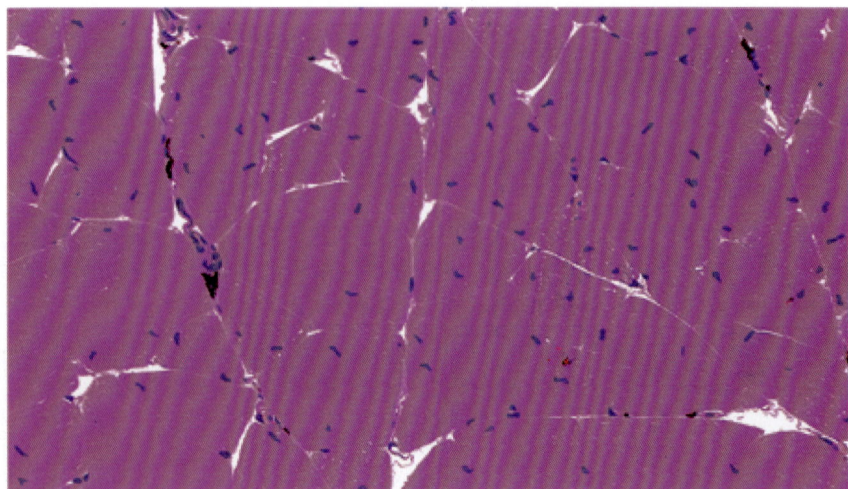

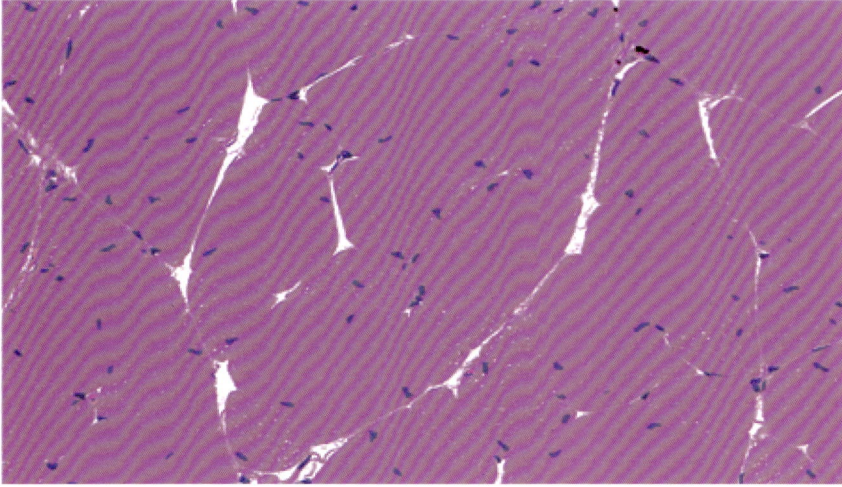

图 2-83
蟾蜍三头肌横切面 10
（HE 染色，400 倍）

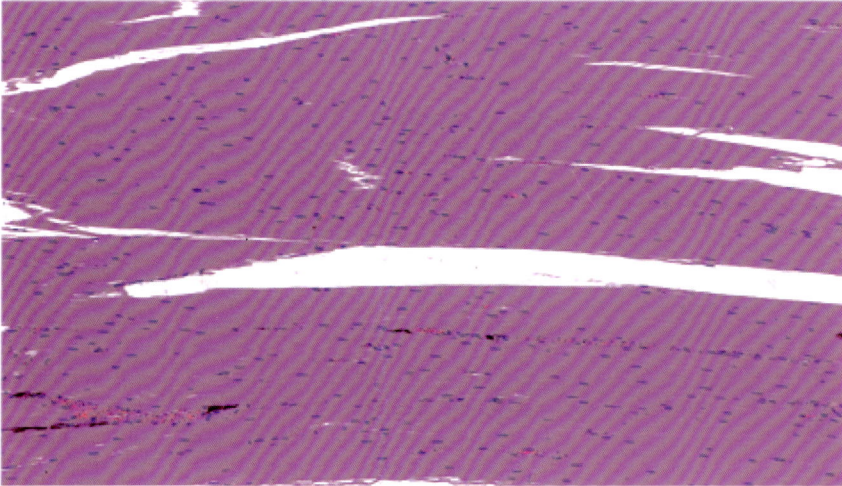

图 2-84
蟾蜍三头肌纵切面 1
（HE 染色，100 倍）

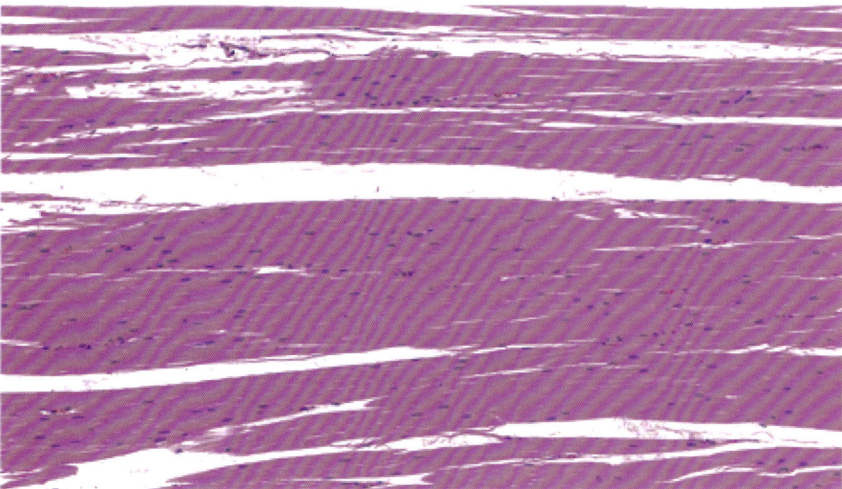

图 2-85
蟾蜍三头肌纵切面 2
（HE 染色，100 倍）

图 2-86
蟾蜍三头肌纵切面 3
（HE 染色，400 倍）

1—成纤维细胞

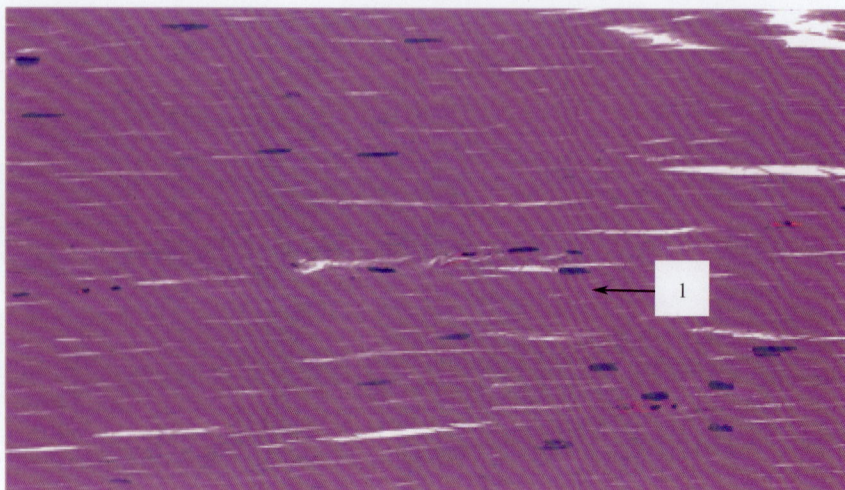

图 2-87
蟾蜍四头肌纵切面 1
（HE 染色，100 倍）

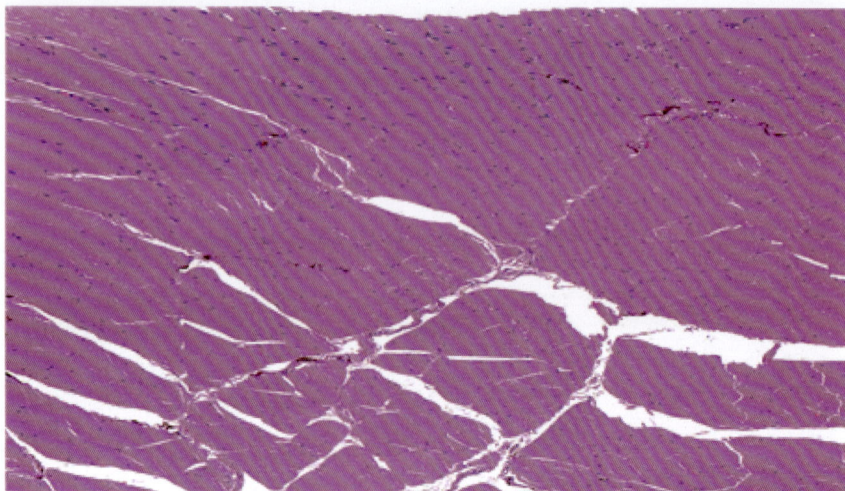

图 2-88
蟾蜍四头肌纵切面 2
（HE 染色，100 倍）

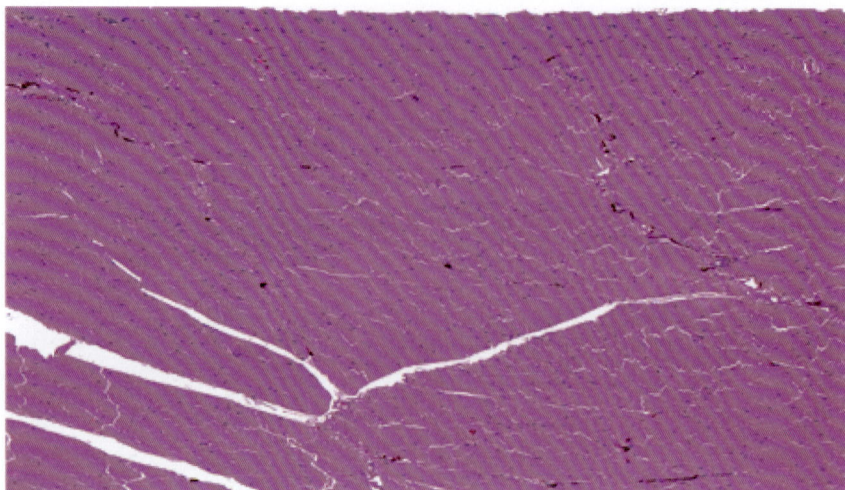

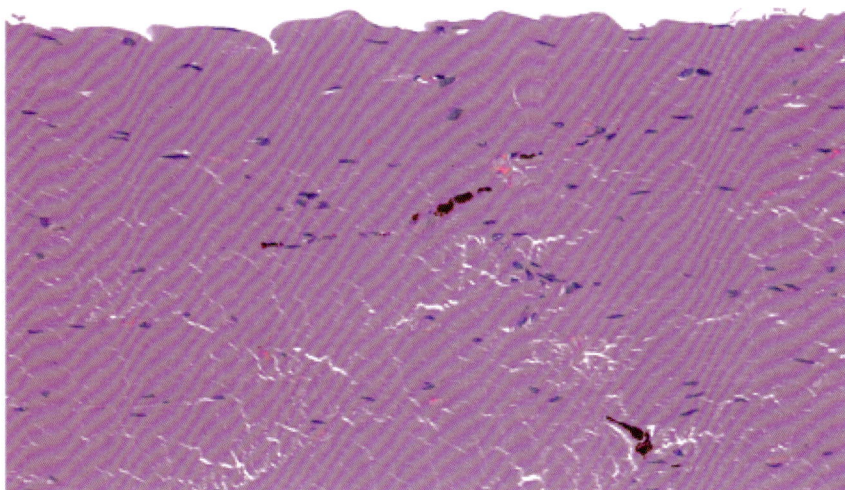

图 2-89
蟾蜍四头肌纵切面 3
（HE 染色，400 倍）

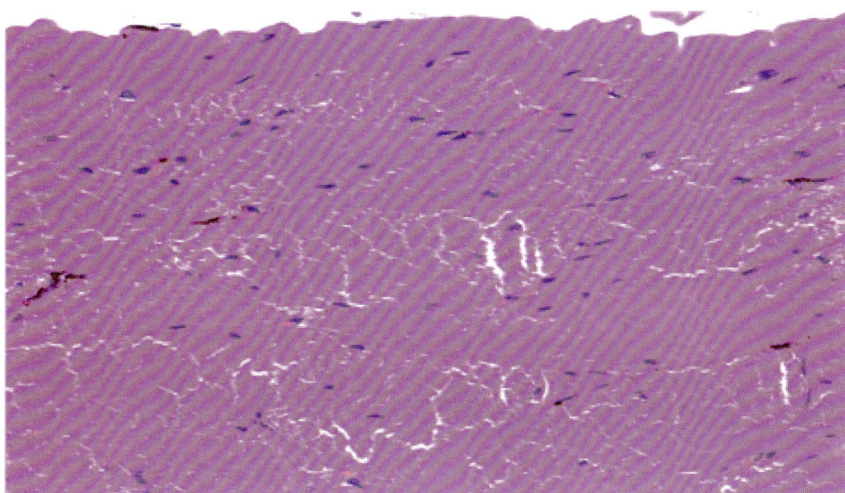

图 2-90
蟾蜍四头肌纵切面 4
（HE 染色，400 倍）

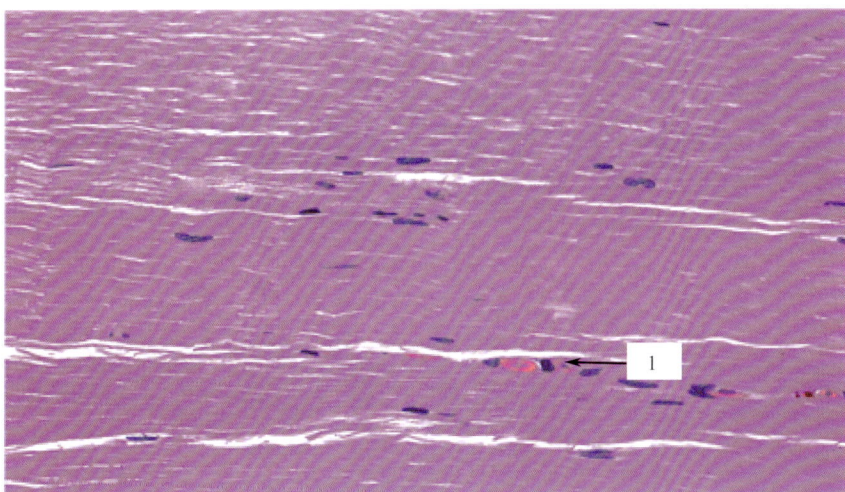

图 2-91
蟾蜍四头肌纵切面 5
（HE 染色，400 倍）

1—毛细血管

图 2-92
蟾蜍腓肠肌横切面 1
（HE 染色，200 倍）

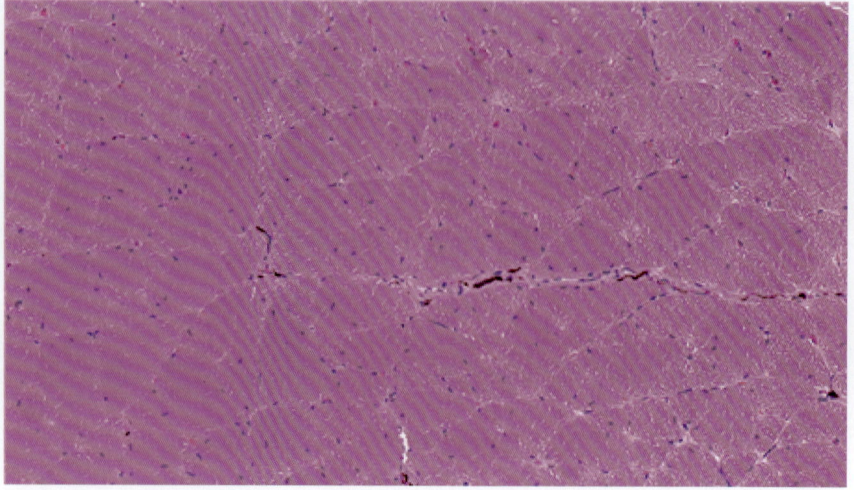

图 2-93
蟾蜍腓肠肌横切面 2
（HE 染色，200 倍）

1—间质

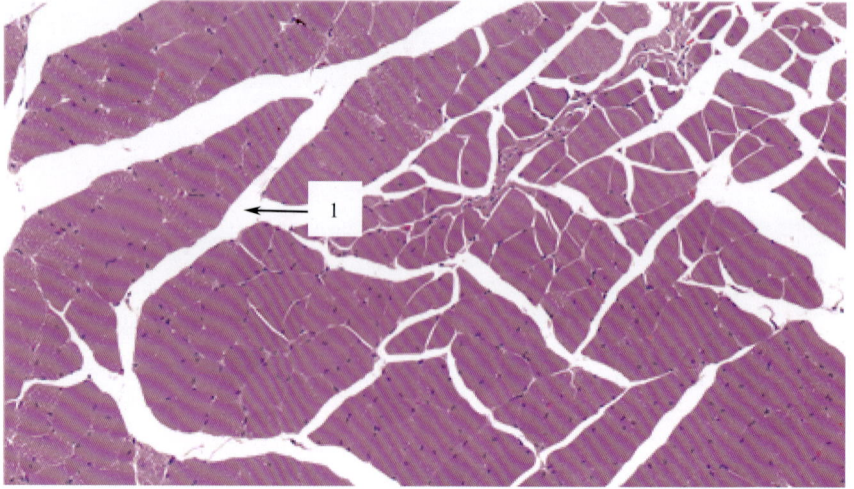

图 2-94
蟾蜍腓肠肌横切面 3
（HE 染色，400 倍）

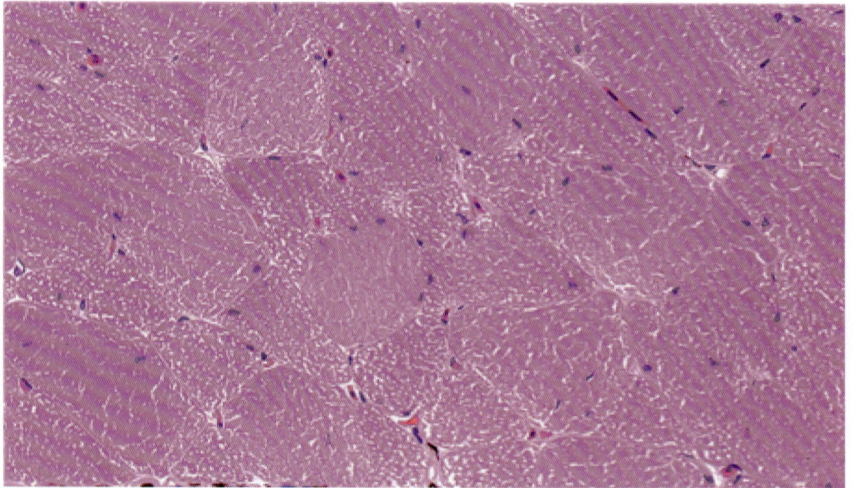

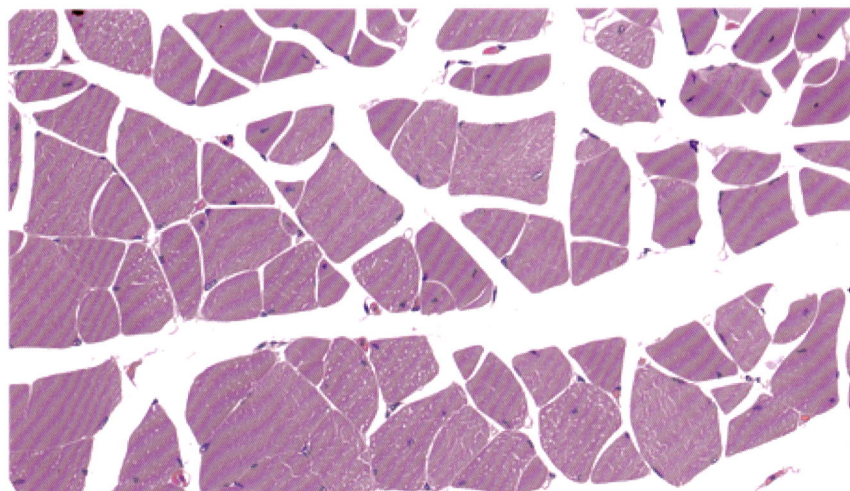

图 2-95
蟾蜍腓肠肌横切面 4
（HE 染色，400 倍）

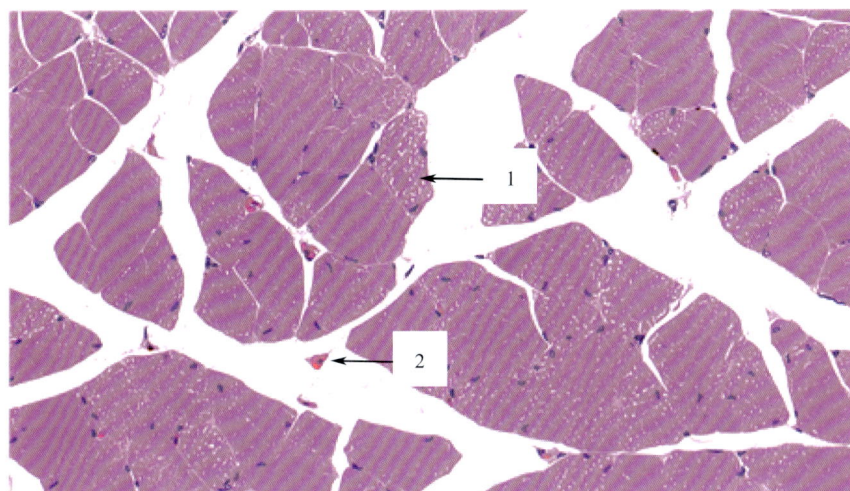

图 2-96
蟾蜍腓肠肌横切面 5
（HE 染色，400 倍）

1—肌细胞；
2—毛细血管

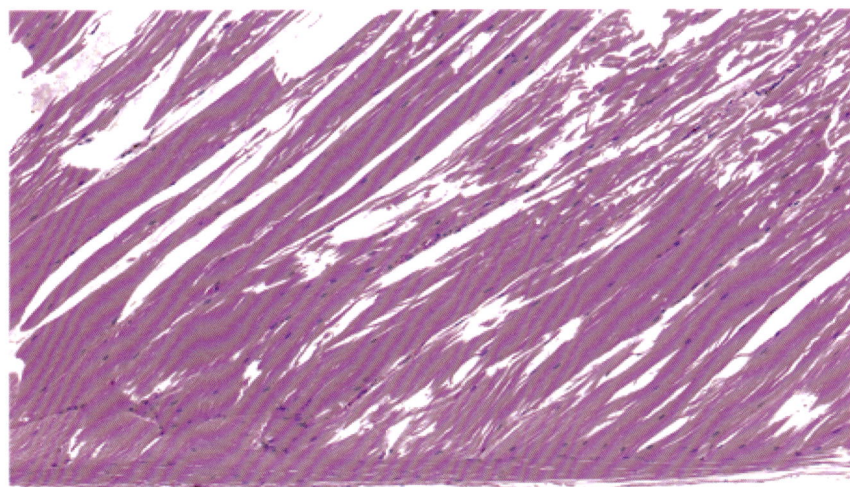

图 2-97
蟾蜍腓肠肌纵切面 1
（HE 染色，100 倍）

图 2-98
蟾蜍腓肠肌纵切面 2
（HE 染色，400 倍）

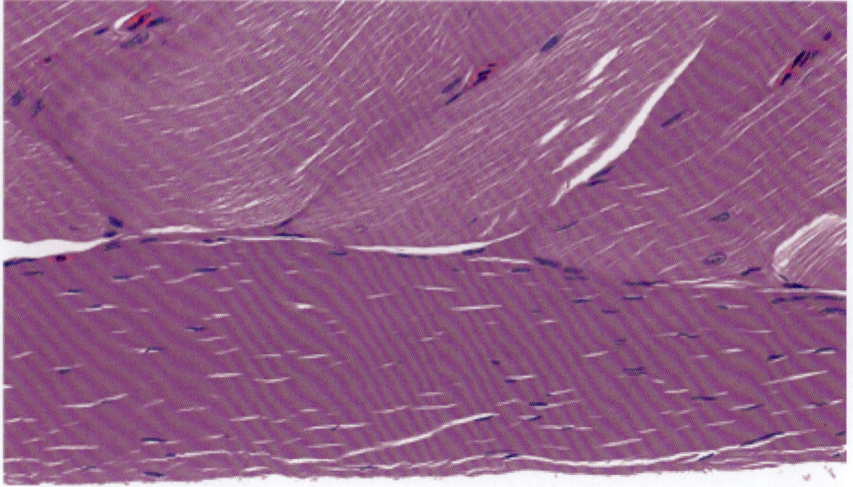

图 2-99
蟾蜍腓肠肌纵切面 3
（HE 染色，400 倍）

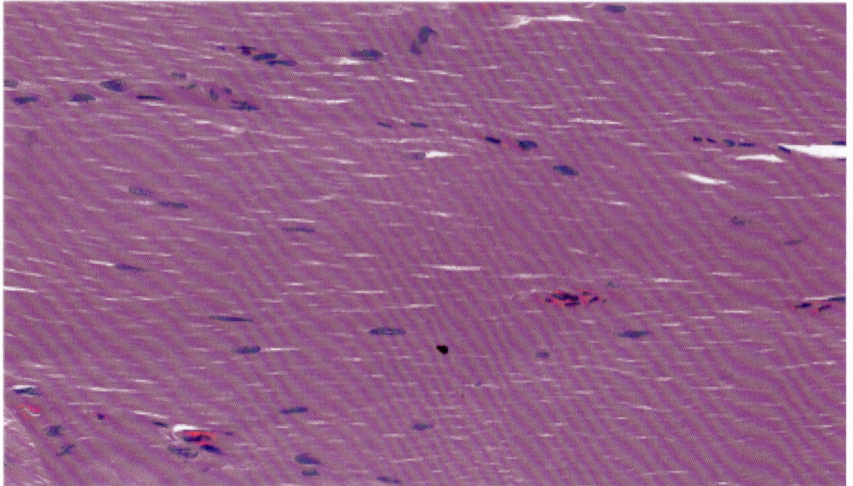

图 2-100
蟾蜍腓肠肌纵切面 4
（HE 染色，400 倍）

1—毛细血管

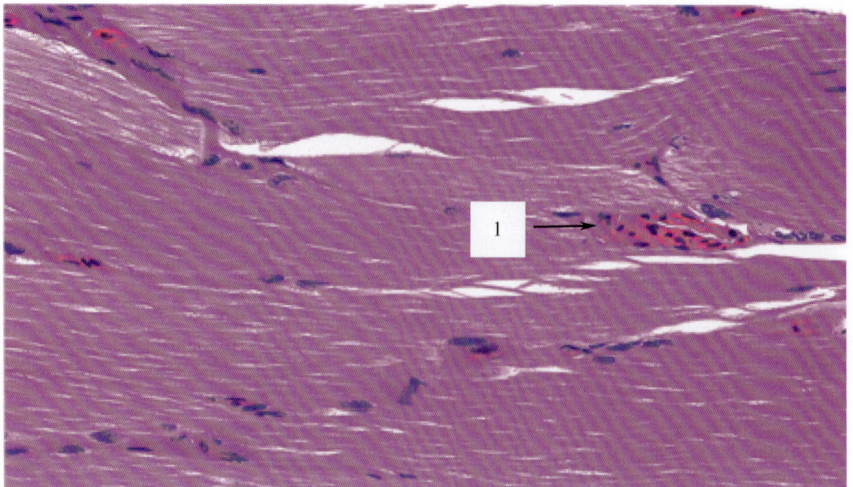

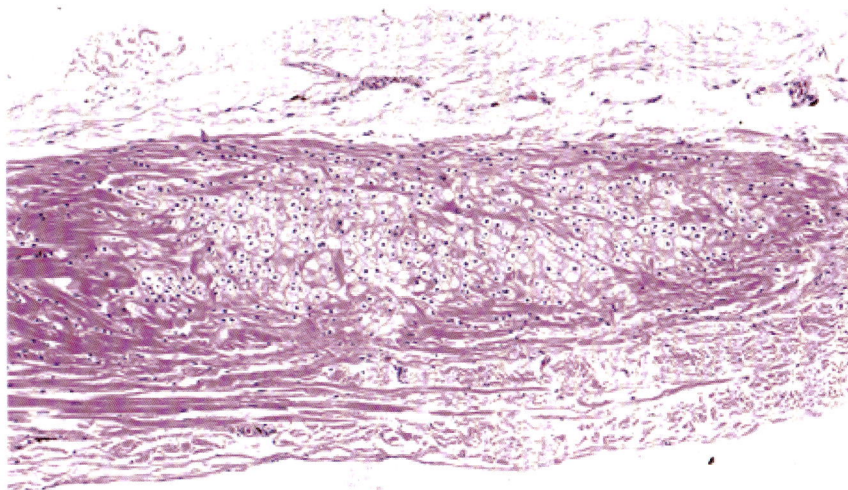

图 2-101
蟾蜍腓肠肌腱 1
（HE 染色，100 倍）

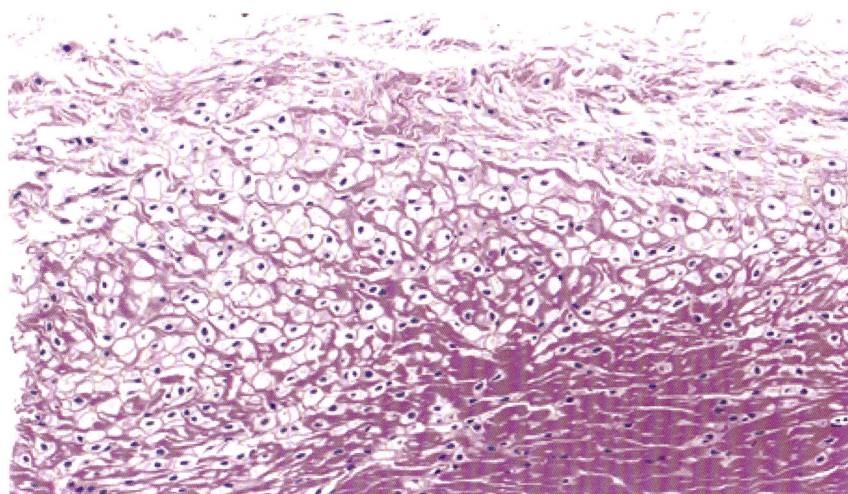

图 2-102
蟾蜍腓肠肌腱 2
（HE 染色，200 倍）

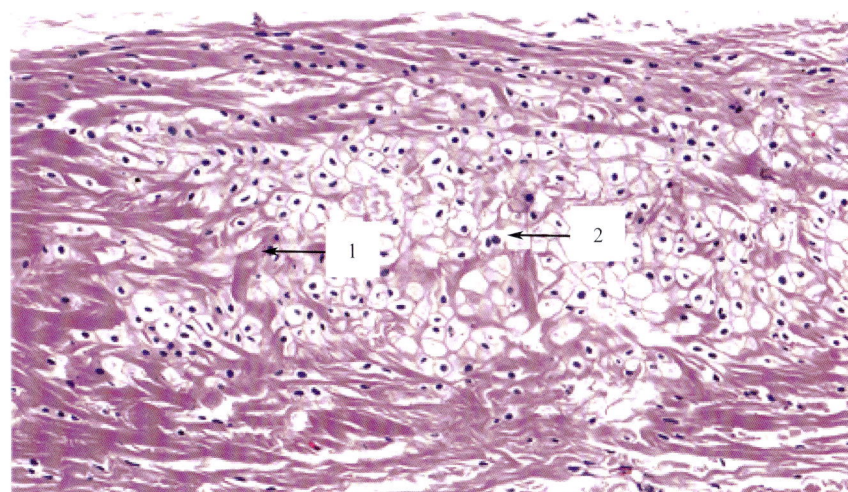

图 2-103
蟾蜍腓肠肌腱 3
（HE 染色，200 倍）

1—纤维；
2—肌腱细胞

图 2-104
蟾蜍腓肠肌腱 4
（HE 染色，400 倍）

1—纤维；
2—肌腱细胞

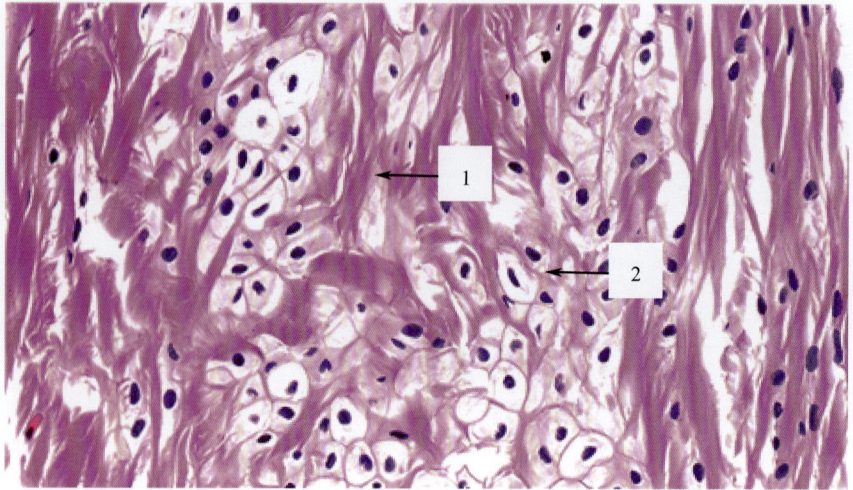

图 2-105
蟾蜍腓肠肌腱 5
（HE 染色，400 倍）

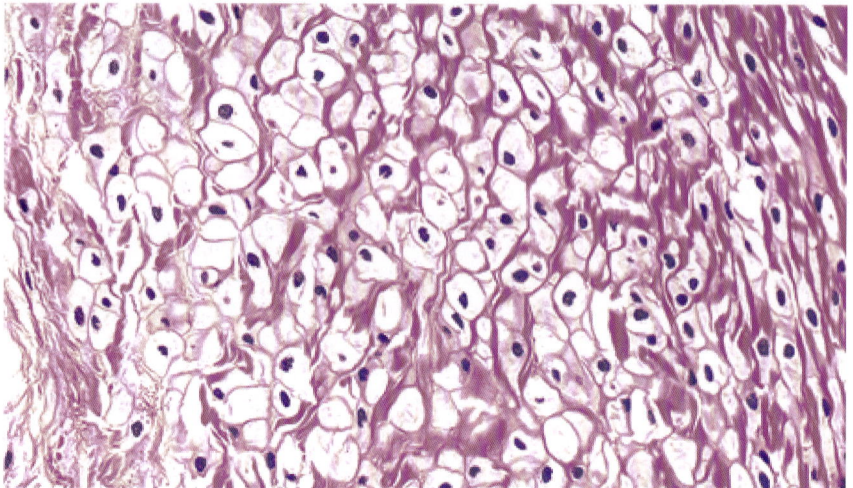

图 2-106
蟾蜍腓肠肌腱 6
（HE 染色，400 倍）

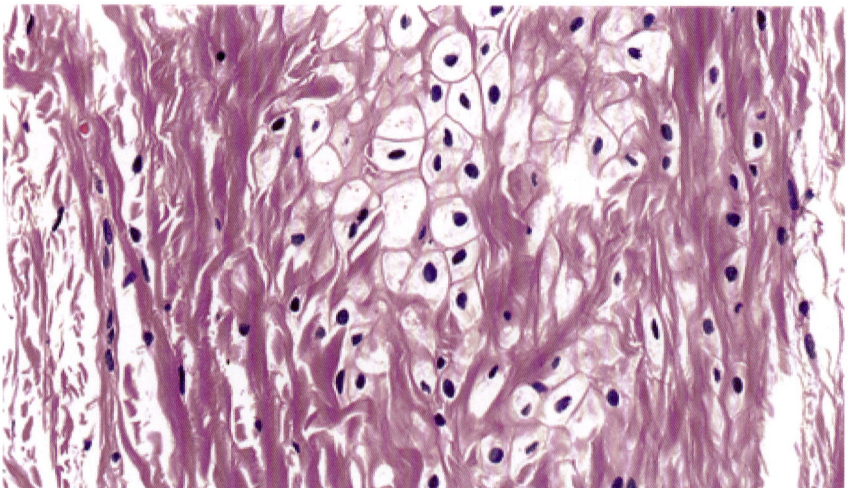

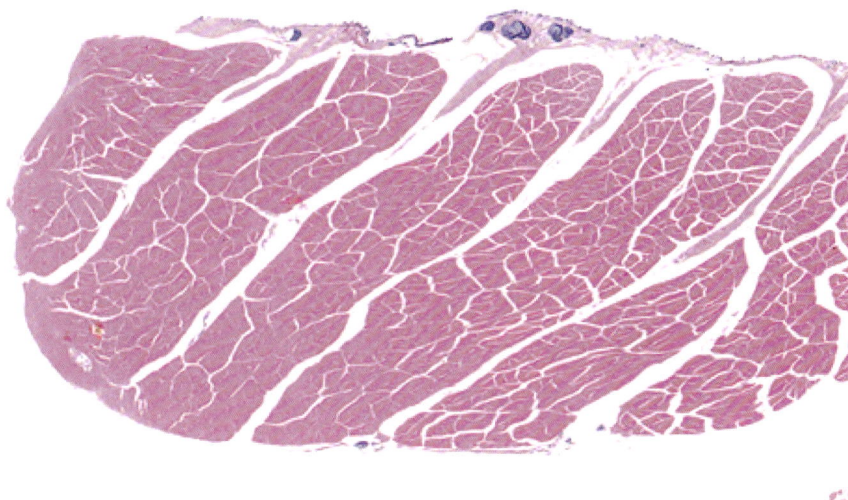

图 2-107
日本沼虾虾体肌横切面 1
（HE 染色，40 倍）

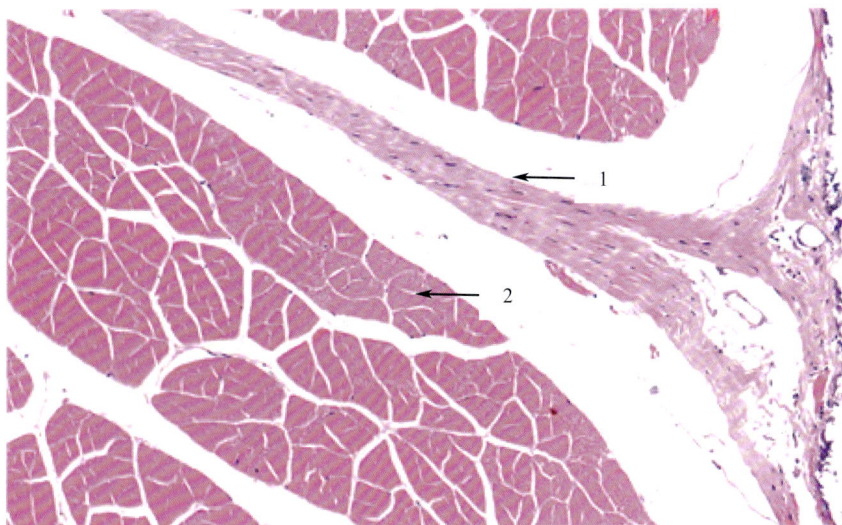

图 2-108
日本沼虾虾体肌横切面 2
（HE 染色，200 倍）

1—肌束膜；
2—肌细胞

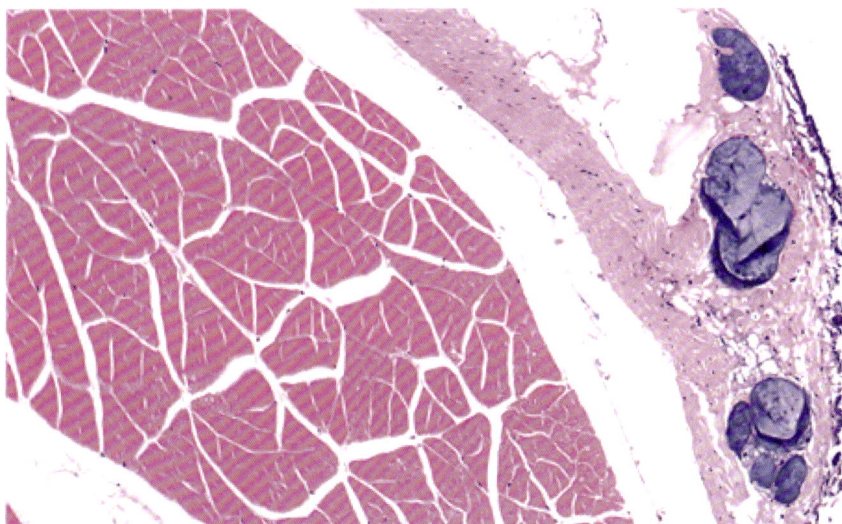

图 2-109
日本沼虾虾体肌横切面 3
（HE 染色，200 倍）

图 2-110
日本沼虾虾体肌横切面 4
（HE 染色，400 倍）

1—肌细胞；
2—毛细血管

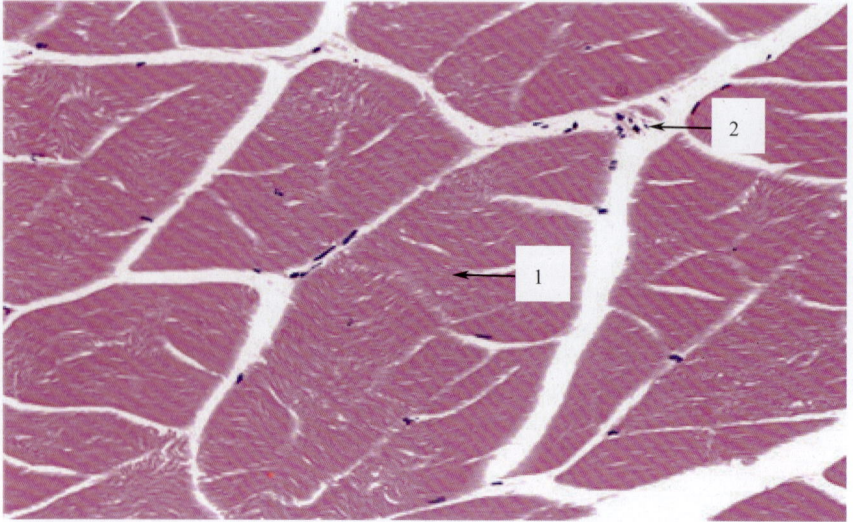

图 2-111
日本沼虾虾体肌横切面 5
（HE 染色，400 倍）

1—肌束膜

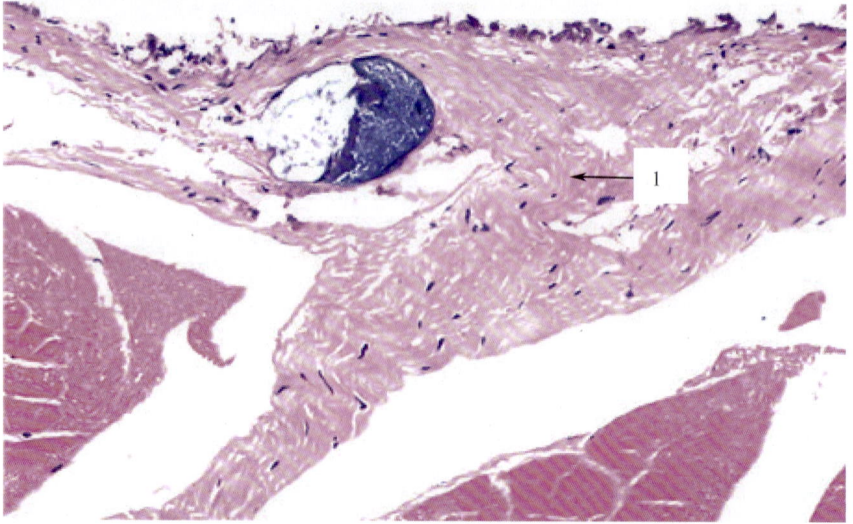

图 2-112
日本沼虾虾体肌横切面 6
（HE 染色，400 倍）

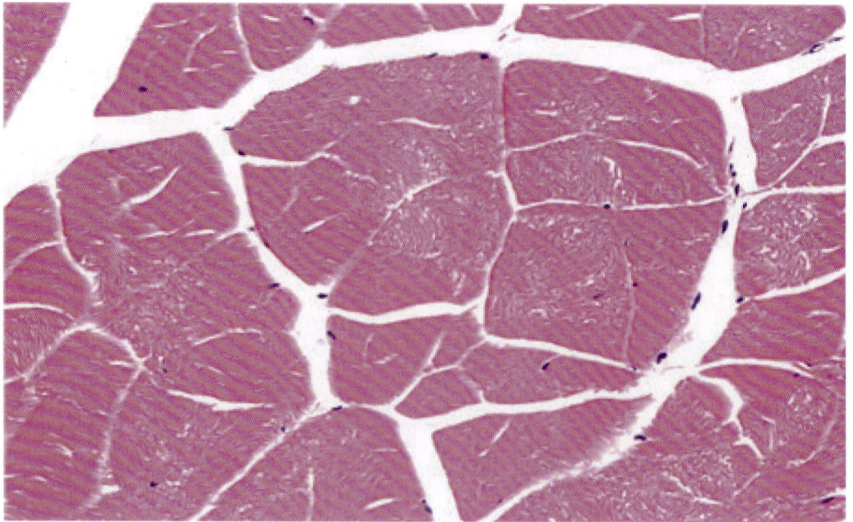

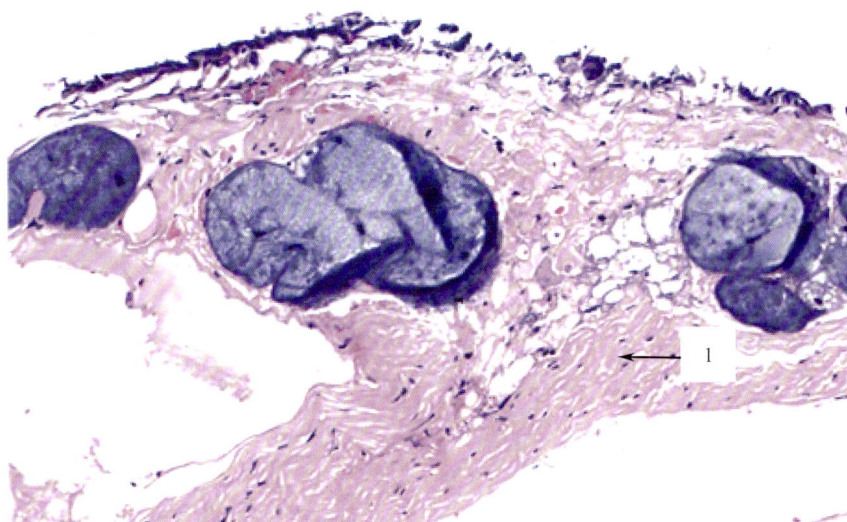

图 2-113
日本沼虾虾体肌横切面 7
（HE 染色，400 倍）

1—肌外膜

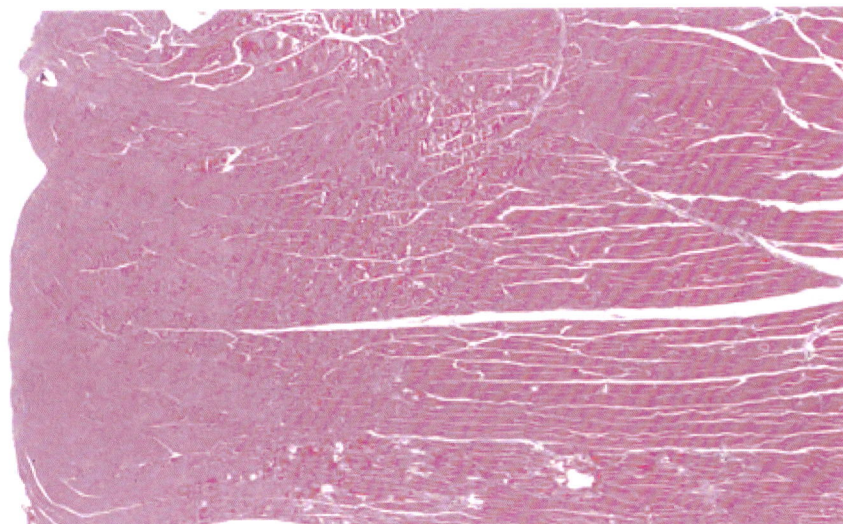

图 2-114
日本沼虾虾体肌纵切面 1
（HE 染色，40 倍）

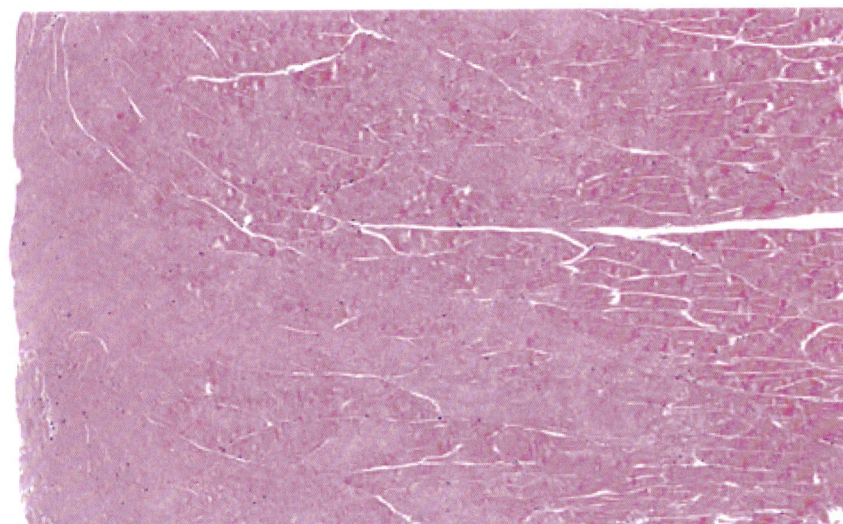

图 2-115
日本沼虾虾体肌纵切面 2
（HE 染色，100 倍）

图 2-116
日本沼虾虾体肌纵切面 3
（HE 染色，100 倍）

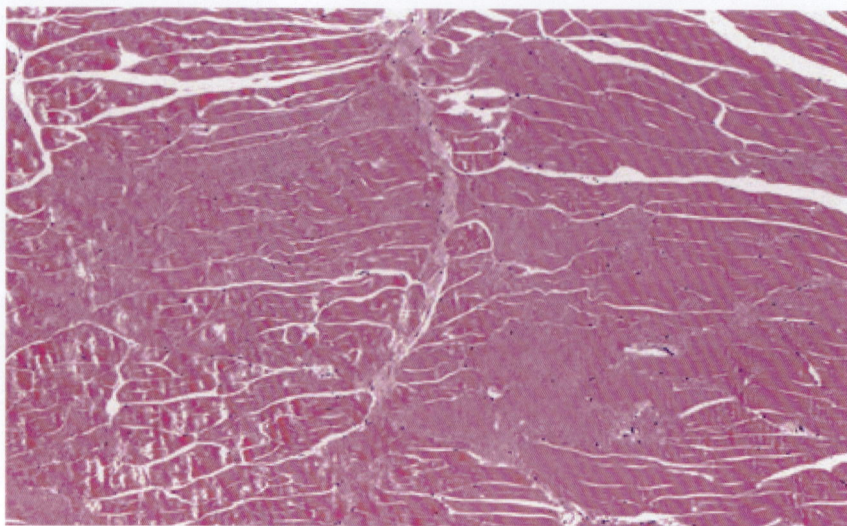

图 2-117
日本沼虾虾体肌纵切面 4
（HE 染色，200 倍）

1—毛细血管；
2—肌细胞

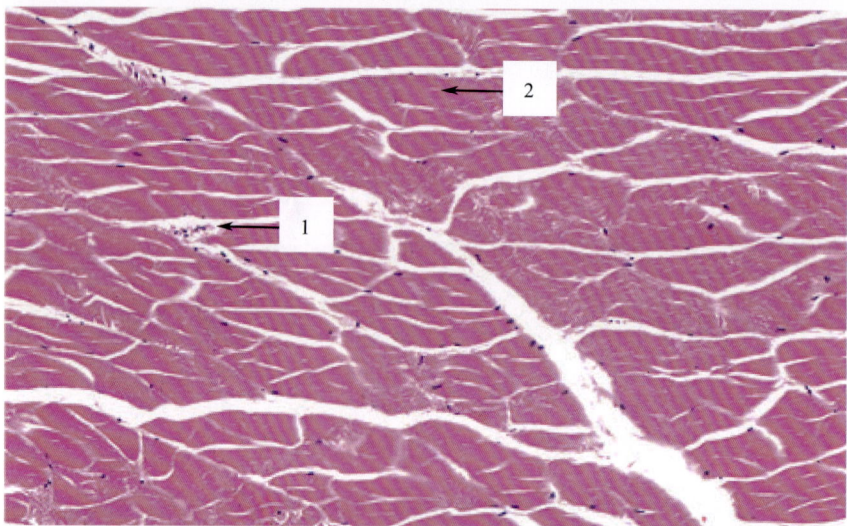

图 2-118
日本沼虾虾体肌纵切面 5
（HE 染色，200 倍）

1—肌细胞

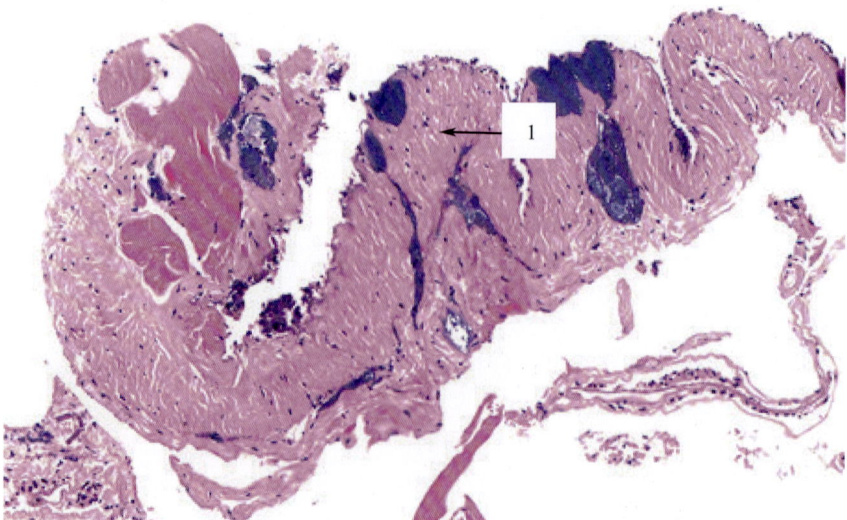

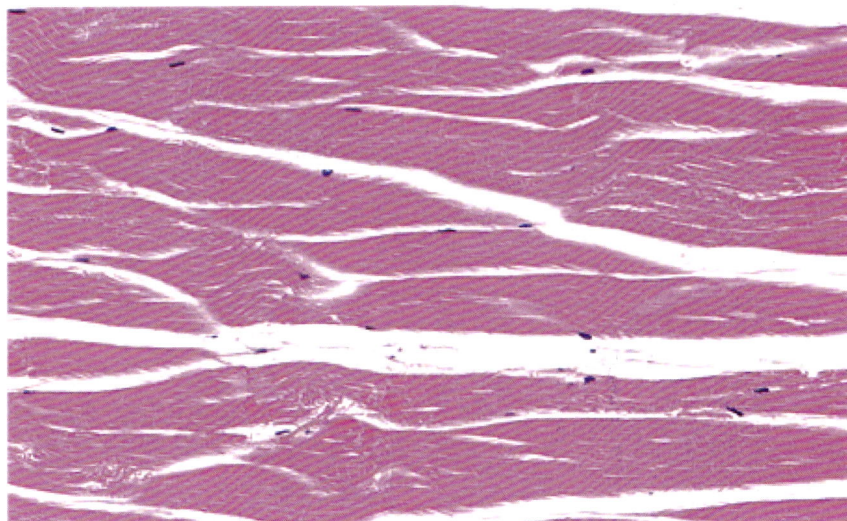

图 2-119
日本沼虾虾体肌纵
切面 6
（HE 染色，400 倍）

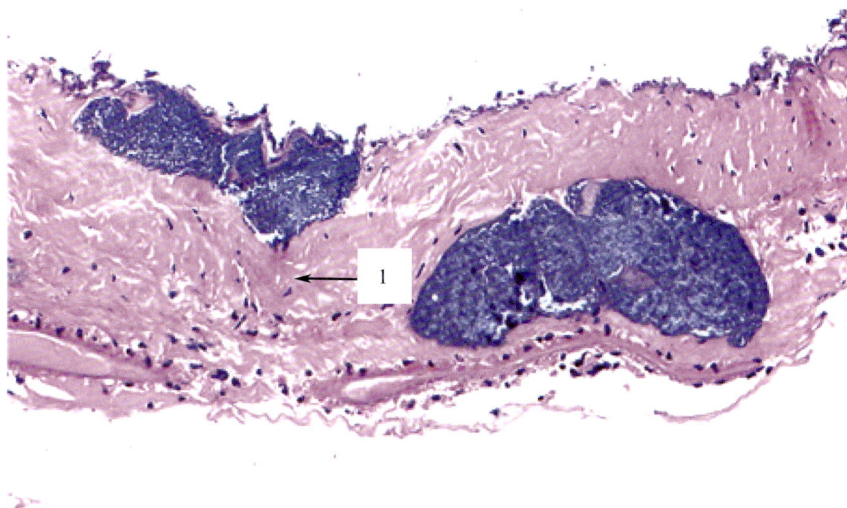

图 2-120
日本沼虾虾体肌纵
切面 7
（HE 染色，400 倍）

1—肌束膜

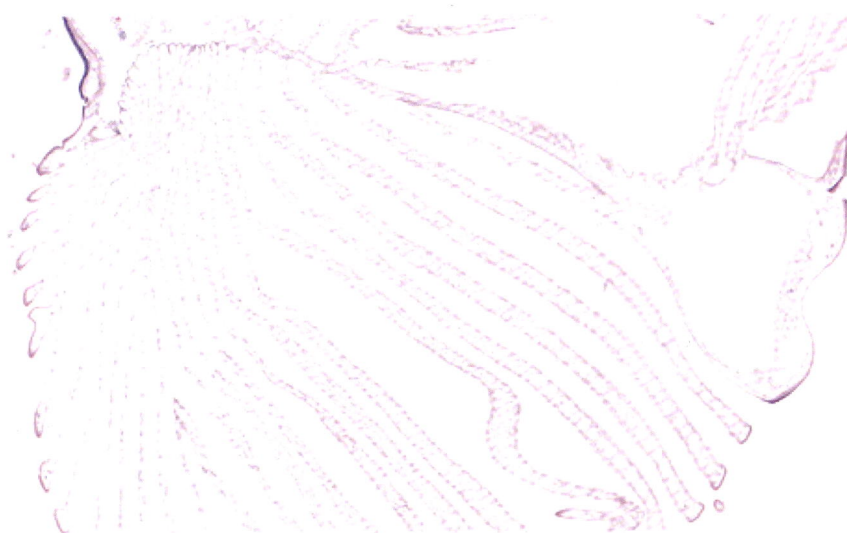

图 2-121
中华绒螯中华绒螯蟹体
肌横切面 1
（HE 染色，40 倍）

图 2-122
中华绒螯蟹体肌横切面 2
（HE 染色，100 倍）

1—蟹体肌

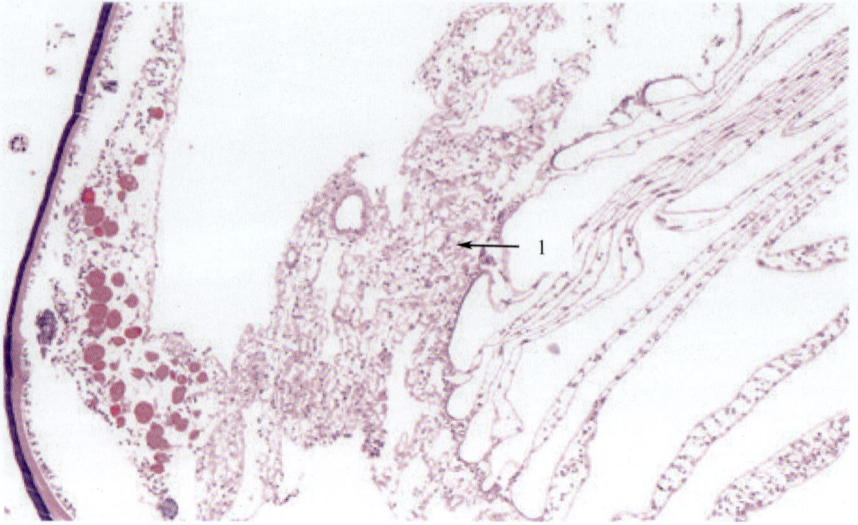

图 2-123
中华绒螯蟹体肌横切面 3
（HE 染色，100 倍）

1—蟹体肌束

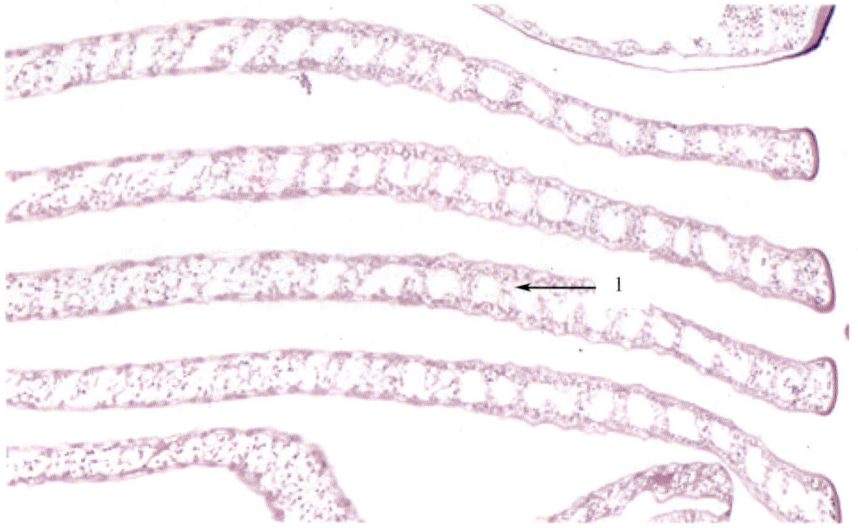

图 2-124
中华绒螯蟹体肌横切面 4
（HE 染色，400 倍）

1—蟹体肌束

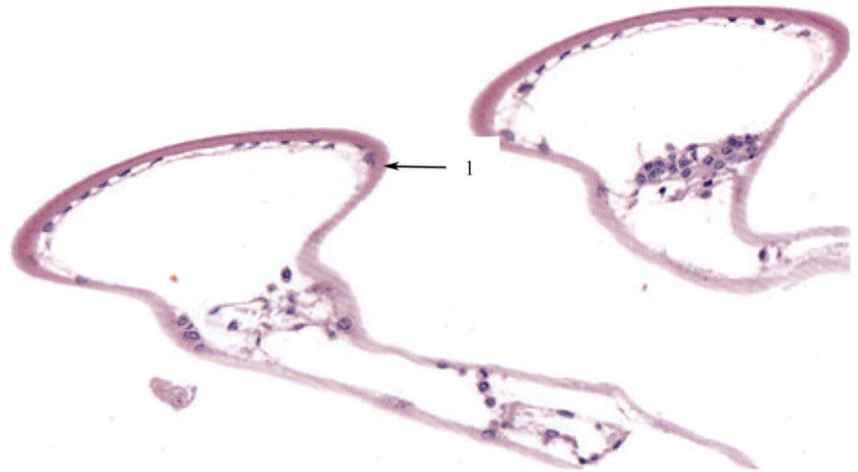

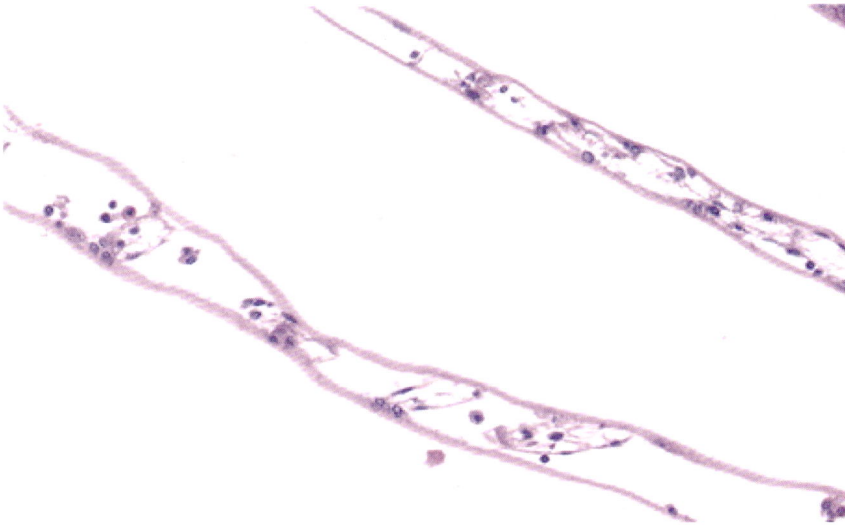

图 2-125
中华绒螯蟹体肌横切面 5
（HE 染色，400 倍）

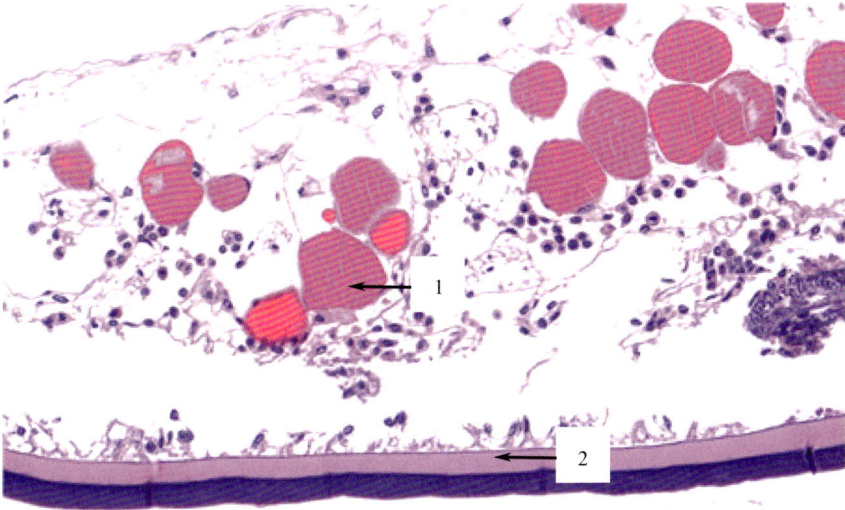

图 2-126
中华绒螯蟹体肌横切面 6
（HE 染色，400 倍）

1—蟹体肌；
2—蟹体肌束膜

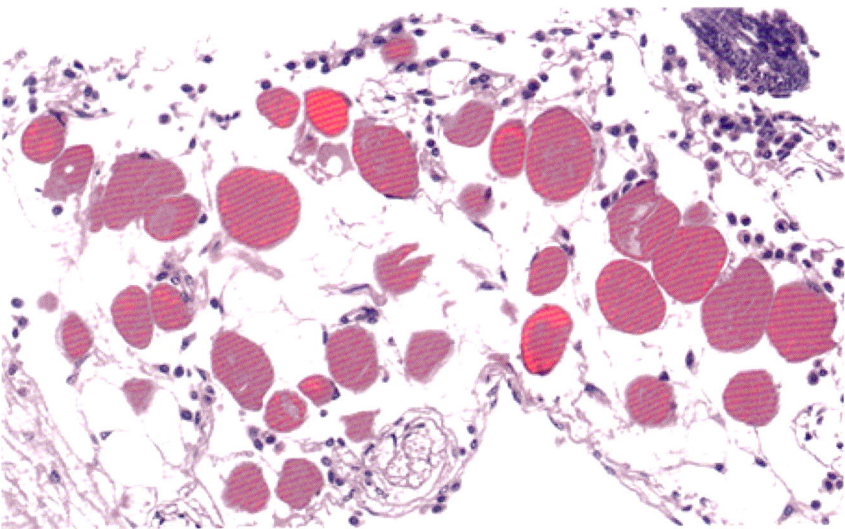

图 2-127
中华绒螯蟹体肌横切面 7
（HE 染色，400 倍）

图 2-128
中华绒螯蟹体肌横切面 8
（HE 染色，400 倍）

1—蟹体肌束

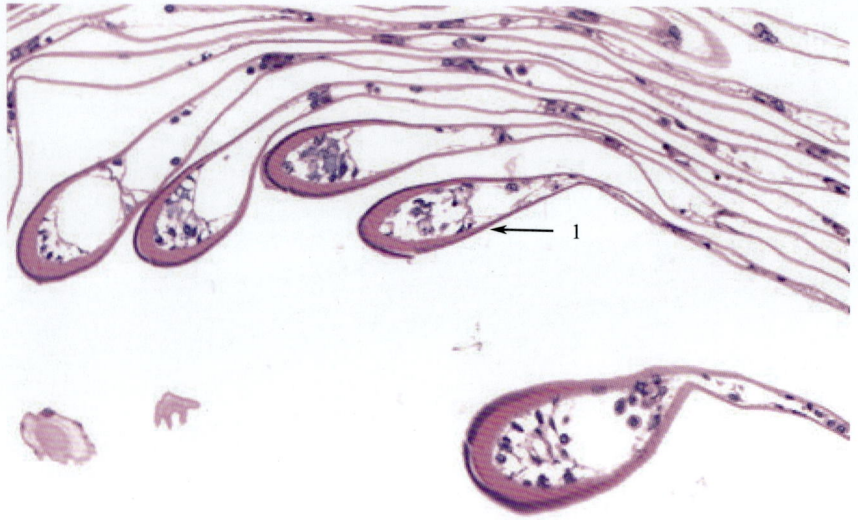

图 2-129
中华绒螯蟹体肌纵切面 1
（HE 染色，50 倍）

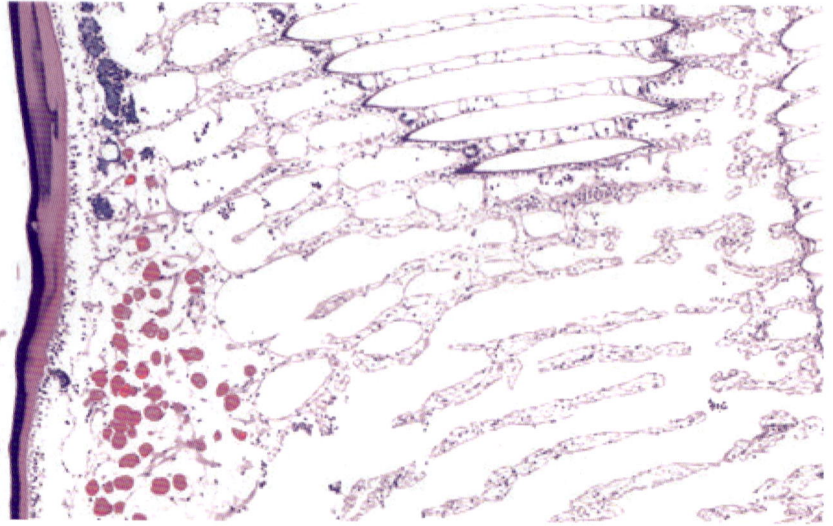

图 2-130
中华绒螯中华绒螯蟹体肌纵切面 2
（HE 染色，50 倍）

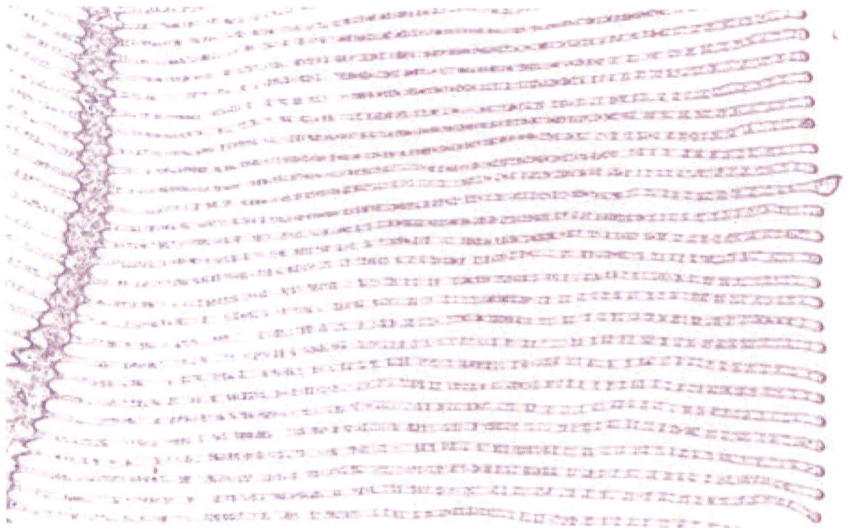

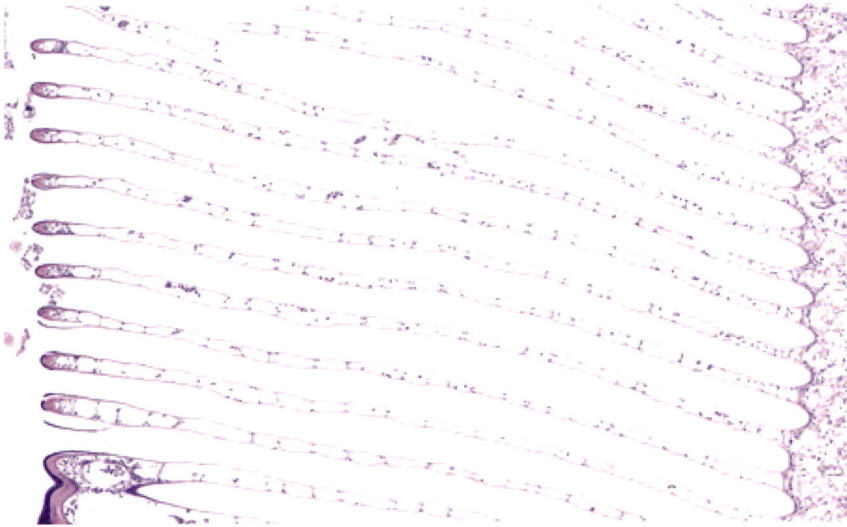

图 2-131
中华绒螯蟹体肌纵
切面 3
（HE 染色，100 倍）

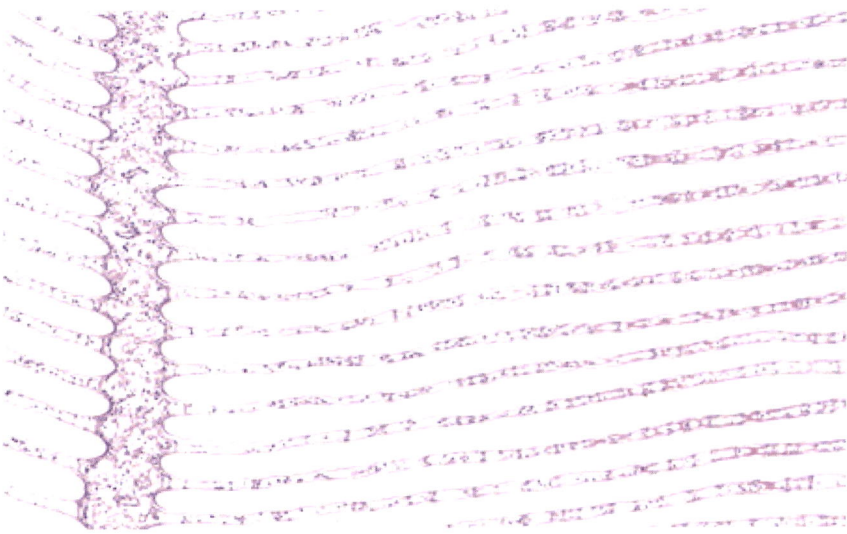

图 2-132
中华绒螯蟹体肌纵
切面 4
（HE 染色，100 倍）

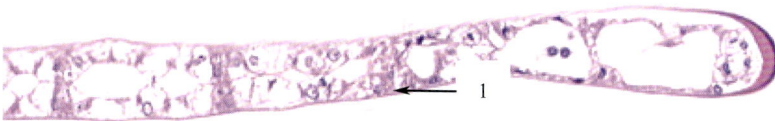

图 2-133
中华绒螯蟹体肌纵
切面 5
（HE 染色，400 倍）

1—蟹体肌束

图 2-134
中华绒螯蟹体肌纵切
面 6
（HE 染色，400 倍）

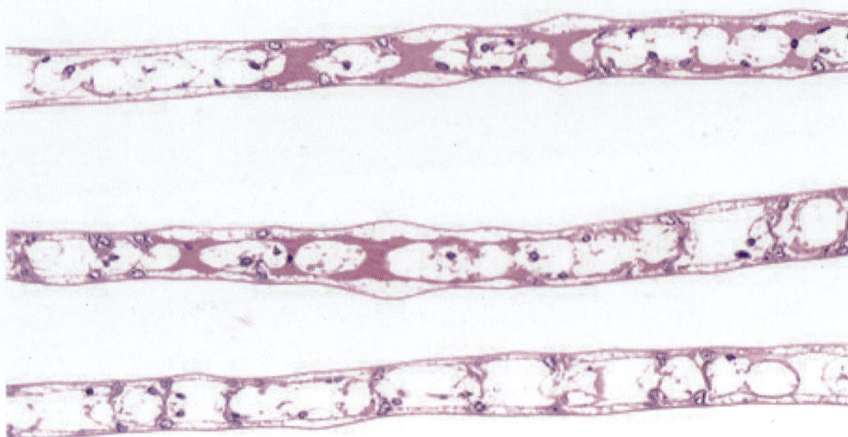

图 2-135
中华绒螯蟹体肌纵切
面 7
（HE 染色，400 倍）

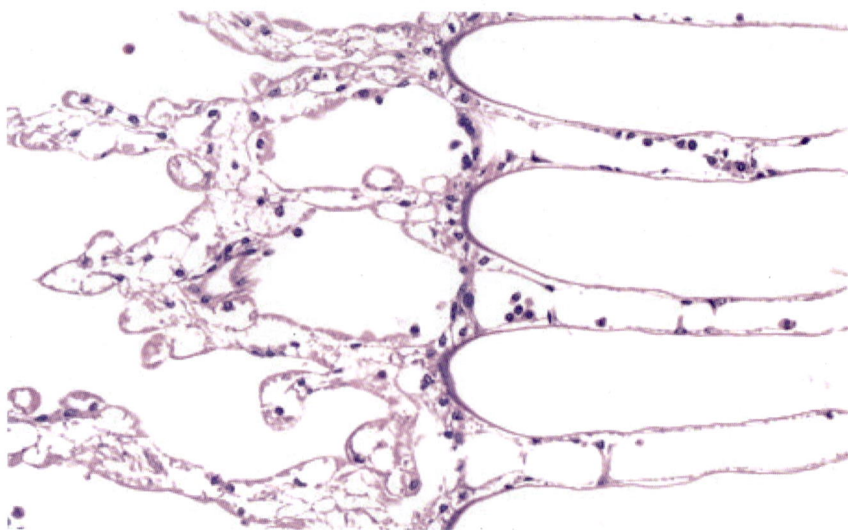

图 2-136
中华绒螯蟹体肌纵切
面 8
（HE 染色，400 倍）

1—蟹体肌束

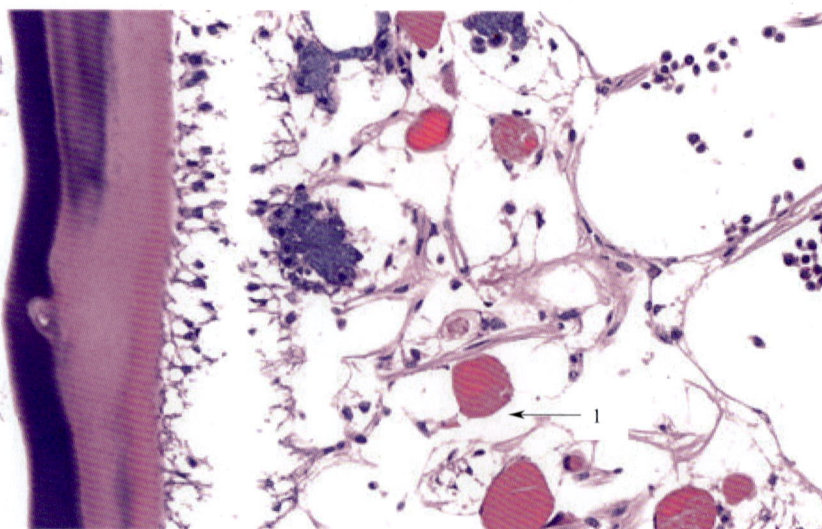

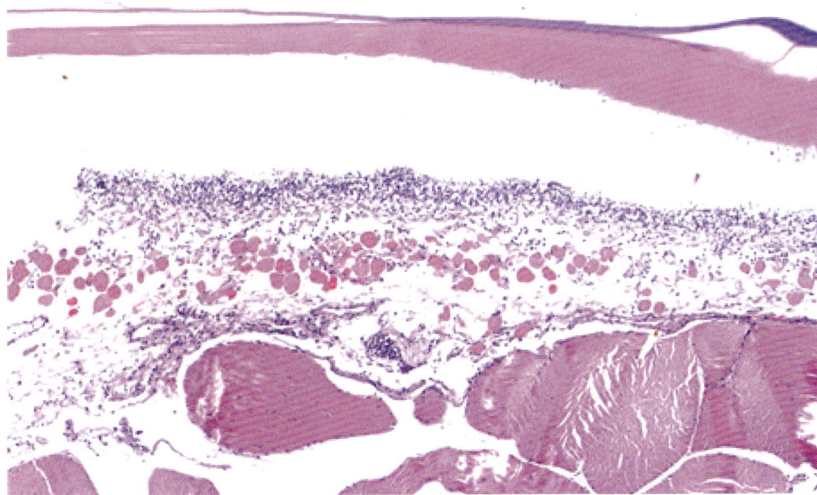

图 2-137
**中华绒螯蟹螯肌横切
面 1**
（HE 染色，100 倍）

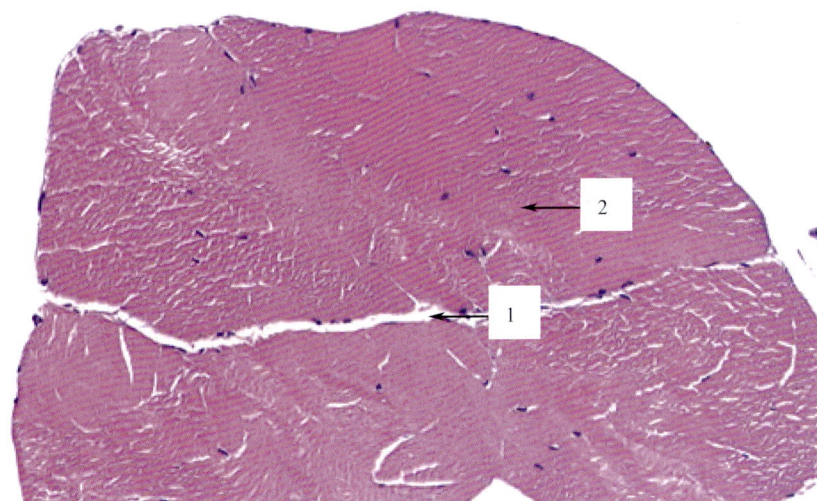

图 2-138
**中华绒螯蟹螯肌横切
面 2**
（HE 染色，400 倍）

1—蟹体肌束膜；
2—蟹体肌细胞

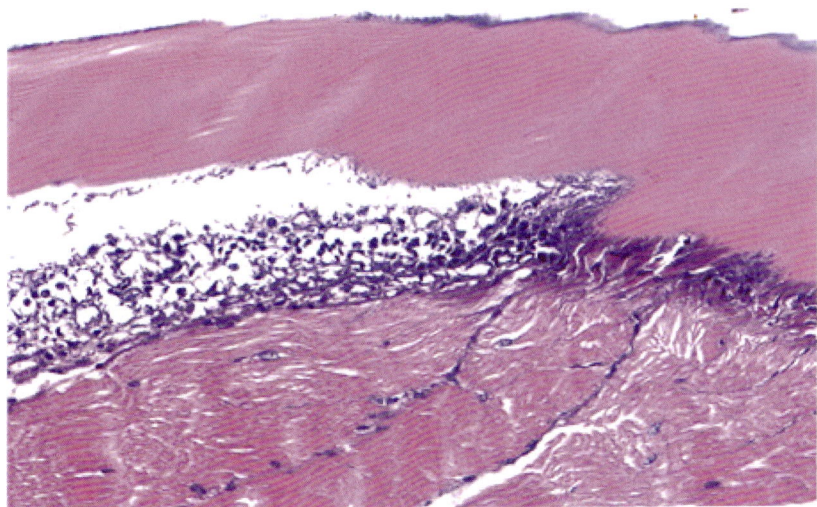

图 2-139
**中华绒螯蟹螯肌横切
面 3**
（HE 染色，400 倍）

图 2-140
中华绒螯蟹螯肌横切面 4
（HE 染色，400 倍）

1—间质

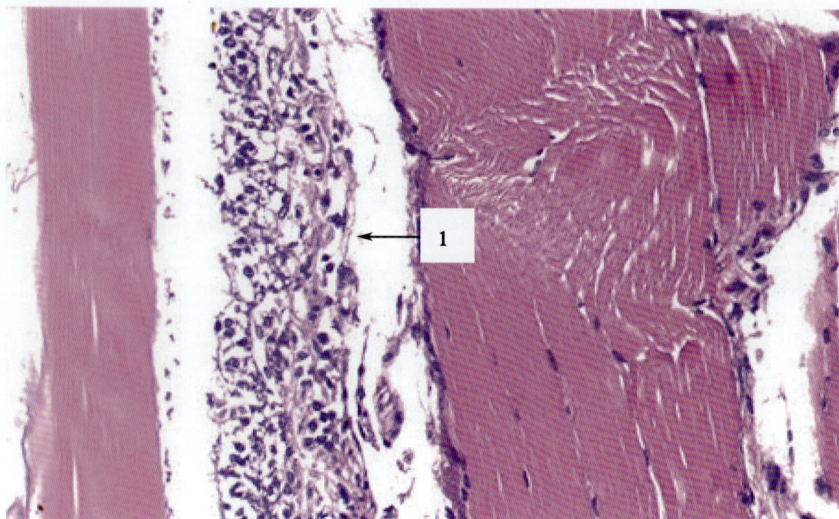

图 2-141
中华绒螯蟹螯肌横切面 5
（HE 染色，400 倍）

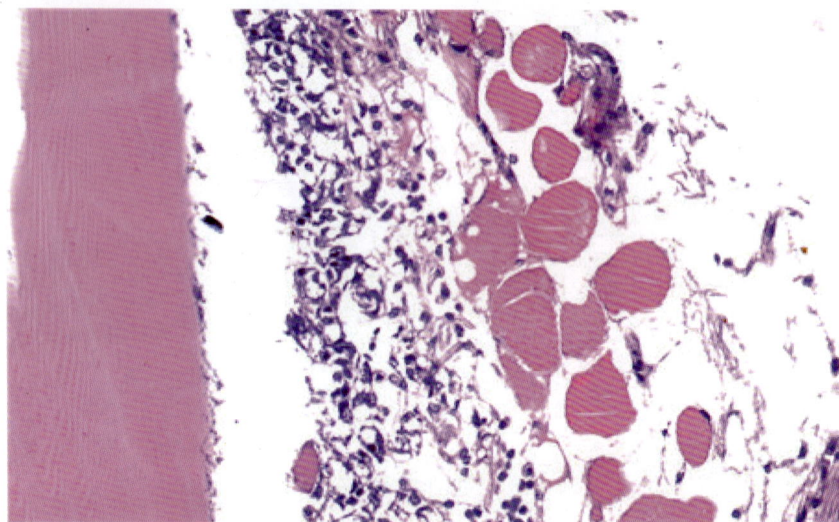

图 2-142
中华绒螯蟹螯肌纵切面 1
（HE 染色，100 倍）

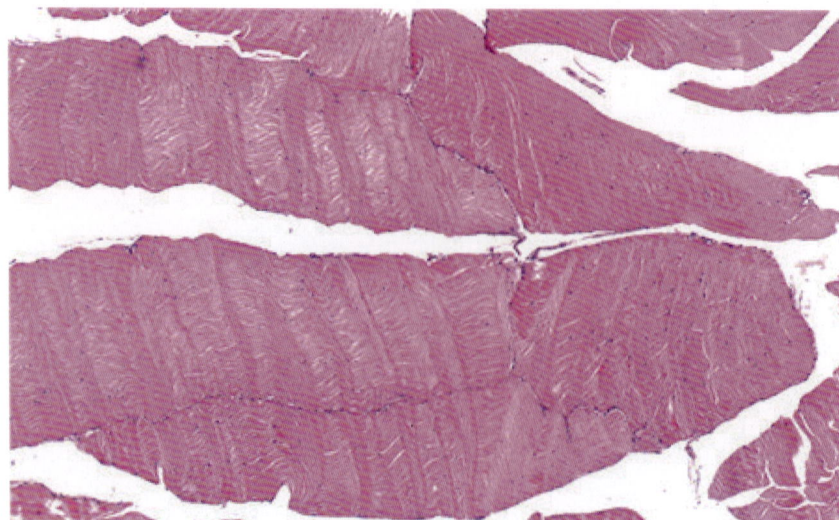

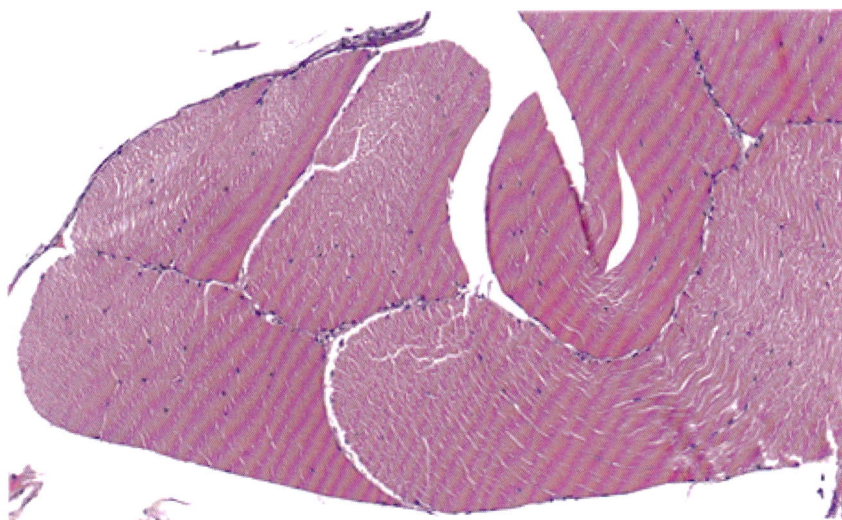

图 2-143
中华绒螯蟹螯肌纵切面 2
（HE 染色，100 倍）

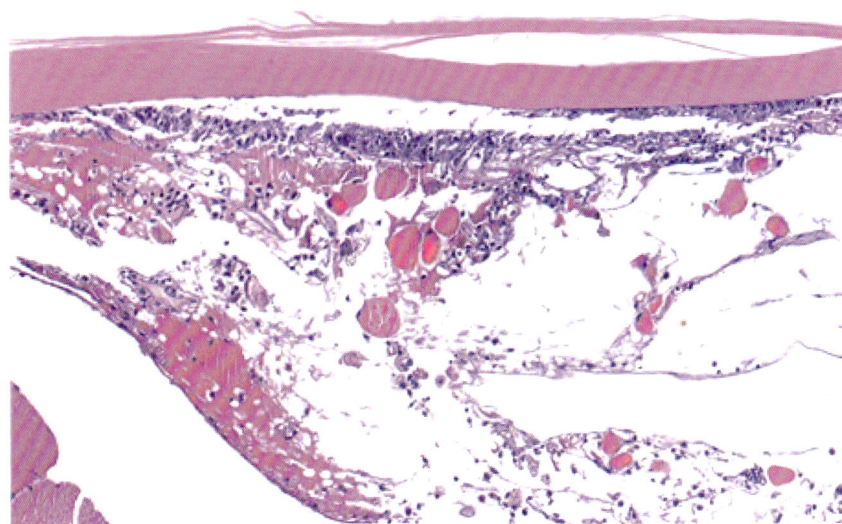

图 2-144
中华绒螯蟹螯肌纵切面 3
（HE 染色，200 倍）

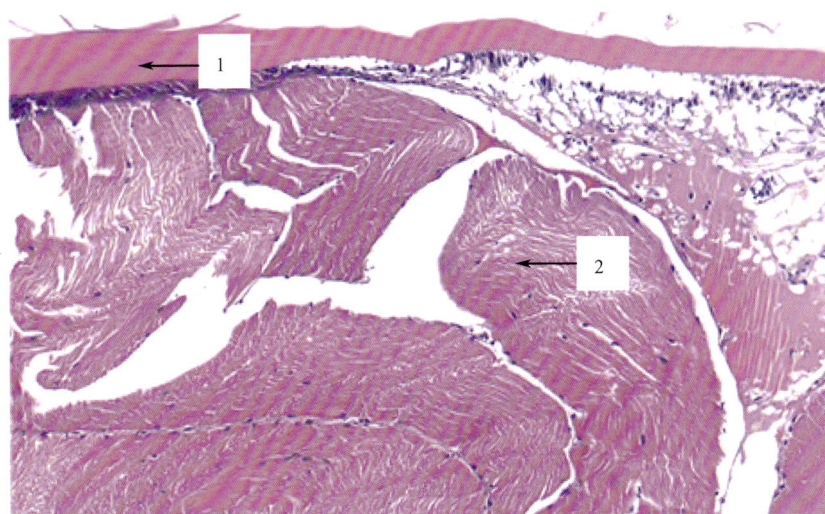

图 2-145
中华绒螯蟹螯肌纵切面 4
（HE 染色，200 倍）

1—肌束膜；
2—肌细胞

图 2-146
中华绒螯蟹螯肌纵切面 5
（HE 染色，400 倍）

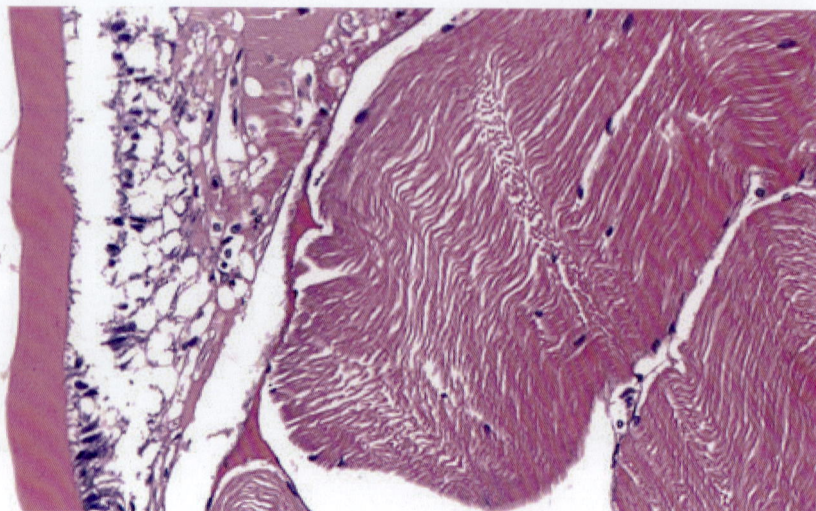

图 2-147
中华绒螯蟹螯肌纵切面 6
（HE 染色，400 倍）

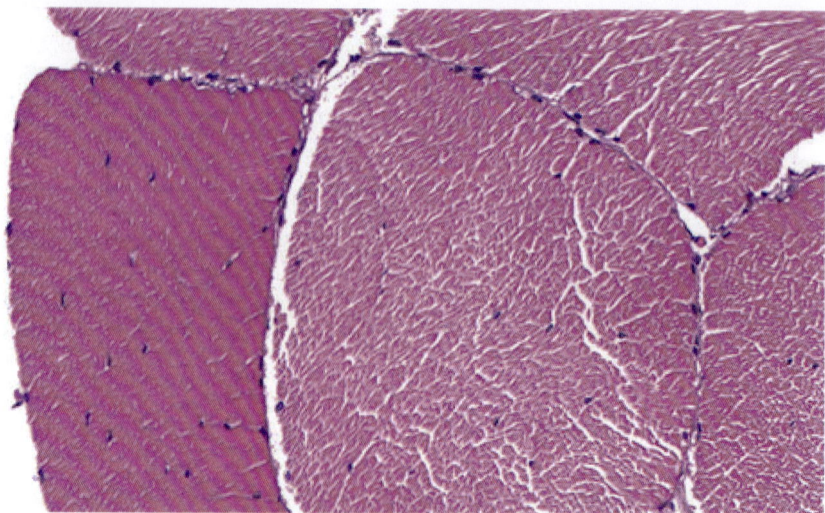

图 2-148
中华绒螯蟹螯肌纵切面 7
（HE 染色，400 倍）

1—肌细胞纵切面；
2—毛细血管

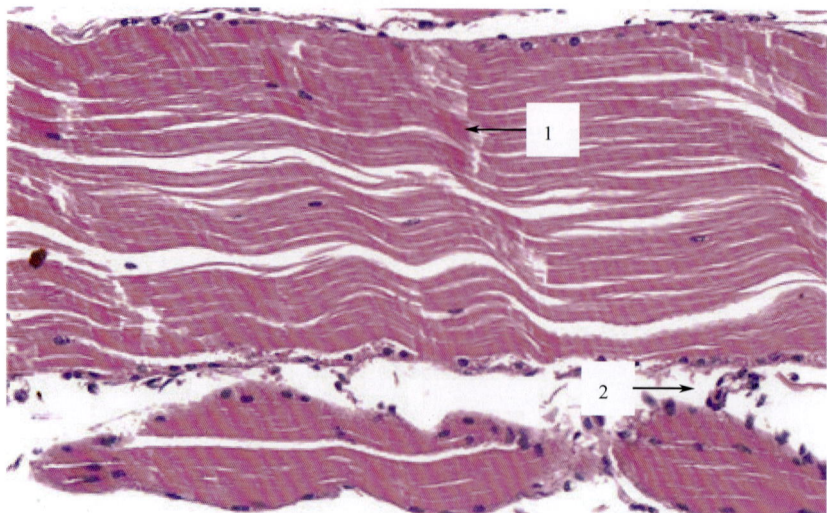

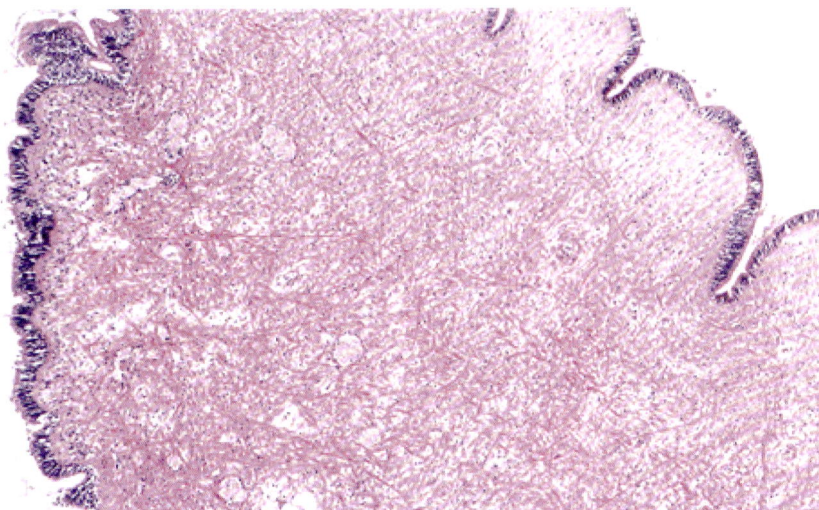

图 2-149
鲍鱼肌横切面 1
（HE 染色，100 倍）

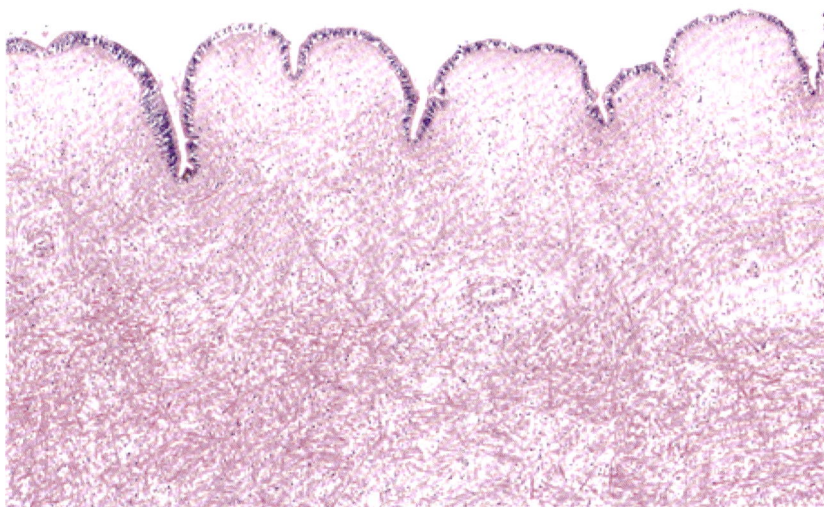

图 2-150
鲍鱼肌横切面 2
（HE 染色，100 倍）

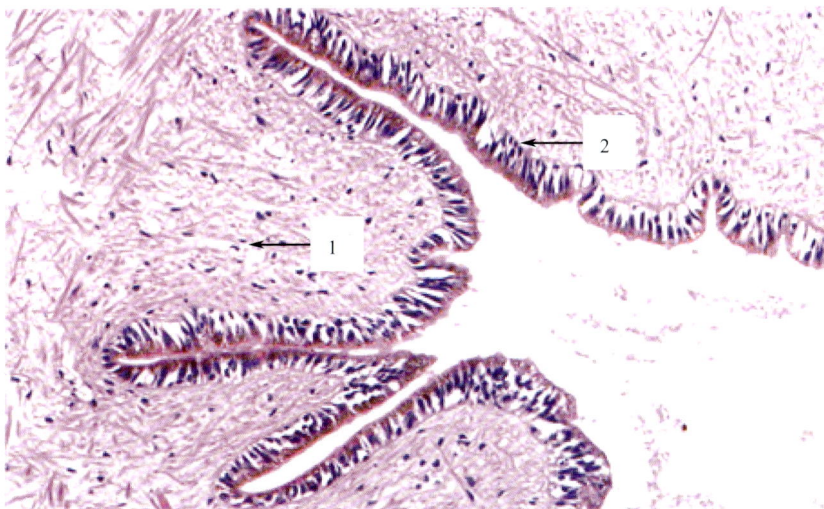

图 2-151
鲍鱼肌横切面 3
（HE 染色，400 倍）

1—肌细胞；
2—肌外膜

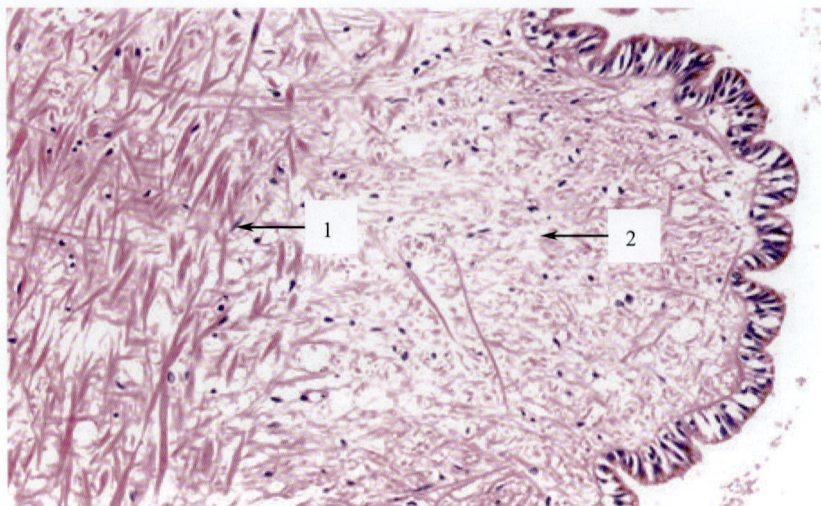

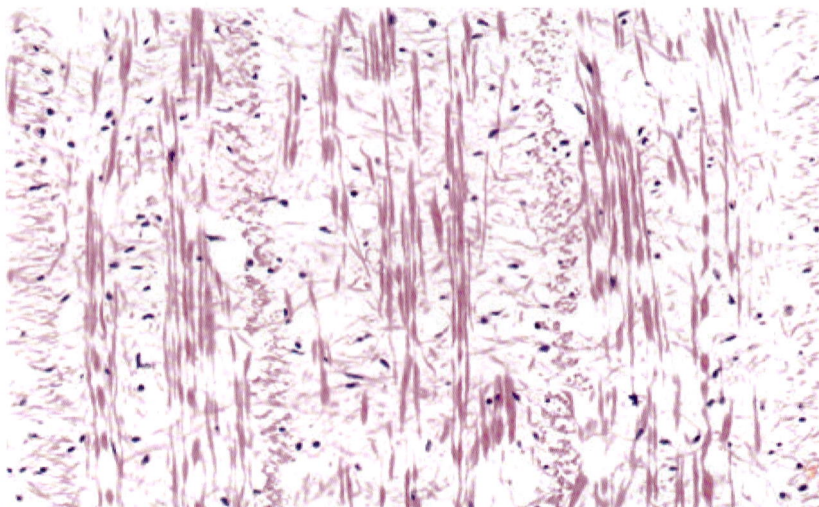

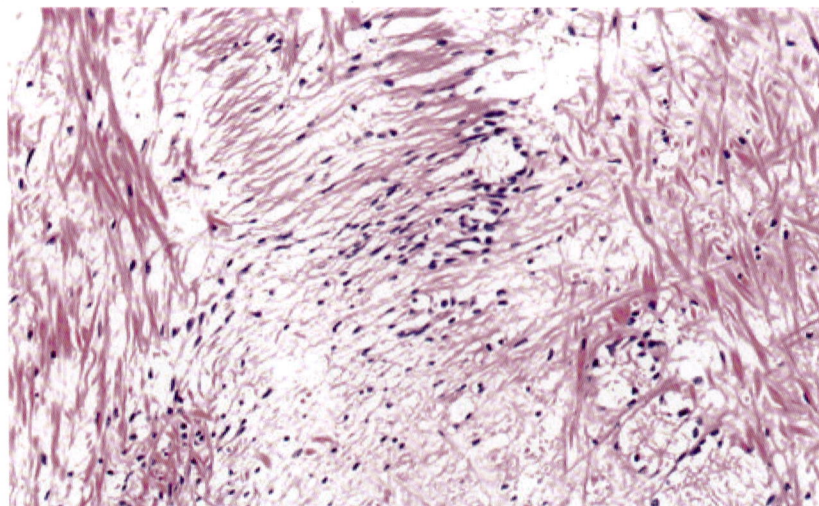

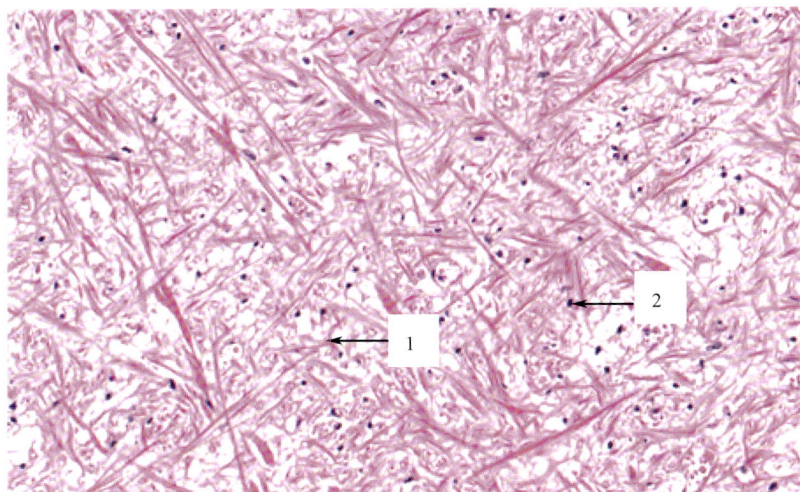

图 2-155
鲍鱼肌横切面 7
（HE 染色，400 倍）

1—肌细胞；
2—纤维

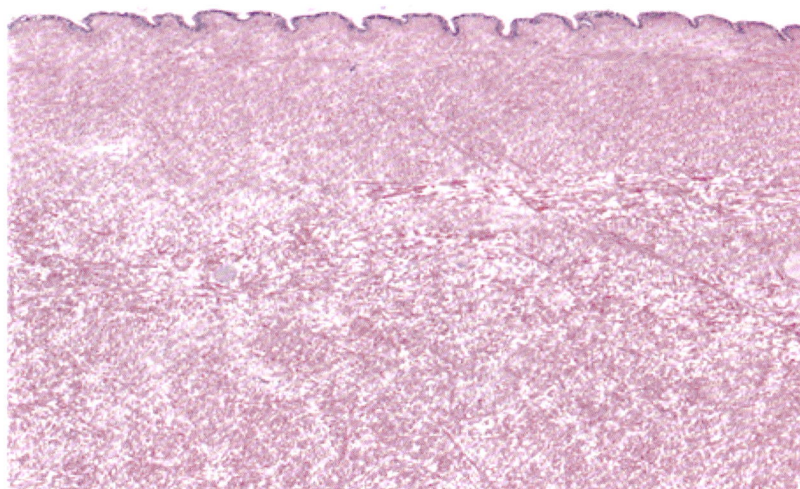

图 2-156
鲍鱼肌纵切面 1
（HE 染色，50 倍）

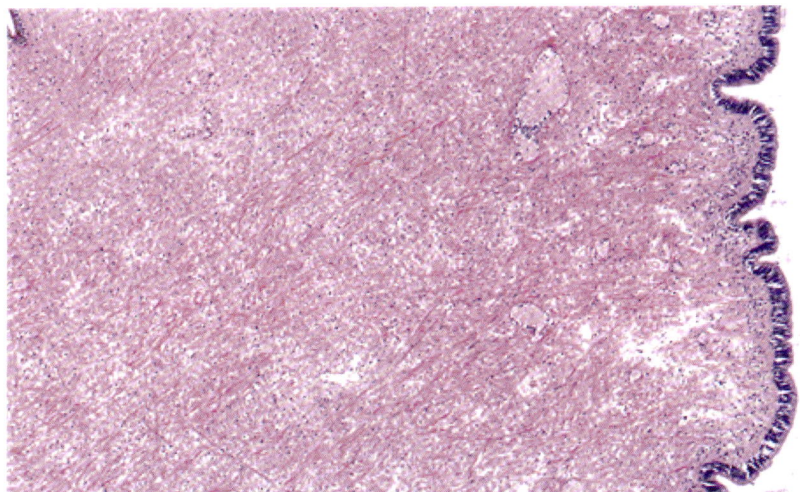

图 2-157
鲍鱼肌纵切面 2
（HE 染色，100 倍）

图 2-158
鲍鱼肌纵切面 3
（HE 染色，100 倍）

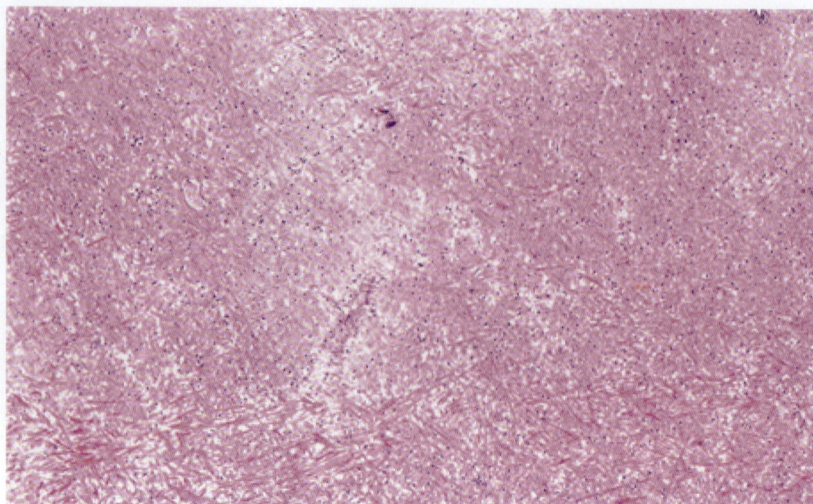

图 2-159
鲍鱼肌纵切面 4
（HE 染色，400 倍）

1—肌细胞；
2—肌外膜

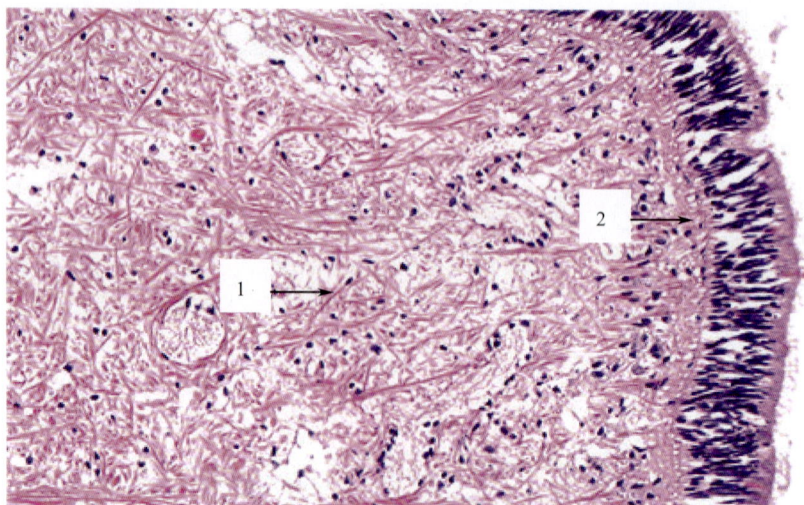

图 2-160
鲍鱼肌纵切面 5
（HE 染色，100 倍）

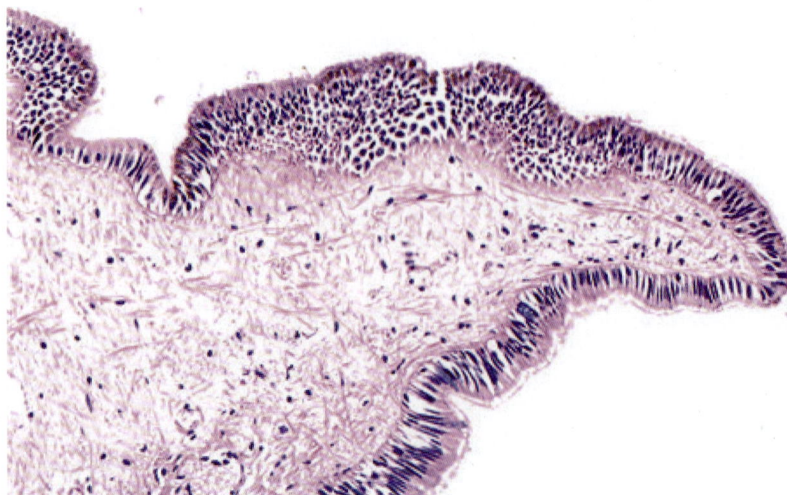

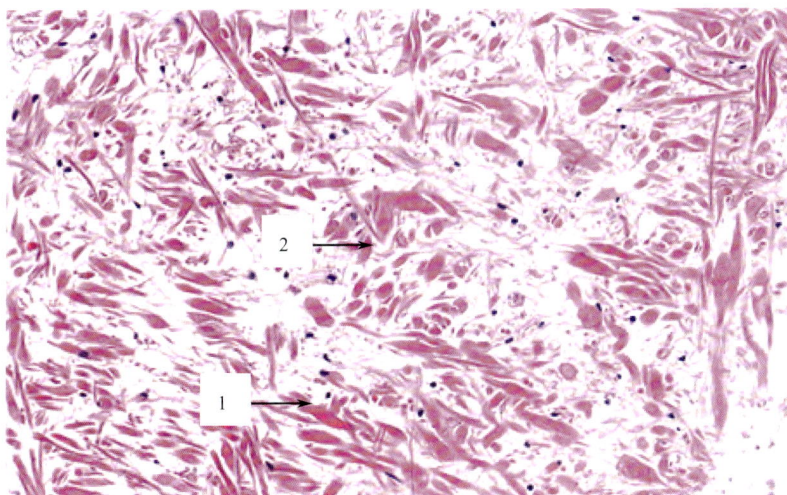

图 2-161
鲍鱼肌纵切面 6
（HE 染色，400 倍）

1—肌细胞；
2—纤维

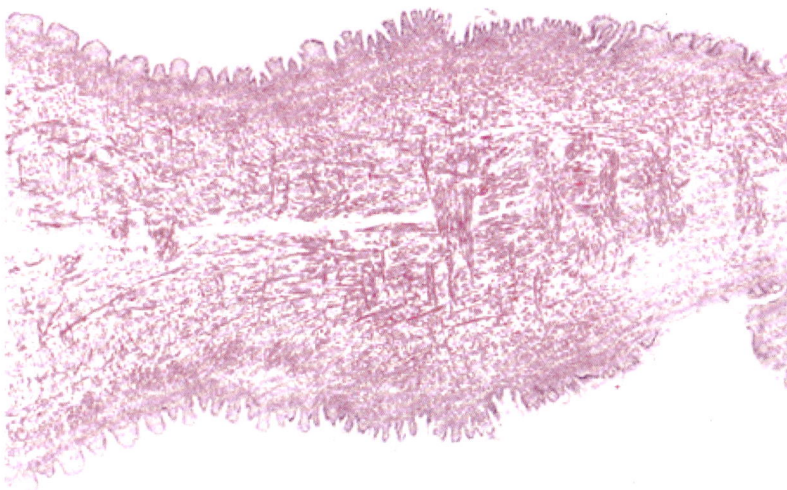

图 2-162
扇贝肉肌横切面 1
（HE 染色，50 倍

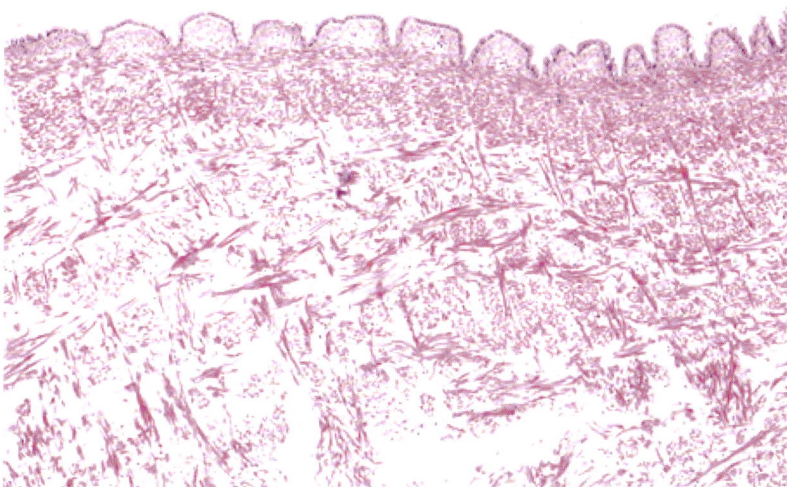

图 2-163
扇贝肉肌横切面 2
（HE 染色，100 倍）

图 2-164
扇贝肉肌横切面 3
（HE 染色，100 倍）

图 2-165
扇贝肉肌横切面 4
（HE 染色，400 倍）

1—肌细胞；
2—肌外膜

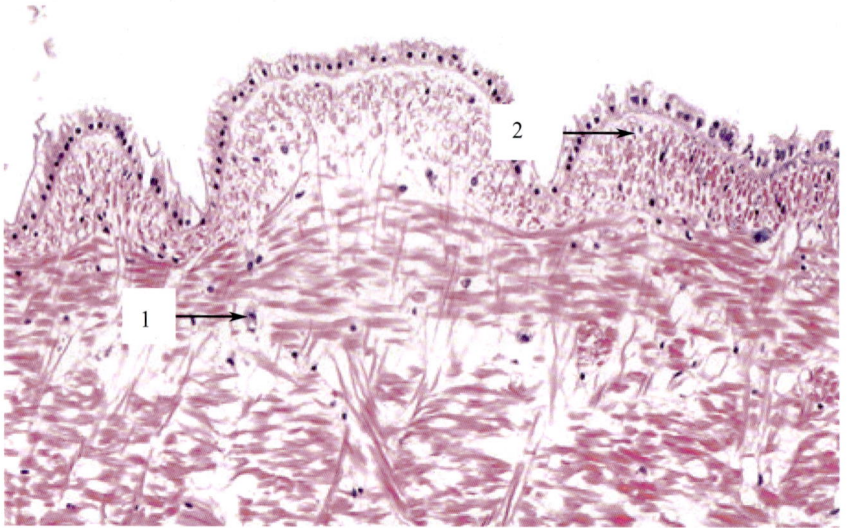

图 2-166
扇贝肉肌横切面 5
（HE 染色，400 倍）

1—肌外膜

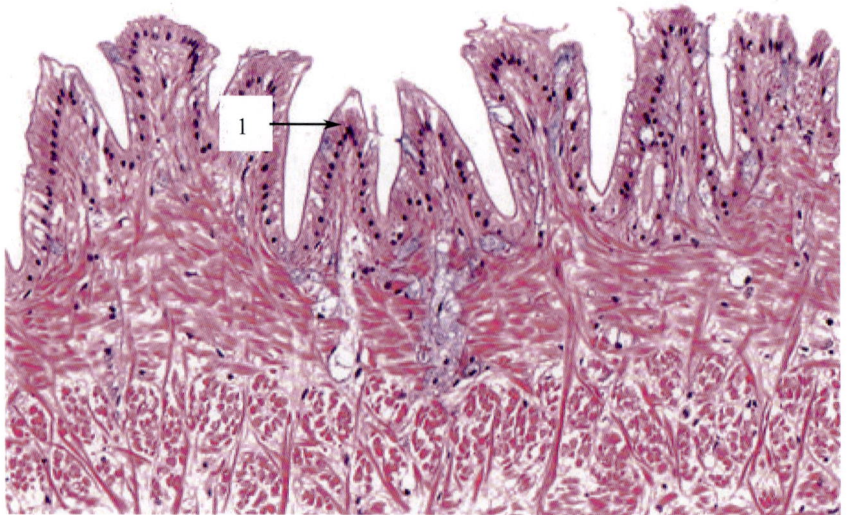

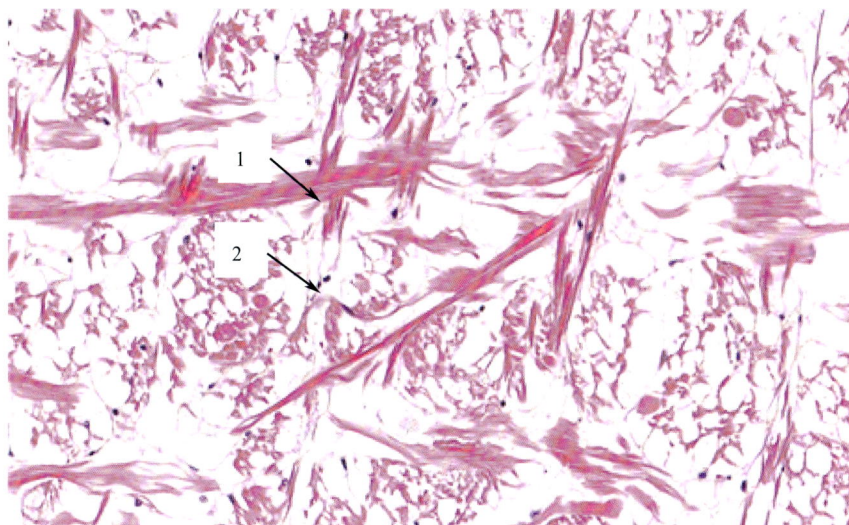

图 2-167
扇贝肉肌横切面 6
（HE 染色，400 倍）

1—纤维；
2—细胞

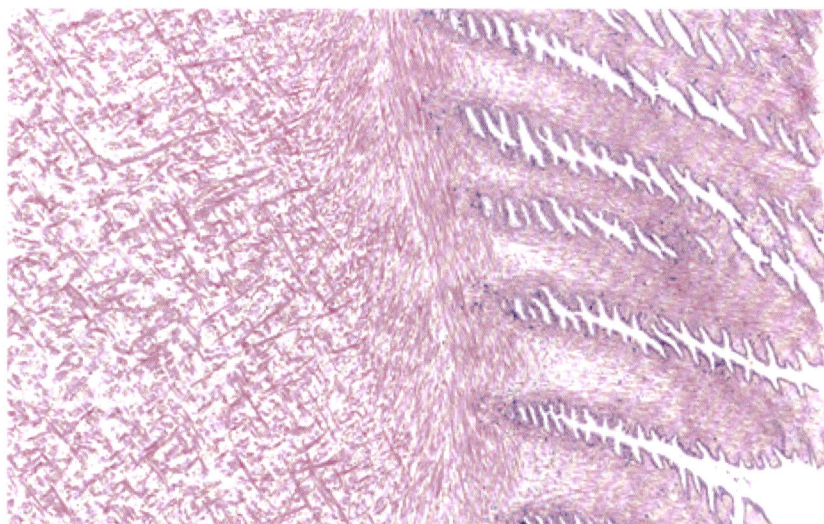

图 2-168
扇贝肉肌纵切面 1
（HE 染色，50 倍）

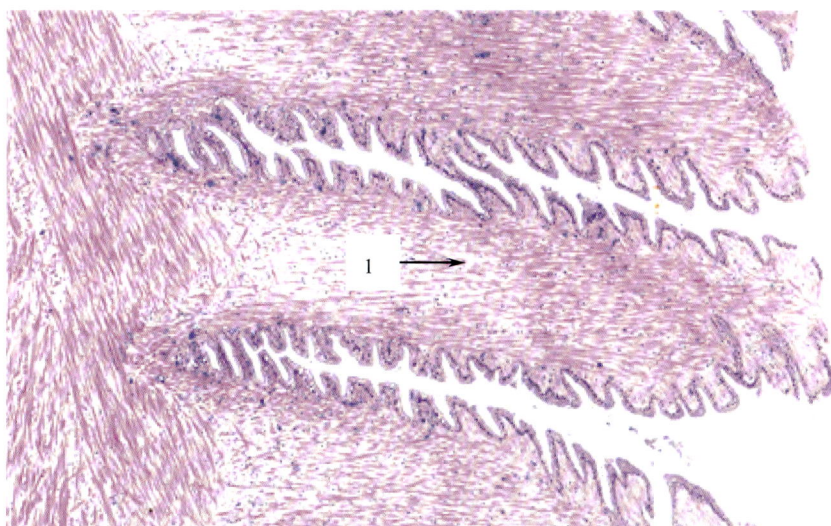

图 2-169
扇贝肉肌纵切面 2
（HE 染色，100 倍）

1—突起

图 2-170
扇贝肉肌纵切面 3
（HE 染色，100 倍）

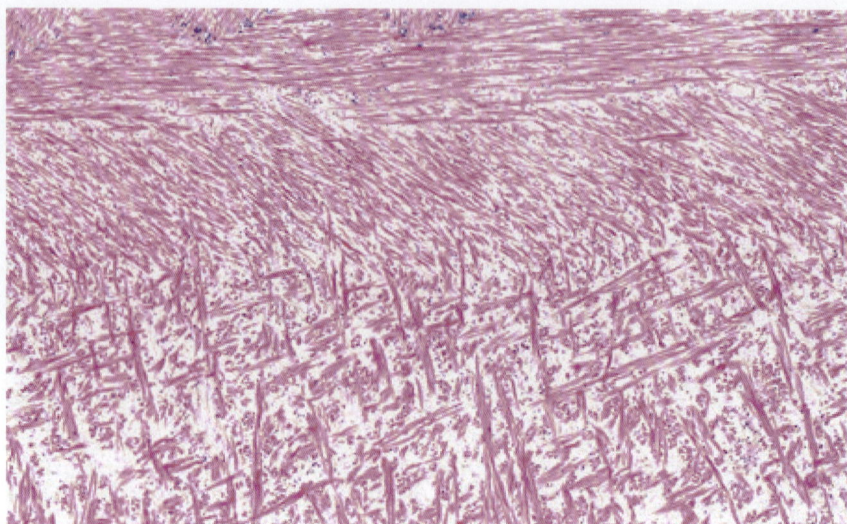

图 2-171
扇贝肉肌纵切面 4
（HE 染色，400 倍）

1—突起

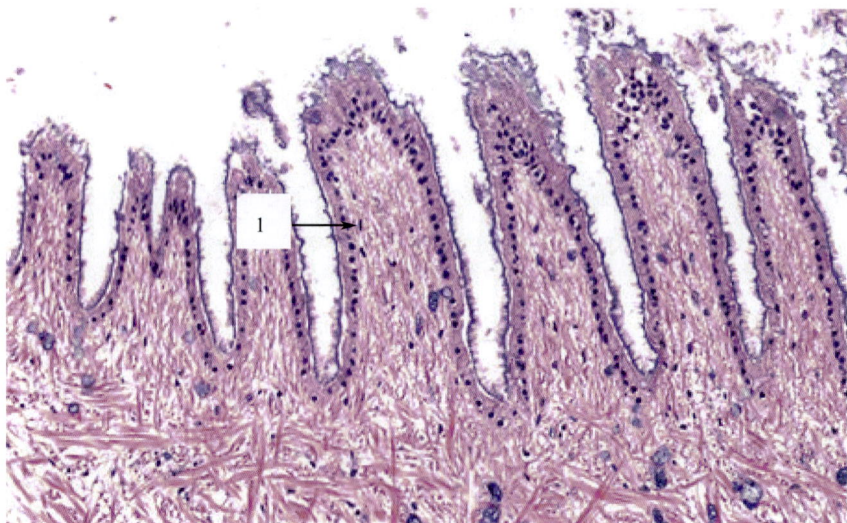

图 2-172
扇贝肉肌纵切面 5
（HE 染色，400 倍）

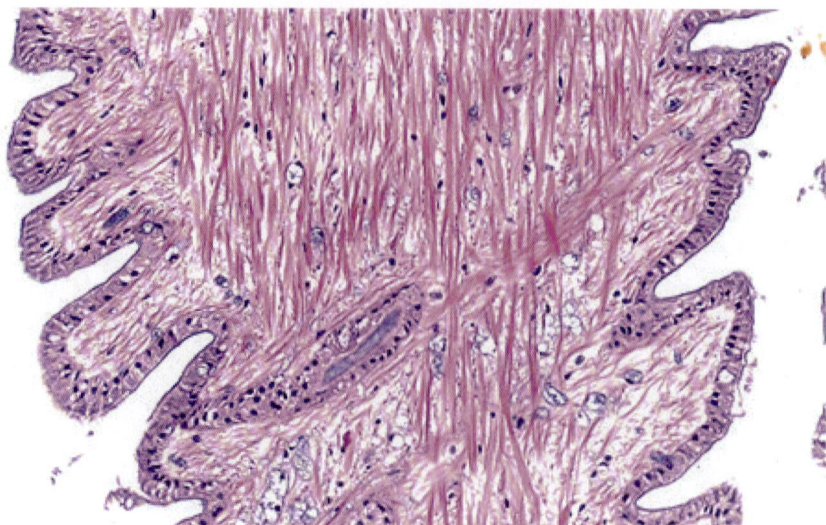

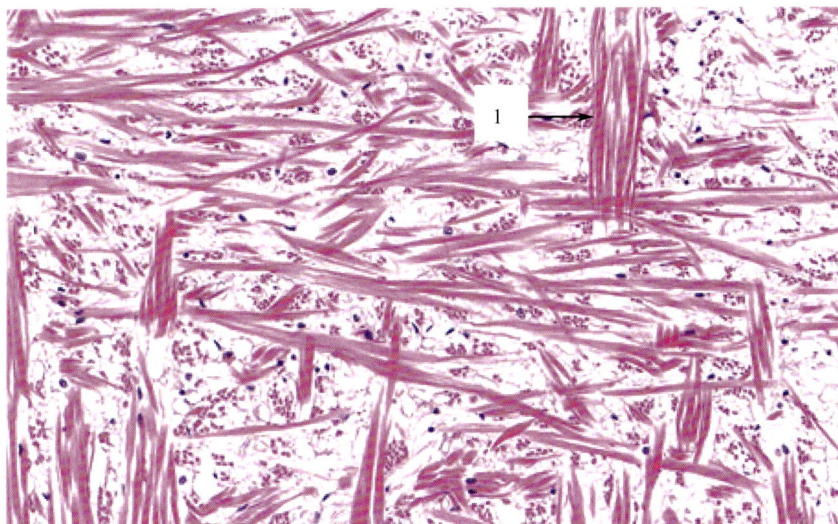

图 2-173
扇贝肉肌纵切面 6
（HE 染色，400 倍）

1—纤维

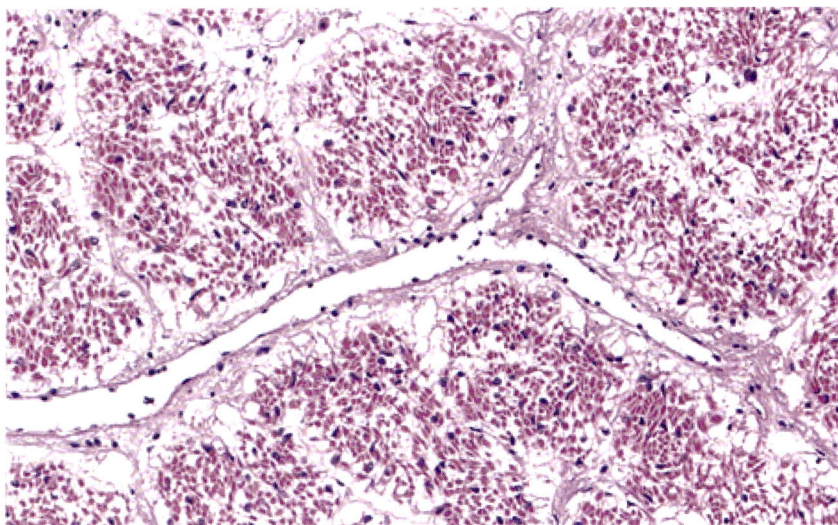

图 2-174
扇贝肉肌纵切面 7
（HF 染色，400 倍）

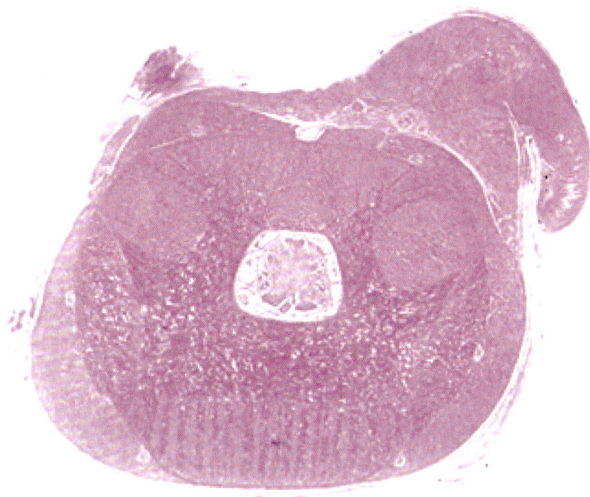

图 2-175
鱿鱼鱼须横切面 1
（HE 染色，15 倍）

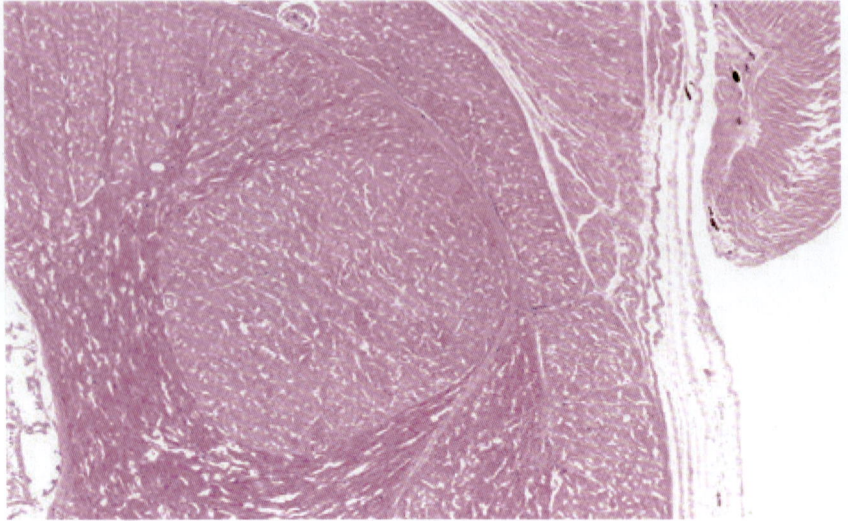

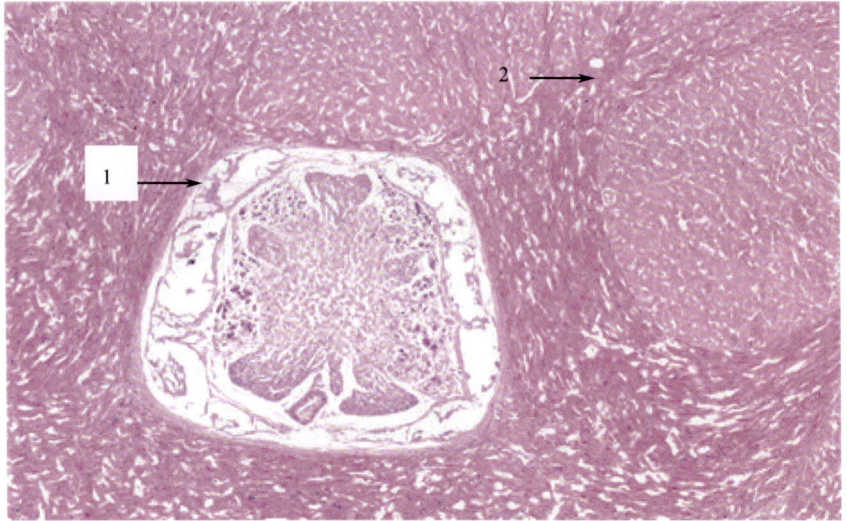

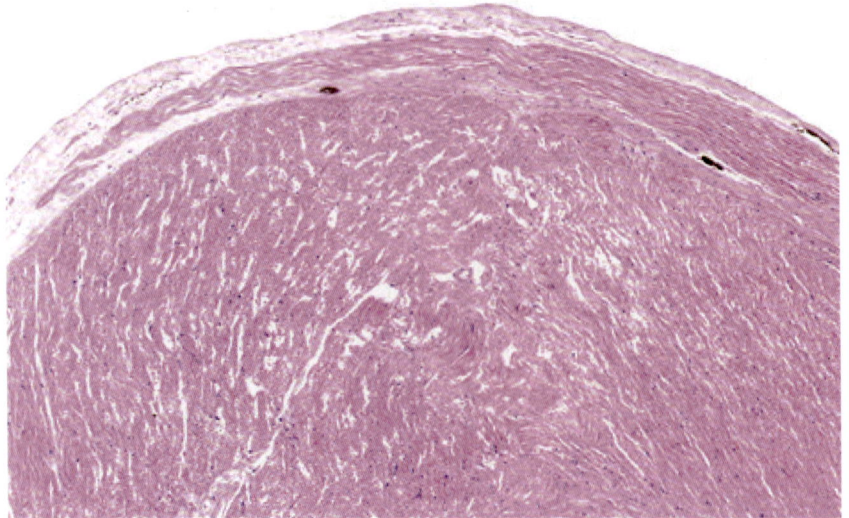

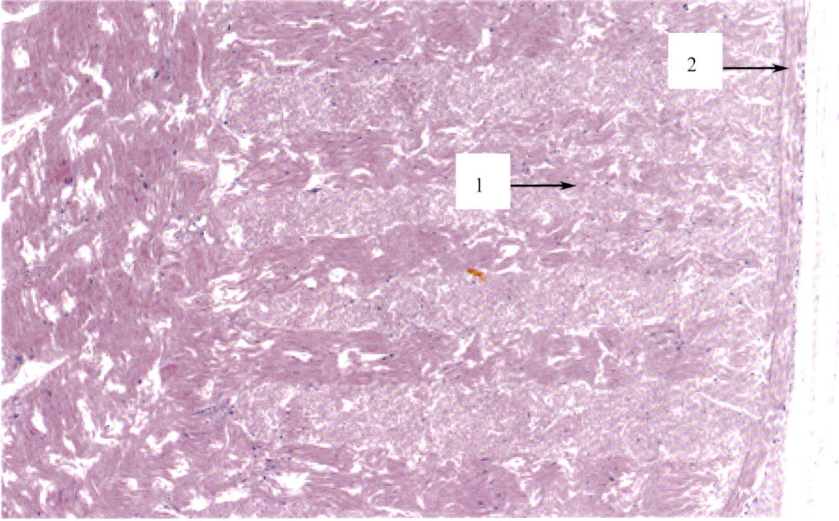

图 2-179
鱿鱼须横切面 5
（HE 染色，100 倍）

1—肌细胞；
2—肌外膜

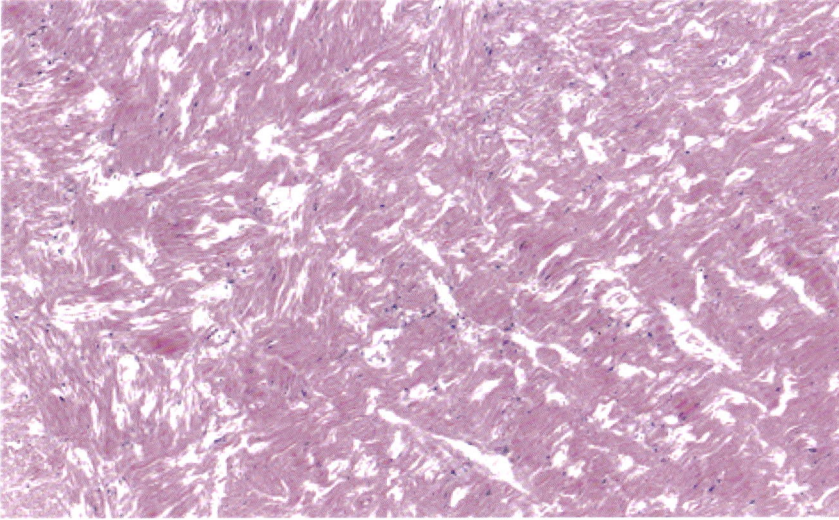

图 2-180
鱿鱼须横切面 6
（HE 染色，100 倍）

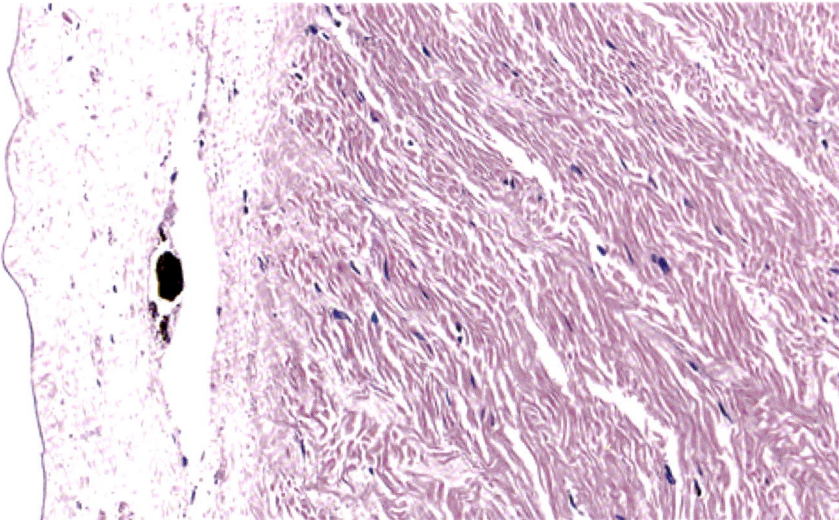

图 2-181
鱿鱼须横切面 7
（HE 染色，400 倍）

图 2-182
鱿鱼须横切面 8
（HE 染色，400 倍）

1—肌细胞；
2—成纤维细胞

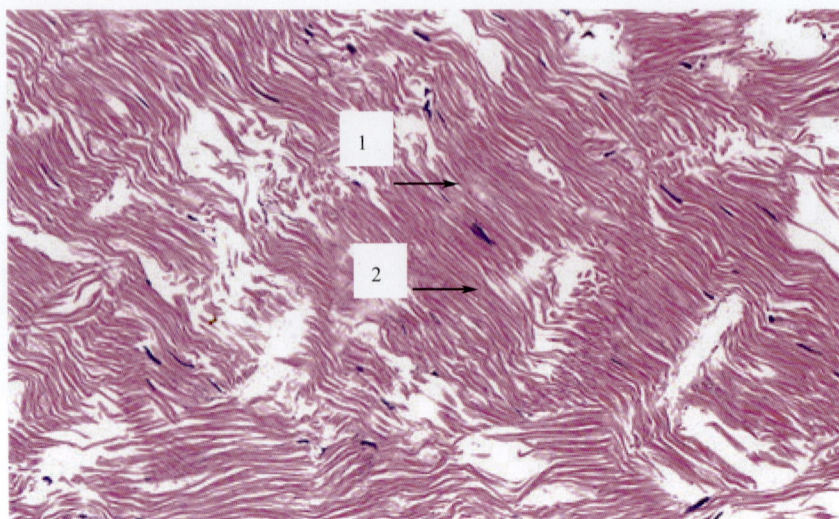

图 2-183
鱿鱼须横切面 9
（HE 染色，100 倍）

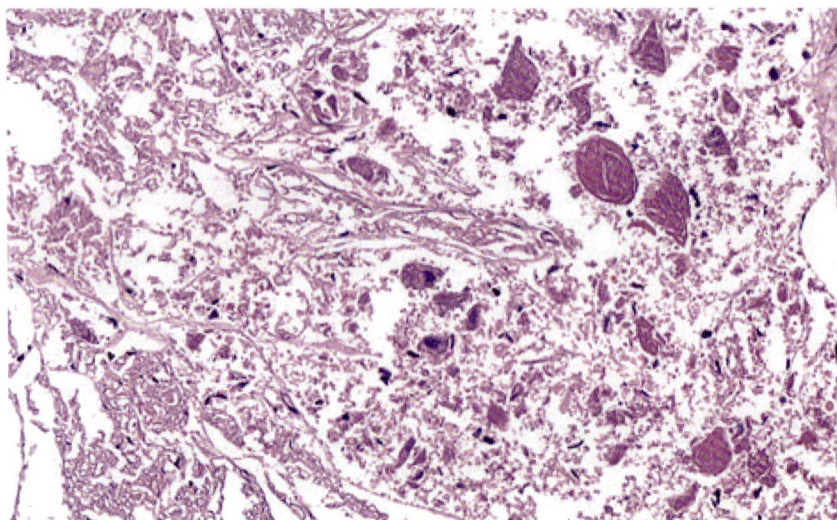

图 2-184
鱿鱼须纵切面 1
（HE 染色，30 倍）

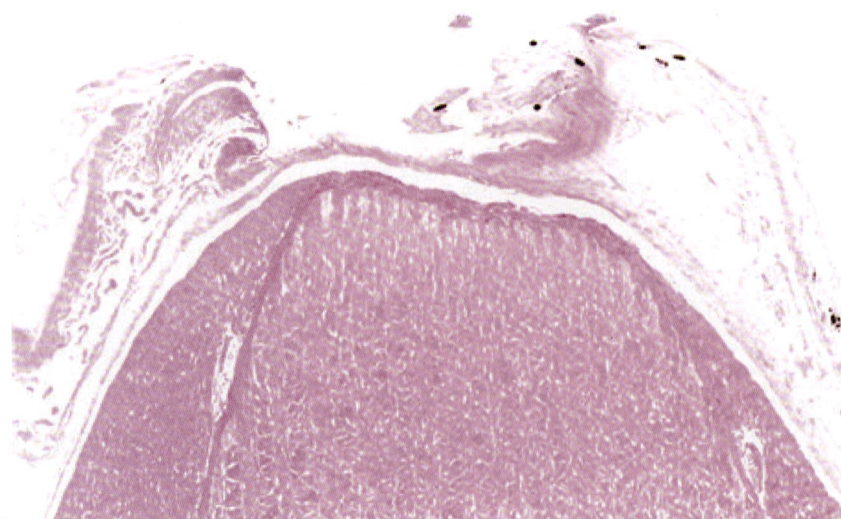

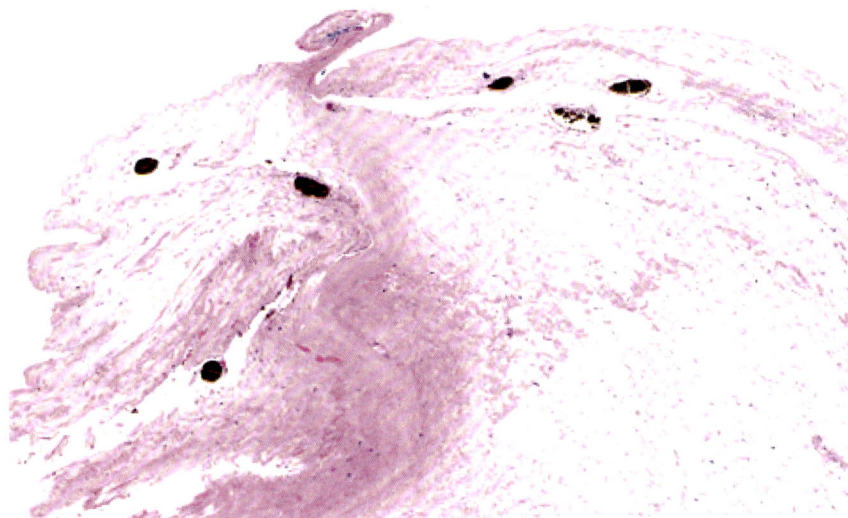

图 2-185
鱿鱼须纵切面 2
（HE 染色，100 倍）

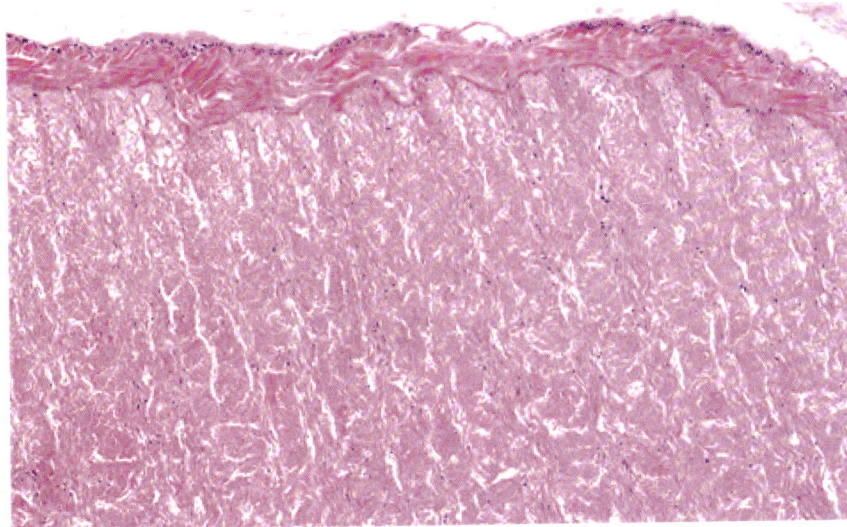

图 2-186
鱿鱼须纵切面 3
（HE 染色，100 倍）

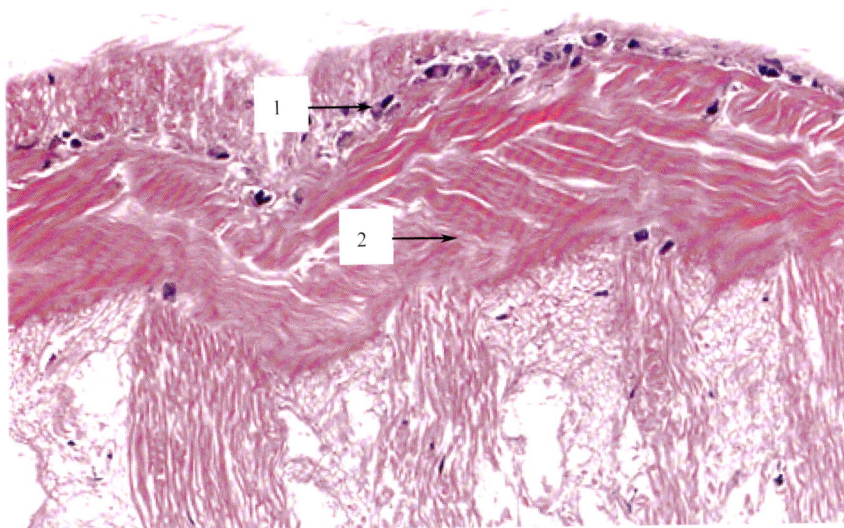

图 2-187
鱿鱼须纵切面 4
（HE 染色，400 倍）

1—肌细胞；
2—纤维

图 2-194
鱿鱼须纵切面 5
（HE 染色，400 倍）

1—肌细胞；
2—纤维

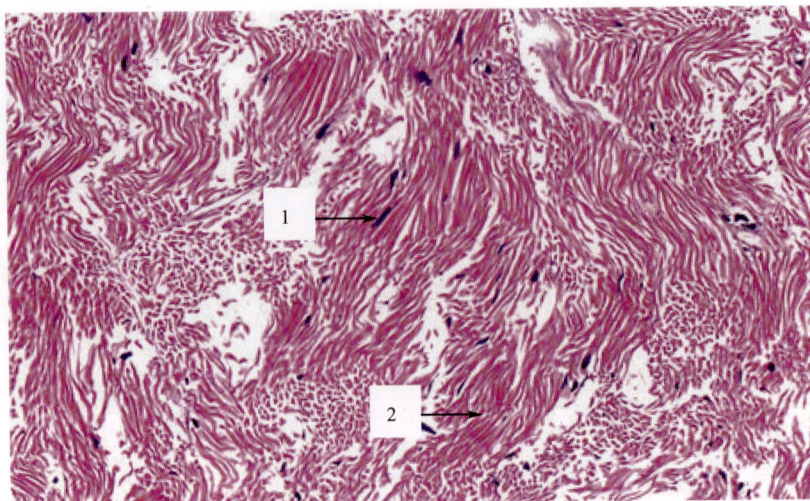

图 2-195
鱿鱼须纵切面 6
（HE 染色，400 倍）

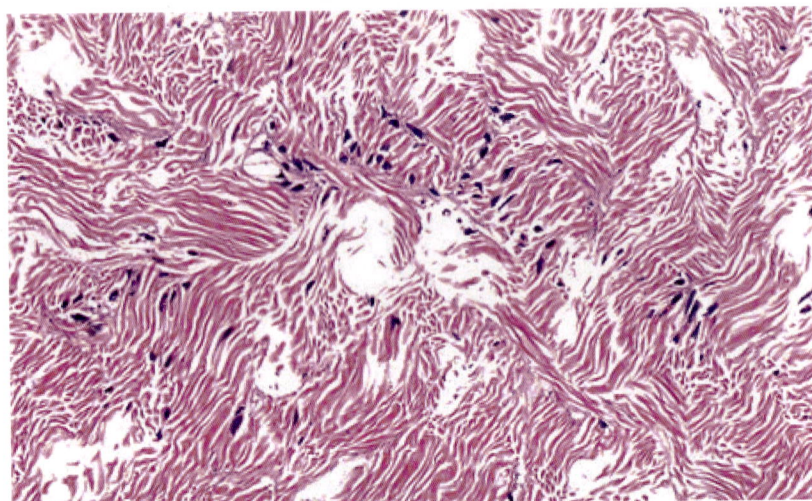

第二节 心肌

一、分布

心肌（cardiac muscle）分布于心脏和靠近心脏的大血管，包括窦房结、房室结、房室束及浦肯野纤维等，具有自动节律性收缩的功能。

二、组织结构

细胞呈短圆柱状，不规则地相互连接成网状，有的有分支。有 1 个或 2 个细胞核，位于细胞中央，呈圆形或椭圆形。与骨骼肌相似，有周期性横纹。细胞以发达的闰盘结构相连接。见图 2-196～图 2-208。

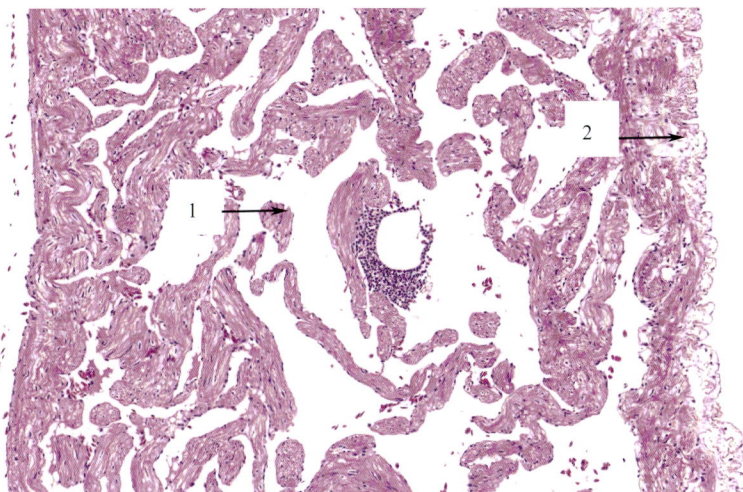

图 2-196
中华草龟心房 1
（HE 染色，100 倍）

1—心腔；
2—心房壁

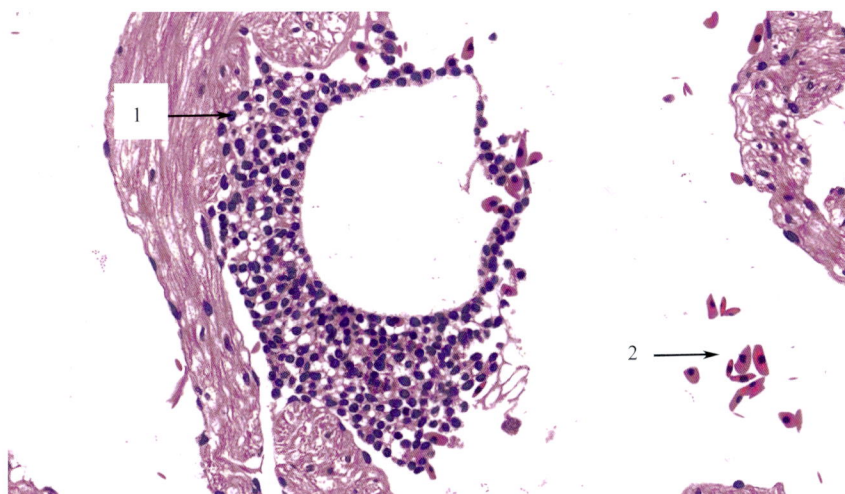

图 2-197
中华草龟心房 2
（HE 染色，100 倍）

1—新房壁
2—血细胞

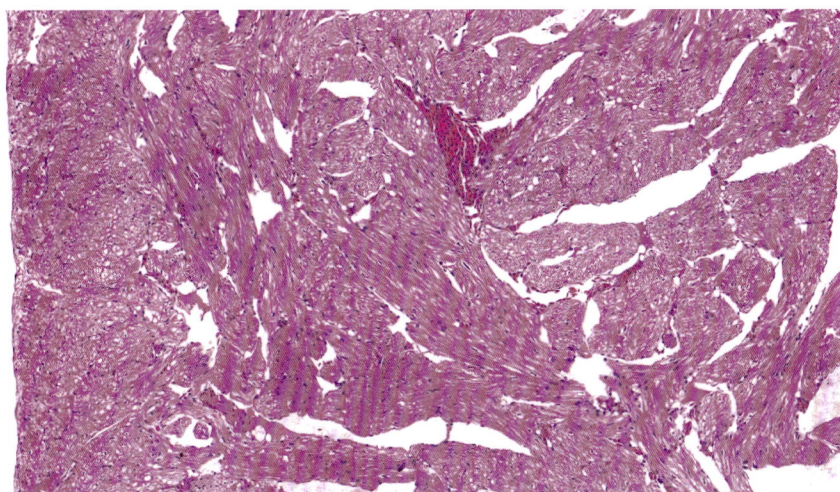

图 2-198
中华草龟心室 1
（HE 染色，100 倍）

图 2-199
中华草龟心室 2
（HE 染色，200 倍）

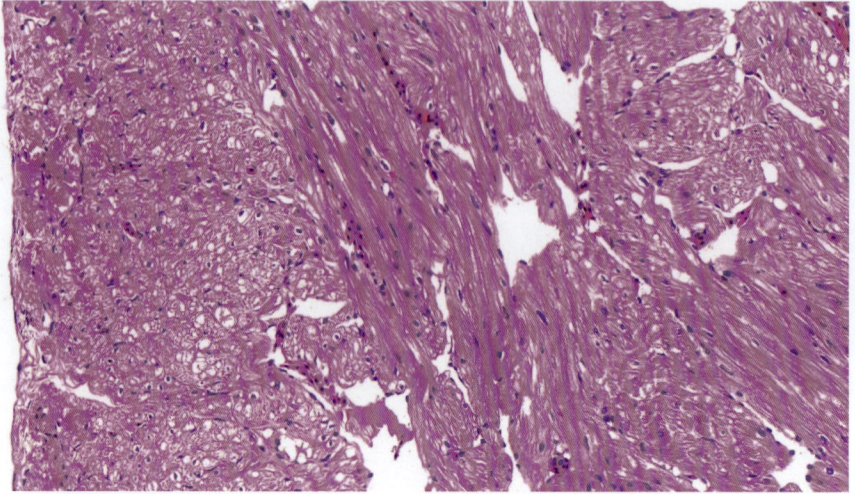

图 2-200
中华草龟心室 3
（HE 染色，400 倍）

1—心肌细胞纵切

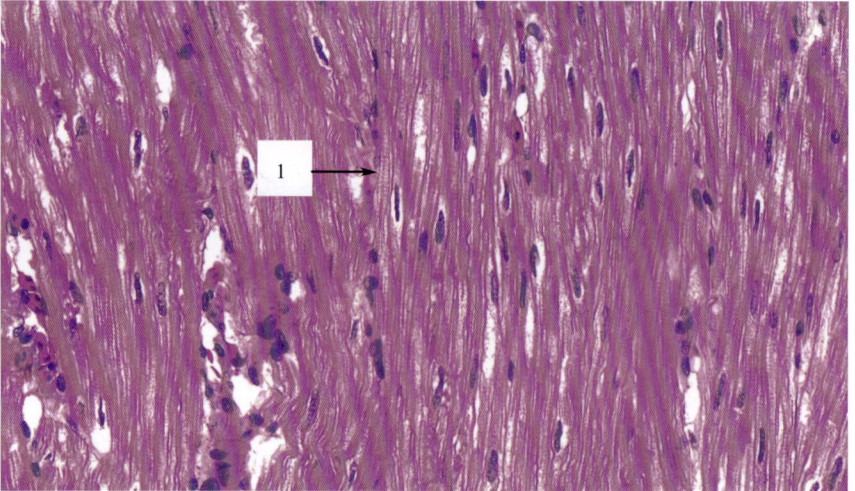

图 2-201
中华草龟心室 4
（HE 染色，400 倍）

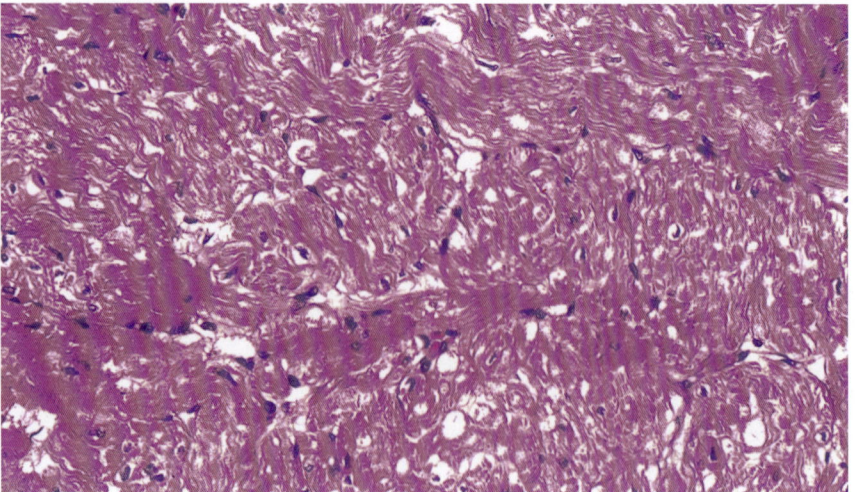

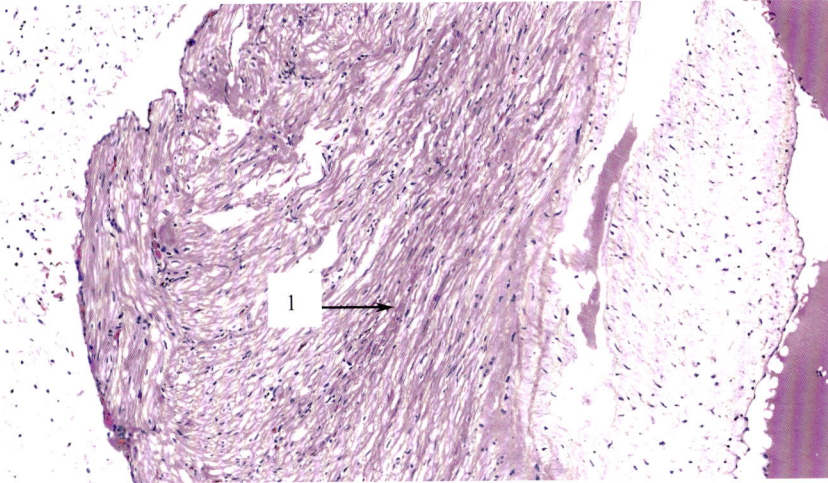

图 2-202
牛蛙心房 1
（HE 染色，100 倍）

1—心肌细胞纵切

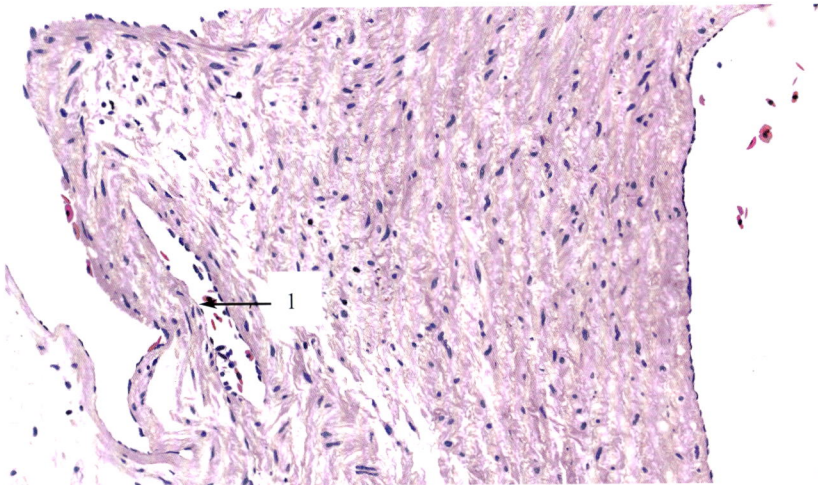

图 2-203
牛蛙心房 2
（HE 染色，200 倍）

1—壁内小静脉

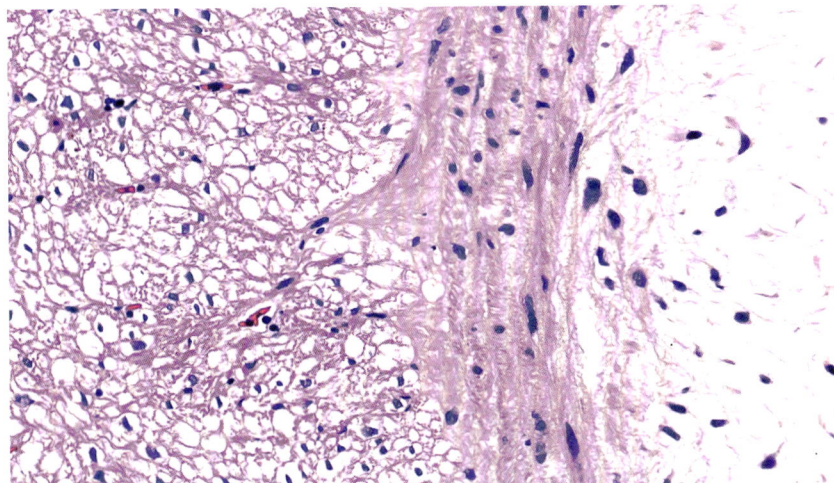

图 2-204
牛蛙心房 3
（HE 染色，400 倍）

图 2-210

中华草龟动脉平滑肌

（HE 染色，400 倍）

1—平滑肌细胞

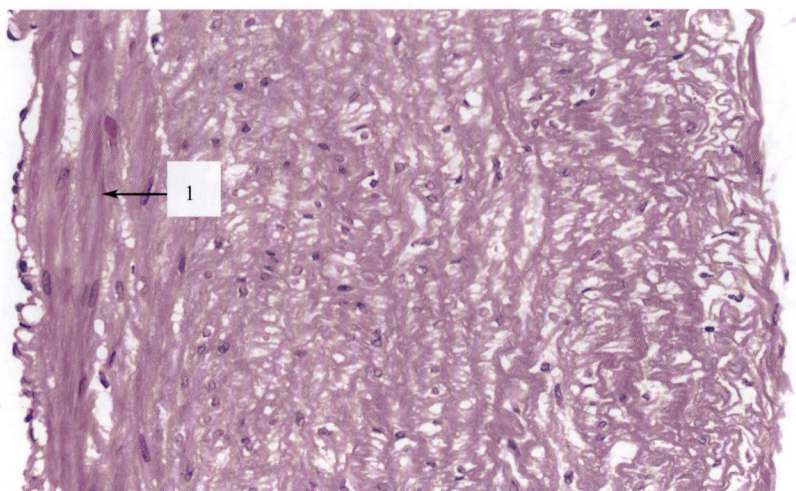

图 2-211

牛蛙动脉平滑肌 1

（HE 染色，100 倍）

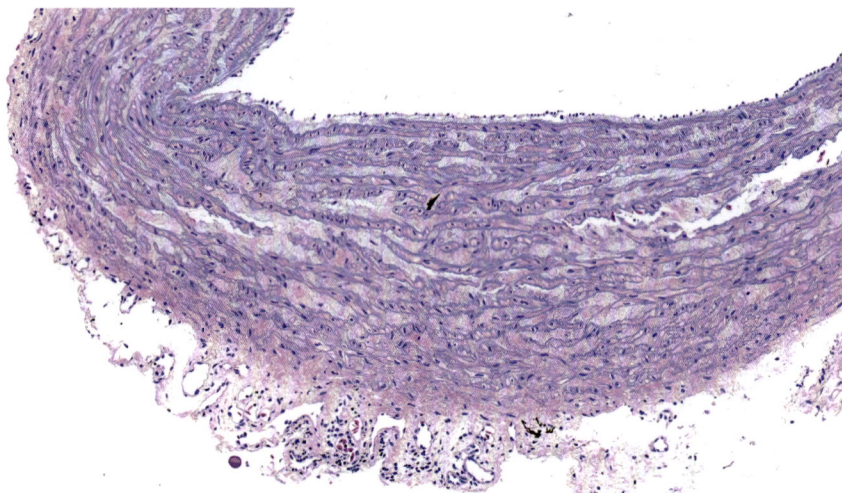

图 2-212

牛蛙动脉平滑肌 2

（HE 染色，200 倍）

1—毛细血管；
2—平滑肌细胞

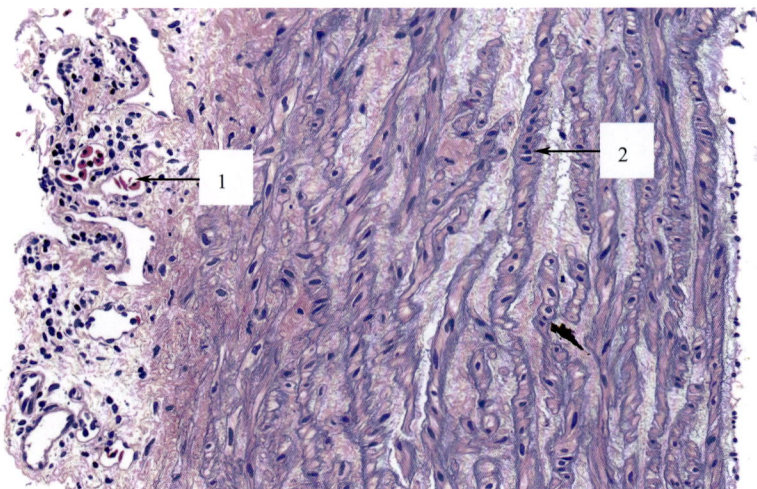

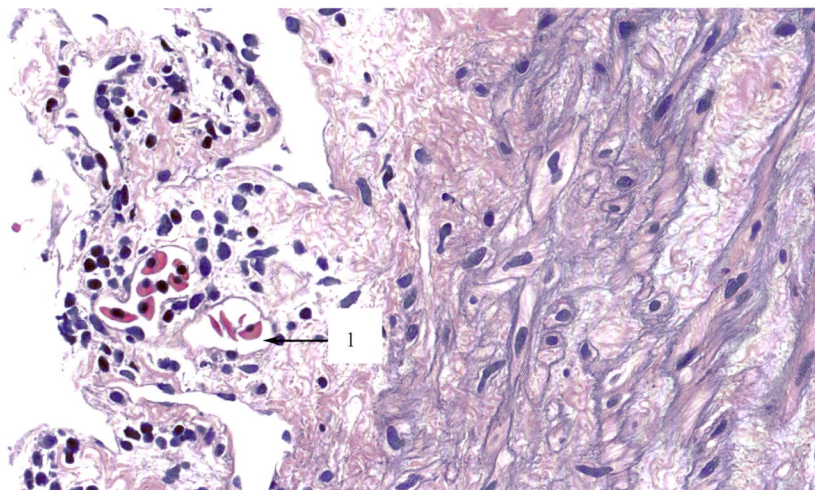

图 2-213
牛蛙动脉平滑肌 3
（HE 染色，400 倍）

1—毛细血管

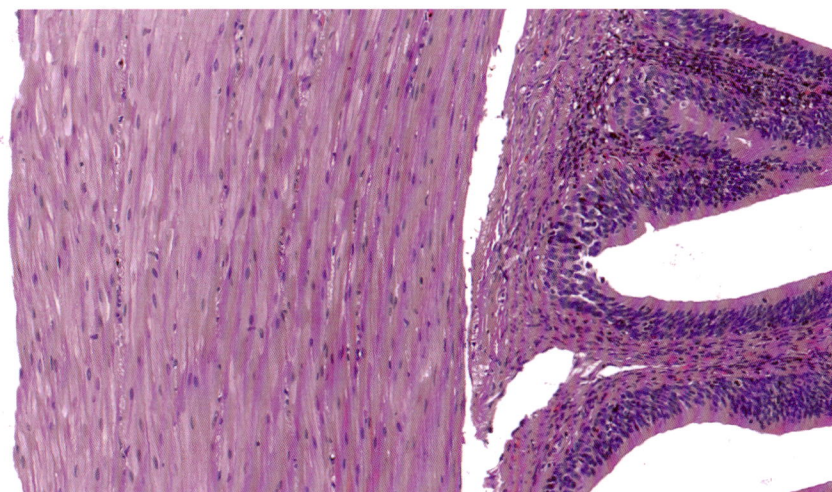

图 2-214
中华草龟十二指肠平滑肌 1
（HE 染色，200 倍）

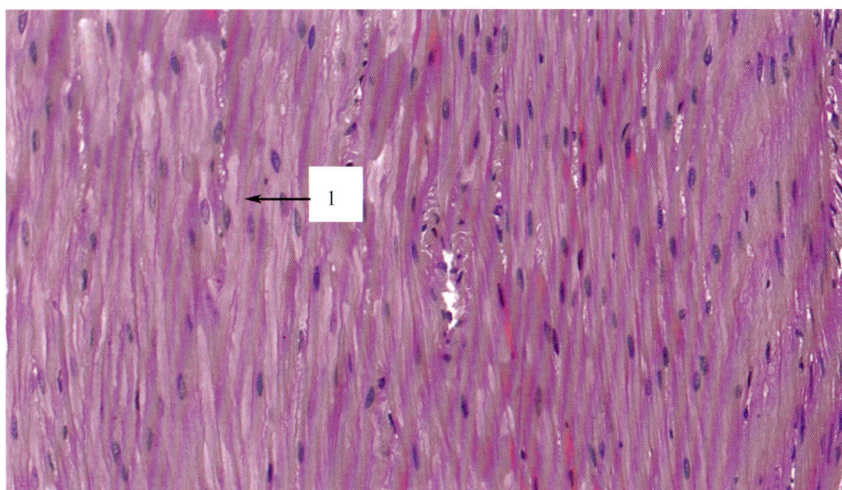

图 2-215
中华草龟十二指肠平滑肌 2
（HE 染色，400 倍）

1—平滑肌细胞

图 2-216
中华草龟结肠平滑肌 1
（HE 染色，400 倍）

1—小静脉；
2—肌外膜

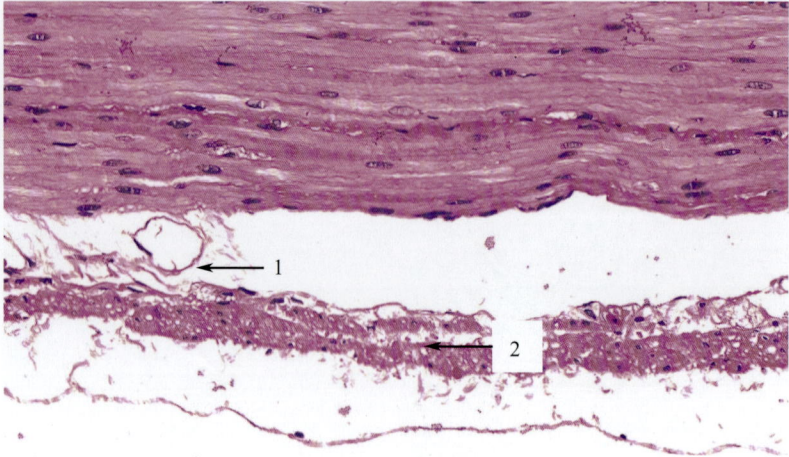

图 2-217
**中华草龟结肠平滑肌
2**
（HE 染色，400 倍）

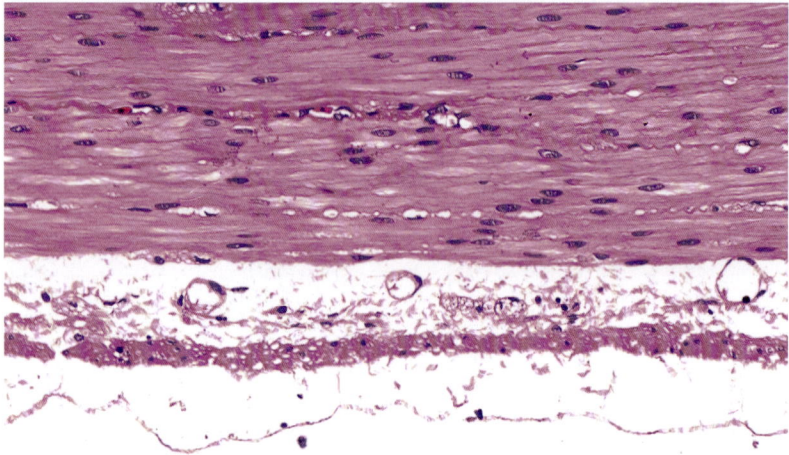

图 2-218
蟾蜍结肠平滑肌
（HE 染色，400 倍）

1—平滑肌细胞

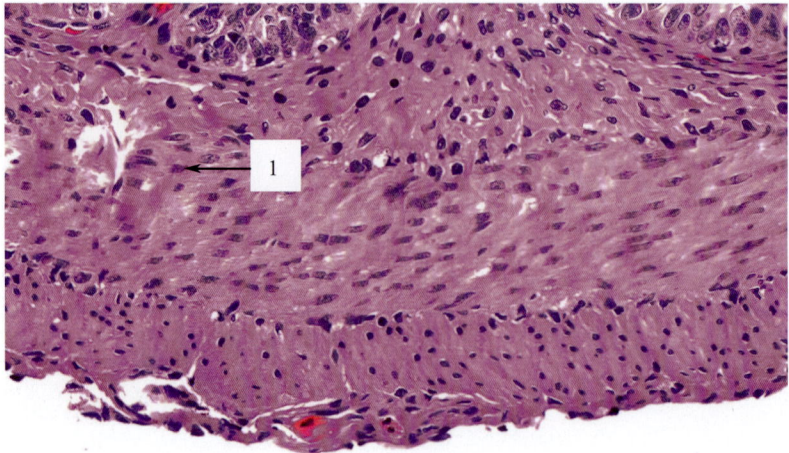

第三章　消化管

水产动物的消化系统（digestive system）包括消化管和消化腺。
其中，消化管由口腔、咽、食管、胃、肠及肛门组成。

第一节　口腔

口腔位于消化管前端，表面覆盖黏膜，背侧有肌肉；内有牙齿、舌和唾液腺导管开口。

黏膜由复层扁平上皮和固有层结缔组织构成；固有层分布有丰富的血管、小唾液腺、神经末梢和淋巴细胞。

牙齿位于口腔前端，由牙釉质、牙本质、牙髓及牙骨质等构成。发挥撕碎、切割、磨碎食物及自卫的作用。

舌主要由黏膜和舌肌构成。黏膜由复层扁平上皮和固有层构成，分布有味蕾。舌肌发达，由纵行、横行、垂直走向的骨骼肌构成。发挥感知味道、搅拌和吞咽食物的作用。

见图 3-1 ～图 3-44。

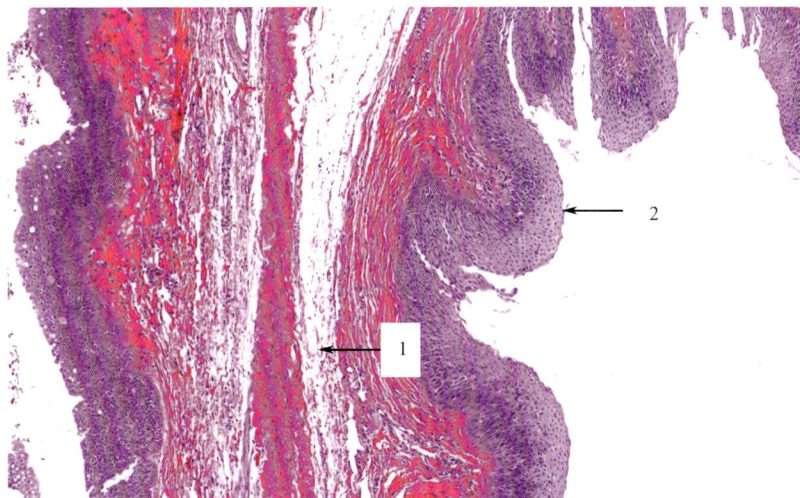

图 3-1
鲤鱼口角 1
（HE 染色，40 倍）

1—固有层；
2—黏膜皱襞

图 3-2
鲤鱼口角 2
（HE 染色，400 倍）

1—黏膜皱襞；
2—固有层；
3—黏膜上皮

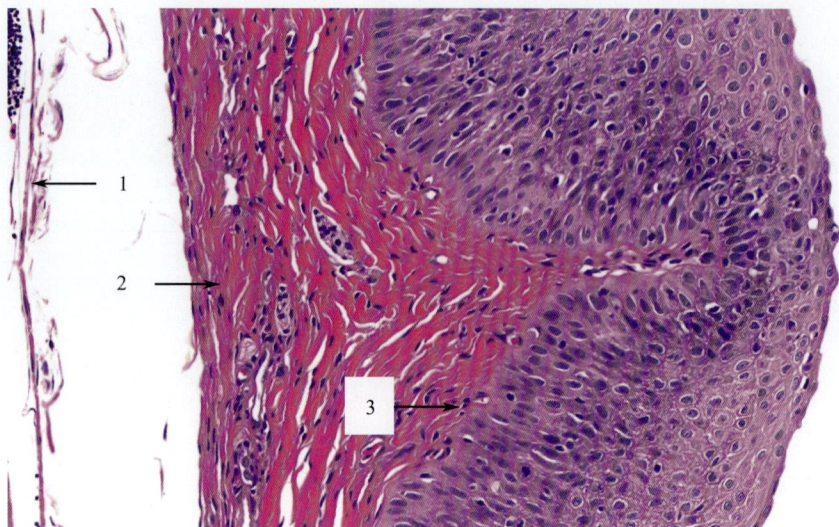

图 3-3
鲤鱼口角 3
（HE 染色，400 倍）

1—毛细血管；
2—胶原纤维

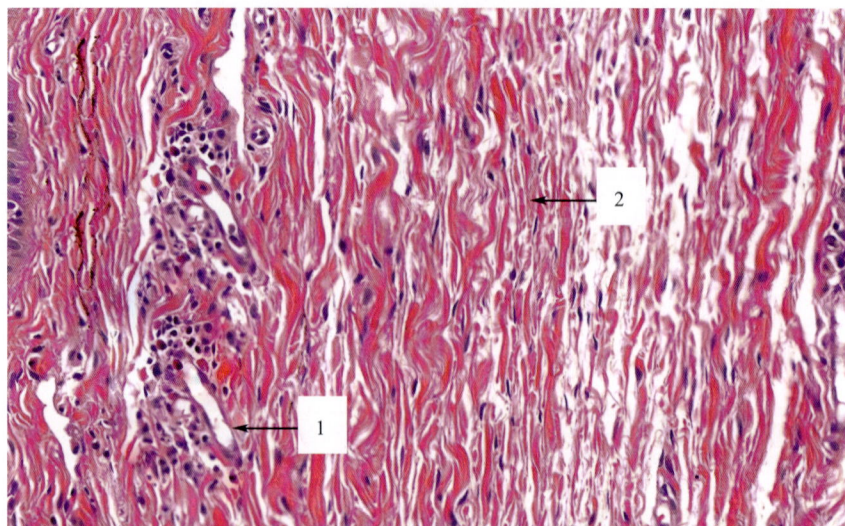

图 3-4
牛蛙唇 1
（HE 染色，40 倍）

1—上皮细胞；
2—唇腺；
3—黏膜肌层

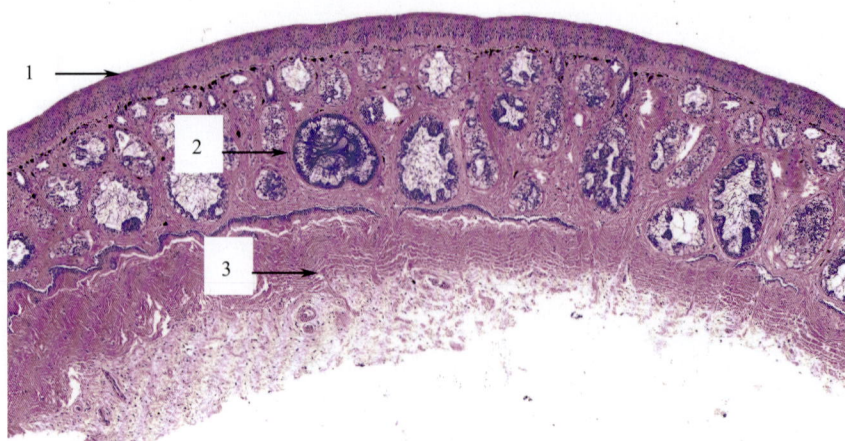

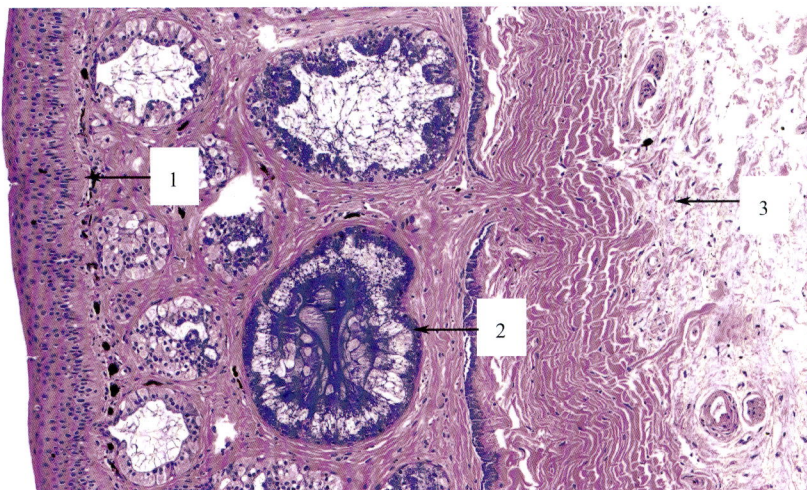

图 3-5
牛蛙唇 2
（HE 染色，40 倍）

1—上皮细胞；
2—唇腺；
3—黏膜下层结缔组织

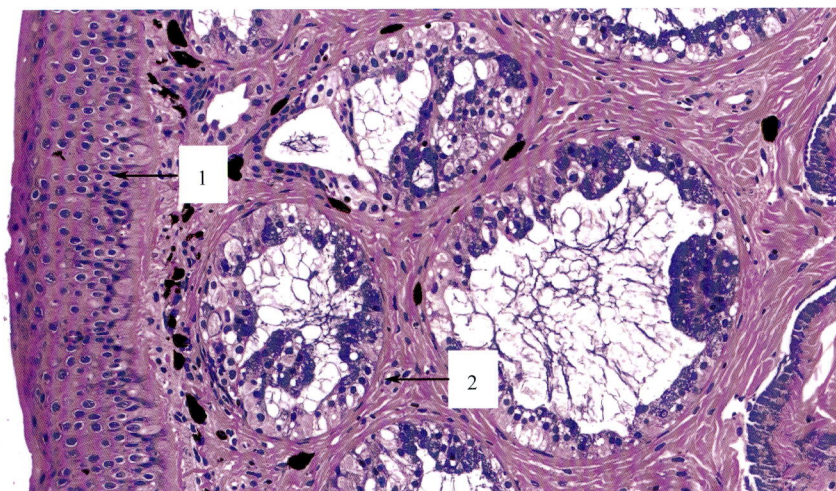

图 3-6
牛蛙唇 3
（HE 染色，200 倍）

1—上皮细胞；
2—唇腺

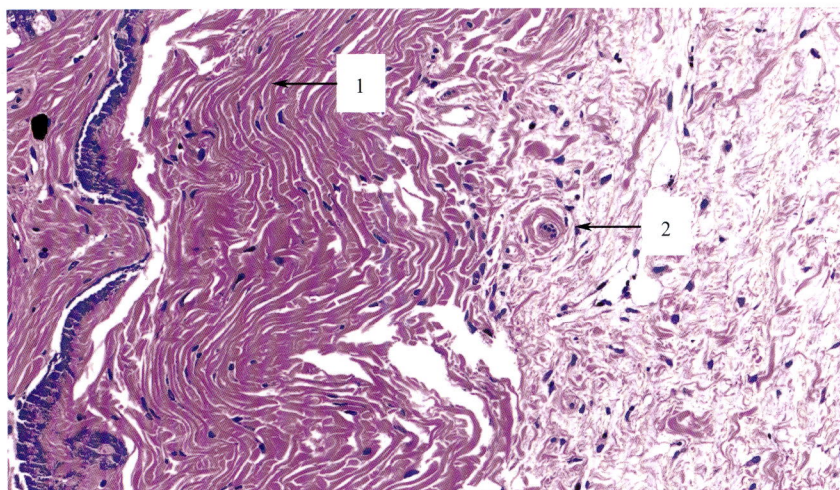

图 3-7
牛蛙唇 4
（HE 染色，200 倍）

1—黏膜肌层；
2—结缔组织毛细血管

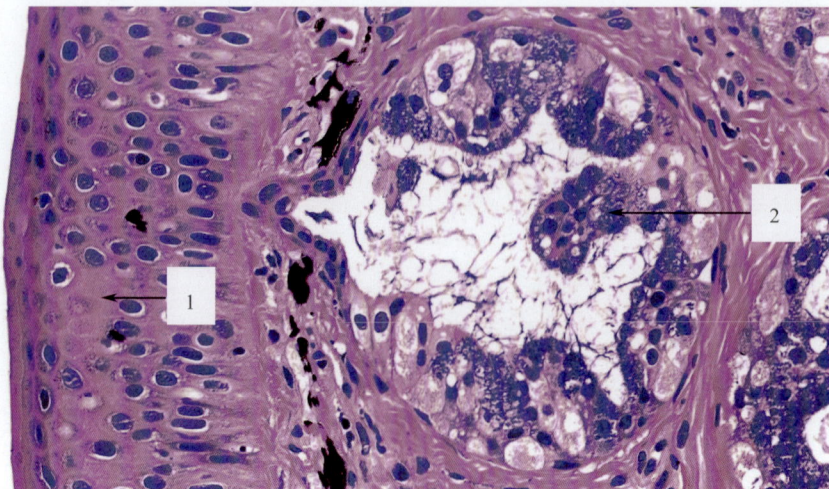

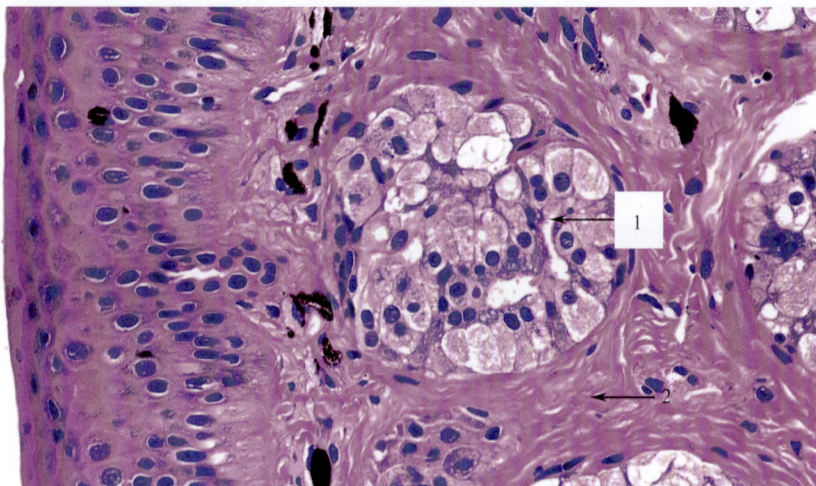

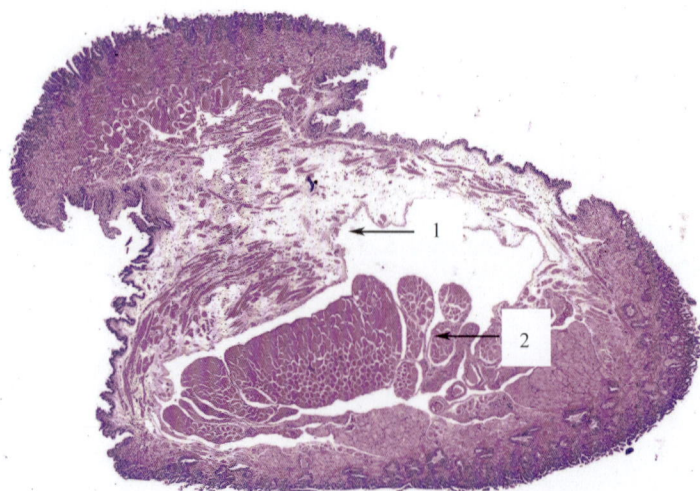

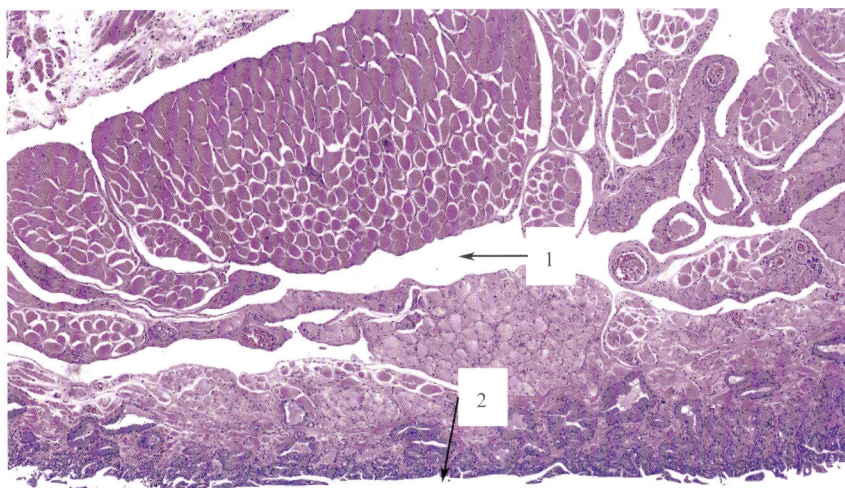

图 3-11
牛蛙舌 2
（HE 染色，50 倍）

1—舌内骨骼肌；
2—舌黏膜

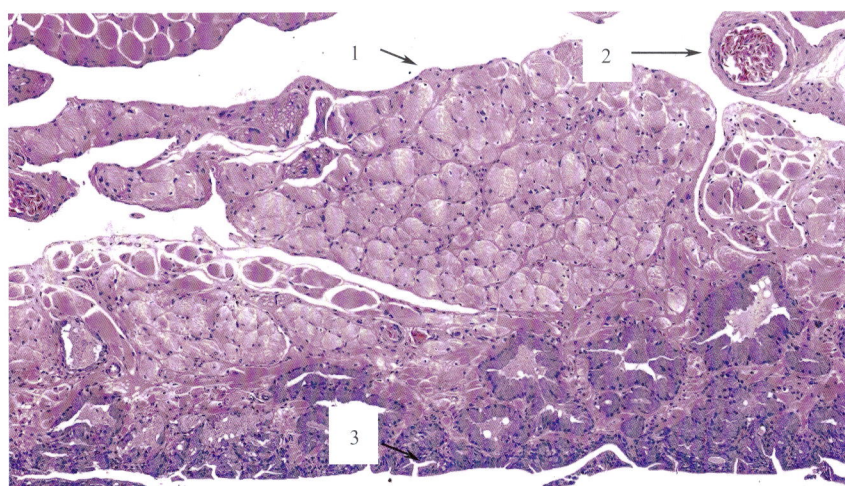

图 3-12
牛蛙舌 3
（HE 染色，100 倍）

1—舌内骨骼肌；
2—微血管；
3—舌黏膜

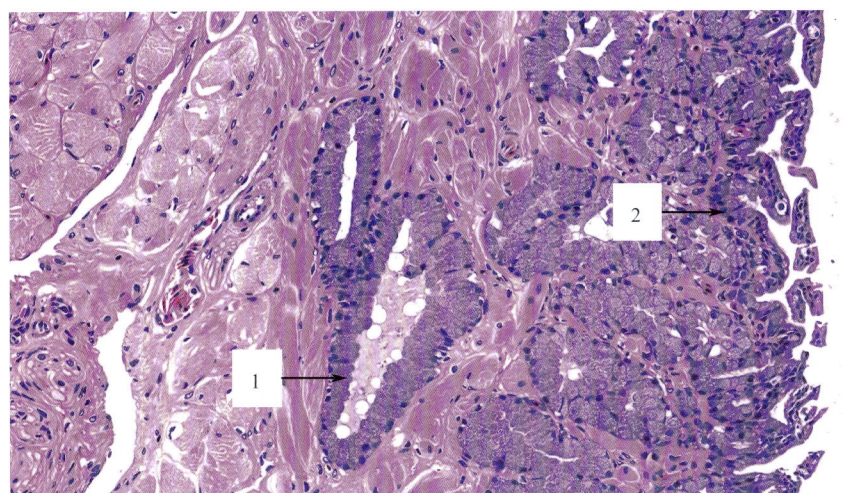

图 3-13
牛蛙舌 4
（HE 染色，200 倍）

1—舌腺；
2—舌黏膜

图 3-14
牛蛙舌 5
（HE 染色，200 倍）

1—舌内骨骼肌；
2—结缔组织

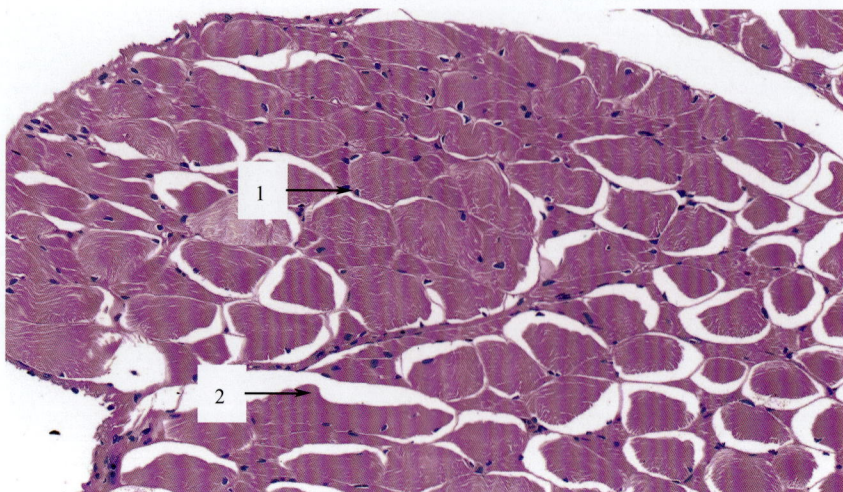

图 3-15
牛蛙舌 6
（HE 染色，200 倍）

1—结缔组织微血管；
2—肌细胞

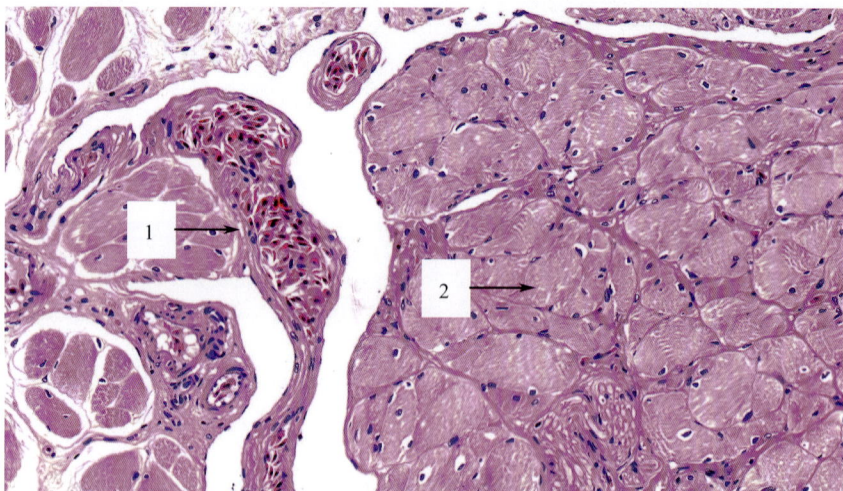

图 3-16
牛蛙舌 7
（HE 染色，400 倍）

1—舌黏膜上皮细胞；
2—毛细血管内红细胞

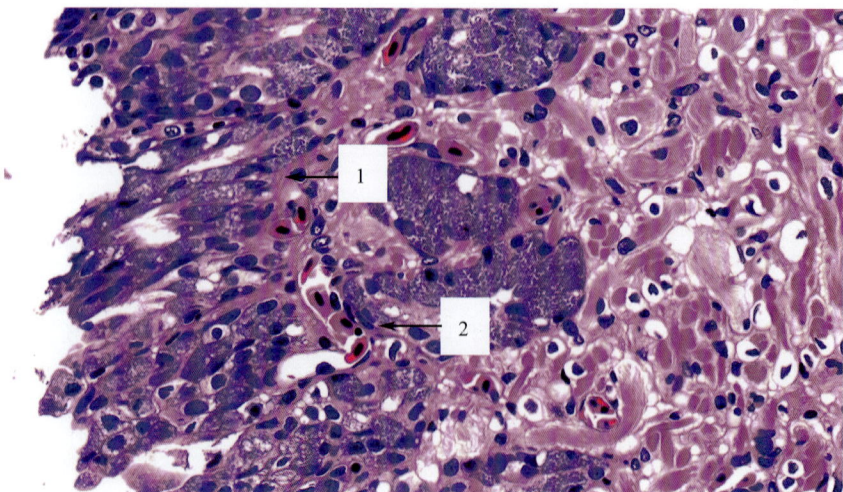

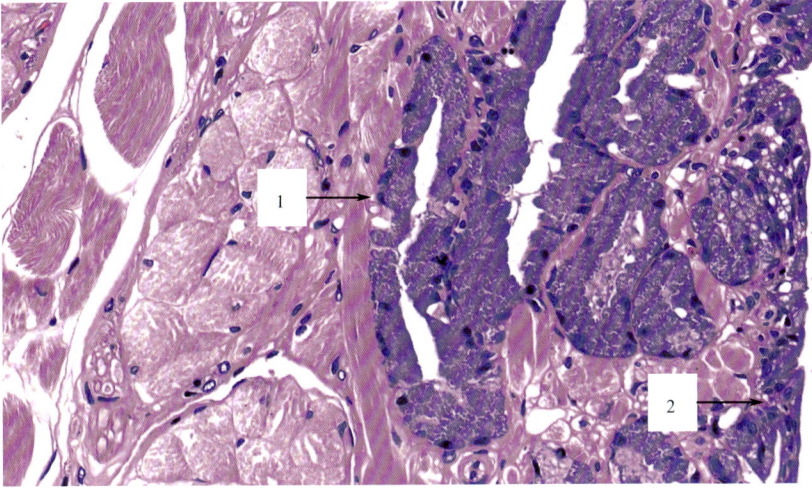

图 3-17
牛蛙舌 8
（HE 染色，400 倍）

1—舌腺细胞；
2—舌黏膜上皮细胞

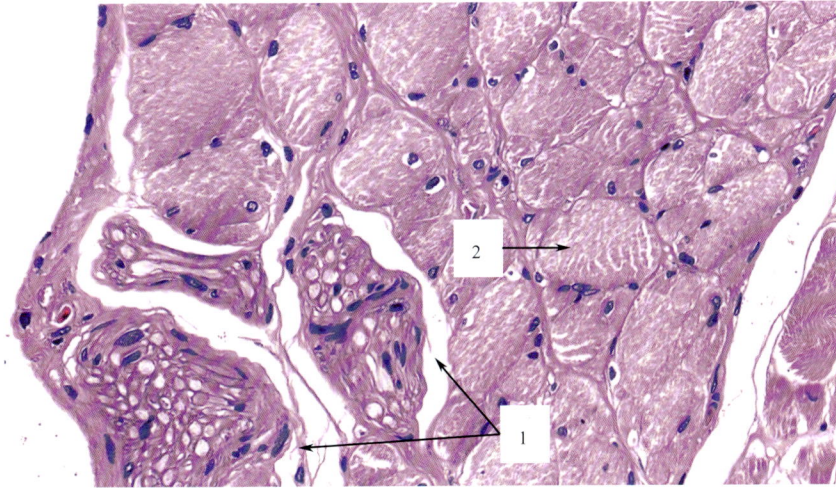

图 3-18
牛蛙舌 9
（HE 染色，400 倍）

1—肌间神经；
2—肌细胞

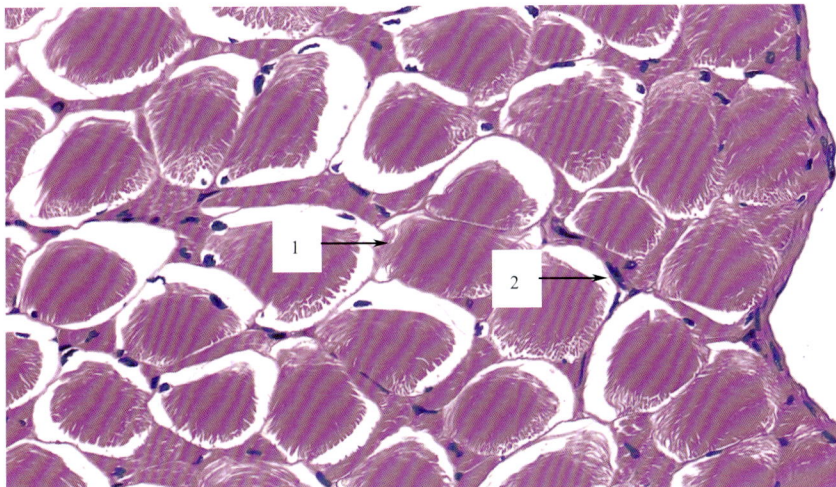

图 3-19
牛蛙舌 10
（HE 染色，400 倍）

1—舌内红肌细胞；
2—骨骼肌卫星细胞

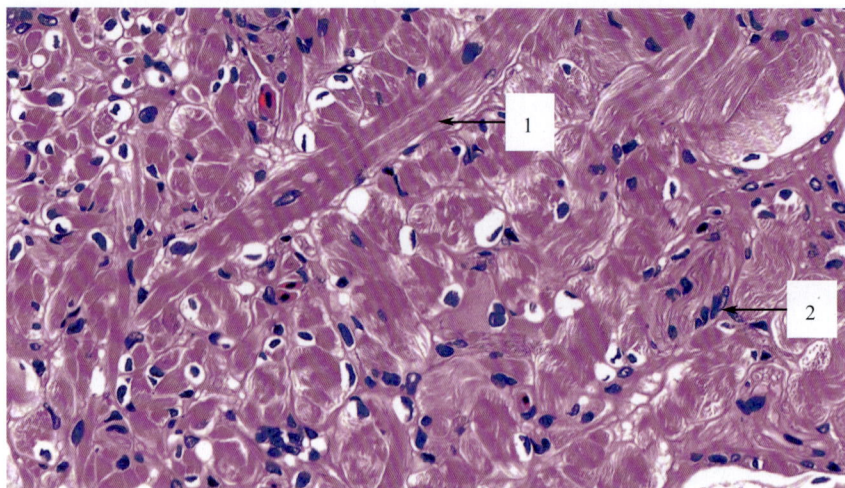

图 3-20
牛蛙舌 11
（HE 染色，400 倍）

1—舌肌纵切面；
2—结缔组织

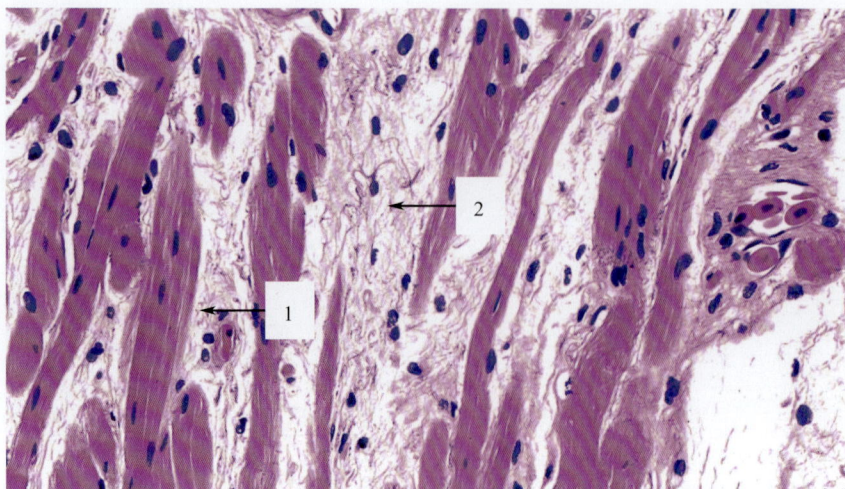

图 3-21
牛蛙舌 12
（HE 染色，400 倍）

1—神经纤维；
2—舌内神经组织

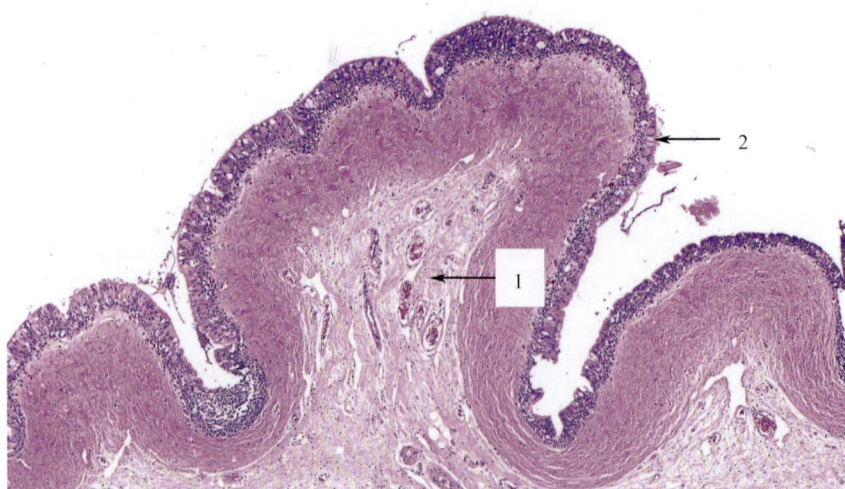

图 3-22
甲鱼咽 1
（HE 染色，50 倍）

1—固有层；
2—黏膜皱襞

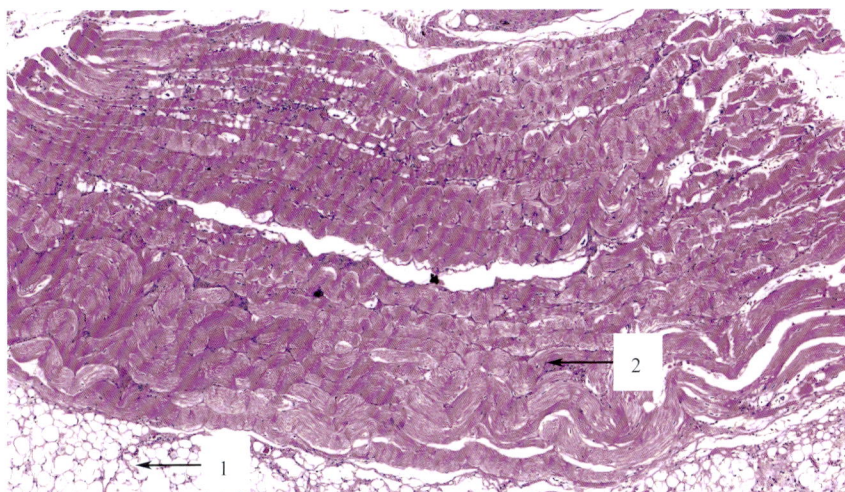

图 3-23
甲鱼咽 2
（HE 染色，50 倍）

1—结缔组织；
2—黏膜肌层

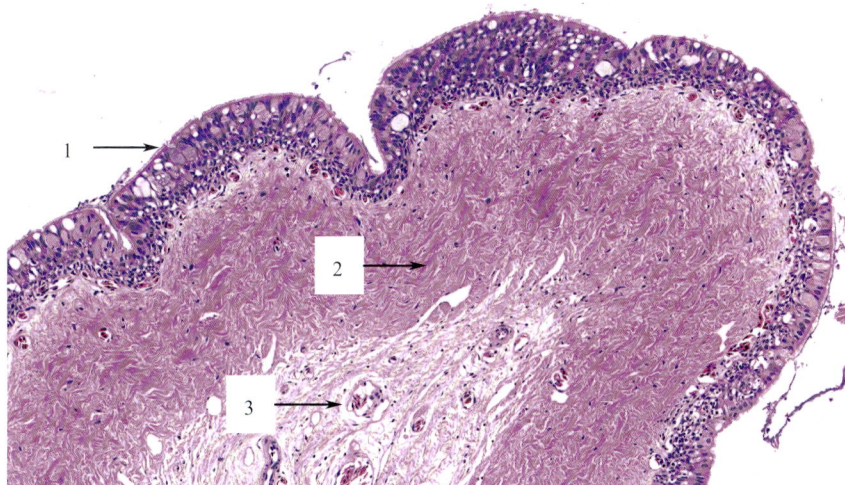

图 3-24
甲鱼咽 3
（HE 染色，100 倍）

1—舌黏膜上皮细胞；
2—固有层；
3—结缔组织毛细血管

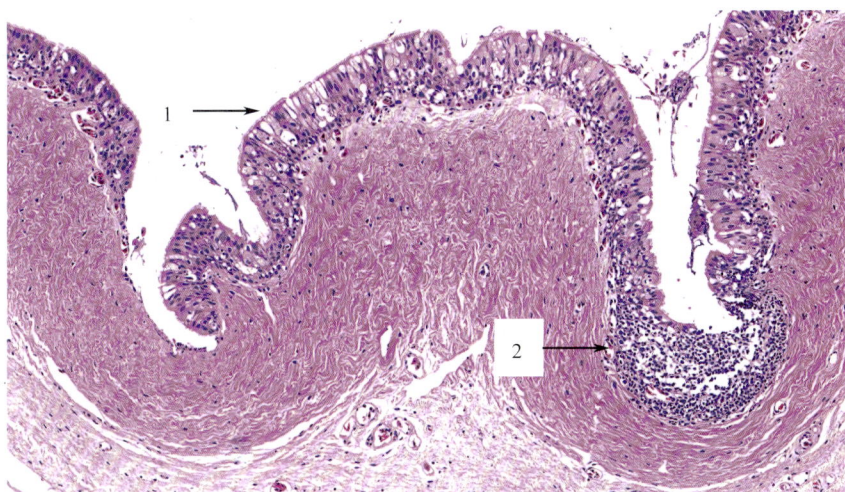

图 3-25
甲鱼咽 4
（HE 染色，100 倍）

1—舌黏膜上皮细胞；
2—固有层淋巴组织

图 3-26
甲鱼咽 5
（HE 染色，200 倍）

1—舌腺导管；
2—黏膜毛细血管

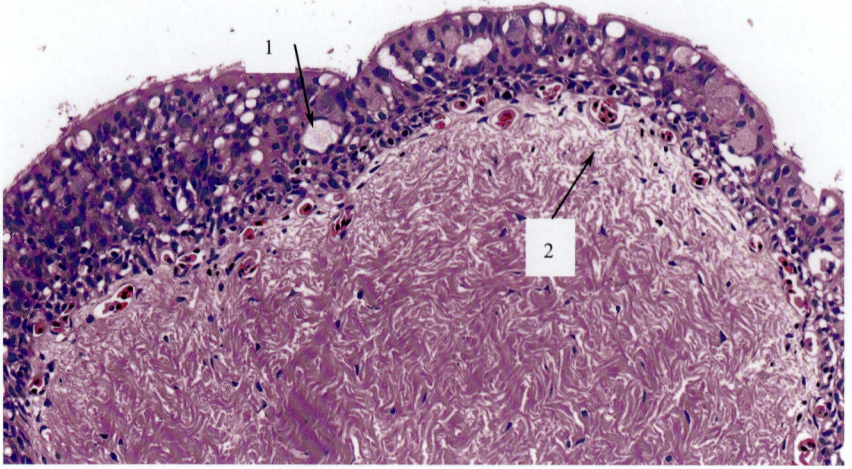

图 3-27
甲鱼咽 6
（HE 染色，200 倍）

1—黏膜毛细血管；
2—结缔组织

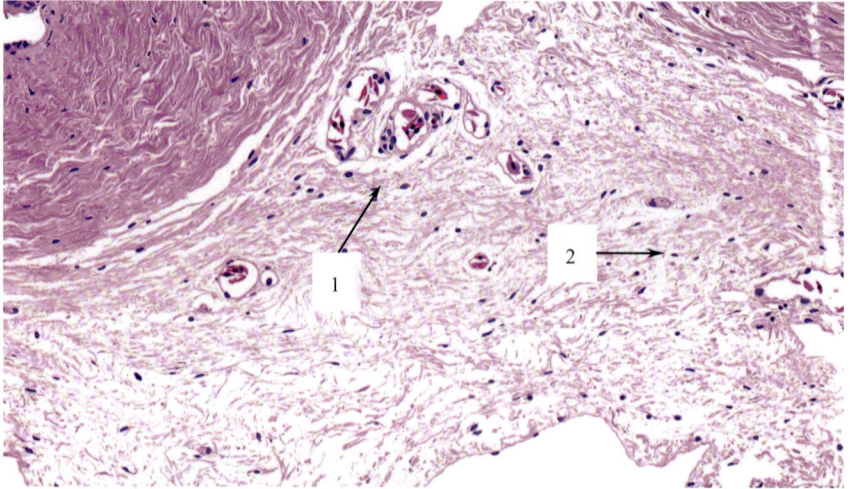

图 3-28
甲鱼咽 7
（HE 染色，200 倍）

1—肌细胞；
2—微血管

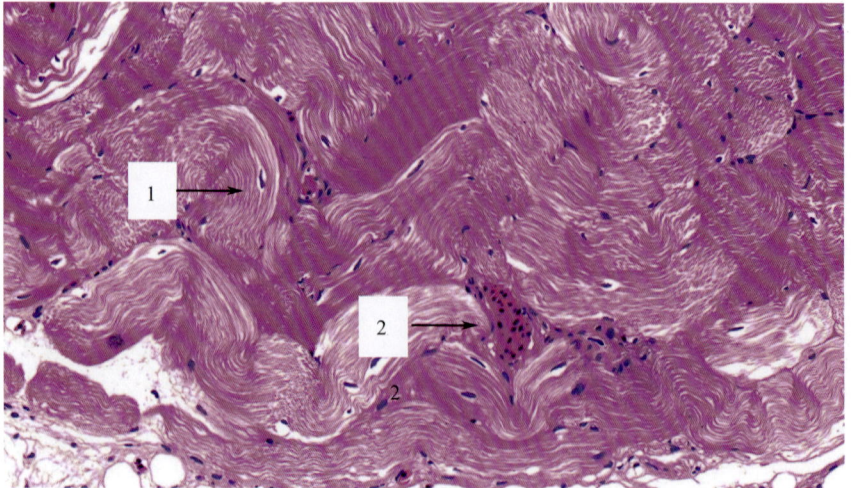

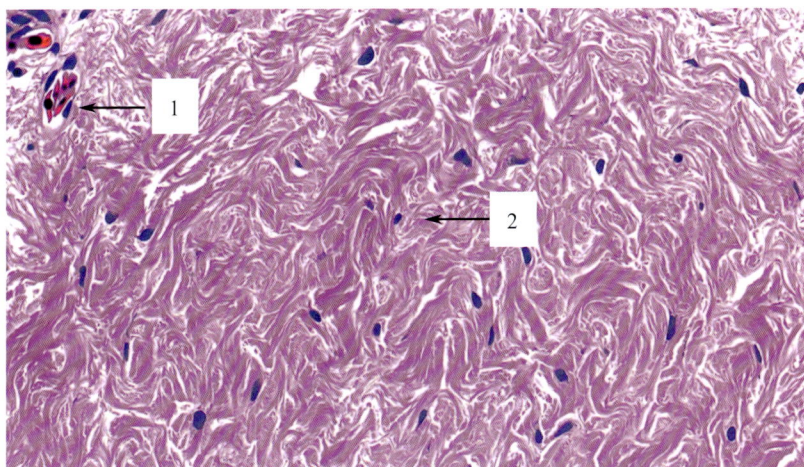

图 3-29
甲鱼咽 8
（HE 染色，200 倍）

1—黏膜毛细血管；
2—胶原纤维

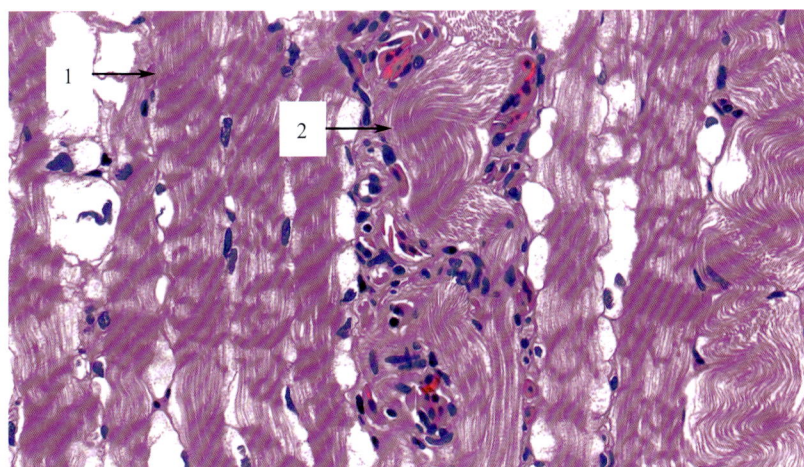

图 3-30
甲鱼咽 9
（HE 染色，200 倍）

1—骨骼肌纵切面；
2—骨骼肌横切面

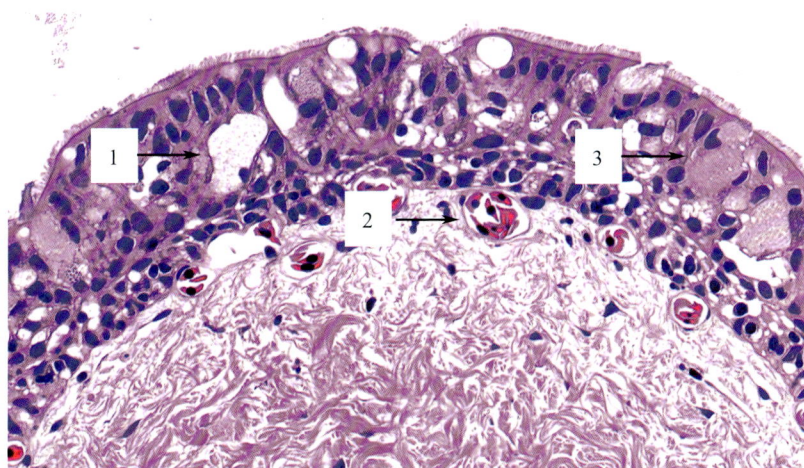

图 3-31
甲鱼咽 10
（HE 染色，400 倍）

1—舌腺导管；
2—毛细血管；
3—舌腺细胞

图 3-32
甲鱼喉 1
（HE 染色，25 倍）

1—黏膜上皮；
2—软骨

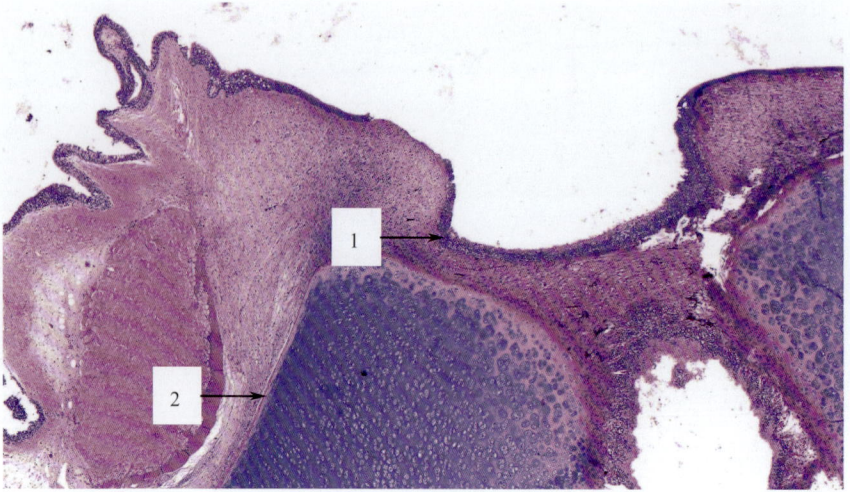

图 3-33
甲鱼喉 2
（HE 染色，100 倍）

1—黏膜皱襞；
2—固有层结缔组织

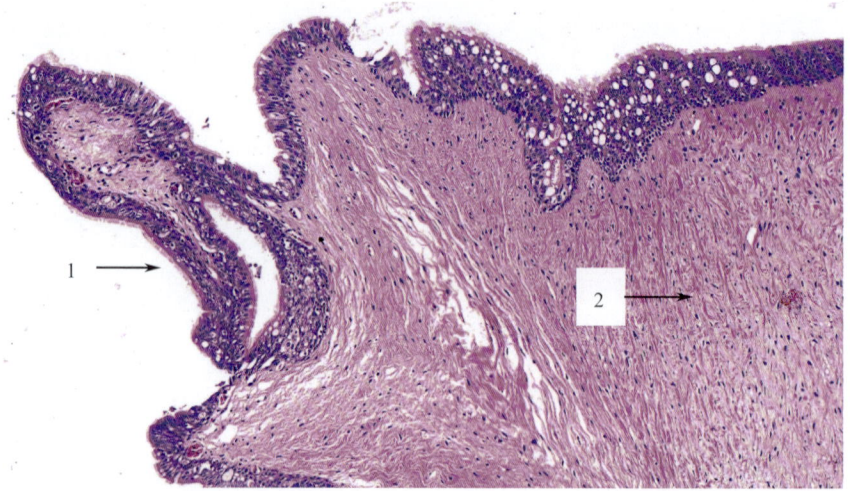

图 3-34
甲鱼喉 3
（HE 染色，100 倍）

1—黏膜；
2—软骨

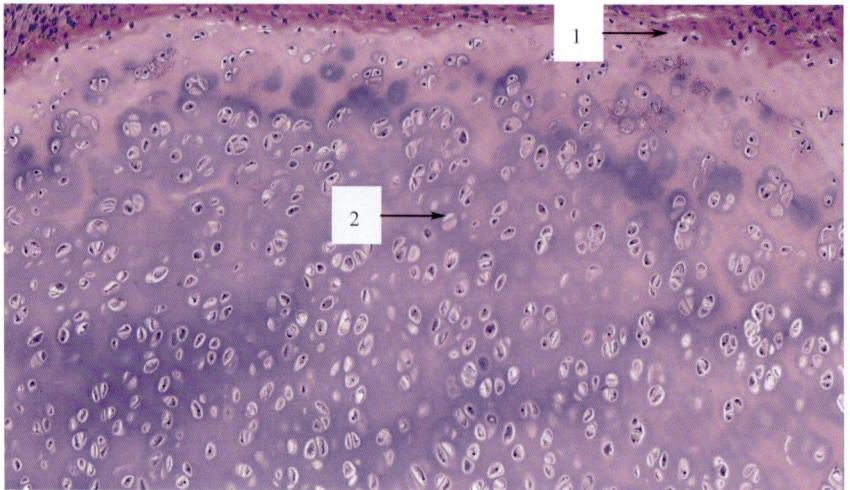

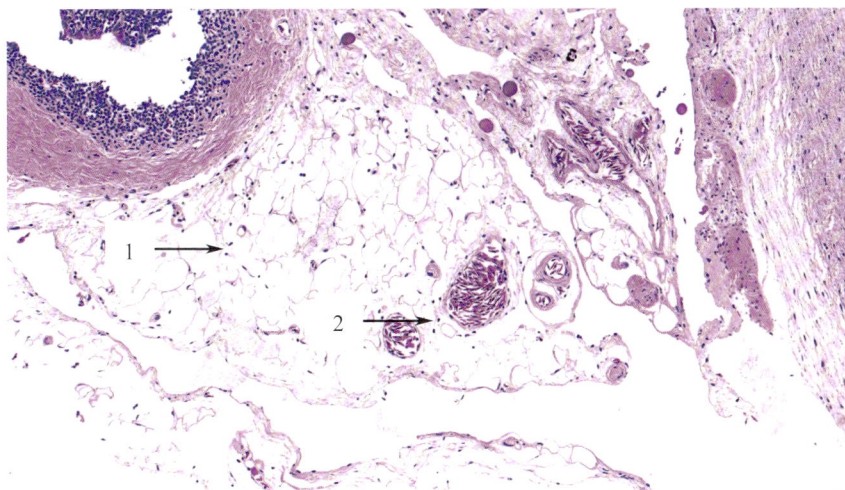

图 3-35
甲鱼喉 4
（HE 染色，100 倍）

1—结缔组织；
2—黏膜下层微血管

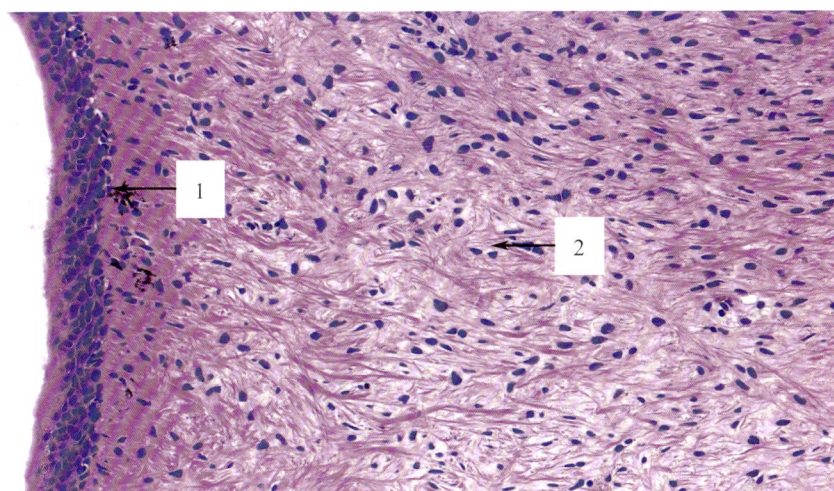

图 3-36
甲鱼喉 5
（HE 染色，200 倍）

1—黏膜上皮；
2—结缔组织

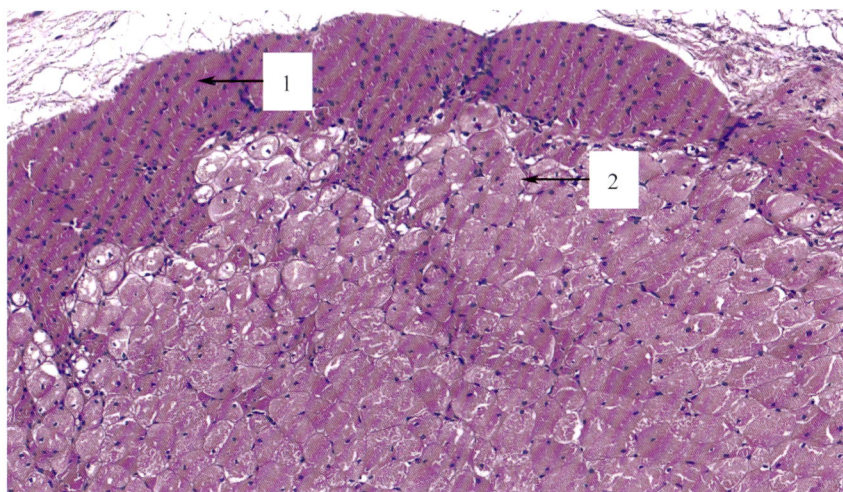

图 3-37
甲鱼喉 6
（HE 染色，200 倍）

1—平滑肌；
2—骨骼肌

图 3-38
甲鱼喉 7
（HE 染色，200 倍）

1—软骨细胞；
2—软骨基质

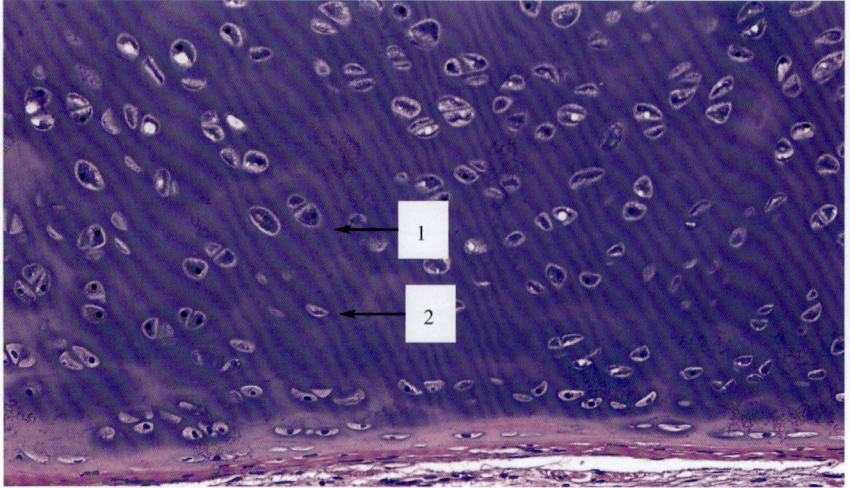

图 3-39
甲鱼喉 8
（HE 染色，400 倍）

1—黏膜上皮细胞；
2—固有层胶原纤维

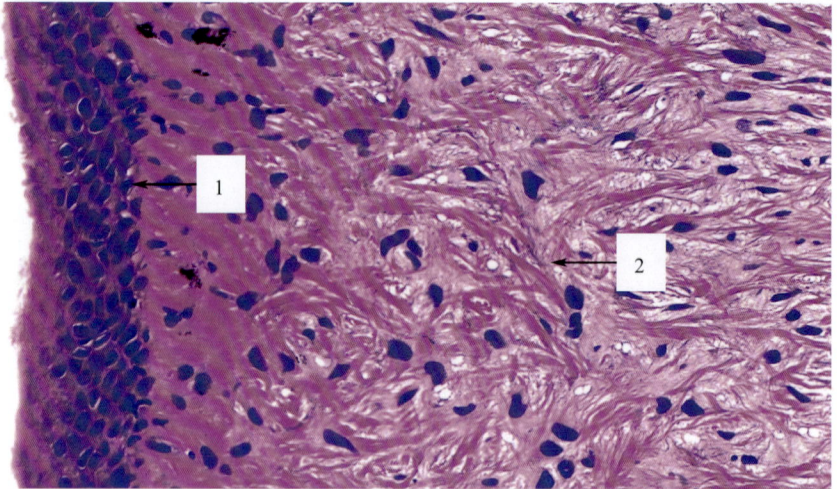

图 3-40
甲鱼喉 9
（HE 染色，400 倍）

1—结缔组织；
2—成纤维细胞

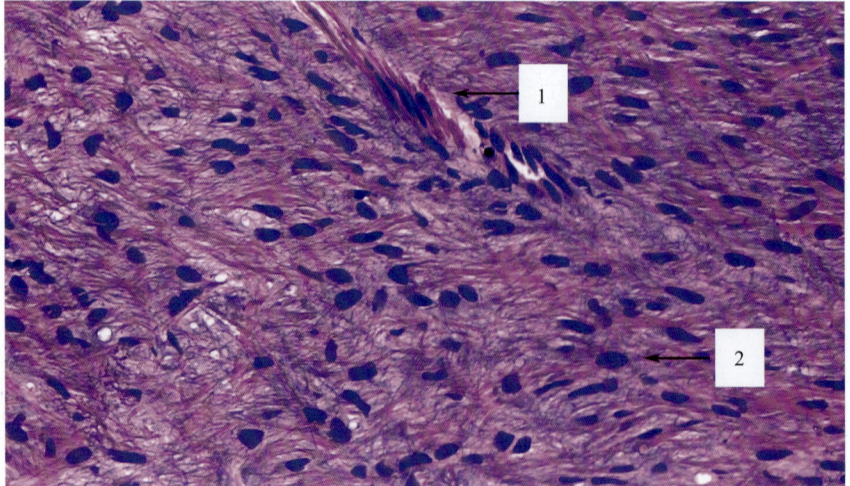

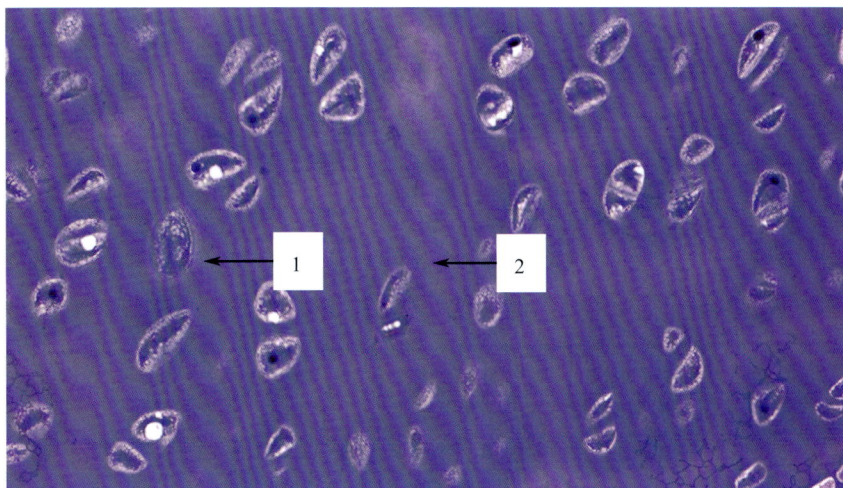

图 3-41
甲鱼喉 10
（ HE 染色，400 倍 ）

1—软骨细胞；
2—软骨基质

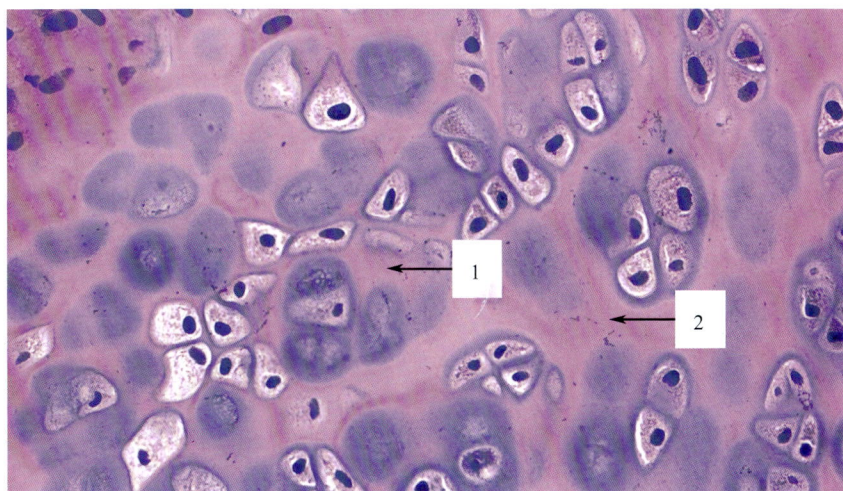

图 3-42
甲鱼喉 11
（ HE 染色，400 倍 ）

1—软骨细胞；
2—软骨基质

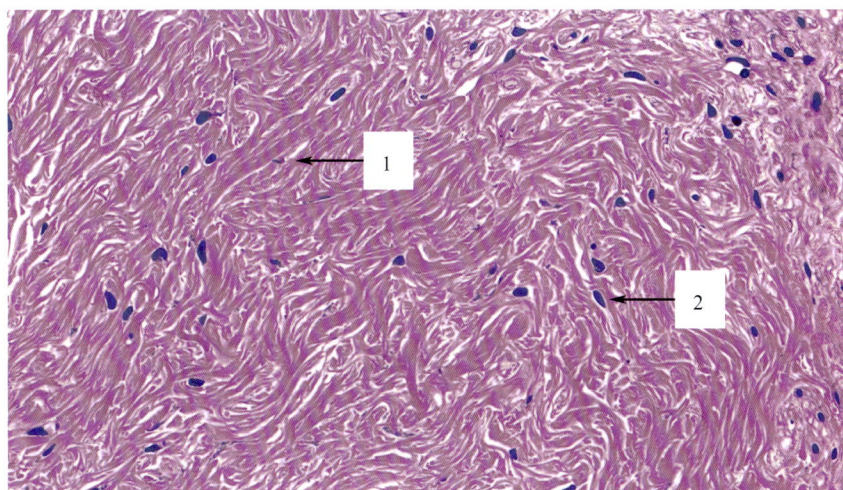

图 3-43
甲鱼喉 12
（ HE 染色，400 倍 ）

1—胶原纤维；
2—成纤维细胞

图 3-44
甲鱼喉 13
（HE 染色，400 倍）

1—胶原纤维；
2—成纤维细胞

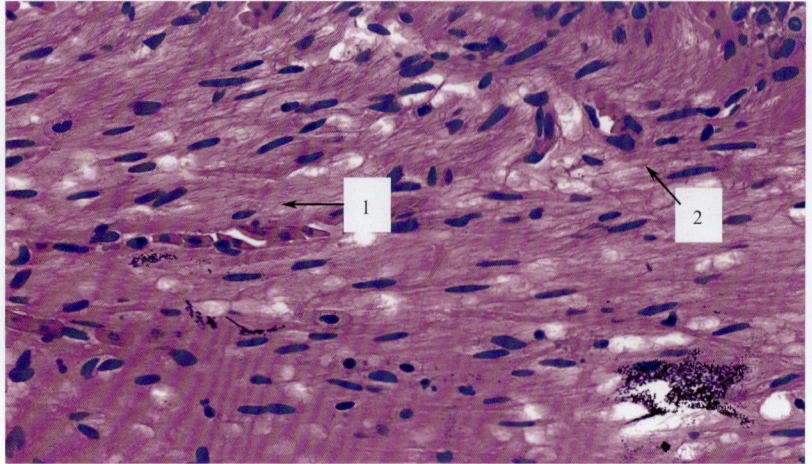

第二节　食管

食管（esophagus）较短，食管壁由内至外包括黏膜、肌层和外膜三层结构。

一、组织结构

1. 黏膜

黏膜（diverticulum）由上皮角化的复层扁平上皮和固有层构成，较厚，表面有较深的纵行皱襞；黏膜固有层分布有较大的管泡状的黏液性食管腺，腺泡由单层柱状上皮围成，腺细胞质弱嗜碱性，染色较浅，胞核扁平，位于细胞基部。

2. 肌层

肌层（lamina muscularis）包括内环、外纵两层平滑肌，内环肌发达。食管后端黏膜内有形成淋巴滤泡的淋巴组织。

3. 外膜

食管外表面覆盖致密结缔组织纤维膜（fibrous membrane）。

见图 3-45 ～图 3-58。

二、功能

食物从咽部经食管到达胃。

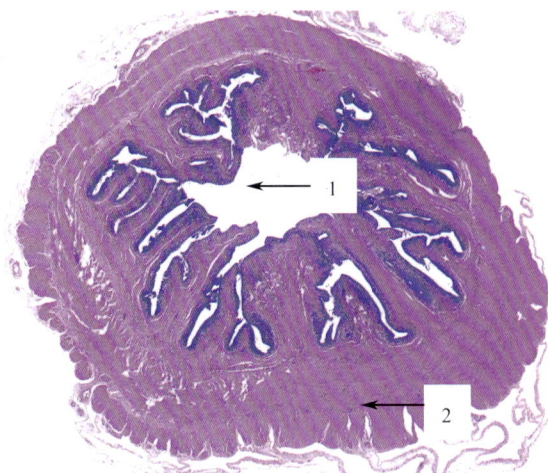

图 3-45
龟食管 1
（HE 染色，15 倍）

1—绒毛；
2—肌层

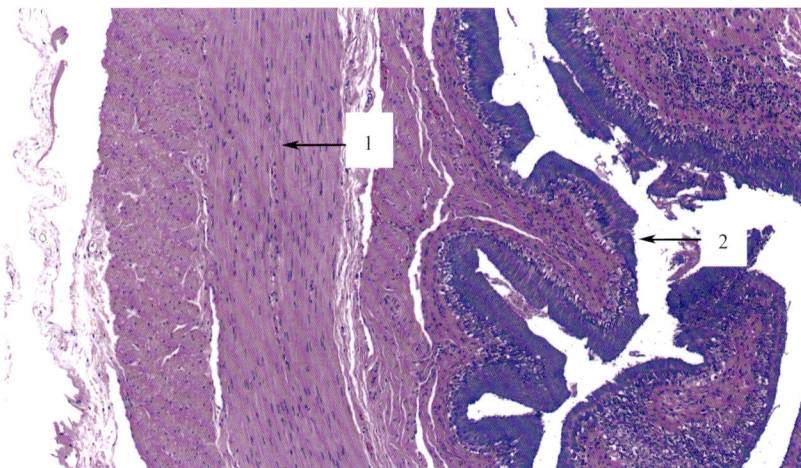

图 3-46
龟食管 2
（HE 染色，100 倍）

1—肌层；
2—黏膜皱褶

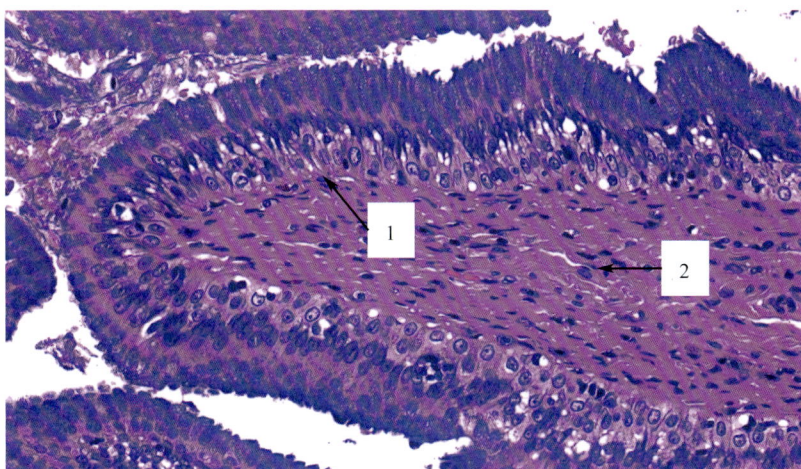

图 3-47
龟食管 3
（HE 染色，400 倍）

1—黏膜上皮细胞；
2—固有层

图 3-48
龟食管 4
（HE 染色，400 倍）

1—平滑肌；
2—毛细血管

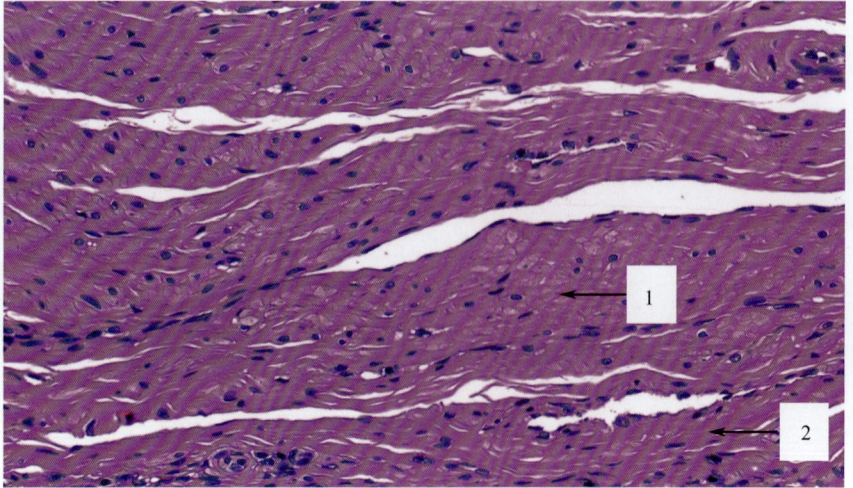

图 3-49
龟食管 5
（HE 染色，400 倍）

1—平滑肌细胞质；
2—平滑肌细胞核

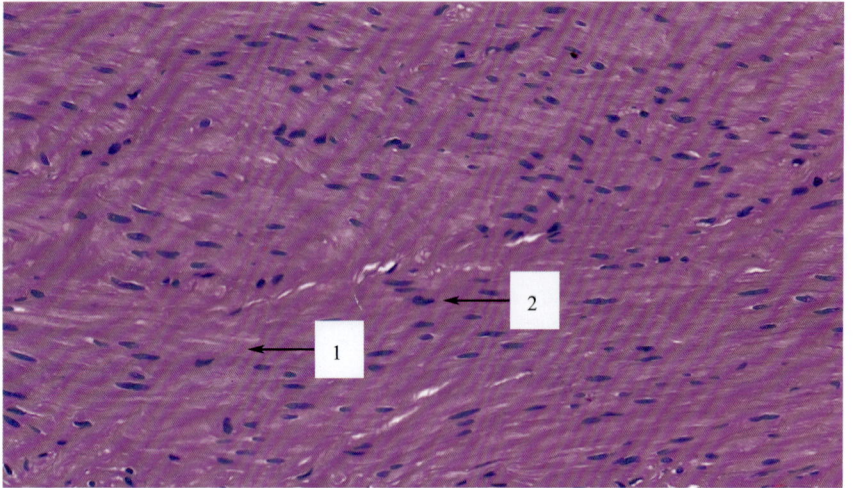

图 3-50
蟾蜍食管 1
（HE 染色，25 倍）

1—绒毛；
2—肌层

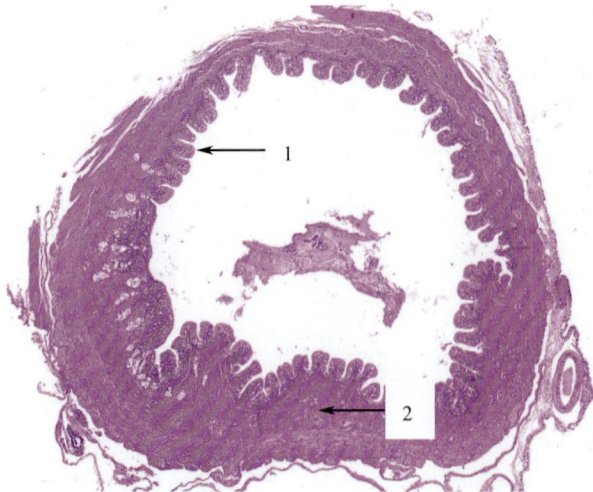

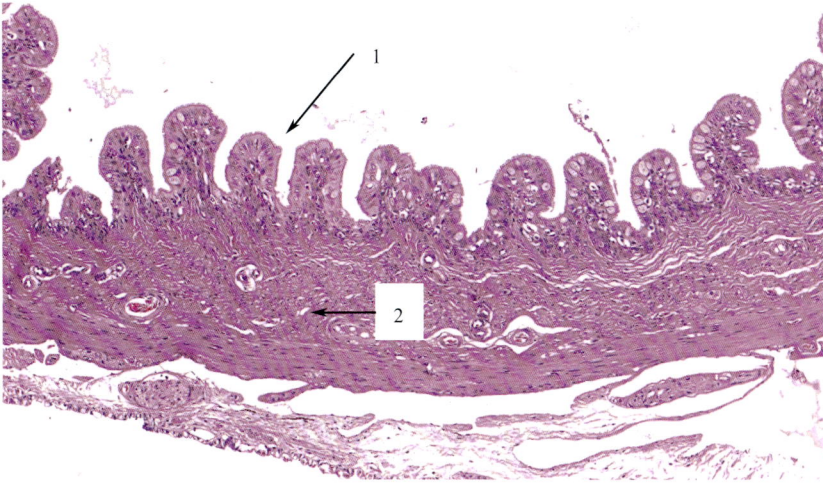

图 3-51
蟾蜍食管 2
（HE 染色，100 倍）

1—黏膜皱褶；
2—肌层

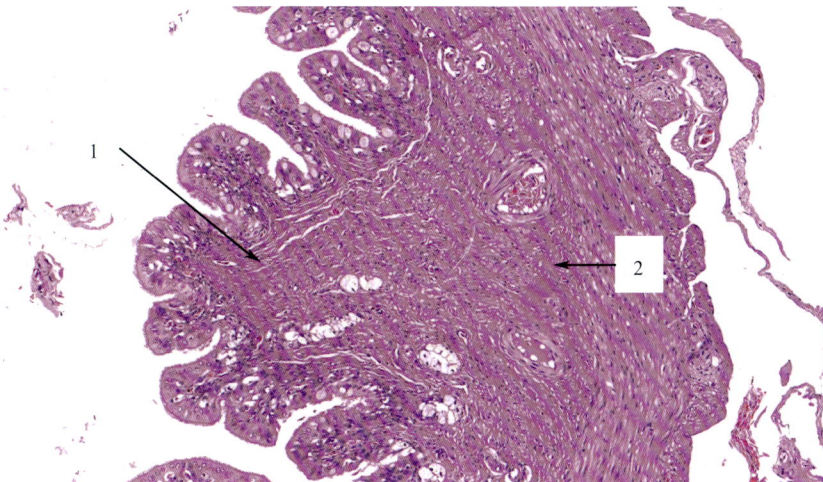

图 3-52
蟾蜍食管 3
（HE 染色，100 倍）

1—黏膜皱襞；
2—肌层

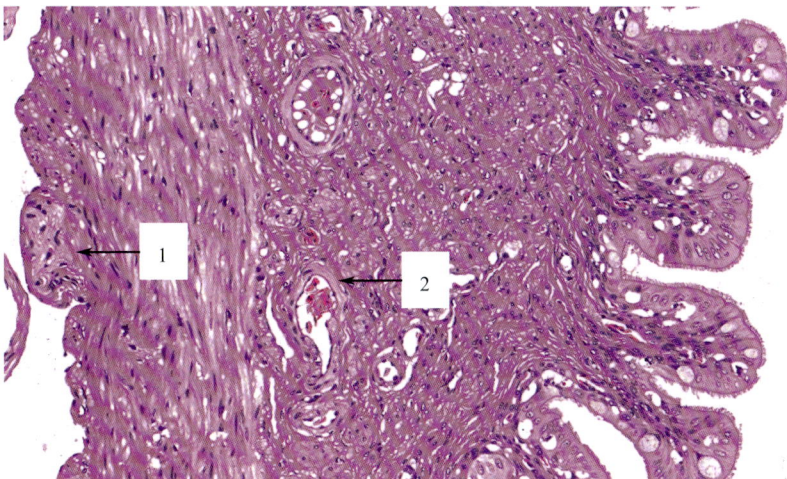

图 3-53
蟾蜍食管 4
（HE 染色，180 倍）

1—神经；
2—微血管

图 3-54
蟾蜍食管 5
（HE 染色，200 倍）

1—黏膜上皮细胞；
2—固有层

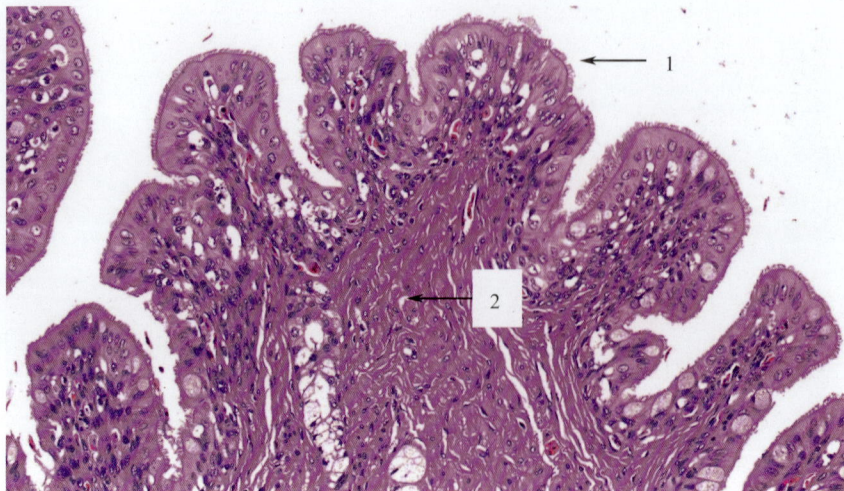

图 3-55
蟾蜍食管 6
（HE 染色，400 倍）

1—黏膜上皮细胞微绒毛；
2—杯状细胞

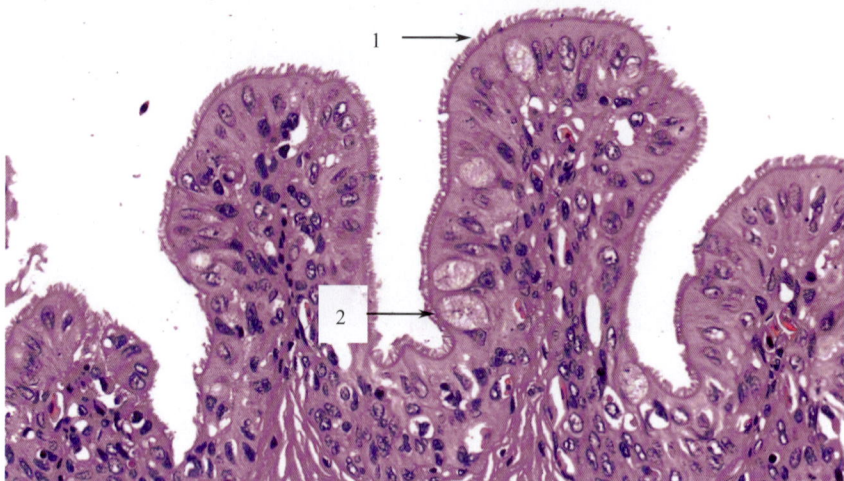

图 3-56
蟾蜍食管 7
（HE 染色，400 倍）

1—黏膜毛细血管；
2—神经

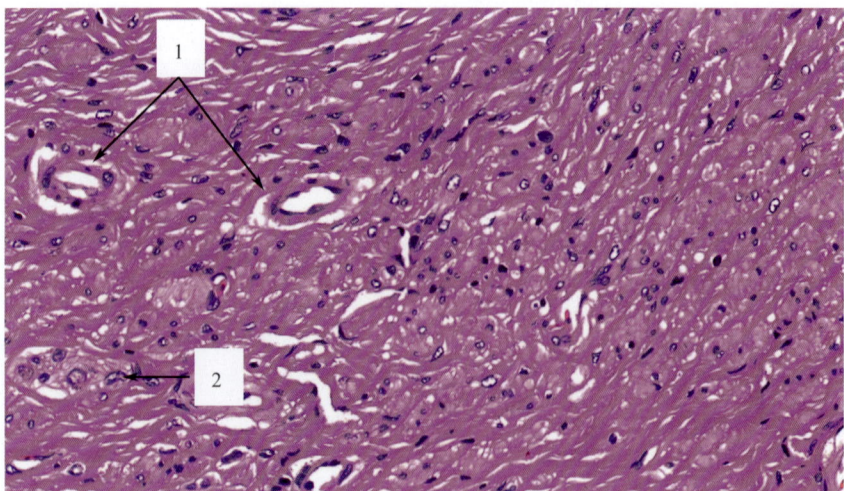

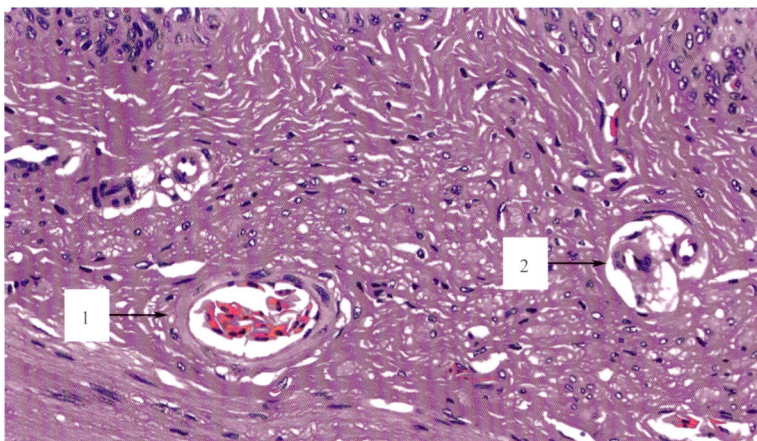

图 3-57
蟾蜍食管 8
（HE 染色，400 倍）

1—微血管；
2—毛细血管

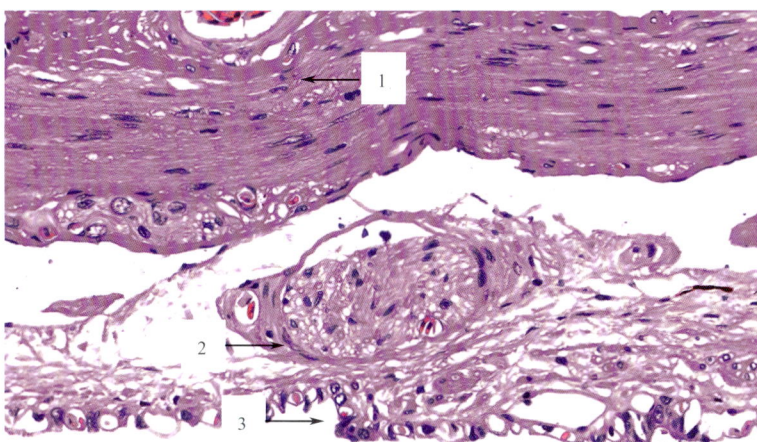

图 3-58
蟾蜍食管 9
（HE 染色，400 倍）

1—肌层；
2—神经；
3—外膜

第三节　胃

胃（stomach）位于腹腔肝后方略偏于左侧，呈纺锤形，质地坚实，肌肉壁发达。

一、组织结构

包括由内至外的黏膜、黏膜下层、肌层和外膜四层。

1. 黏膜

由上皮、固有层和黏膜肌构成。

（1）上皮　分布有单层柱状上皮（simple columnar epithelium）。

（2）固有层　腺管上皮由呈低柱状或立方形的腺细胞构成，细胞核位于细胞基部，呈球形，胞质含有许多细小的嗜酸性颗粒。

2. 黏膜下层

由含有较多的胶原纤维、弹性纤维、血管和神经等的结缔组织构成。

3. 肌层

发达的、富含胶原纤维的环行平滑肌构成很厚的肌层。肌层包括两块很厚的侧肌和两块较薄的中间肌。

4. 外膜

为有神经丛分布的结缔组织浆膜。

见图 3-59 ～图 3-101。

二、功能

食物从食管送至胃时，通过胃液发挥化学消化和械性消化作用。

图 3-59
黄颡鱼胃 1
（HE 染色，40 倍）

1—胃黏膜皱襞；
2—肌层平滑肌

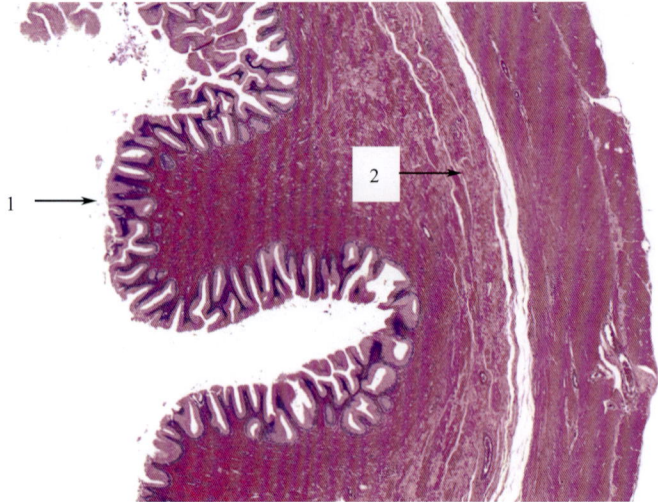

图 3-60
黄颡鱼胃 2
（HE 染色，40 倍）

1—胃腺；
2—肌层

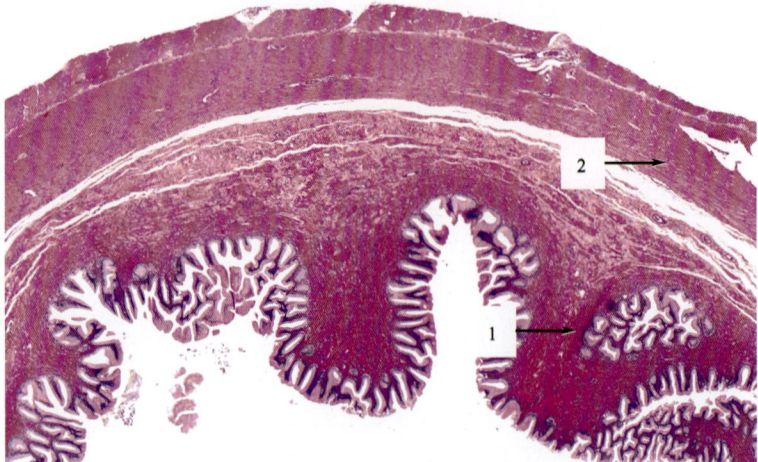

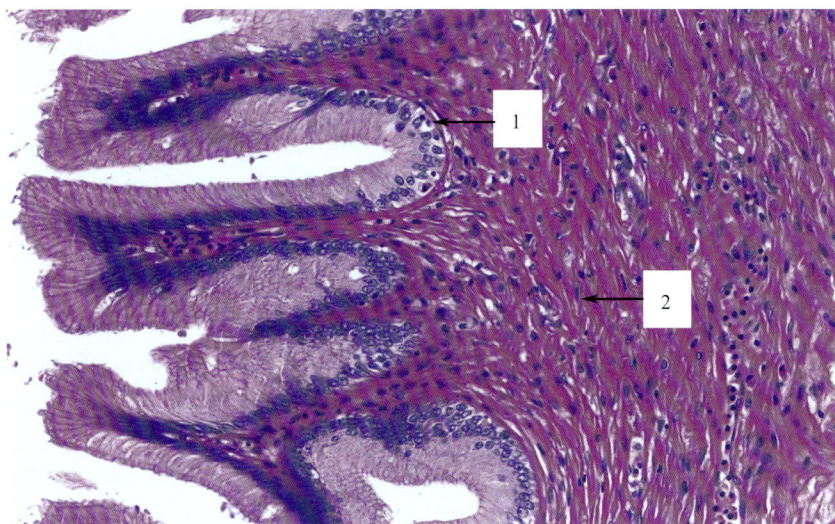

图 3-61
黄颡鱼胃 3
（HE 染色，100 倍）

1—胃壁肌层；
2—胃黏膜上皮

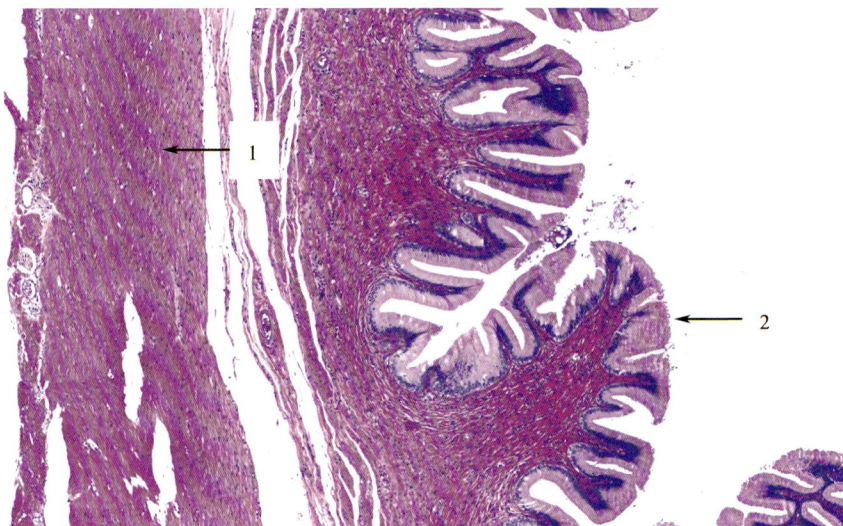

图 3-62
黄颡鱼胃 4
（HE 染色，100 倍）

1—胃黏膜；
2—固有层；
3—肌层

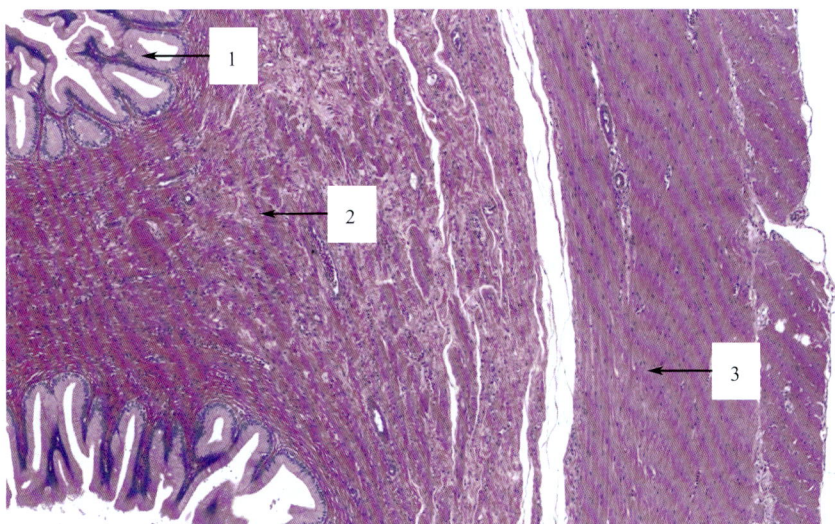

图 3-63
黄颡鱼胃 5
（HE 染色，400 倍）

1—胃黏膜上皮；
2—固有层结缔组织

图 3-64
中华草龟胃贲门 1
（HE 染色，25 倍）

1—外膜结缔组织；
2—胃黏膜皱襞；
3—肌层

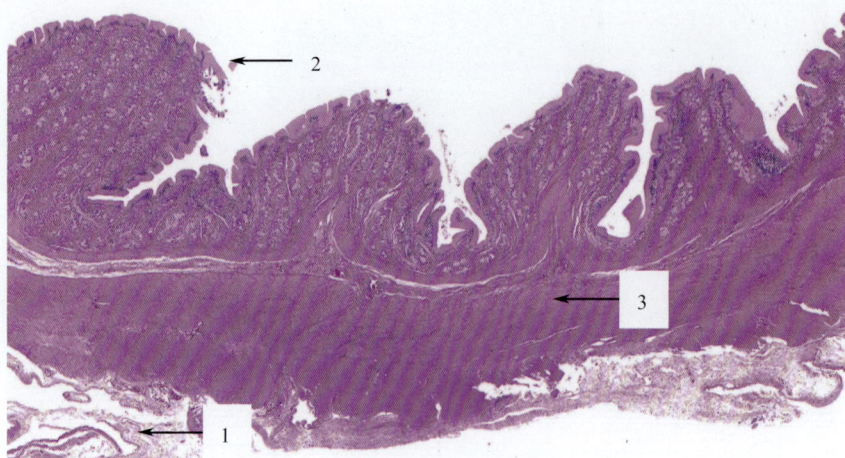

图 3-65
中华草龟胃贲门 2
（HE 染色，100 倍）

1—固有层结缔组织；
2—胃黏膜上皮

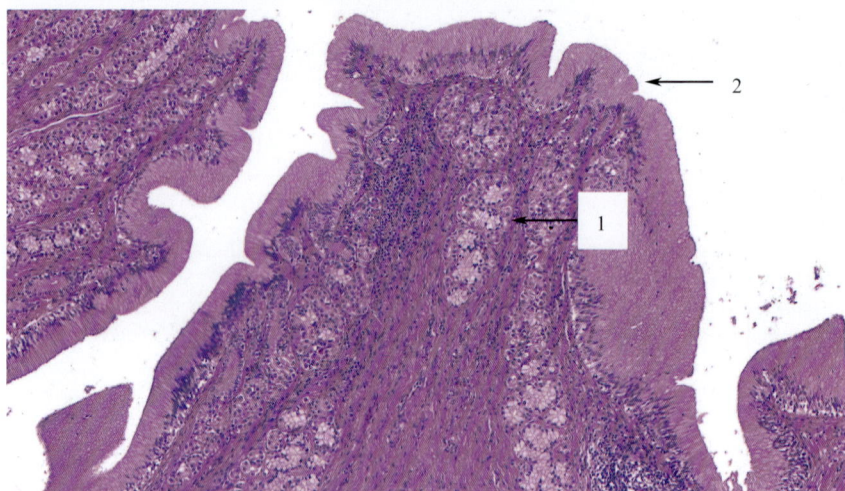

图 3-66
中华草龟胃贲门 3
（HE 染色，100 倍）

1—胃肌层；
2—外膜

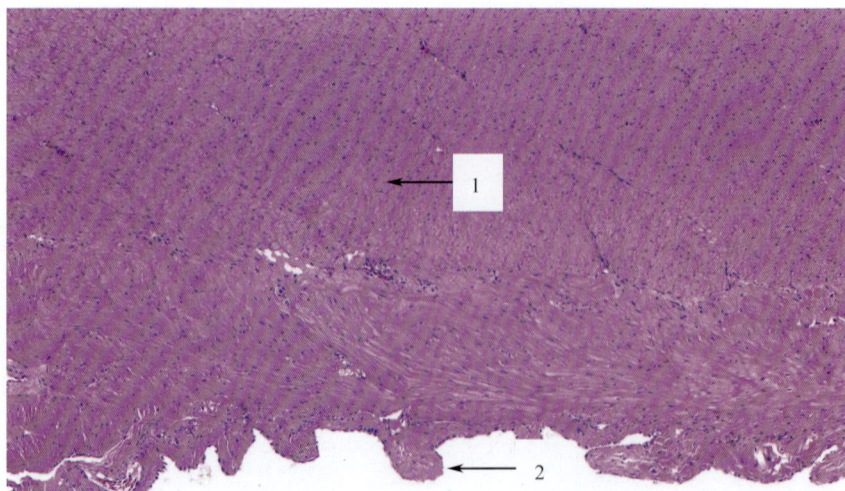

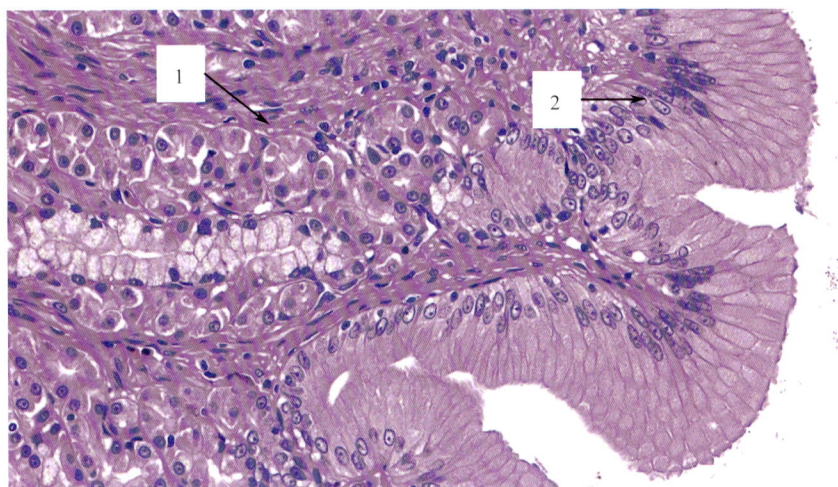

图 3-67
中华草龟胃贲门 4
（HE 染色，400 倍）

1—胃腺；
2—黏膜上皮细胞

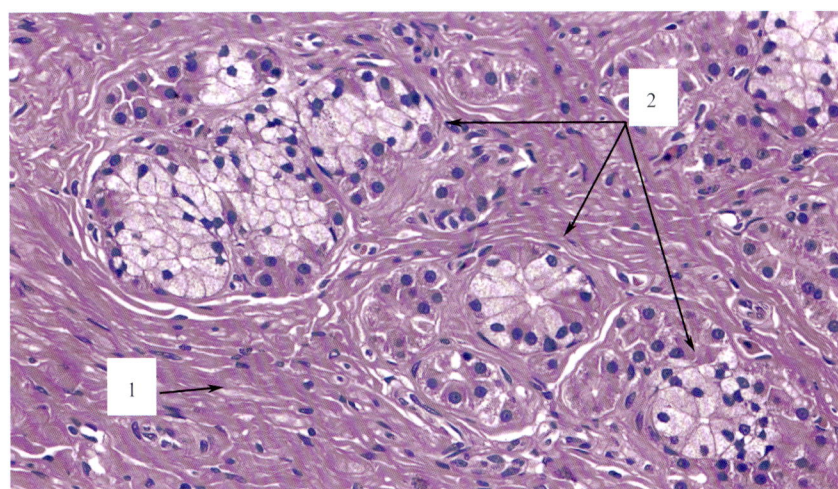

图 3-68
中华草龟胃贲门 5
（HE 染色，400 倍）

1—固有层；
2—胃腺

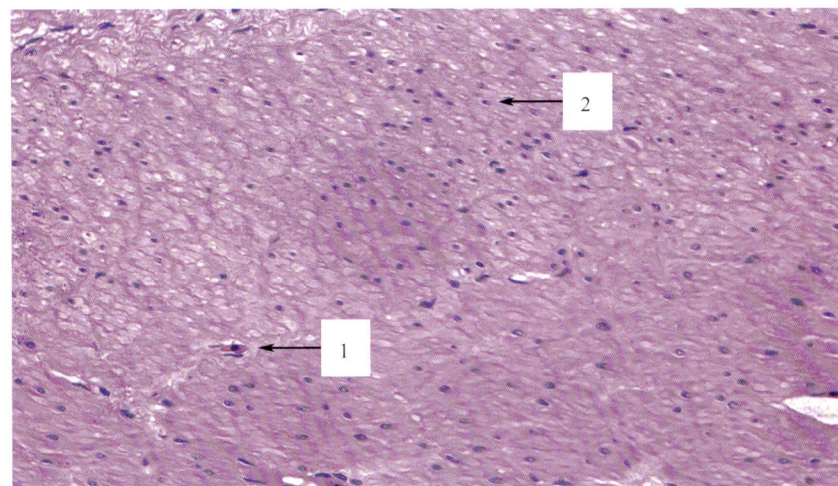

图 3-69
中华草龟胃贲门 6
（HE 染色，400 倍）

1—毛细血管红细胞；
2—胃壁肌层

图 3-70
中华草龟胃贲门 7
（HE 染色，400 倍）

1—胃壁肌层；
2—胃内皮

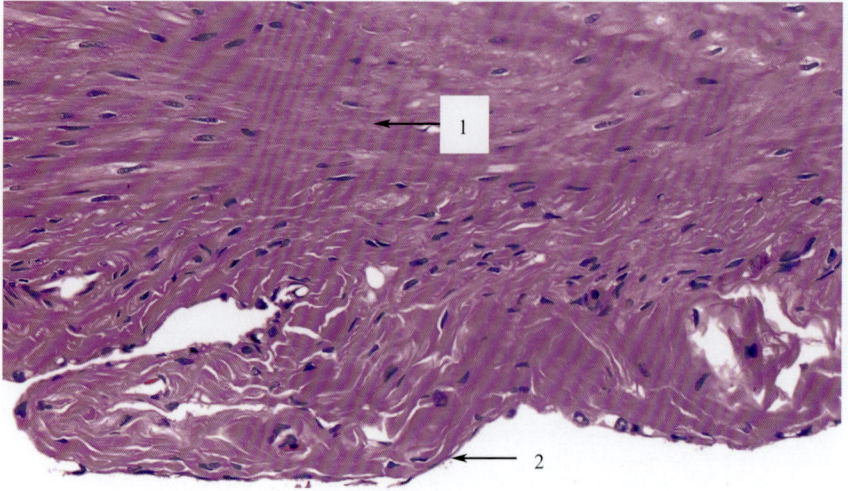

图 3-71
中华草龟胃底 1
（HE 染色，50 倍）

1—胃壁黏膜；
2—胃肌层

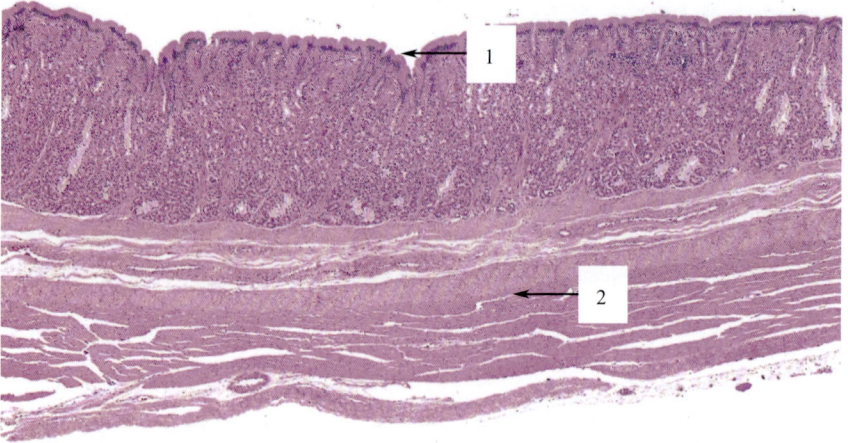

图 3-72
中华草龟胃底 2
（HE 染色，100 倍）

1—胃黏膜上皮；
2—黏膜下层；
3—肌层

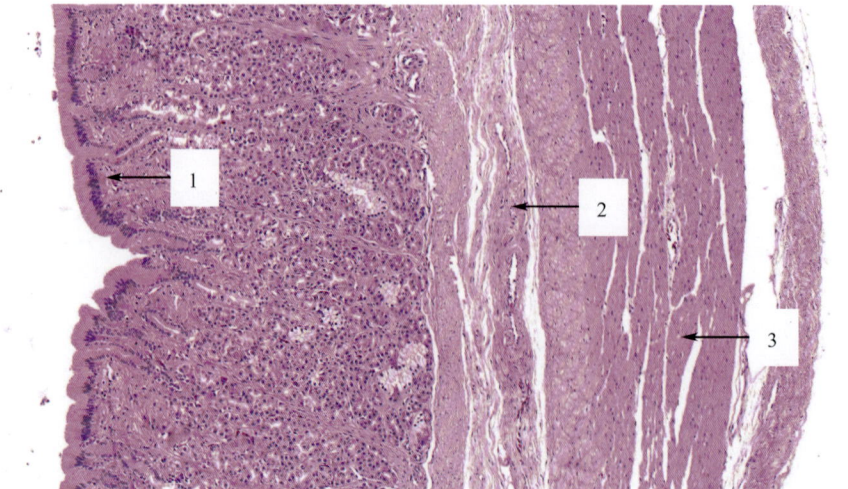

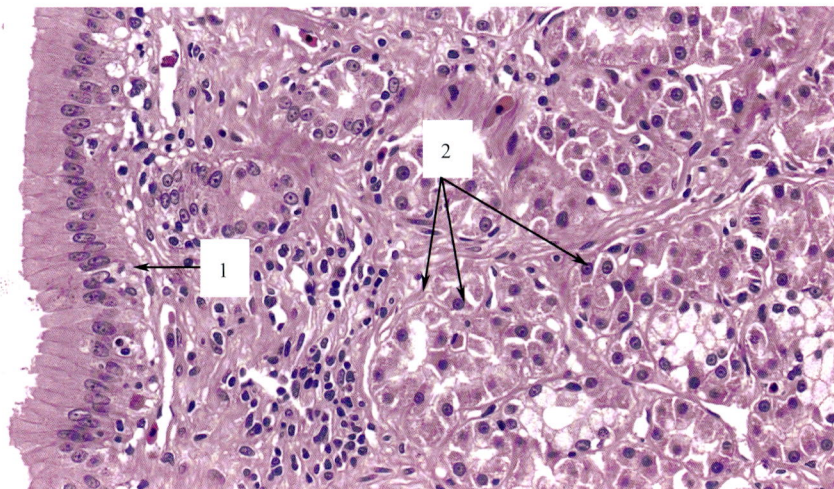

图 3-73
中华草龟胃底 3
（HE 染色，400 倍）

1—胃黏膜上皮细胞；
2—胃腺

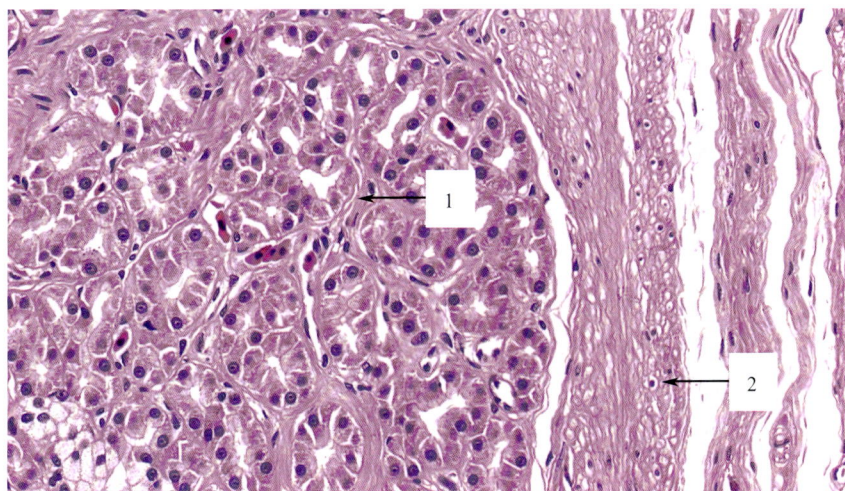

图 3-74
中华草龟胃底 4
（HE 染色，400 倍）

1—胃腺；
2—黏膜下层

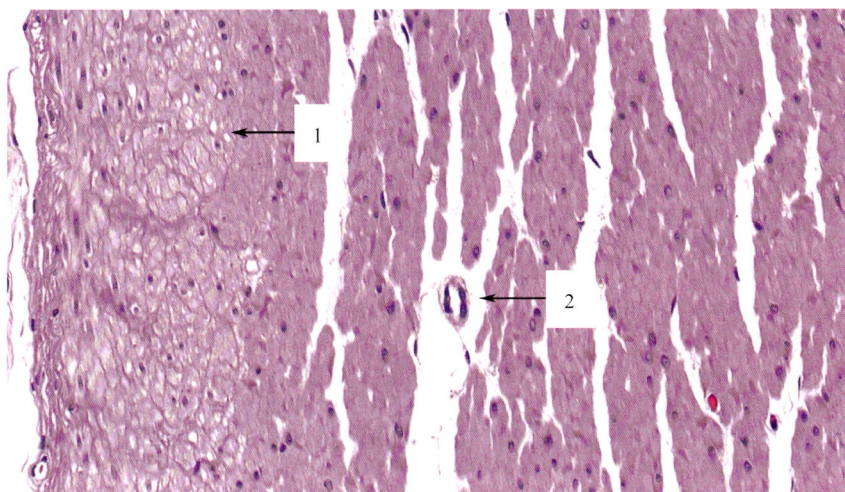

图 3-75
中华草龟胃底 5
（HE 染色，400 倍）

1—神经；
2—毛细血管

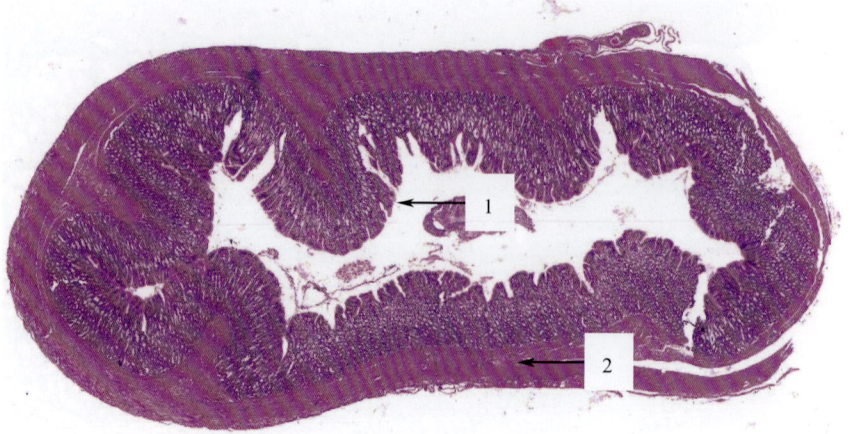

图 3-82
蟾蜍胃贲门 1
（HE 染色，20 倍）

1—黏膜皱襞；
2—肌层

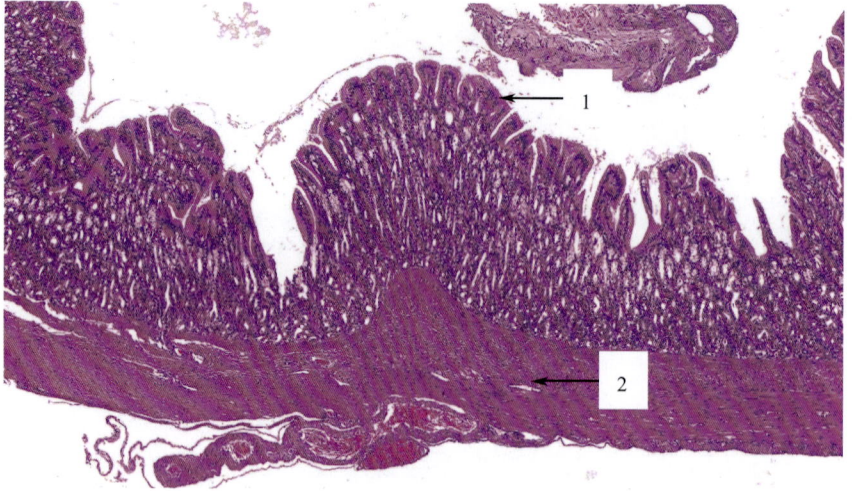

图 3-83
蟾蜍胃贲门 2
（HE 染色，50 倍）

1—黏膜皱襞；
2—肌层

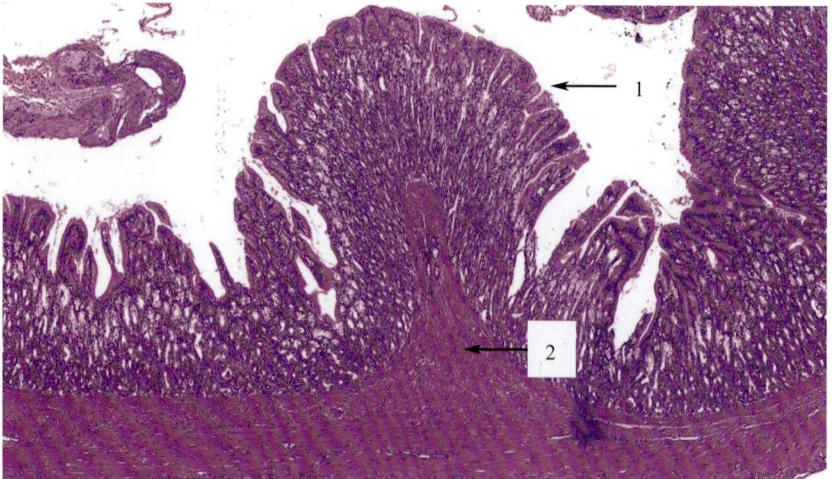

图 3-84
蟾蜍胃贲门 3
（HE 染色，50 倍）

1—黏膜皱襞；
2—固有层

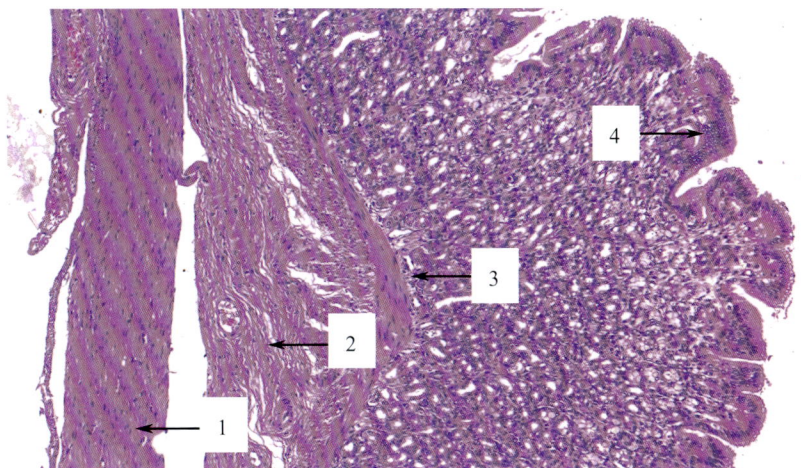

图 3-85
蟾蜍胃贲门 4
（HE 染色，50 倍）

1—肌层；
2—黏膜下层；
3—黏膜肌层；
4—黏膜上皮

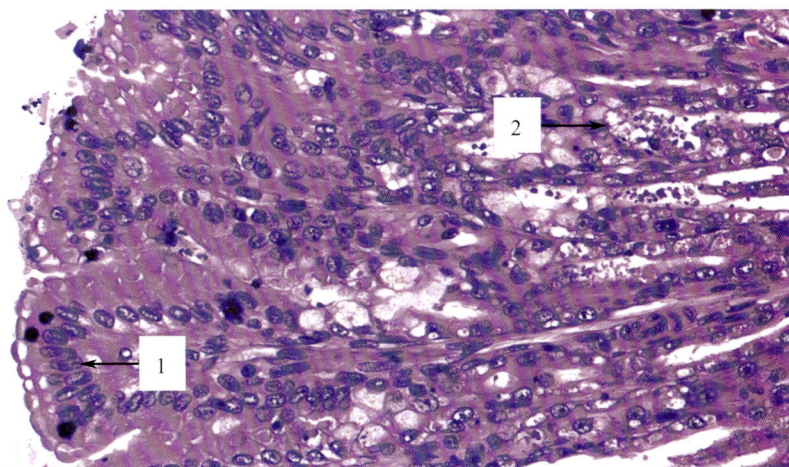

图 3-86
蟾蜍胃贲门 5
（HE 染色，400 倍）

1—黏膜上皮；
2—固有层

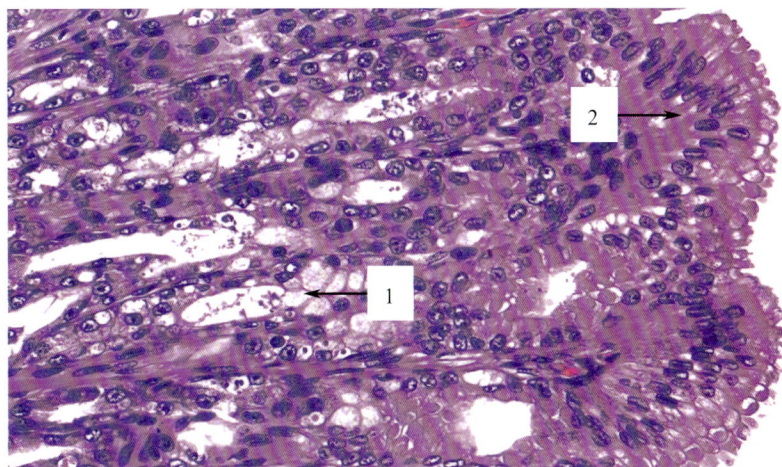

图 3-87
蟾蜍胃贲门 6
（HE 染色，400 倍）

1—固有层；
2—黏膜上皮

图 3-88
蟾蜍胃贲门 7
（HE 染色，400 倍）

1—肌层；
2—外膜

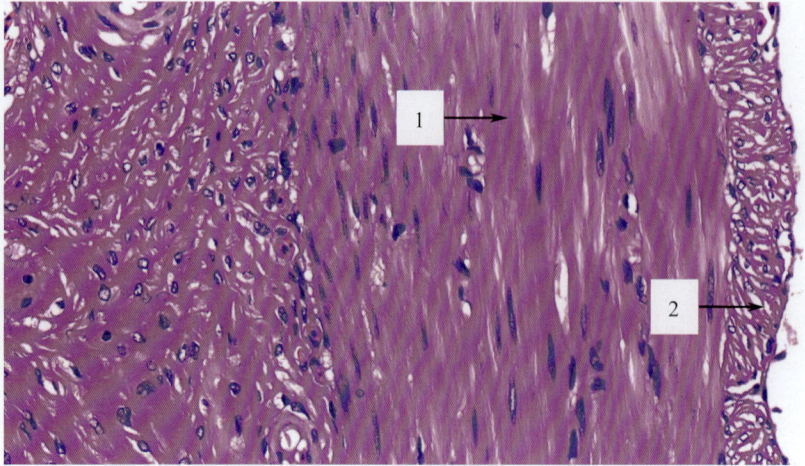

图 3-89
蟾蜍胃贲门 8
（HE 染色，400 倍）

1—黏膜下层；
2—毛细血管

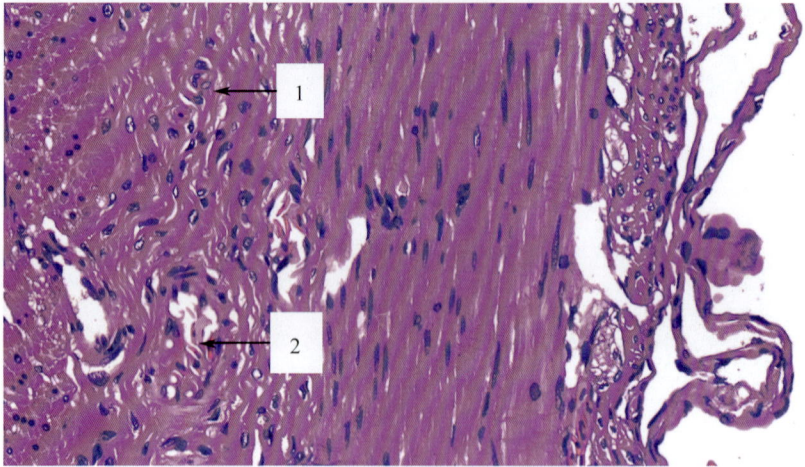

图 3-90
蟾蜍胃底 1
（HE 染色，13 倍）

1—黏膜皱襞；
2—肌层

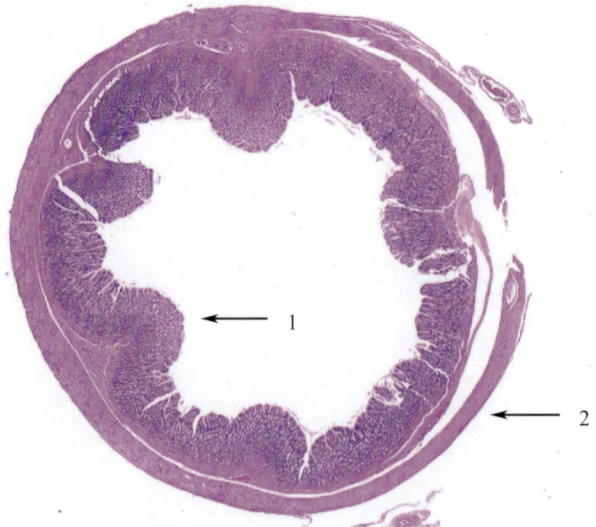

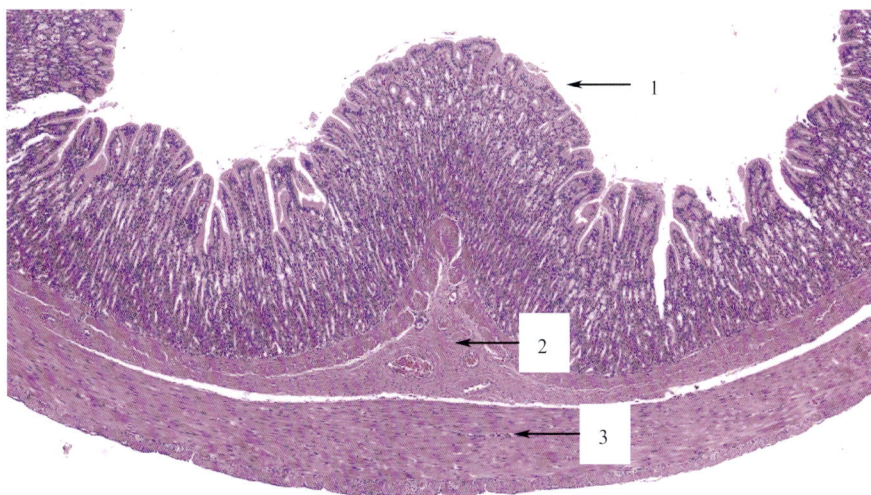

图 **3-91**
蟾蜍胃底 2
（HE 染色，45 倍）

1—黏膜皱襞；
2—黏膜下层；
3—肌层

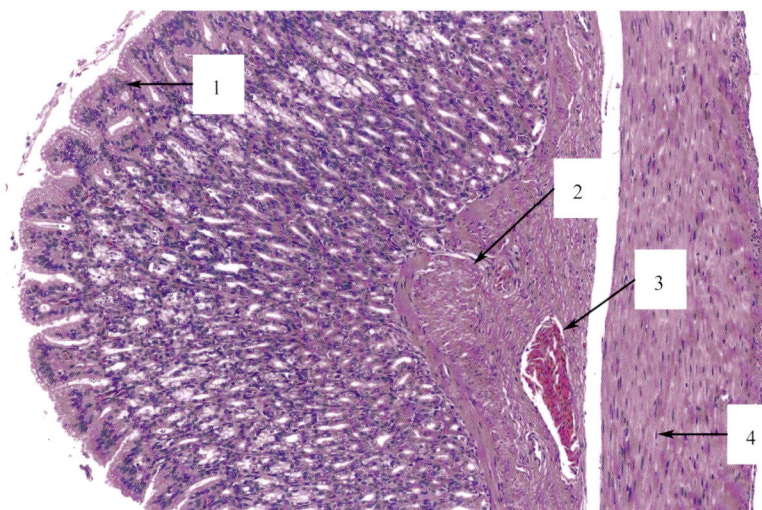

图 **3-92**
蟾蜍胃底 3
（HE 染色，100 倍）

1—黏膜皱襞；
2—黏膜下层；
3—毛细血管；
4—肌层

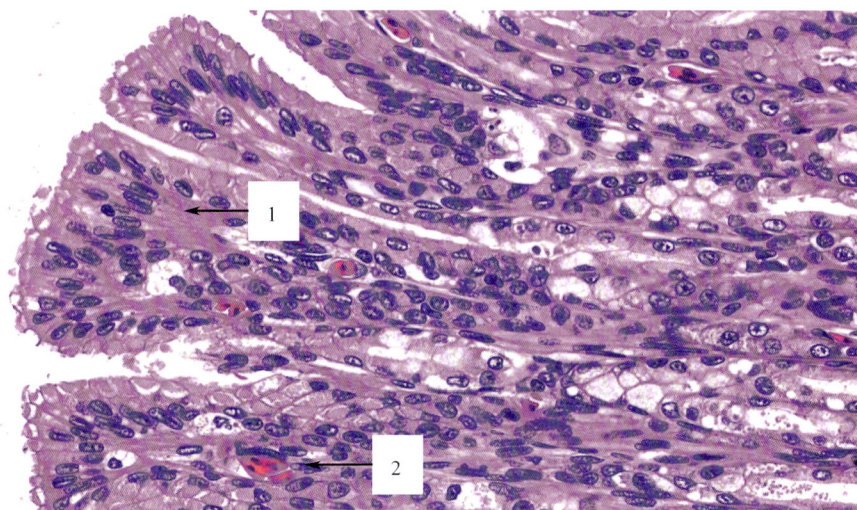

图 **3-93**
蟾蜍胃底 4
（HE 染色，400 倍）

1—黏膜上皮细胞
2—毛细血管

图 3-94
蟾蜍胃底 5
（HE 染色，400 倍）

1—黏膜上皮细胞；
2—固有层

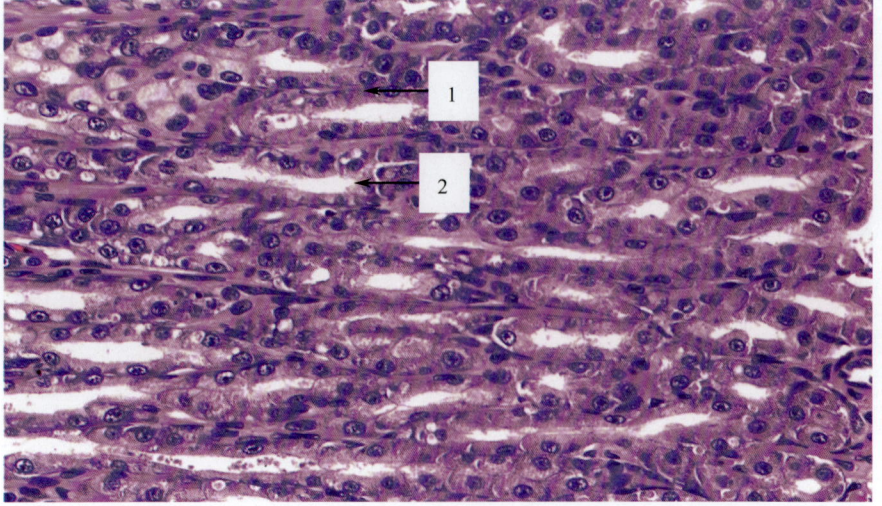

图 3-95
蟾蜍胃底 6
（HE 染色，400 倍）

1—黏膜下层；
2—微血管；
3—肌层

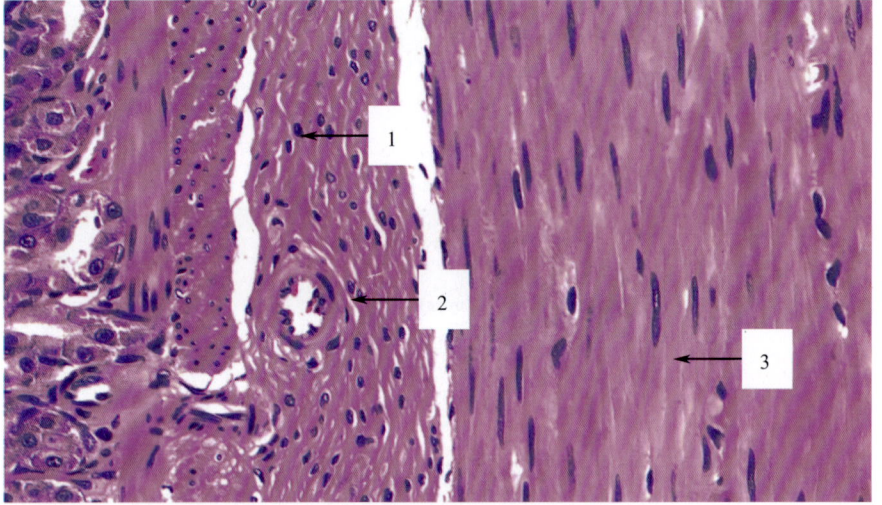

图 3-96
蟾蜍胃幽门 1
（HE 染色，22 倍）

1—黏膜；
2—黏膜下层；
3—肌层

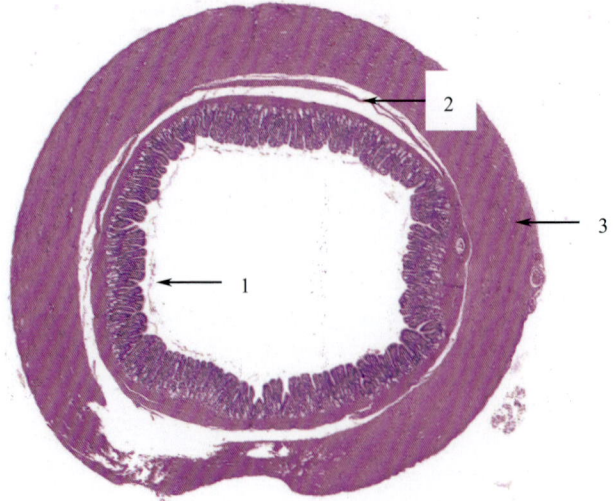

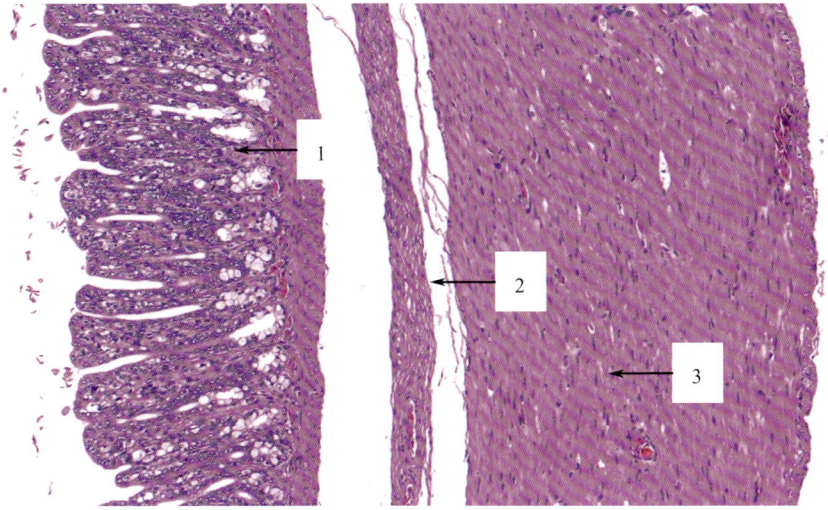

图 3-97
蟾蜍胃幽门 2
（HE 染色，120 倍）

1—黏膜；
2—黏膜下层；
3—肌层

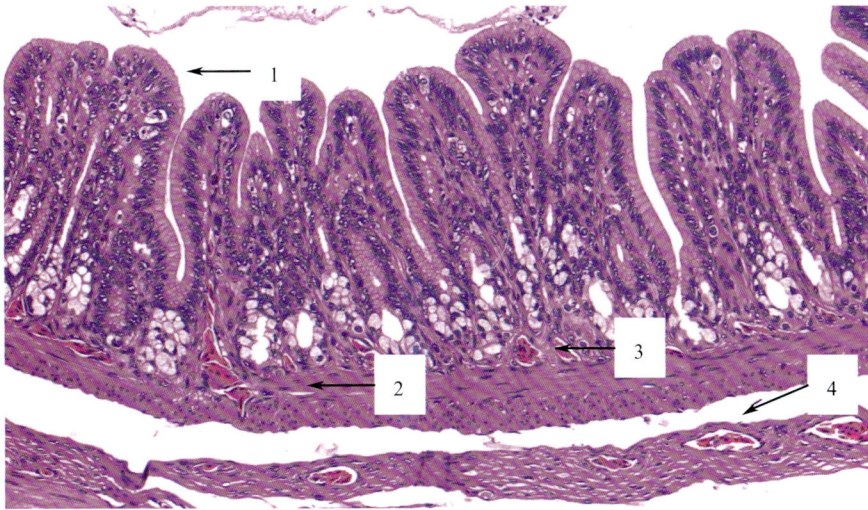

图 3-98
蟾蜍胃幽门 3
（HE 染色，200 倍）

1—黏膜上皮；
2—黏膜肌层；
3—毛细血管；
4—黏膜下层

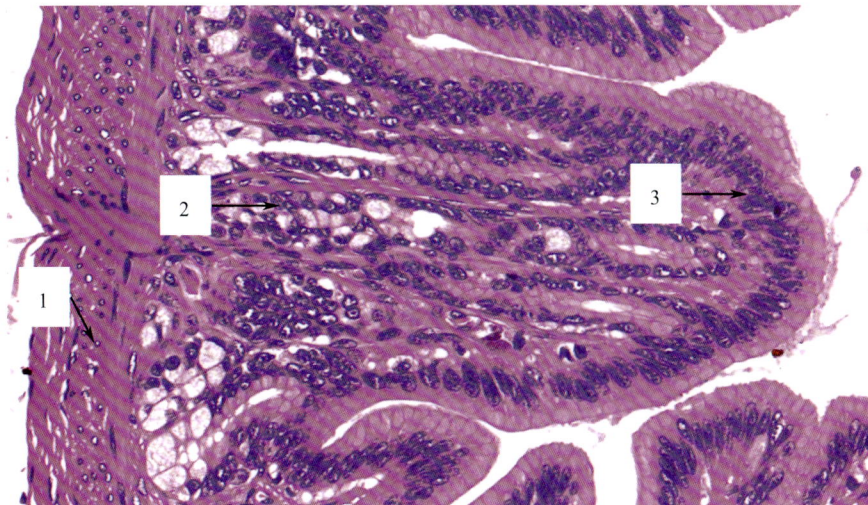

图 3-99
蟾蜍胃幽门 4
（HE 染色，400 倍）

1—黏膜下层；
2—固有层；
3—黏膜上皮

图 3-100
蟾蜍胃幽门 5
（HE 染色，400 倍）

1—绒毛；
2—黏膜下层微血管

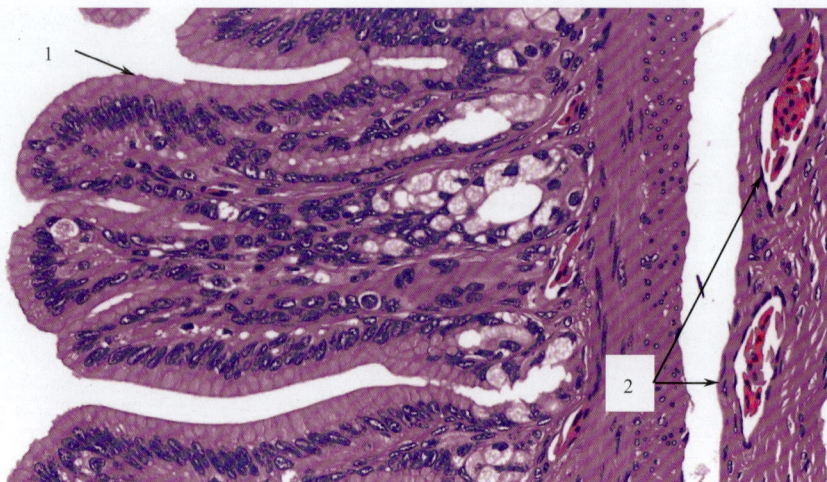

图 3-100
蟾蜍胃幽门 5
（HE 染色，400 倍）

1—绒毛；
2—黏膜下层微血管

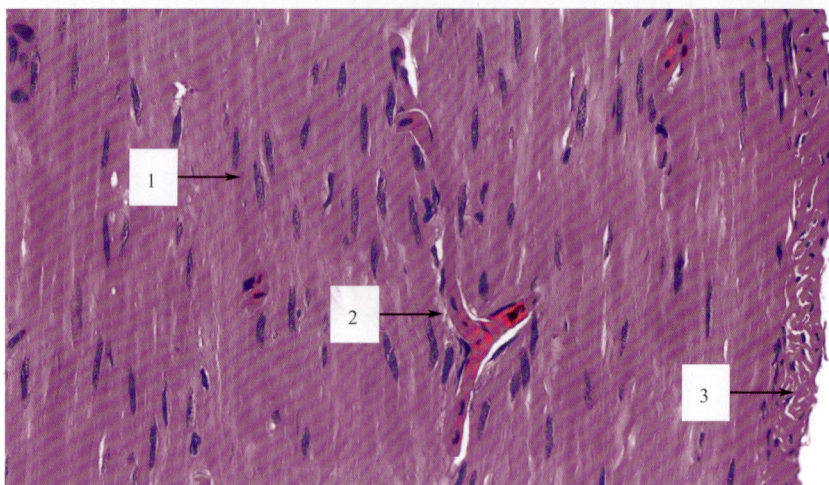

图 3-101
蟾蜍胃幽门 6
（HE 染色，400 倍）

1—肌层；
2—毛细血管；
3—外膜

第四节　肠

肠（intestinum）包括前肠、中肠、后肠和较短的直肠。肠前端连接于胃幽门，直肠后端通向排泄孔。

一、组织结构

肠由内至外由黏膜、黏膜下层、肌层和致密结缔组织外膜构成。

肠起始段黏膜形成明显的环行皱襞，黏膜上皮联合固有层突向管腔形成许多绒毛。绒毛内有毛细血管网和平滑肌纤维，无中央乳糜管（central lacteal）。肠绒毛有较长的分支，从前向后肠绒毛逐渐缩短变宽，分支也较少。黏膜上皮细胞游离缘分布有微绒毛形成的纹状缘结构。

黏膜上皮由单层柱状上皮细胞、杯状细胞和内分泌细胞形成单层柱状上皮，杯状细胞数量由前向后逐渐增加。

固有层由富含血管、神经、肠腺〔intestinal gland，又称肠隐窝（intestine crypt）〕、弥散淋巴组织、孤立淋巴小结（solitary lymphoid nodule）及淋巴集结（peyer patches）等形成。

小肠腺分布有单层柱状上皮细胞（columnar epithelial cell）、杯状细胞（goblet cell）、内分泌细胞（endocrine cell）、潘氏细胞（paneth cell）及干细胞（stem cell），由上皮下陷至固有层形成，开口于绒毛基部。

黏膜肌层包括较薄的内纵形肌和外环形肌两层平滑肌。

黏膜下层分布有薄层结缔组织，无明显的十二指肠腺。

肌层由较厚的内环肌和外纵肌两层组成。肌间结缔组织含有血管、淋巴管（lymphatic vessel）及神经丛（nerve plexus）等。

外膜为薄层结缔组织形成的浆膜。

直肠较短，组织结构与小肠相似，肠腺少、肠绒毛短而宽，固有层中淋巴组织较多。

见图 3-102 ～图 3-196。

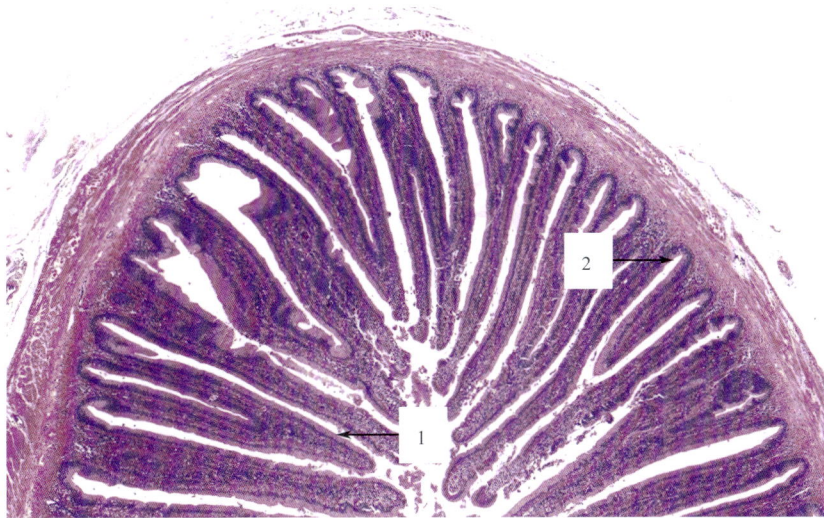

图 3-102
鲢鱼前肠 1
（HE 染色，40 倍）

1—肠绒毛；
2—肌层

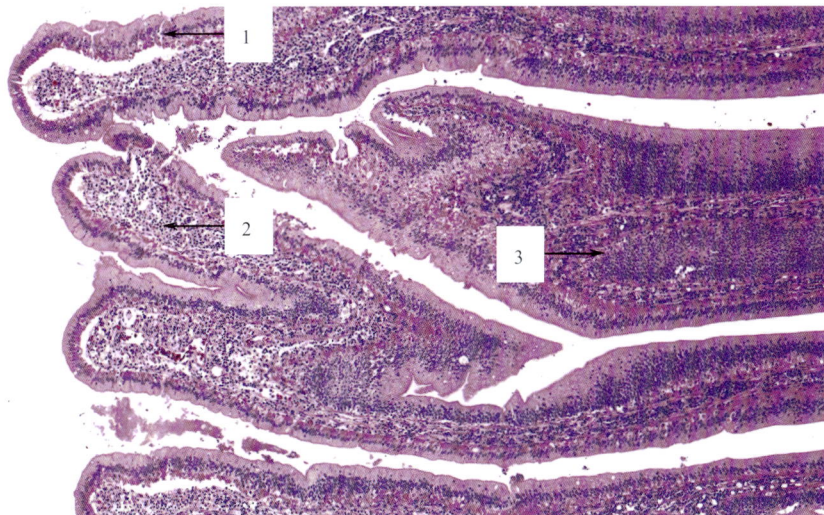

图 3-103
鲢鱼前肠 2
（HE 染色，100 倍）

1—肠绒毛上皮；
2—固有层；
3—淋巴组织

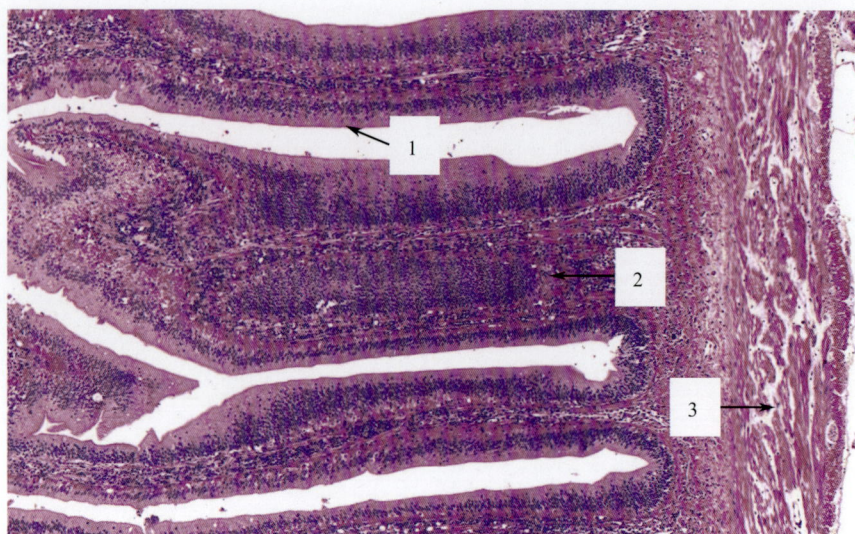

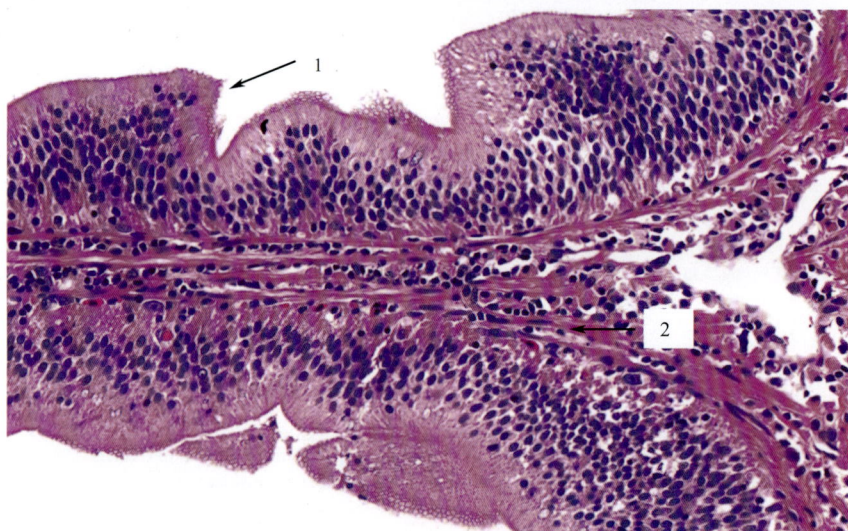

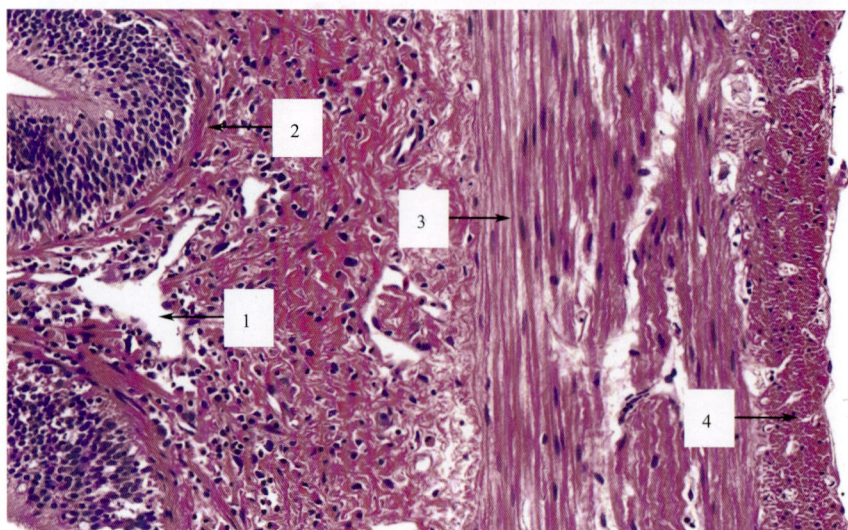

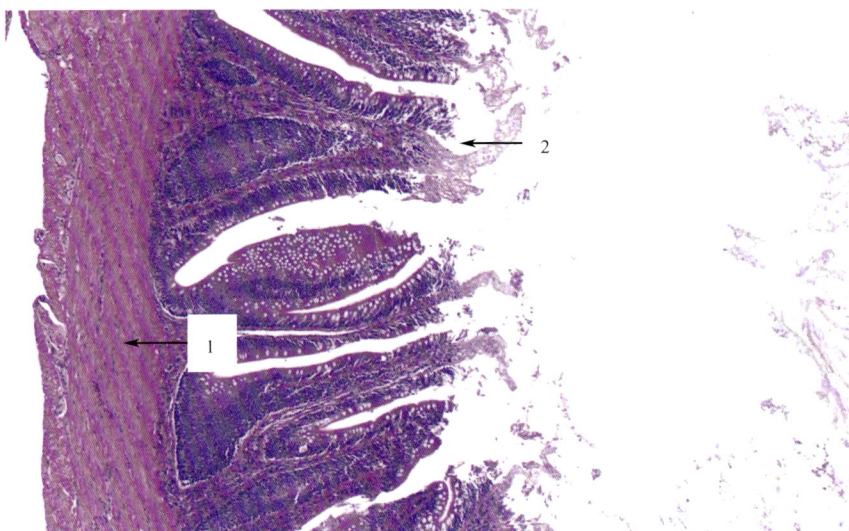

图 3-107
黑鱼前肠 1
（HE 染色，100 倍）

1—肌层；
2—肠绒毛

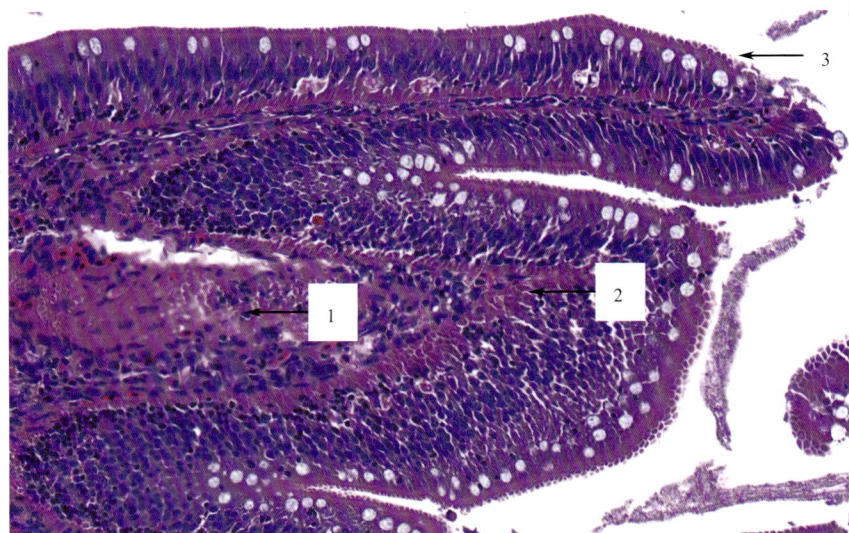

图 3-108
黑鱼前肠 2
（HE 染色，400 倍）

1—固有层；
2—黏膜肌层；
3—上皮细胞

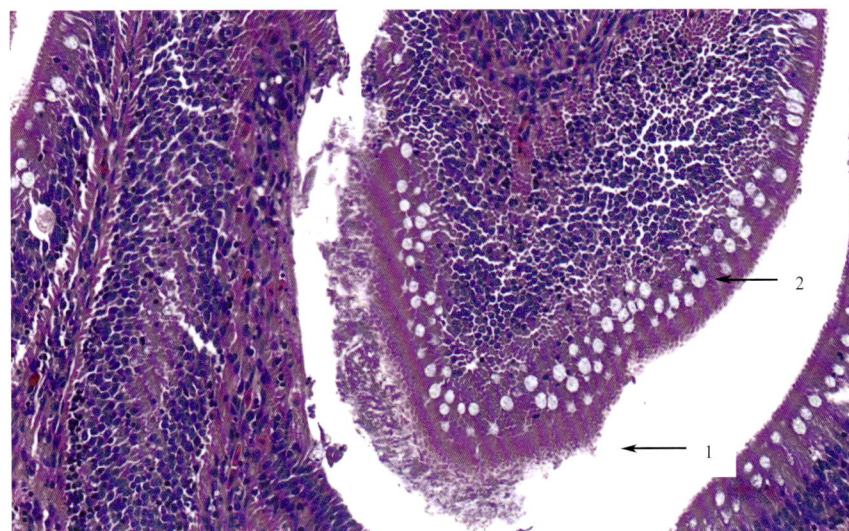

图 3-109
黑鱼前肠 3
（HE 染色，400 倍）

1—肠腔；
2—肠绒毛上皮杯状细胞

图 3-110
黑鱼前肠 4
（HE 染色，400 倍）

1—肌层；
2—肠腺

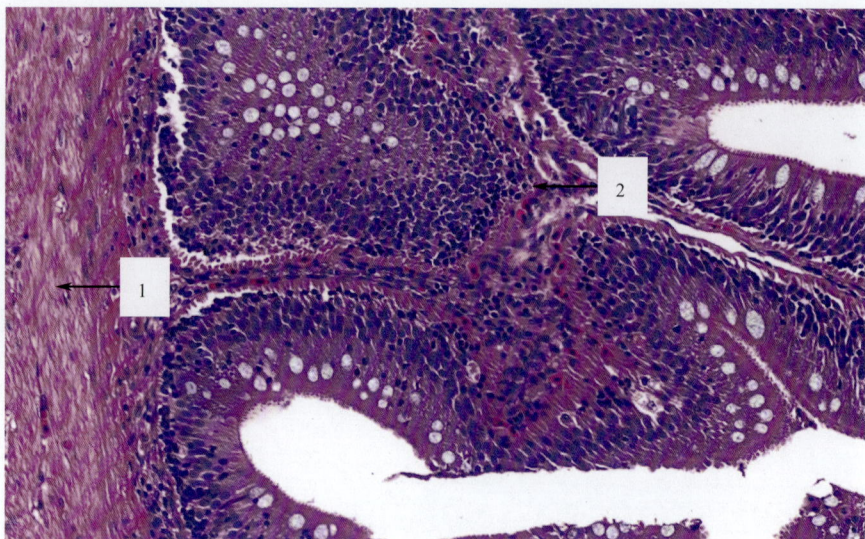

图 3-111
黑鱼前肠 5
（HE 染色，400 倍）

1—肌层；
2—外膜；
3—神经

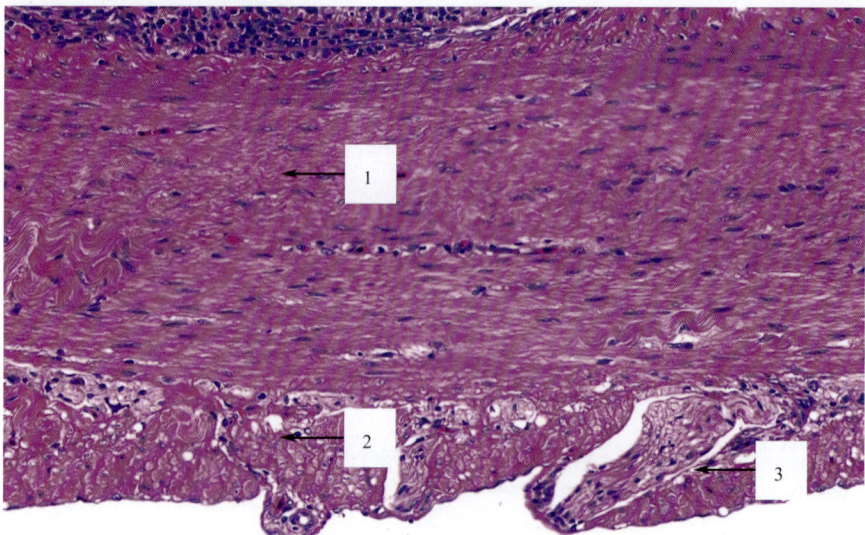

图 3-112
中华草龟前肠 1
（HE 染色，20 倍）

1—绒毛；
2—肌层

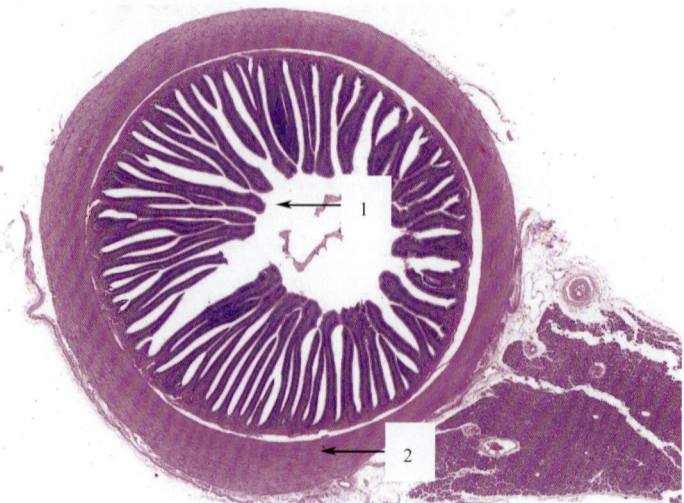

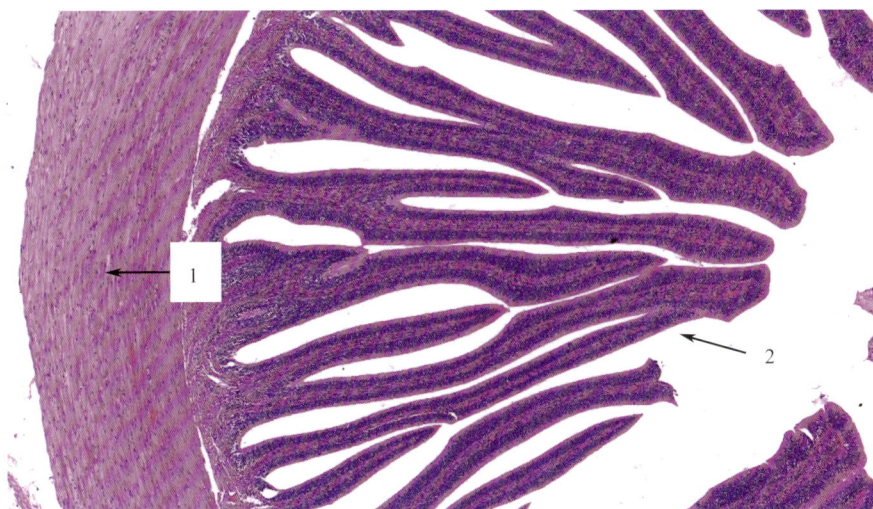

图 3-113
中华草龟前肠 2
（HE 染色，70 倍）

1—肌层；
2—绒毛

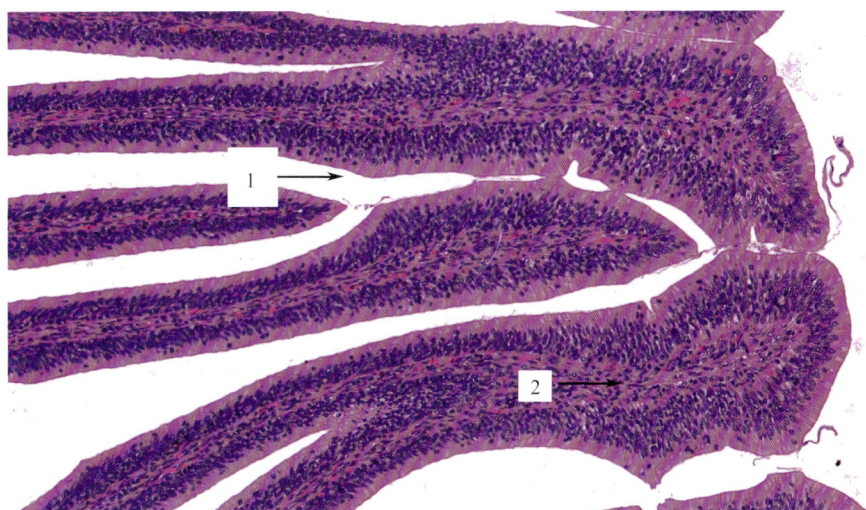

图 3-114
中华草龟前肠 3
（HE 染色，200 倍）

1—绒毛上皮；
2—固有层

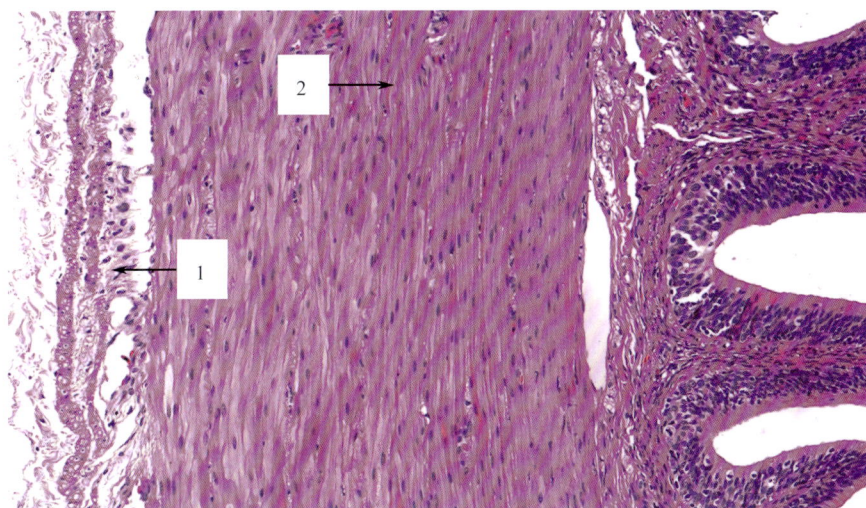

图 3-115
中华草龟前肠 4
（HE 染色，200 倍）

1—外膜；
2—肌层

图 3-116
中华草龟前肠 5
（HE 染色，400 倍）

1—固有层；
2—绒毛上皮细胞

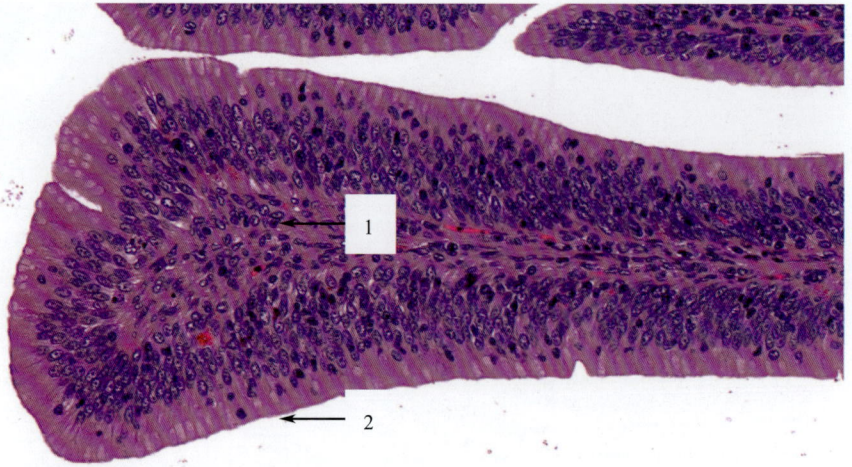

图 3-117
中华草龟前肠 6
（HE 染色，400 倍）

1—黏膜下层；
2—肌层

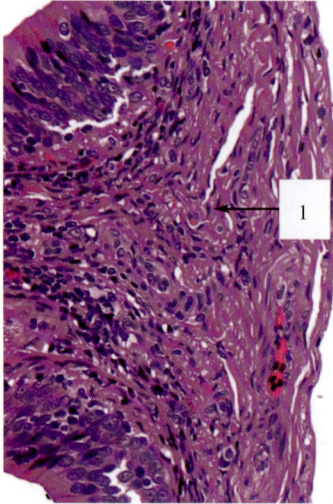

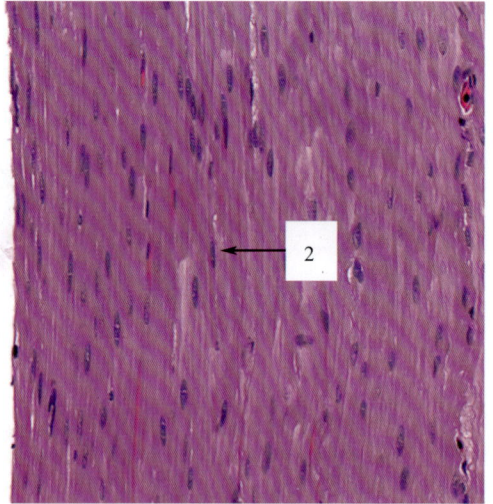

图 3-118
中华草龟前肠 7
（HE 染色，400 倍）

1—毛细血管；
2—肌层

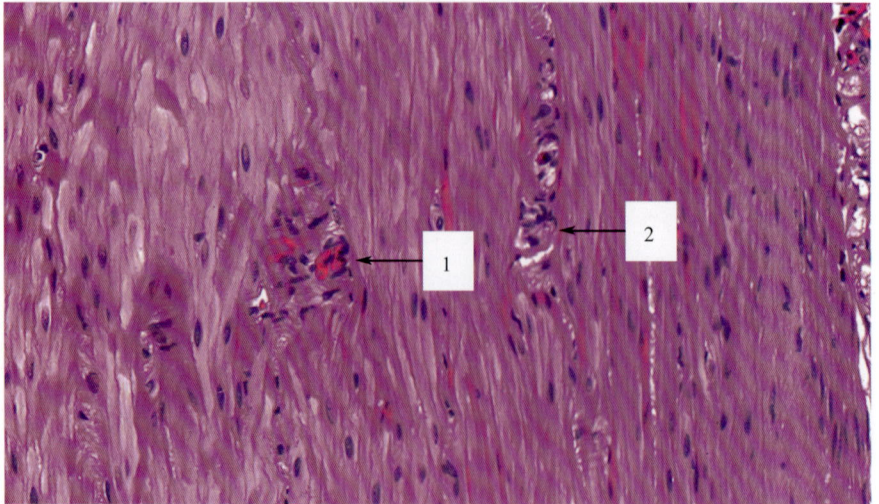

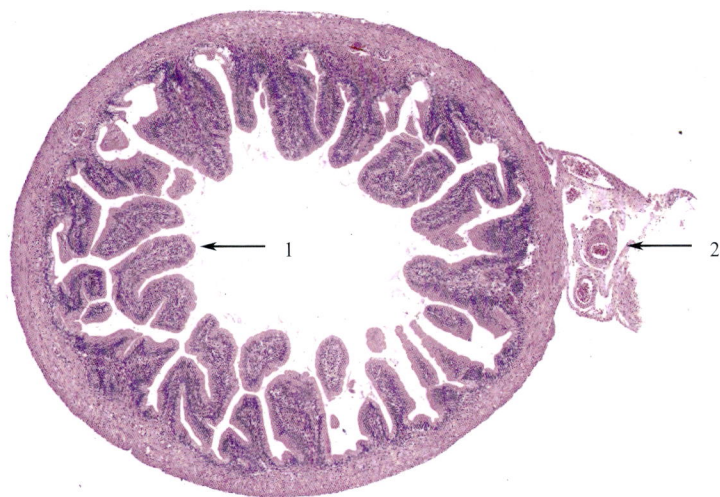

图 3-119
蟾蜍前肠 1
（HE 染色，33 倍）

1—绒毛；
2—肠系膜

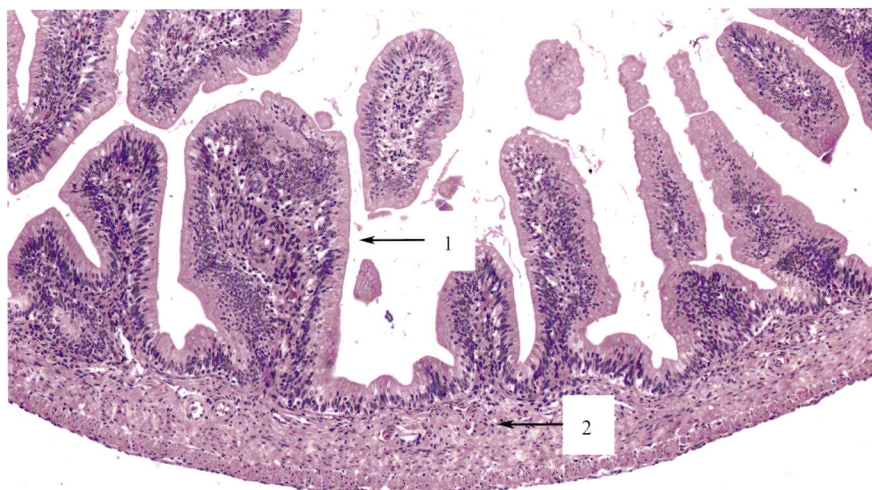

图 3-120
蟾蜍前肠 2
（HE 染色，100 倍）

1—绒毛；
2—肌层

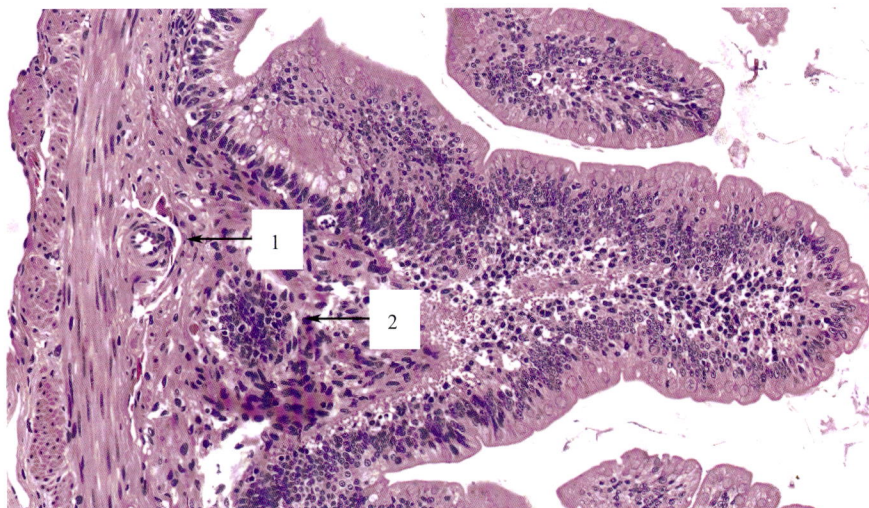

图 3-121
蟾蜍前肠 3
（HE 染色，180 倍）

1—黏膜下层毛细血管；
2—淋巴组织

图 **3-122**
蟾蜍前肠 4
（HE 染色，200 倍）

1—肠绒毛；
2—肠腔

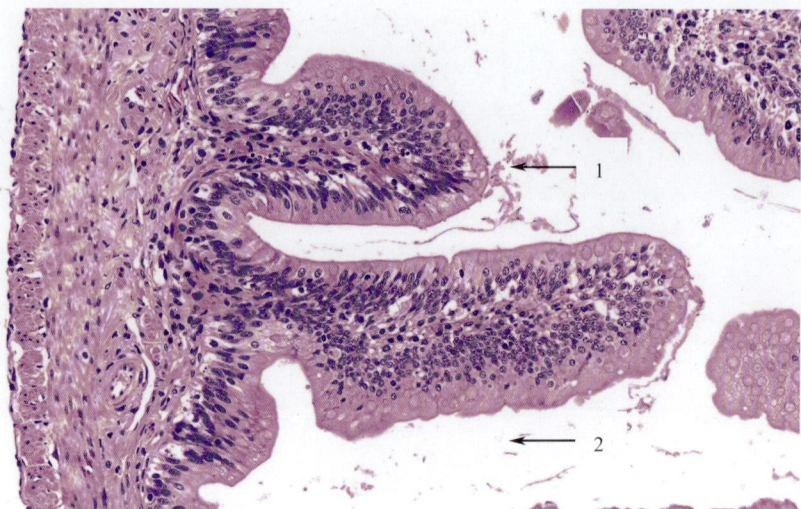

图 **3-123**
蟾蜍前肠 5
（HE 染色，200 倍）

1—固有层；
2—肌层毛细血管

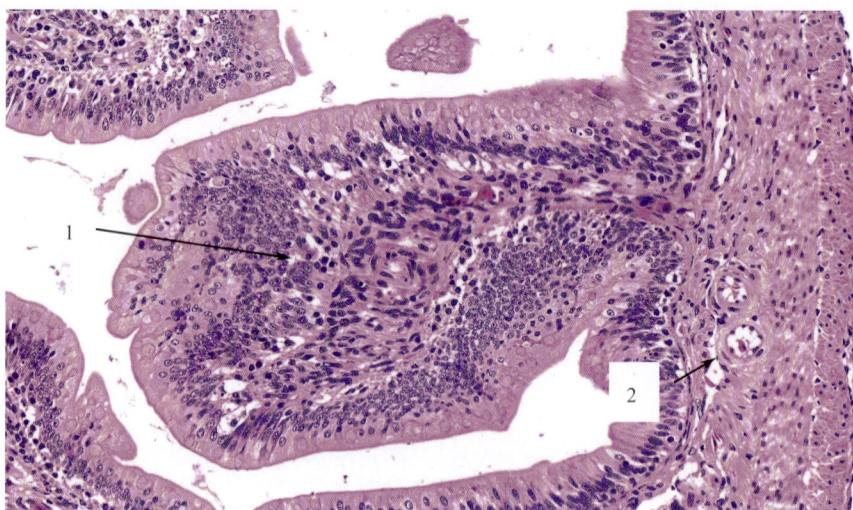

图 **3-124**
蟾蜍前肠 6
（HE 染色，400 倍）

1—肠绒毛上皮杯状细胞；
2—绒毛上皮

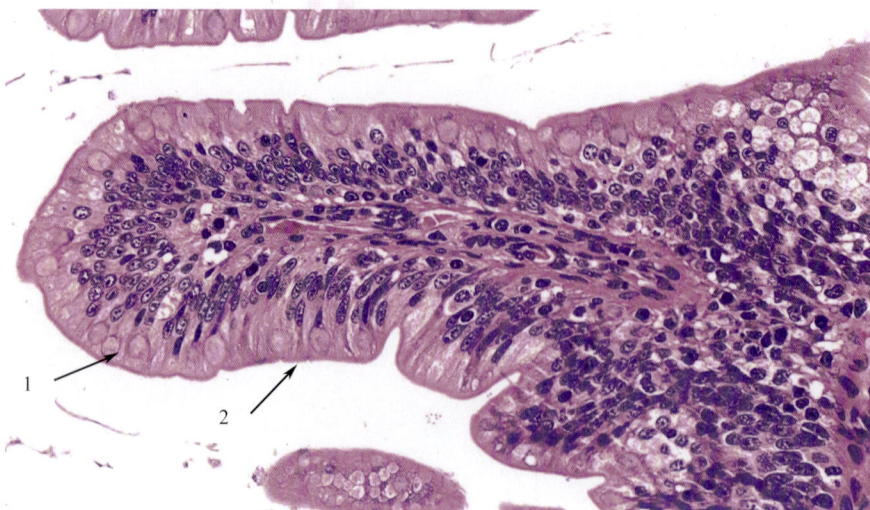

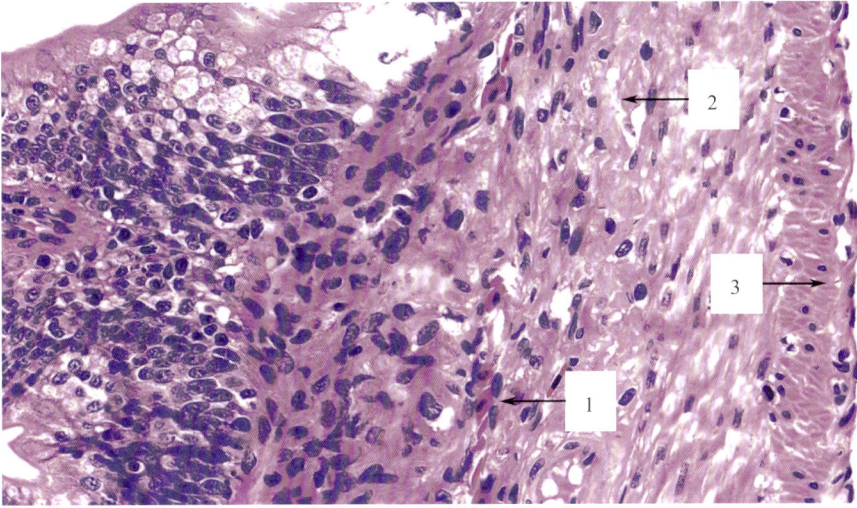

图 3-125
蟾蜍前肠 7
（HE 染色，400 倍）

1—毛细血管；
2—肌层；
3—外膜

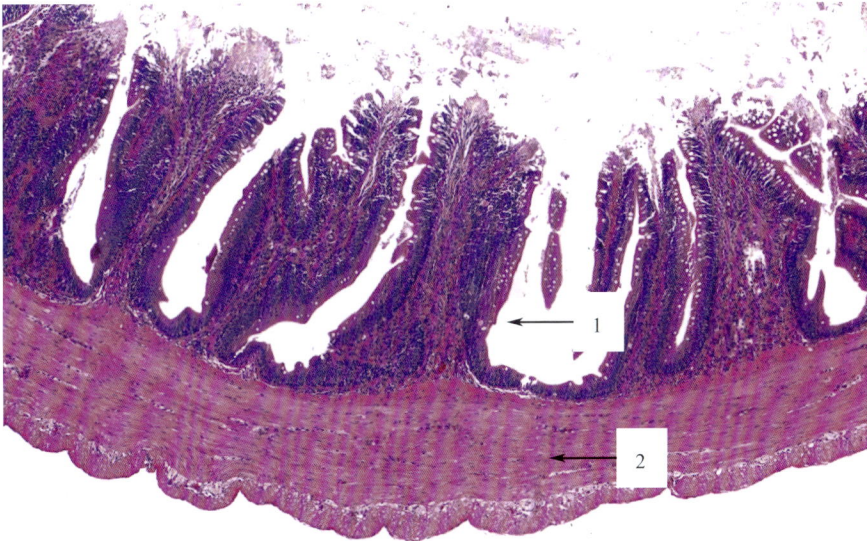

图 3-126
黑鱼中肠 1
（HE 染色，100 倍）

1—肠绒毛；
2—肌层

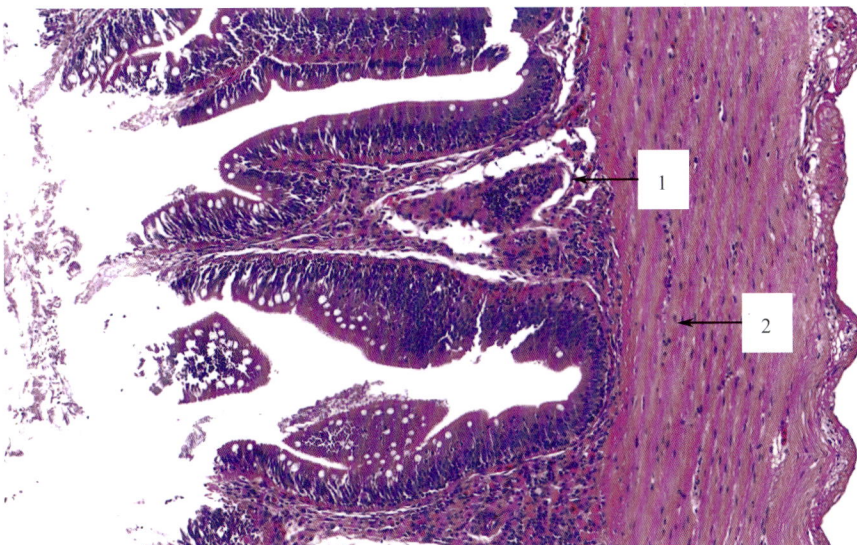

图 3-127
黑鱼中肠 2
（HE 染色，200 倍）

1—固有层淋巴组织；
2—肌层

图 3-128
黑鱼中肠 3
（HE 染色，400 倍）

1一固有层淋巴组织；
2一绒毛

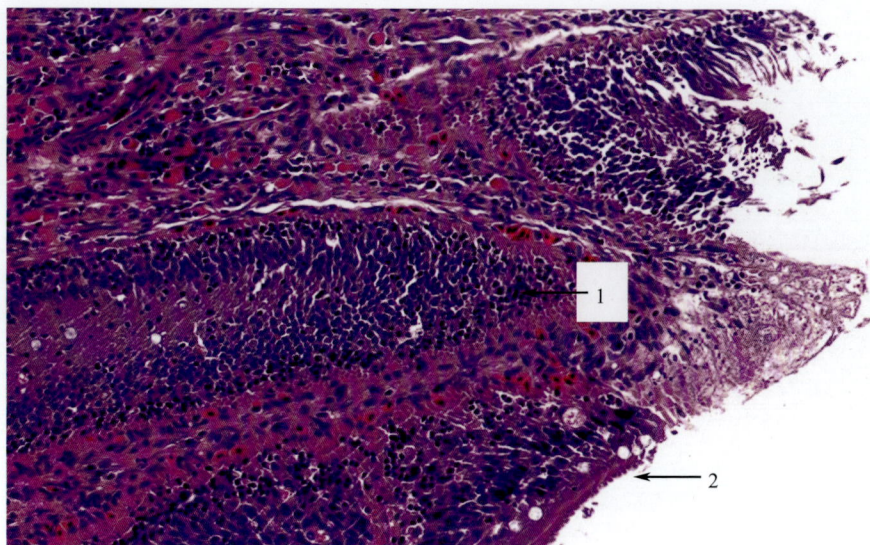

图 3-129
黑鱼中肠 4
（HE 染色，400 倍）

1一外膜；
2一肌层；
3一毛细血管；
4一固有层

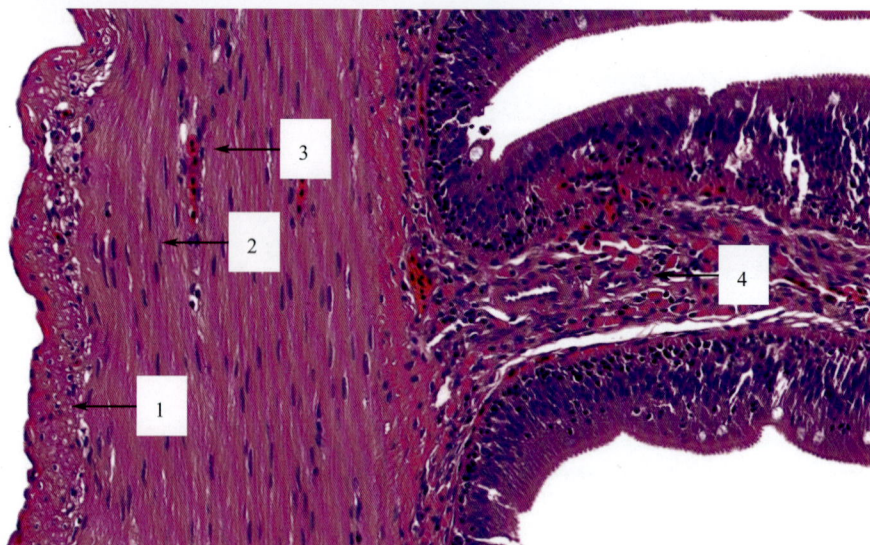

图 3-130
中华草龟中肠 1
（HE 染色，18 倍）

1一肌层；
2一肠绒毛

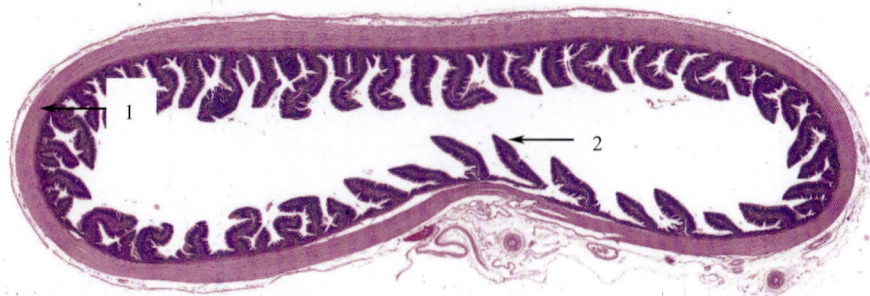

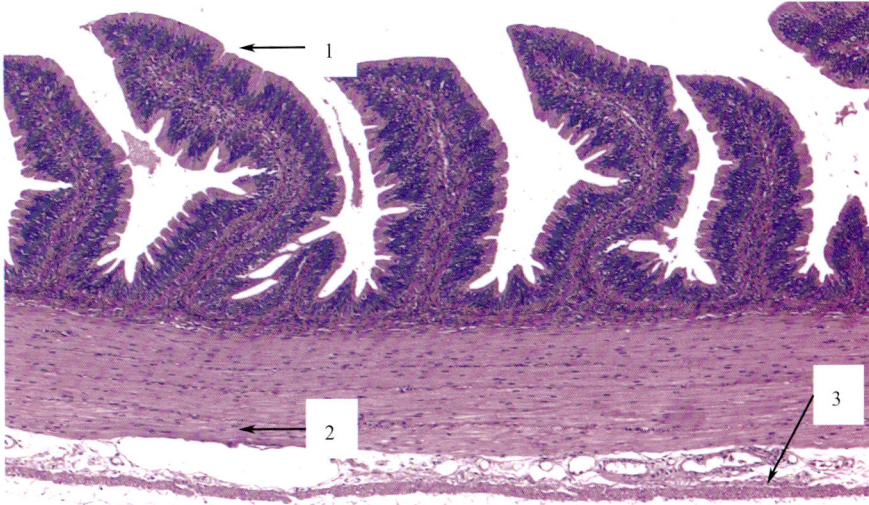

图 3-131
中华草龟中肠 2
（HE 染色，100 倍）

1—肠绒毛；
2—肌层；
3—外膜

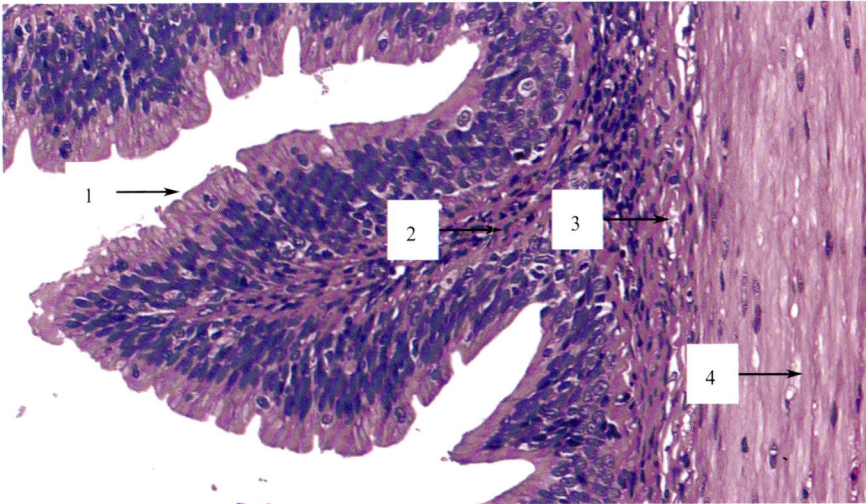

图 3-132
中华草龟中肠 3
（HE 染色，400 倍）

1—上皮细胞；
2—固有层；
3—黏膜下层；
4—肌层

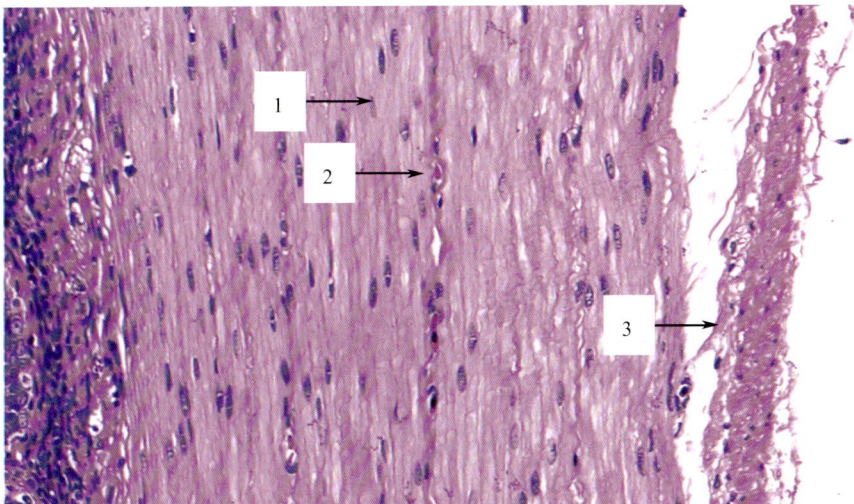

图 3-133
中华草龟中肠 4
（HE 染色，400 倍）

1—肌层；
2—毛细血管；
3—外膜

中华草龟中肠峡部 1
（HE 染色，30 倍）

1—黏膜；
2—肌层

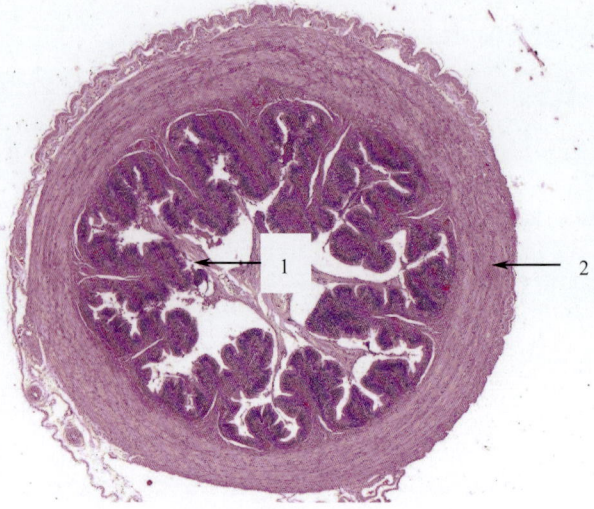

图 3-135
中华草龟中肠峡部 2
（HE 染色，100 倍）

1—黏膜皱襞；
2—肌层

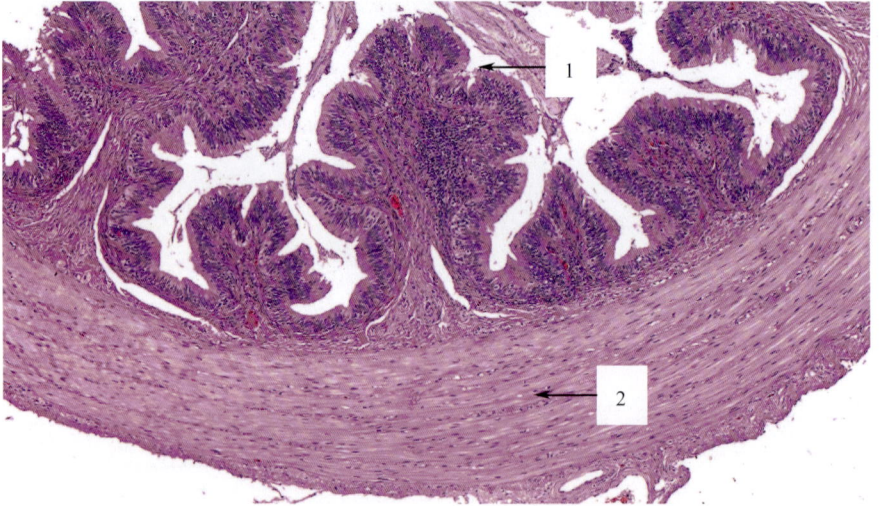

图 3-136
中华草龟中肠峡部 3
（HE 染色，100 倍）

1—上皮细胞；
2—固有层毛细血管；
3—黏膜下层

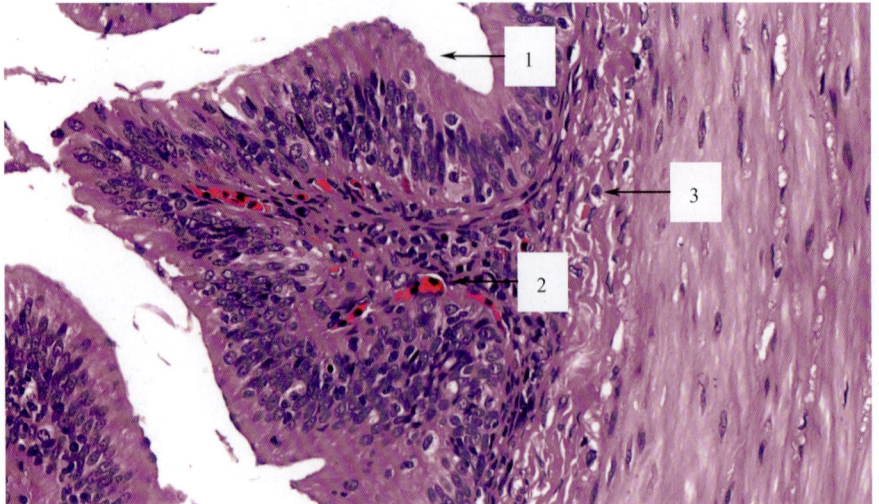

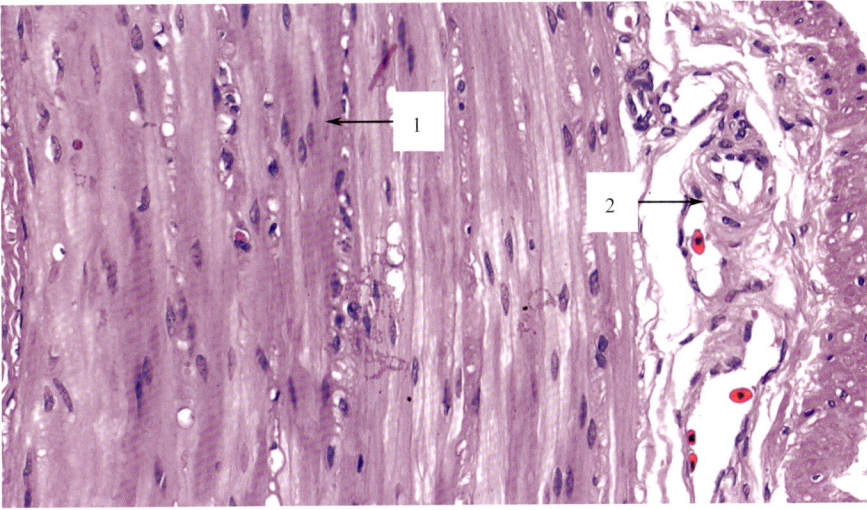

图 3-137
中华草龟中肠峡部 4
（HE 染色，400 倍）

1—肌层；
2—外膜结缔组织

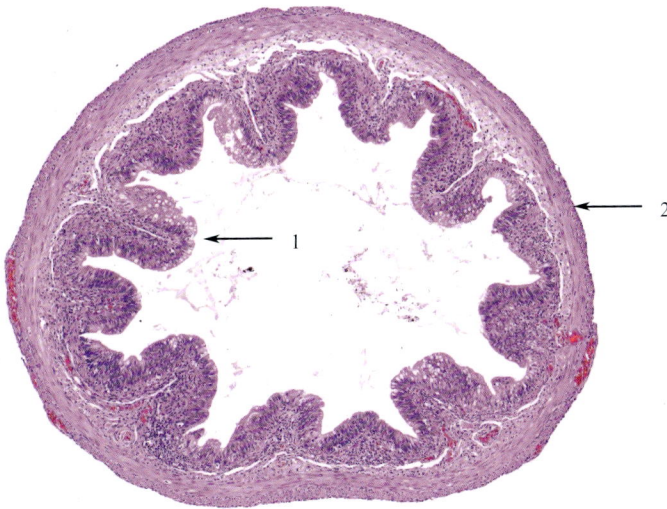

图 3-138
蟾蜍中肠 1
（HE 染色，60 倍）

1—黏膜；
2—肌层

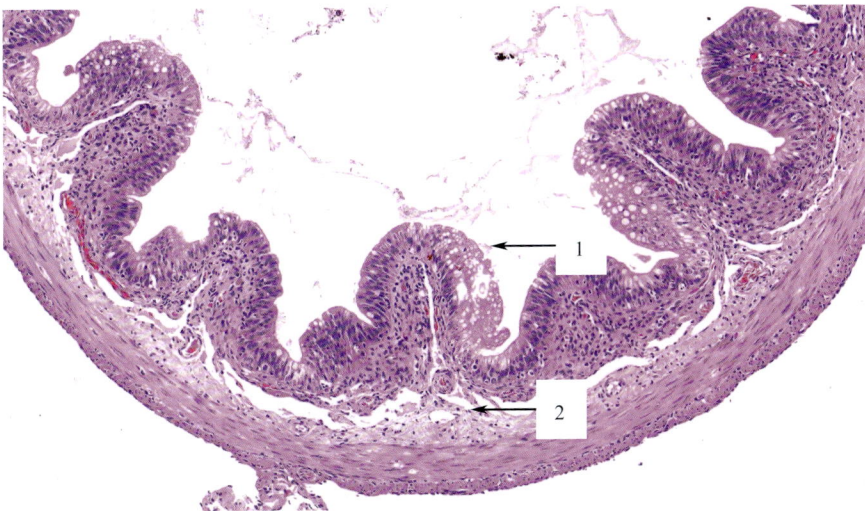

图 3-139
蟾蜍中肠 2
（HE 染色，100 倍）

1—黏膜；
2—黏膜下层

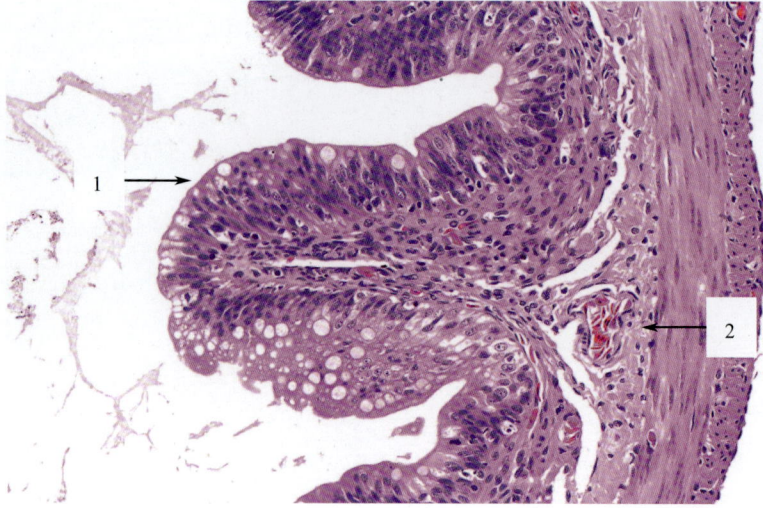

图 3-140
蟾蜍中肠 3
（HE 染色，200 倍）

1—绒毛上皮；
2—黏膜下层毛细血管

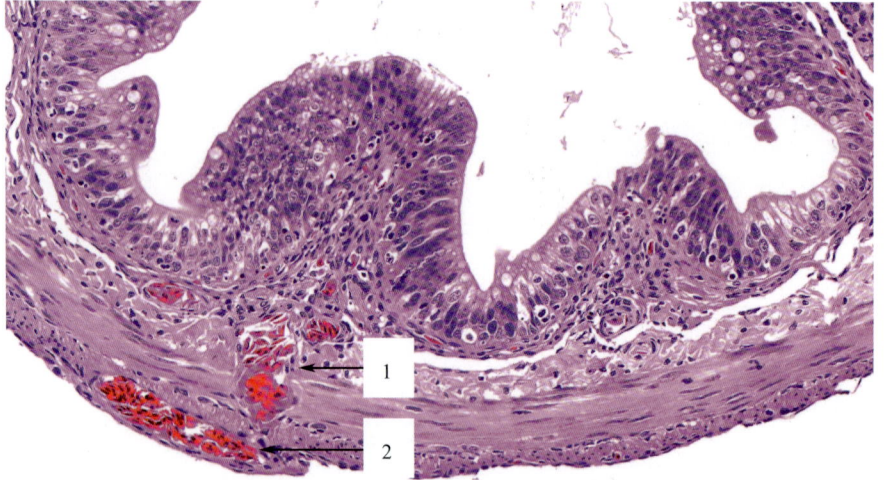

图 3-141
蟾蜍中肠 4
（HE 染色，200 倍）

1—黏膜下层毛细血管；
2—外膜毛细血管

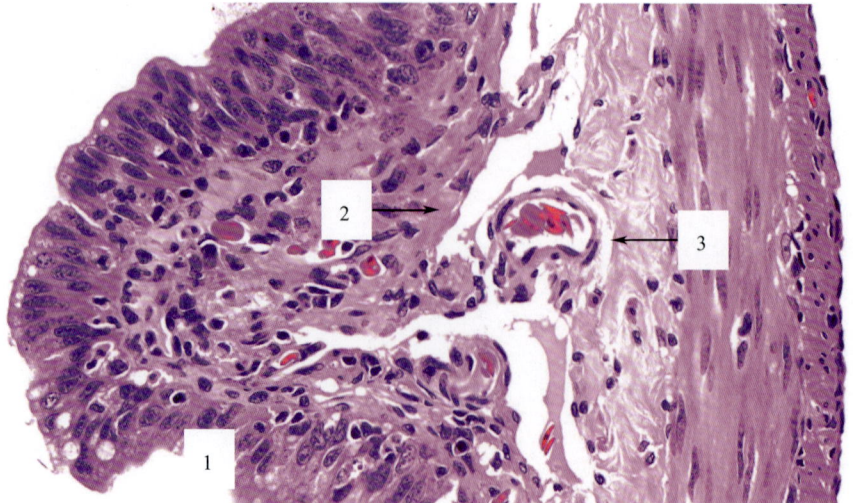

图 3-142
蟾蜍中肠 5
（HE 染色，400 倍）

1—上皮杯状细胞；
2—固有层；
3—微血管

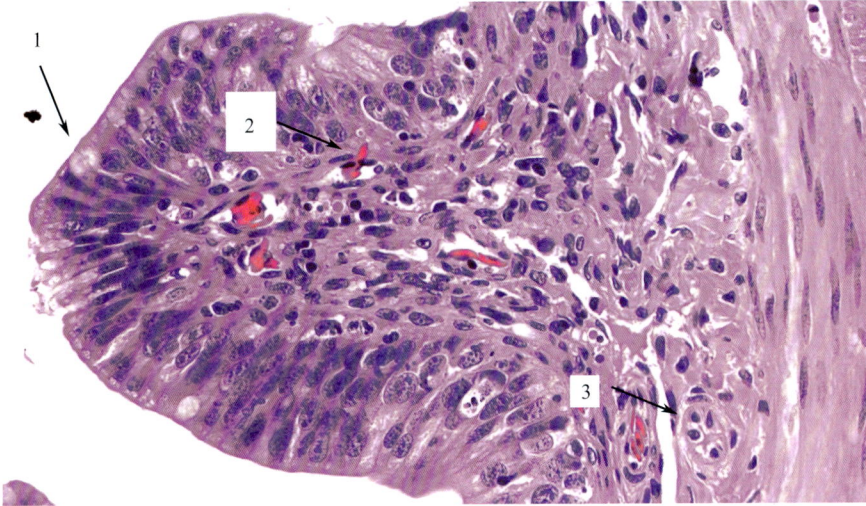

图 **3-143**
蟾蜍中肠 6
（HE 染色，400 倍）

1—上皮杯状细胞；
2—毛细血管；
3—神经

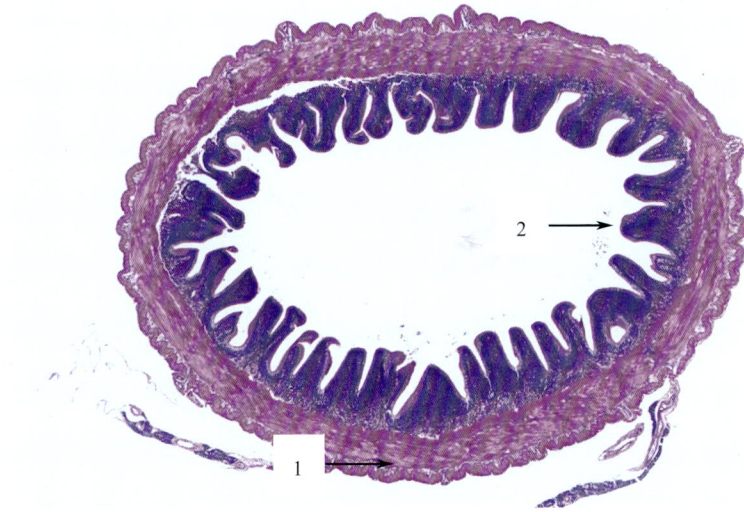

图 **3-144**
鲢鱼后肠 1
（HE 染色，40 倍）

1—肌层；
2—绒毛

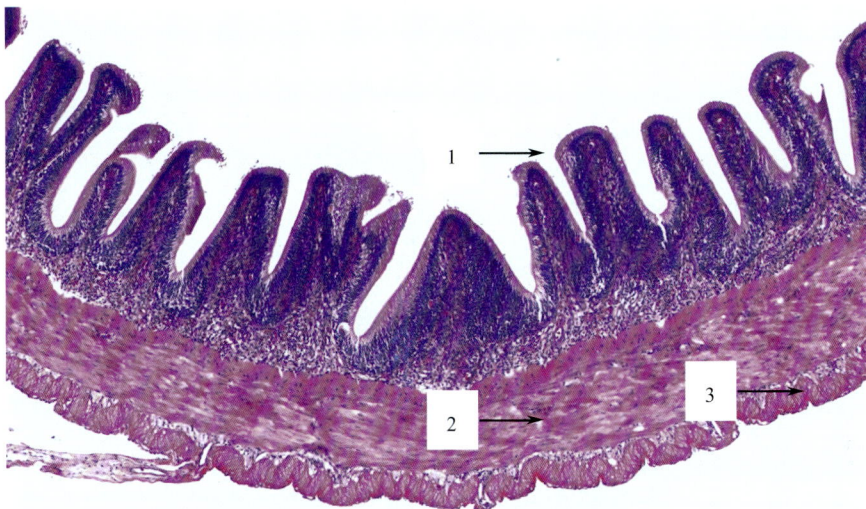

图 **3-145**
鲢鱼后肠 2
（HE 染色，100 倍）

1—绒毛；
2—肌层；
3—外膜

图 3-146
鲢鱼后肠 3
（HE 染色，400 倍）

1—上皮细胞；
2—固有层；
3—毛细血管

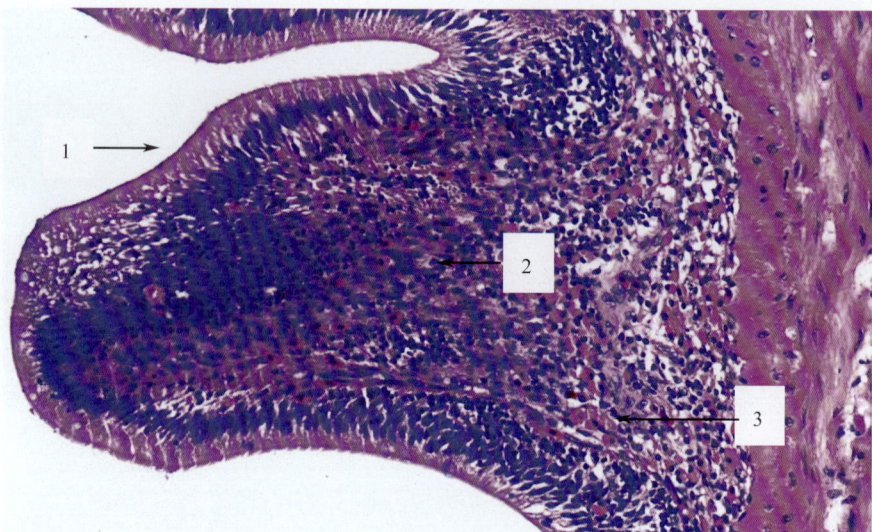

图 3-147
鲢鱼后肠 4
（HE 染色，400 倍）

1—肌层；
2—固有层；
3—外膜

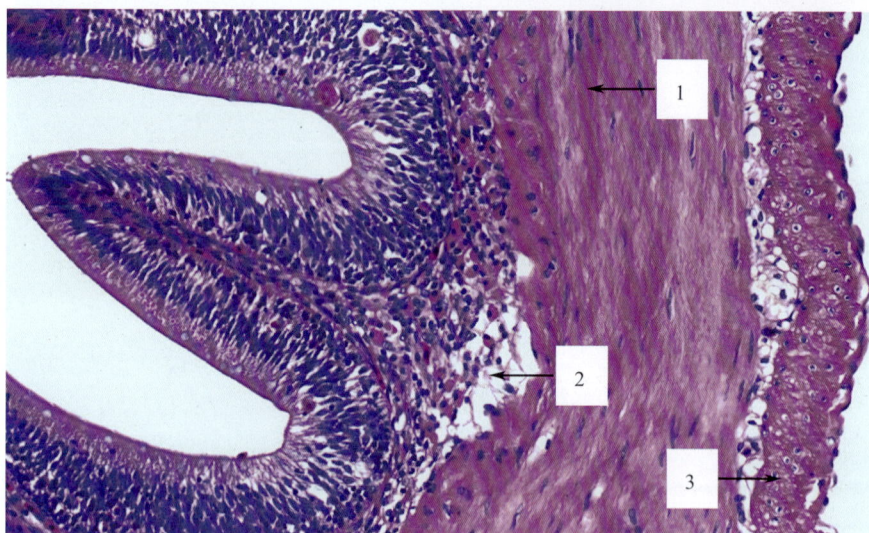

图 3-148
鲢鱼后肠 5
（HE 染色，400 倍）

1—黏膜肌层；
2—外膜；
3—肌层

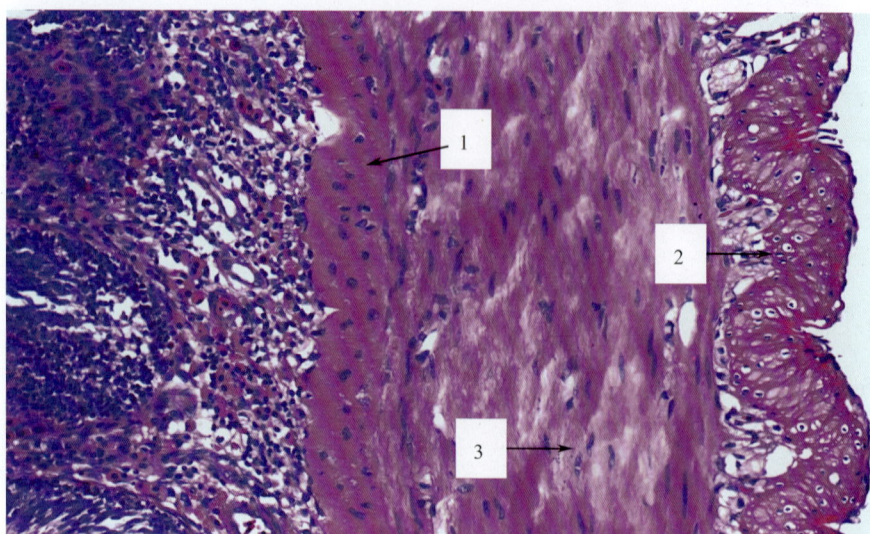

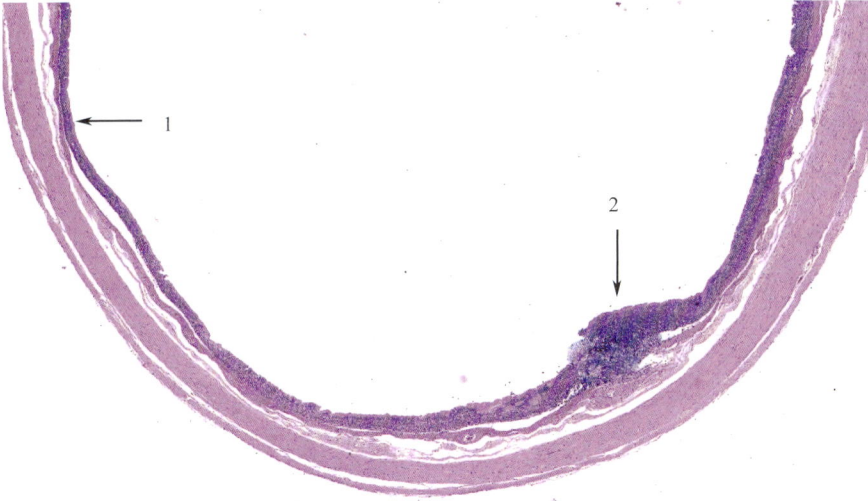

图 **3-149**
中华草龟后肠 1
（HE 染色，25 倍）

1—黏膜；
2—固有层淋巴组织

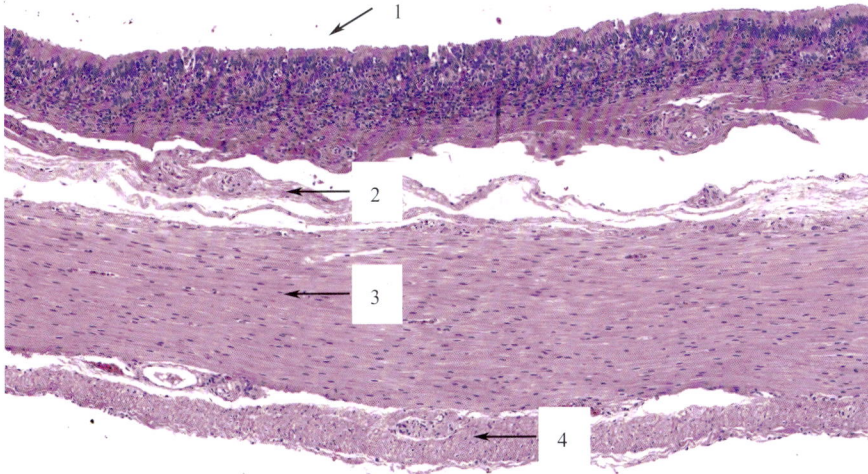

图 **3-150**
中华草龟后肠 2
（HE 染色，100 倍）

1—黏膜；
2—黏膜下层；
3—肌层；
4—外膜

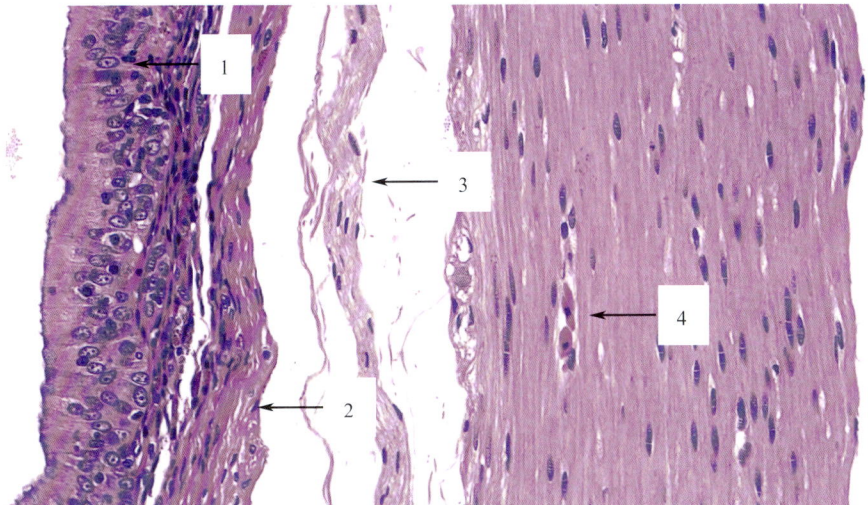

图 **3-151**
中华草龟后肠 3
（HE 染色，400 倍）

1—上皮细胞；
2—黏膜肌层；
3—黏膜下层；
4—毛细血管

图 **3-152**
中华草龟后肠 4
（HE 染色，400 倍）

1—上皮细胞；
2—固有层；
3—黏膜肌层；
4—黏膜下层毛细血管

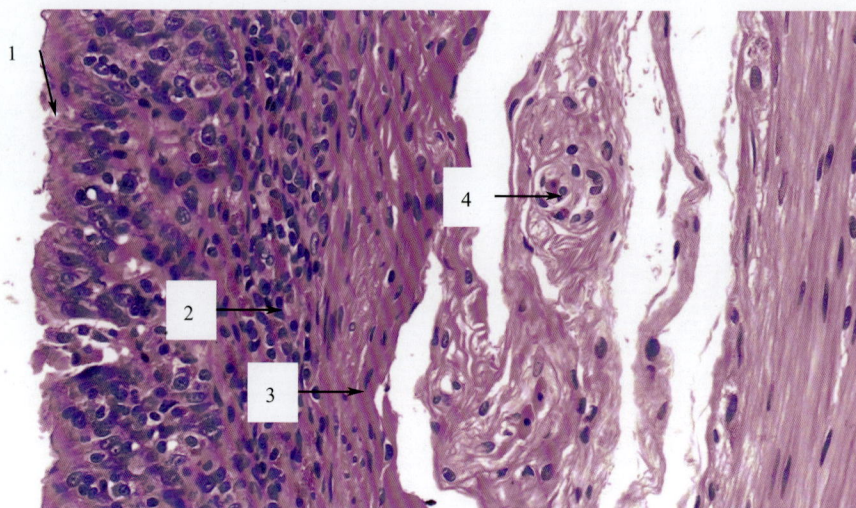

图 **3-153**
中华草龟后肠峡部 1
（HE 染色，25 倍）

1—肌层；
2—黏膜

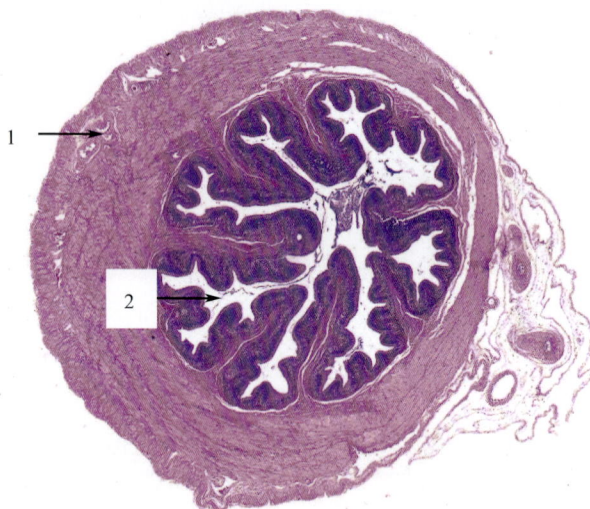

图 **3-154**
中华草龟后肠峡部 2
（HE 染色，100 倍）

1—外膜；
2—肌层；
3—黏膜

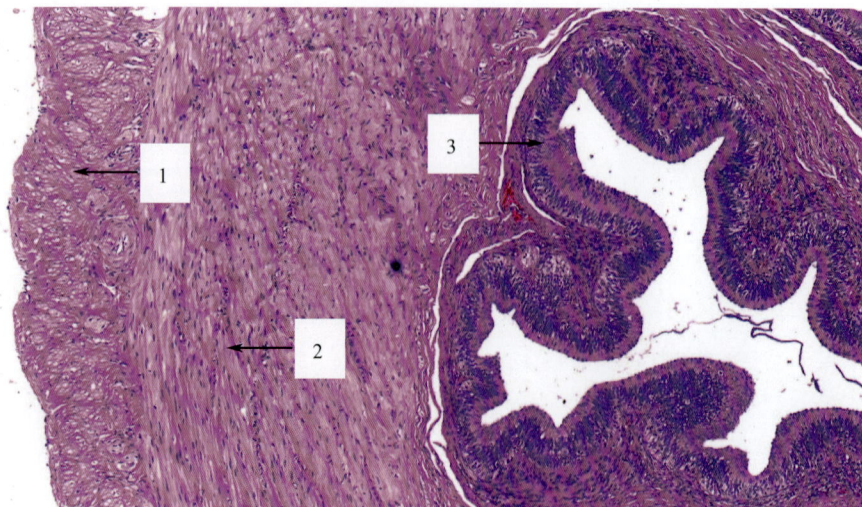

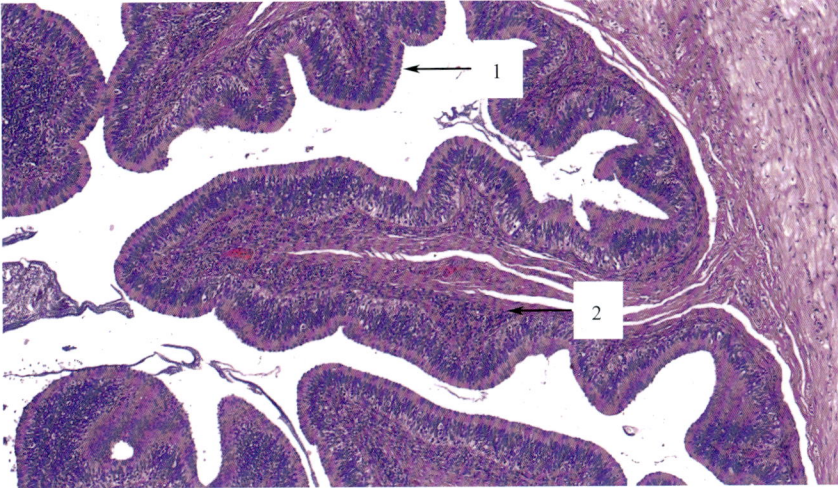

图 3-155
中华草龟后肠峡部 3
（HE 染色，100 倍）

1—绒毛；
2—黏膜下层

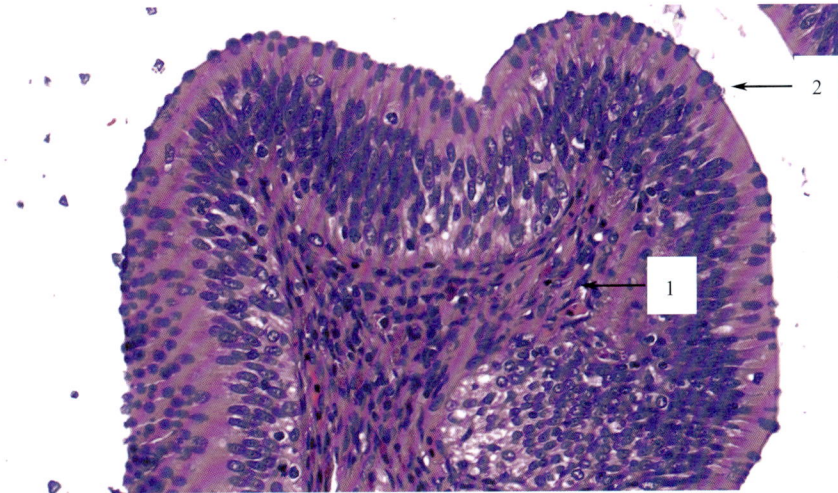

图 3-156
中华草龟后肠峡部 4
（HE 染色，400 倍）

1—固有层；
2—上皮杯状细胞

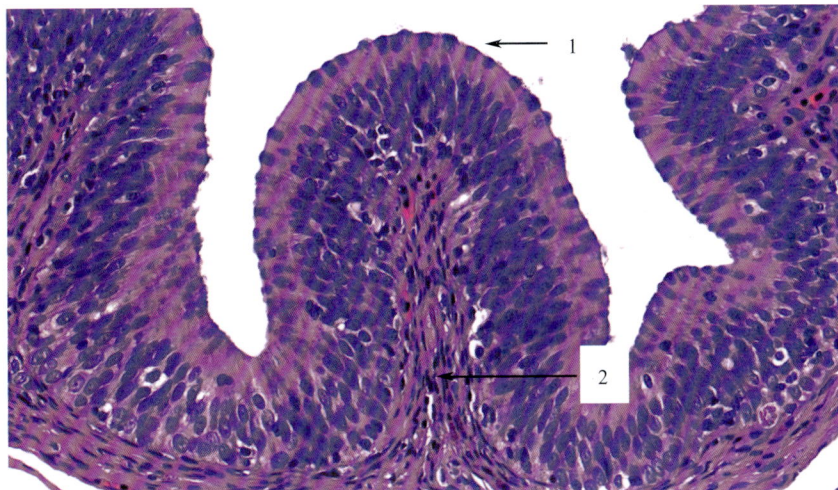

图 3-157
中华草龟后肠峡部 5
（HE 染色，400 倍）

1—上皮杯状细胞；
2—固有层

图 3-158
中华草龟后肠峡部 6
（HE 染色，400 倍）

1—毛细血管；
2—肌层

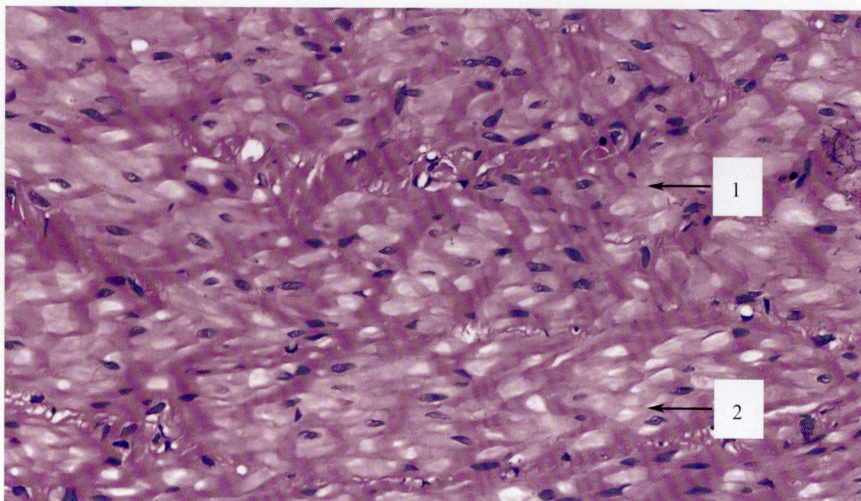

图 3-159
中华草龟后肠峡部 7
（HE 染色，400 倍）

1—神经；
2—结缔组织

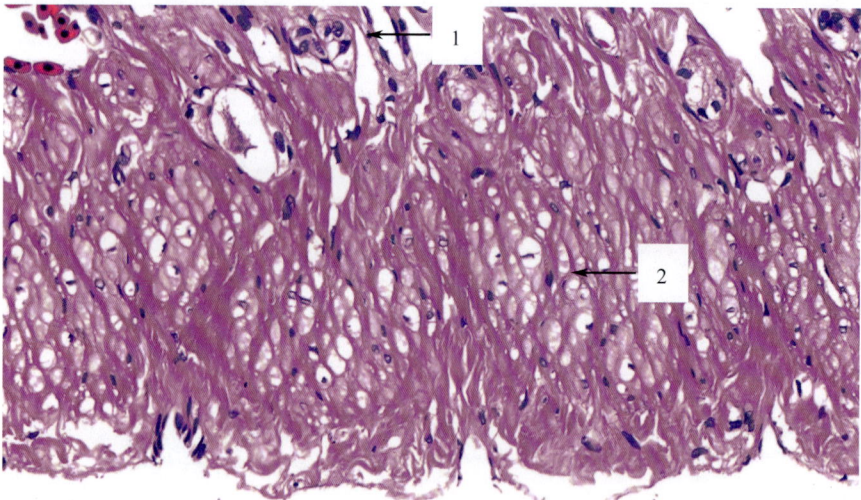

图 3-160
蟾蜍后肠 1
（HE 染色，25 倍）

1—黏膜；
2—肌层

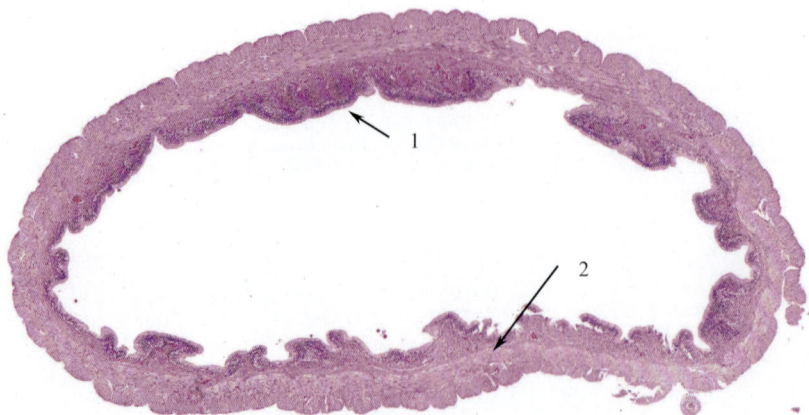

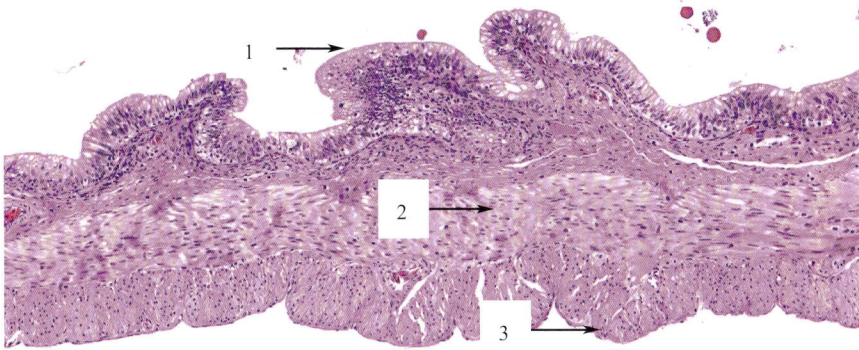

图 3-161
蟾蜍后肠 2
（HE 染色，100 倍）

1—黏膜；
2—肌层；
3—外膜

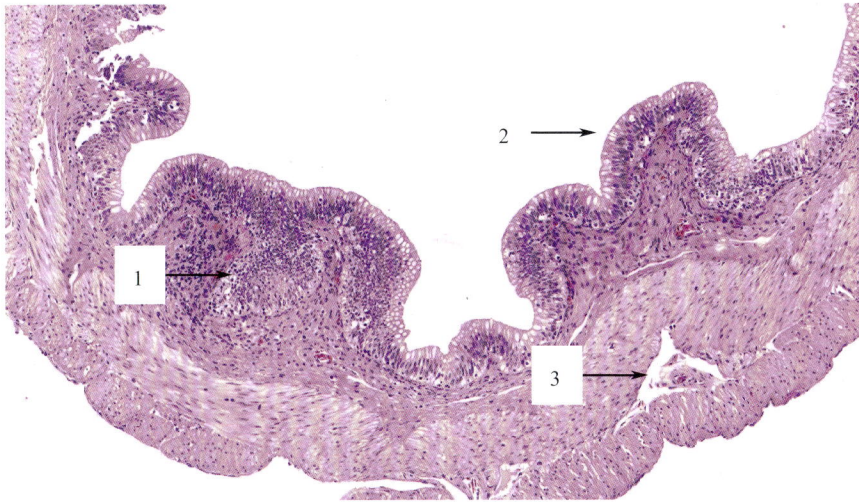

图 3-162
蟾蜍后肠 3
（HE 染色，100 倍）

1—固有层；
2—黏膜；
3—结缔组织

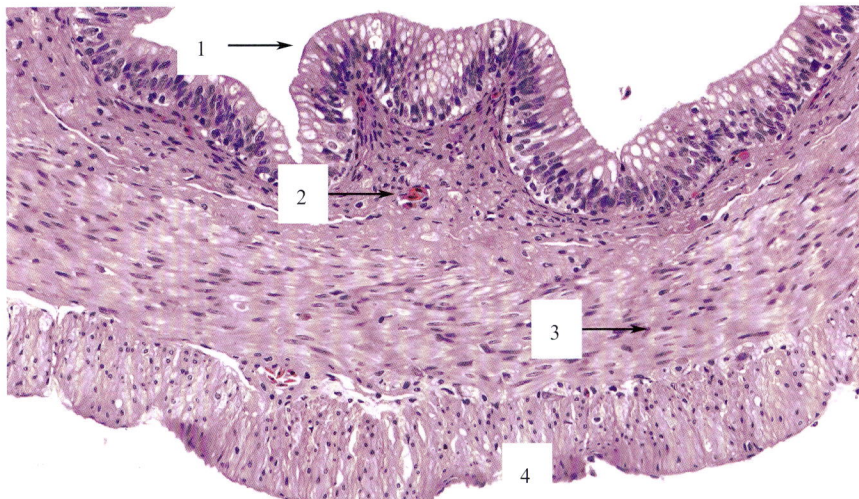

图 3-163
蟾蜍后肠 4
（HE 染色，200 倍）

1—上皮细胞；
2—毛细血管；
3—肌层；
4—外膜

图 3-164
蟾蜍后肠 5
（HE 染色，400 倍）

1—上皮杯状细胞；
2—红细胞

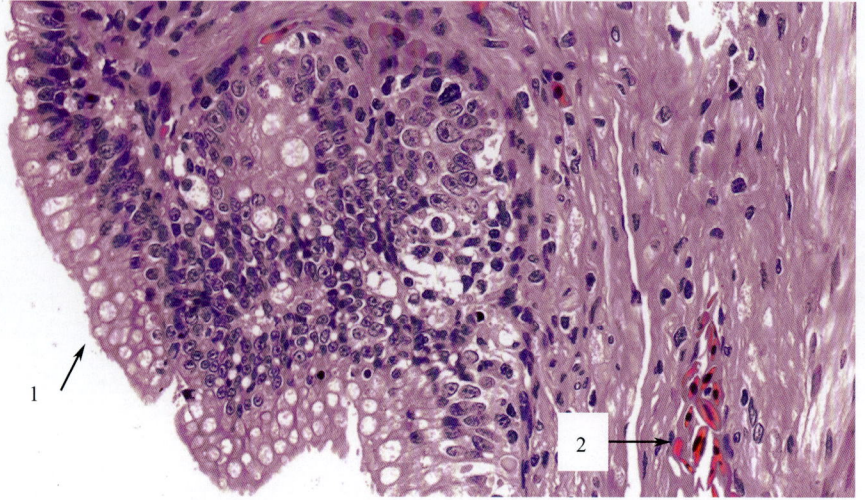

图 3-165
蟾蜍后肠 6
（HE 染色，400 倍）

1—红细胞；
2—肌层；
3—外膜

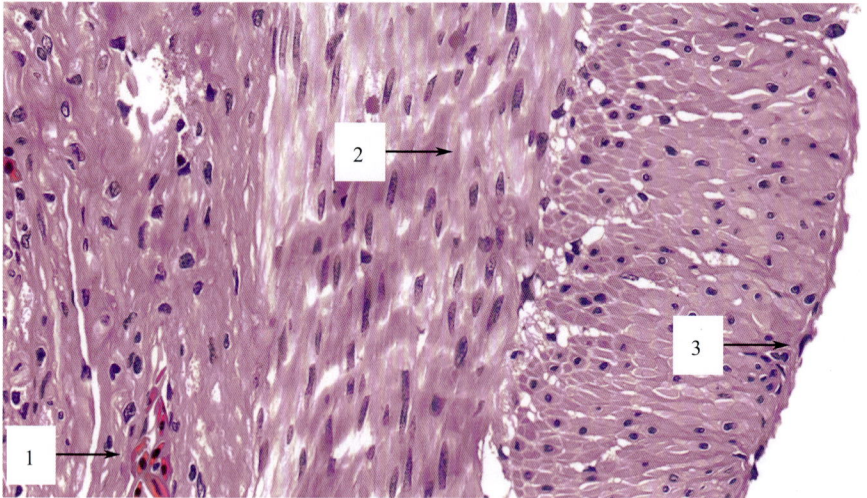

图 3-166
蟾蜍后肠峡部 1
（HE 染色，70 倍）

1—黏膜；
2—肌层

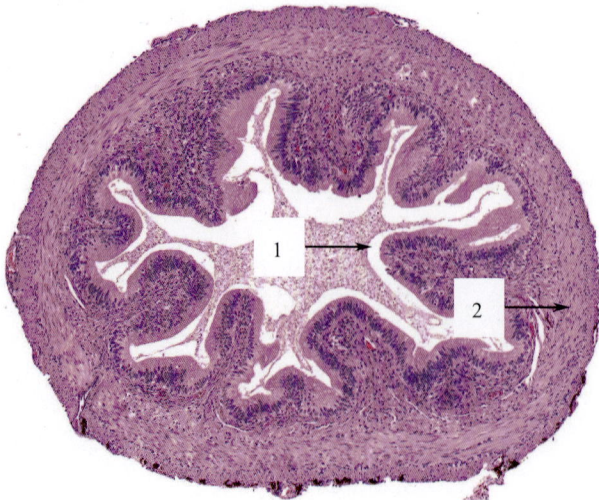

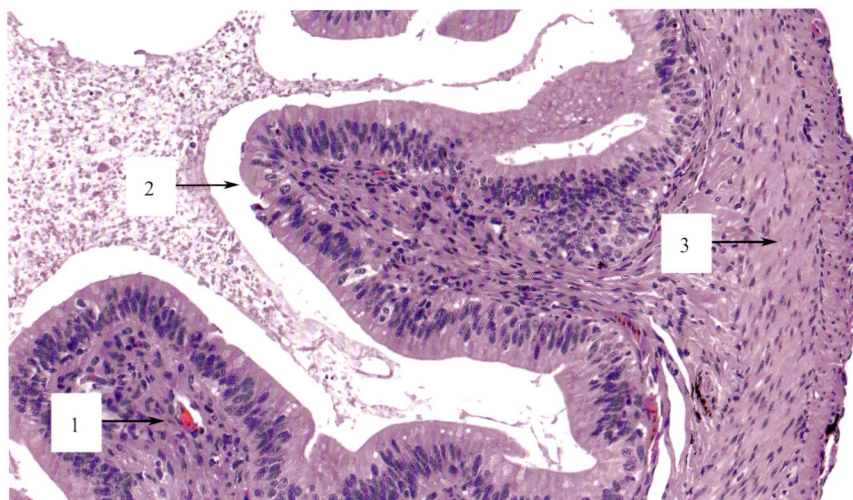

图 3-167
蟾蜍后肠峡部 2
（ HE 染色，200 倍 ）

1—固有层毛细血管；
2—绒毛；
3—肌层

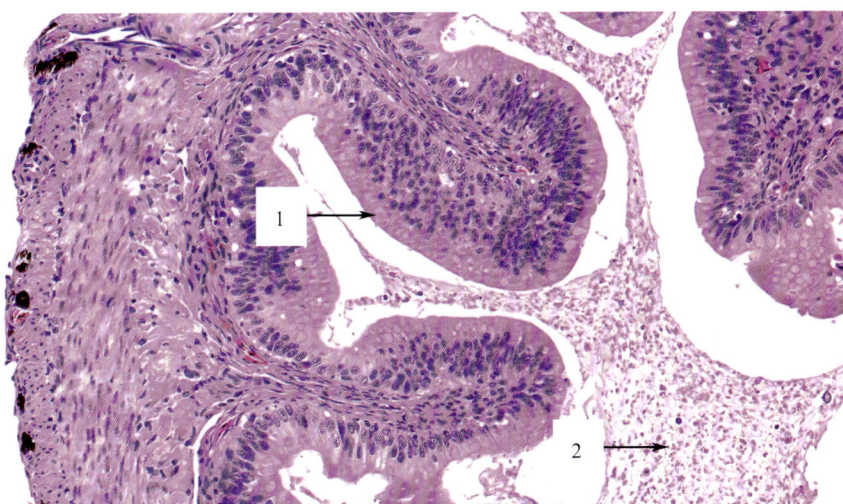

图 3-168
蟾蜍后肠峡部 3
（ HE 染色，200 倍 ）

1—绒毛；
2—肠内容物

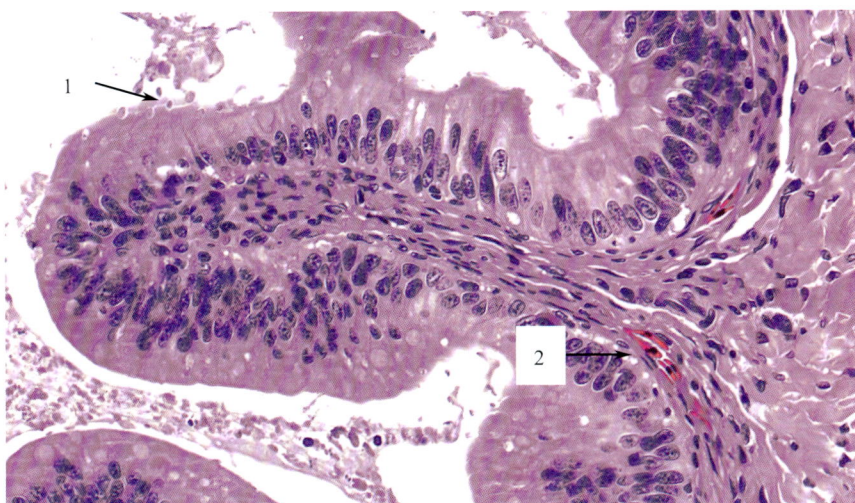

图 3-169
蟾蜍后肠峡部 4
（ HE 染色，400 倍 ）

1—绒毛上皮；
2—毛细血管

图 3-170
蟾蜍后肠峡部 5
（HE 染色，400 倍）

1—上皮细胞；
2—毛细血管；
3—肌层；
4—外膜

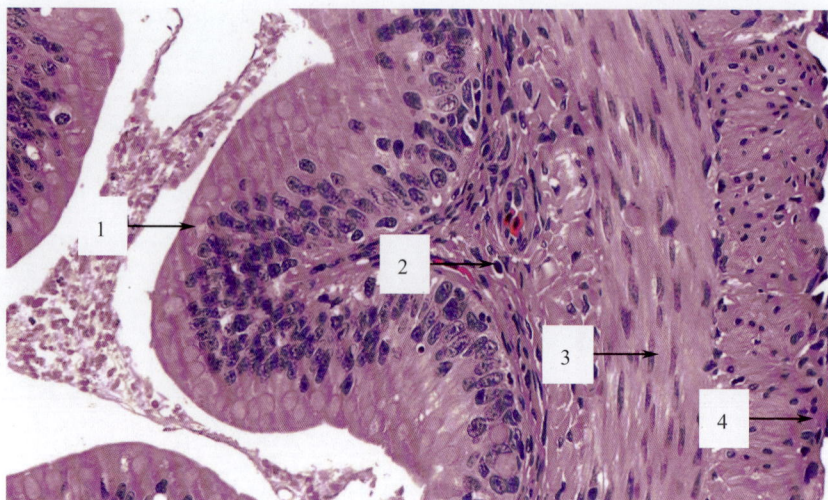

图 3-171
黑鱼直肠 1
（HE 染色，100 倍）

1—黏膜；
2—肌层

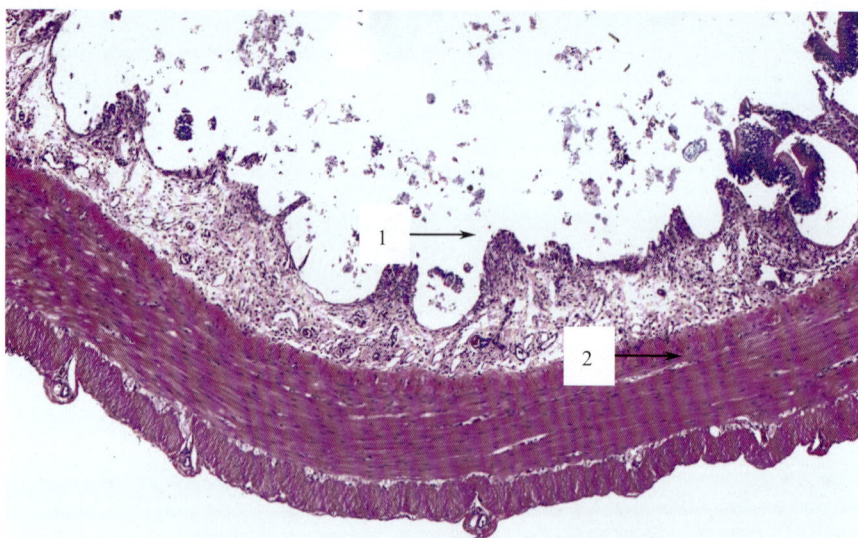

图 3-172
黑鱼直肠 2
（HE 染色，400 倍）

1—上皮细胞；
2—黏膜肌层；
3—肌层

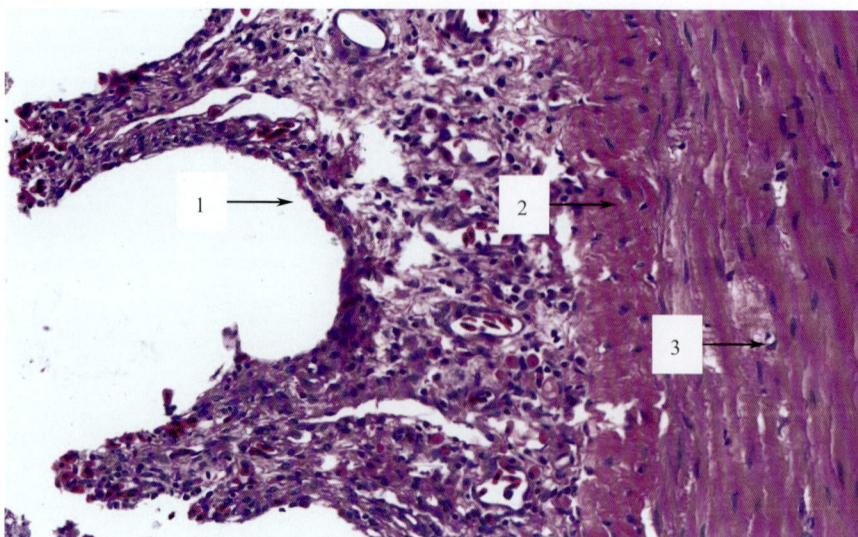

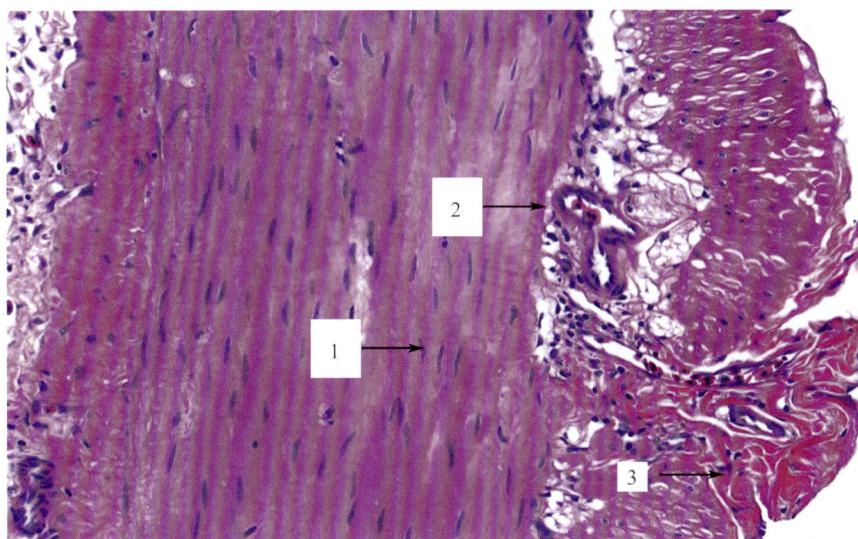

图 3-173
黑鱼直肠 3
（HE 染色，400 倍）

1—肌层；
2—结缔组织；
3—外膜

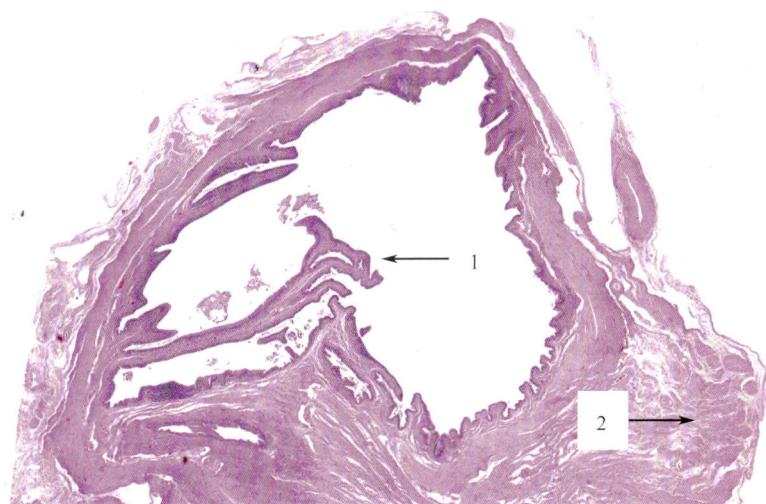

图 3-174
中华草龟直肠 1
（HE 染色，12 倍）

1—黏膜皱襞；
2—肌层

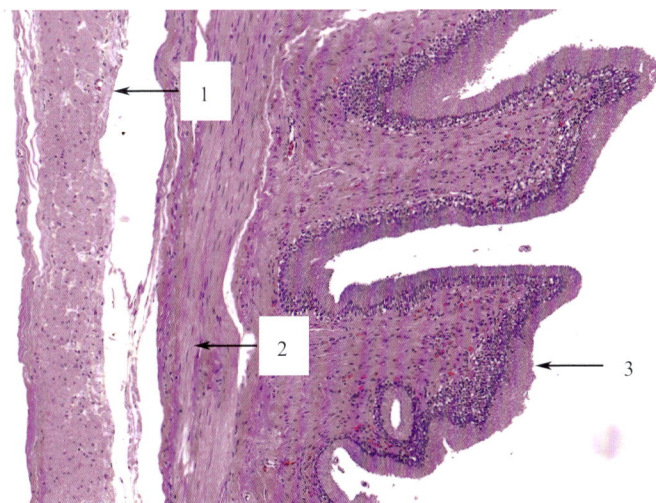

图 3-175
中华草龟直肠 2
（HE 染色，100 倍）

1—肌层；
2—黏膜肌层；
3—绒毛上皮

图 3-176
中华草龟直肠 3
（HE 染色，400 倍）

1—神经；
2—上皮细胞

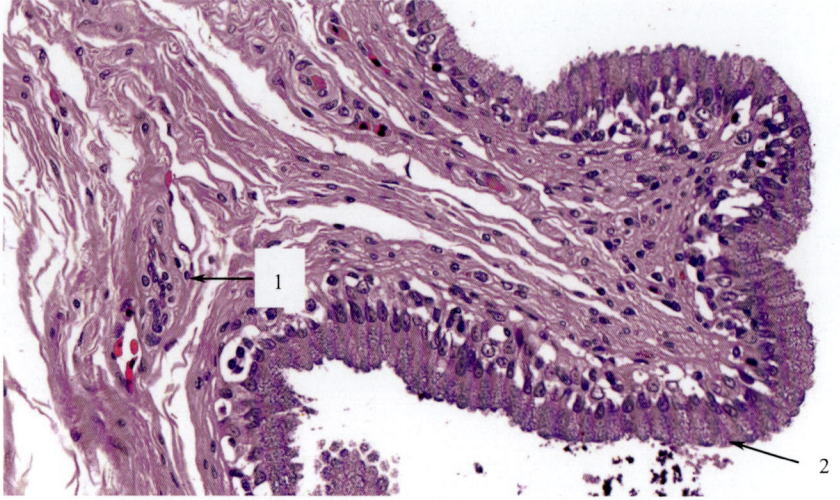

图 3-177
中华草龟直肠 4
（HE 染色，400 倍）

1—固有层；
2—上皮细胞

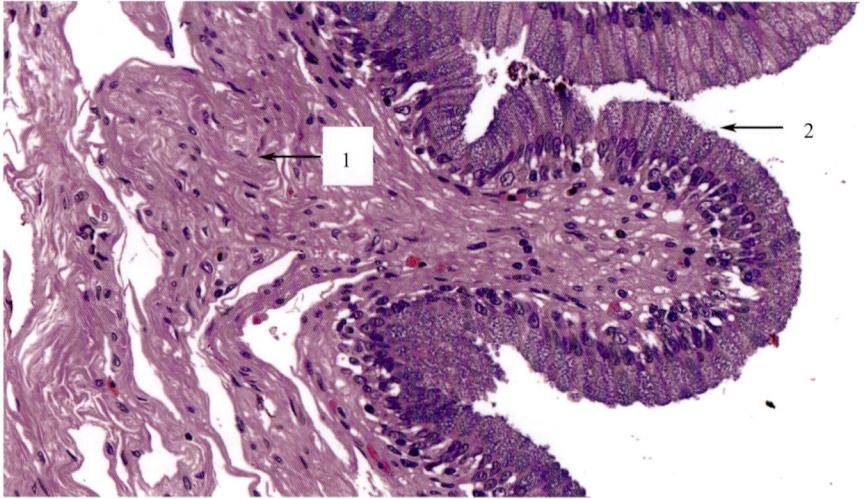

图 3-178
中华草龟直肠 5
（HE 染色，400 倍）

1—肌层；
2—红细胞

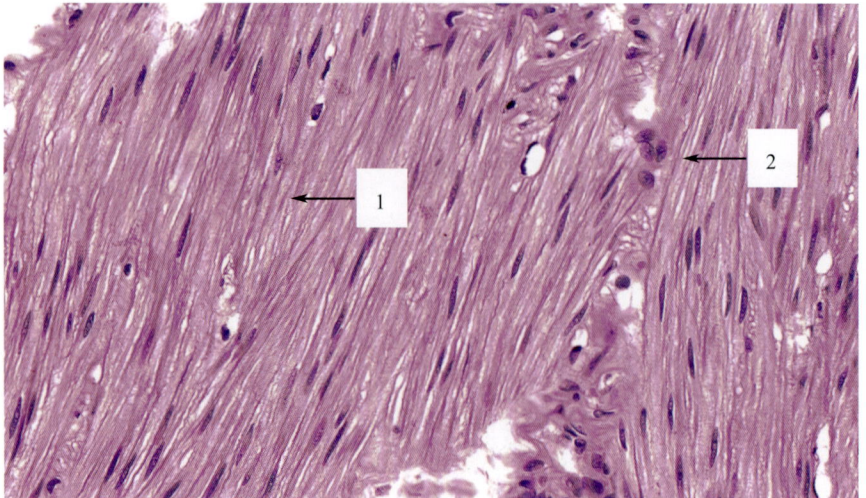

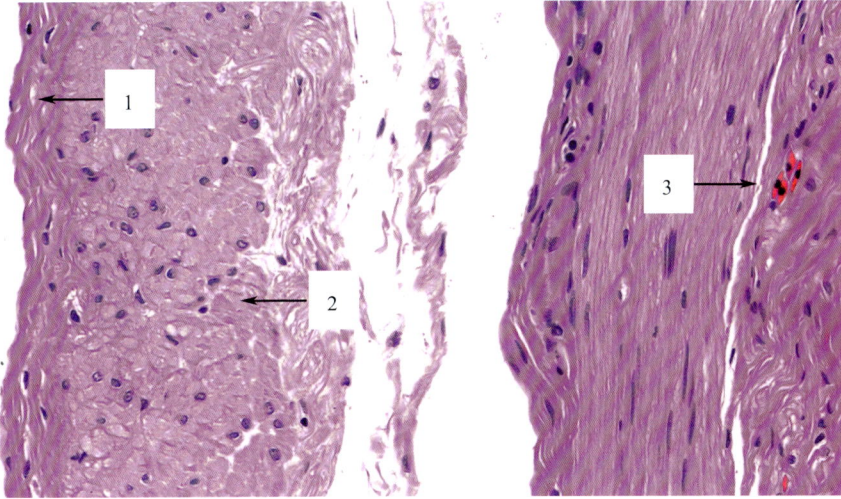

图 3-179
中华草龟直肠 6
（HE 染色，400 倍）

1—外膜；
2—肌层；
3—毛细血管

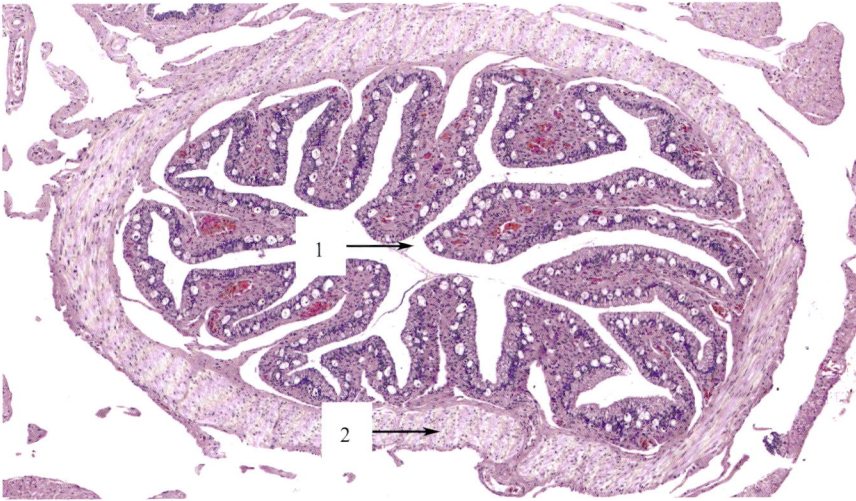

图 3-180
蟾蜍直肠 1
（HE 染色，70 倍）

1—绒毛；
2—肌层

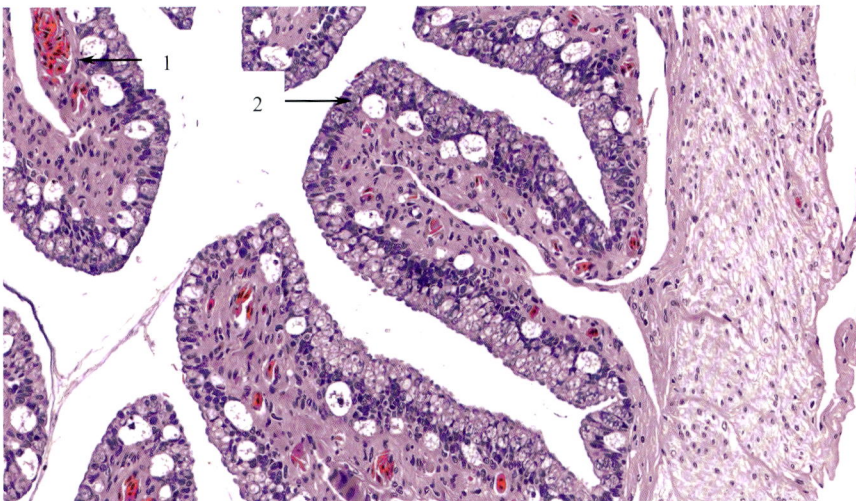

图 3-181
蟾蜍直肠 2
（HE 染色，200 倍）

1—固有层毛细血管；
2—杯状细胞

图 3-182
蟾蜍直肠 3
（ HE 染色，200 倍 ）

1—固有层；
2—杯状细胞

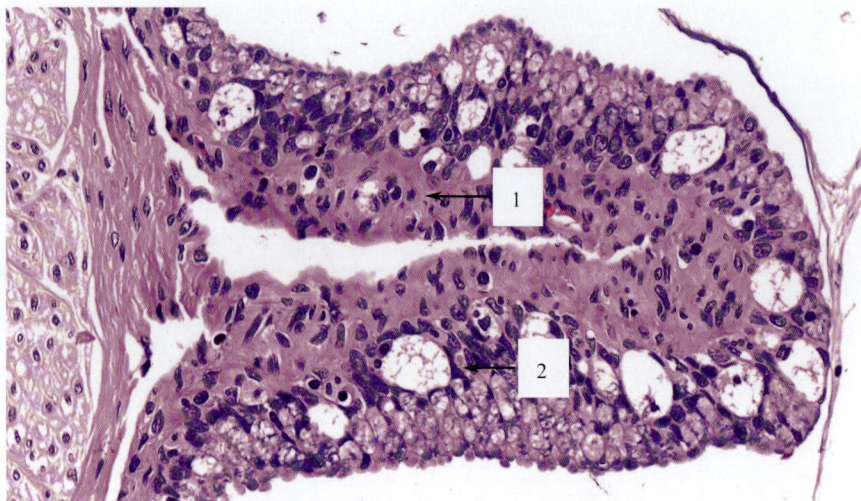

图 3-183
蟾蜍直肠 4
（ HE 染色，400 倍 ）

1—黏膜肌层；
2—肌层；
3—外膜

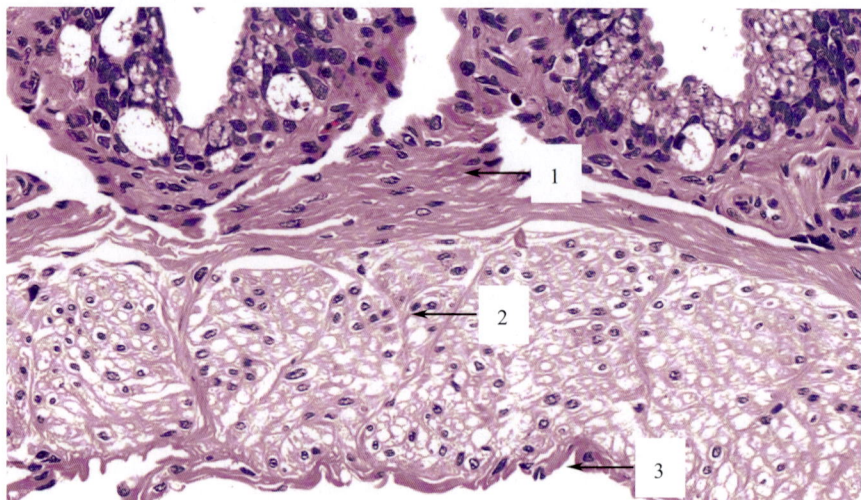

图 3-184
蟾蜍直肠 5
（ HE 染色，400 倍 ）

1—毛细血管；
2—上皮杯状细胞；
3—肌层

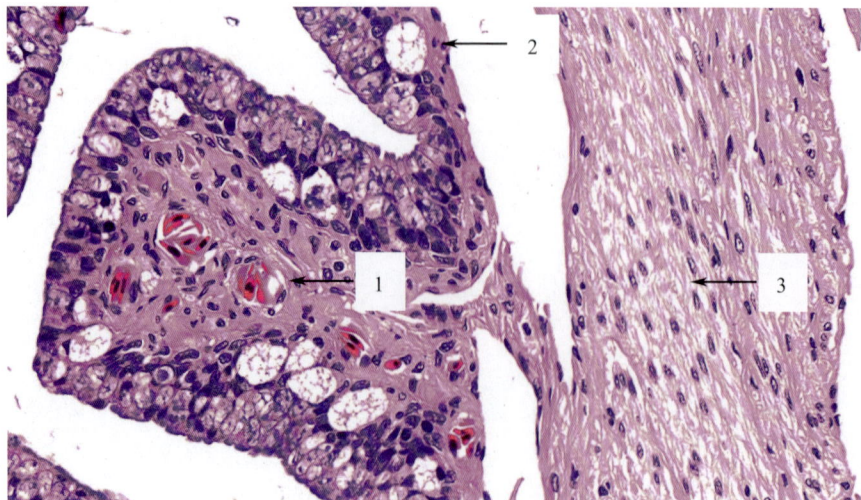

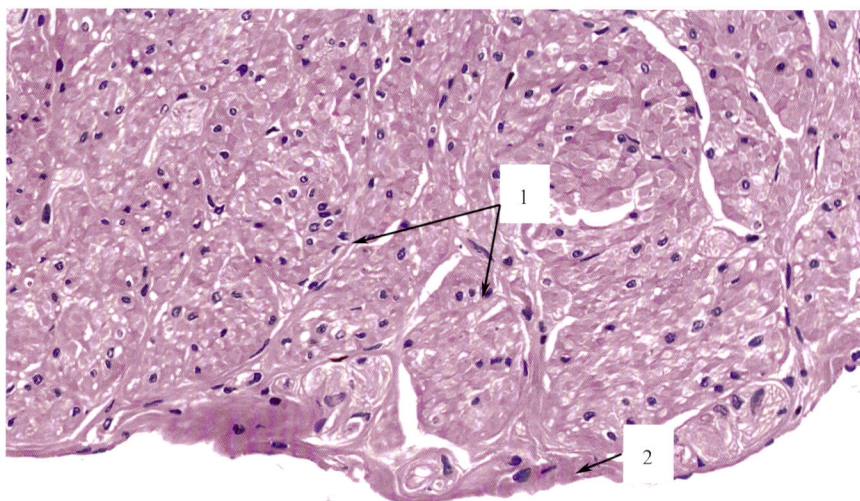

图 3-185
蟾蜍直肠 6
（HE 染色，400 倍）

1—肌层神经；
2—外膜

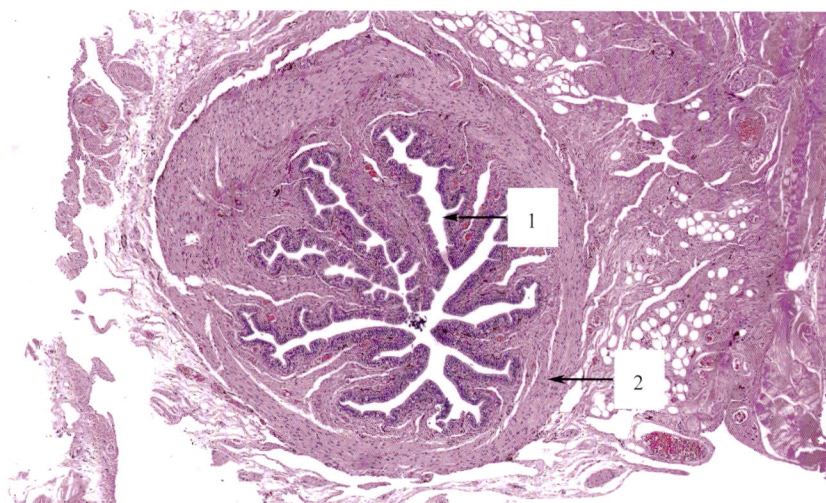

图 3-186
蟾蜍直肠末端 1
（HE 染色，50 倍）

1—绒毛；
2—肌层

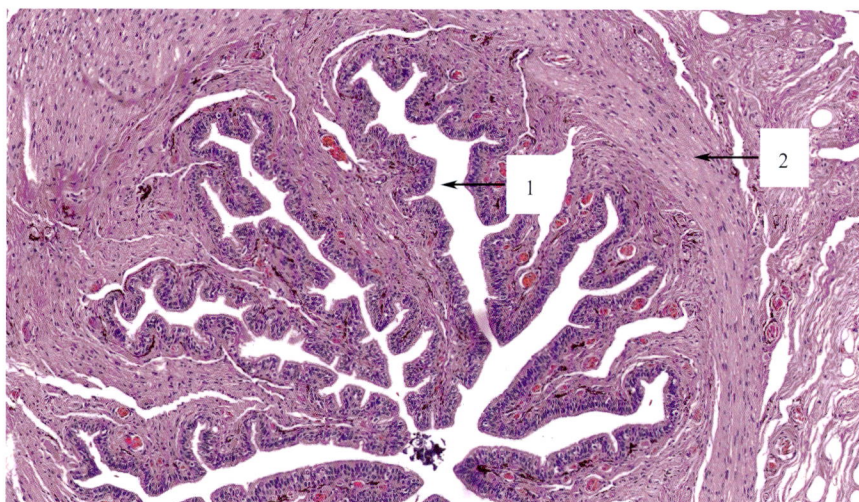

图 3-187
蟾蜍直肠末端 2
（HE 染色，100 倍）

1—绒毛上皮；
2—肌层

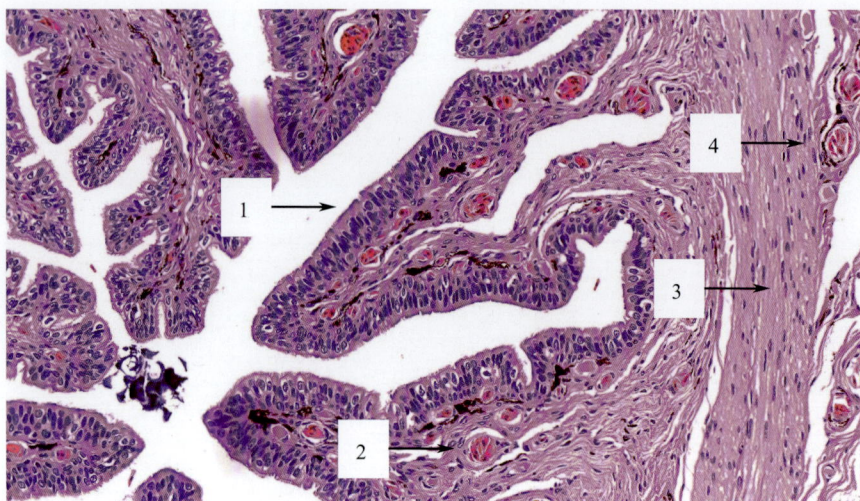

图 3-188
蟾蜍直肠末端 3
（HE 染色，200 倍）

1—绒毛上皮；
2—固有层毛细血管；
3—肌层；
4—外膜毛细血管

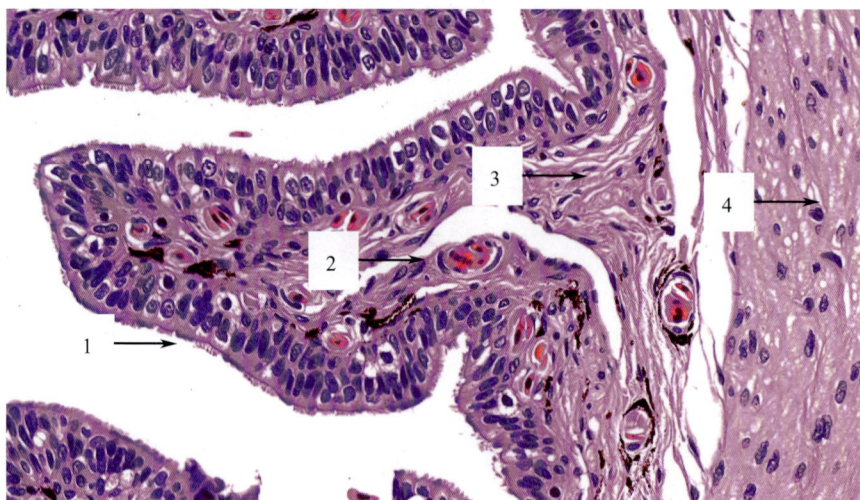

图 3-189
蟾蜍直肠末端 4
（HE 染色，400 倍）

1—绒毛上皮；
2—固有层毛细血管；
3—肌层；
4—外膜

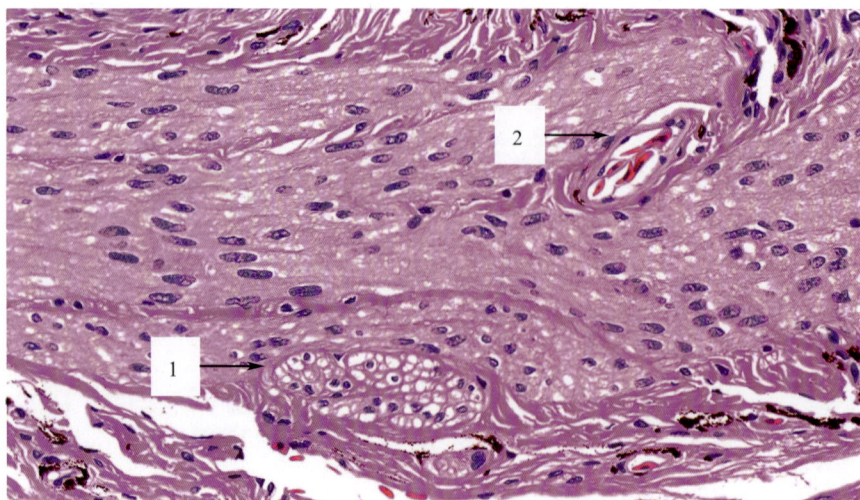

图 3-190
蟾蜍直肠末端肌层 5
（HE 染色，400 倍）

1—神经；
2—毛细血管

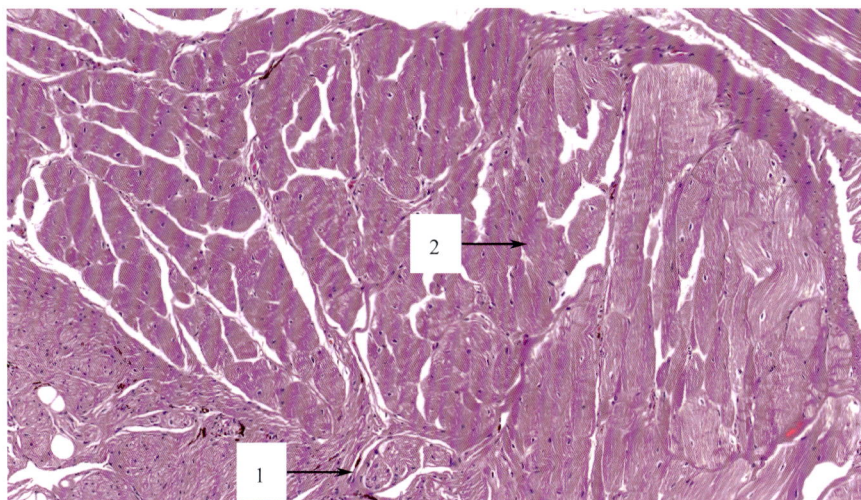

图 3-191
蟾蜍肛门括约肌 1
（HE 染色，100 倍）

1—神经；
2—肌层

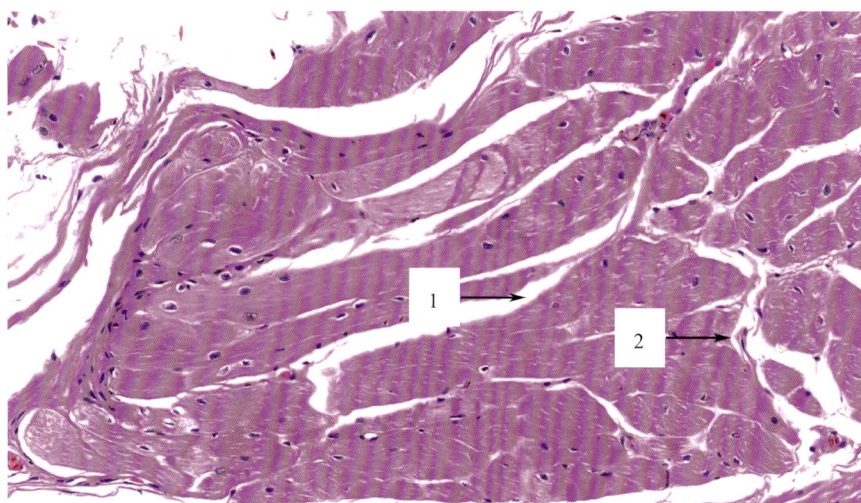

图 3-192
蟾蜍肛门括约肌 2
（HE 染色，200 倍）

1—肌细胞；
2—结缔组织

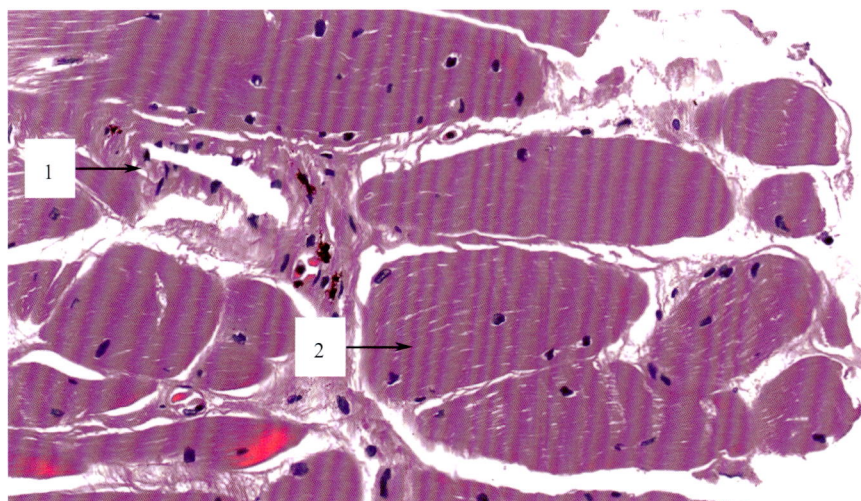

图 3-193
蟾蜍肛门括约肌 3
（HE 染色，400 倍）

1—微血管；
2—肌细胞

蟾蜍肛门括约肌 4
（HE 染色，400 倍）

1—肌细胞；
2—神经

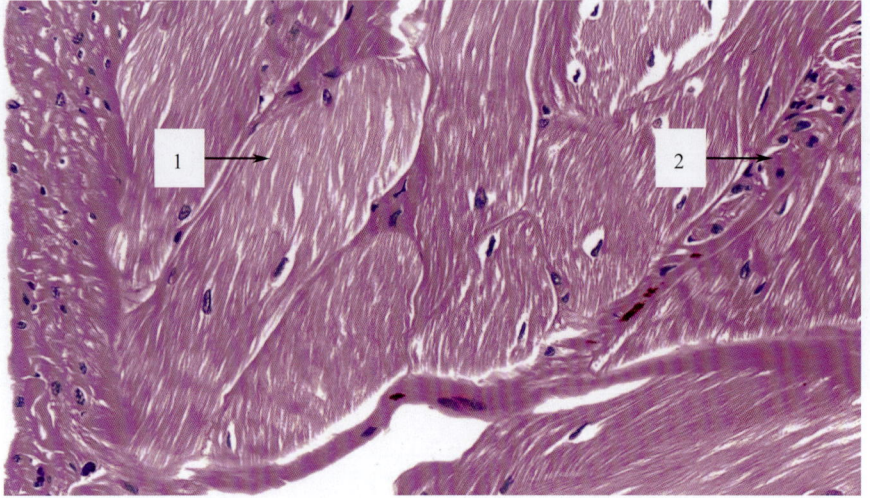

图 3-195
蟾蜍肛门脂肪 1
（HE 染色，200 倍）

1—脂肪组织；
2—结缔组织

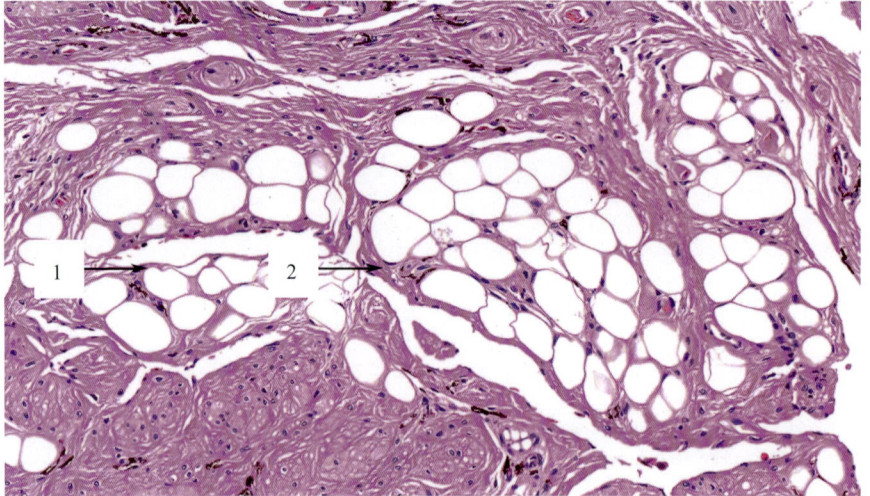

图 3-196
蟾蜍肛门脂肪 2
（HE 染色，400 倍）

1—毛细血管；
2—脂肪细胞核

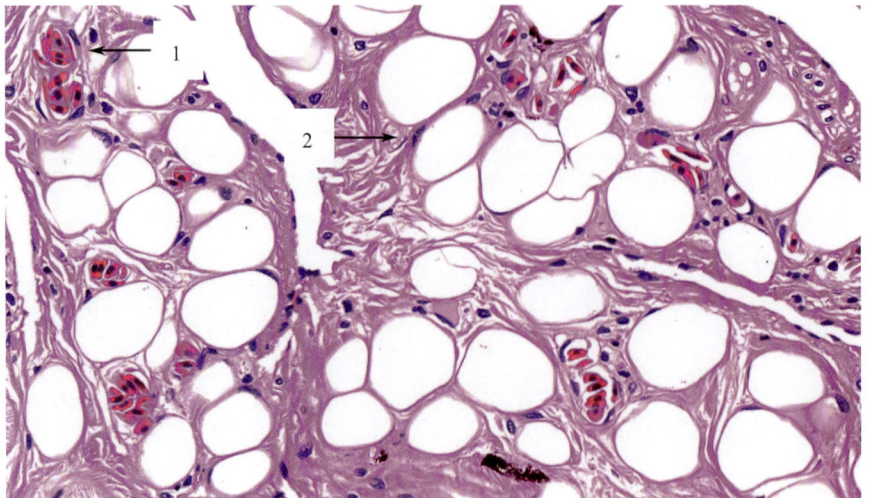

二、功能

肠主要进行化学性消化并吸收各种营养物质至血液，排泄代谢产物。

综上所述，消化管一般由口腔、咽、食管、胃、肠和肛门组成。各器官联合发挥消化食物、吸收营养、排泄代谢产物的功能。

口腔：发挥采食、磨碎食物的作用。

咽喉与食管：食物的通道。

胃：消化食物，吸收水、无机盐、糖类等营养成分。

小肠：主要的消化、营养吸收场所。吸收水、蛋白质、脂质、无机盐、维生素等营养物质。

大肠：主要吸收剩余的水、无机盐，食物残渣在此形成粪便。

肛门：位于消化管的末端，是排泄的出口。

第四章 消化腺

消化腺由上皮组织分化而成。水产动物消化腺包括小消化腺和大消化腺。小消化腺主要为唾液腺、胃腺、肠腺；大消化腺包括肝脏和胰腺。

肝脏包括左、右两叶，较大；胆囊位于肝右叶脏面，以胆总管开口于十二指肠末端，其开口处与胰管相邻。肝脏分泌的胆汁，贮存于胆囊内，通过胆管进入小肠，分解脂肪。

有些鱼类（如鲤鱼）的胰腺分布于肝内，形成肝胰腺；肝和胰腺分别通过各自的导管运送分泌物。

第一节 肝

一、组织结构

1. 被膜与间质

肝脏表面被覆薄层浆膜，深层的纤维层结缔组织伸入实质，分成许多边界不明显的肝小叶（hepatic lobule）。

2. 实质

肝小叶（hepatic lobule）是肝脏结构和功能的基本单位，由中央静脉、肝细胞、肝小管及肝血窦（hepatic sinusoid）等构成。

（1）中央静脉（hepatic sinusoid）　管壁薄、管径较大，内皮由单层扁平上皮细胞形成，与肝血窦直接相连。中央静脉周围的肝细胞呈辐射状排列成肝细胞索。

（2）肝血窦　为位于肝细胞索之间、形状不规则、相互通连、由一层内皮细胞和周围包绕着的少量网状纤维形成血窦。内皮细胞之间有缝隙，内皮细胞与肝细胞之间有窦周隙（perisinusoidal space），又称狄氏隙（Disse space），巨噬细胞较多。血窦与窦周隙通过内皮细胞间隙相连通，利于血液流通和物质交换。

见图 4-1 ～图 4-42。

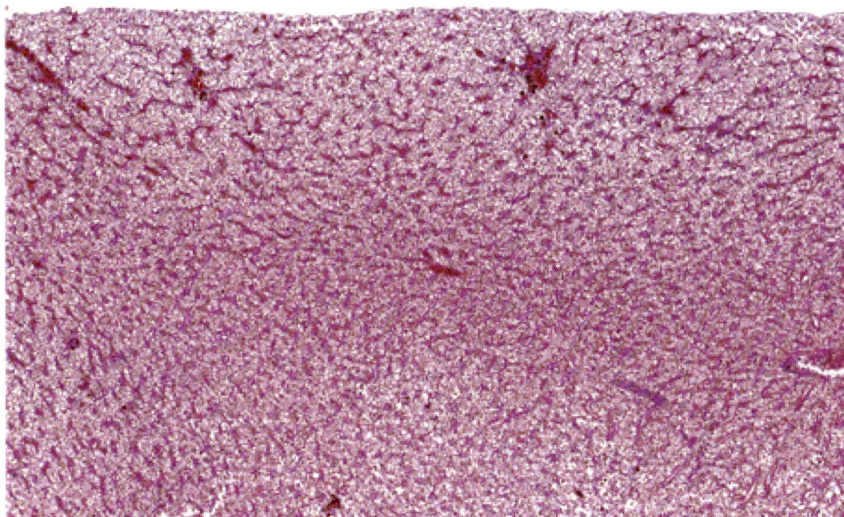

图 4-1
鲢鱼肝 1
（HE 染色，100 倍）

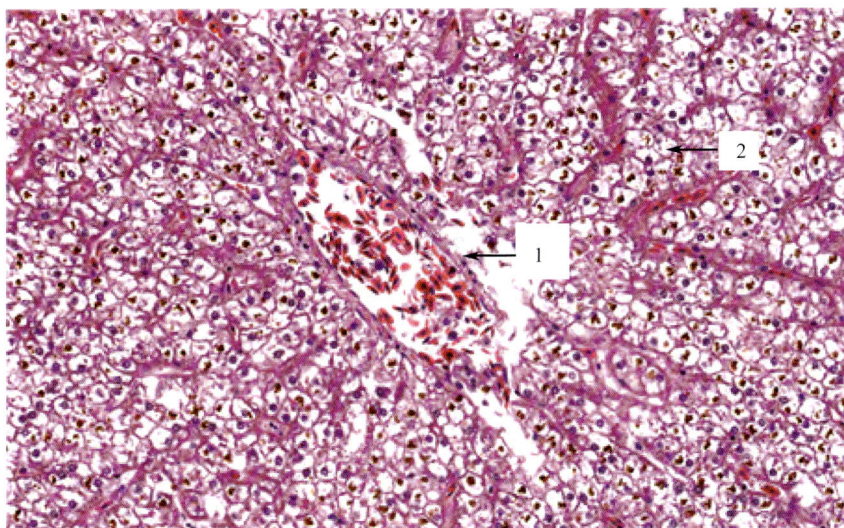

图 4-2
鲢鱼肝 2
（HE 染色，400 倍）

1—中央静脉；
2—肝细胞

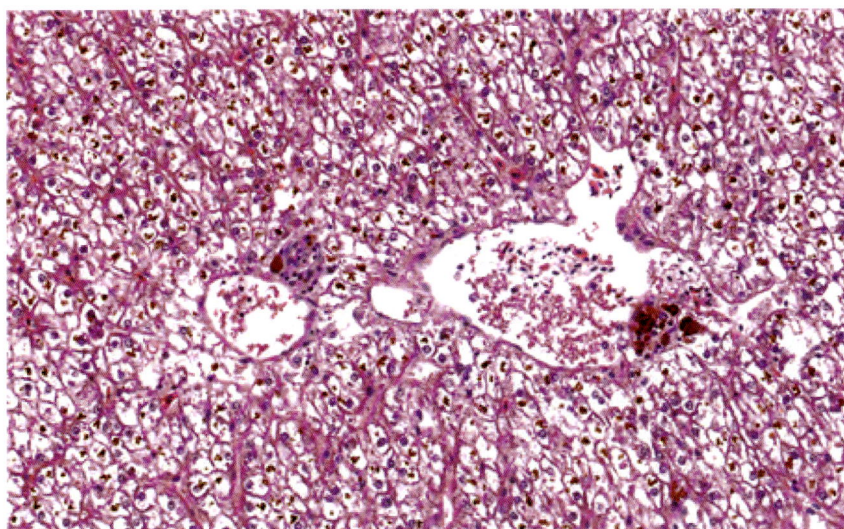

图 4-3
鲢鱼肝 3
（HE 染色，400 倍）

图 4-4
鲤鱼肝胰腺 4
（HE 染色，100 倍）

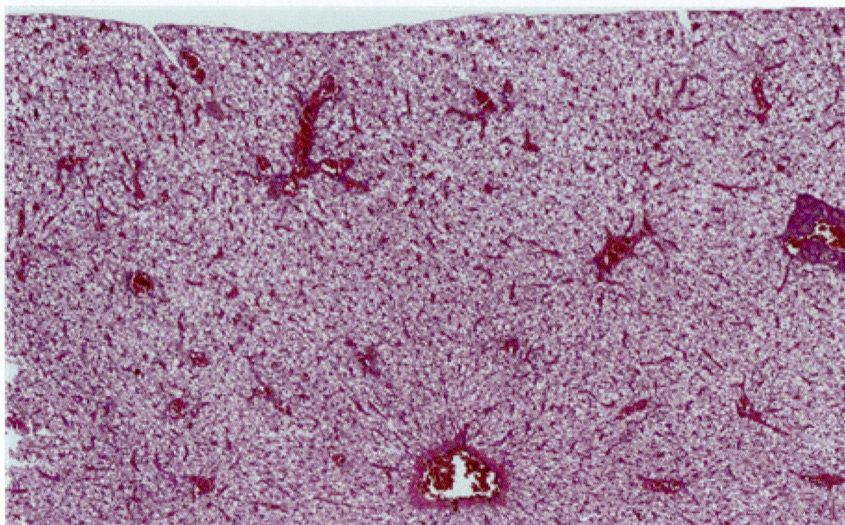

图 4-5
鲤鱼肝胰腺 5
（HE 染色，100 倍）

1—胰腺；
2—肝细胞

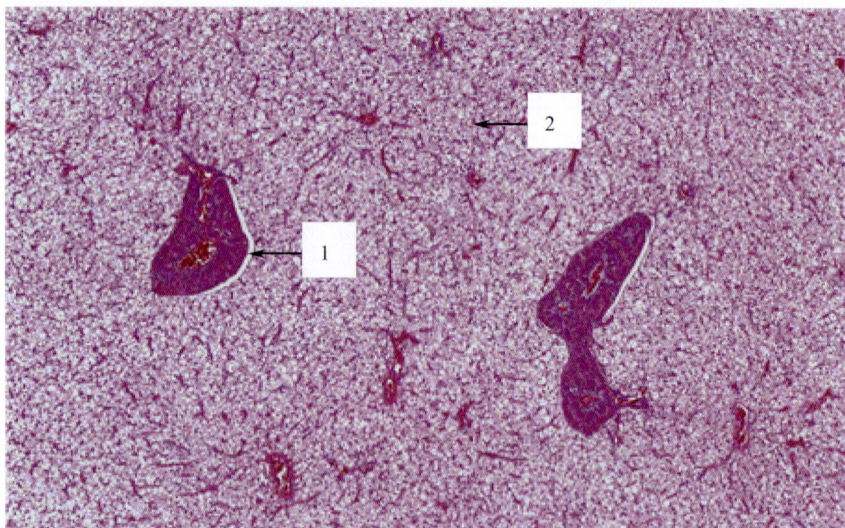

图 4-6
鲤鱼肝胰腺 6
（HE 染色，400 倍）

1—胰腺

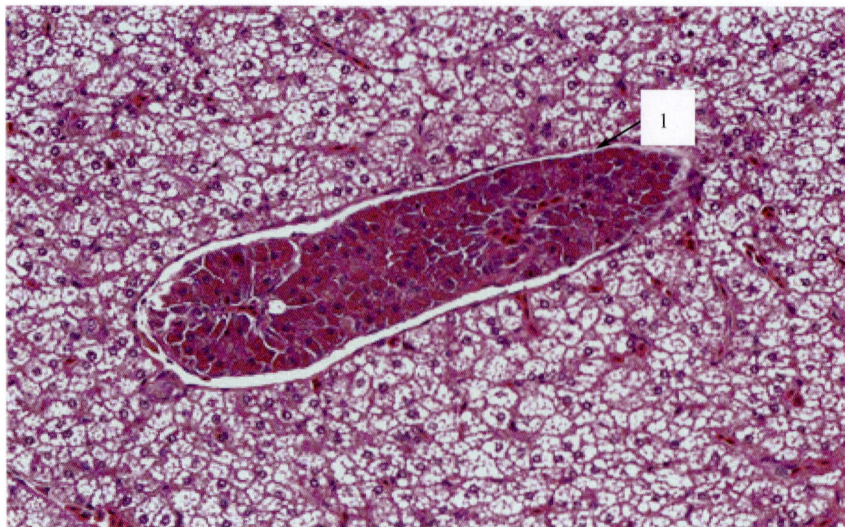

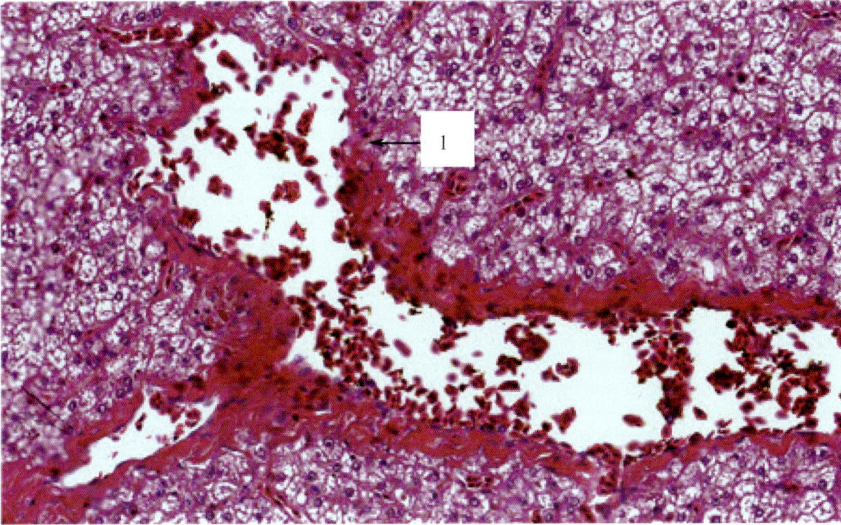

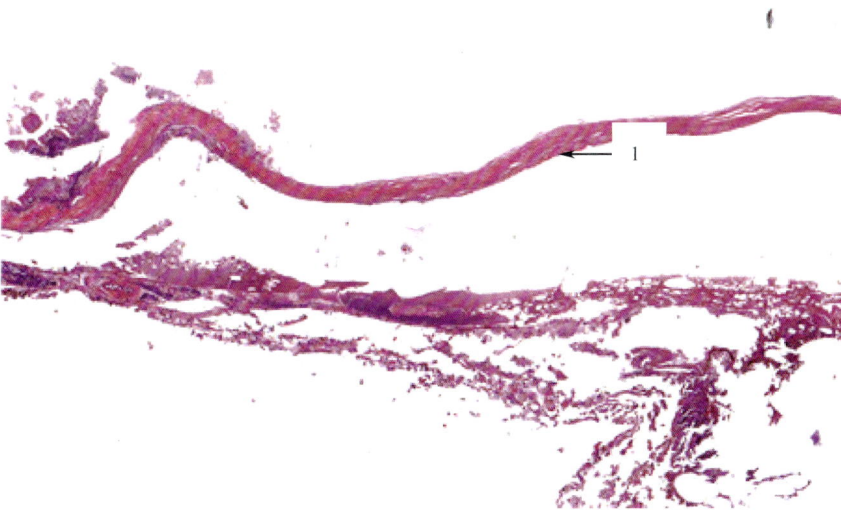

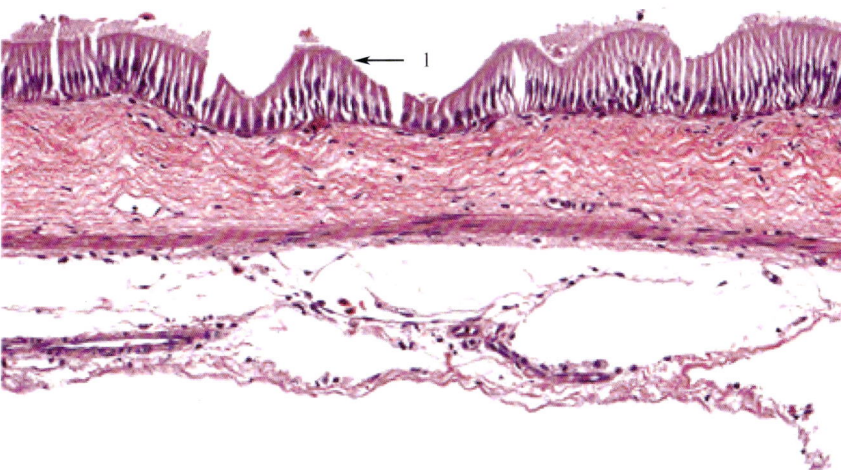

图 4-10
鲢鱼胆囊 3
（HE 染色，400 倍）

1—胆囊壁

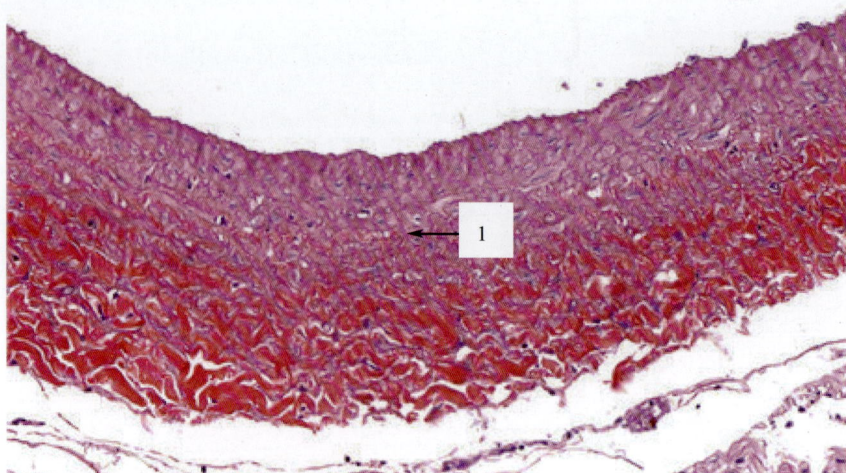

图 4-11
鲢鱼胆管 1
（HE 染色，400 倍）

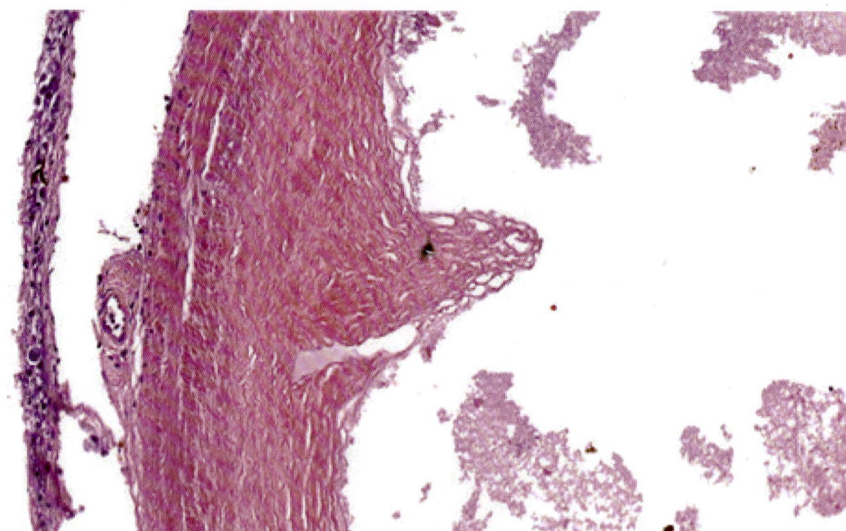

图 4-12
鲢鱼胆管 2
（HE 染色，400 倍）

1—外膜；
2—内膜

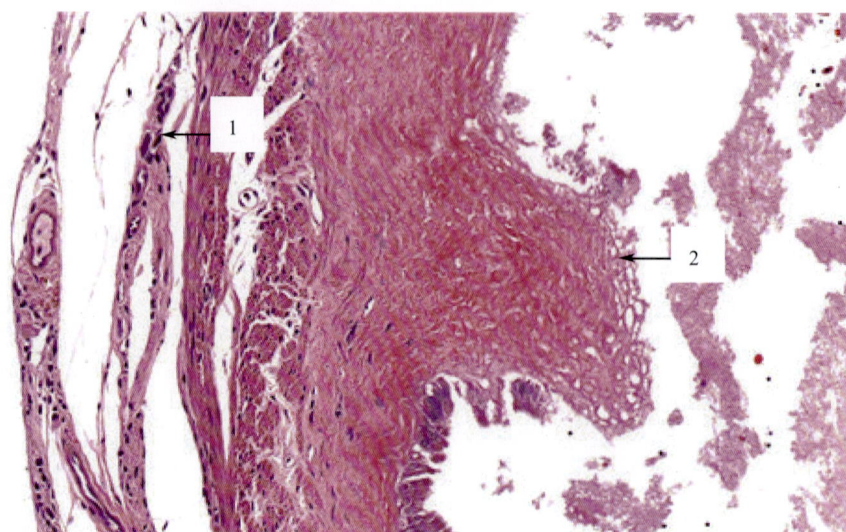

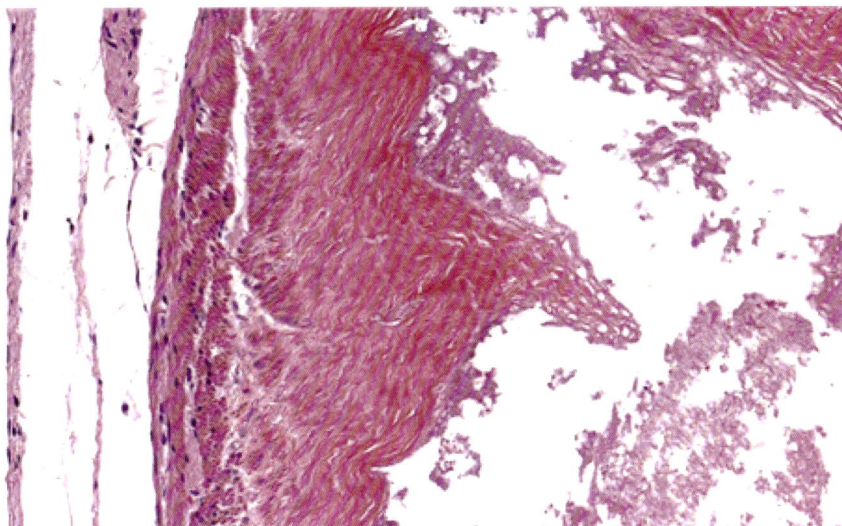

图 4-13
鲢鱼胆管 3
（HE 染色，400 倍）

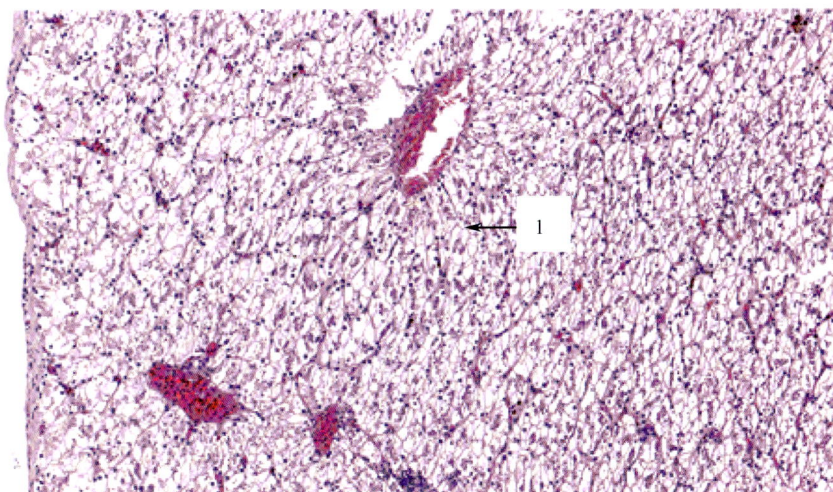

图 4-14
中华鳖肝 1
（HE 染色，100 倍）

1—肝细胞

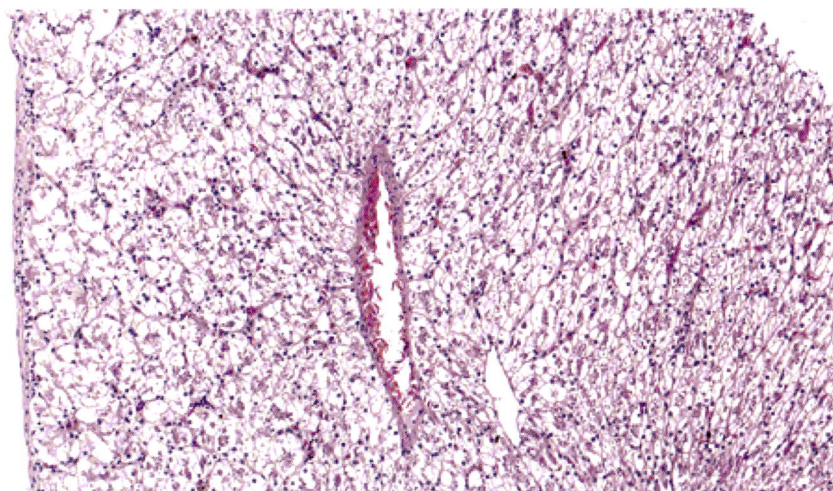

图 4-15
中华鳖肝 2
（HE 染色，100 倍）

图 4-16
中华鳖肝 3
（HE 染色，200 倍）

1—血细胞；
2—中央静脉

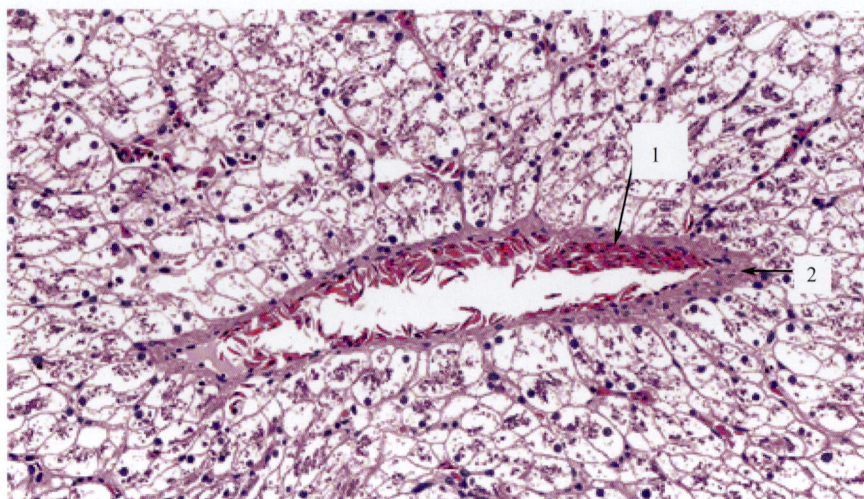

图 4-17
中华鳖肝 4
（HE 染色，200 倍）

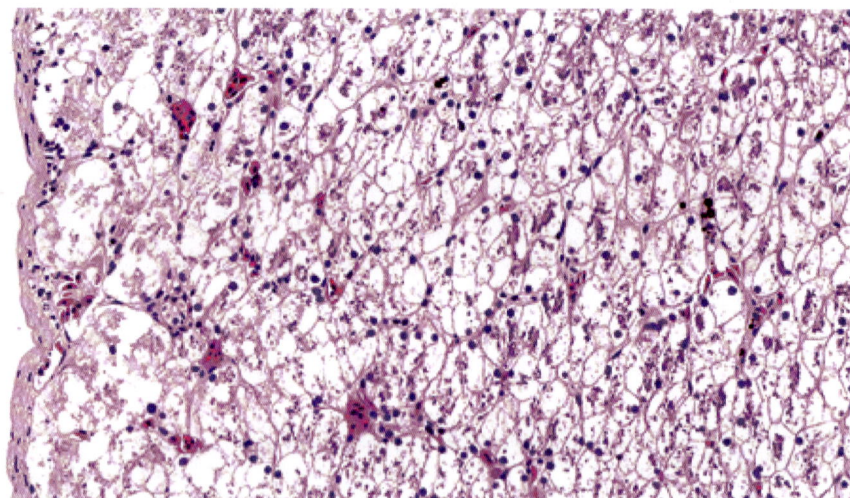

图 4-18
中华鳖肝 5
（HE 染色，200 倍）

1—中央静脉

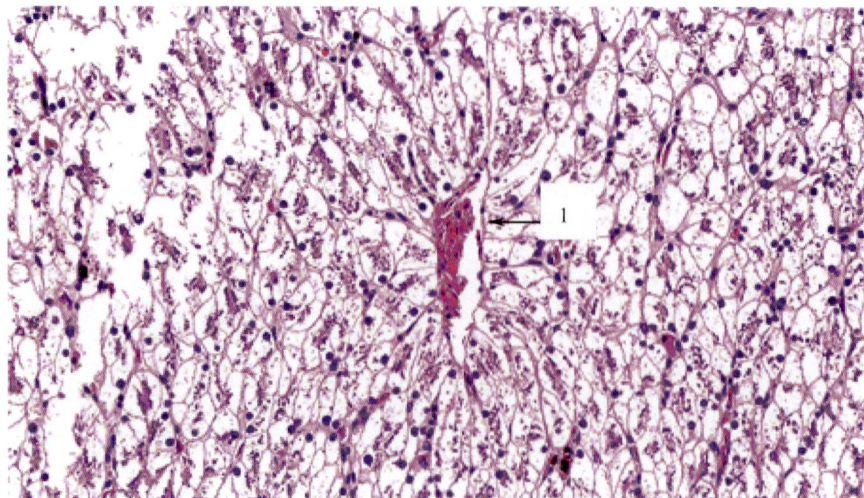

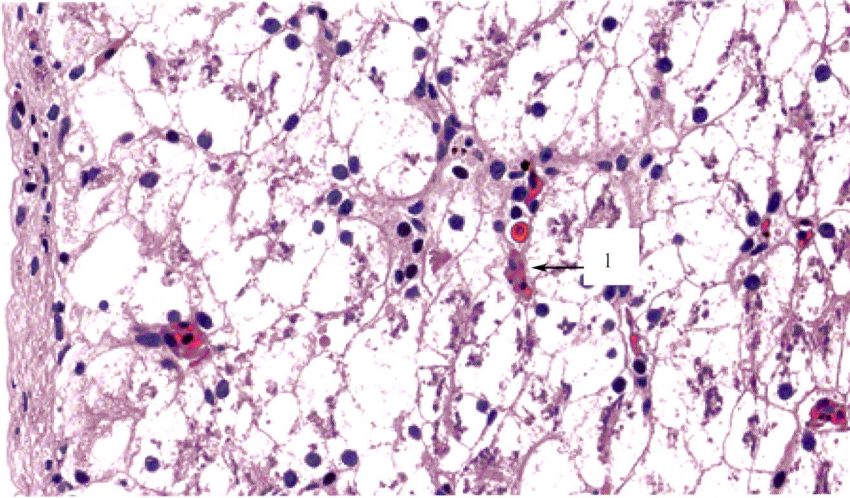

图 4-19
中华鳖肝 6
（HE 染色，400 倍）

1—血细胞

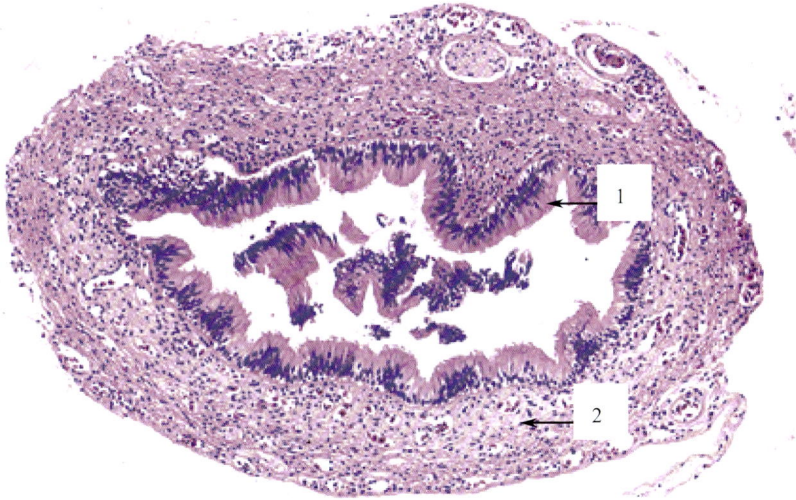

图 4-20
中华鳖胆管 1
（HE 染色，100 倍）

1—内膜；
2—壁层

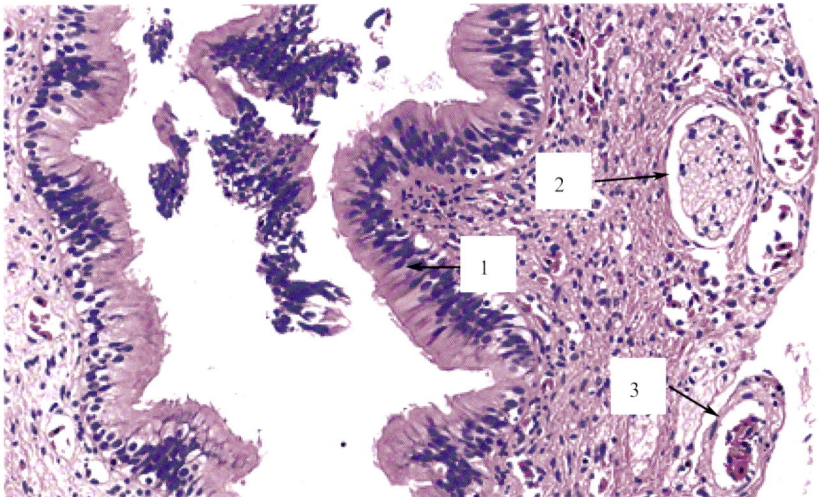

图 4-21
中华鳖胆管 2
（HE 染色，200 倍）

1—上皮细胞；
2—神经；
3—小血管

图 4-22
中华鳖胆管 3
（HE 染色，200 倍）

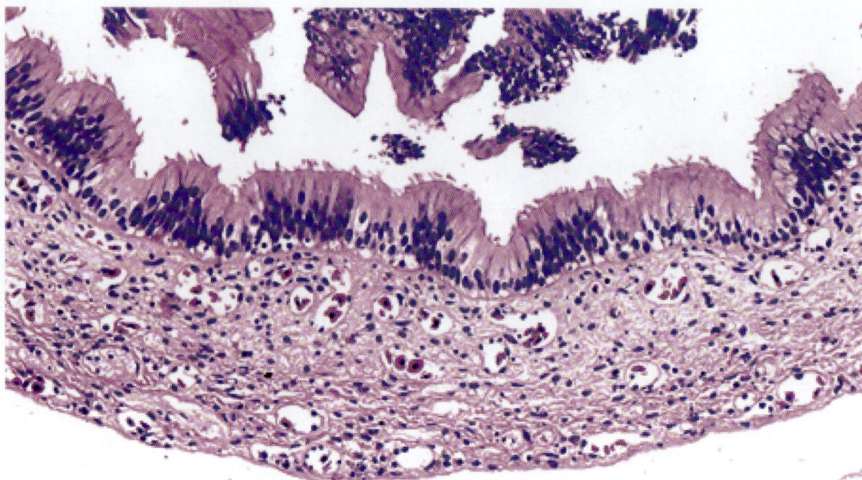

图 4-23
中华鳖胆管 4
（HE 染色，400 倍）

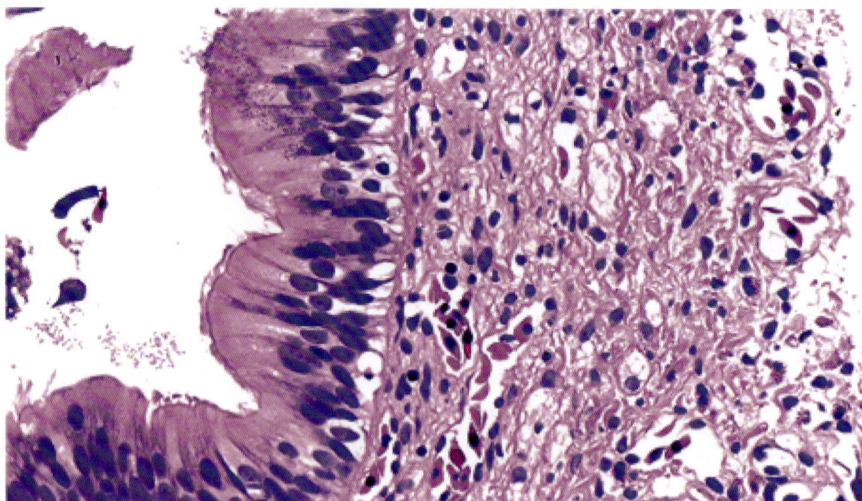

图 4-24
中华鳖胆管 5
（HE 染色，400 倍）

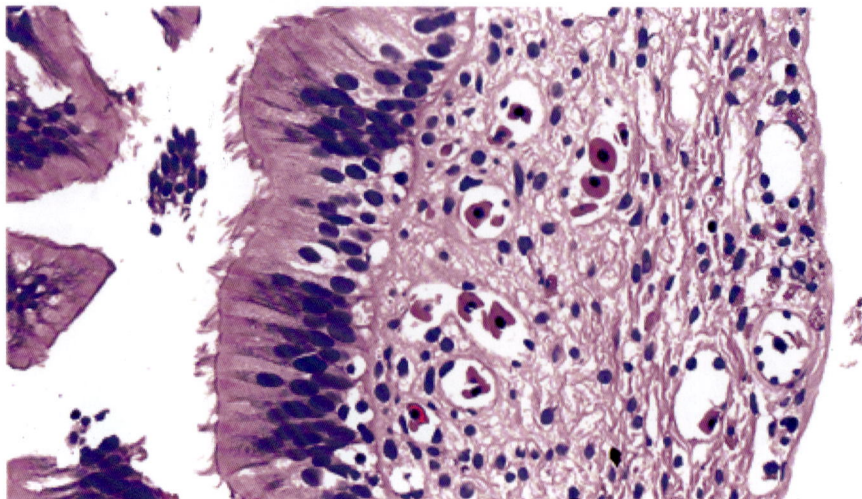

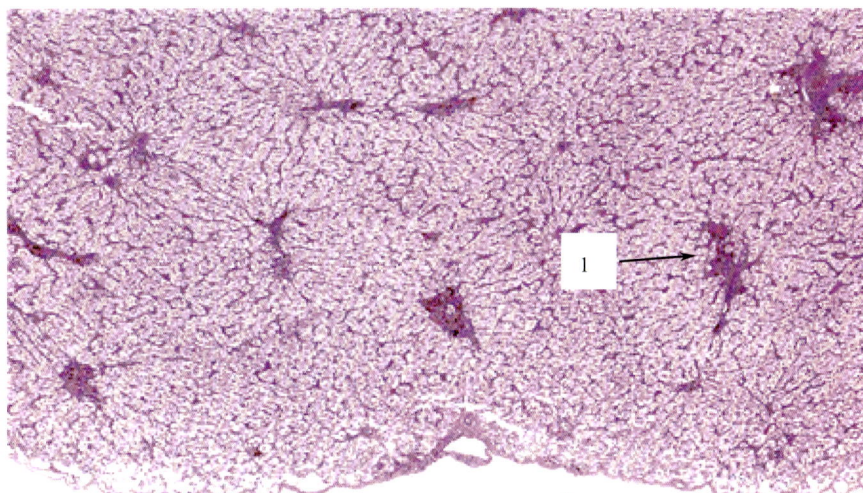

图 4-25
中华草龟肝 1
（HE 染色，50 倍）

1—中央静脉

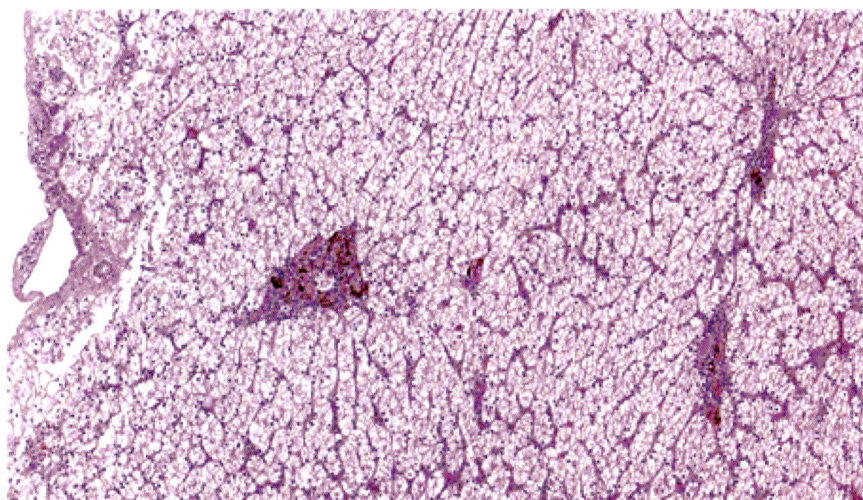

图 4-26
中华草龟肝 2
（HE 染色，100 倍）

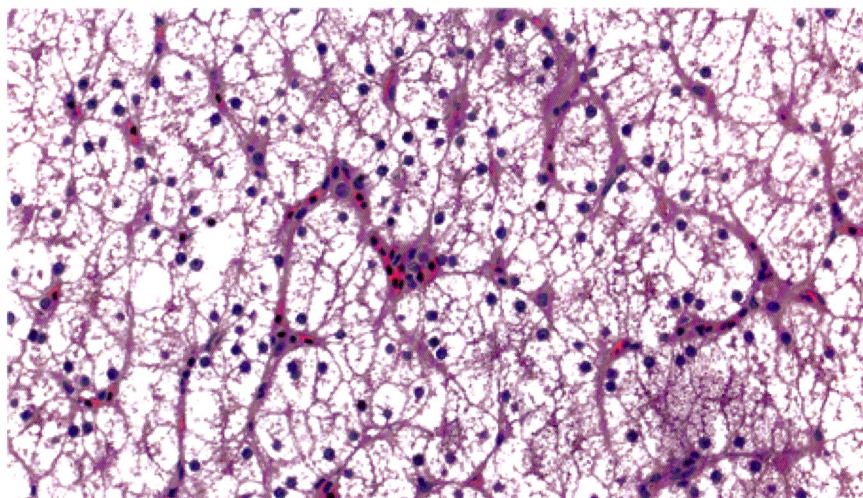

图 4-27
中华草龟肝 3
（HE 染色，400 倍）

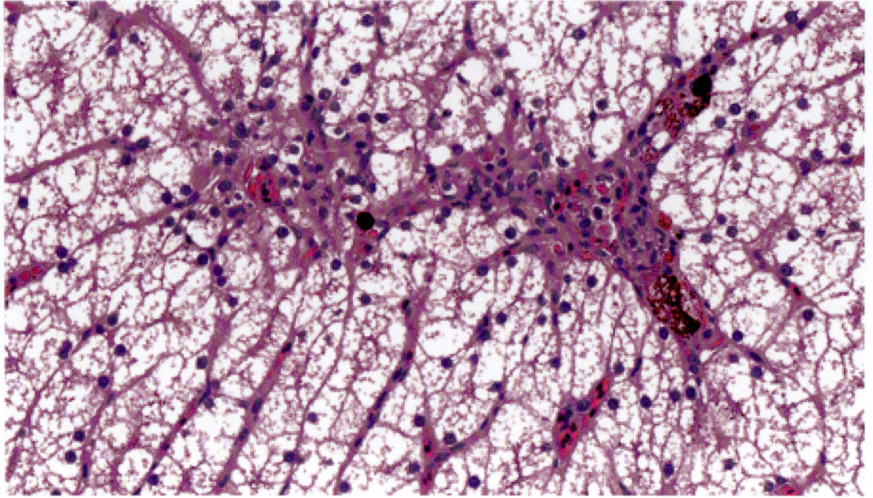

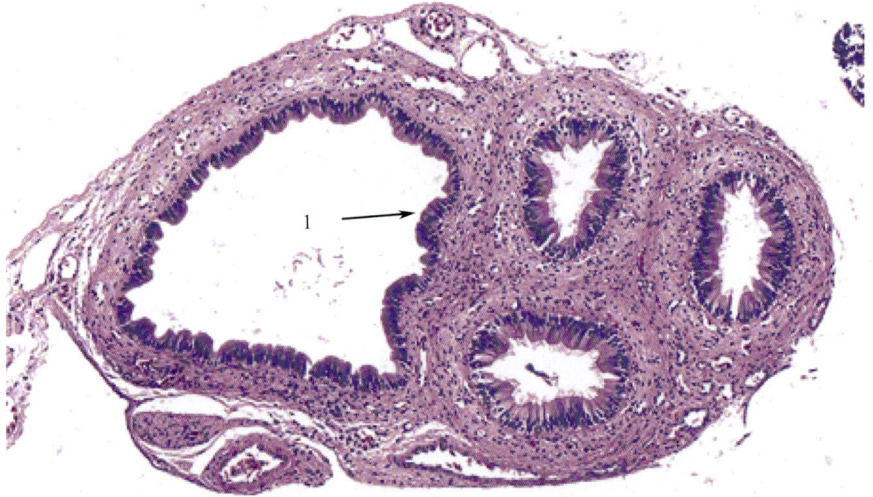

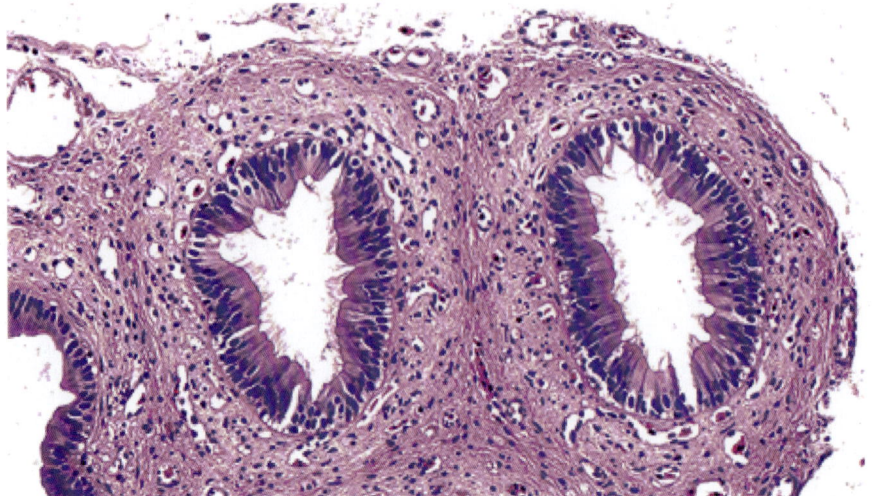

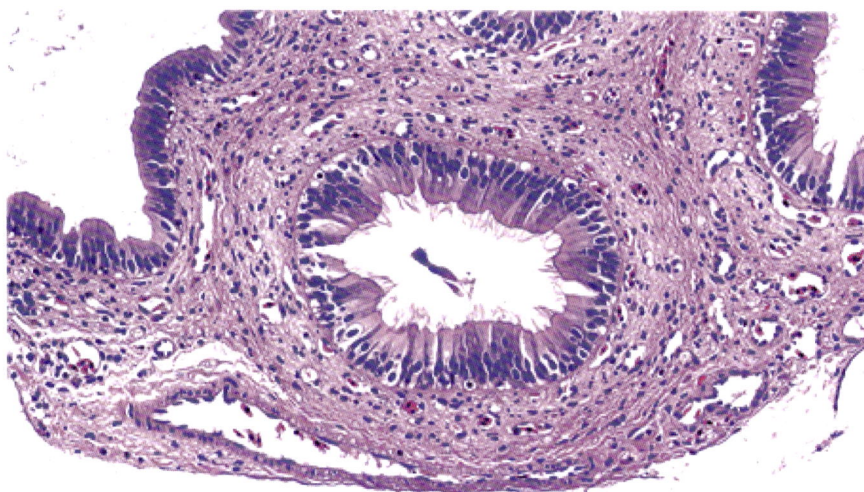

图 4-31
牛蛙胆管 3
（HE 染色，200 倍）

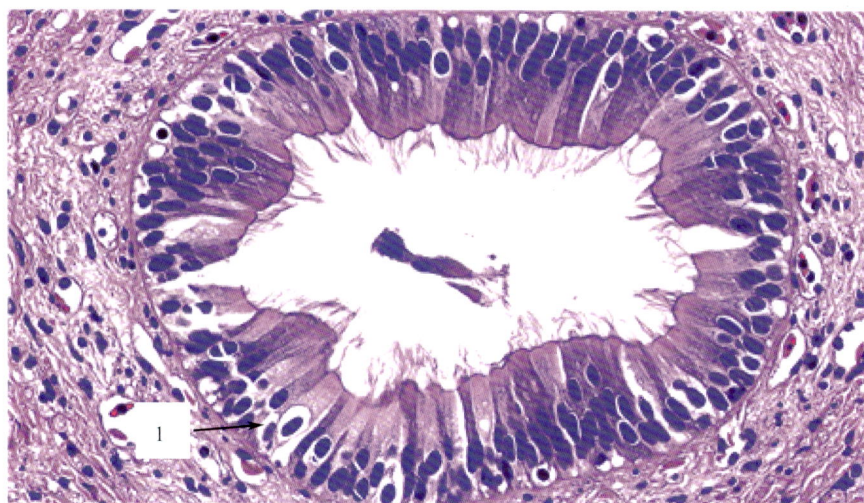

图 4-32
牛蛙胆管 4
（HE 染色，400 倍）

1—内膜上皮细胞

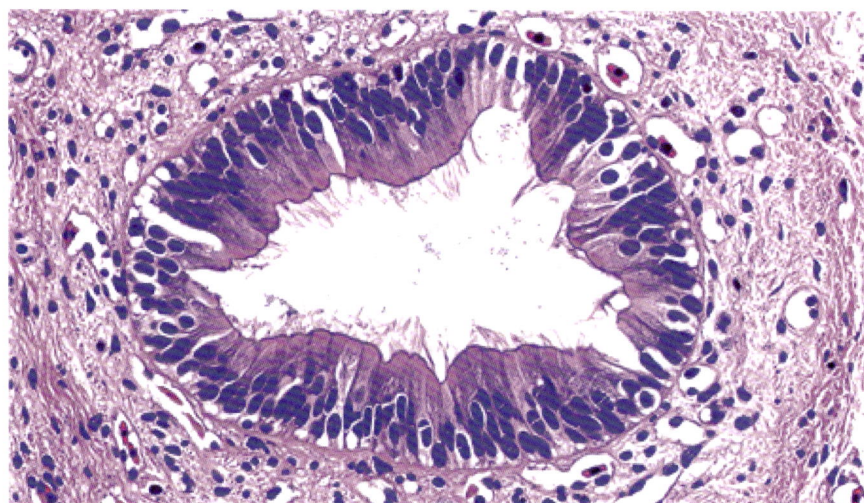

图 4-33
牛蛙胆管 5
（HE 染色，400 倍）

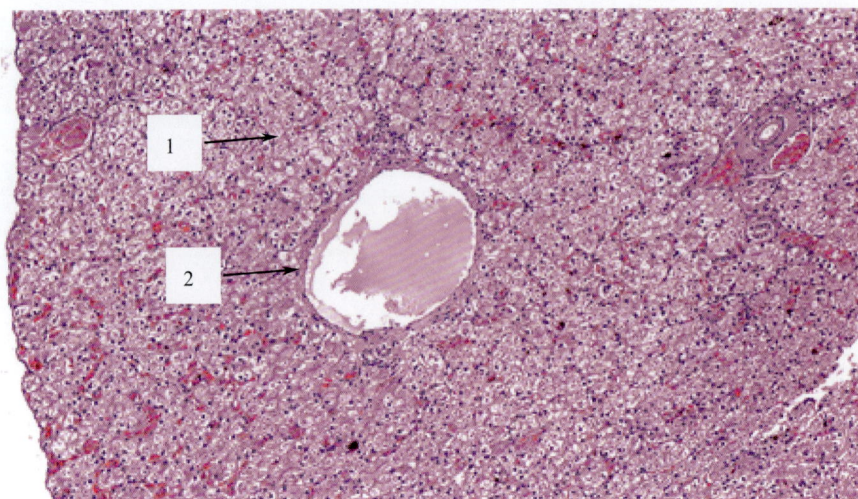

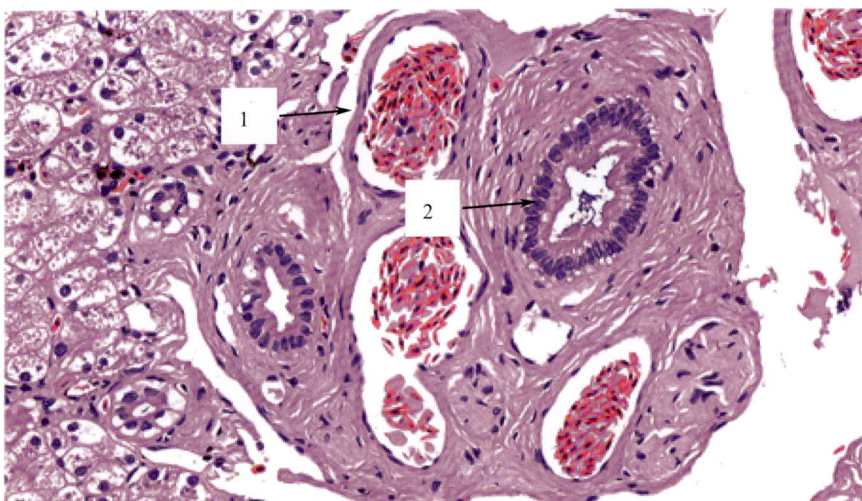

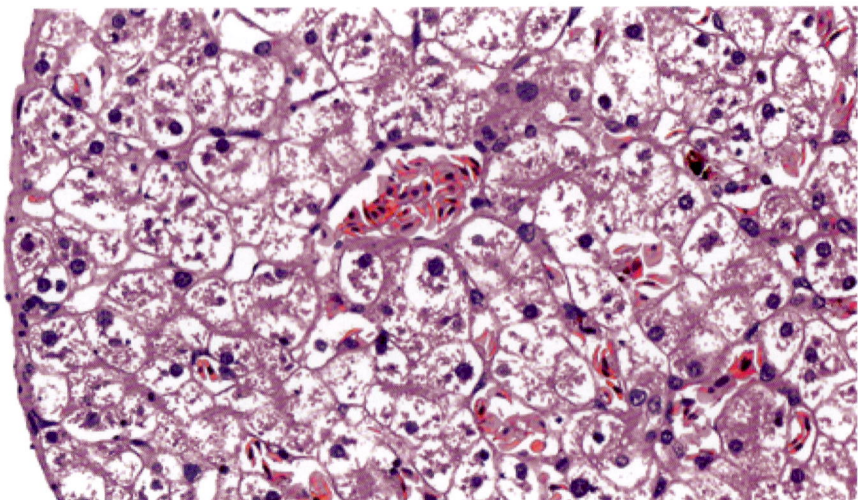

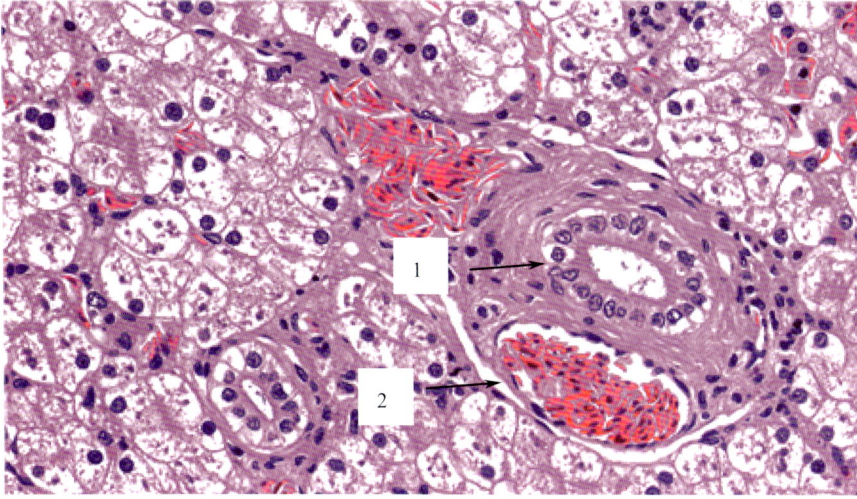

图 4-37
蟾蜍肝 4
（HE 染色，400 倍）

1—导管；
2—小血管

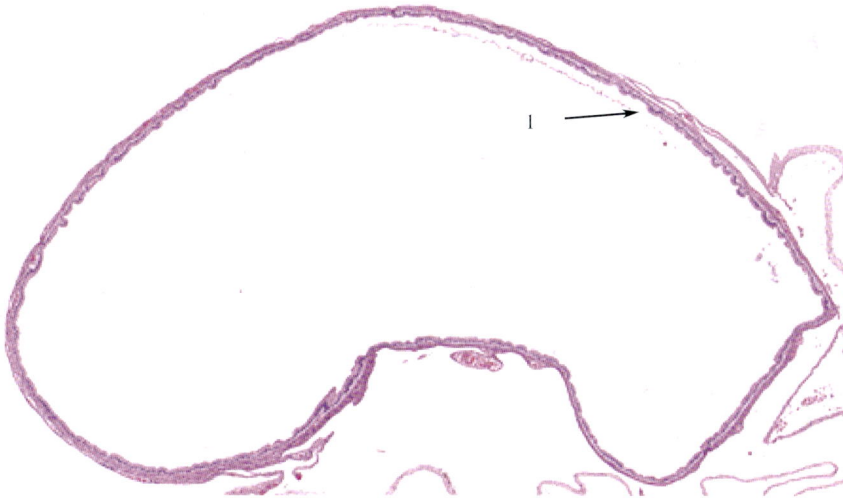

图 4-38
蟾蜍胆囊 1
（HE 染色，30 倍）

1—胆囊壁

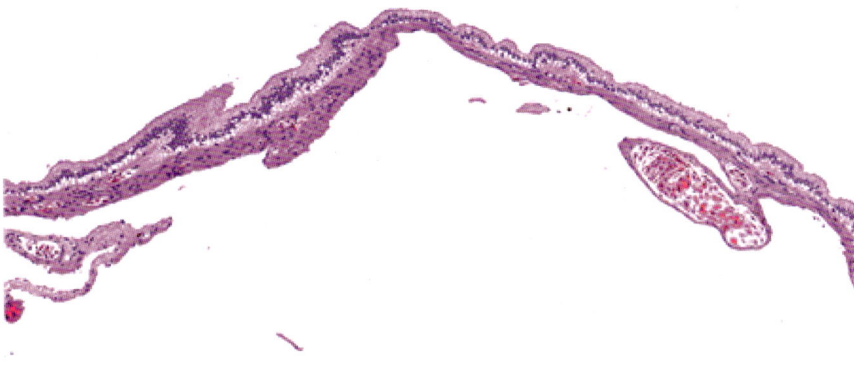

图 4-39
蟾蜍胆囊 2
（HE 染色，100 倍）

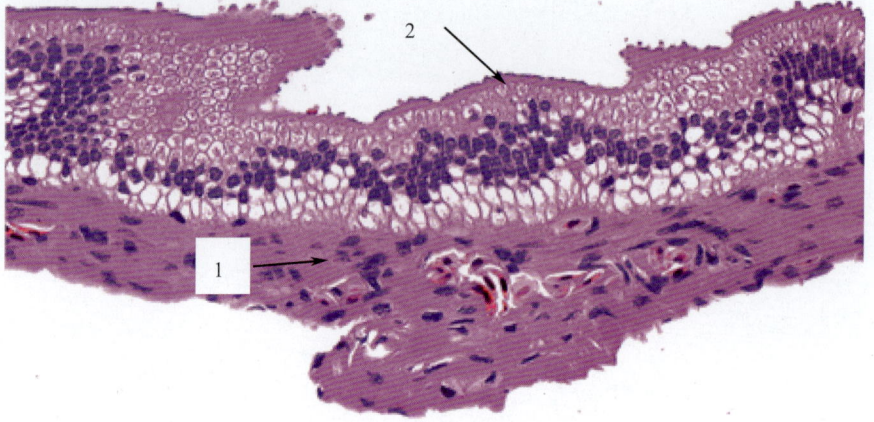

图 4-40
蟾蜍胆囊 3
（HE 染色，400 倍）

1—胆囊壁；
2—内膜

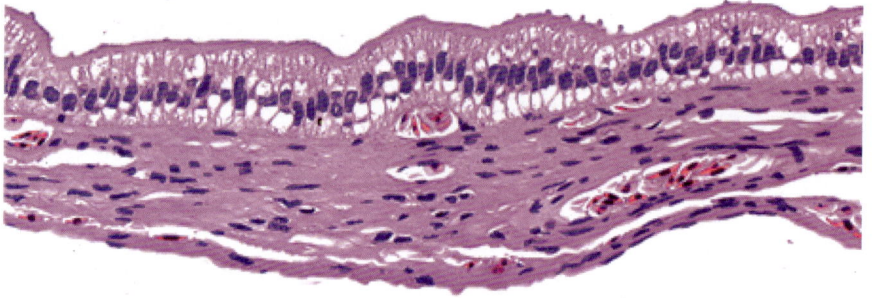

图 4-41
蟾蜍胆囊 4
（HE 染色，400 倍）

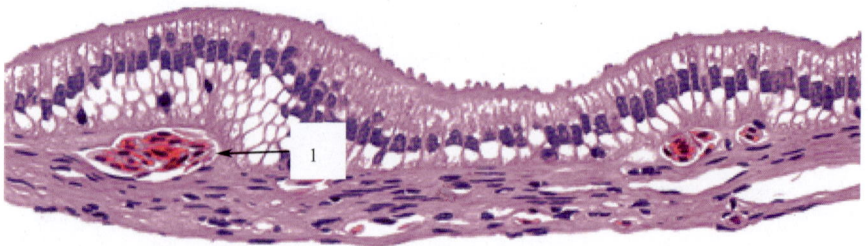

图 4-42
蟾蜍胆囊 5
（HE 染色，400 倍）

1—小血管

二、功能

肝细胞合成血浆蛋白和凝血物质，储存肝糖原、脂肪和脂溶性维生素，清除异物和衰老的血细胞，并分泌胆汁。

第二节　胰腺

一、组织结构

1. 被膜与间质

结缔组织构成被膜，深入实质形成小叶间隔。鲨鱼等软骨鱼的胰脏独立于肝；鲟等硬骨鱼的胰脏为散布在肠系膜或埋在肝内的弥散腺体，与肝脏相混合，合称为肝胰腺。爬行类水产动物有单独的胰腺。

2. 实质

实质分为外分泌部和内分泌部。外分泌部通过胰管与肠连通；内分泌部的细胞团形成胰岛。

见图 4-43 ～图 4-51。

二、功能

胰腺外分泌部分泌胰液，通过胰管进入肠内，含有多种消化酶（包括蛋白分解酶、脂肪酶及淀粉酶等），消化蛋白质、脂肪及淀粉等营养成分。内分泌部分泌胰岛素、生长抑制素及胰多肽等。

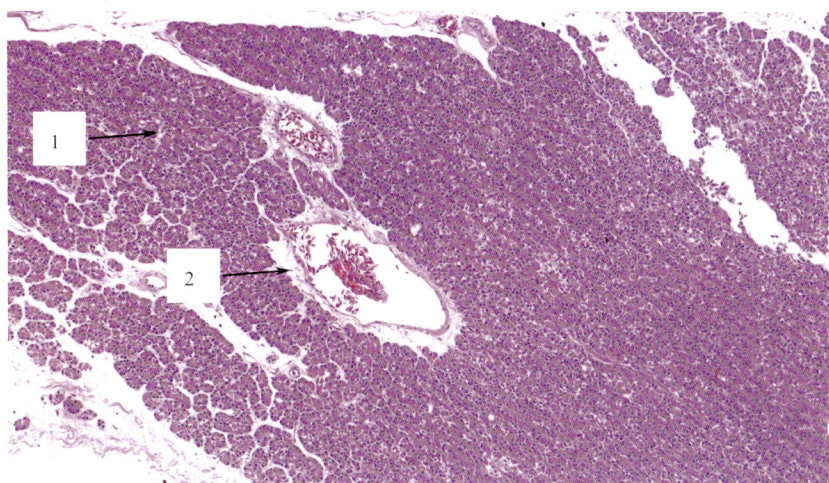

图 4-43
中华草龟胰腺 1
（HE 染色，100 倍）

1—肝细胞；
2—小血管

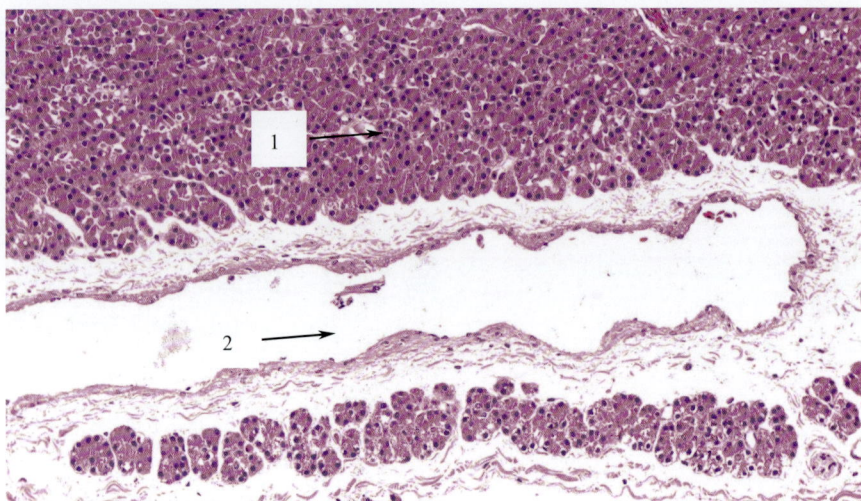

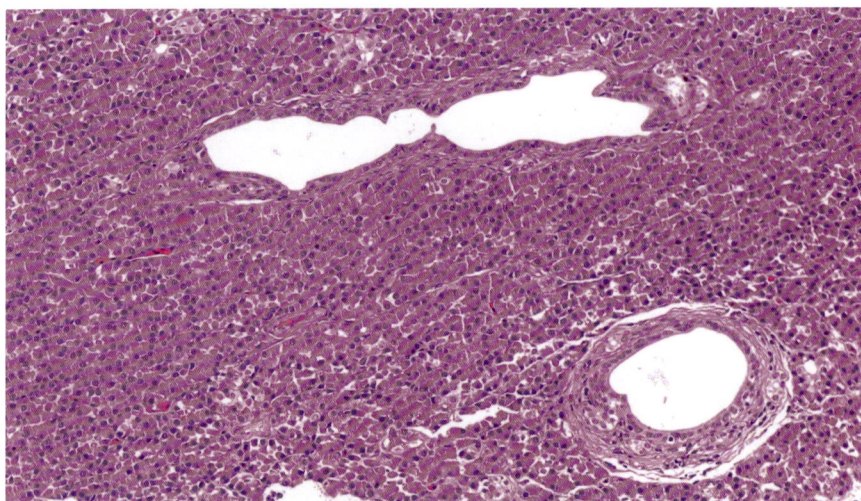

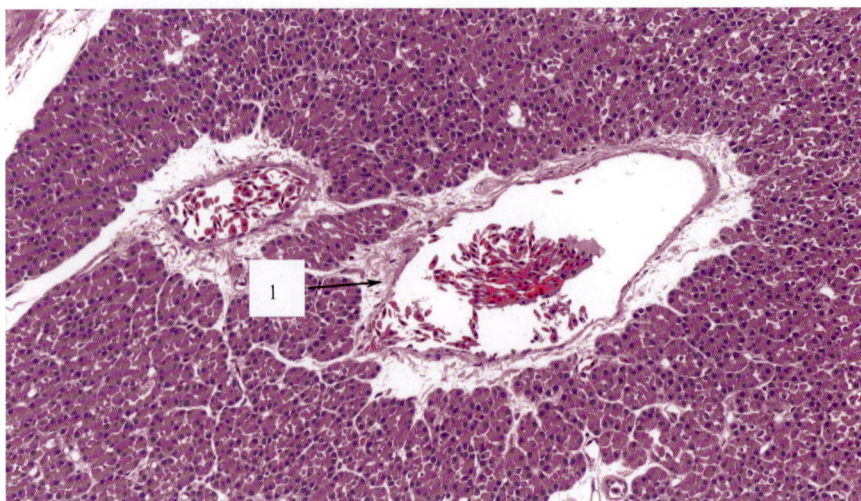

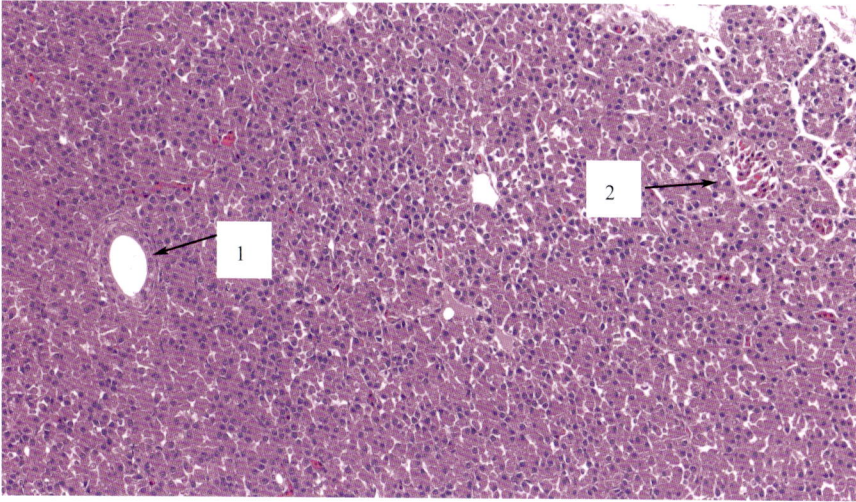

图 4-47
中华草龟胰腺 5
（HE 染色，200 倍）

1—导管；
2—小血管

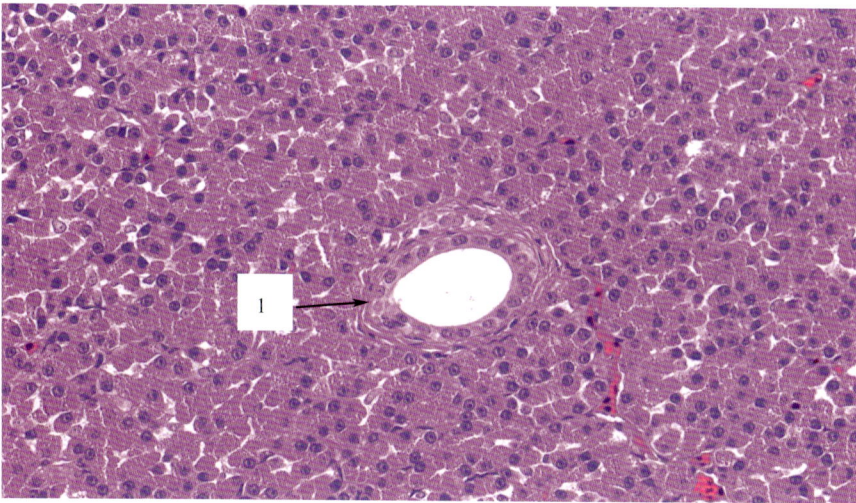

图 4-48
中华草龟胰腺 6
（HE 染色，100 倍）

1—导管

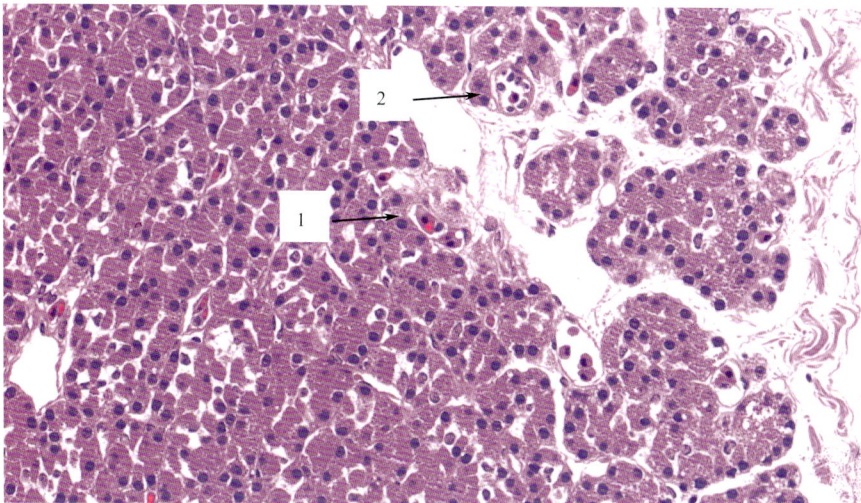

图 4-49
中华草龟胰腺 7
（HE 染色，400 倍）

1—血细胞；
2—毛细血管

图 4-50
中华草龟胰腺 8
（HE 染色，400 倍）

1—中央静脉

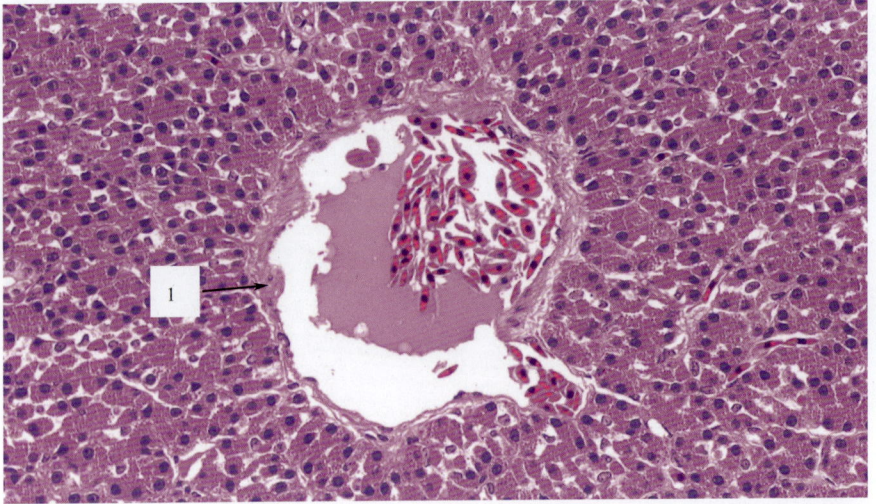

图 4-51
中华草龟胰腺 9
（HE 染色，400 倍）

1—导管

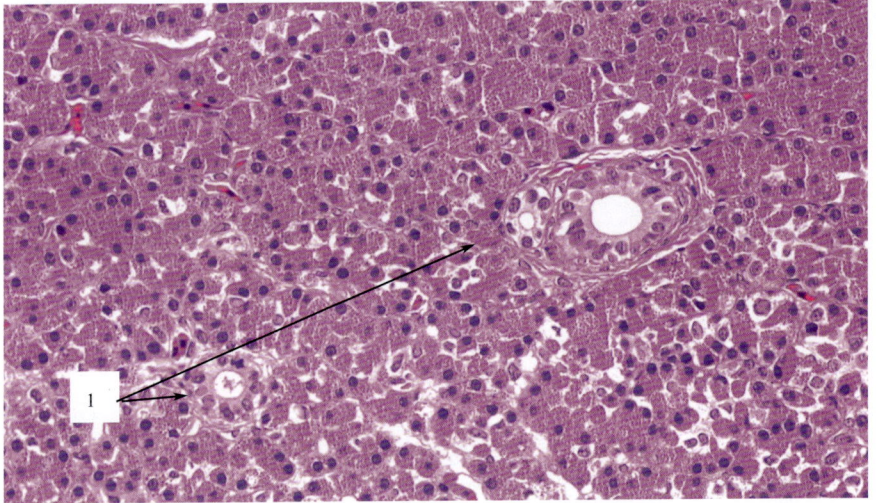

第五章　呼吸系统

不同水产动物的呼吸器官不完全一样，主要有皮膜、鳃和肺。呼吸器官与环境之间进行气体交换的呼吸方式主要有三种。第一种是皮膜呼吸，如水蛭、蚯蚓等。水蛭、蚯蚓等环节动物无特化的呼吸器官，它们的皮肤布满血管，具有气体交换作用。蛙已有肺，但皮肤仍在呼吸中起重要作用，冬眠期间的蛙几乎全靠皮肤进行呼吸。第二种是鳃呼吸，如章鱼、鲍鱼、蛏子、河蚌等软体动物，虾、蟹等甲壳动物及鱼类。这些动物头的两侧各有鳃弓4个，位于鳃腔内，每一鳃弓上有两列鳃丝，鳃丝由鳃小片组成。鳃小片中密布毛细血管，是水与血液实现气体交换的场所。各类动物促使水流经过鳃丝的机制不同，鱼类靠口腔底部的升降和鳃盖的协同；虾类靠腹部附肢的活动；软体动物靠外套膜的开合。营半寄生生活的七鳃用口吸在其他鱼体上，借鳃真壁上肌肉的舒缩进行呼吸。第三种是肺呼吸，是通过呼吸运动实现的，如两栖纲、爬行纲动物。

第一节　呼吸器官

一、鳃

鳃为水生动物的呼吸器官，位于头部两侧鳃腔内，吸收溶解在水中的氧。鱼类除了通过鳃呼吸，还可以通过皮肤、咽、肠黏膜及鳔等器官辅助呼吸。

1. 结构

鱼类的鳃包括鳃耙、鳃丝、鳃弓三部分。其中鳃丝是鳃的主要部分，内部密布毛细血管（图 5-1 ～图 5-6）。

2. 功能

呼吸时通过鳃丝内的毛细血管进行气体交换，氧气进入血液循环。通过鳃丝过滤摄食水中的浮游生物。通过鳃分泌、排泄或吸收氯化物，维持鱼体水盐平衡。

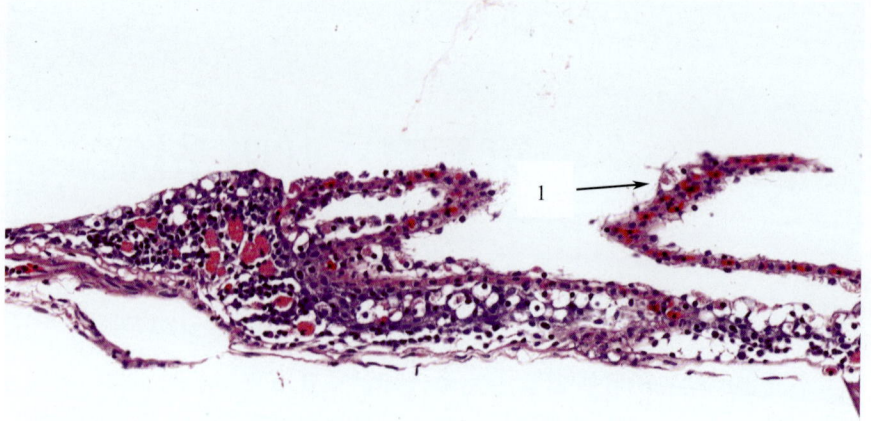

图 5-1
鲢鱼鳃丝 1
（HE 染色，400 倍）

1—鳃丝

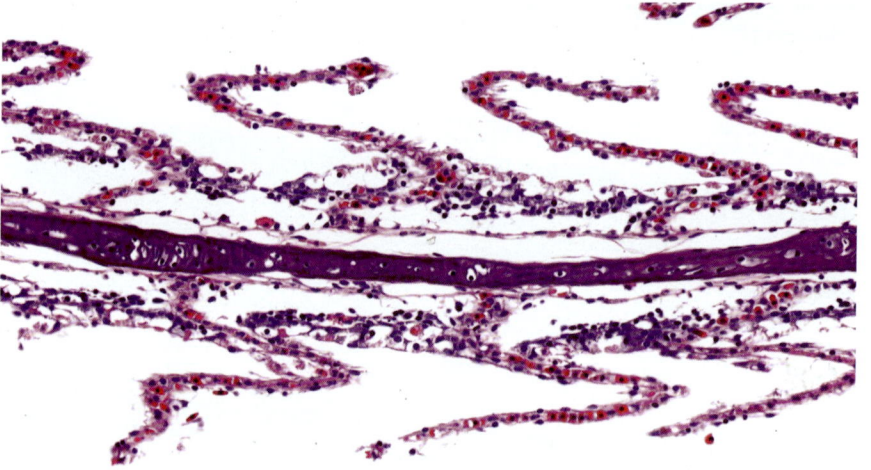

图 5-2
鲢鱼鳃丝 2
（HE 染色，400 倍）

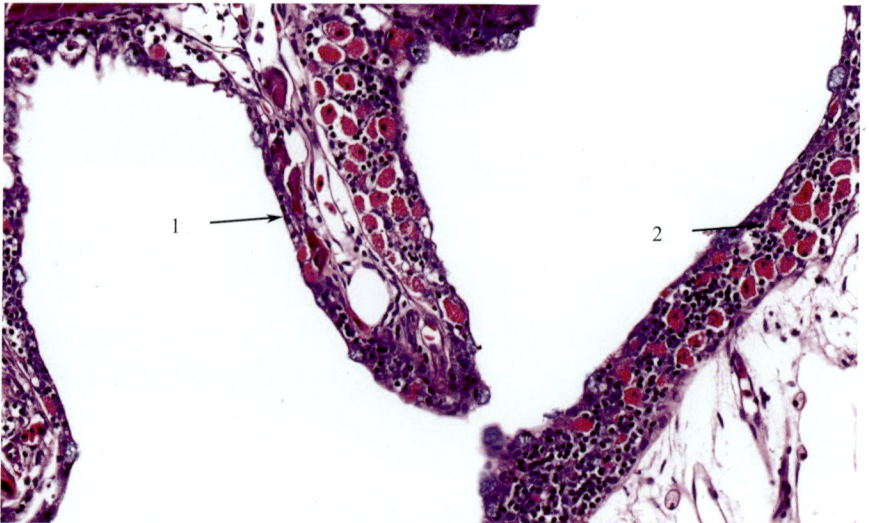

图 5-3
鲢鱼鳃弓 1
（HE 染色，400 倍）

1—鳃丝；
2—血细胞

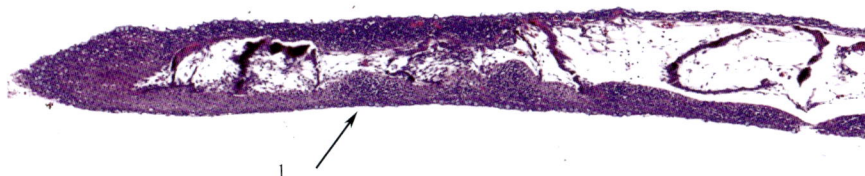

图 5-4
鲢鱼鳃弓 2
（HE 染色，100 倍）

1—鳃丝

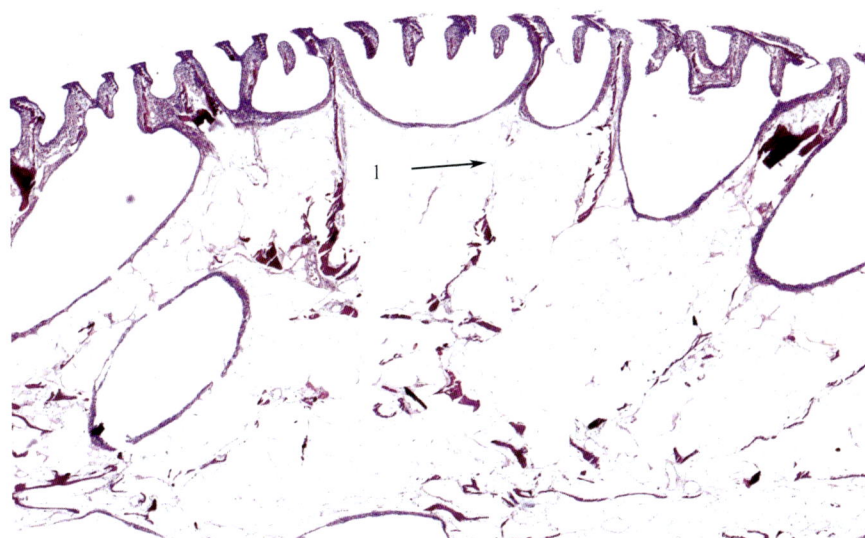

图 5-5
鲢鱼鳃弓 3
（HE 染色，40 倍）

1—鳃丝

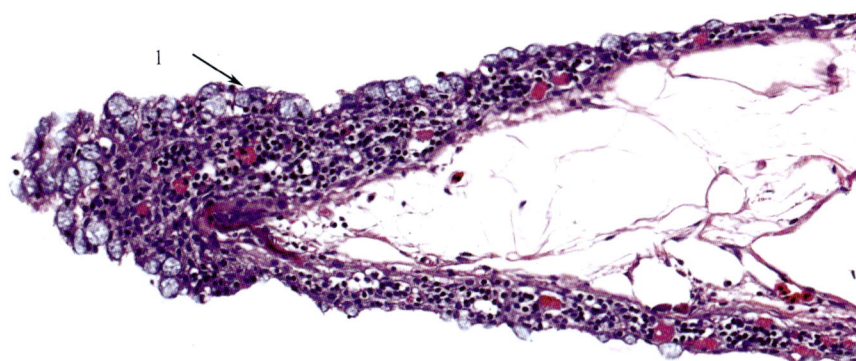

图 5-6
鲢鱼鳃弓 4
（HE 染色，400 倍）

1—嗜碱性细胞

二、鳔

硬骨鱼类多数都有鳔，俗称鱼泡，体积约占身体的 5%，为大而中空的囊状膜质器官，以一条细长的鳔管与食管连通。鱼鳔为辅助呼吸器官，为鱼提供氧气；通过收缩和膨胀升降鱼体（图 5-7～图 5-9）。

图 5-7
鲢鱼鳔 1
（HE 染色，100 倍）

1—内膜；
2—平滑肌；
3—外膜

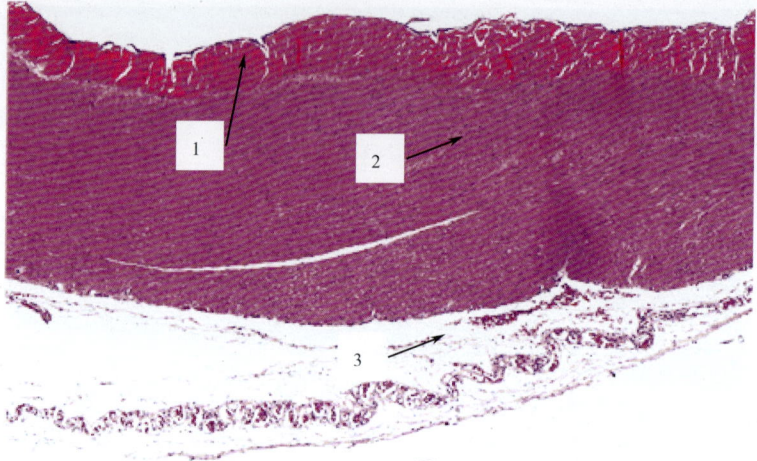

图 5-8
鲢鱼鳔 2
（HE 染色，400 倍）

1—外膜

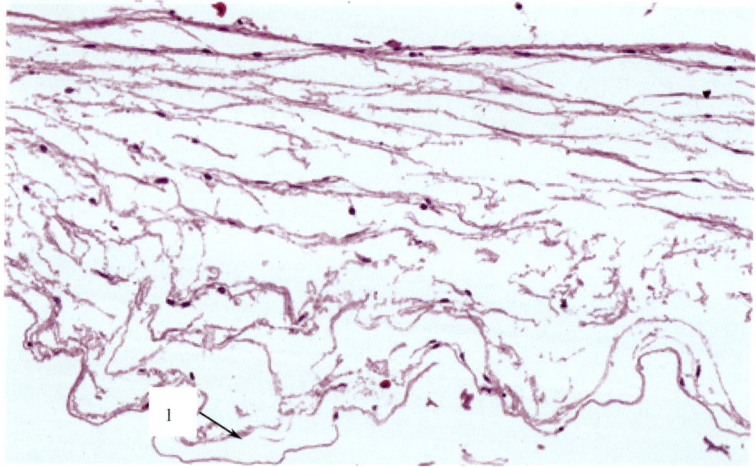

图 5-9
鲢鱼鳔 3
（HE 染色，400 倍）

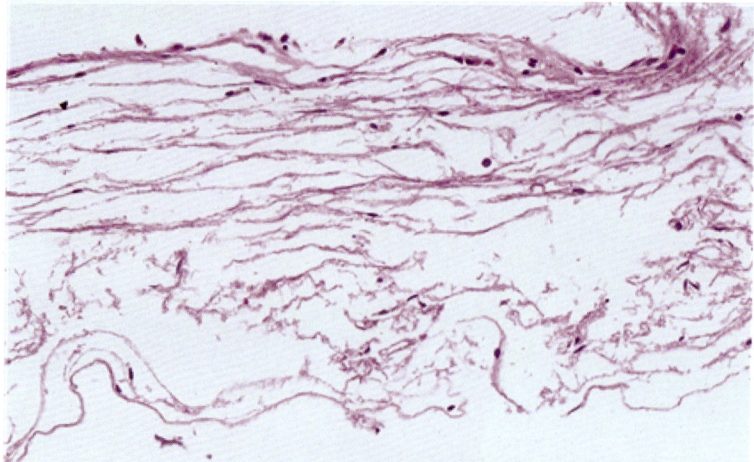

第二节　两栖类呼吸器官

两栖类动物通过鳃、肺、皮肤及口咽腔进行呼吸。

一、气管

两栖类动物气管与家禽气管相似，由内至外由黏膜、黏膜下层和外膜构成。黏膜上皮为假复层纤毛柱状上皮；固有层分布有淋巴组织、弹性纤维。黏膜下层为疏松结缔组织，含混合性腺。外膜分布有 C 字形透明软骨环 (气管)、平滑肌束及弹性纤维（图 5-10 ～图 5-14）。

二、肺

表面覆盖一层薄的结缔组织浆膜，被膜伸入肺实质形成小叶间结缔组织。实质呈蜂窝状，由多级支气管和肺泡构成；肺泡表面覆盖的上皮分别为假复层柱状纤毛上皮、单层柱状纤毛上皮、单层扁平上皮；上皮分布的杯状细胞逐渐增加（图 5-15 ～图 5-28）。

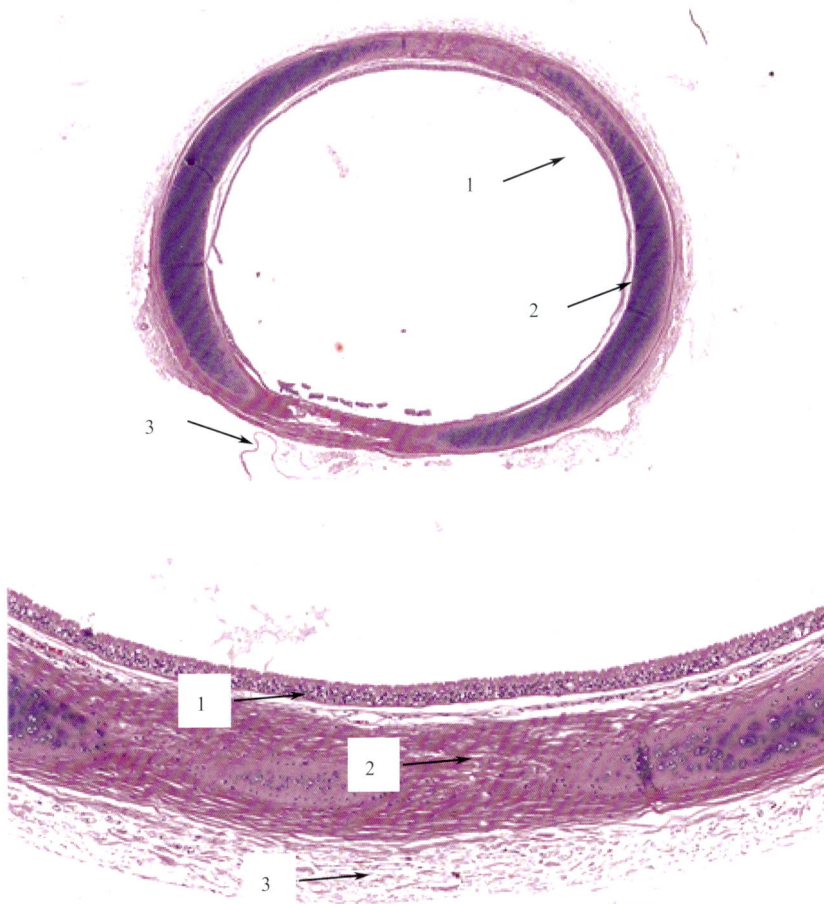

图 5-10
中华草龟气管 1
（HE 染色，25 倍）

1—内膜；
2—软骨；
3—外膜

图 5-11
中华草龟气管 2
（HE 染色，100 倍）

1—内膜；
2—软骨；
3—外膜

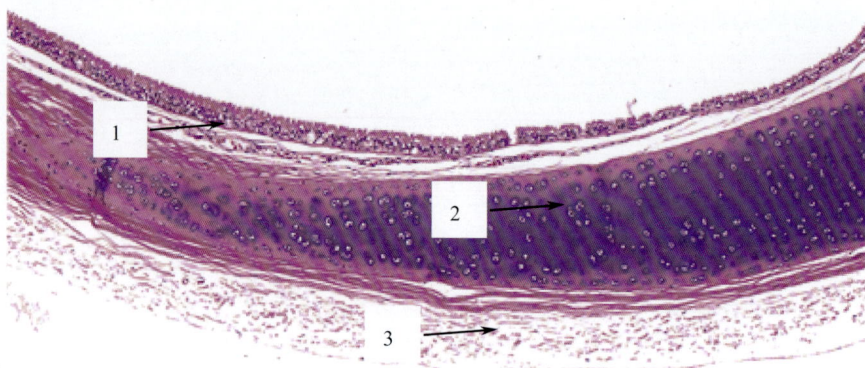

图 5-12
中华草龟气管 3
（HE 染色，100 倍）

1—内膜；
2—平滑肌；
3—外膜

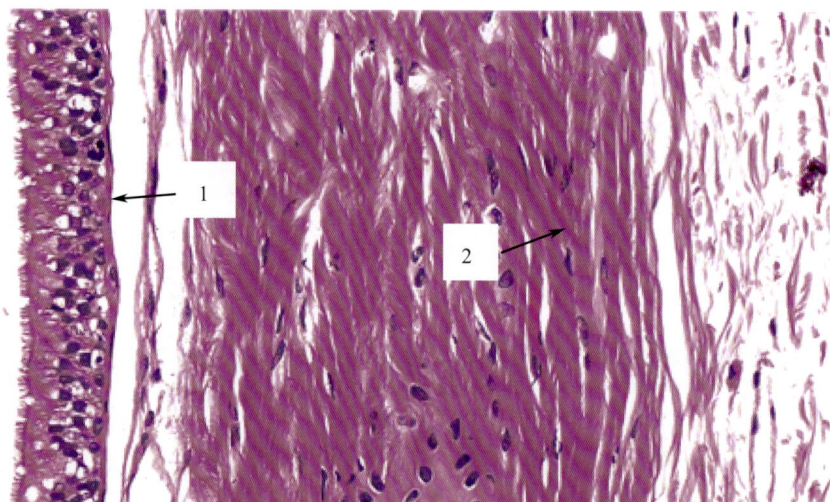

图 5-13
中华草龟气管 4
（HE 染色，400 倍）

1—内膜；
2—平滑肌

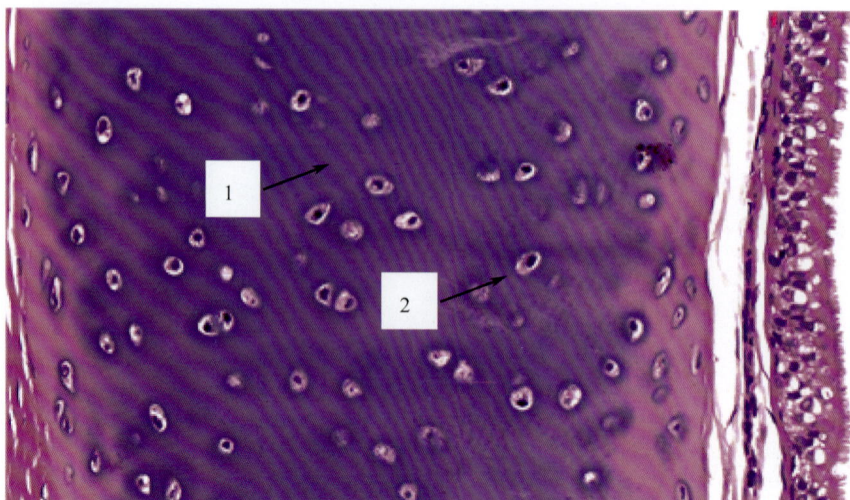

图 5-14
中华草龟气管 5
（HE 染色，400 倍）

1—基质；
2—软骨细胞

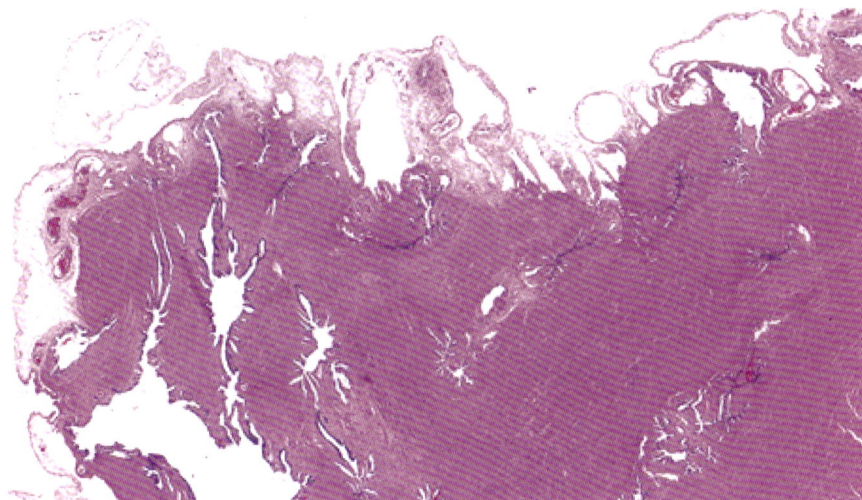

图 **5-15**
中华草龟肺 1
（HE 染色，25 倍）

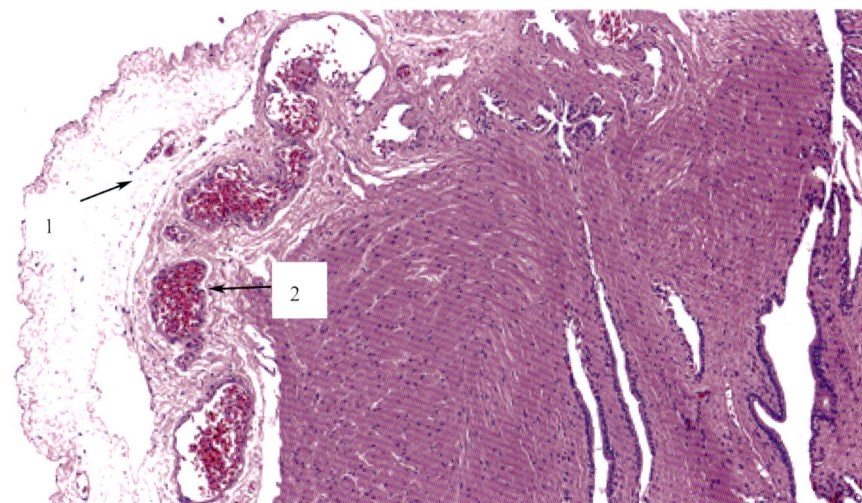

图 **5-16**
中华草龟肺 2
（HE 染色，100 倍）

1—外膜；
2—小静脉

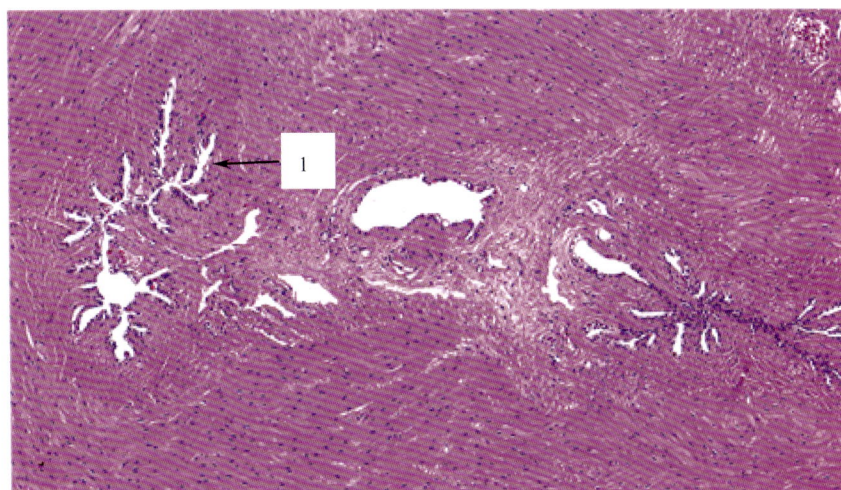

图 **5-17**
中华草龟肺 3
（HE 染色，100 倍）

1—肺房

图 5-18
中华草龟肺 4
（HE 染色，200 倍）

1—肺房

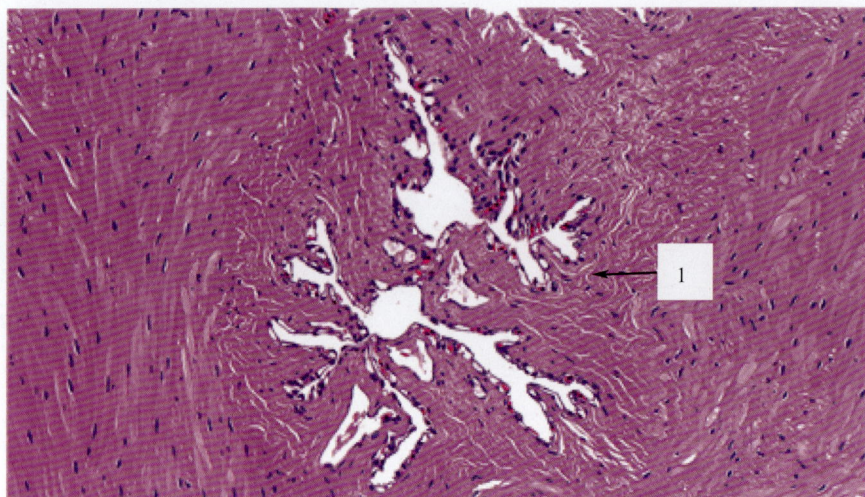

图 5-19
蟾蜍肺 1
（HE 染色，14 倍）

1—肺房

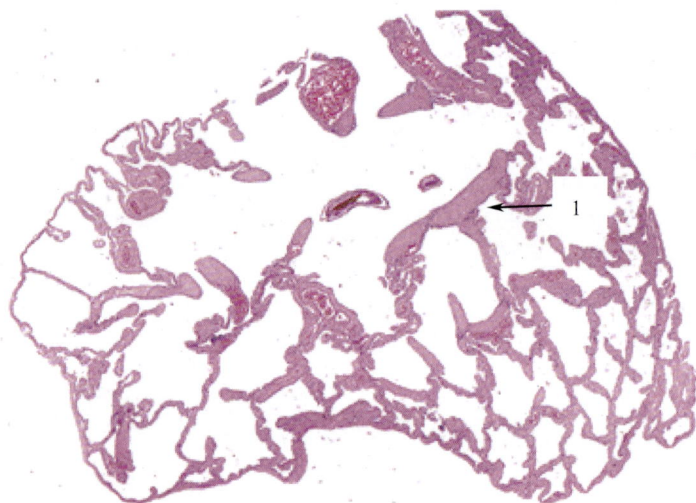

图 5-20
蟾蜍肺 2
（HE 染色，50 倍）

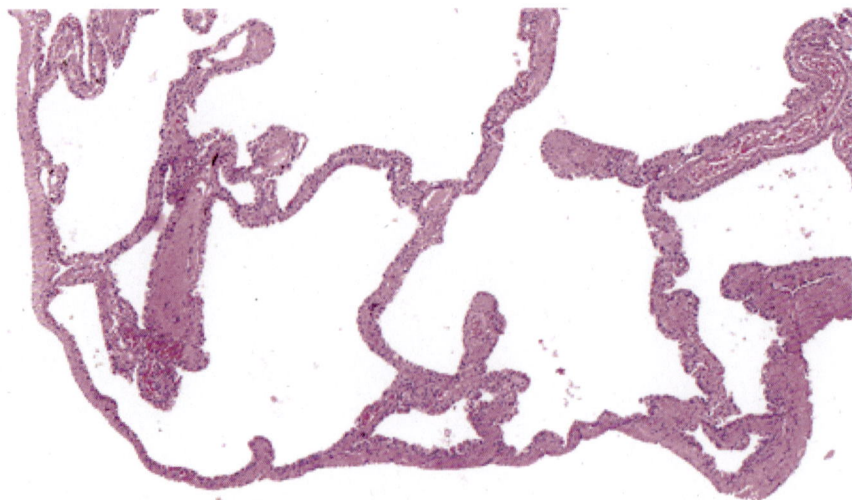

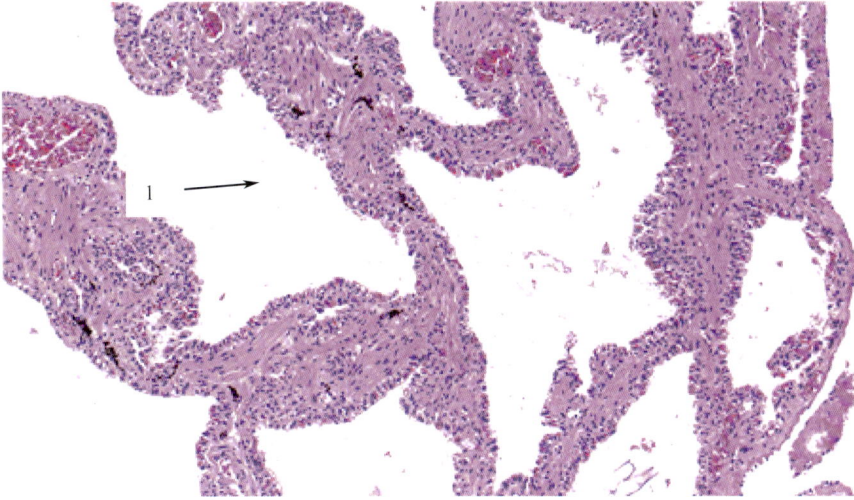

图 5-21
蟾蜍肺 3
（HE 染色，100 倍）

1—肺房

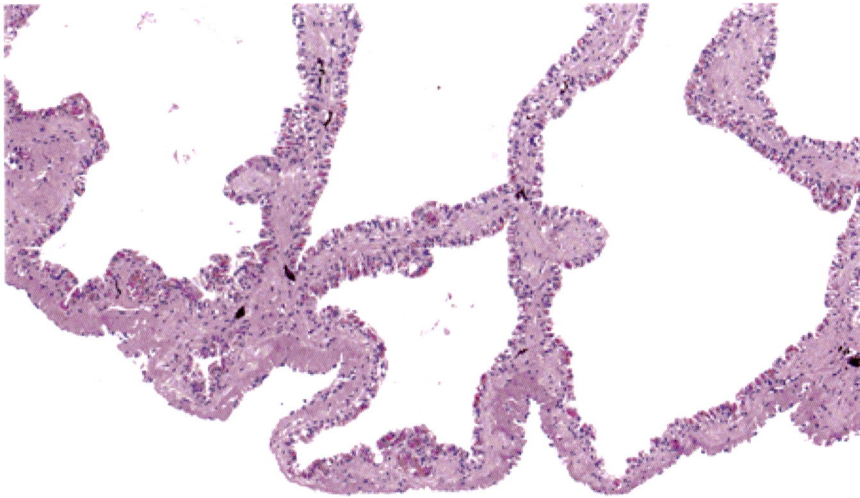

图 5-22
蟾蜍肺 4
（HE 染色，100 倍）

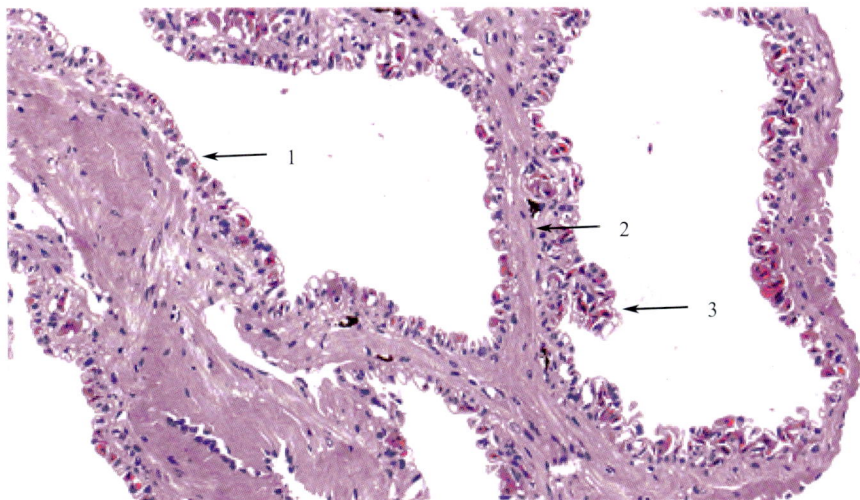

图 5-23
蟾蜍肺 5
（HE 染色，200 倍）

1—肺房上皮细胞；
2—间质；
3—毛细血管

图 5-24
蟾蜍肺 6
（HE 染色，200 倍）

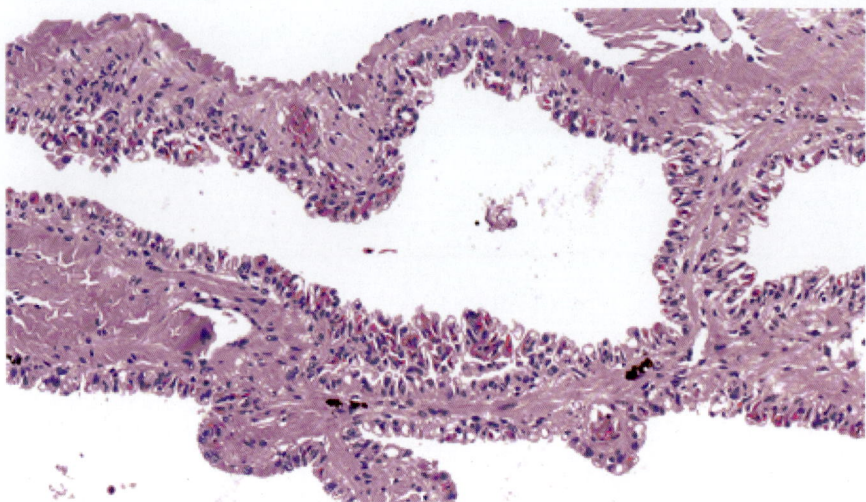

图 5-25
蟾蜍肺 7
（HE 染色，400 倍）

1—肺房上皮细胞；
2—毛细血管

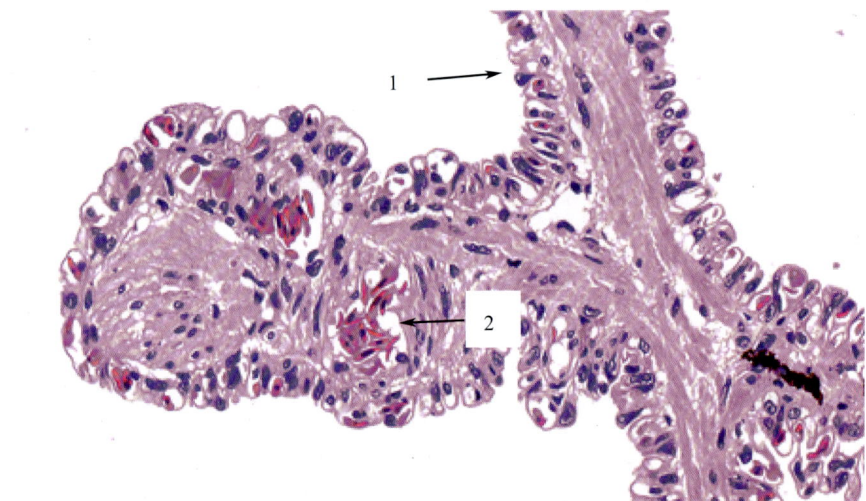

图 5-26
蟾蜍肺 8
（HE 染色，400 倍）

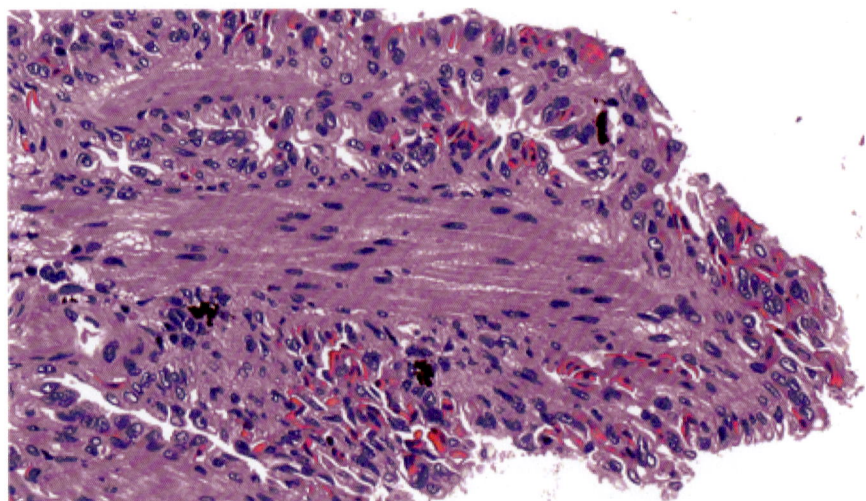

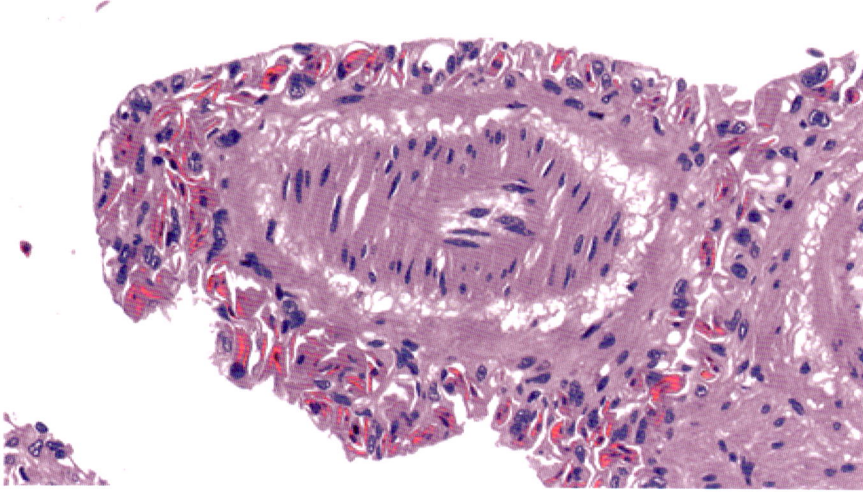

图 5-27
蟾蜍肺 9
（HE 染色，400 倍）

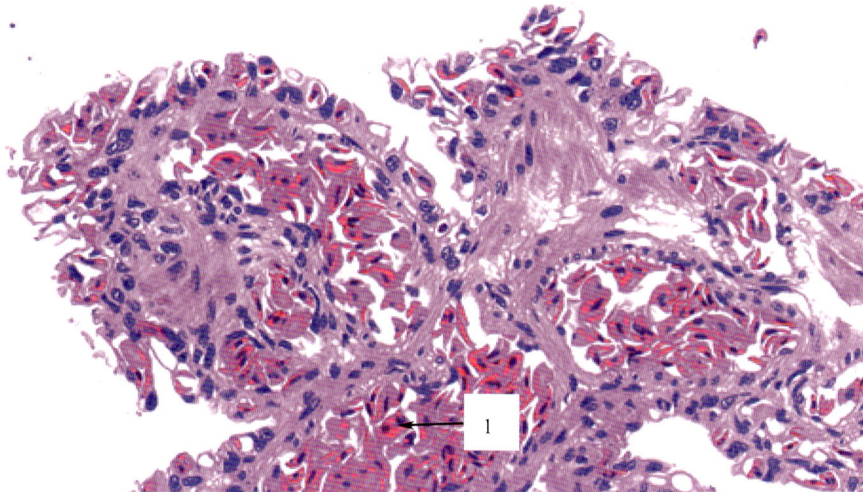

图 5-28
蟾蜍肺 10
（HE 染色，400 倍）

1—小静脉血管

第六章　排泄系统

第一节　肾

　　无脊椎动物排泄系统的发展和进化与循环系统是密不可分的，在低等无脊椎动物中，由于没有循环系统，排泄方式是低级的细胞排泄。后来随着真体腔的出现和系统的进化，出现更高级的原肾管、后肾管、马氏管。排泄功能也逐渐完善，对环境的适应能力逐渐增强。脊椎动物完善的排泄系统由肾脏、输尿管、膀胱和尿道组成。肾脏是由中胚层中节的生肾节形成的，可分为全肾、前肾、中肾和后肾。如鱼类的肾分为前肾和中肾两部分，体积较大，呈红褐色、扁平状。表面不形成完整的被膜，皮质和髓质分界不明显，没有典型的肾锥体和肾叶结构，也没有肾盏、肾盂和肾门，血管、神经和输尿管从不同部位进出肾。

一、组织结构

1. 被膜

　　肾表面浆膜为极薄的结缔组织。被膜伸入实质，形成小叶间结缔组织和肾小管间结缔组织，小叶间静脉和肾小管之间的毛细血管较发达。

2. 实质

　　肾内含有许多由肾小球和肾小管构成的肾小体。肾小球由背大动脉分支在肾小球囊内蟠曲形成；肾小球囊有脏层和壁层，两层之间有一狭小的肾囊腔，与肾小管的管腔相通。肾小管上皮细胞为单层的腺上皮细胞。

　　见图 6-1 ～图 6-34。

图 6-1
鲟鱼肾 1
（HE 染色，100 倍）

1—肾实质

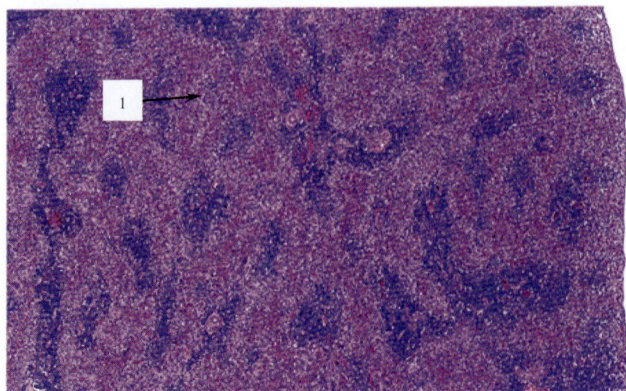

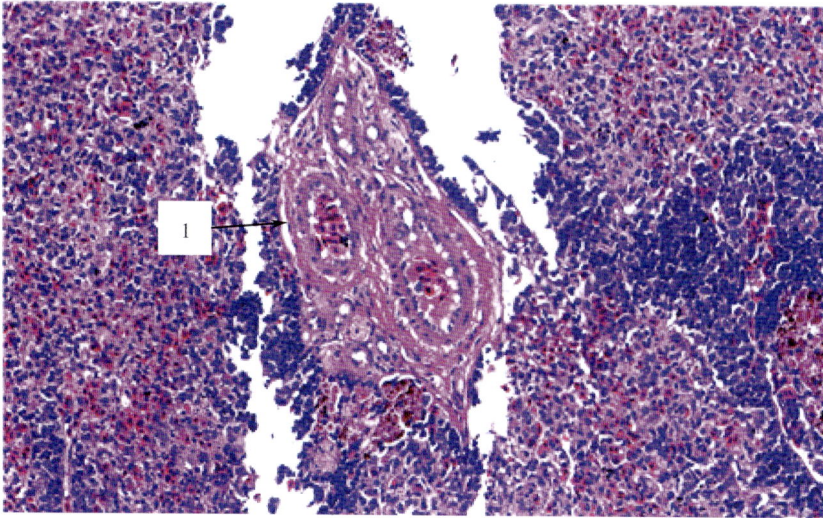

图 6-2
鲟鱼肾 2
（HE 染色，400 倍）

1—血管

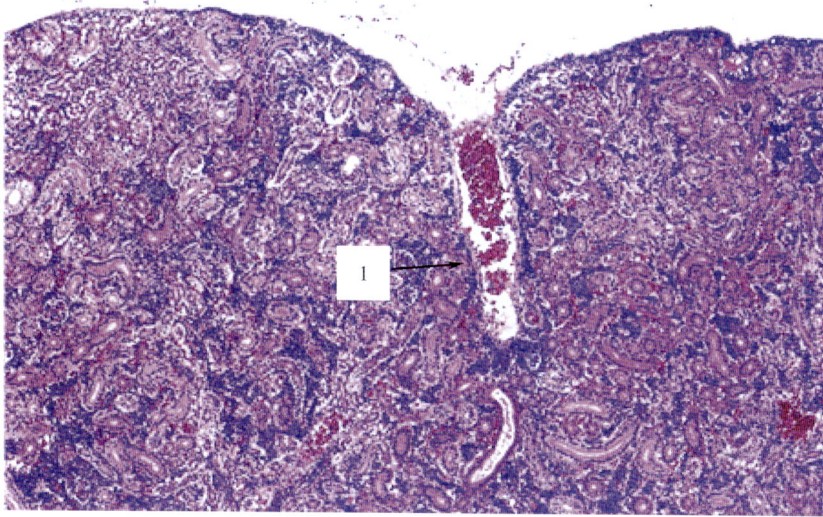

图 6-3
鲤鱼肾 3
（HE 染色，100 倍）

1—肾小叶间静脉

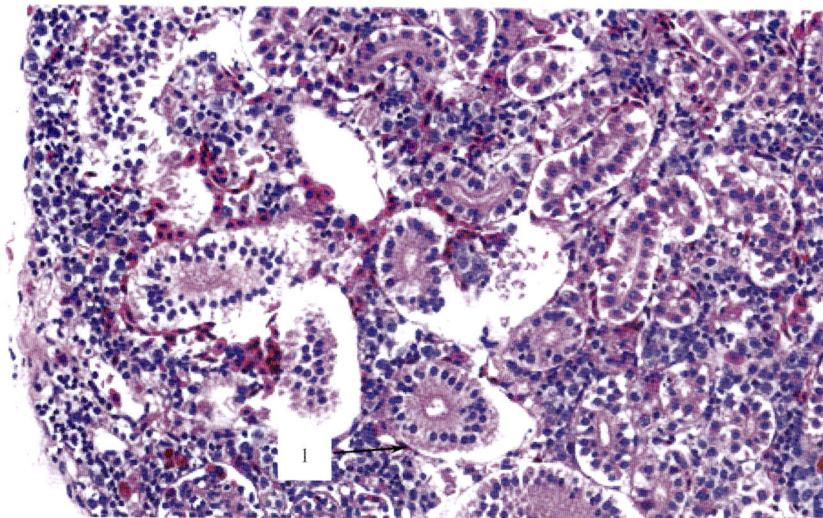

图 6-4
鲤鱼肾 4
（HE 染色，400 倍）

1—导管

图 6-5
鲤鱼肾 5
（HE 染色，400 倍）

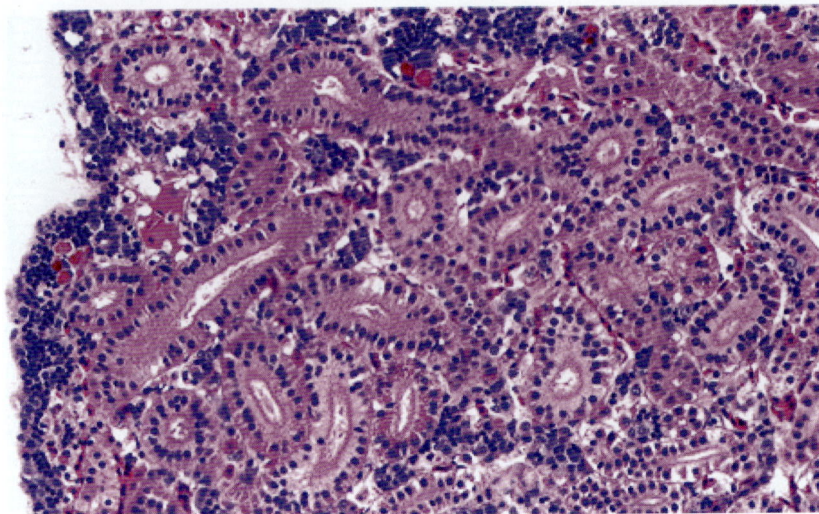

图 6-6
鲤鱼肾 6
（HE 染色，400 倍）

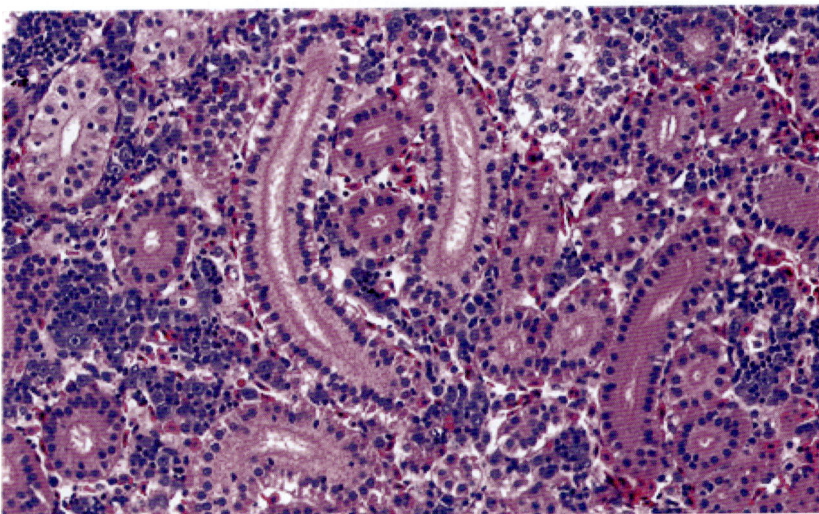

图 6-7
鲤鱼肾 7
（HE 染色，400 倍）

1—导管；
2—血窦

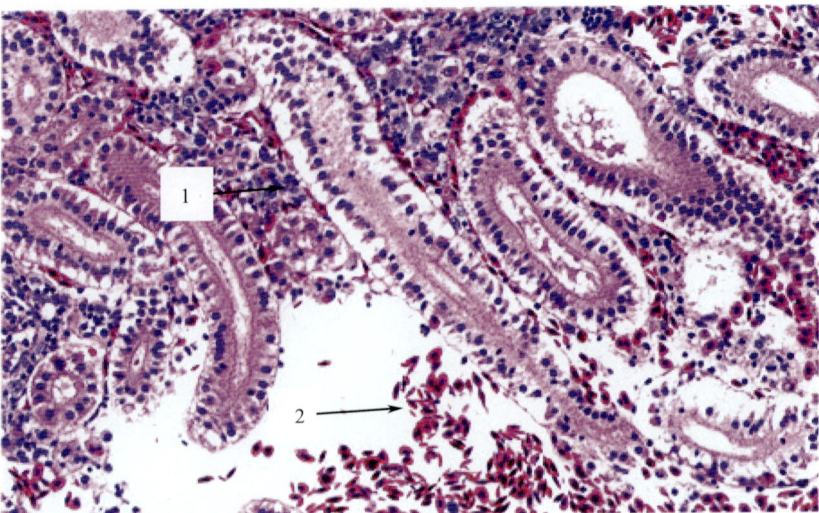

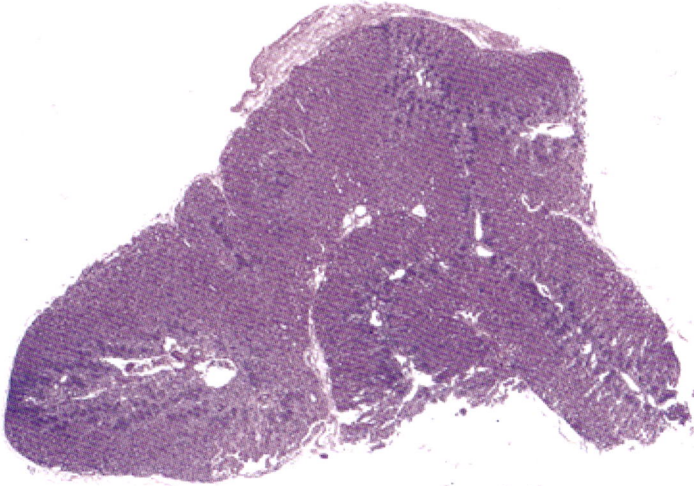

图 6-8
中华鳖肾 1
（HE 染色，13 倍）

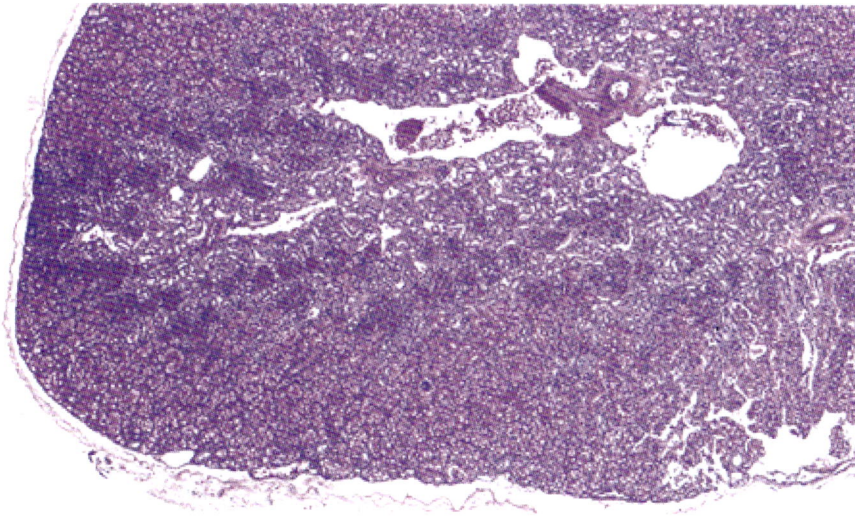

图 6-9
中华鳖肾 2
（HE 染色，40 倍）

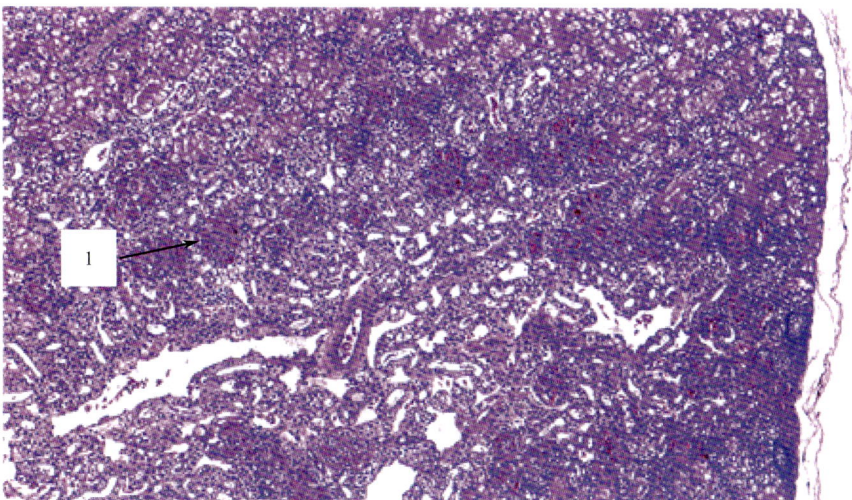

图 6-10
中华鳖肾 3
（HE 染色，100 倍）

1—肾小体

图 6-29
蟾蜍肾 4
（HE 染色，200 倍）

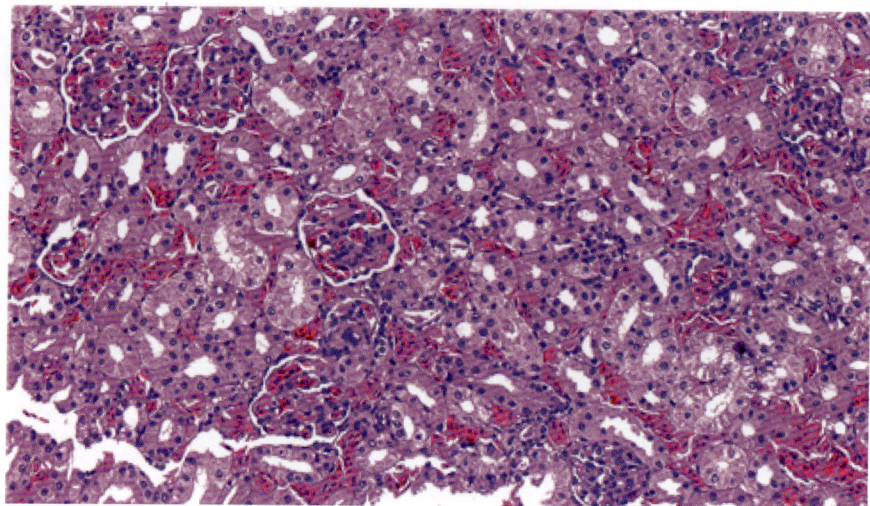

图 6-30
蟾蜍肾 5
（HE 染色，400 倍）

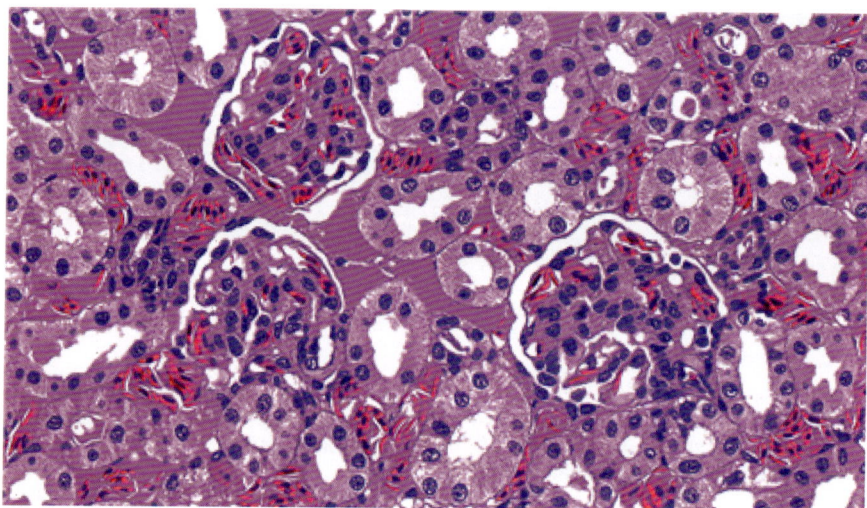

图 6-31
蟾蜍肾 6
（HE 染色，400 倍）

1—肾小体；
2—肾小管

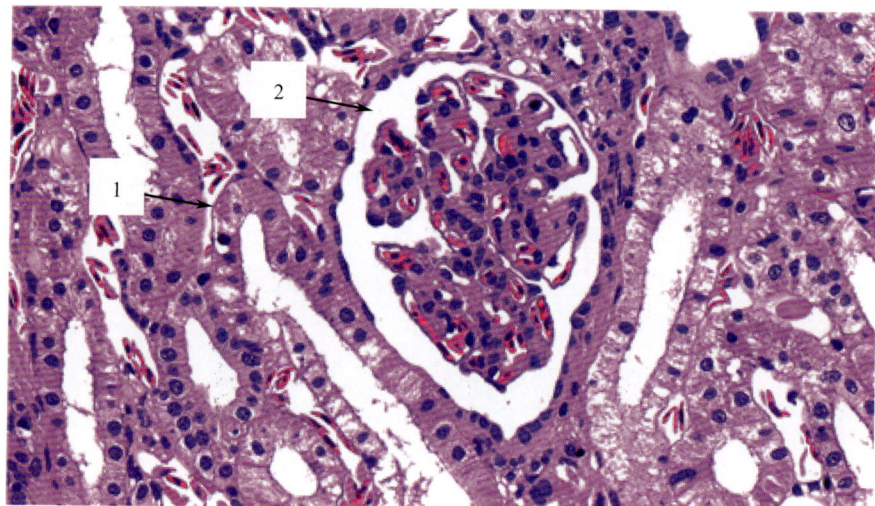

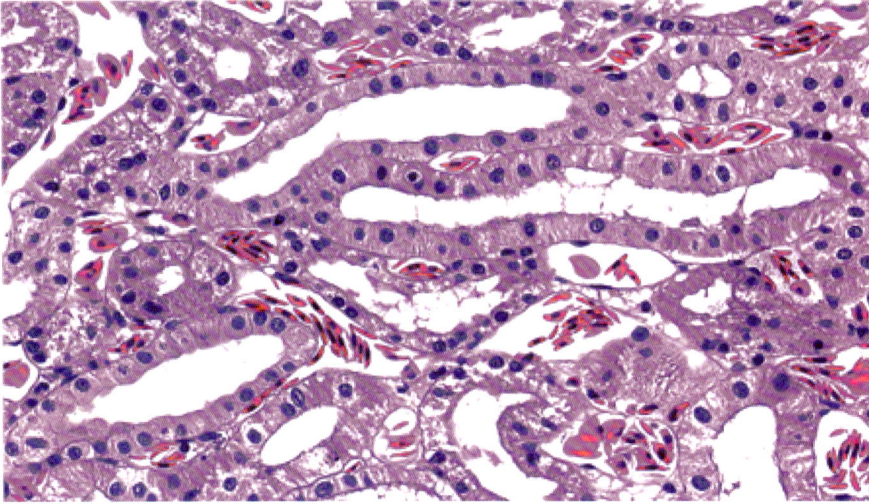

图 6-32
蟾蜍肾 7
（HE 染色，400 倍）

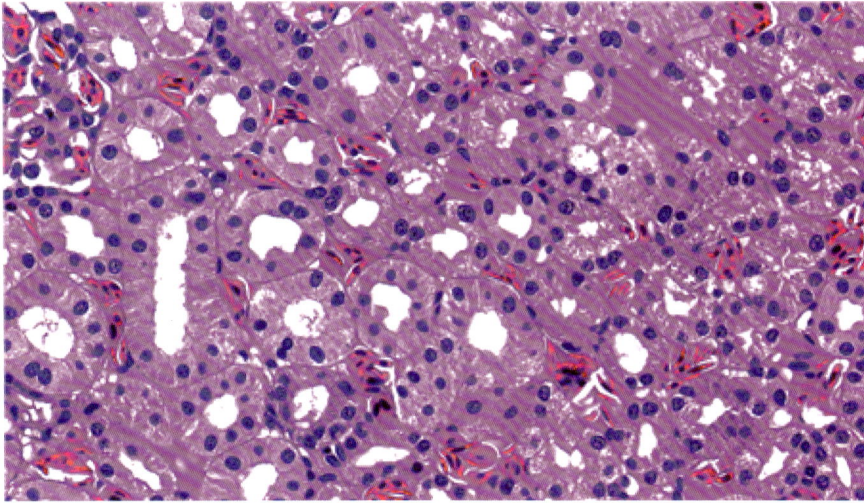

图 6-33
蟾蜍肾 8
（HE 染色，400 倍）

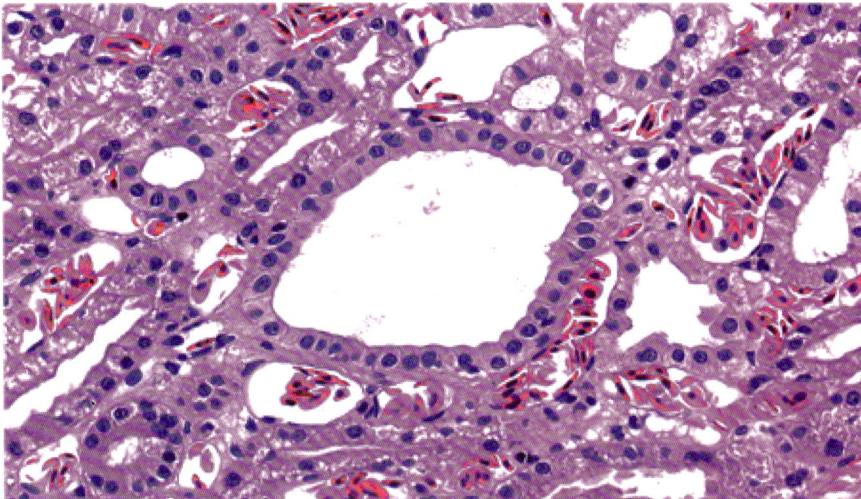

图 6-34
蟾蜍肾 9
（HE 染色，400 倍）

二、功能

排泄氨、尿素及酸等代谢产物；维持体液水的平衡、渗透压及酸碱平衡等。

第二节 膀 胱

一、组织结构

膀胱为输尿管汇合形成的庞大囊状结构，功能为暂时存储尿液。分为输尿管膀胱（tutal bladdec）和泄殖腔膀胱（clocal bladdec）。前者由输尿管后端汇合膨大形成，多数鱼属此类。后者由开口于中肾管的泄殖腔壁突出形成，内鼻孔亚纲鱼属此类（图 6-35 ～图 6-49）。

二、功能

暂时贮存尿液，排空尿液。

图 6-35
中华鳖膀胱 1
（HE 染色，20 倍）

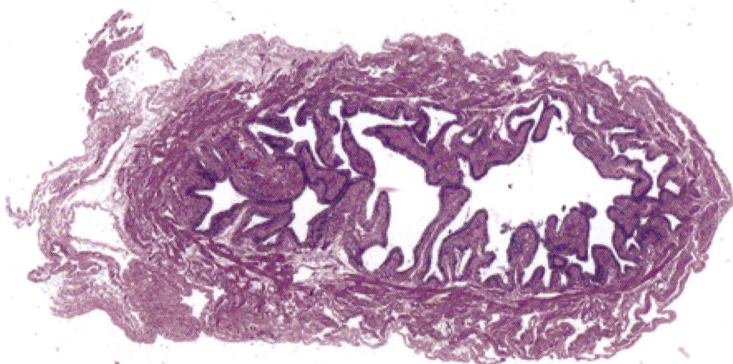

图 6-36
中华鳖膀胱 2
（HE 染色，40 倍）

1—黏膜肌层；
2—黏膜

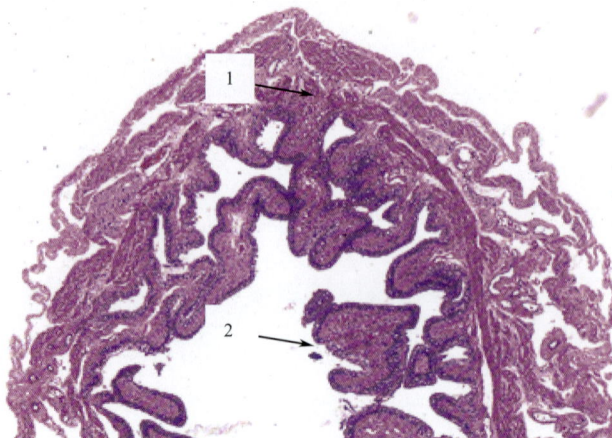

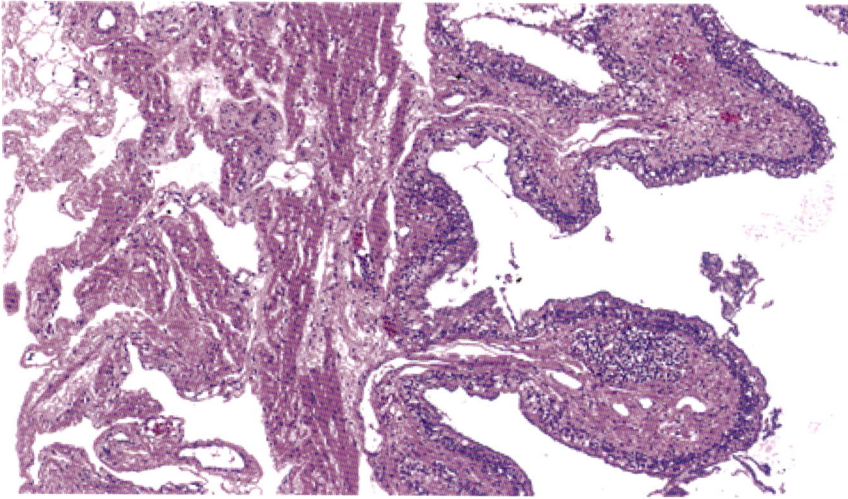

图 6-37
中华鳖膀胱 3
（HE 染色，100 倍）

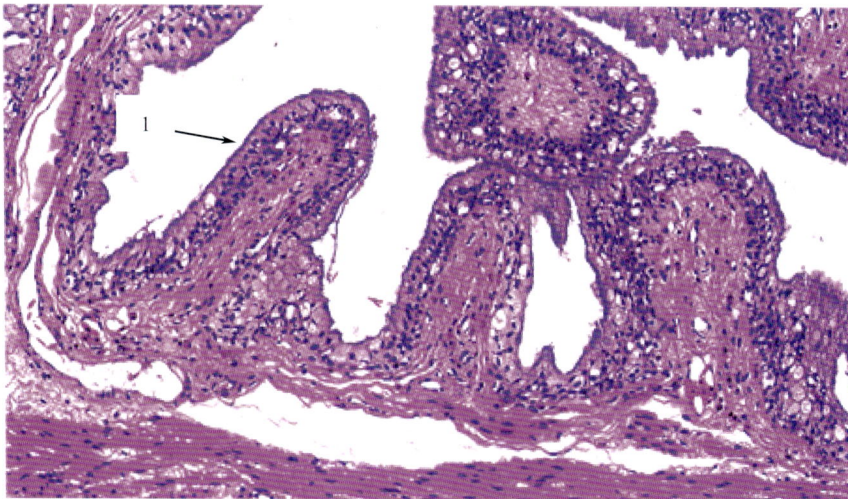

图 6-38
中华鳖膀胱 4
（HE 染色，200 倍）

1—黏膜

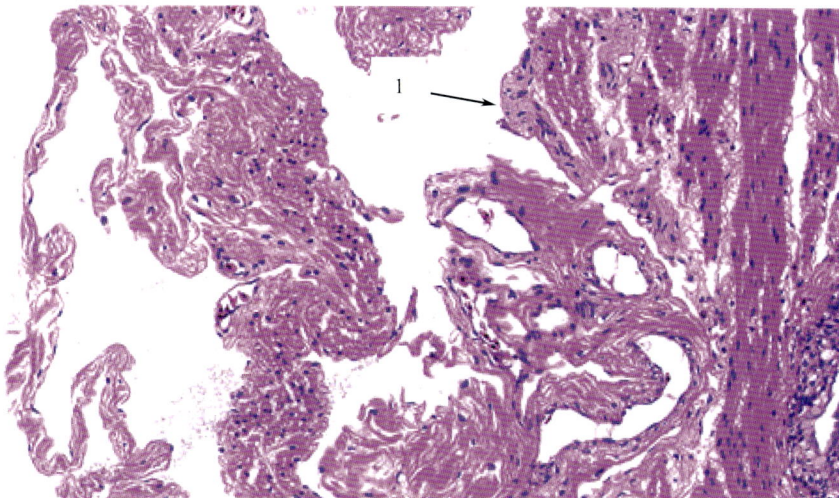

图 6-39
中华鳖膀胱 5
（HE 染色，200 倍）

1—黏膜肌层

图 6-40
中华鳖膀胱 6
（HE 染色，200 倍）

1—小静脉

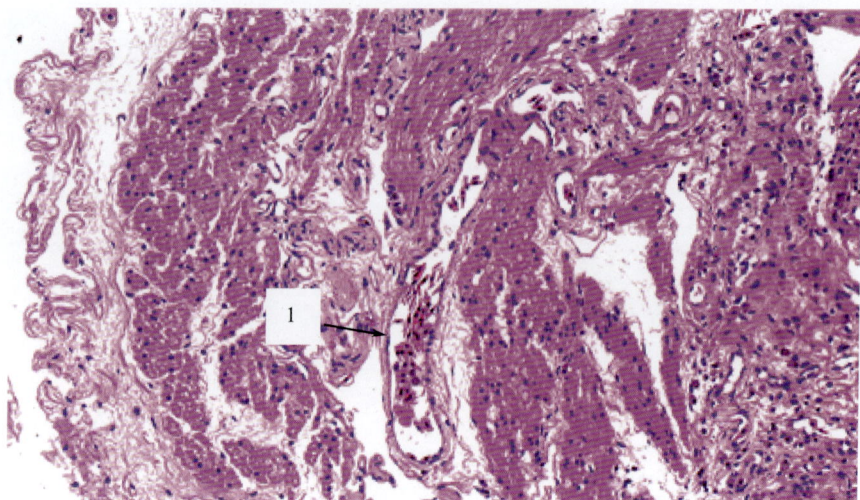

图 6-41
中华鳖膀胱 7
（HE 染色，400 倍）

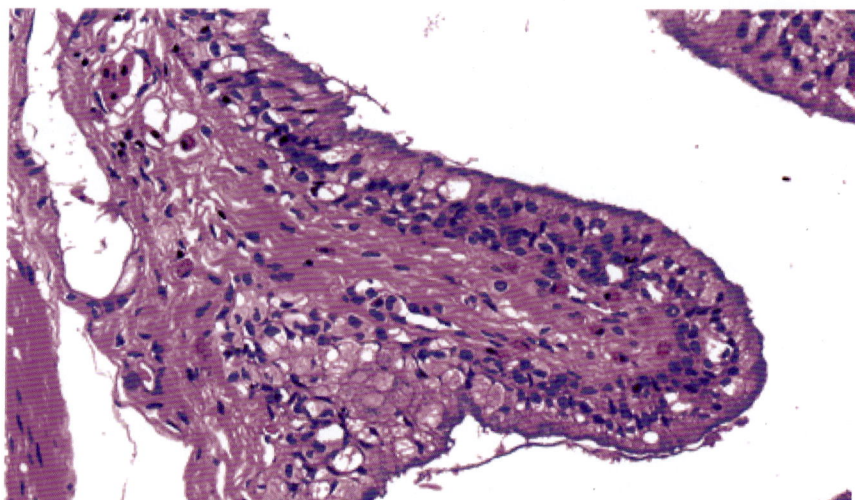

图 6-42
中华鳖膀胱 8
（HE 染色，400 倍）

1—黏膜固有层；
2—黏膜上皮

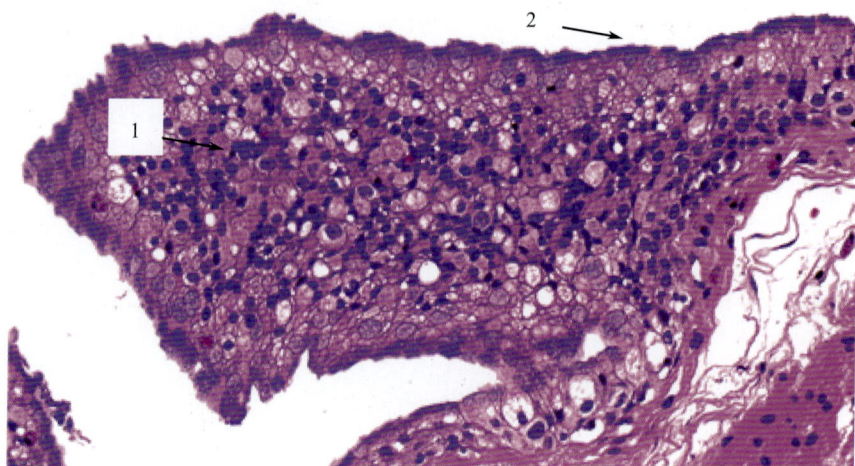

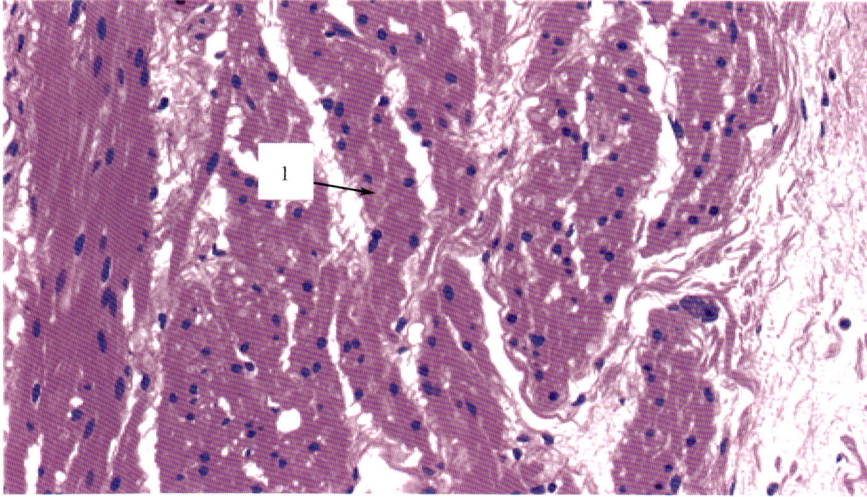

图 6-43
中华鳖膀胱 9
（HE 染色，400 倍）

1—平滑肌

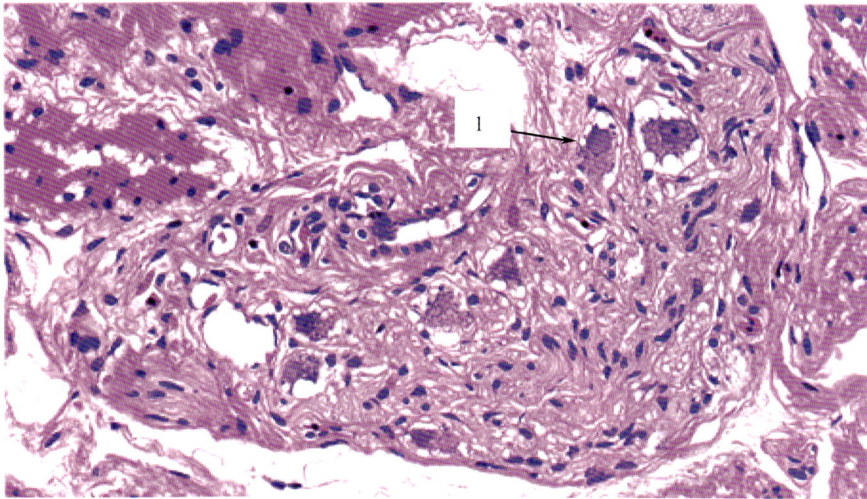

图 6-44
中华鳖膀胱 10
（HE 染色，400 倍）

1—神经细胞

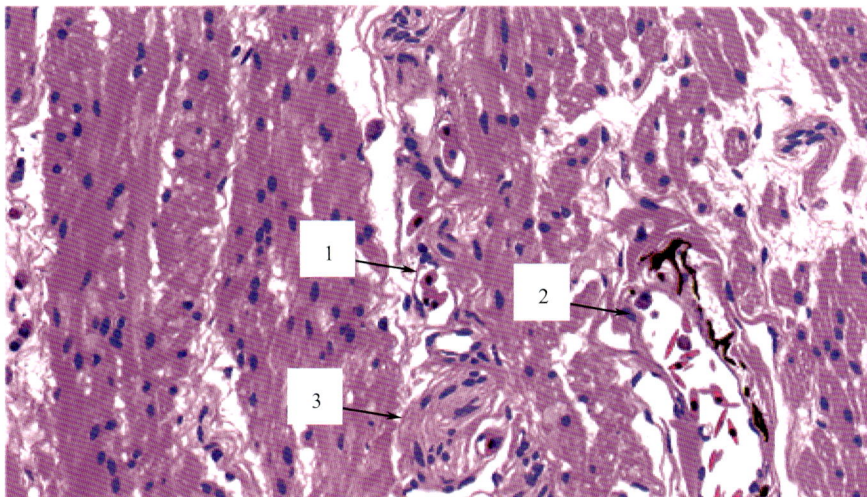

图 6-45
中华鳖膀胱 11
（HE 染色，400 倍）

1—毛细血管；
2—小静脉；
3—神经

图 8-7
中华鳖卵巢 1
（HE 染色，25 倍）

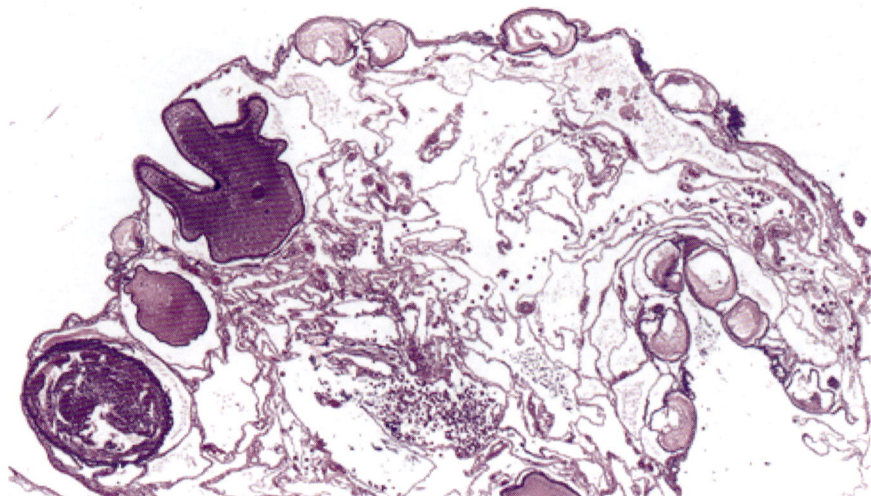

图 8-8
中华鳖卵巢 2
（HE 染色，25 倍）

1—成熟期卵黄滴

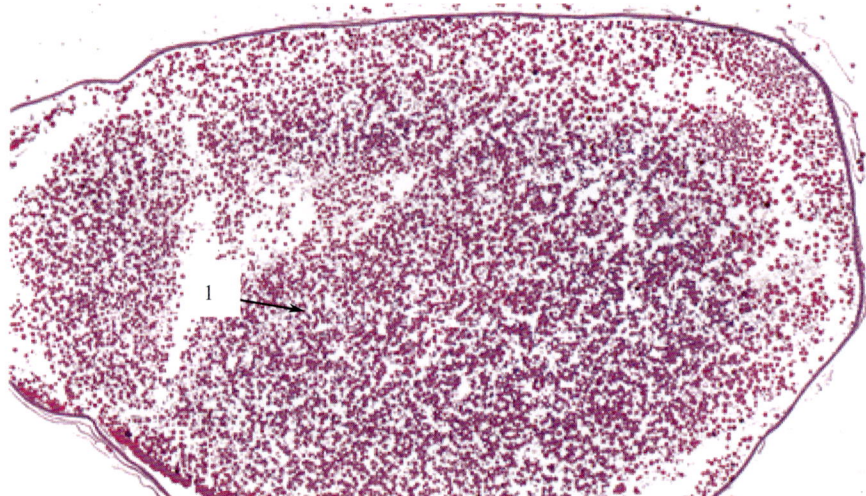

图 8-9
中华鳖卵 3
（HE 染色，100 倍）

1—次级卵母细胞；
2—小血管

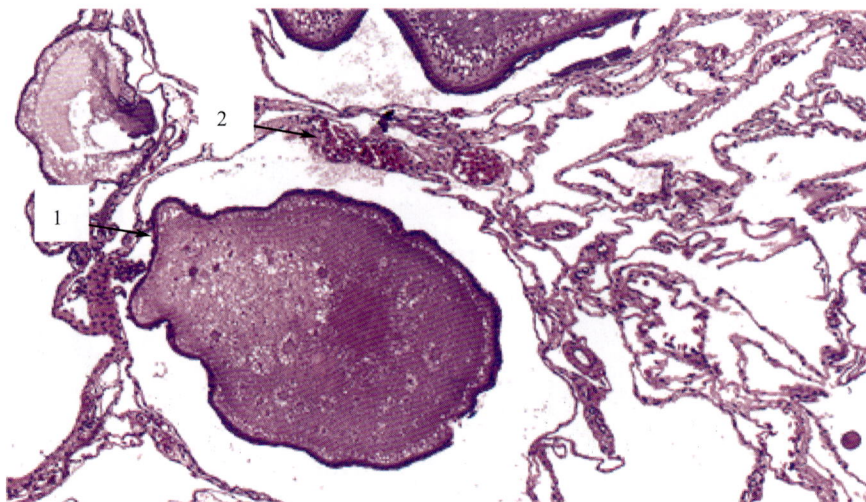

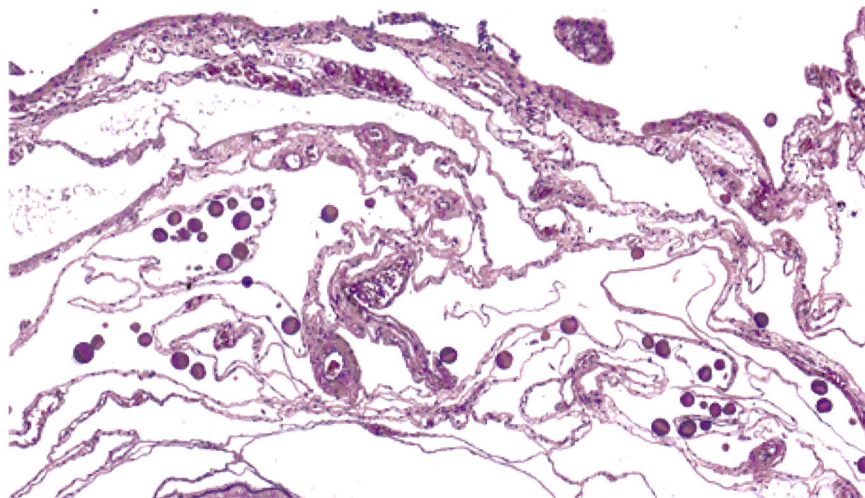

图 8-10
中华鳖卵巢 4
（HE 染色，100 倍）

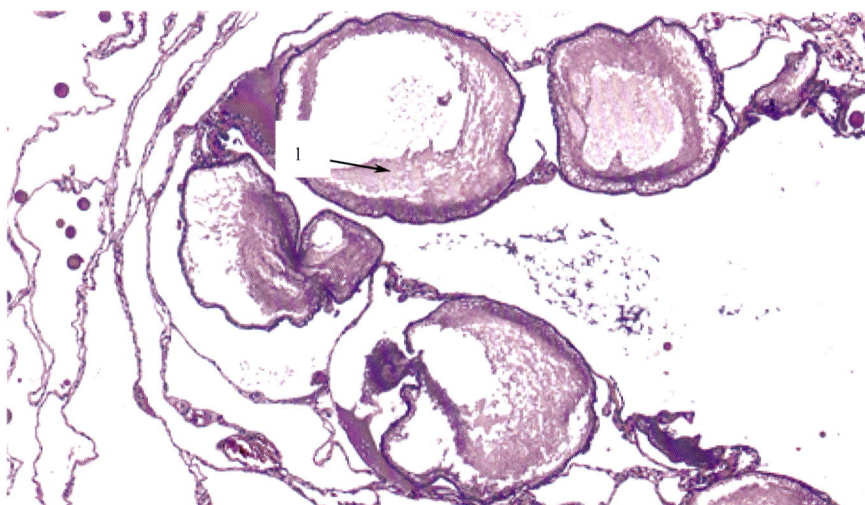

图 8-11
中华鳖卵巢 5
（HE 染色，100 倍）

1—排卵后卵泡

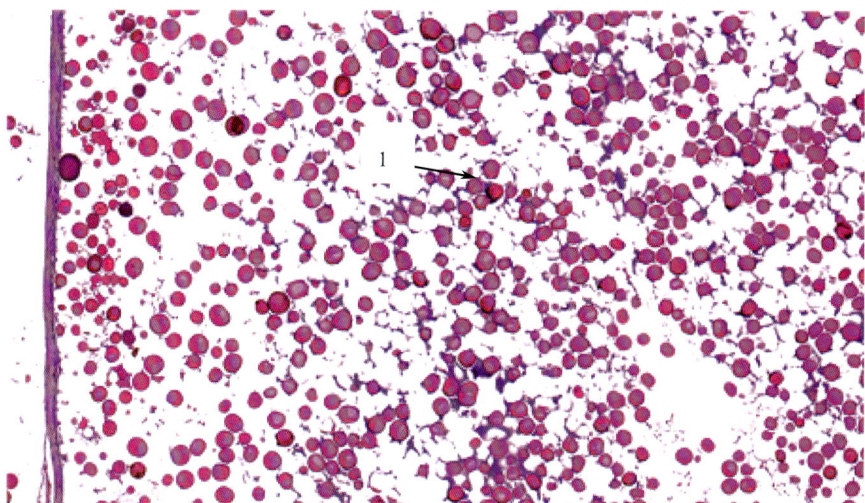

图 8-12
中华鳖卵巢 6
（HE 染色，100 倍）

1—成熟期卵黄滴

图 8-13
中华鳖卵巢 7
（HE 染色，100 倍）

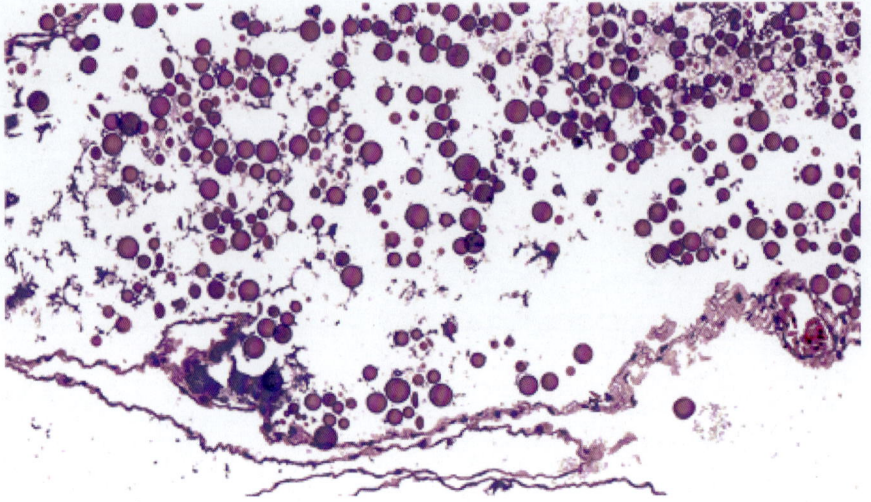

图 8-14
中华鳖卵巢 8
（HE 染色，200 倍）

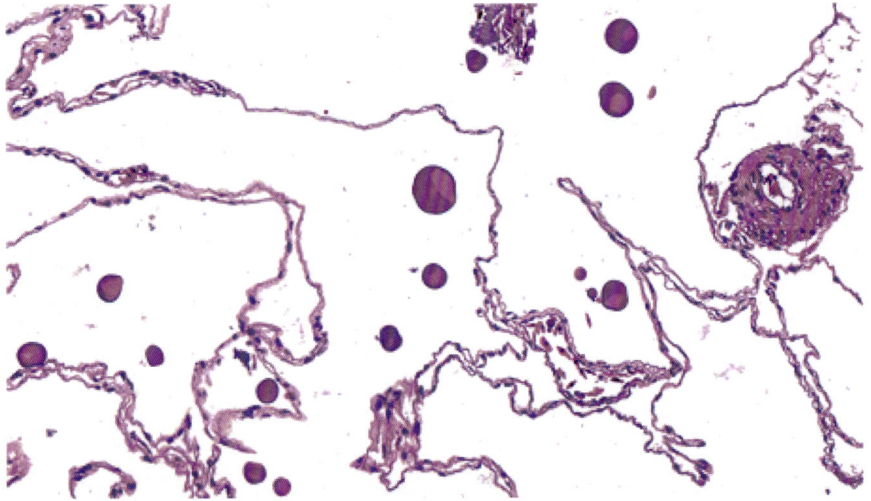

图 8-15
中华鳖卵巢 9
（HE 染色，200 倍）

1—排卵后卵泡

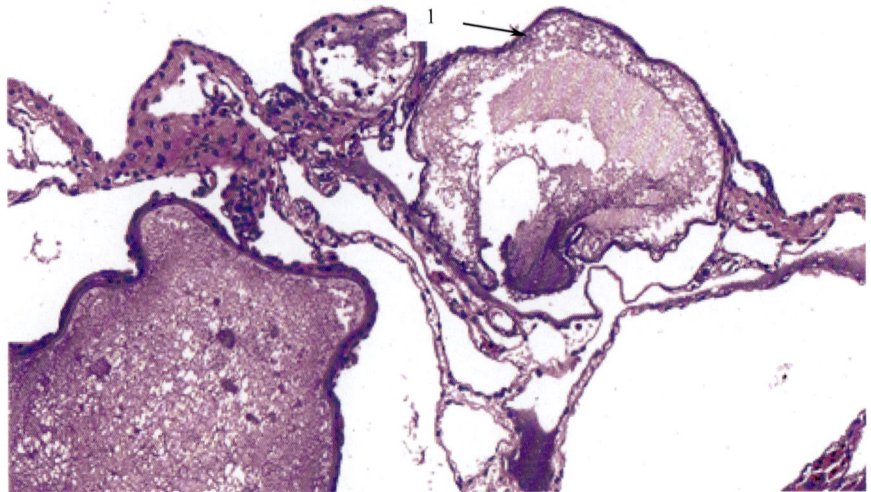

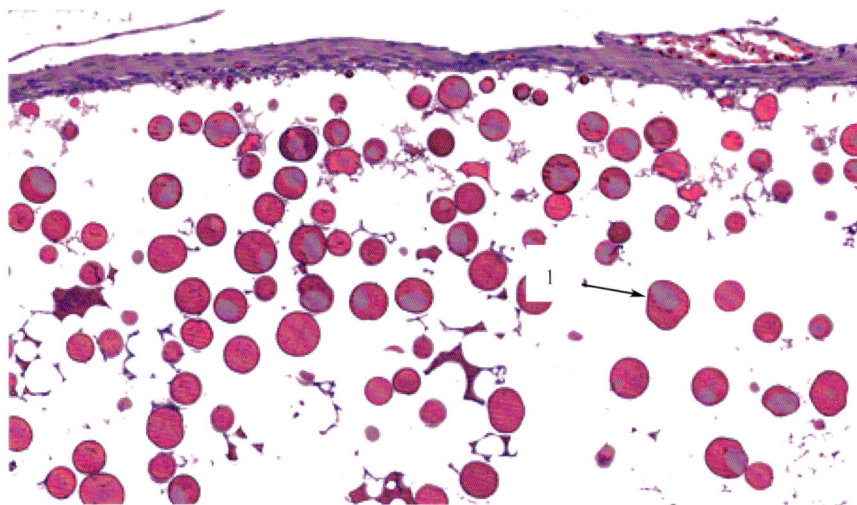

图 8-16
中华鳖卵巢 10
（HE 染色，200 倍）

1—成熟期卵黄滴

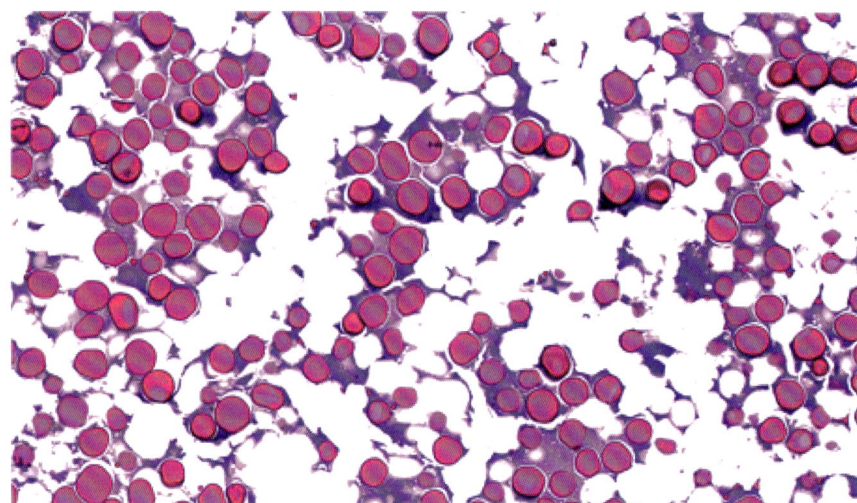

图 8-17
中华鳖卵巢 11
（HE 染色，200 倍）

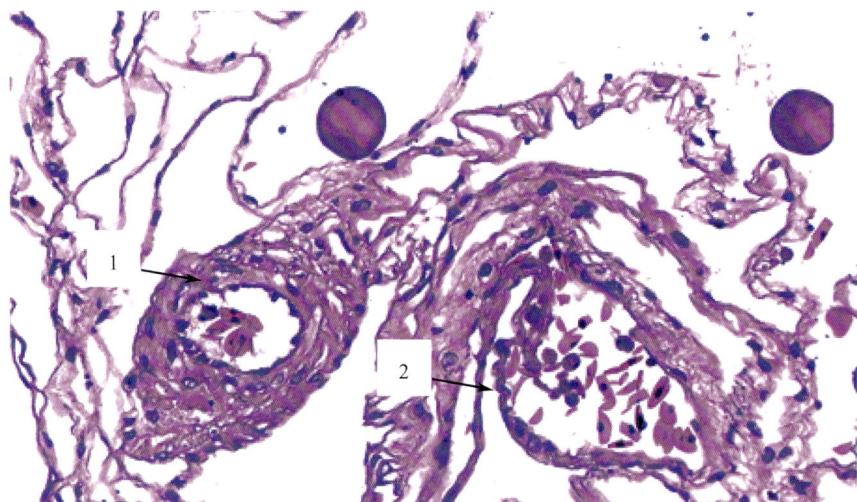

图 8-18
中华鳖卵巢 12
（HE 染色，400 倍）

1—小动脉；
2—小静脉

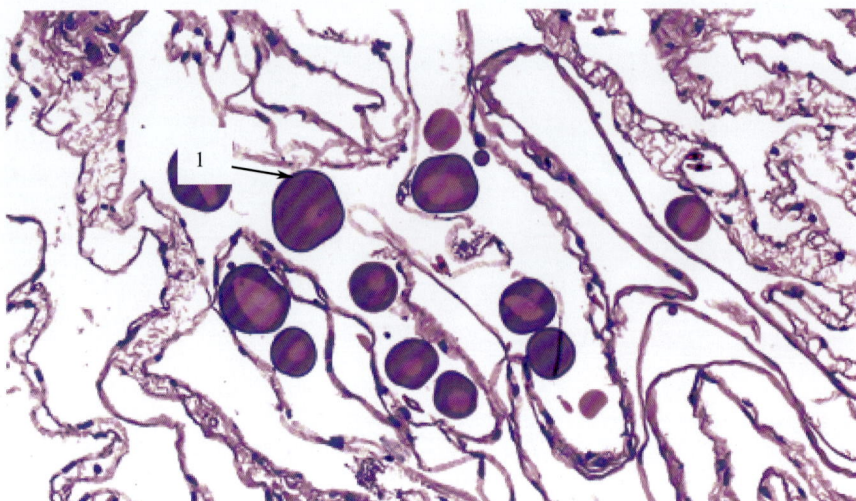

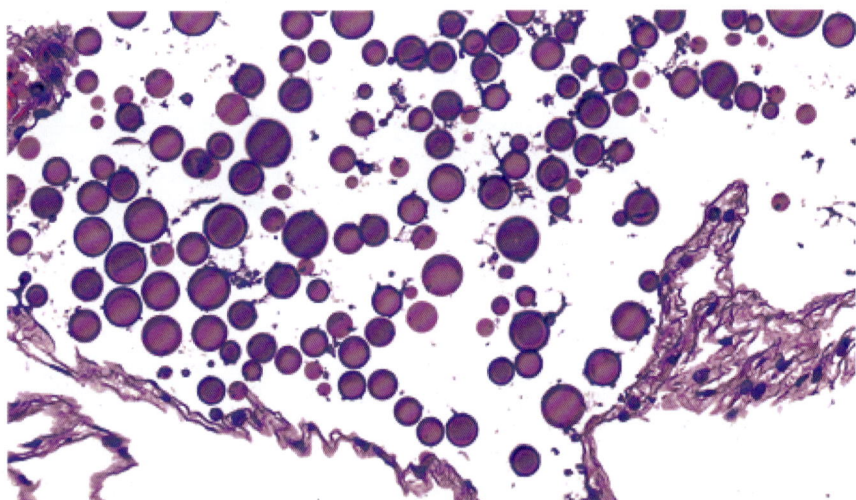

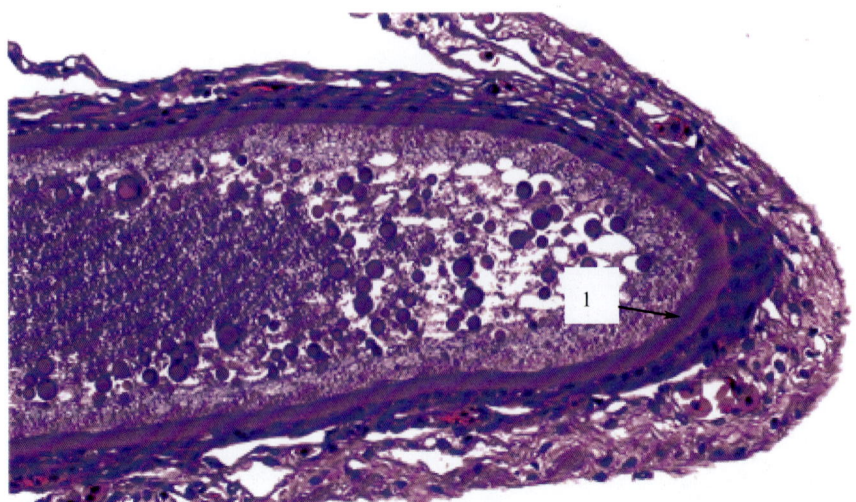

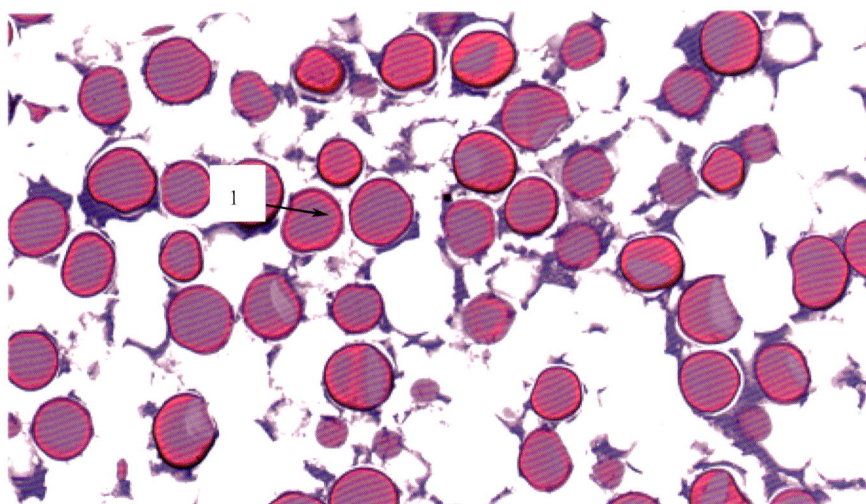

图 8-22
中华鳖卵巢 16
（ HE 染色，400 倍 ）

1—成熟期卵黄滴

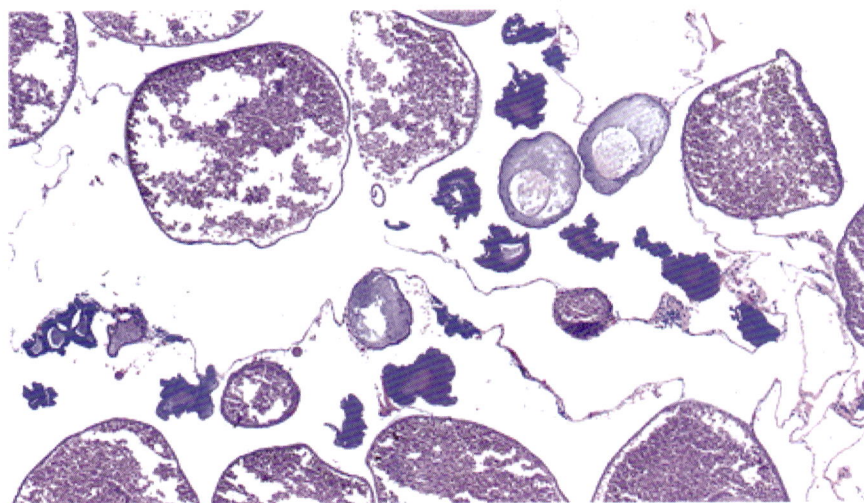

图 8-23
牛蛙卵巢 1
（ HE 染色，50 倍 ）

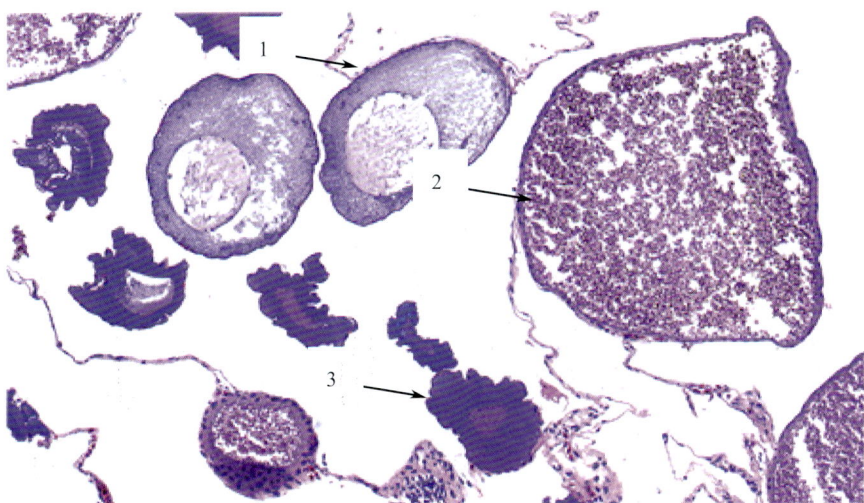

图 8-24
牛蛙卵巢 2
（ HE 染色，100 倍 ）

1—次级卵母细胞；
2—成熟卵母细胞；
3—初级卵母细胞

图 8-25
牛蛙卵巢 3
（HE 染色，200 倍）

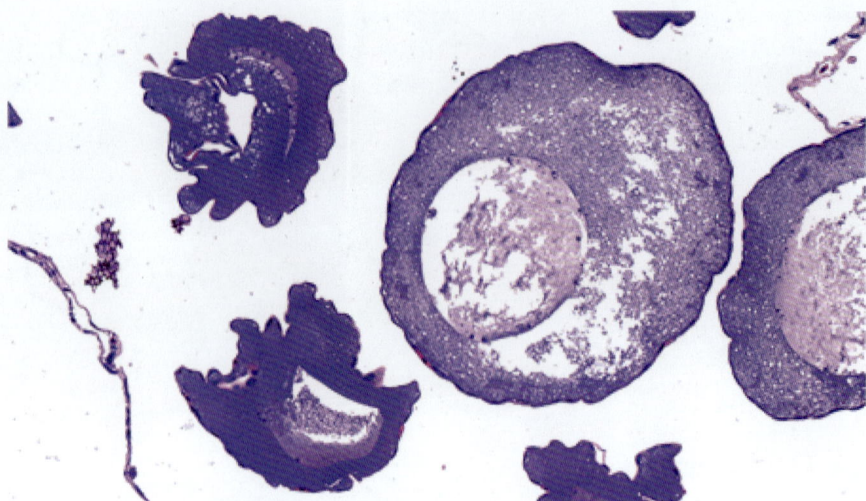

图 8-26
牛蛙卵巢 4
（HE 染色，400 倍）

1—细胞核

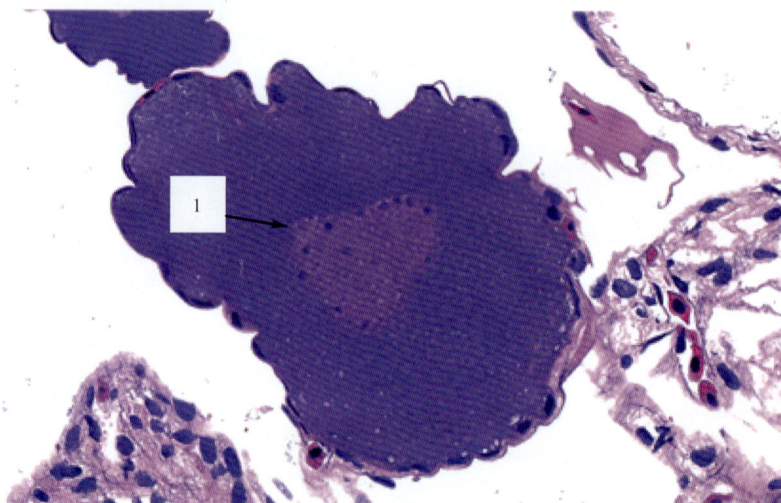

图 8-27
牛蛙卵巢 5
（HE 染色，400 倍）

1—成熟卵母细胞卵黄滴

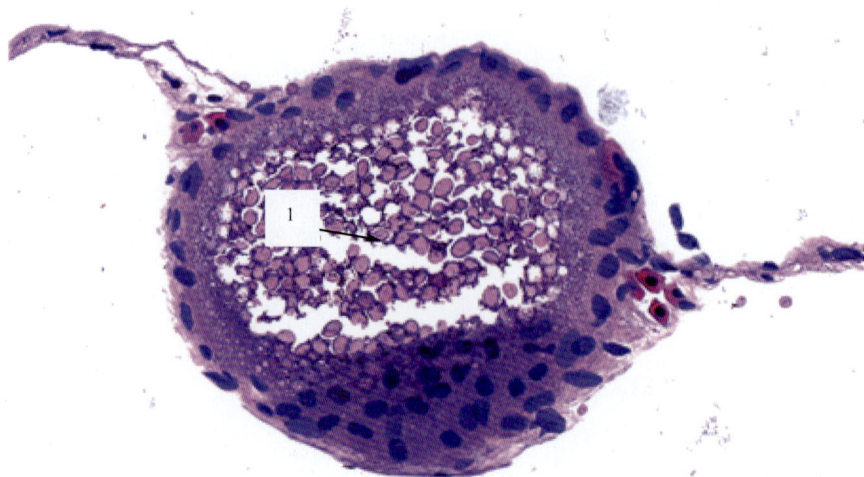

二、功能

卵巢的功能主要是产生卵子、分泌雌激素、雄激素和孕酮等激素，维持发育、繁殖和性征。

第二节　输卵管

一、组织结构

输卵管（oviduct）壁各段均由黏膜层、肌层和外膜构成，黏膜形成皱襞，富有血管，黏膜上皮由柱状纤毛细胞和腺细胞构成，大部分固有层内有管状腺和淋巴组织，无黏膜肌，黏膜下结缔组织较少，肌层由内环外纵两层平滑肌构成（图 8-28 ～图 8-107）。

二、功能

输送卵子、为精子与卵子受精提供场所。

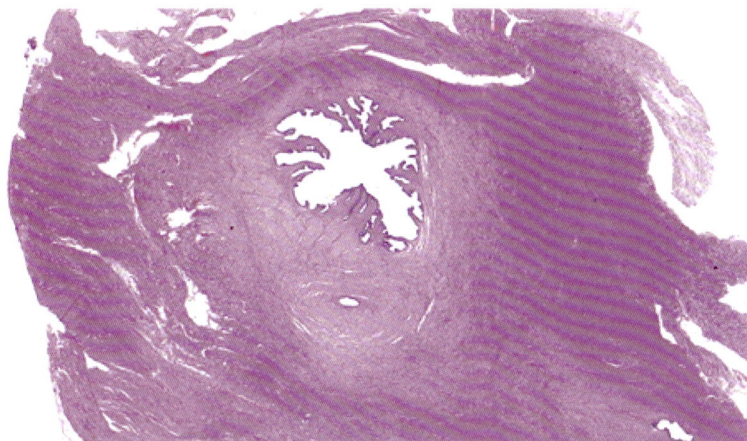

图 8-28
中华草龟输卵管 1
（HE 染色，20 倍）

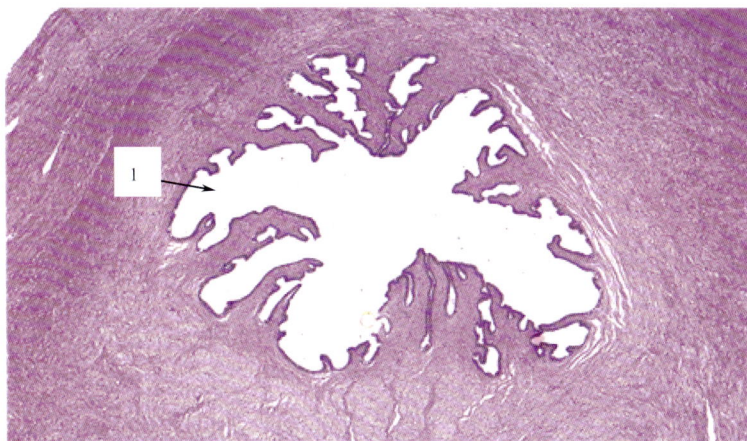

图 8-29
中华草龟输卵管 2
（HE 染色，50 倍）

1—输卵管腔

图 8-30
中华草龟输卵管 3
（HE 染色，100 倍）

1—输卵管黏膜

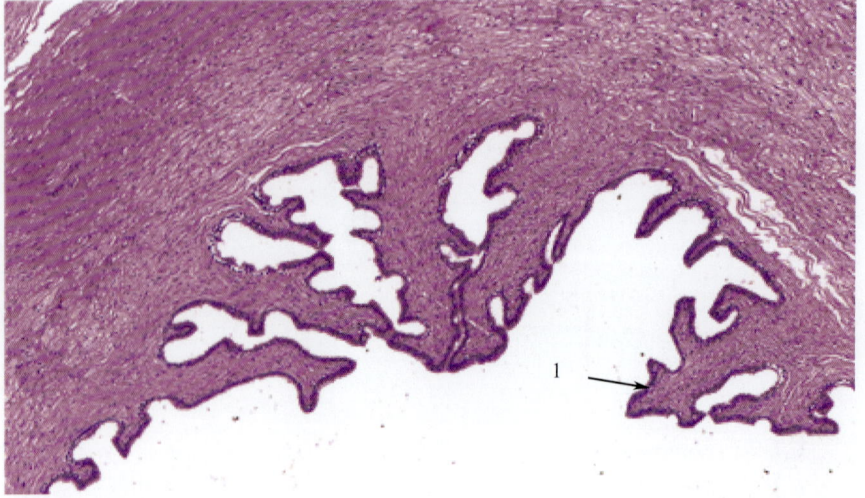

图 8-31
中华草龟输卵管 4
（HE 染色，400 倍）

1—黏膜固有层；
2—上黏膜皮

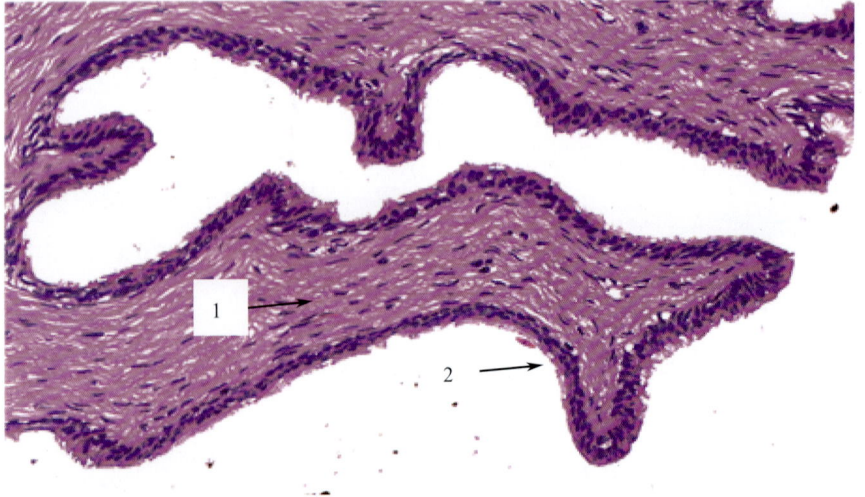

图 8-32
中华草龟输卵管 5
（HE 染色，400 倍）

1—平滑肌

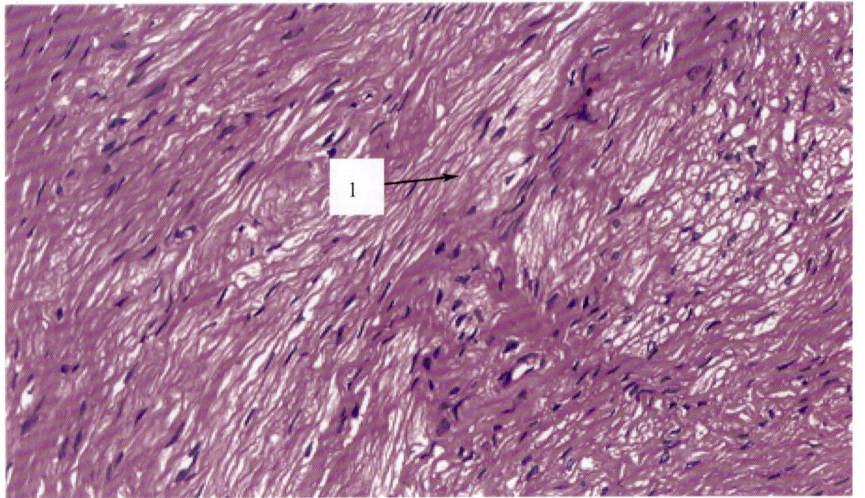

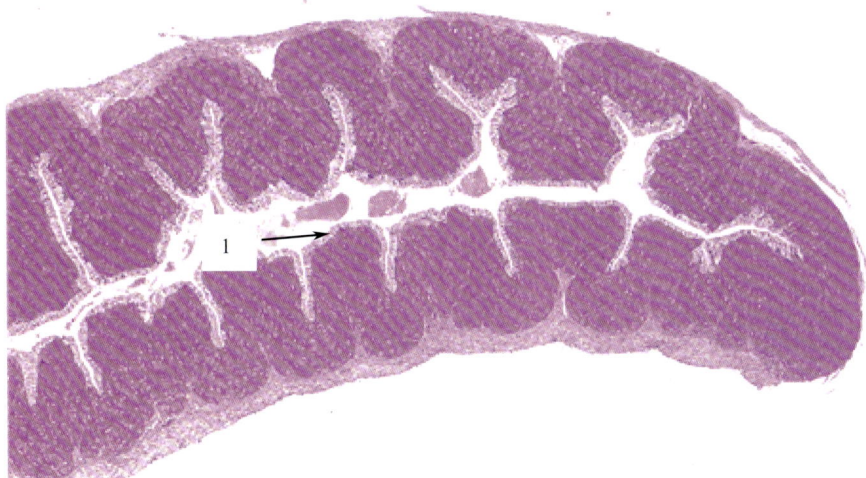

图 8-33
中华草龟输卵管峡部 1
（HE 染色，50 倍）

1—黏膜上皮

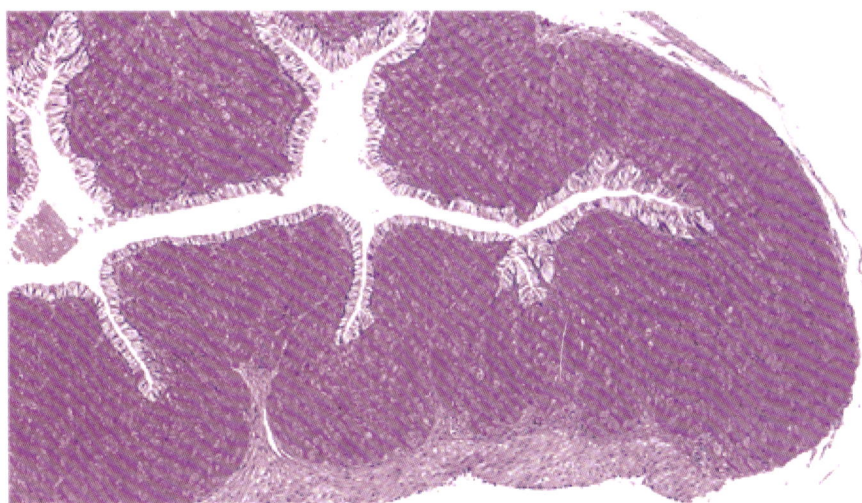

图 8-34
中华草龟输卵管峡部 2
（HE 染色，100 倍）

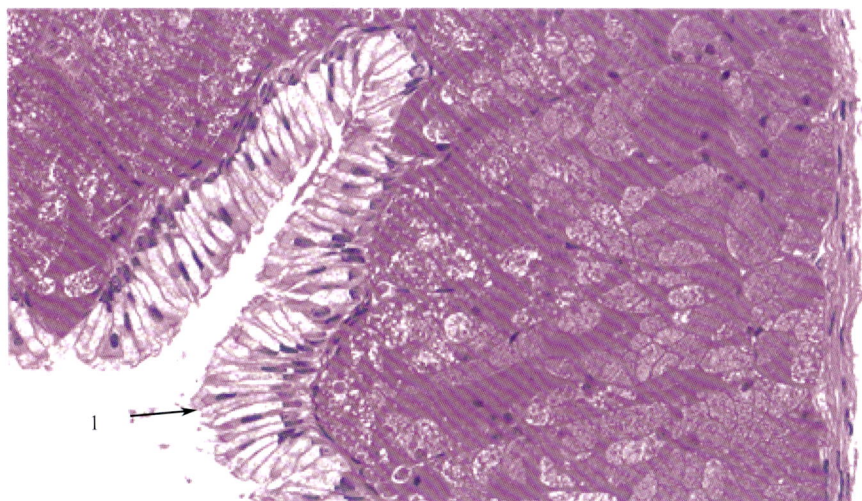

图 8-35
中华草龟输卵管峡部 3
（HE 染色，400 倍）

1—黏膜上皮柱状细胞

图 8-36
中华草龟输卵管峡部 4
（HE 染色，400 倍）

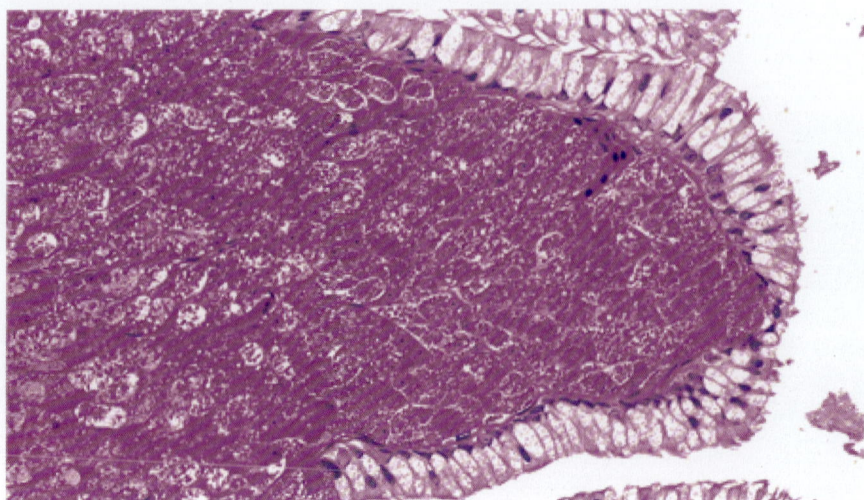

图 8-37
中华草龟输卵管峡部 5
（HE 染色，400 倍）

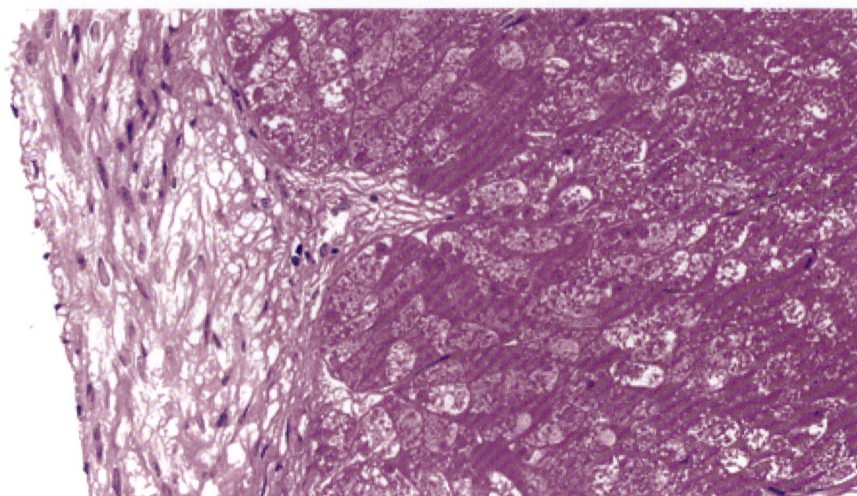

图 8-38
中华鳖输卵管前端 1
（HE 染色，40 倍）

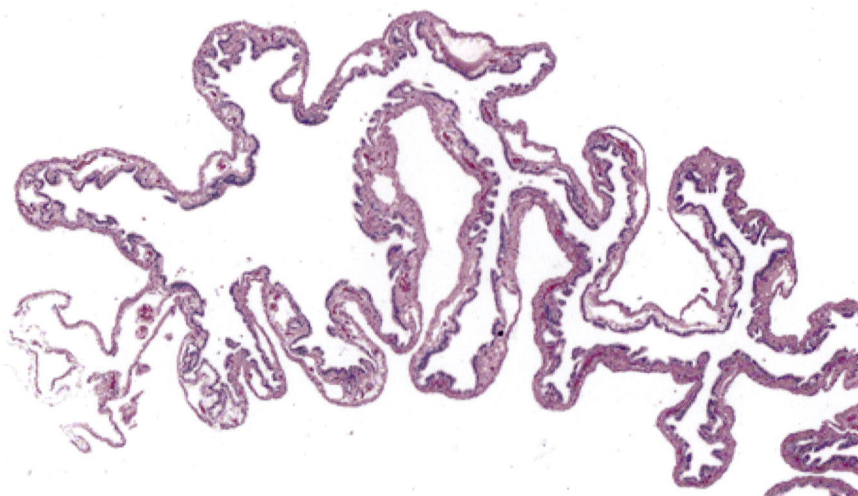

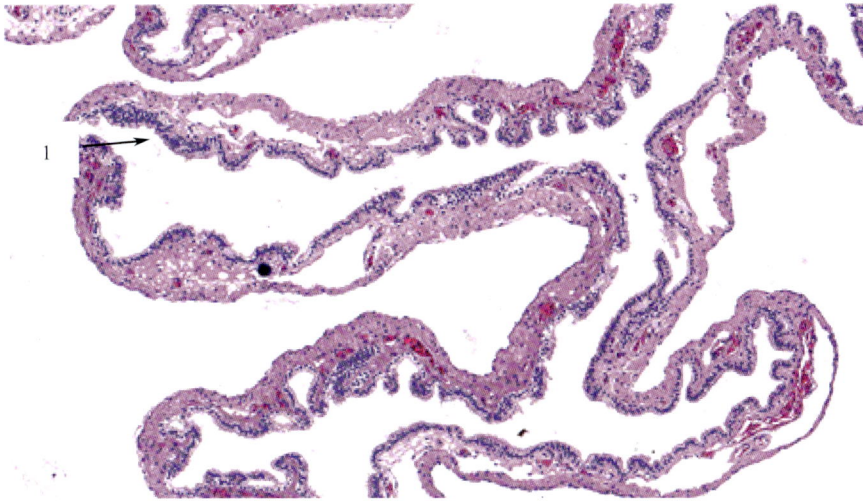

图 8-39
中华鳖输卵管前端 2
（HE 染色，100 倍）

1—输卵管黏膜

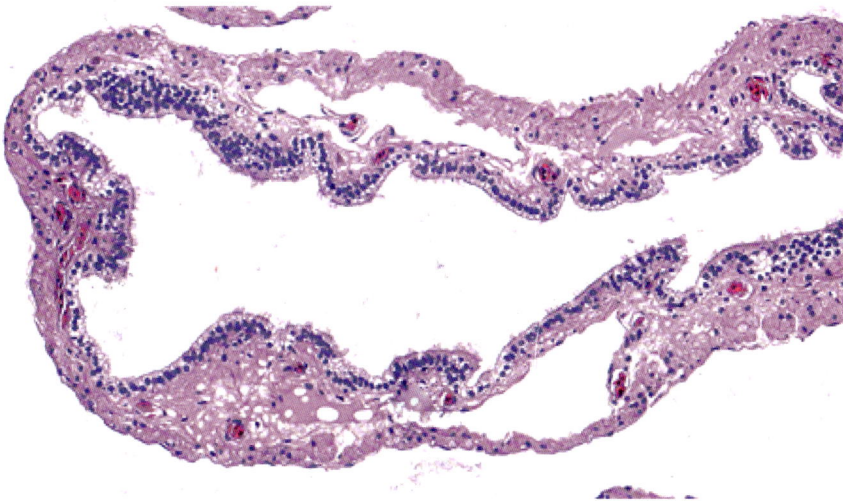

图 8-40
中华鳖输卵管前端 3
（HE 染色，200 倍）

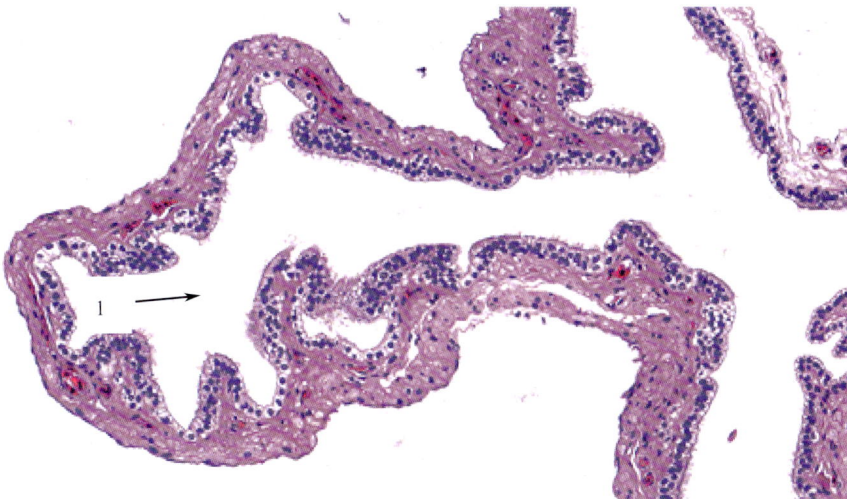

图 8-41
中华鳖输卵管前端 4
（HE 染色，200 倍）

1—输卵管管腔

图 8-42
中华鳖输卵管前端 5
（HE 染色，400 倍）

1—输卵管血细胞；
2—黏膜上皮

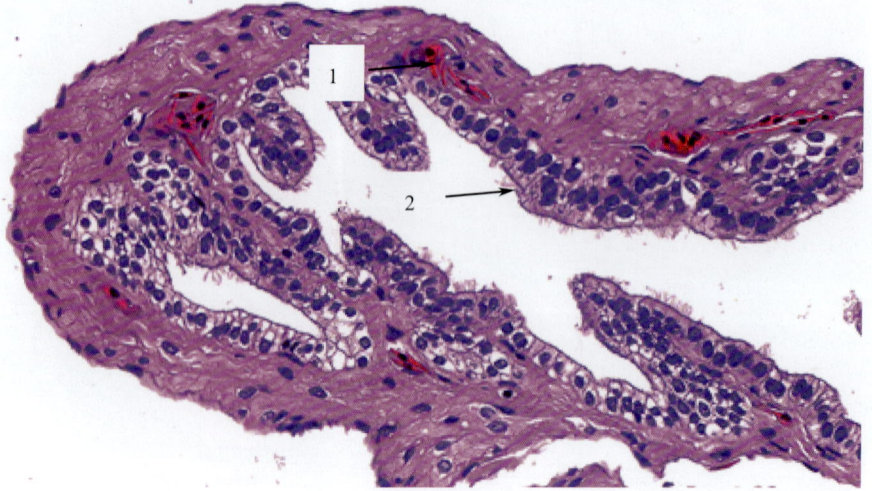

图 8-43
中华鳖输卵管前端 6
（HE 染色，400 倍）

1—小静脉；
2—黏膜上皮

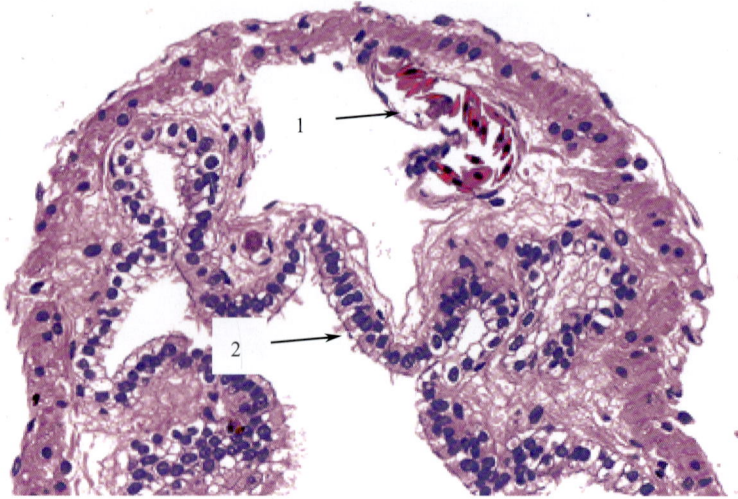

图 8-44
中华鳖输卵管中段 1
（HE 染色，30 倍）

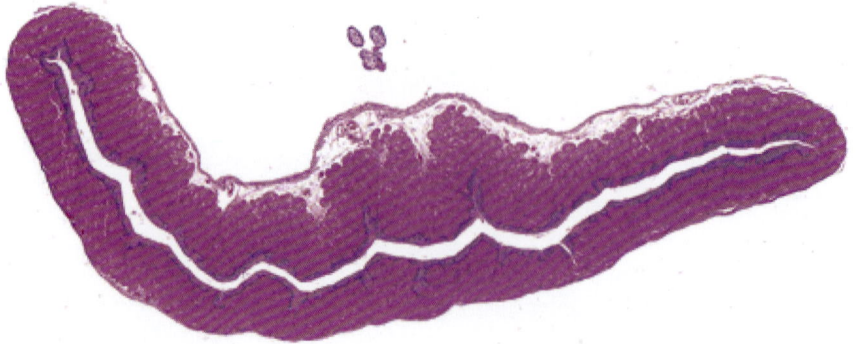

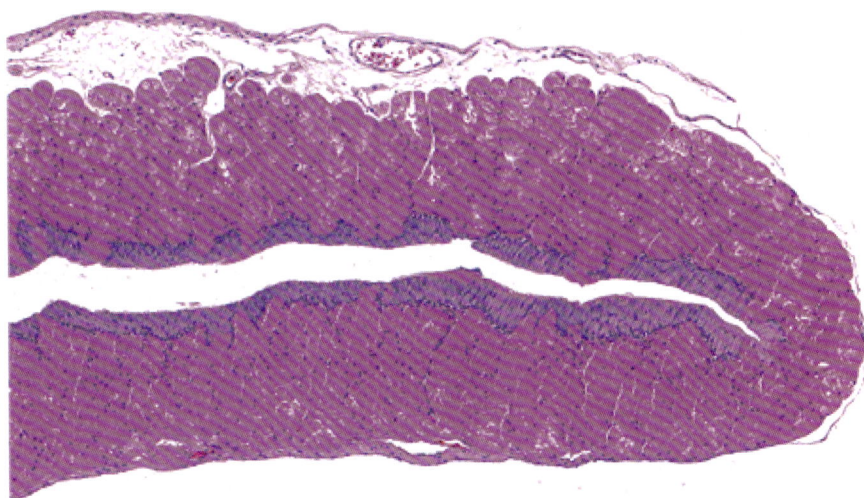

图 8-45
中华鳖输卵管中段 2
（HE 染色，100 倍）

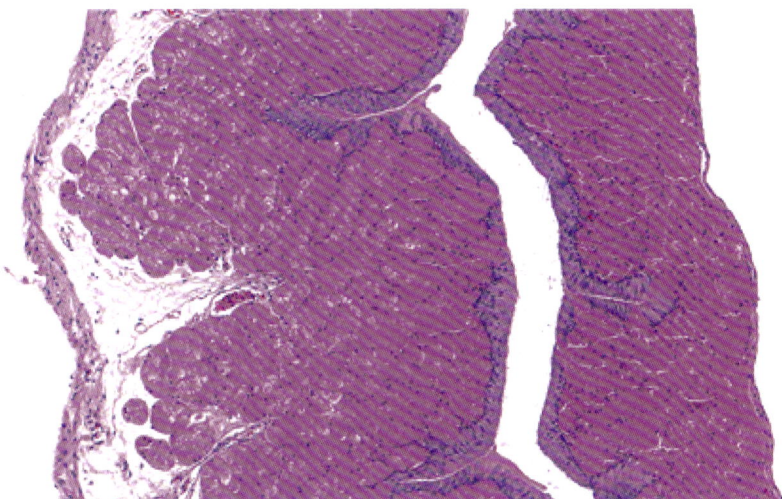

图 8-46
中华鳖输卵管中段 3
（HE 染色，100 倍）

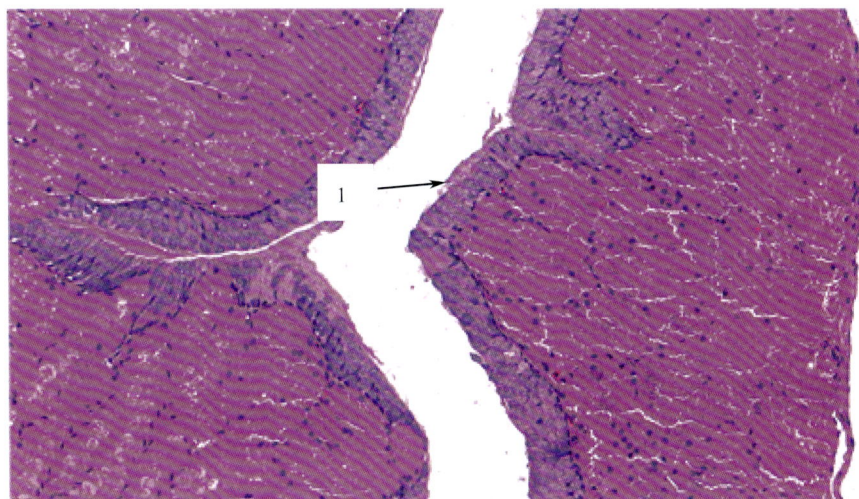

图 8-47
中华鳖输卵管中段 4
（HE 染色，200 倍）

1—黏膜上皮柱状细胞

图 8-48
中华鳖输卵管中段 5
（HE 染色，400 倍）

1—黏膜上皮柱状细胞

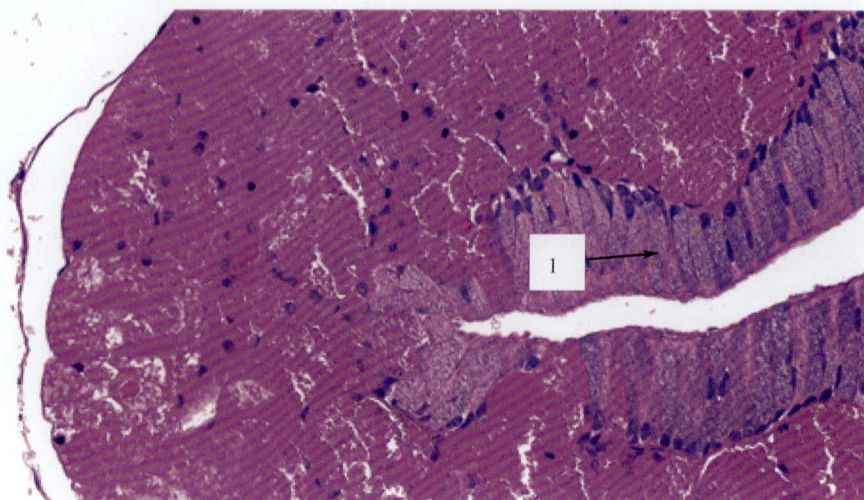

图 8-49
中华鳖输卵管中段 6
（HE 染色，400 倍）

1—小血管；
2—结缔组织

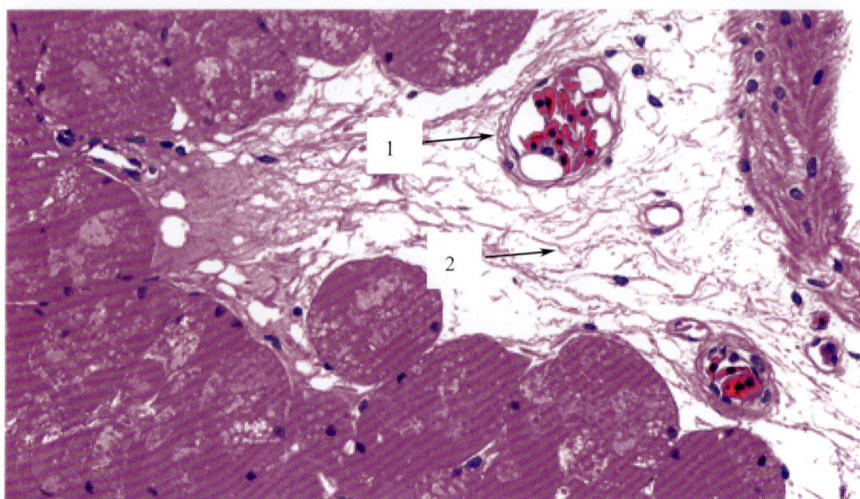

图 8-50
中华鳖输卵管肌层 1
（HE 染色，200 倍）

1—平滑肌

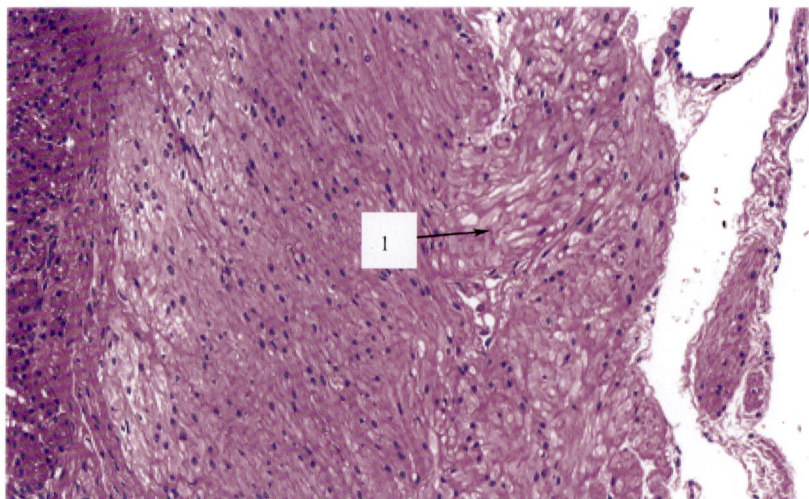

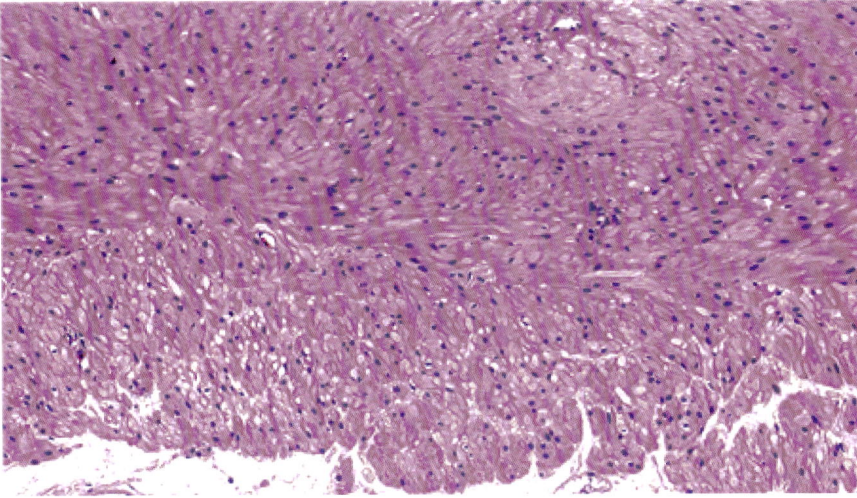

图 8-51
中华鳖输卵管肌层 2
（HE 染色，200 倍）

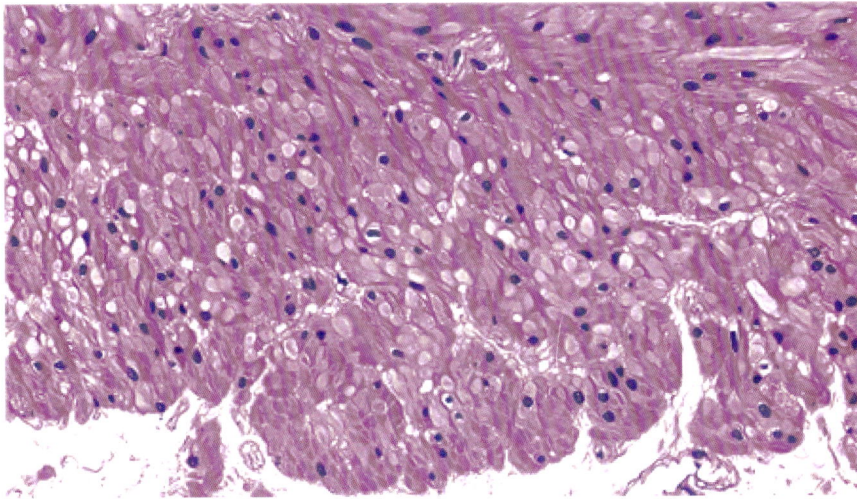

图 8-52
中华鳖输卵管肌层 3
（HE 染色，400 倍）

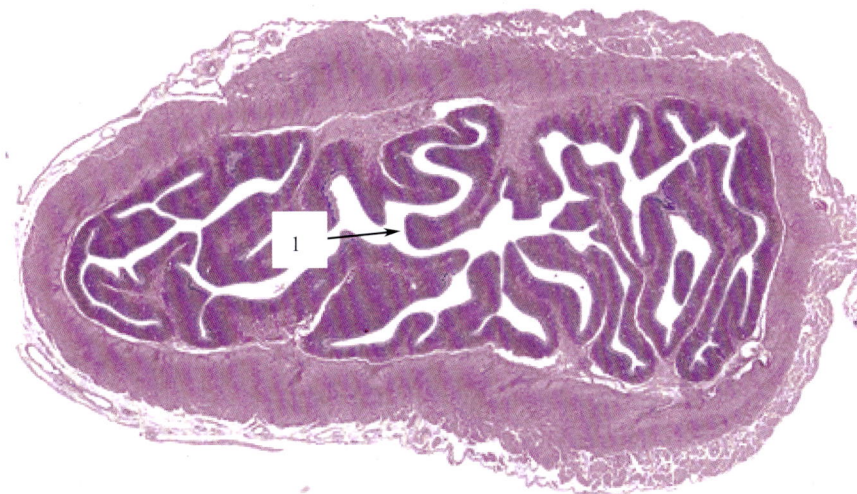

图 8-53
中华鳖输卵管后段 1
（HE 染色，20 倍）

1—黏膜皱襞

图 8–54
中华鳖输卵管后段 2
（HE 染色，100 倍）

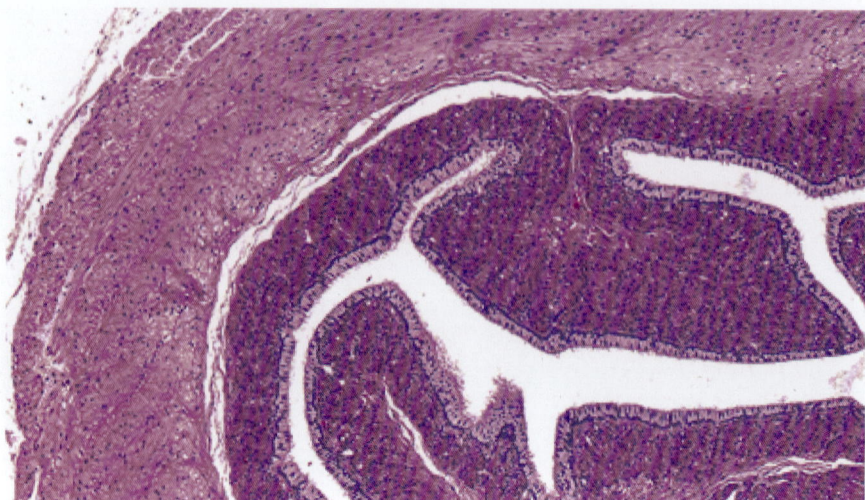

图 8–55
中华鳖输卵管后段 3
（HE 染色，100 倍）

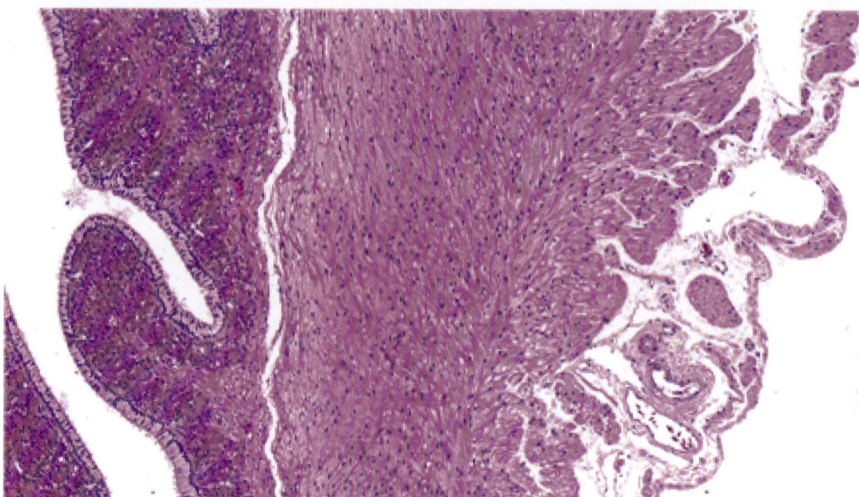

图 8–56
中华鳖输卵管后段黏膜 1
（HE 染色，200 倍）

1—黏膜上皮；
2—固有层；
3—管腔

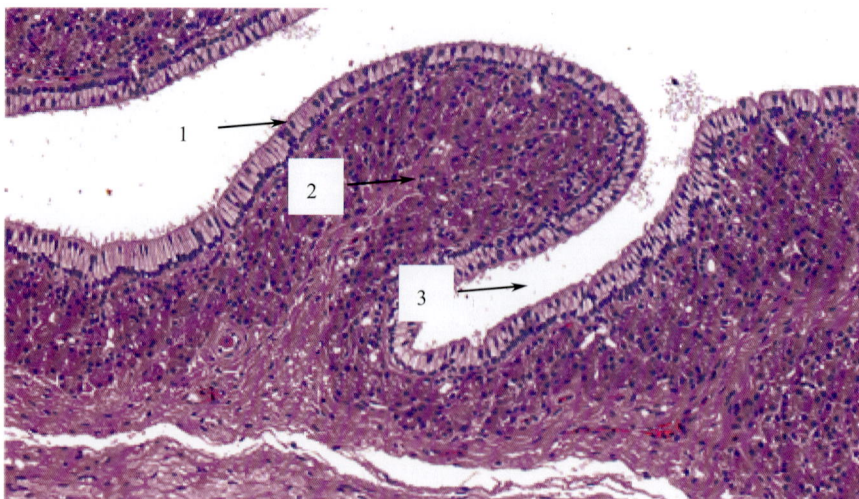

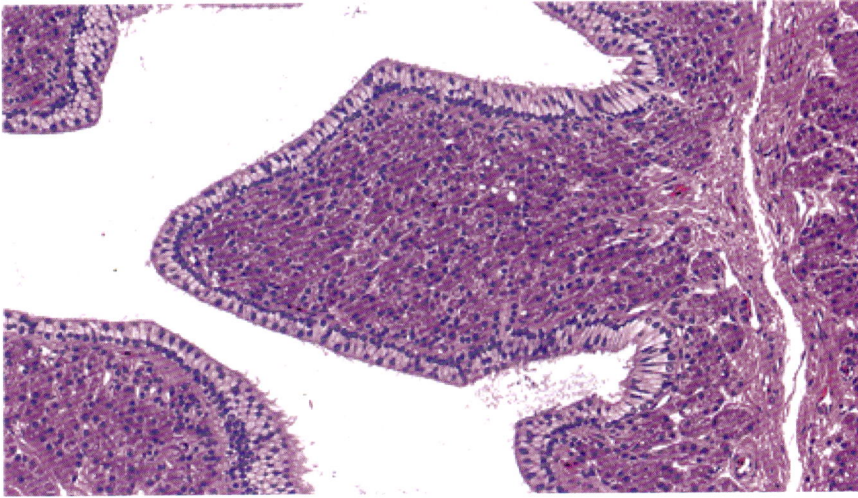

图 8-57
中华鳖输卵管后段黏膜 2
（HE 染色，200 倍）

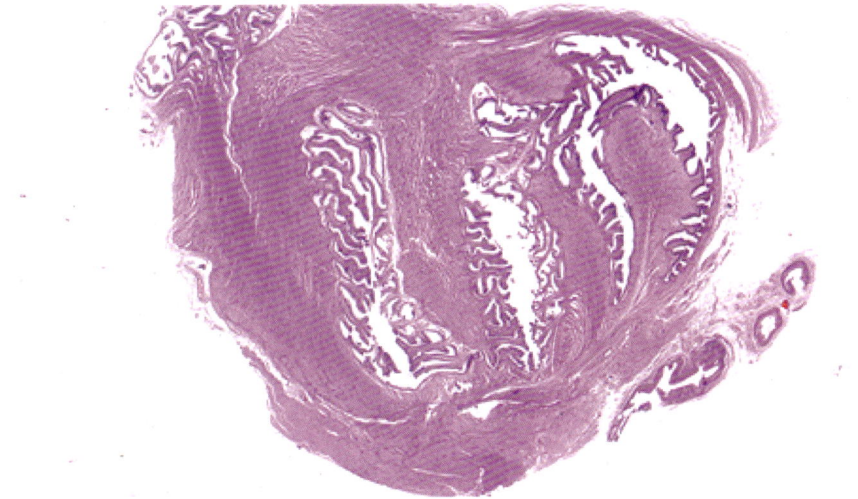

图 8-58
中华鳖输卵管末端 1
（HE 染色，13 倍）

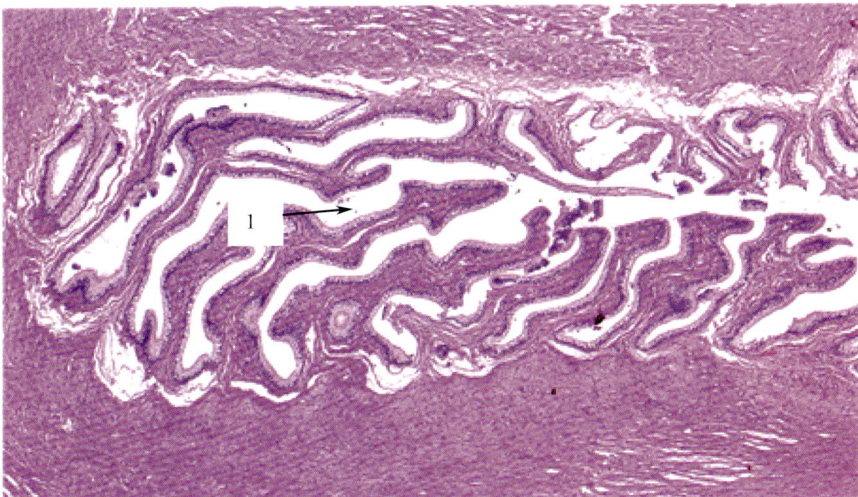

图 8-59
中华鳖输卵管末端 2
（HE 染色，50 倍）

1—黏膜皱襞

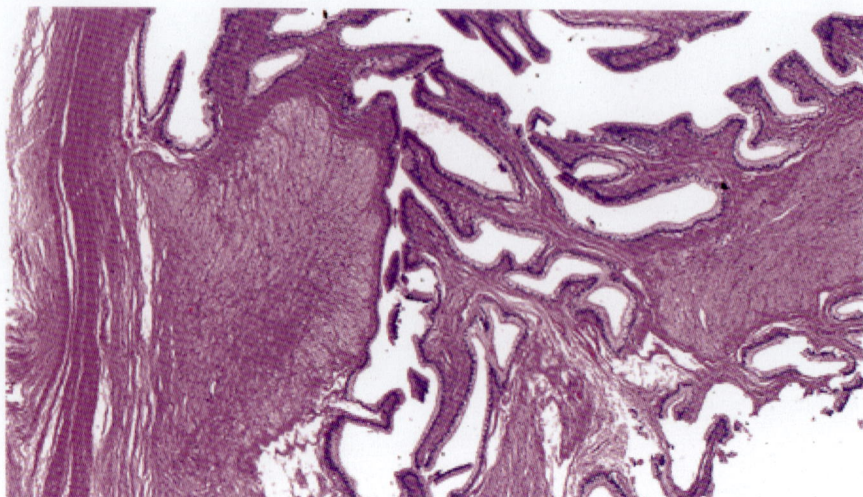

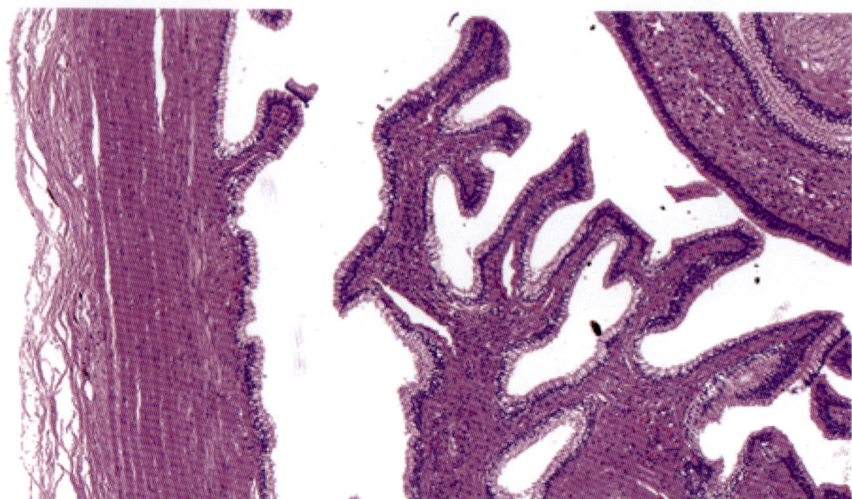

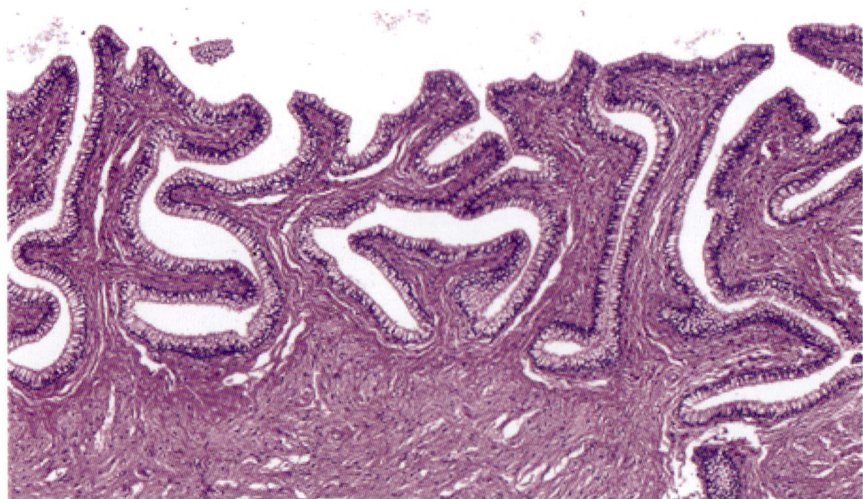

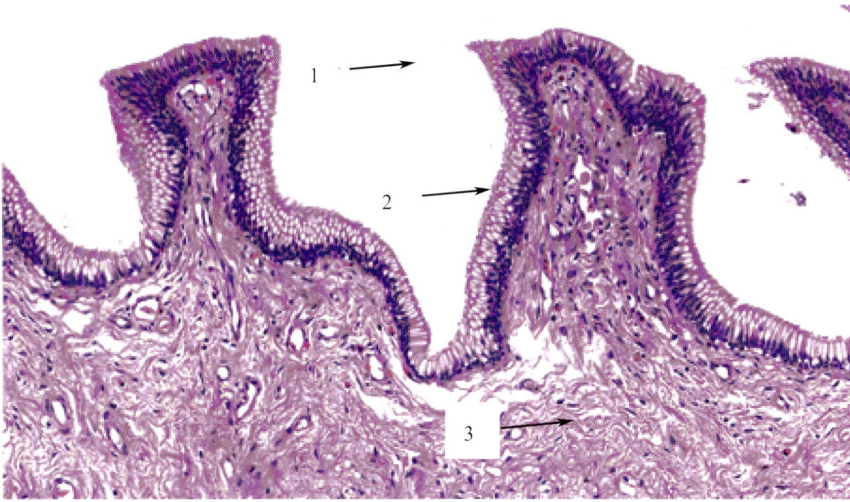

图 8-63
中华鳖输卵管末端
黏膜 2
（HE 染色，200 倍）

1—管腔；
2—黏膜上皮；
3—固有层

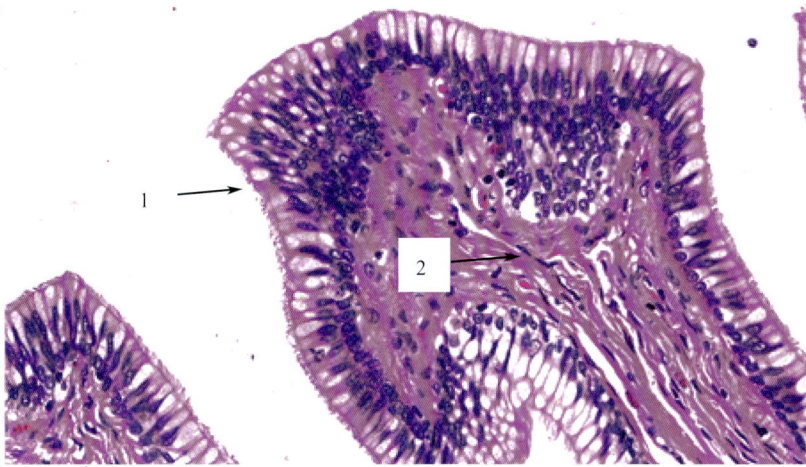

图 8-64
中华鳖输卵管末端
黏膜 3
（HE 染色，400 倍）

1—黏膜上皮柱状细胞；
2—固有层

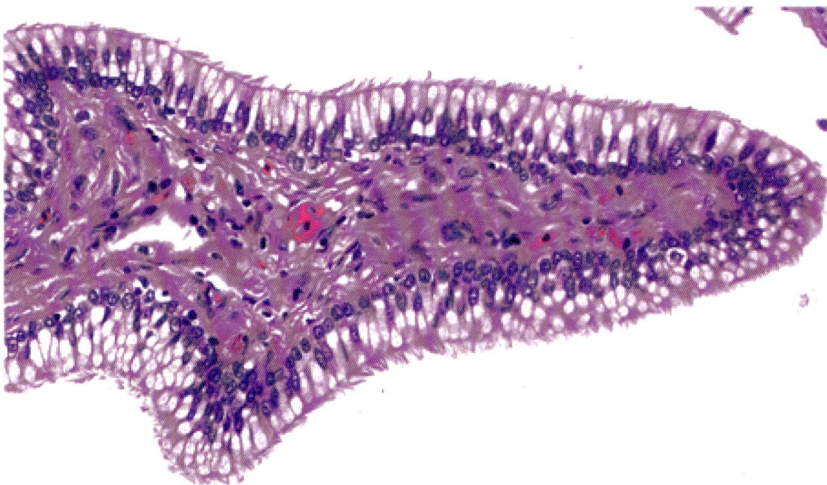

图 8-65
中华鳖输卵管末端
黏膜 4
（HE 染色，400 倍）

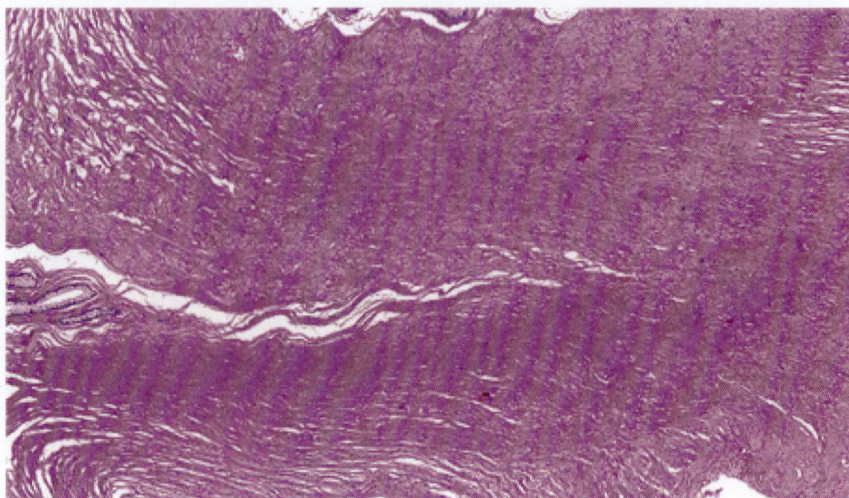

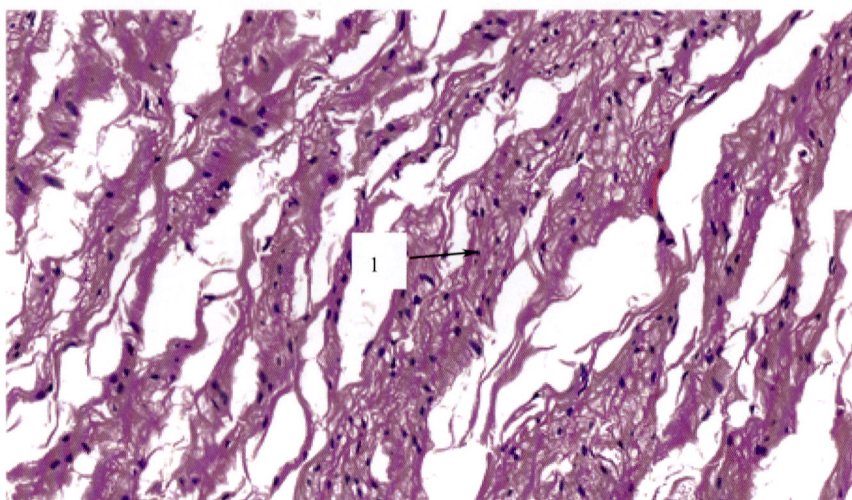

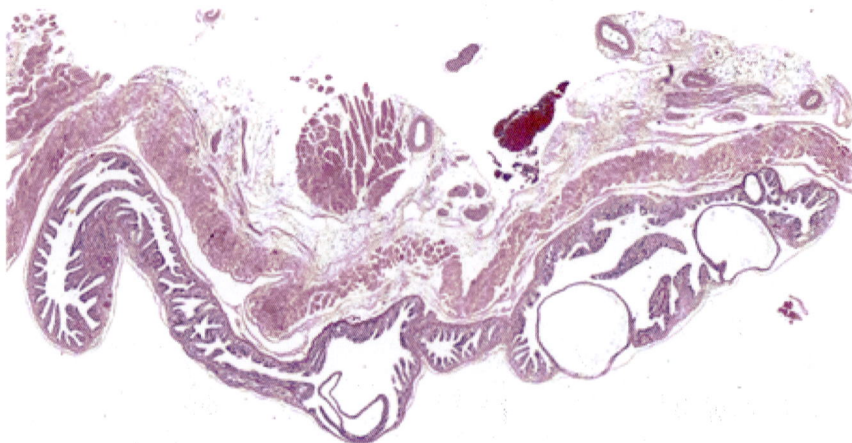

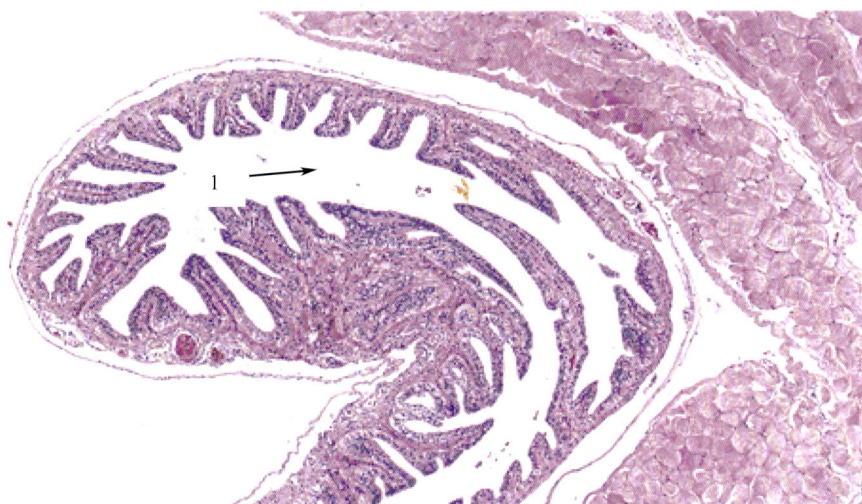

图 8-69
牛蛙输卵管 2
（HE 染色，50 倍）

1—管腔

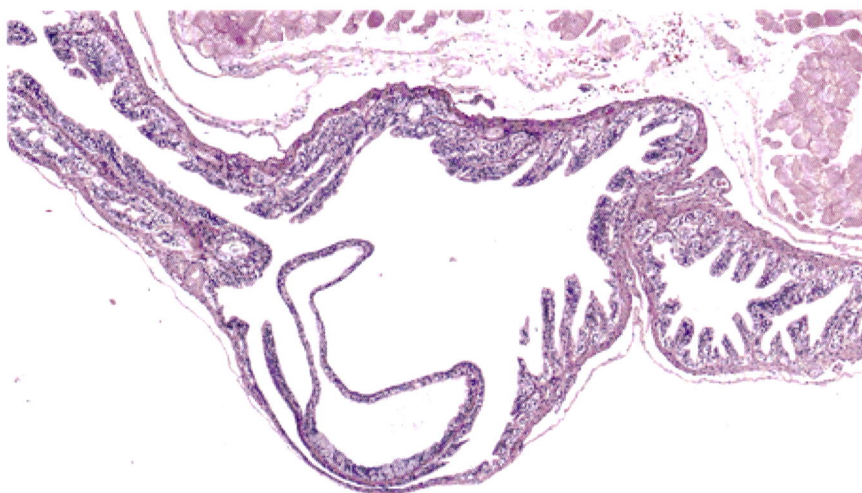

图 8-70
牛蛙输卵管 3
（HE 染色，50 倍）

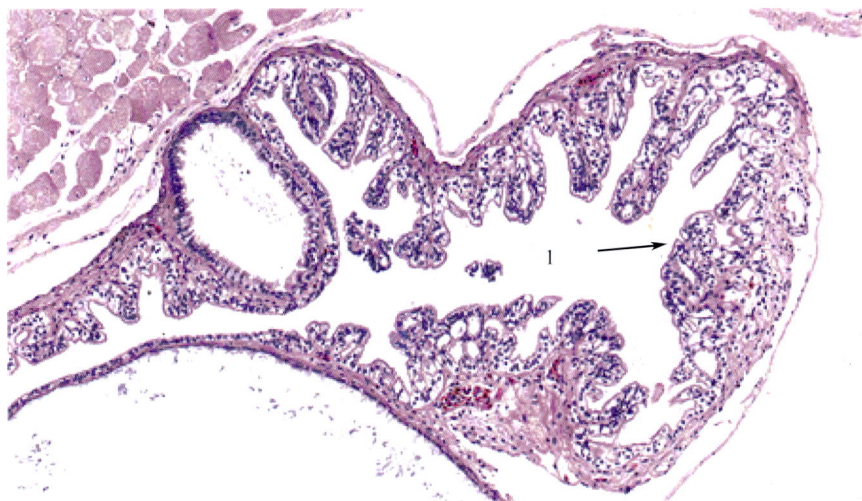

图 8-71
牛蛙输卵管 4
（HE 染色，100 倍）

1—黏膜皱襞

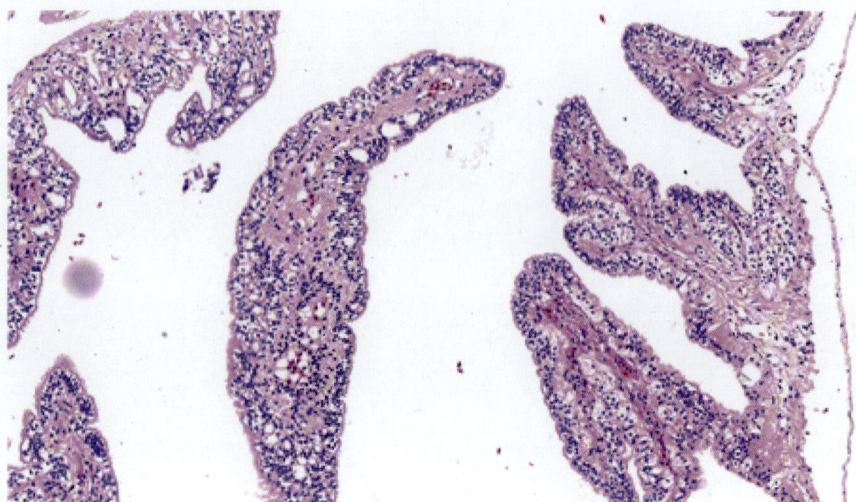

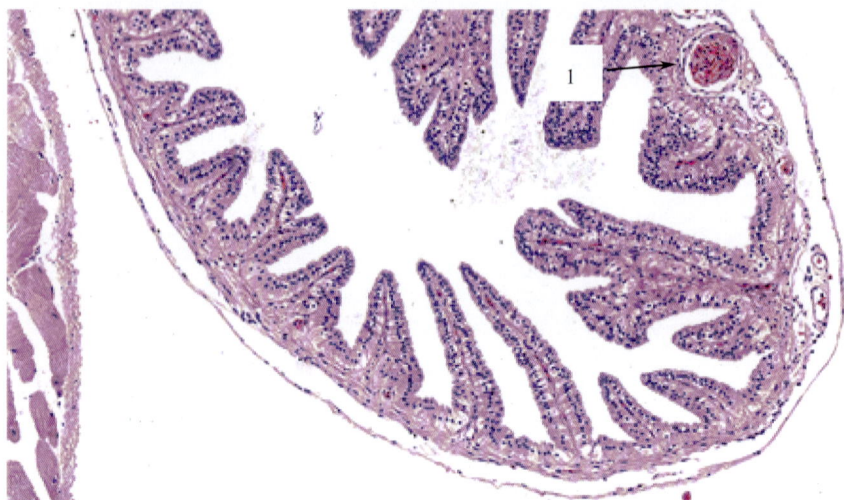

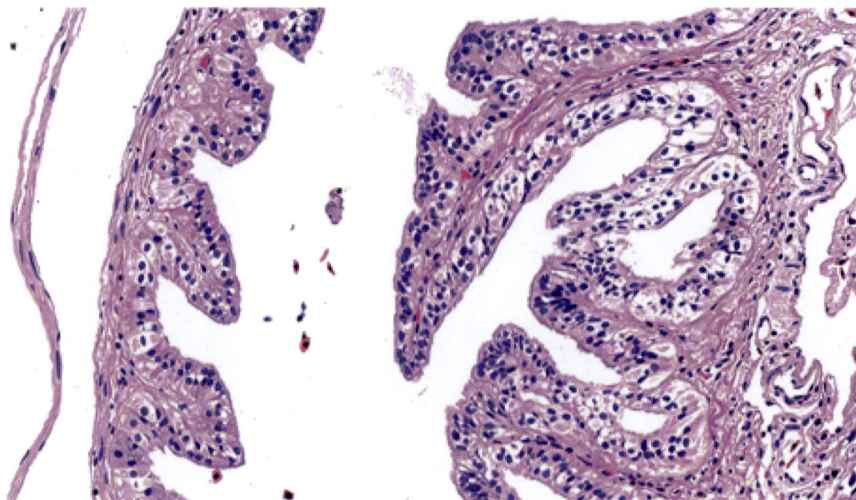

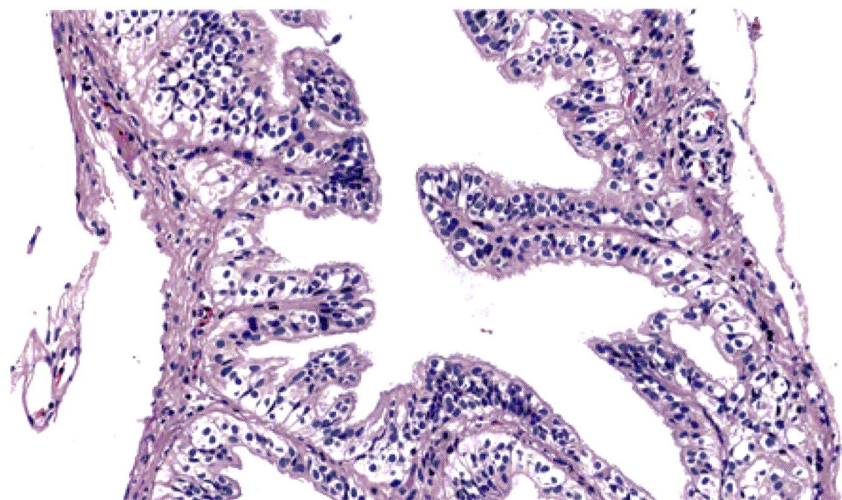

图 8-75
牛蛙输卵管 8
（HE 染色，200 倍）

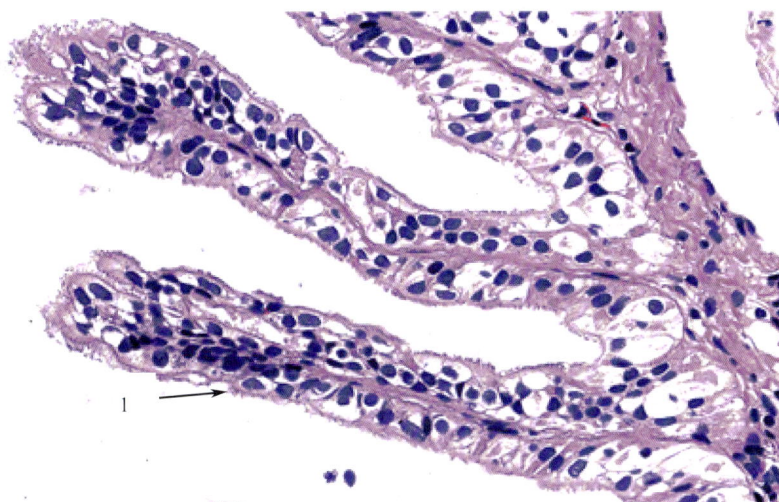

图 8-76
牛蛙输卵管 9
（HE 染色，400 倍）

1—黏膜皱襞

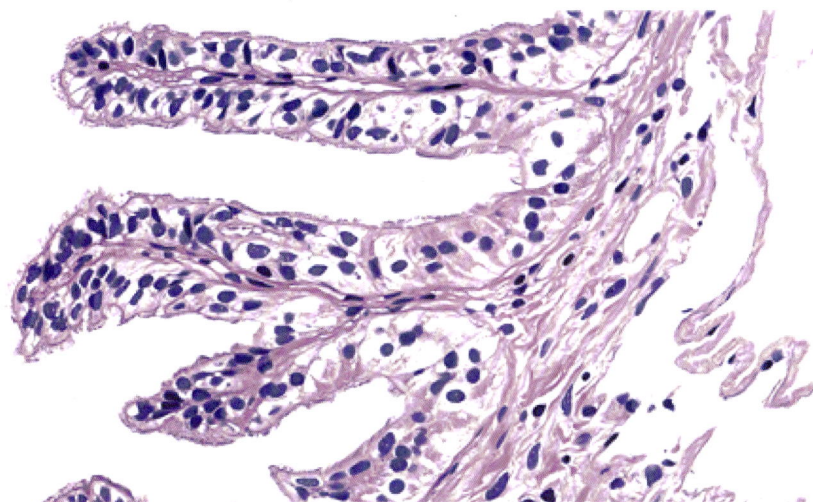

图 8-77
牛蛙输卵管 10
（HE 染色，400 倍）

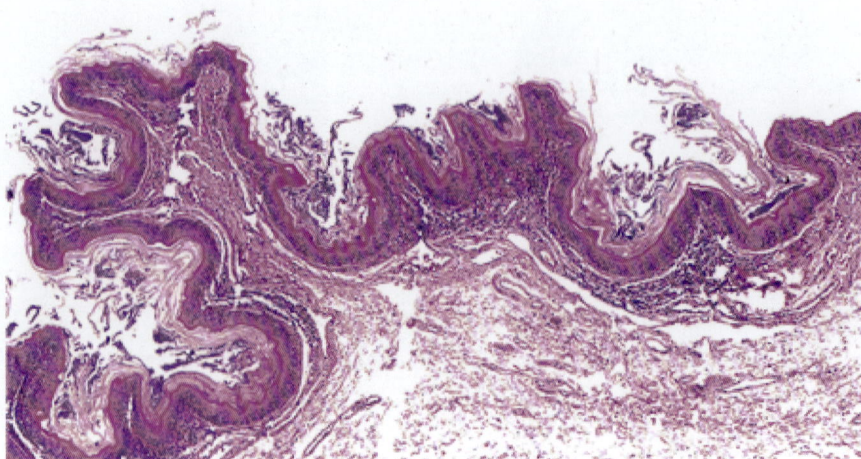

图 8-78
中华鳖产道 1
（HE 染色，60 倍）

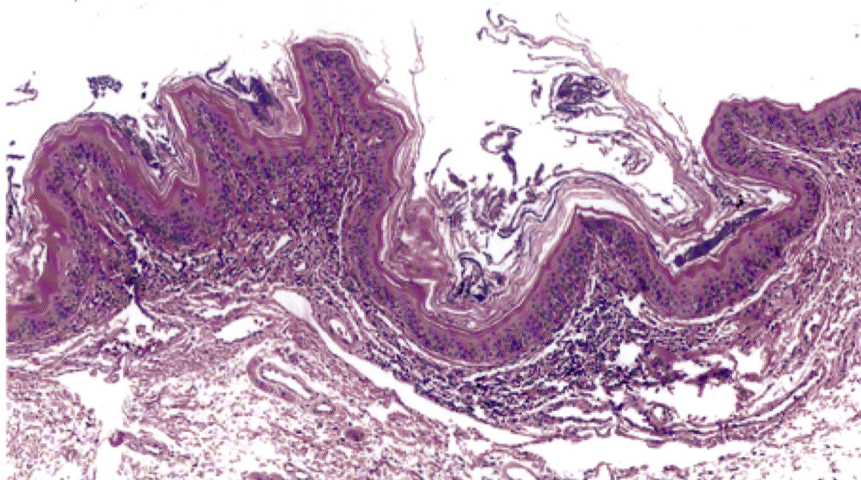

图 8-79
中华鳖产道 2
（HE 染色，100 倍）

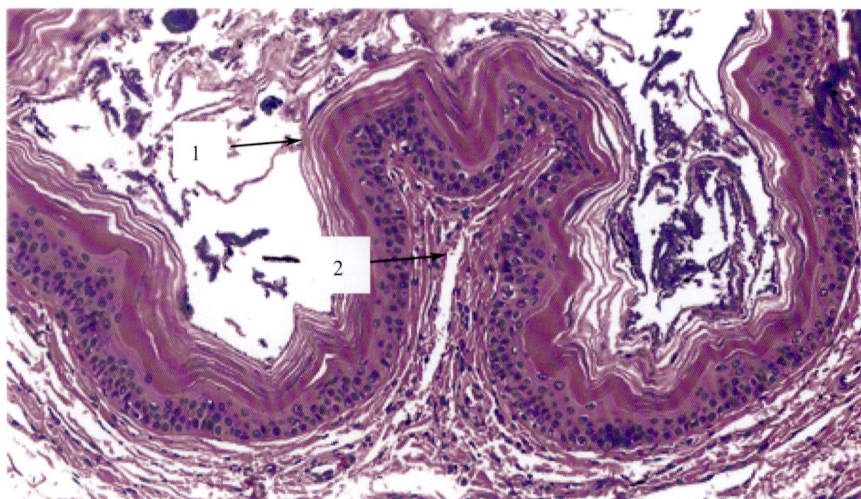

图 8-80
中华鳖产道黏膜 1
（HE 染色，200 倍）

1—黏膜上皮；
2—固有层

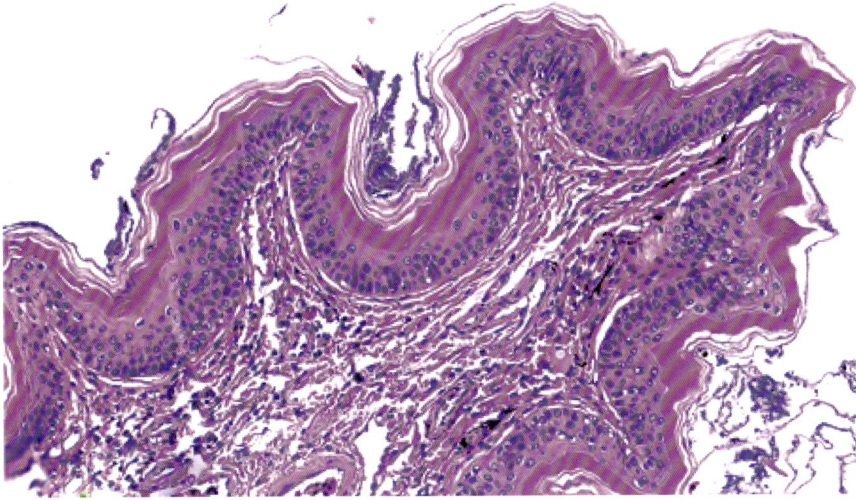

图 8-81
中华鳖产道黏膜 2
（HE 染色，200 倍）

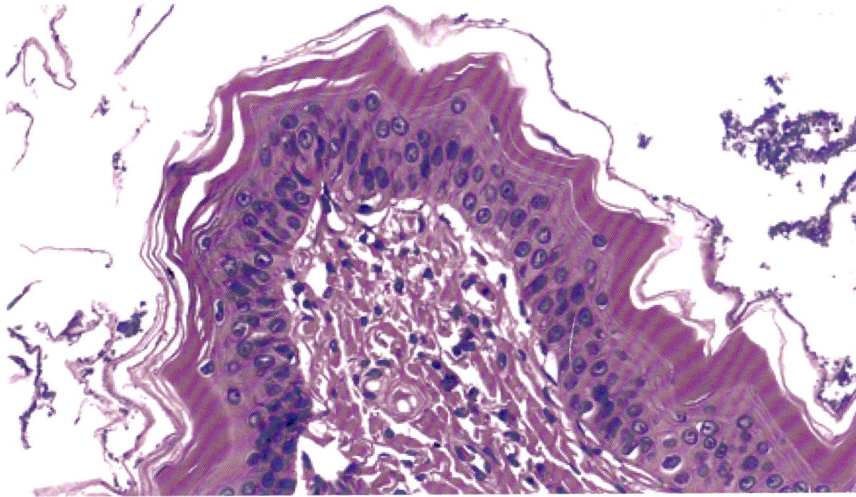

图 8-82
中华鳖产道黏膜 3
（HE 染色，400 倍）

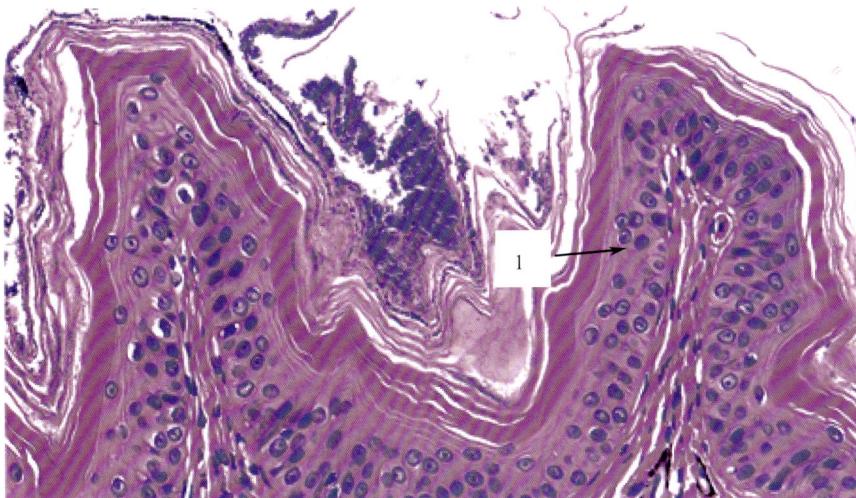

图 8-83
中华鳖产道黏膜 4
（HE 染色，400 倍）

1—黏膜上皮

图 8-84
中华鳖产道固有层 1
（HE 染色，400 倍）

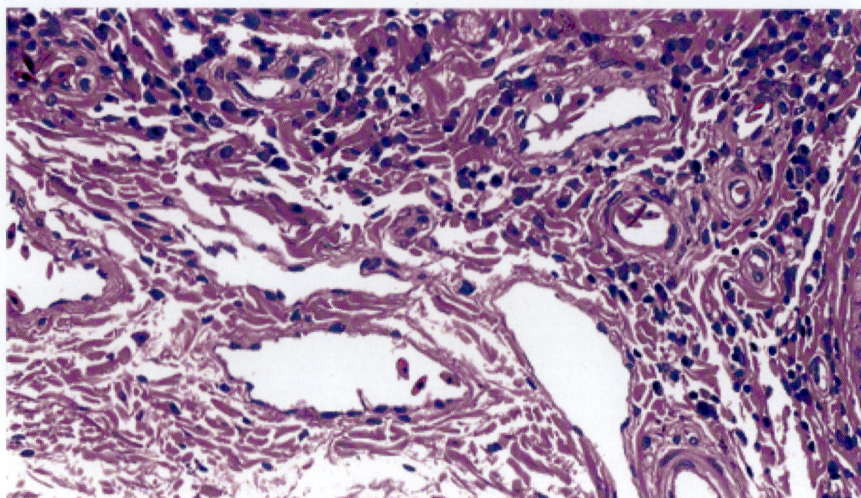

图 8-85
中华鳖产道固有层 2
（HE 染色，400 倍）

1—小血管；
2—神经

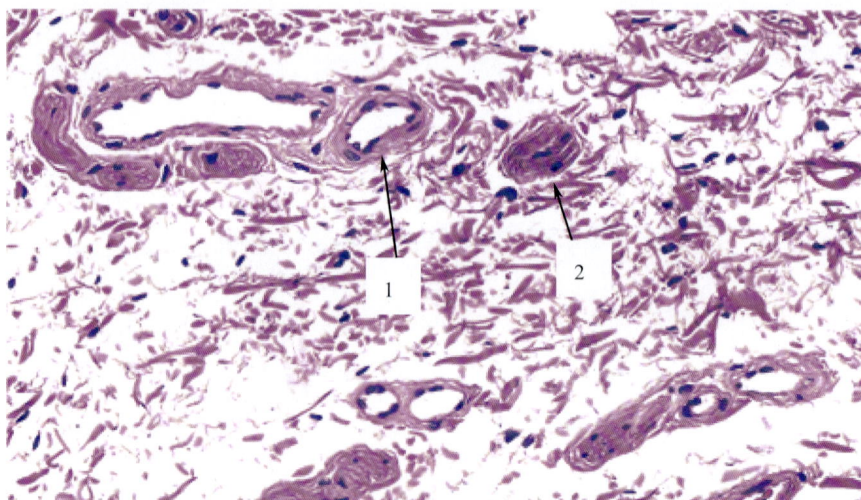

图 8-86
牛蛙产道 1
（HE 染色，25 倍）

1—黏膜上皮

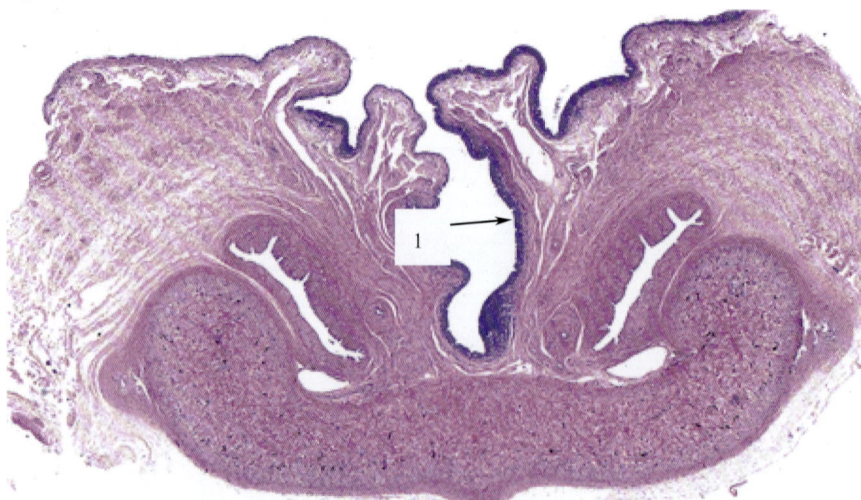

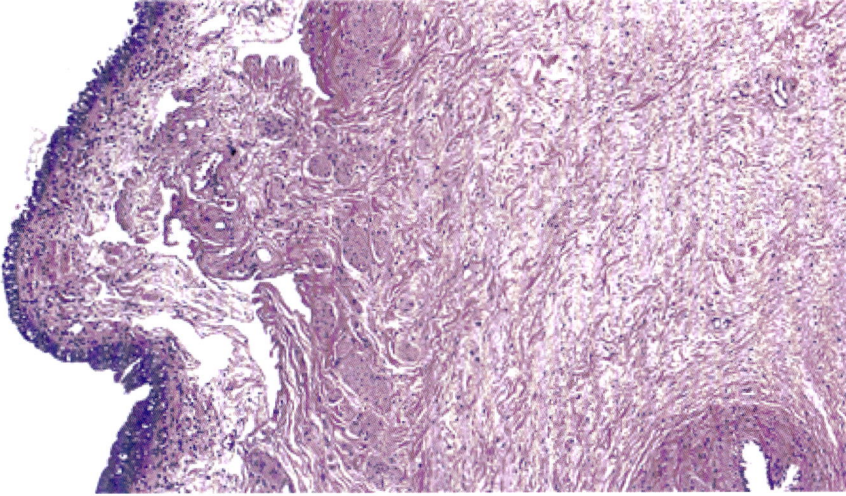

图 8-87
牛蛙产道 2
（HE 染色，100 倍）

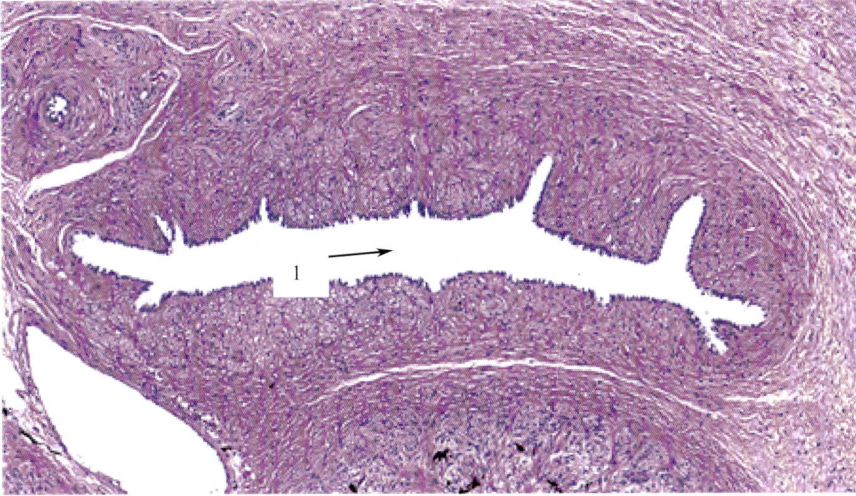

图 8-88
牛蛙产道 3
（HE 染色，100 倍）

1—管腔

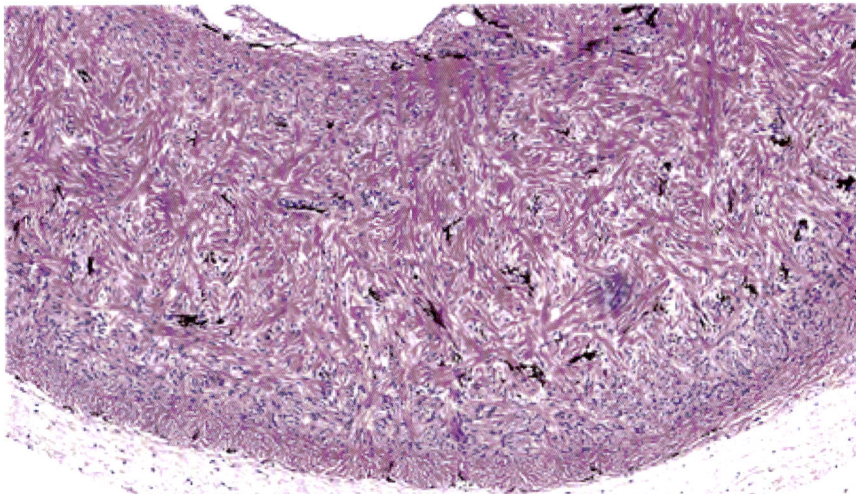

图 8-89
牛蛙产道 4
（HE 染色，100 倍）

图 8-90
牛蛙产道 5
（HE 染色，200 倍）

1—黏膜上皮细胞

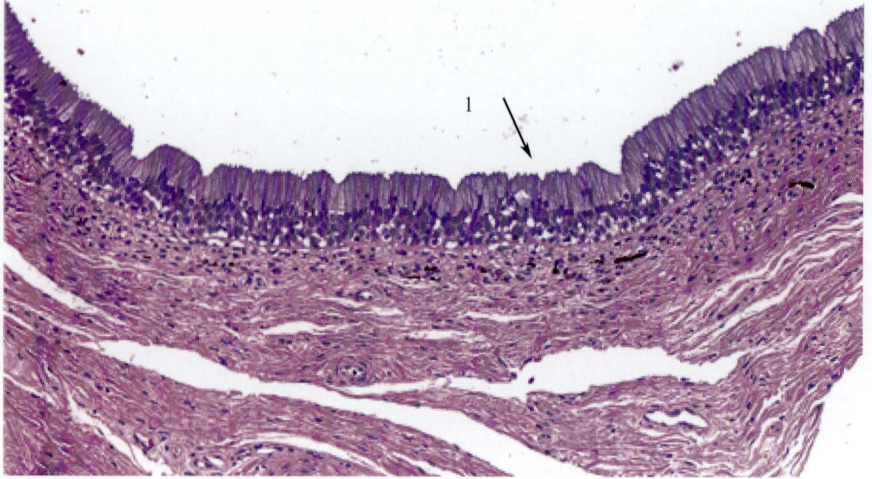

图 8-91
牛蛙产道 6
（HE 染色，200 倍）

1—淋巴组织；
2—黏膜上皮细胞

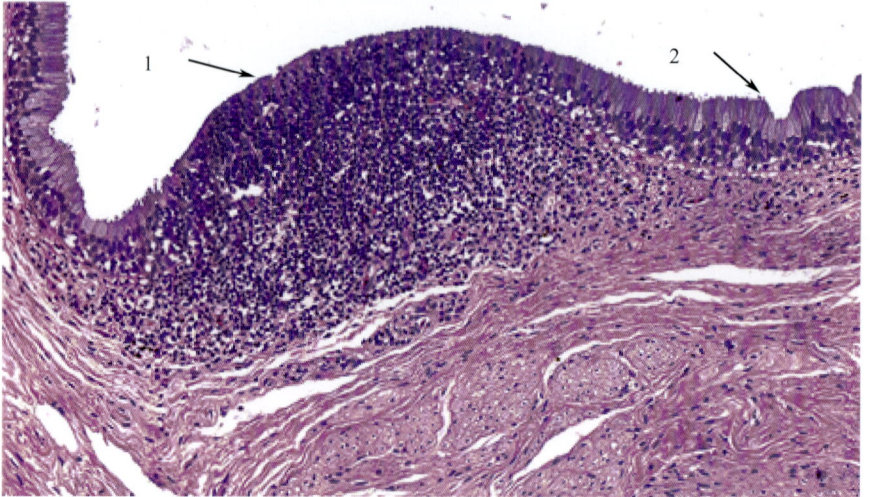

图 8-92
牛蛙产道 7
（HE 染色，200 倍）

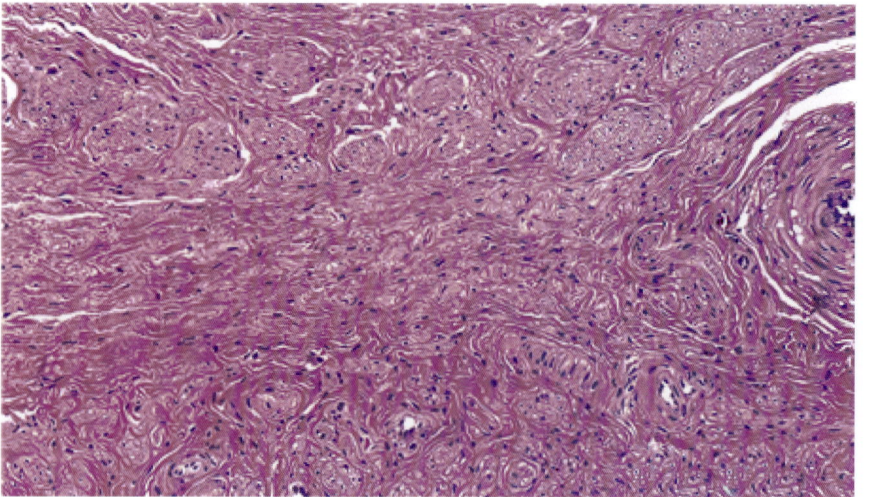

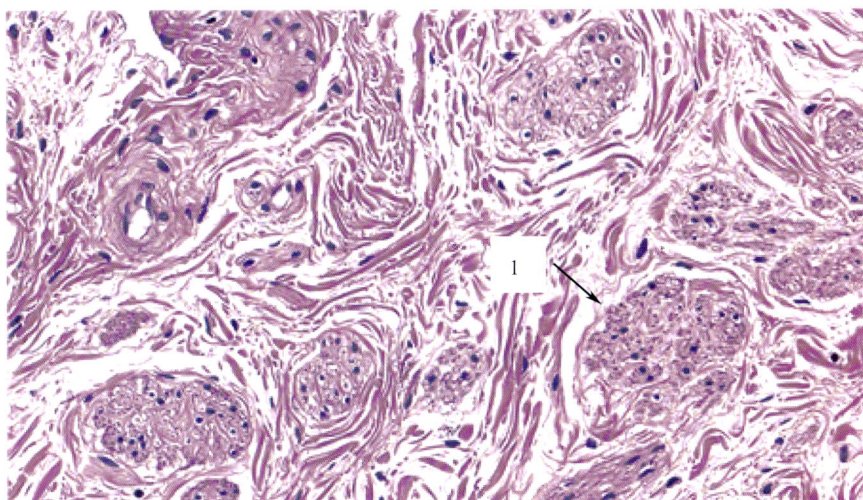

图 8-93
牛蛙产道 8
（HE 染色，200 倍）

1—神经

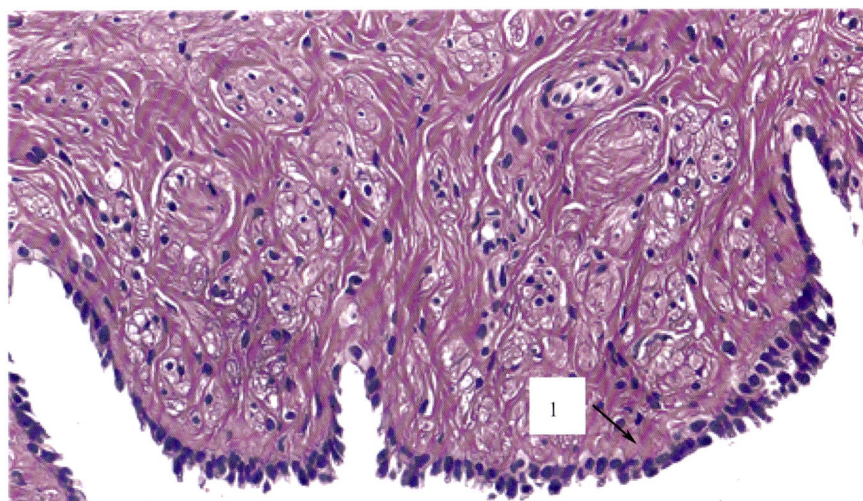

图 8-94
牛蛙产道 9
（HE 染色，400 倍）

1—上皮细胞

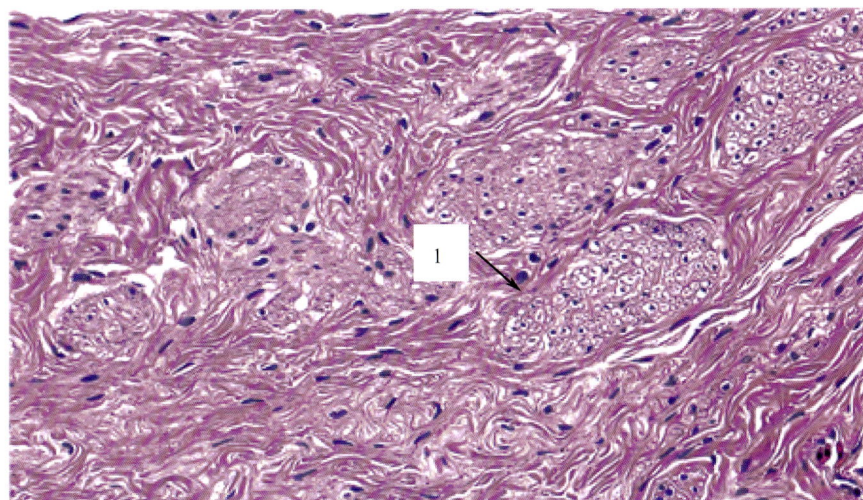

图 8-95
牛蛙产道 10
（HE 染色，400 倍）

1—神经

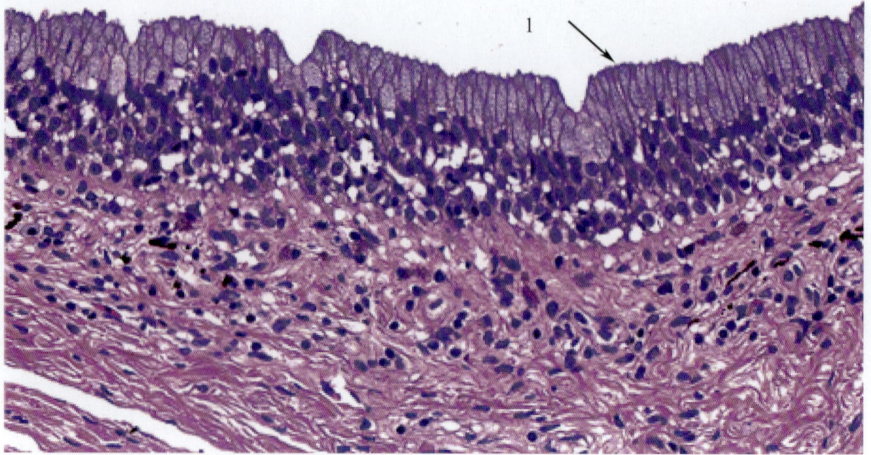

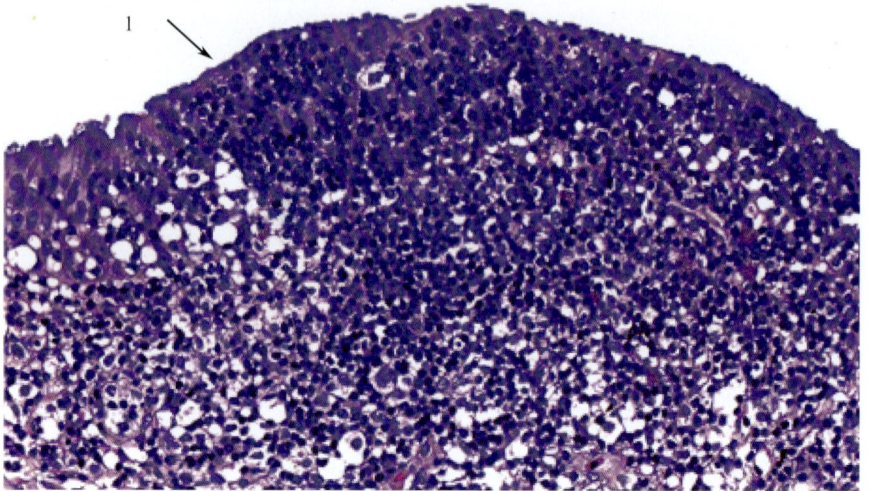

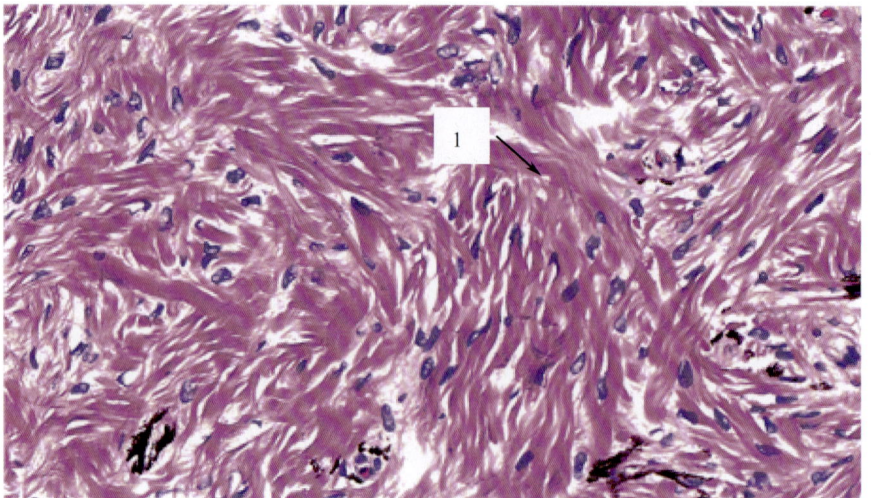

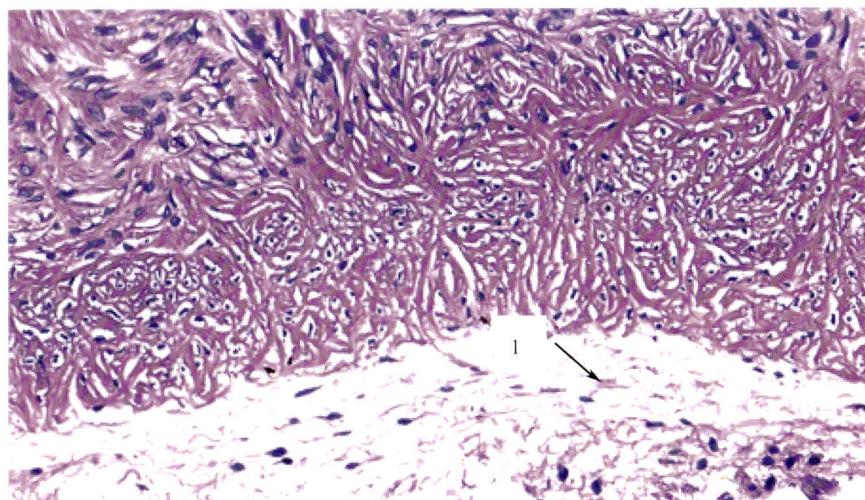

图 8-99
牛蛙产道 14
（HE 染色，400 倍）

1—外膜

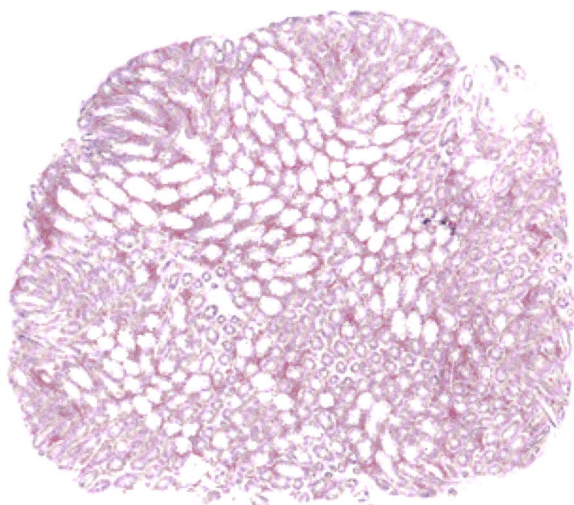

图 8-100
中华绒螯蟹卵巢 1
（HE 染色，13 倍）

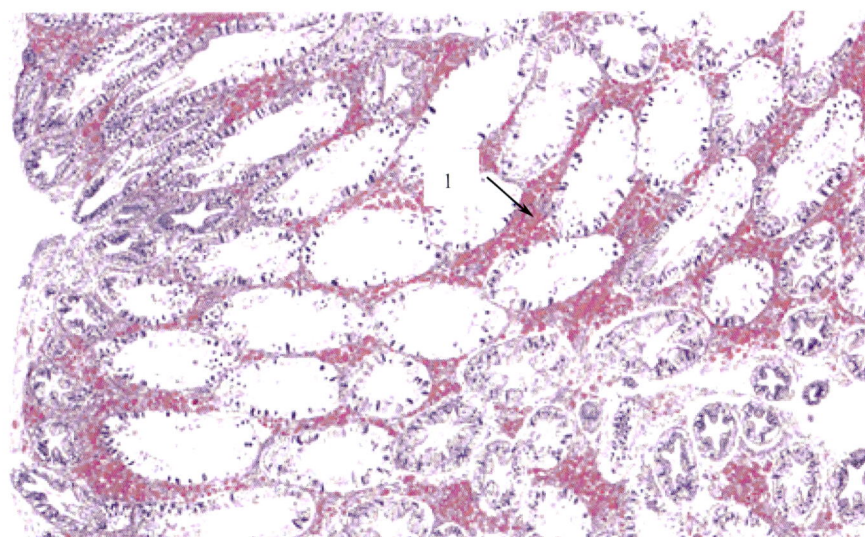

图 8-101
中华绒螯蟹卵巢 2
（HE 染色，50 倍）

1—卵巢组织

图 8-102
中华绒螯蟹卵巢 3
（HE 染色，100 倍）

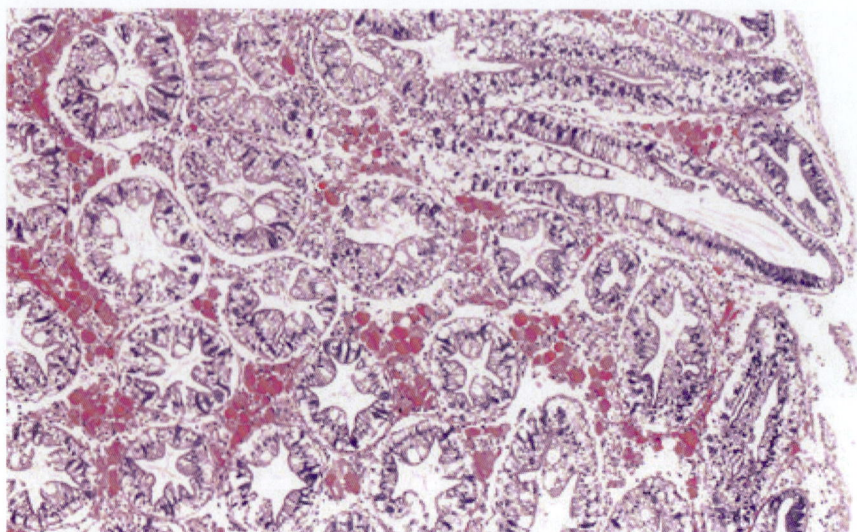

图 8-103
中华绒螯蟹卵巢 4
（HE 染色，100 倍）

1—卵巢组织

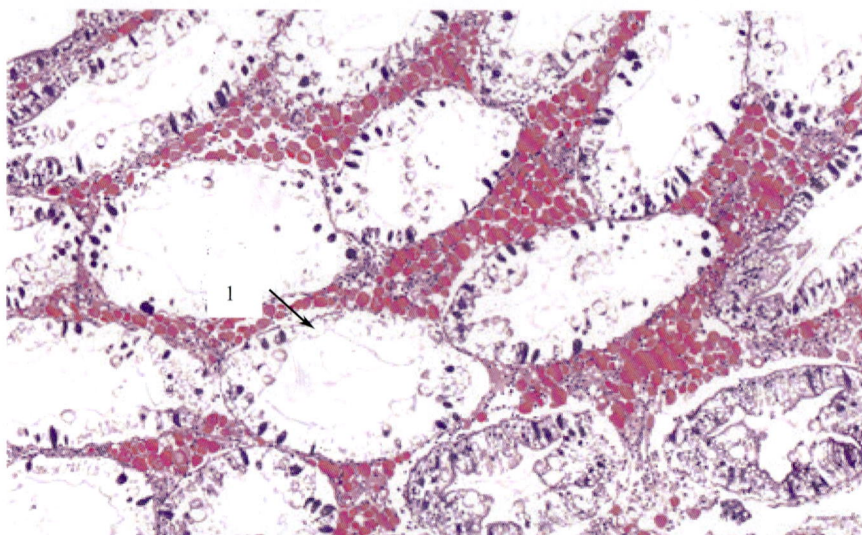

图 8-104
中华绒螯蟹卵巢 5
（HE 染色，100 倍）

1—导管上皮细胞

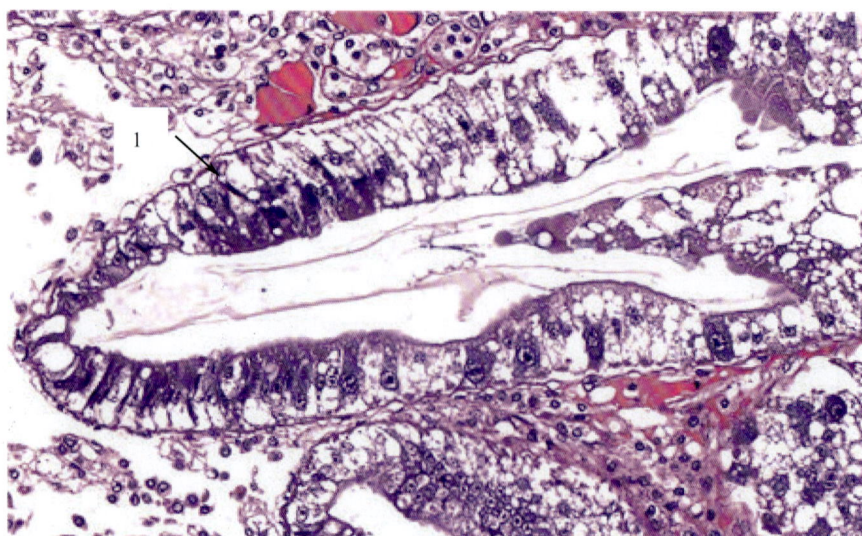

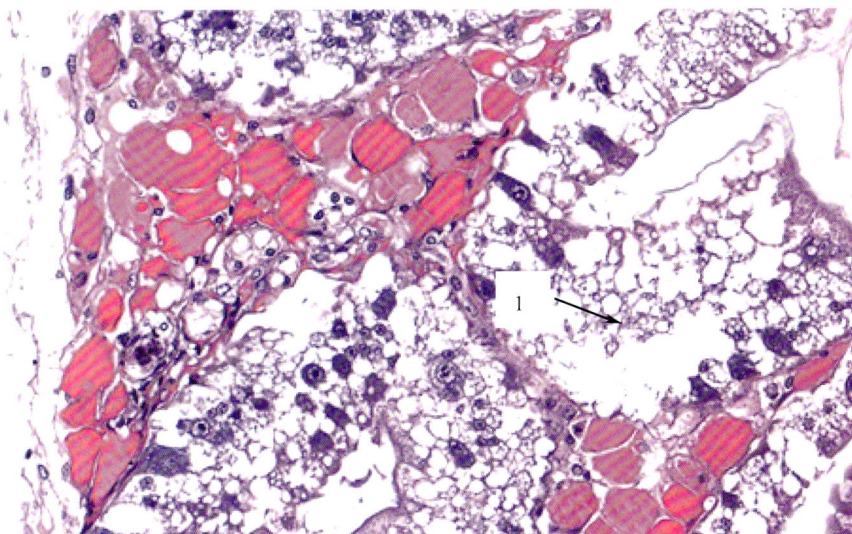

图 8-105
中华绒螯蟹卵巢 6
（HE 染色，100 倍）

1—导管上皮细胞

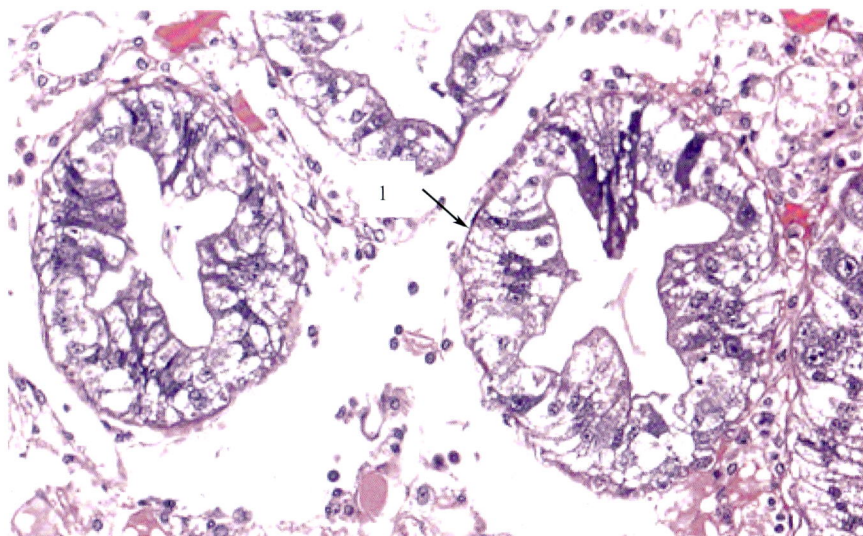

图 8-106
中华绒螯蟹卵巢 7
（HE 染色，100 倍）

1—导管上皮细胞

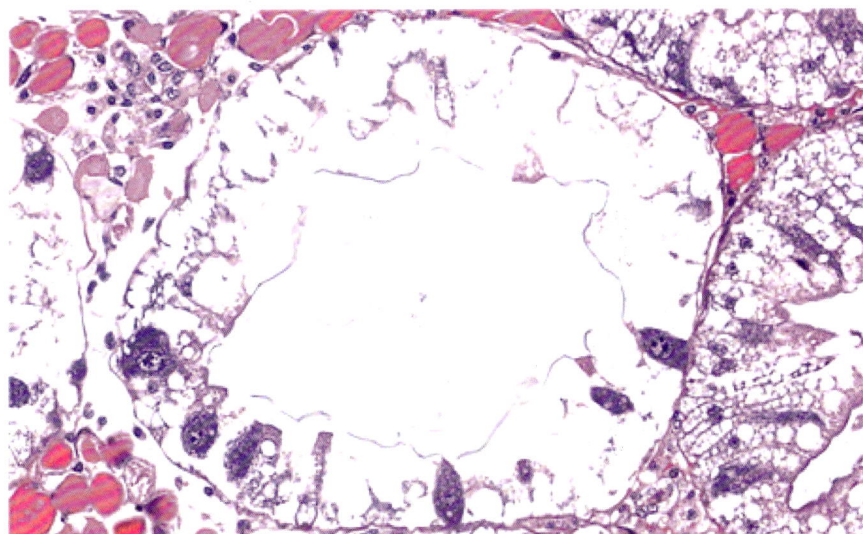

图 8-107
中华绒螯蟹卵巢 8
（HE 染色，100 倍）

第九章　心血管系统

心血管系统（cardiovascular system）由心脏、各级动脉、毛细血管和各级静脉构成。

第一节　血　液

血液（blood）包括血细胞（hemocyte）和血浆（blood plasma），血细胞的形态结构与家畜差异较大。

一、血浆

血浆（plasma）是血液的液体成分，水分占90%~92%，溶质以血浆蛋白（白蛋白、球蛋白和纤维蛋白原）为主，同时含有电解质、酶、激素类及胆固醇等。

二、血细胞

血细胞（hemocyte）包括红细胞、白细胞和血小板。

（1）红细胞（erythrocyte）　细胞呈扁椭圆形，核呈圆形，胞质含有血红蛋白、线粒体及高尔基复合体（golgi complex）等细胞器，核染色质呈颗粒状。

（2）白细胞（leukocyte）　主要有淋巴细胞、单核细胞、嗜中性粒细胞、嗜碱性粒细胞、嗜酸性粒细胞和血栓细胞。细胞呈球形，核呈分叶状，含许多暗红色的杆状或纺锤形嗜酸性颗粒，与家畜的中性粒细胞相似。

（3）血栓细胞　呈纺锤形，核呈椭圆形，参与止血和凝血。

见图9-1、图9-2。

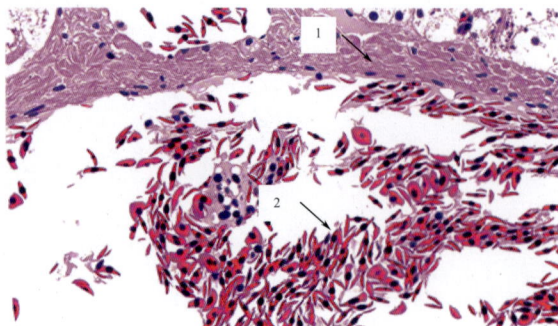

图9-1
中华鳖门静脉血细胞
（HE 染色，400 倍）

1—血管；
2—血细胞

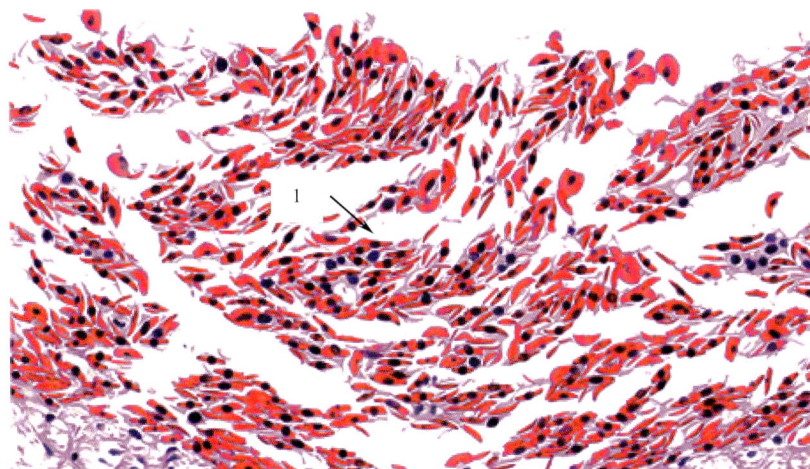

图 9-2
中华鳖肠系膜静脉血细胞
（HE 染色，400 倍）

1—血细胞

第二节 心 脏

一、组织结构

1. 心内膜

（1）内皮　内皮由单层扁平上皮形成光滑表面，利于血液流动。

（2）内皮下层　内皮下层为含有少量平滑肌纤维的薄层结缔组织。

（3）外层　为含有小血管和神经的疏松结缔组织，又称心内膜下层；在心室的心内膜有心脏传导系统——房室束和浦肯野纤维的分支。

2. 心肌膜

由心房肌细胞、心室肌细胞和特化的心肌细胞 [包括窦房结、房内束、房室交界部、房室束（希斯束）及浦肯野纤维等] 构成的一种肌肉组织，肌纤维间富含毛细血管。分为内纵行肌、中环行肌和外斜行肌。心房肌纤维短而细，部分细胞分泌具有排钠、利尿、扩张血管和降低血压作用的心房钠尿肽（心钠素、心房肽）。

3. 心外膜

心外膜为位于心包脏层，间皮和结缔组织形成的浆膜分布有血管、神经和脂肪组织。心包脏层（心外膜）与壁层之间的心包腔含有少量浆液，可减少摩擦，利于心脏搏动。

4. 心瓣膜

包括位于房室孔（atrioventricular orifice, AVO，又称房室口）的二尖瓣、三尖瓣和位于动脉口（ostia arteriosa）的动脉瓣，由心内膜包裹向腔内突起形成，表面为单层扁平内皮，阻止心房和心室收缩时血液倒流。

见图 9-3 ～图 9-40。

图 9-3
鲢鱼心房 1
（HE 染色，100 倍）

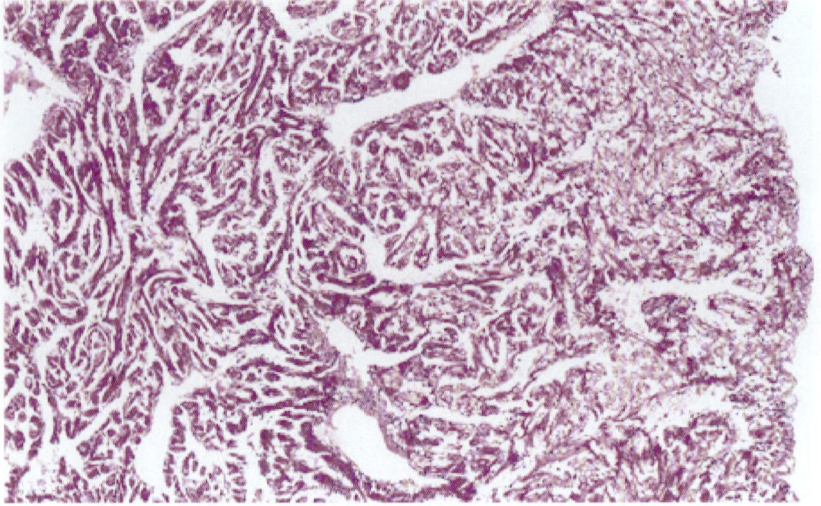

图 9-4
鲢鱼心房 2
（HE 染色，400 倍）

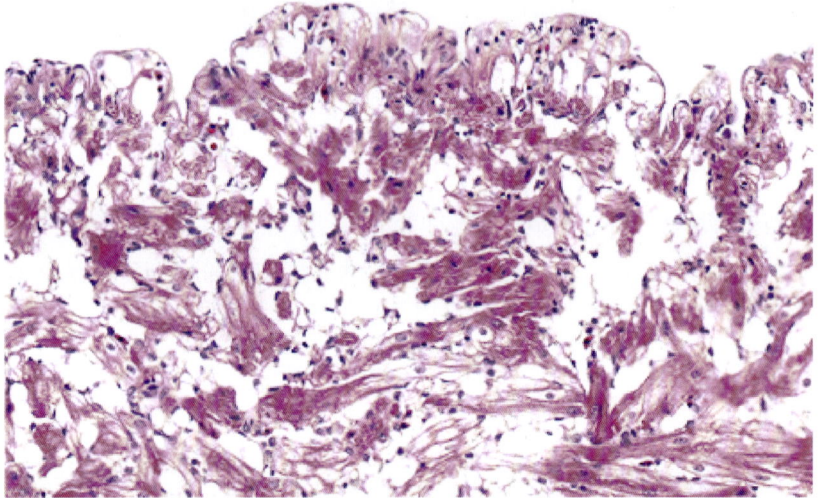

图 9-5
鲢鱼心房 3
（HE 染色，400 倍）

1—心房腔；
2—心肌细胞

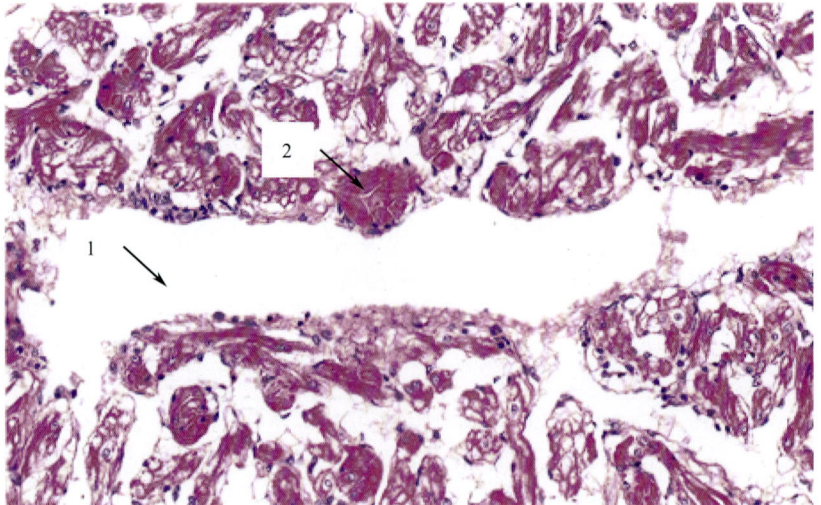

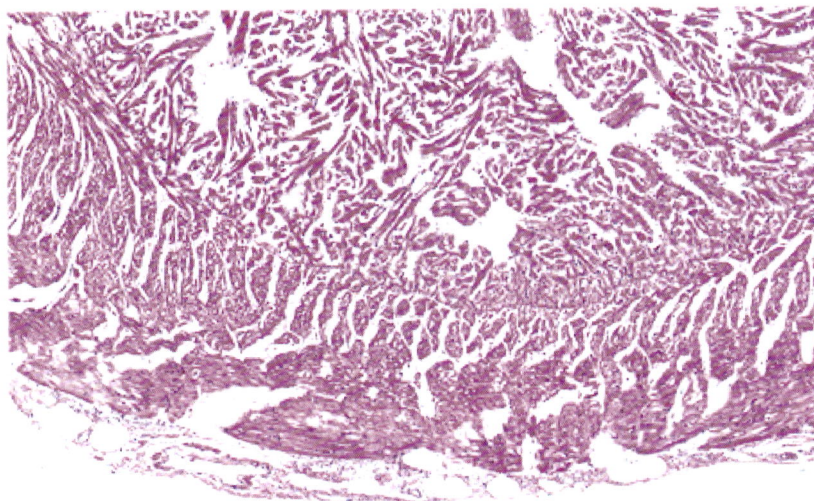

图 9-6
鲢鱼心室 1
（HE 染色，100 倍）

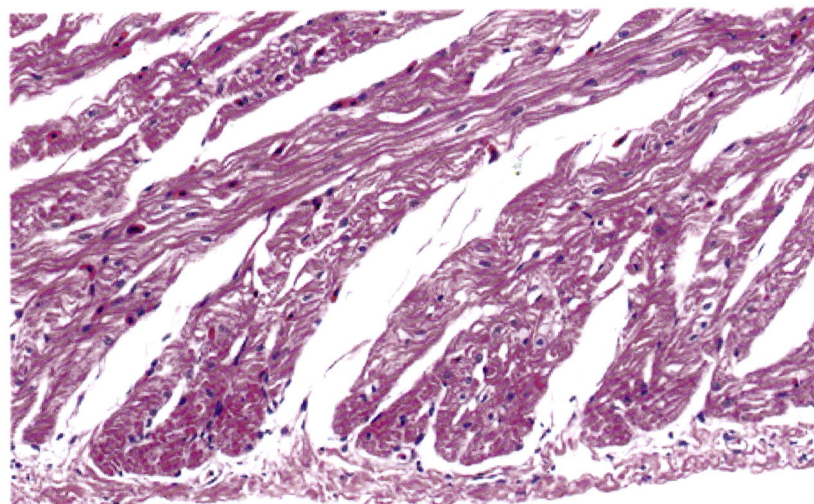

图 9-7
鲢鱼心室 2
（HE 染色，400 倍）

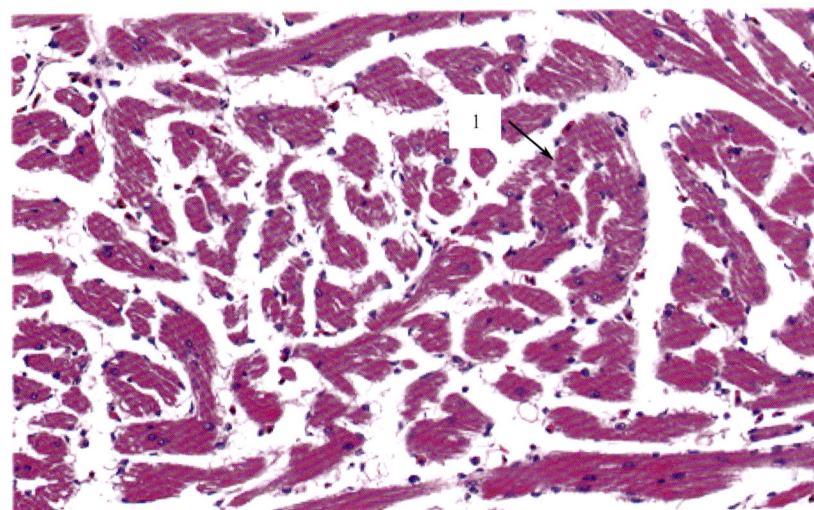

图 9-8
鲢鱼心室 3
（HE 染色，400 倍）

1—心肌细胞

图 9-9
鲢鱼心室 4
（HE 染色，400 倍）

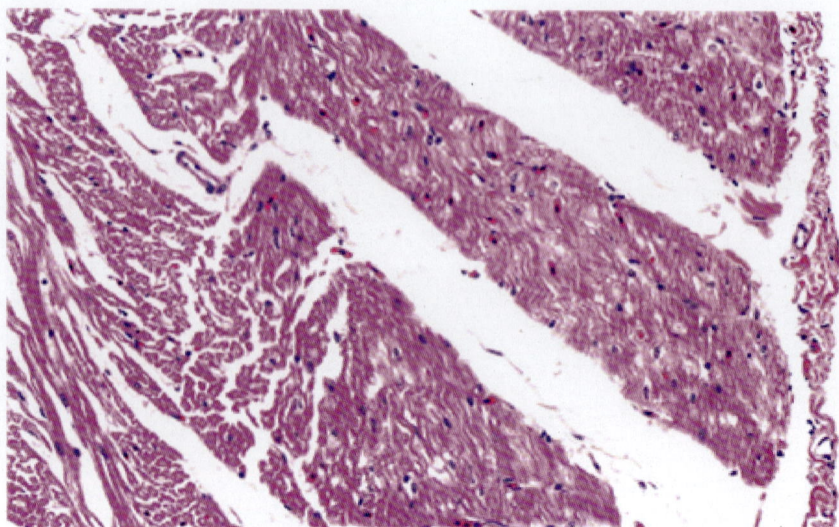

图 9-10
鲢鱼心室 5
（HE 染色，400 倍）

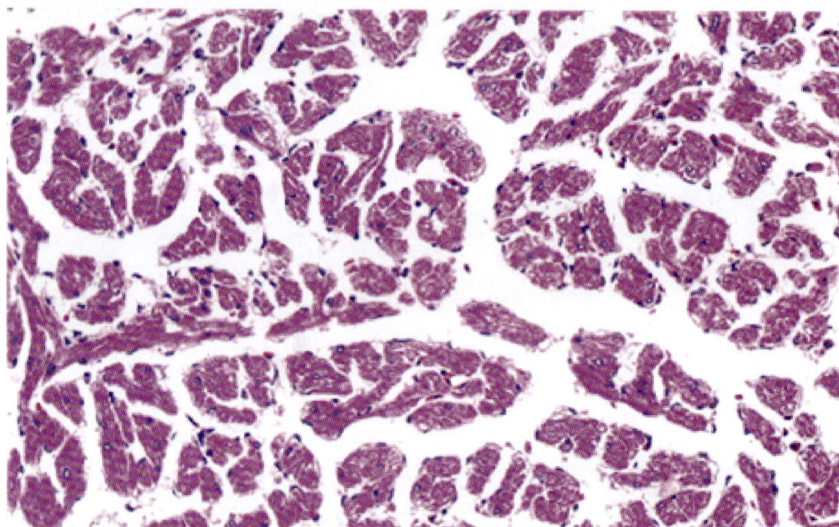

图 9-11
中华草龟心房 1
（HE 染色，13 倍）

1—心房腔

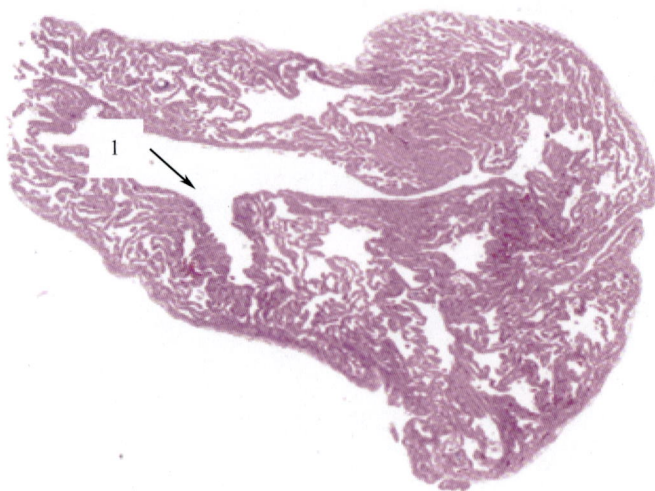

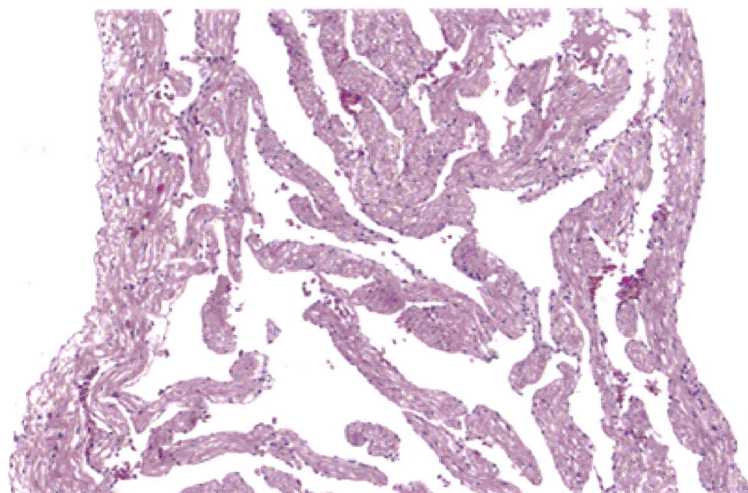

图 9-12
中华草龟心房 2
（HE 染色，100 倍）

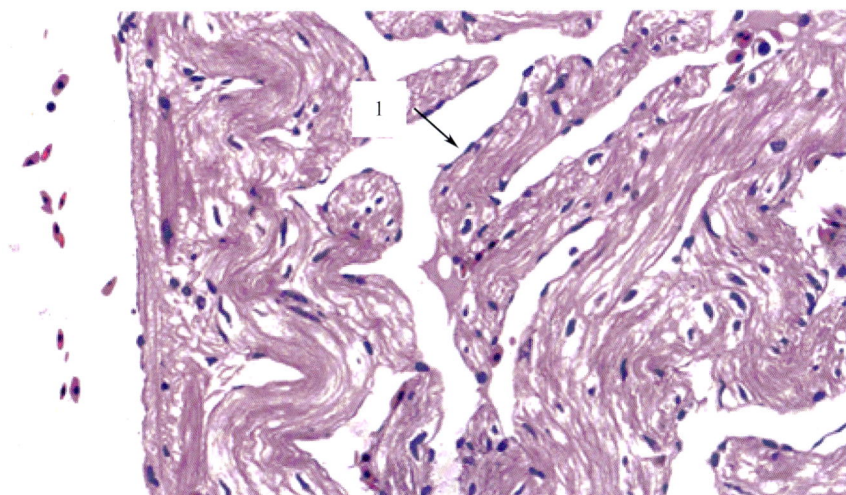

图 9-13
中华草龟心房 3
（HE 染色，400 倍）

1—心肌细胞

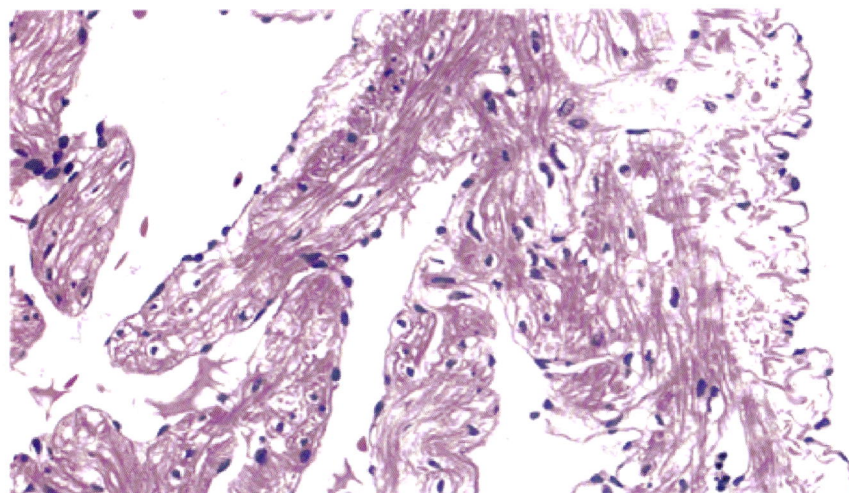

图 9-14
中华草龟心房 4
（HE 染色，400 倍）

图 9-15
中华草龟心房 5
（HE 染色，400 倍）

1—血细胞

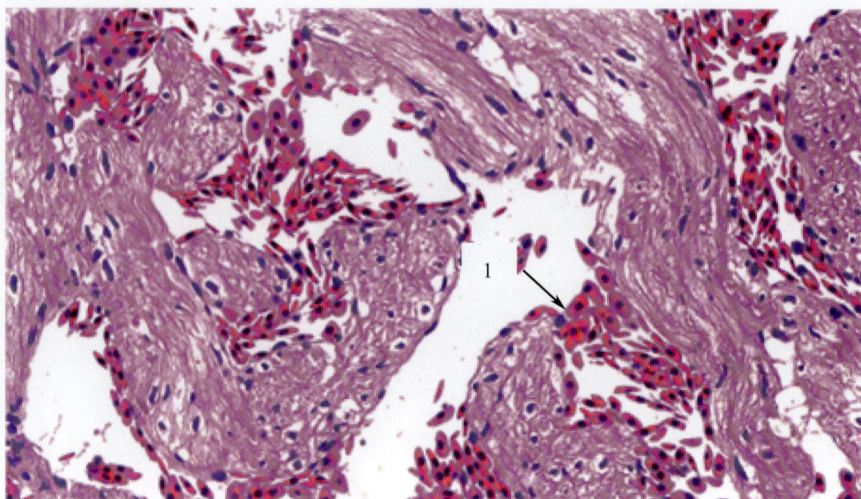

图 9-16
中华草龟心室 1
（HE 染色，15 倍）

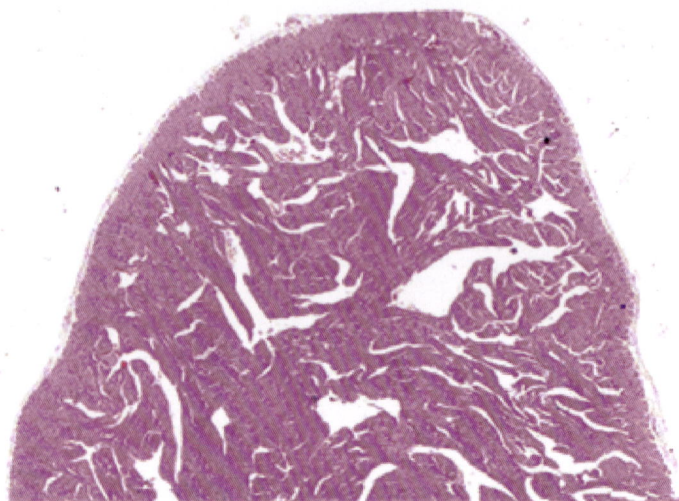

图 9-17
中华草龟心室 2
（HE 染色，50 倍）

1—心肌细胞

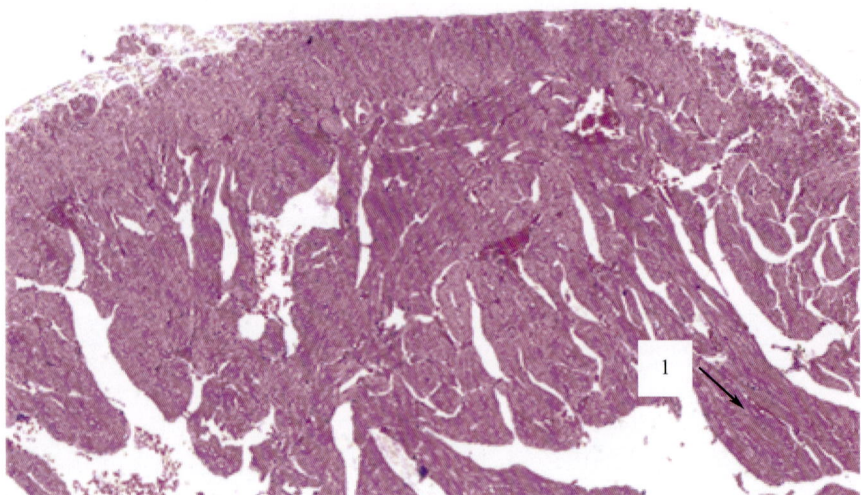

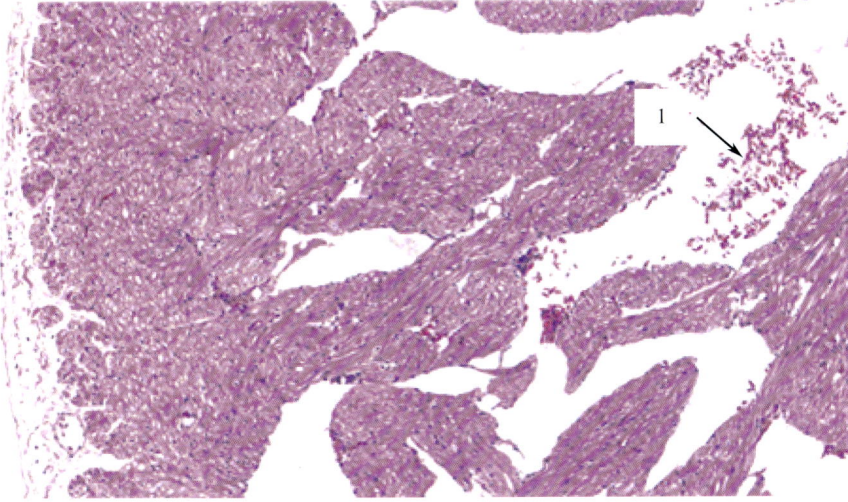

图 9–18
中华草龟心室 3
（HE 染色，100 倍）

1—血细胞

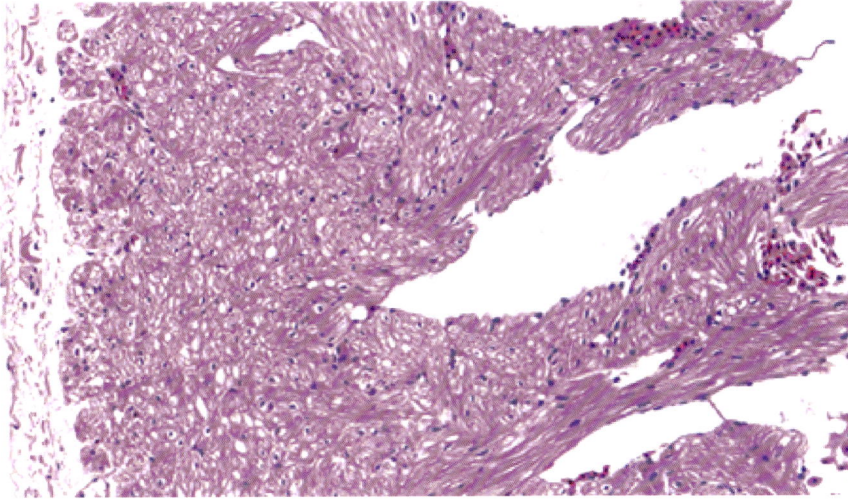

图 9–19
中华草龟心室 4
（HE 染色，200 倍）

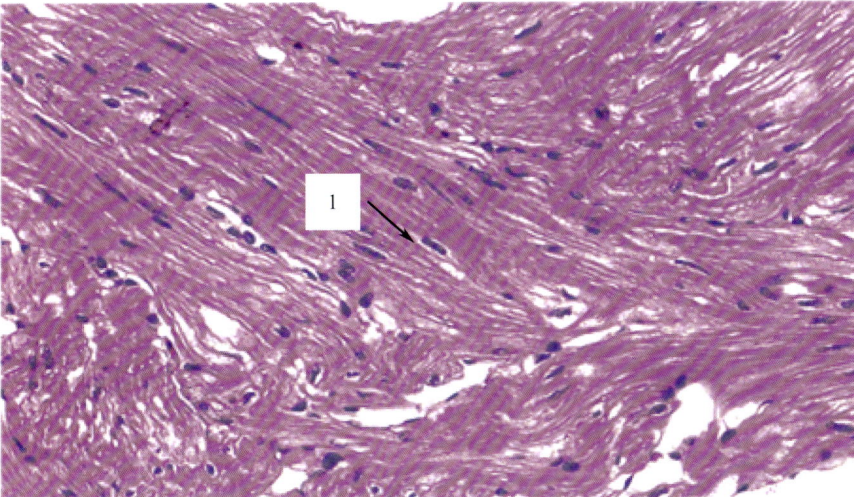

图 9–20
中华草龟心室 5
（HE 染色，400 倍）

1—心肌细胞纵切面

图 9-21
中华草龟心室 6
（HE 染色，400 倍）

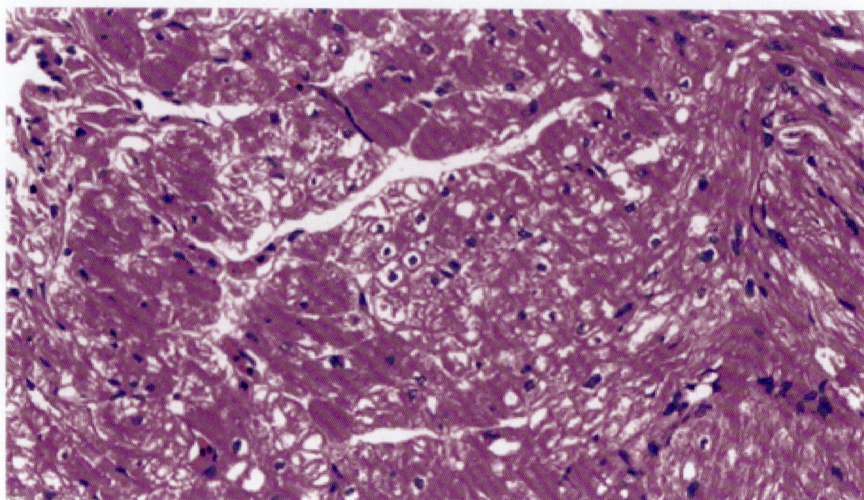

图 9-22
中华草龟心室 7
（HE 染色，400 倍）

1—心肌细胞纵切面

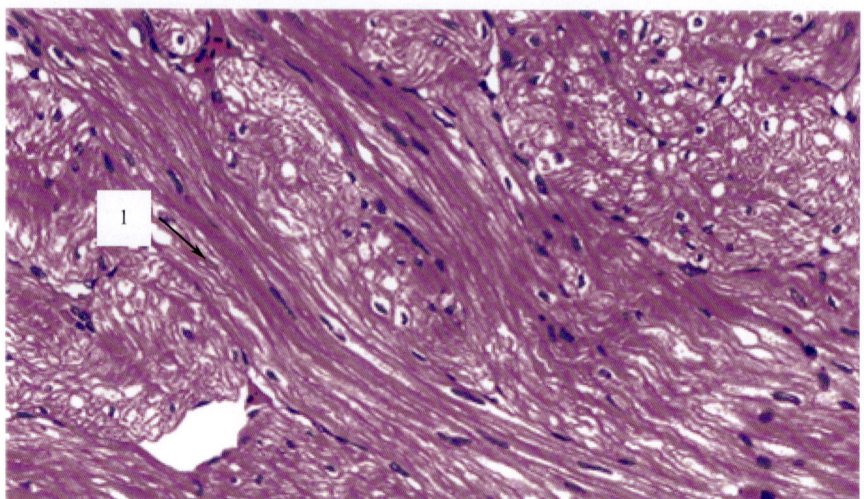

图 9-23
中华草龟心室 8
（HE 染色，400 倍）

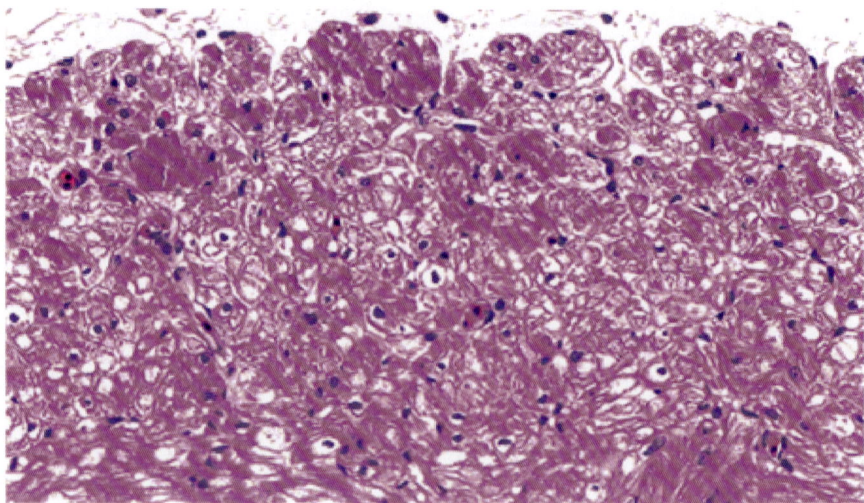

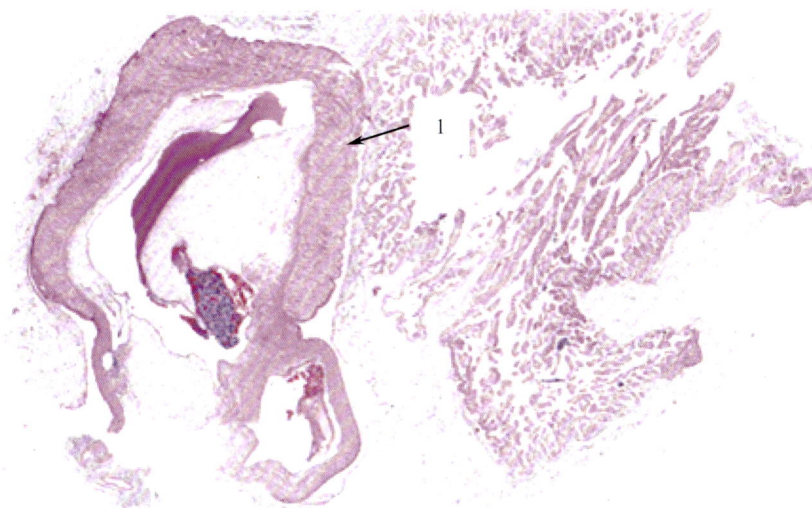

图 9-24
牛蛙心房 1
（HE 染色，15 倍）

1—心房壁

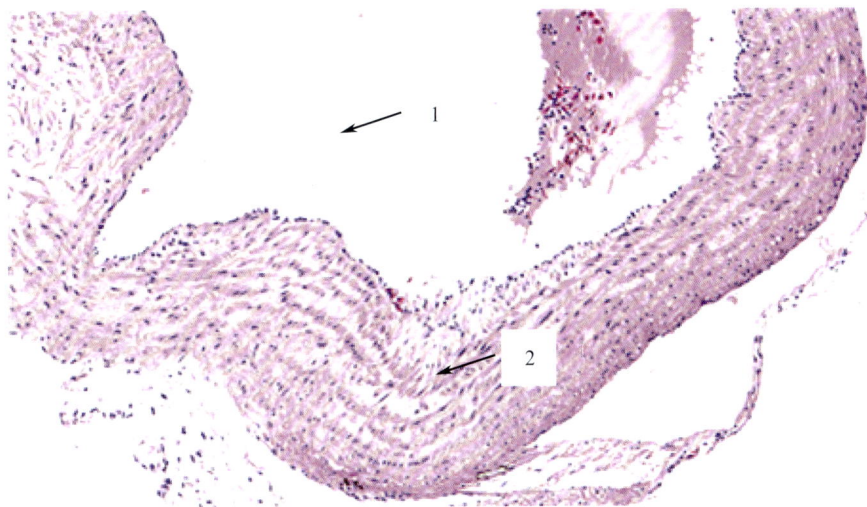

图 9-25
牛蛙心房 2
（HE 染色，100 倍）

1—心房腔；
2—心房壁

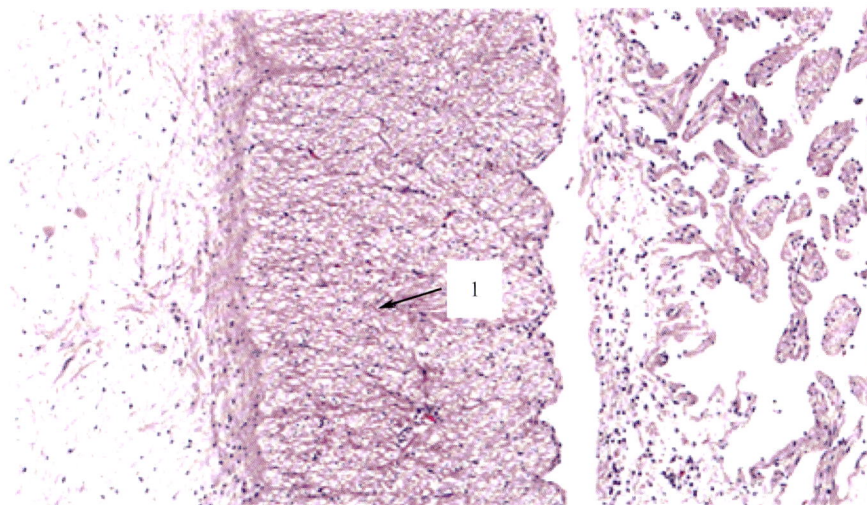

图 9-26
牛蛙心房 3
（HE 染色，100 倍）

1—心房壁

图 9-27
牛蛙心房 4
（HE 染色，200 倍）

1—血细胞

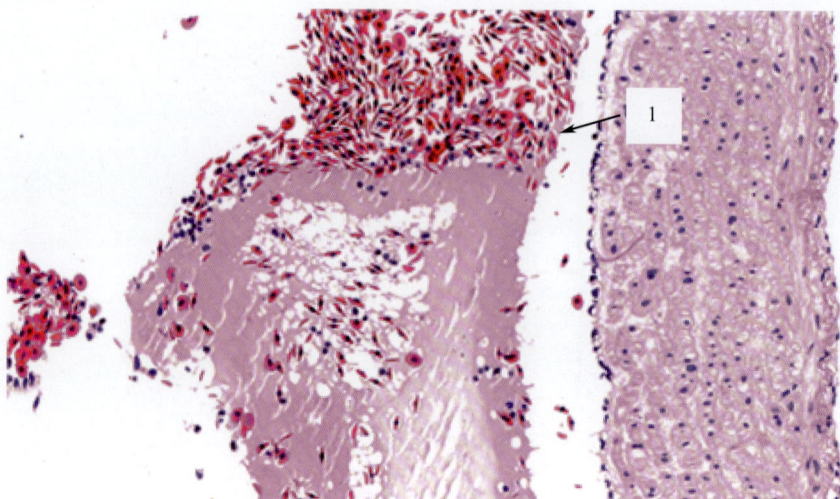

图 9-28
牛蛙心房 5
（HE 染色，200 倍）

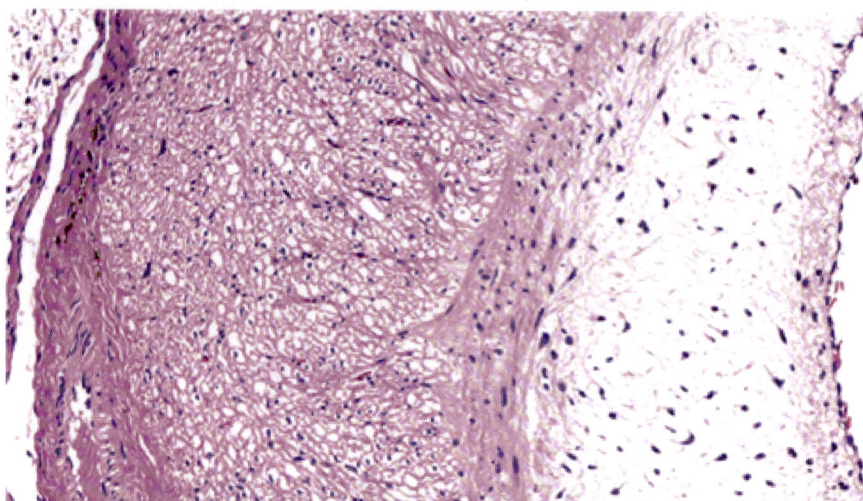

图 9-29
牛蛙心房 6
（HE 染色，400 倍）

1—心房壁内小静脉

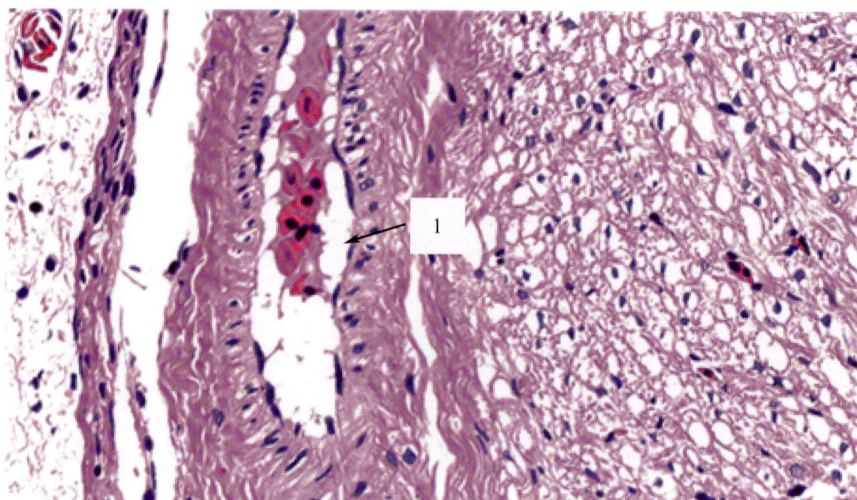

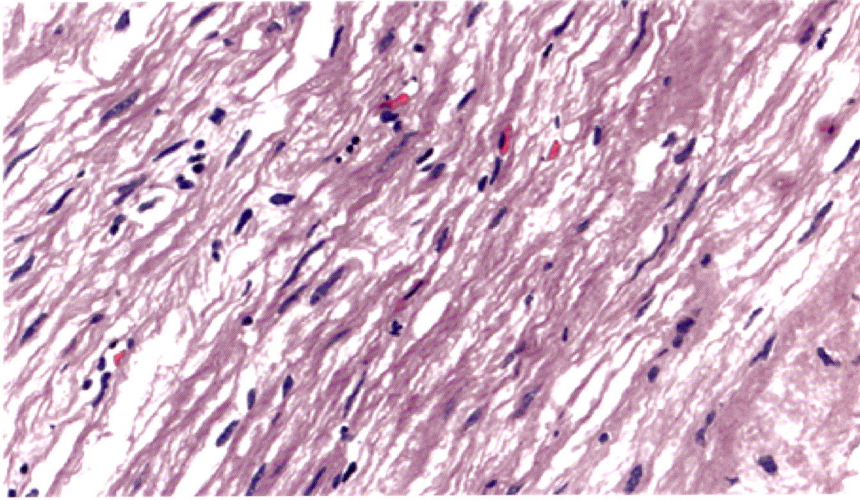

图 9-30
牛蛙心房 7
（HE 染色，400 倍）

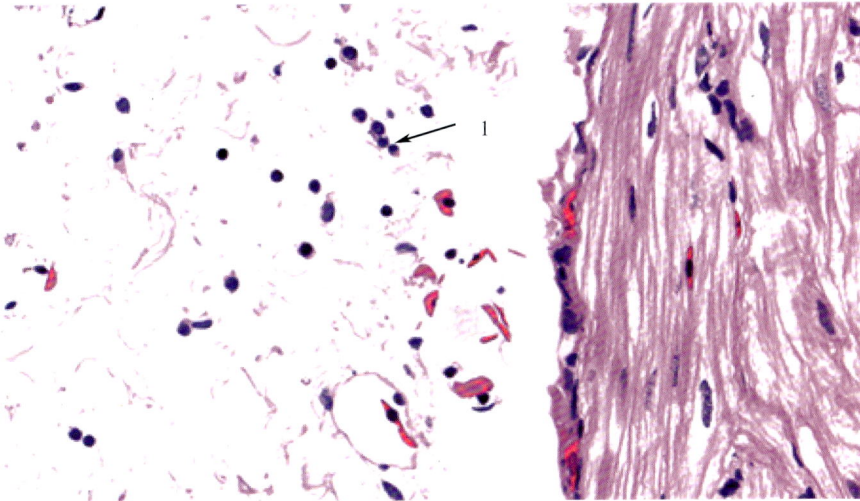

图 9-31
牛蛙心房 8
（HE 染色，400 倍）

1—白细胞

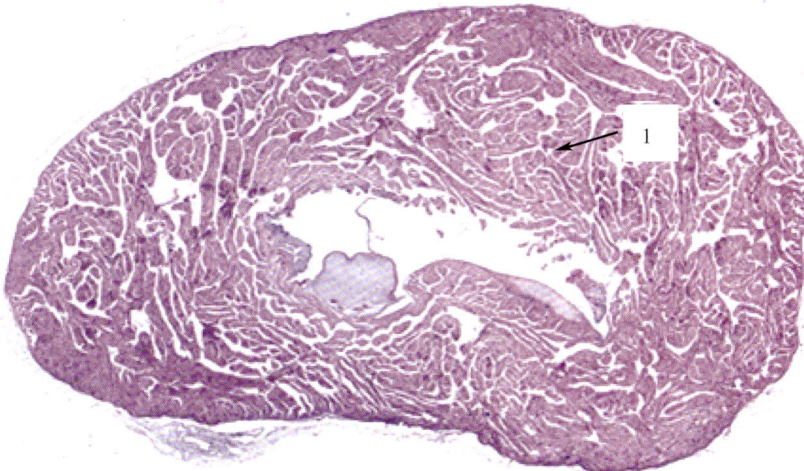

图 9-32
牛蛙心室 1
（HE 染色，13 倍）

1—心室壁

图 9-33
牛蛙心室 2
（HE 染色，50 倍）

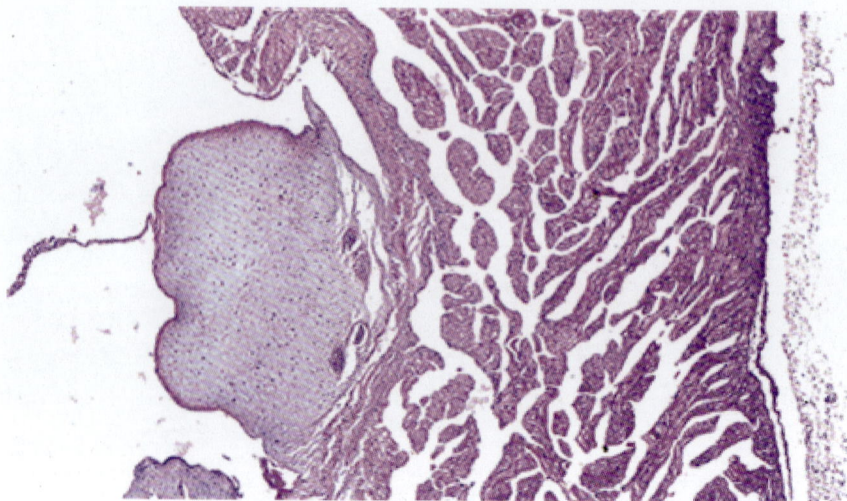

图 9-34
牛蛙心室 3
（HE 染色，100 倍）

1—血细胞

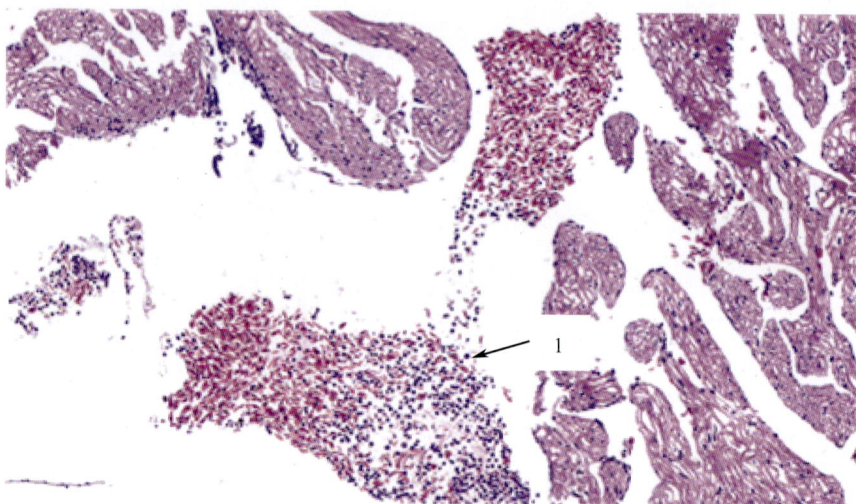

图 9-35
牛蛙心室 4
（HE 染色，100 倍）

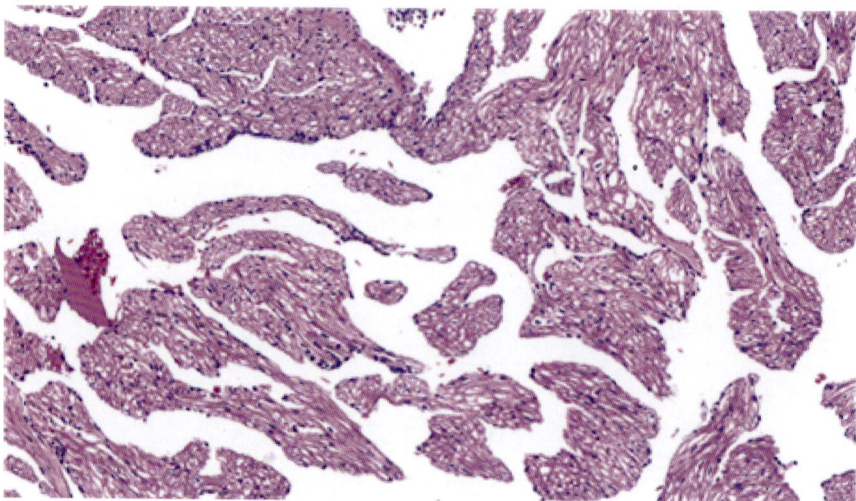

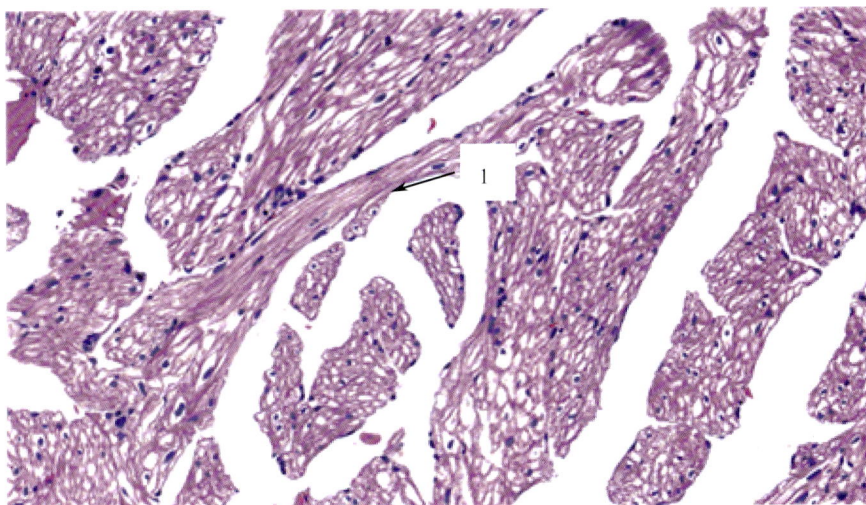

图 9-36
牛蛙心室 5
（HE 染色，200 倍）

1—心肌细胞纵切面

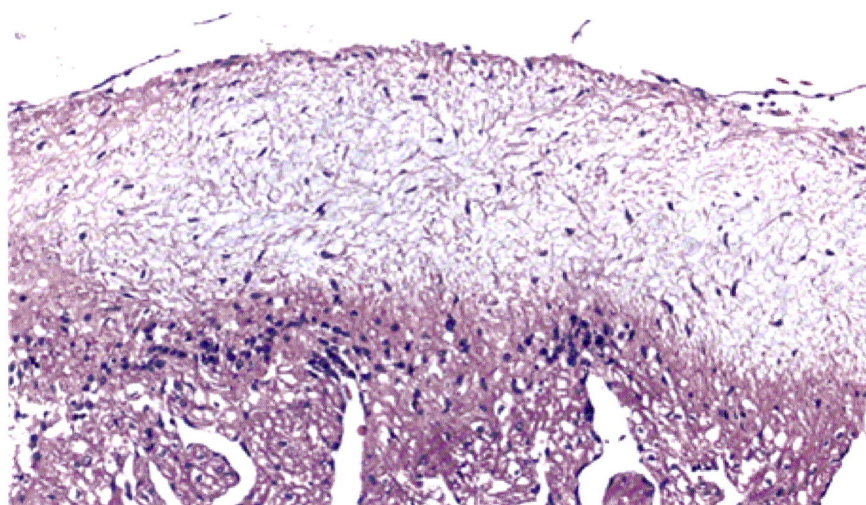

图 9-37
牛蛙心室 6
（HE 染色，200 倍）

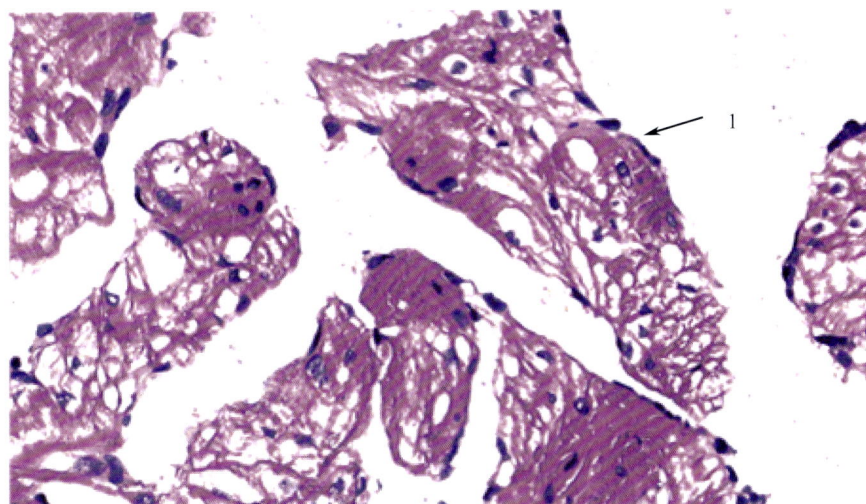

图 9-38
牛蛙心室 7
（HE 染色，400 倍）

1—心肌内皮细胞

图 9-39
牛蛙心室 8
（HE 染色，400 倍）

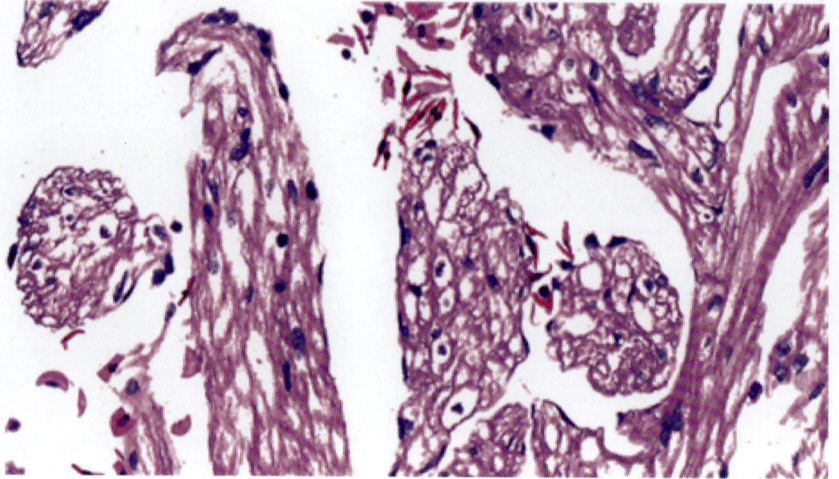

图 9-40
牛蛙心室 9
（HE 染色，400 倍）

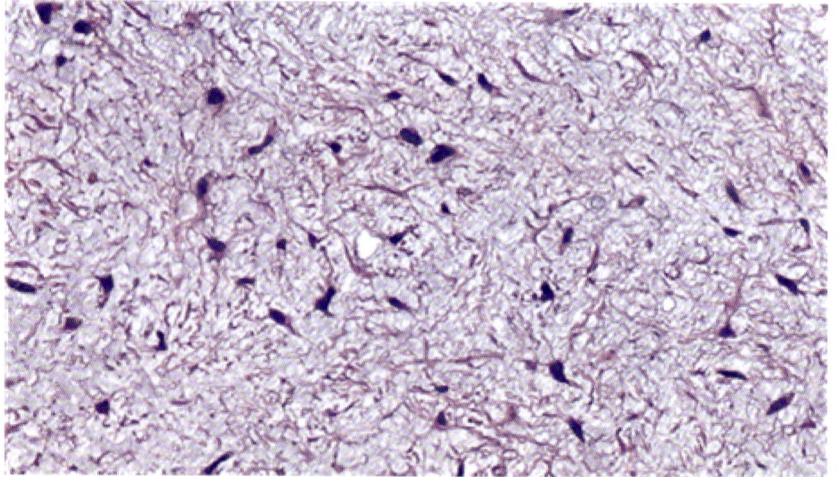

二、功能

泵血入动脉，给器官、组织和细胞供应氧和各种营养物质，并运输二氧化碳、无机盐、尿素及尿酸等代谢产物，维持细胞正常的代谢活动。

第三节　动脉球

鱼类动脉圆锥退化，腹主动脉基部扩大成动脉球（图 9-41 ～图 9-43）。

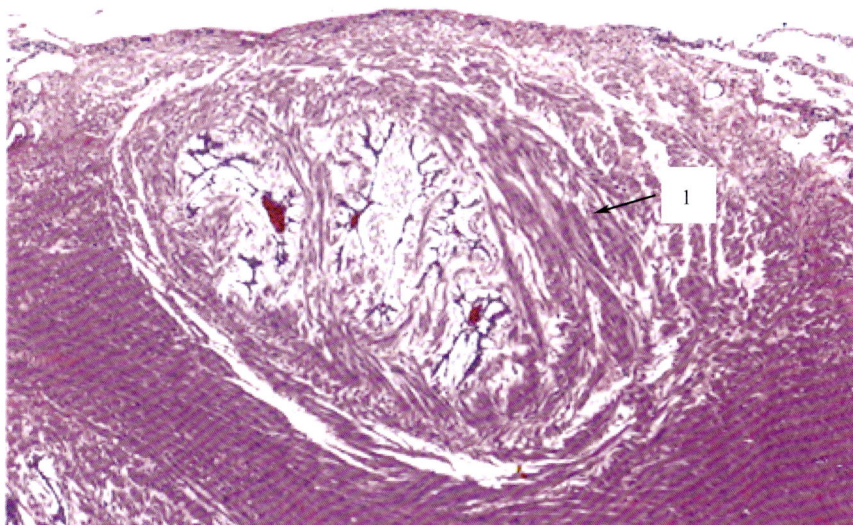

图 9-41
鲢鱼动脉球 1
（HE 染色，100 倍）

1—动脉球

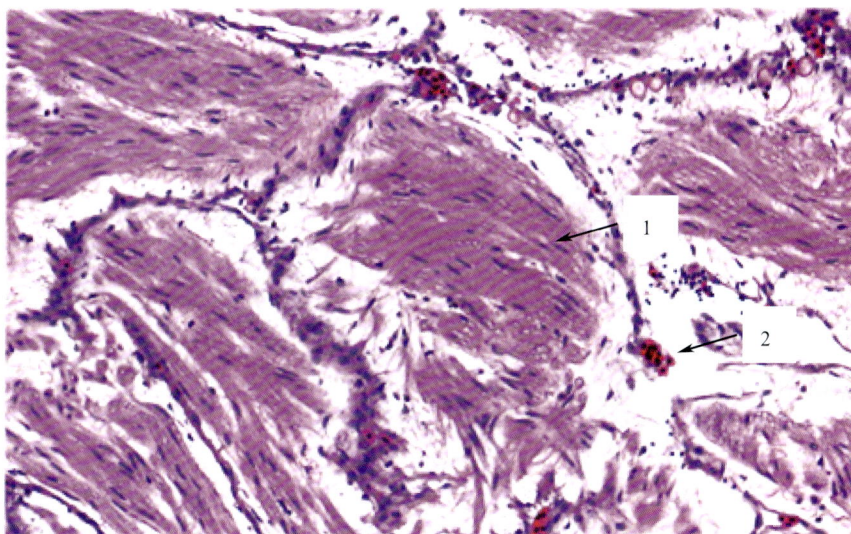

图 9-42
鲢鱼动脉球 2
（HE 染色，400 倍）

1—平滑肌细胞；
2—血细胞

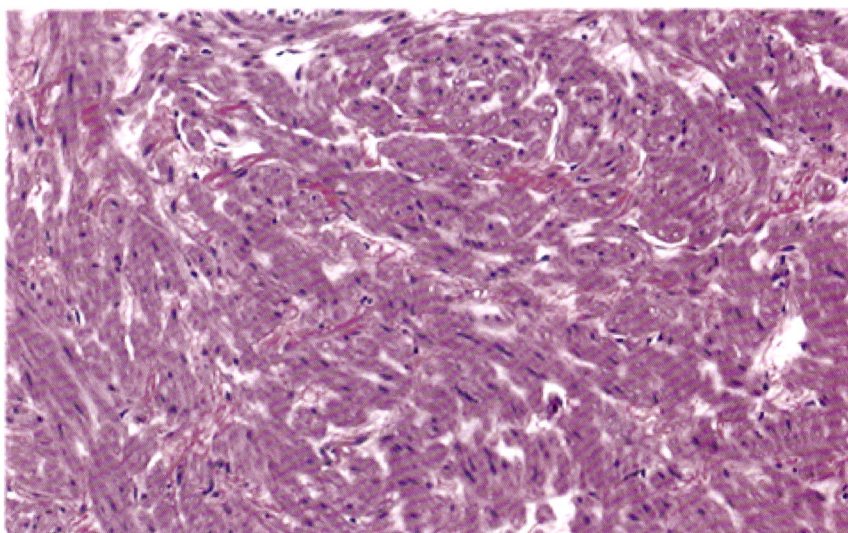

图 9-43
鲢鱼动脉球 3
（HE 染色，400 倍）

第四节　动　脉

动脉为由心室发出的血管，沿途不断分支并缩细。动脉分为大动脉、中动脉、小动脉、微动脉。

一、组织结构

1. 大动脉

又称弹性动脉（elastic artery），管壁的内膜、中膜和外膜分别由不同组织构成。中膜为平滑肌层；内膜以发达的弹性膜、弹性纤维为主。

内膜（tunica intima）由内皮（单层扁平上皮）、内皮下层和内弹性膜构成。内皮下层含有胶原纤维、弹性纤维和少量平滑肌，营养由血管腔内血液渗透供给。内膜与中膜（tunica media）均分布有弹性膜。中膜较厚，分布有弹性纤维和弹性膜，弹性膜之间有平滑肌细胞、少量胶原纤维及弹性纤维等。外膜（tunica adventitia）由较薄的含有大量胶原纤维和少量弹性纤维的疏松结缔组织构成，有较多的营养血管、淋巴管、神经及少量平滑肌等。

2. 中动脉

又称肌性动脉（muscular artery），也包括内膜、中膜和外膜。内膜含有明显的内弹性膜。大量平滑肌纤维形成较厚的中膜。外膜为疏松结缔组织形成的浆膜，分布有营养血管、神经纤维和外弹性膜。

3. 小动脉

为管径 0.3 ～ 1 毫米的肌性小动脉；包括粗细不等的多级分支，较大的小动脉有明显的内弹性膜；中膜含有平滑肌纤维和神经纤维，调节血管的舒缩。

4. 微动脉

管径小于 0.3 毫米，无内弹性膜，中膜由 1 ～ 2 层平滑肌纤维组成。是毛细血管前阻力血管，在微循环中起"总闸门"的作用，决定了微循环的血流量。

见图 9-44 ～图 9-63。

二、功能

心脏的间断性射血由大动脉转变为血管中持续的血流；中动脉调节分配到身体各部和各器官的血流量；小动脉和微动脉控制组织局部血压和血流量。

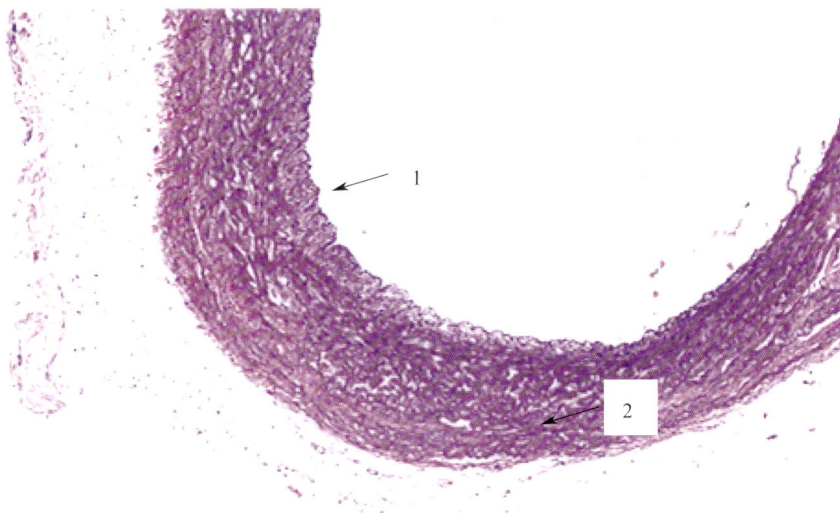

图 9-44
鲢鱼动脉 1
（HE 染色，100 倍）

1—内膜；
2—平滑肌

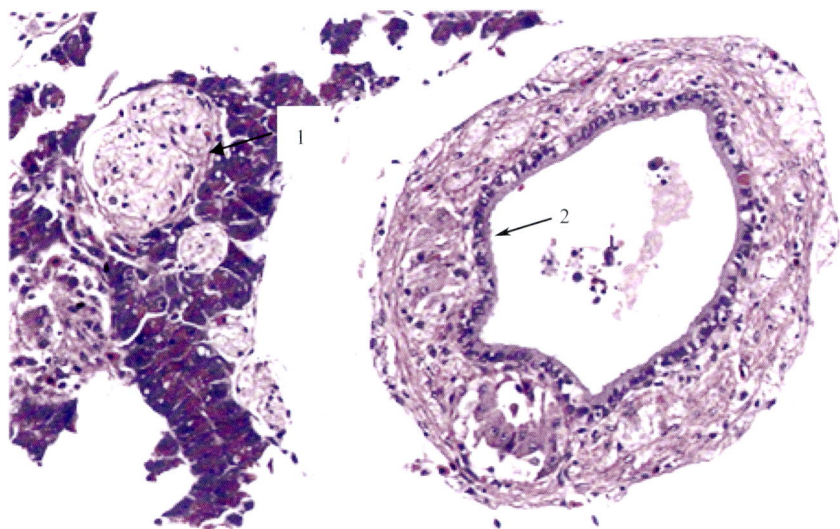

图 9-45
鲢鱼动脉 2
（HE 染色，400 倍）

1—神经；
2—导管内皮

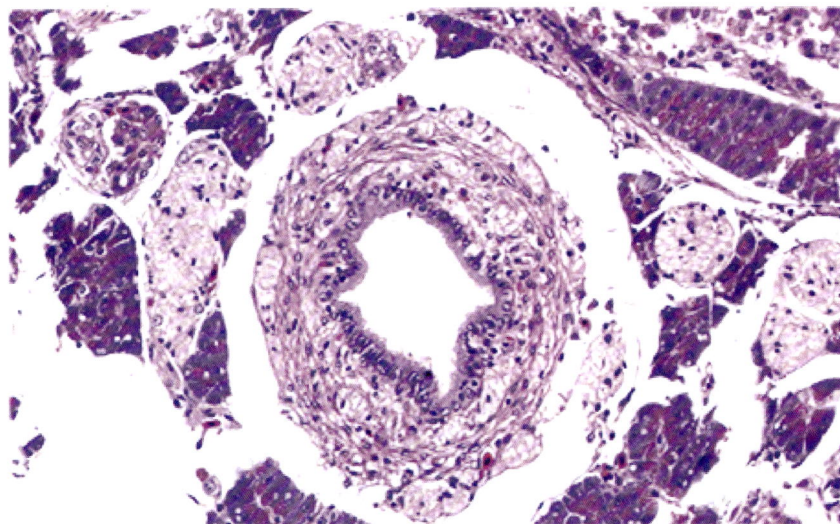

图 9-46
鲢鱼动脉 3
（HE 染色，400 倍）

图 9-47
鲢鱼动脉 4
（HE 染色，400 倍）

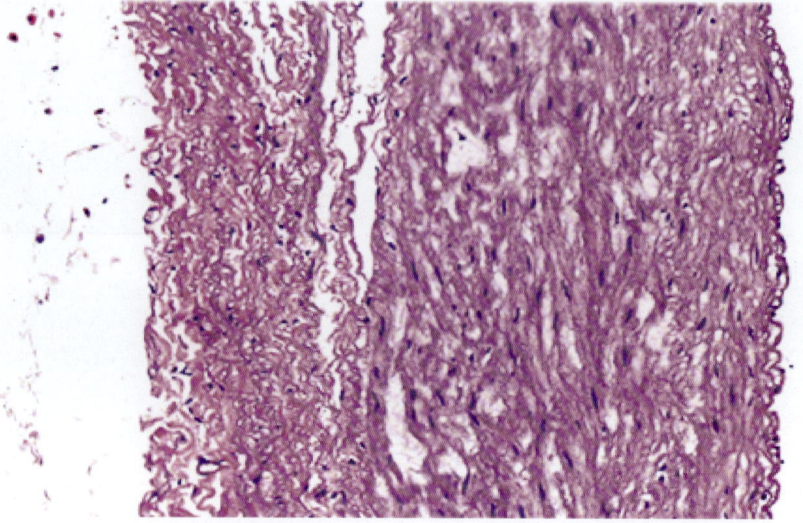

图 9-48
鲢鱼动脉 5
（HE 染色，400 倍）

1—平滑肌

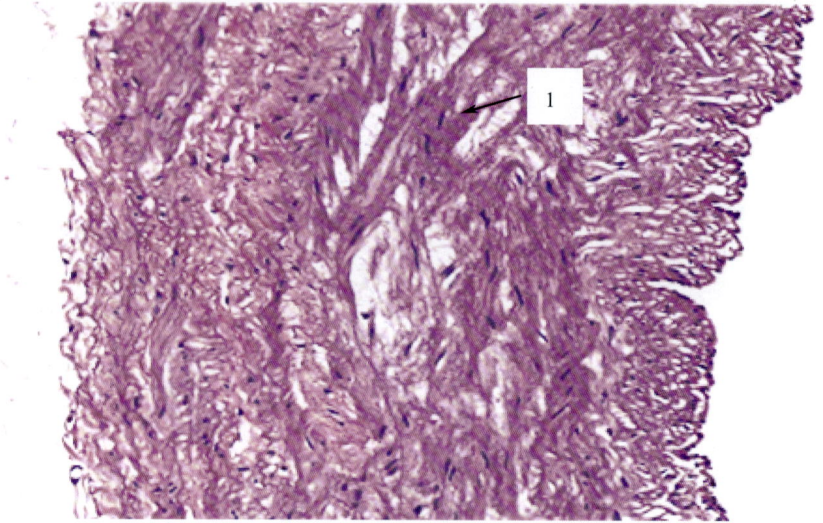

图 9-49
中华鳖动脉 1
（HE 染色，100 倍）

1—动脉壁内静脉

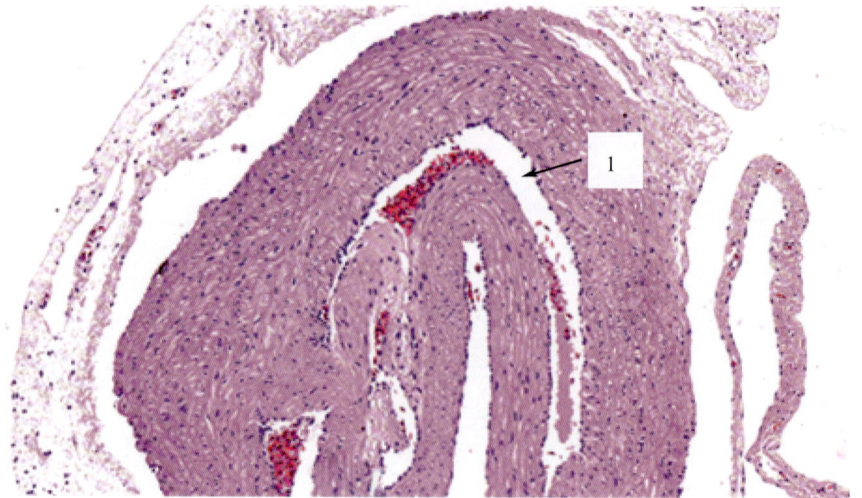

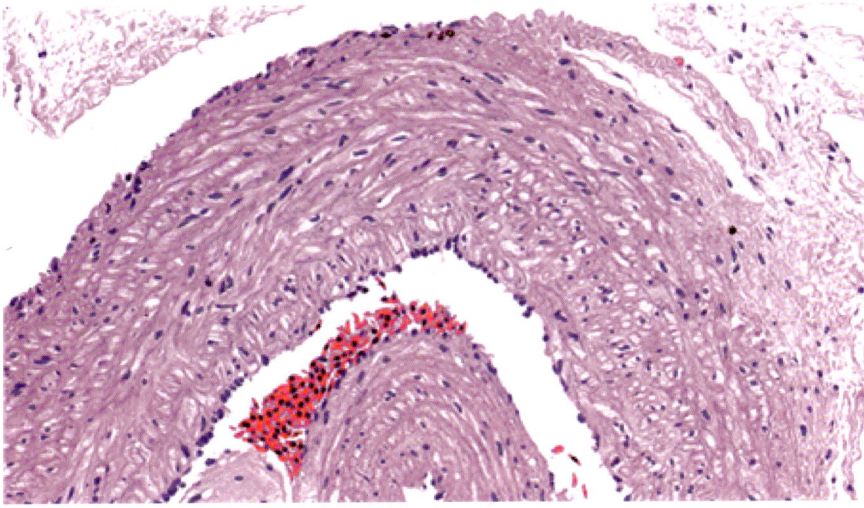

图 9-50
中华鳖动脉 2
（HE 染色，200 倍）

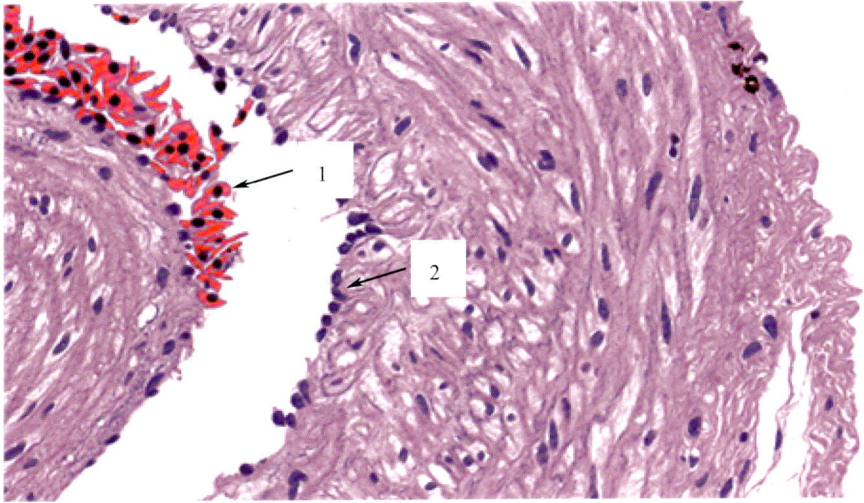

图 9-51
中华鳖动脉 3
（HE 染色，400 倍）

1—血细胞；
2—内皮细胞

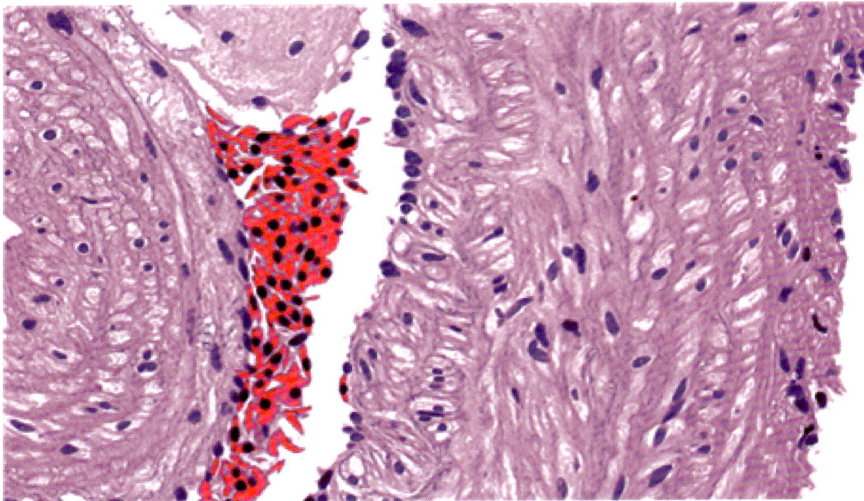

图 9-52
中华鳖动脉 4
（HE 染色，400 倍）

图 9-53
中华草龟动脉 1
（HE 染色，50 倍）

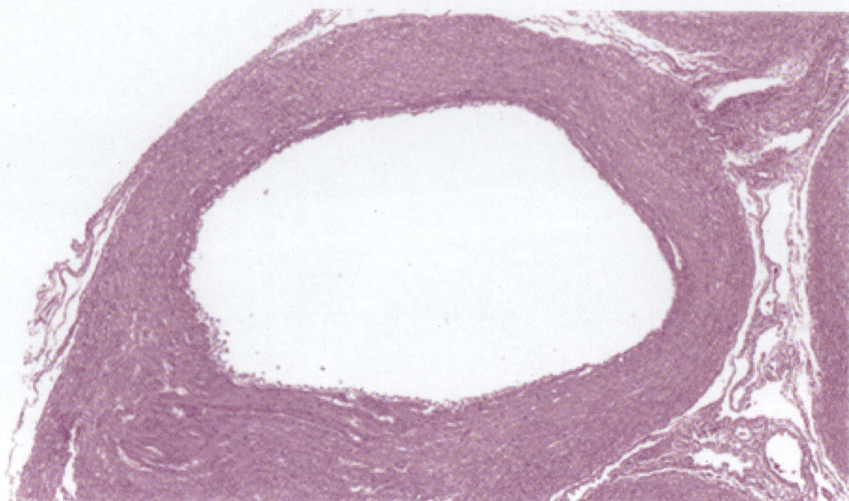

图 9-54
中华草龟动脉 2
（HE 染色，100 倍）

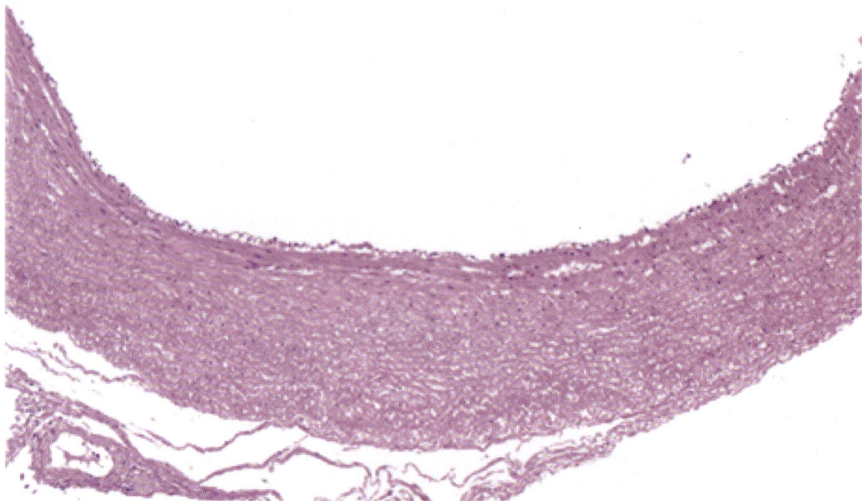

图 9-55
中华草龟动脉 3
（HE 染色，400 倍）

1—内弹性膜；
2—平滑肌

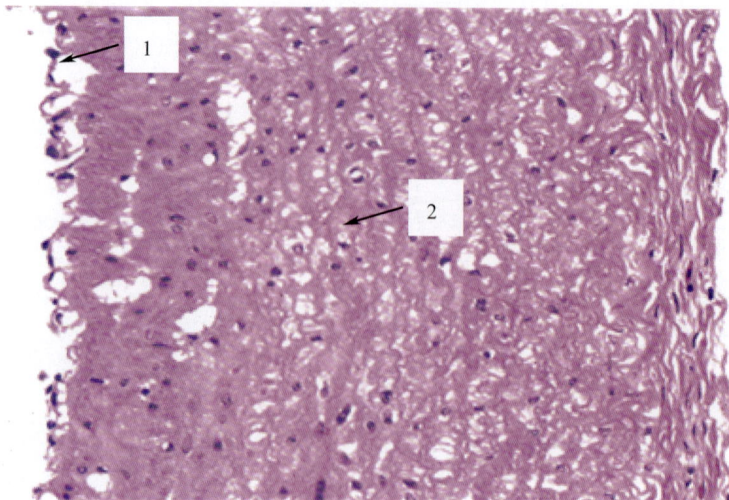

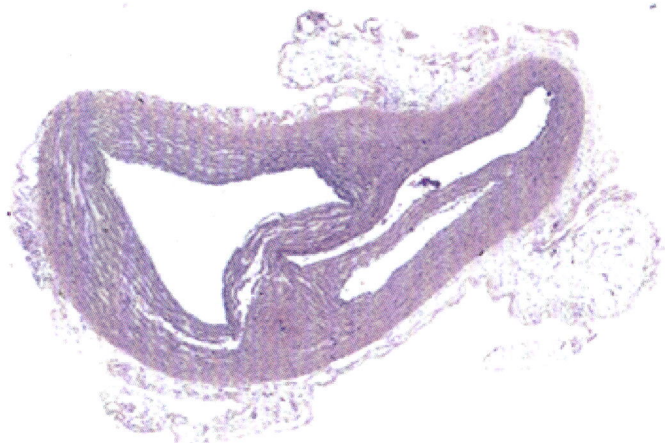

图 9-56
牛蛙动脉 1
（HE 染色，30 倍）

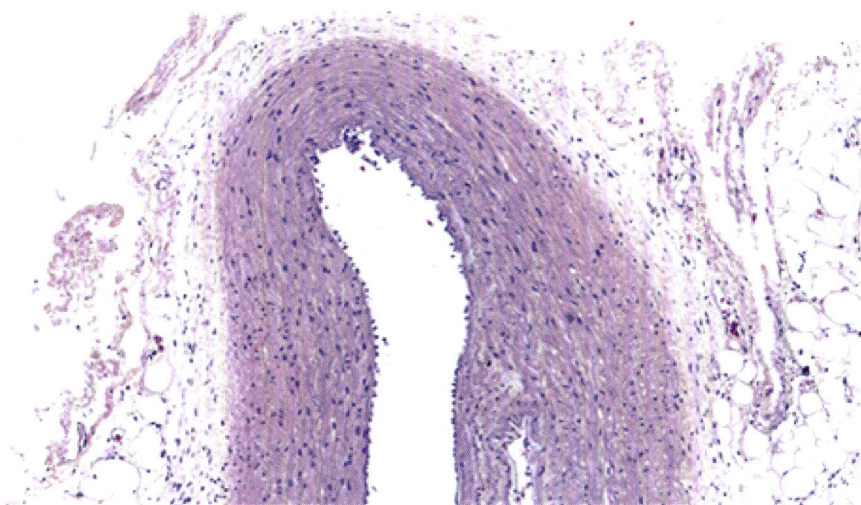

图 9-57
牛蛙动脉 2
（HE 染色，100 倍）

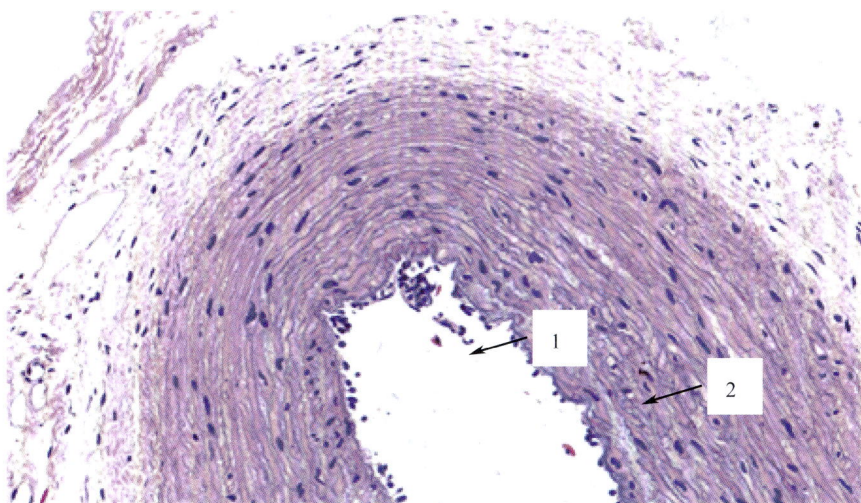

图 9-58
牛蛙动脉 3
（HE 染色，200 倍）

1—管腔；
2—平滑肌

图 9-59
牛蛙动脉 4
（HE 染色，200 倍）

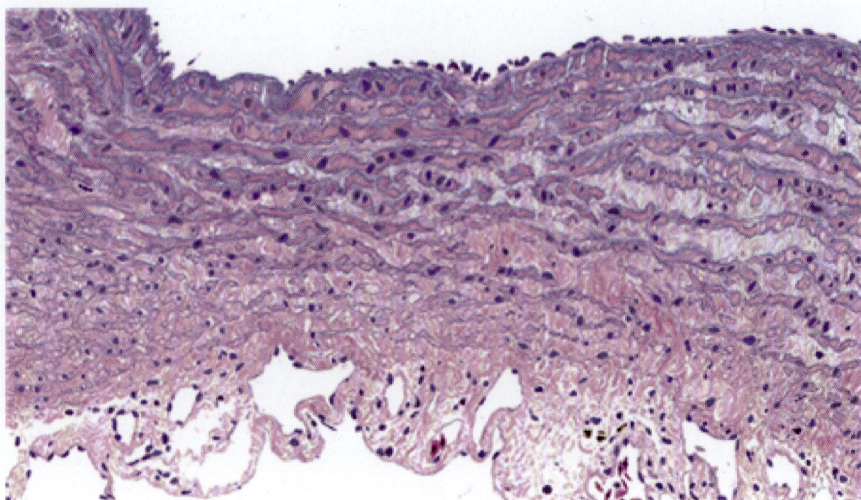

图 9-60
牛蛙动脉 5
（HE 染色，400 倍）

1—血细胞；
2—平滑肌

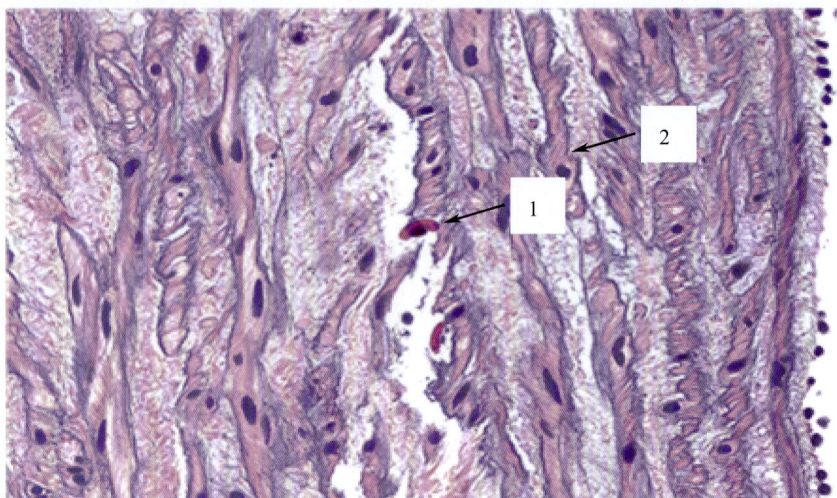

图 9-61
牛蛙动脉 6
（HE 染色，400 倍）

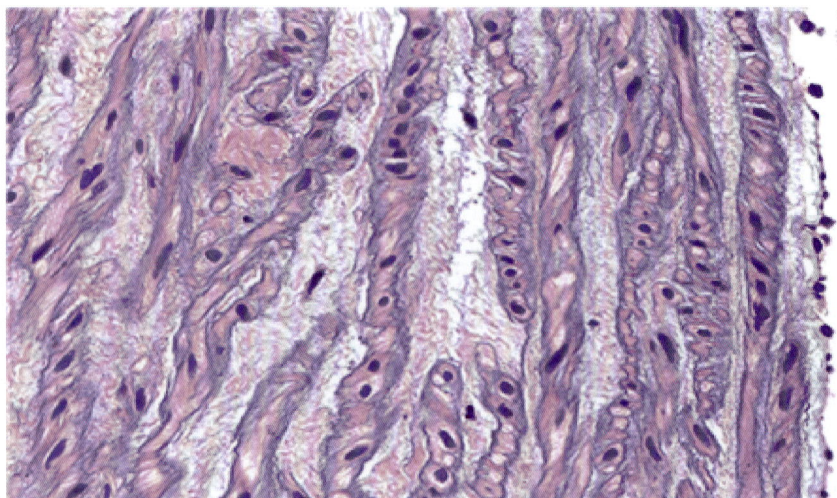

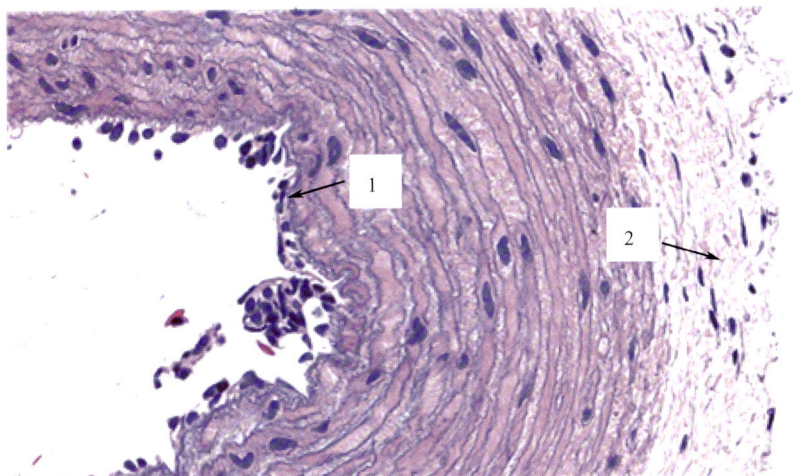

图 9-62
牛蛙动脉 7
（HE 染色，400 倍）

1—内膜；
2—外膜

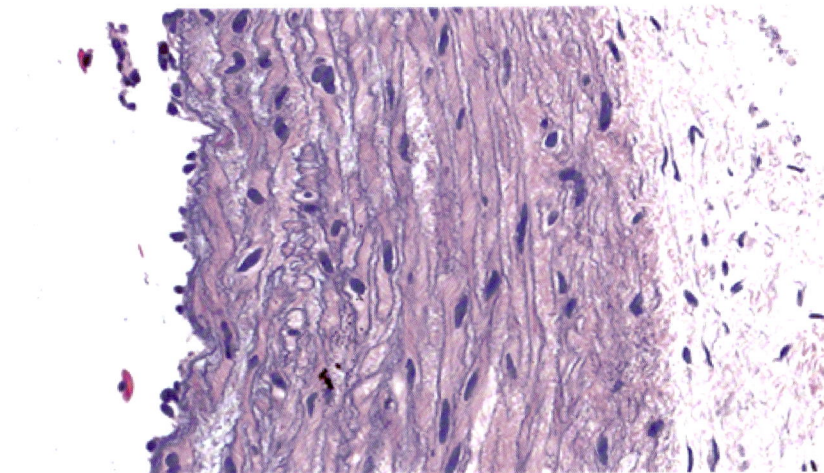

图 9-63
牛蛙动脉 8
（HE 染色，400 倍）

第五节　静　脉

一、组织结构

1. 大静脉（large vein）

大静脉内膜薄，中膜很不发达，有几层稀疏的环行排列的平滑肌纤维，有些没有平滑肌；外膜厚，结缔组织内有较多纵行平滑肌束。内膜凸入管腔形成静脉瓣（venous valve）；内部为含弹性纤维的结缔组织；游离缘朝向血流方向，阻止血液逆流。

2. 中静脉（medium-sized vein）

中静脉管径 2 ～ 9 毫米，内膜薄，内弹性膜不明显；中膜薄，环行平滑肌纤维稀疏；外膜较中膜厚。

3．小静脉（small vein）

小静脉管径 0.2 ～ 2 毫米，内皮外渐有一层完整的平滑肌纤维；较大的小静脉中膜有一至数层平滑肌纤维，外膜渐厚。

4．微静脉（venule）

微静脉管径 50 ～ 200 微米，管腔不规则，内皮外有少量或无平滑肌。

见图 9-64 ～图 9-89。

二、功能

毛细血管后微静脉为紧接毛细血管的微静脉，结构似毛细血管，但较毛细血管略粗，有些部位内皮细胞间隙较大，有物质交换功能。

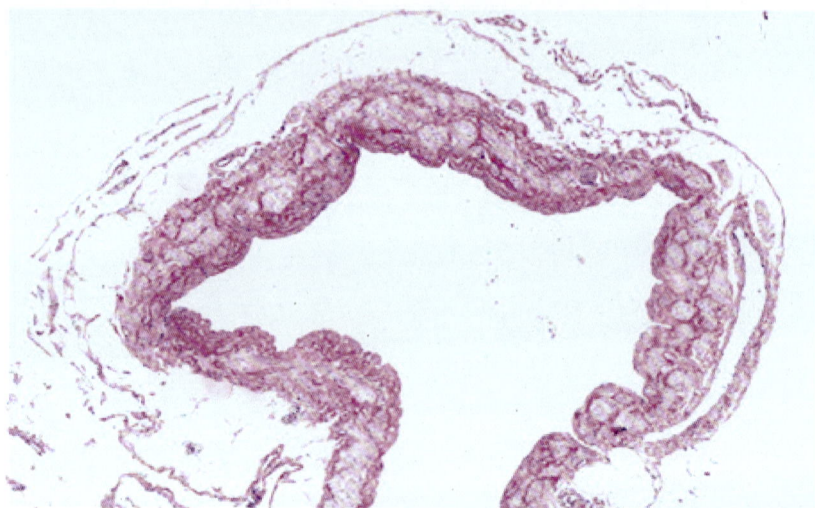

图 9-64
鲢鱼静脉 1
（HE 染色，100 倍）

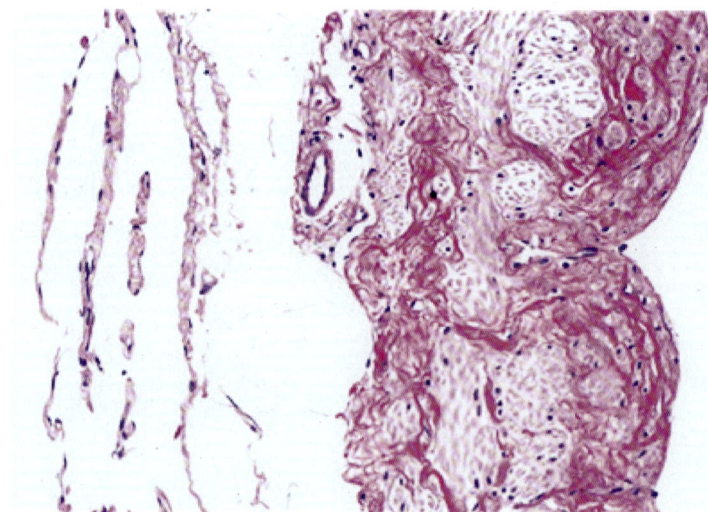

图 9-65
鲢鱼静脉 2
（HE 染色，400 倍）

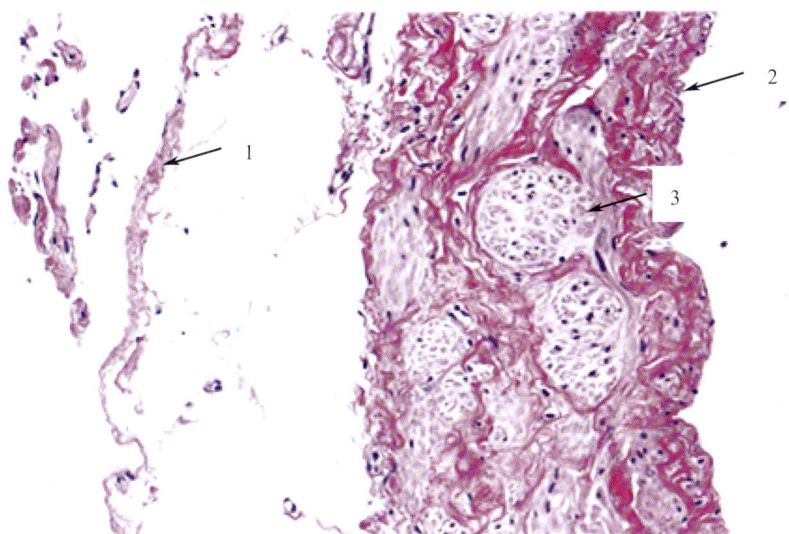

图 9-66
鲢鱼静脉 3
（HE 染色，400 倍）

1—外膜；
2—神经；
3—内膜

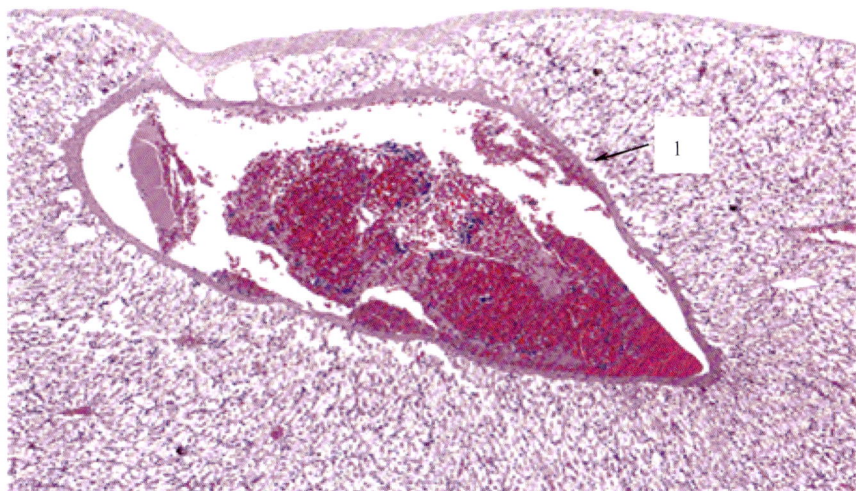

图 9-67
中华鳖门静脉 1
（HE 染色，50 倍）

1—小静脉

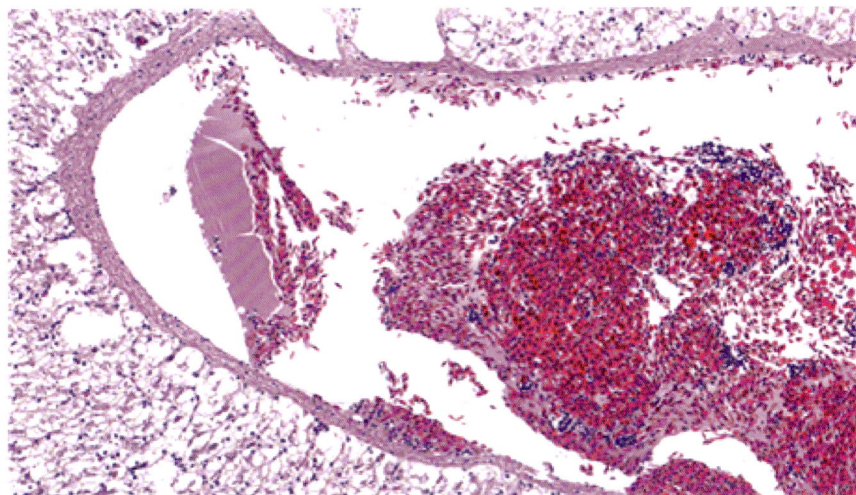

图 9-68
中华鳖门静脉 2
（HE 染色，100 倍）

图 9-69
中华鳖门静脉 3
（HE 染色，200 倍）

1—血细胞

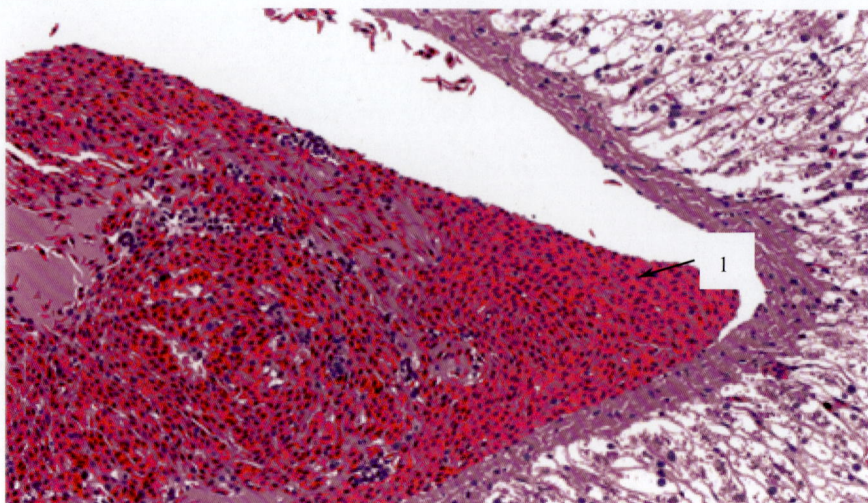

图 9-70
中华鳖门静脉 4
（HE 染色，400 倍）

1—小动脉管壁

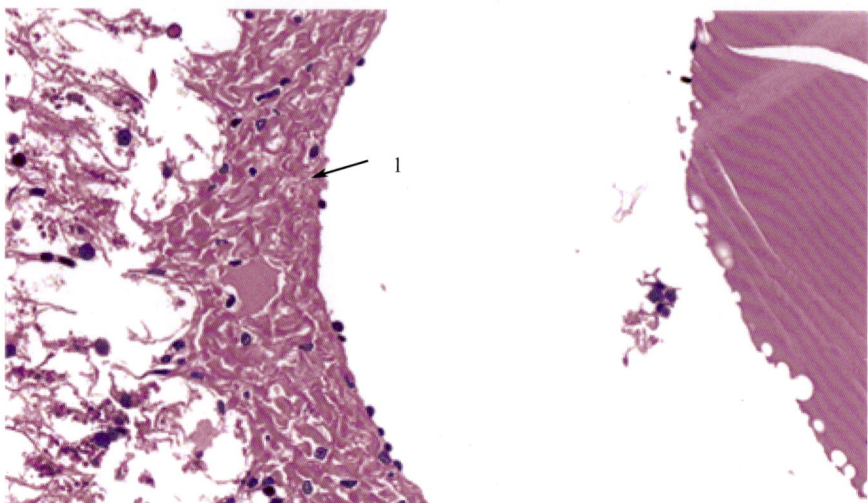

图 9-71
中华鳖肠系膜静脉 1
（HE 染色，25 倍）

1—静脉管壁；
2—管腔

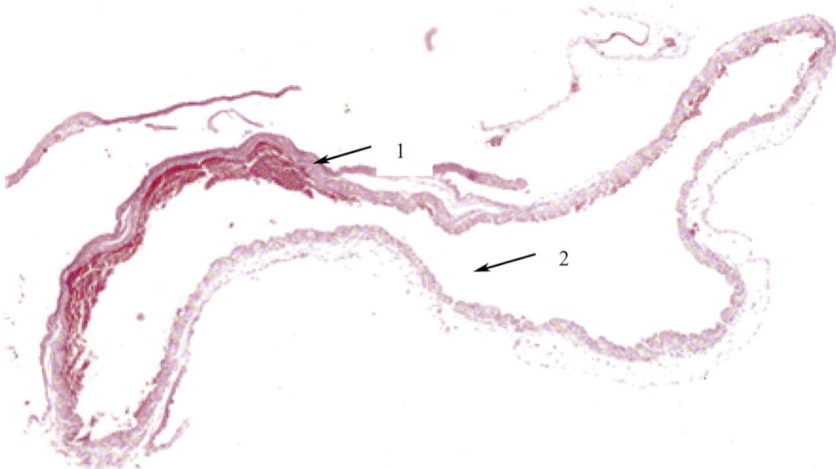

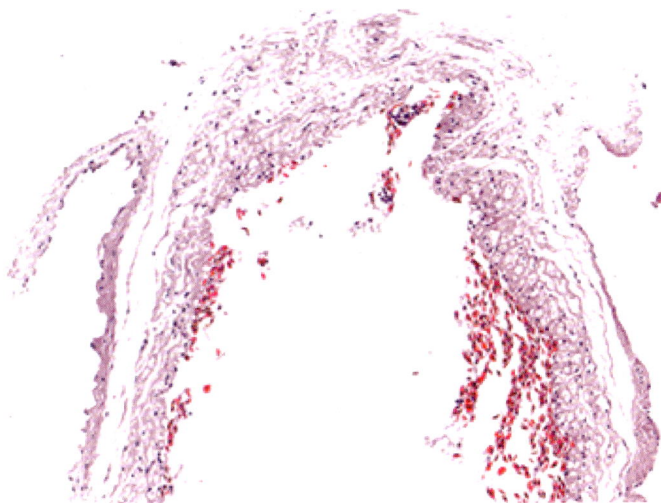

图 9-72
中华鳖肠系膜静脉 2
（HE 染色，100 倍）

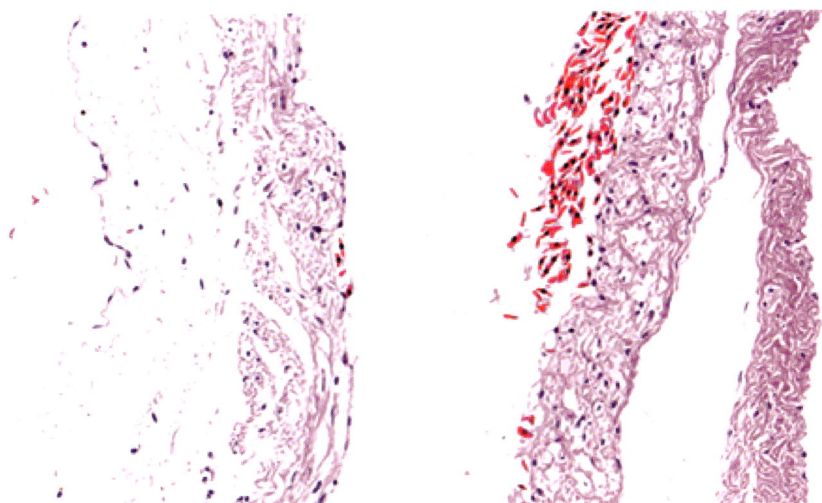

图 9-73
中华鳖肠系膜静脉 3
（HE 染色，200 倍）

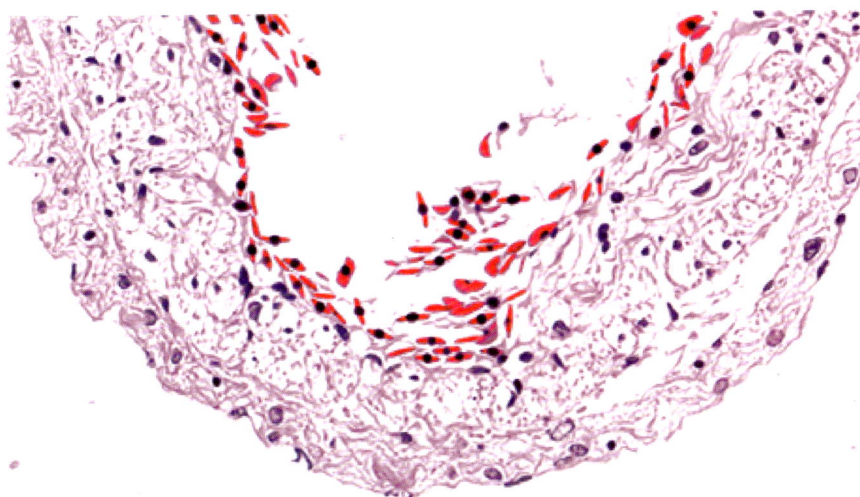

图 9-74
中华鳖肠系膜静脉 4
（HE 染色，400 倍）

图 9-75

中华鳖肠系膜静脉 5

（HE 染色，400 倍）

1—血细胞;
2—外膜

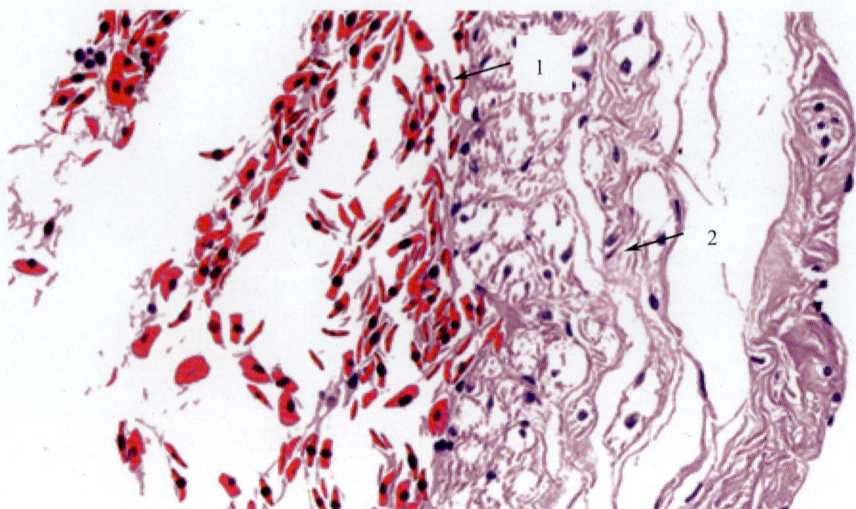

图 9-76

中华草龟静脉 1

（HE 染色 70 倍）

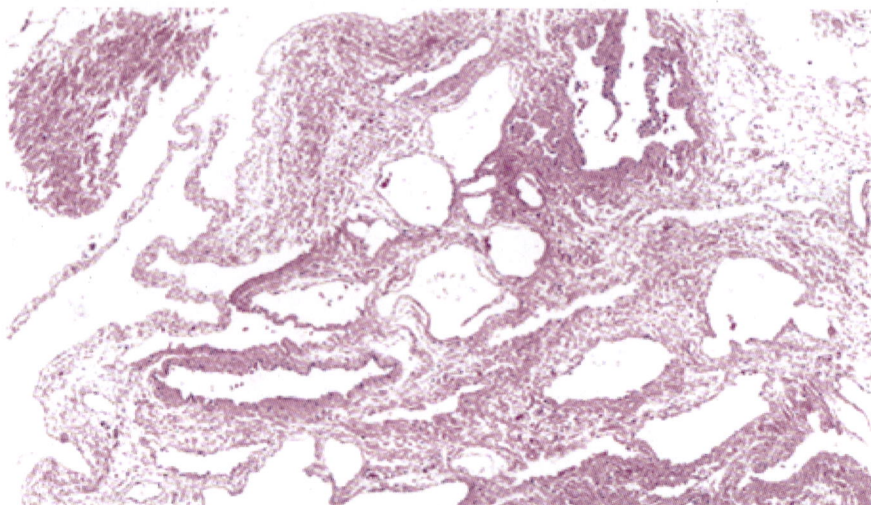

图 9-77

中华草龟静脉 2

（HE 染色，200 倍）

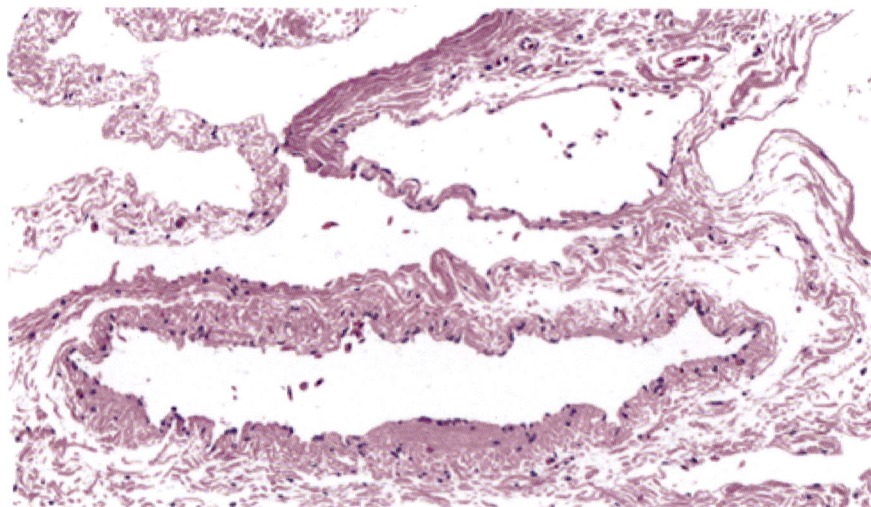

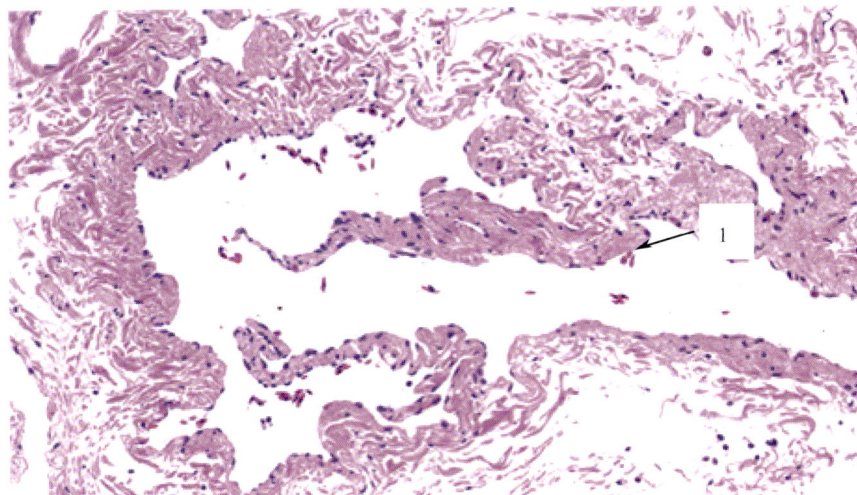

图 9-78
中华草龟静脉 3
（HE 染色，200 倍）

1—血细胞

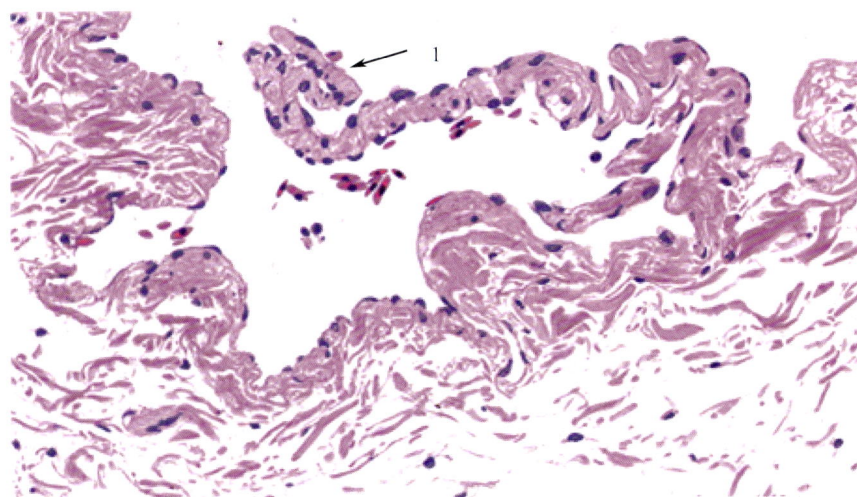

图 9-79
中华草龟静脉 4
（HE 染色，400 倍）

1—静脉瓣膜

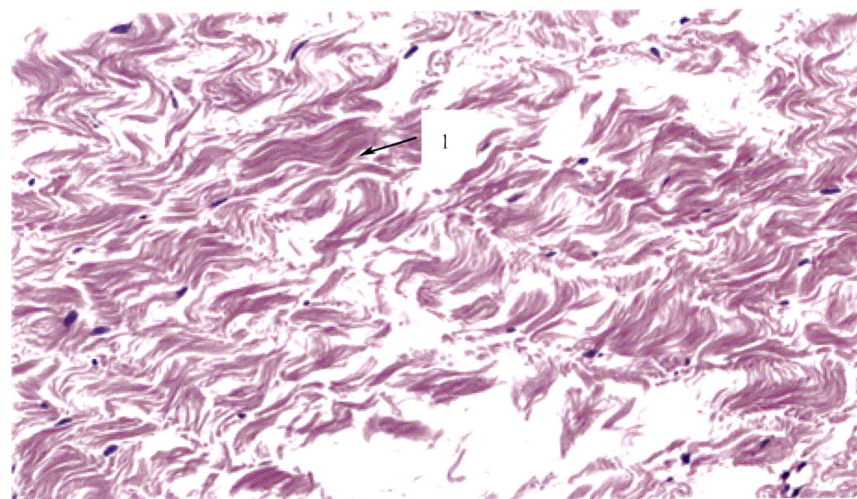

图 9-80
中华草龟静脉 5
（HE 染色，400 倍）

1—平滑肌

图 9-81
中华草龟肠系膜静脉 1
（HE 染色，200 倍）

1—平滑肌

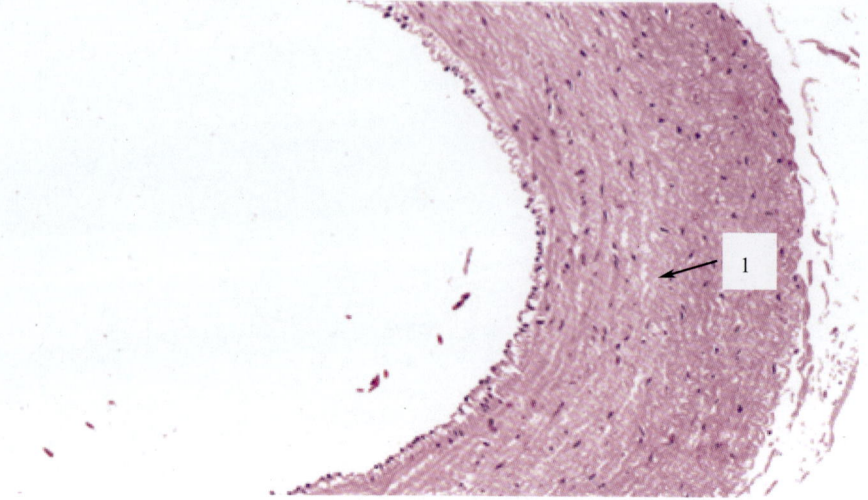

图 9-82
中华草龟肠系膜静脉 2
（HE 染色，400 倍）

1—内膜细胞

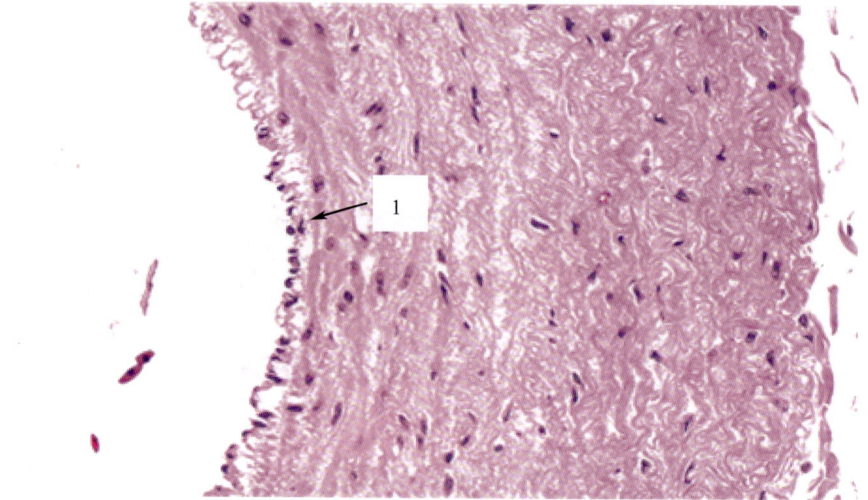

图 9-83
中华草龟肠系膜静脉 3
（HE 染色，400 倍）

1—平滑肌；
2—外膜

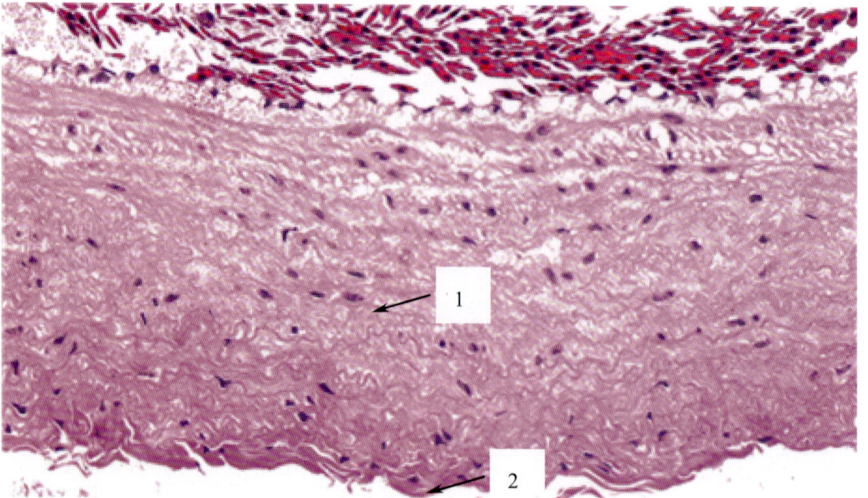

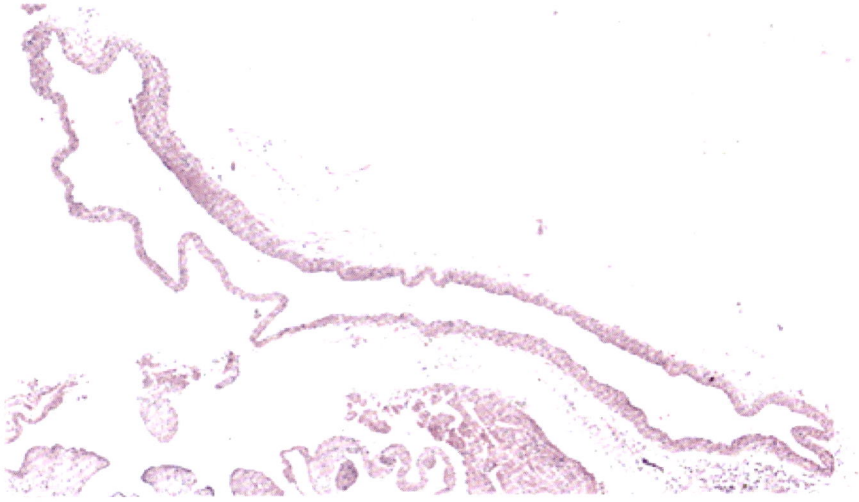

图 9-84
牛蛙静脉 1
（HE 染色，40 倍）

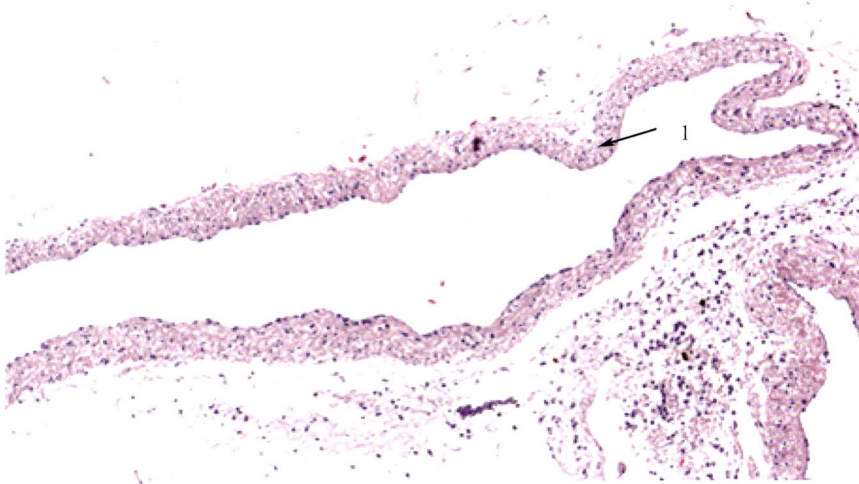

图 9-85
牛蛙静脉 2
（HE 染色，400 倍）

1—管壁

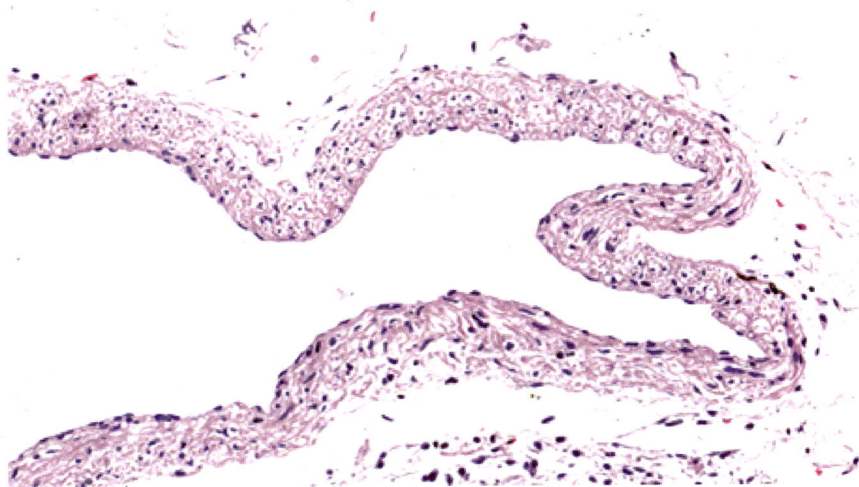

图 9-86
牛蛙静脉 3
（HE 染色，200 倍）

图 9-87
牛蛙静脉 4
（HE 染色，200 倍）

1—内皮;
2—平滑肌

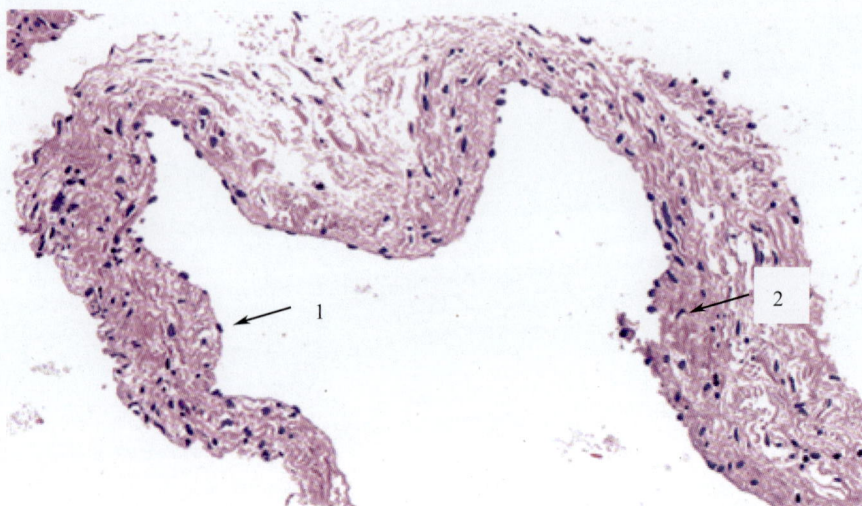

图 9-88
牛蛙静脉 5
（HE 染色，350 倍）

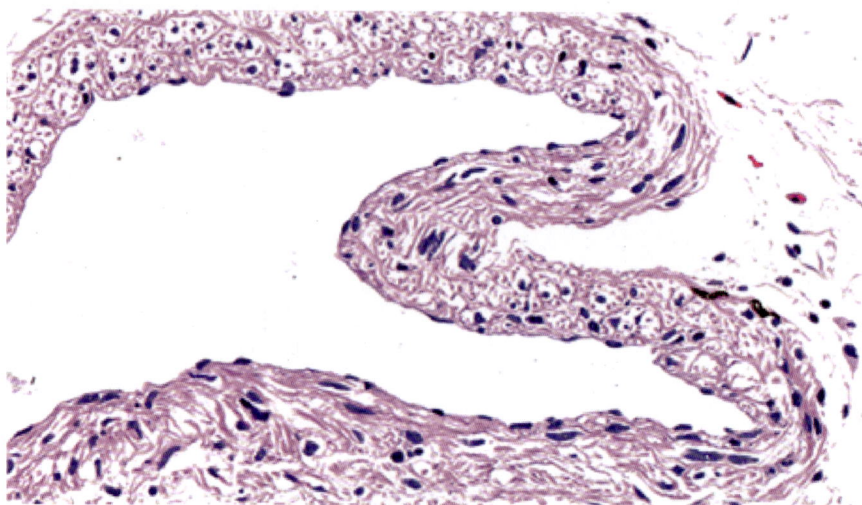

图 9-89
牛蛙静脉 6
（HE 染色，400 倍）

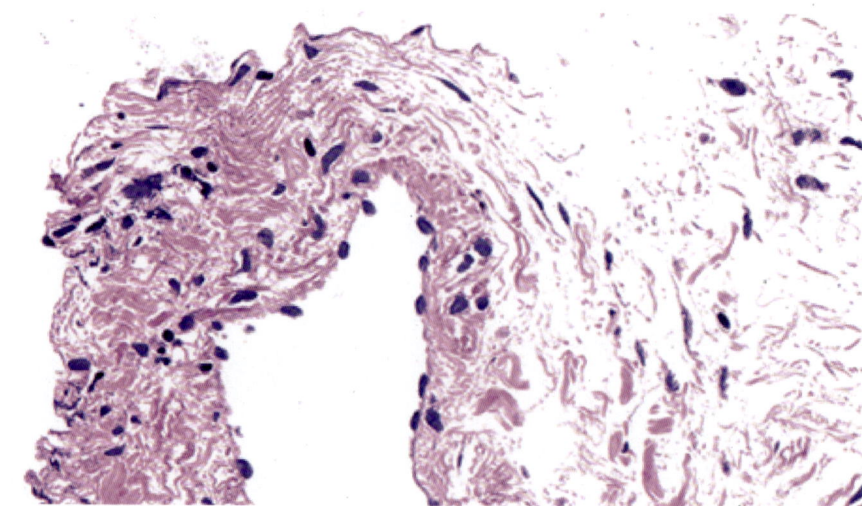

第十章 免疫系统

第一节 脾

一、组织结构

1．被膜和小梁（trabecula）

被膜致密，表面覆盖有薄层浆膜。被膜伸入实质内后分支形成小梁，内有小梁动脉、静脉伴行，相互连接形成脾内粗大支架，被膜和小梁内的平滑肌纤维通过收缩调节脾内的血量。

2．实质（parenchyma）

实质包括白髓、红髓和不明显的边缘区。

（1）白髓（white pulp） 主要由动脉周围淋巴鞘和脾小结构成。

由含大量 T 细胞、少量巨噬细胞和交错突细胞的弥散淋巴组织包绕中央动脉形成动脉周围淋巴鞘（splenic follicle）。

由含 B 细胞的淋巴组织形成的位于动脉周围淋巴鞘一侧的独立淋巴小结称为脾小结（splenic follicle），有中央动脉分支穿过内部。

（2）红髓（red pulp） 位于被膜下、小梁周围，包括脾索和脾血窦。脾索由 T 细胞、B 细胞、浆细胞、巨噬细胞和其他血细胞形成。脾血窦为形态不规则、相连成网的长杆状内皮细胞围成的筛状血管，细胞间隙大，基膜不完整。血细胞穿越内皮间隙进出脾血窦。

（3）边缘区 为主要由 B 细胞、少量 T 细胞、巨噬细胞、浆细胞和血细胞形成的位于红、白髓交界处，不明显的狭窄区域。近白髓处有中央动脉分支形成的毛细血管，末端膨大形成边缘窦（血液和淋巴细胞由此处进入脾）。脾内免疫细胞捕获、识别、处理抗原和发生免疫应答主要在边缘区进行。

见图 10-1 ～图 10-12。

二、功能

在脾索和边缘区由巨噬细胞清除衰老的血细胞，发挥滤血作用。对入侵的抗原产生免疫应答。在胚胎早期和成年后机体严重缺血状态下，恢复造血。脾窦和脾索暂存血液。

图 10-1
鲢鱼脾 1
（HE 染色，100 倍）

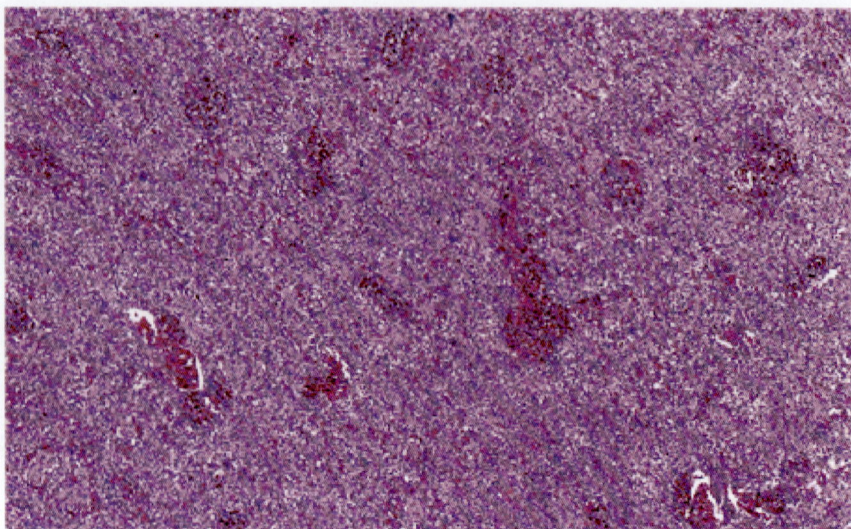

图 10-2
鲢鱼脾 2
（HE 染色，400 倍）

1—脾索；
2—脾窦

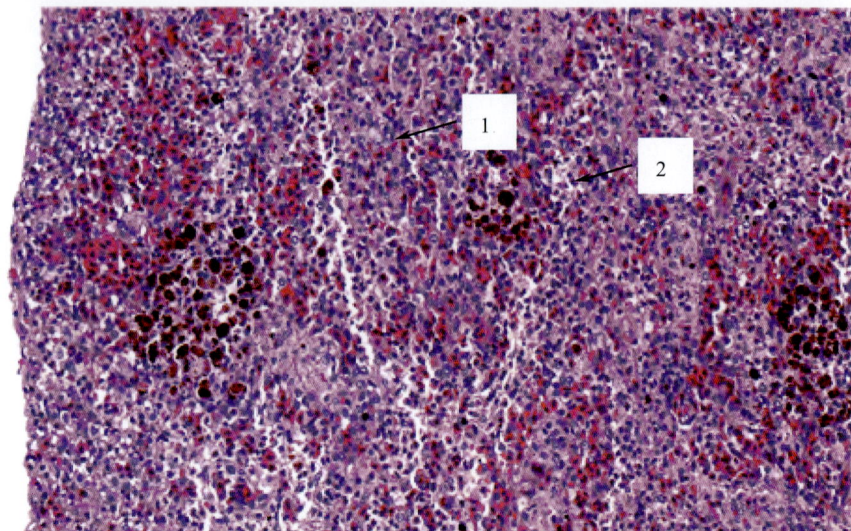

图 10-3
鲢鱼脾 3
（HE 染色，400 倍）

1—脾索；
2—脾窦

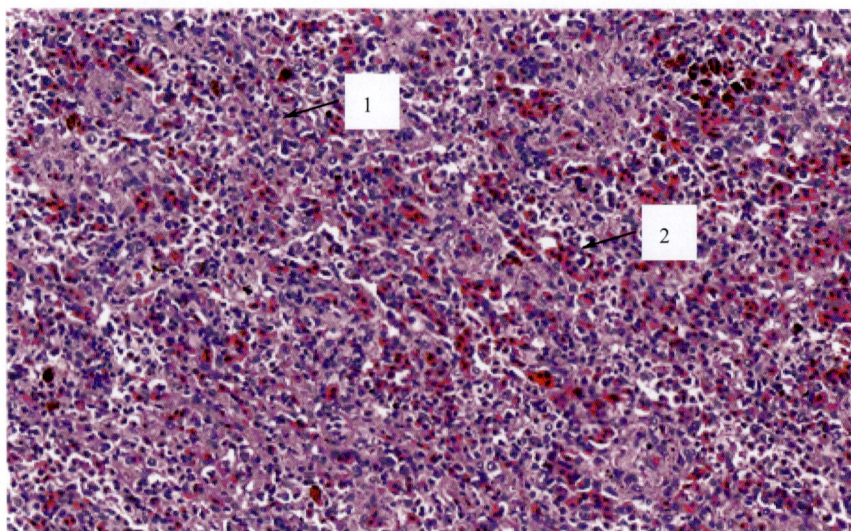

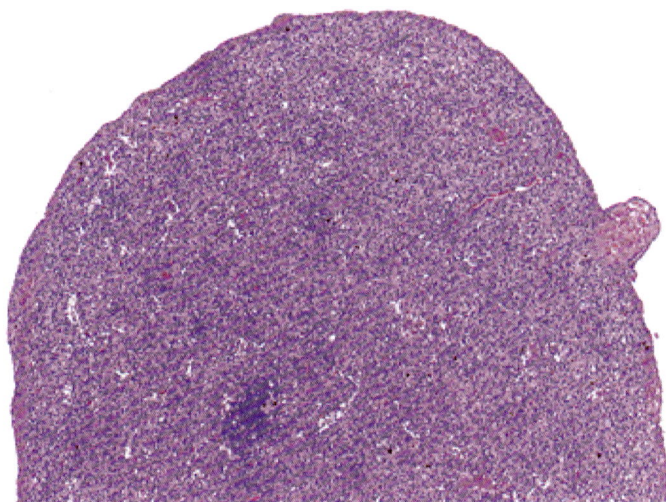

图 10-4
蟾蜍脾 1
（HE 染色，60 倍）

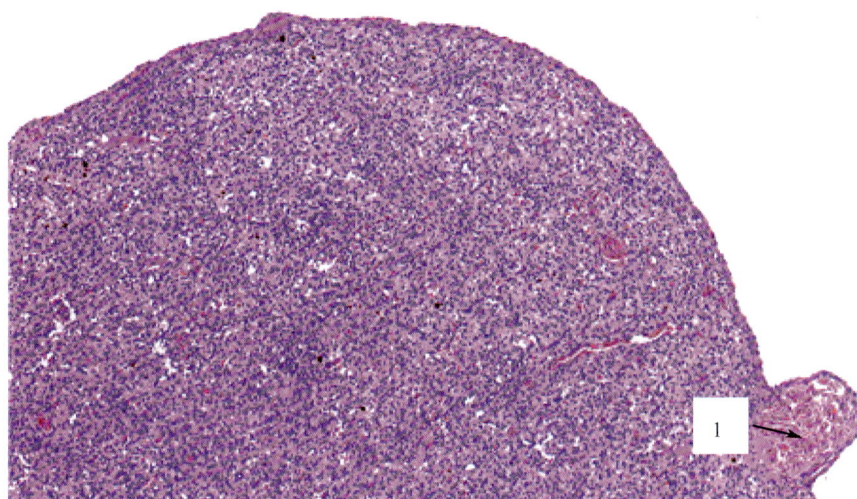

图 10-5
蟾蜍脾 2
（HE 染色，100 倍）

1—小血管

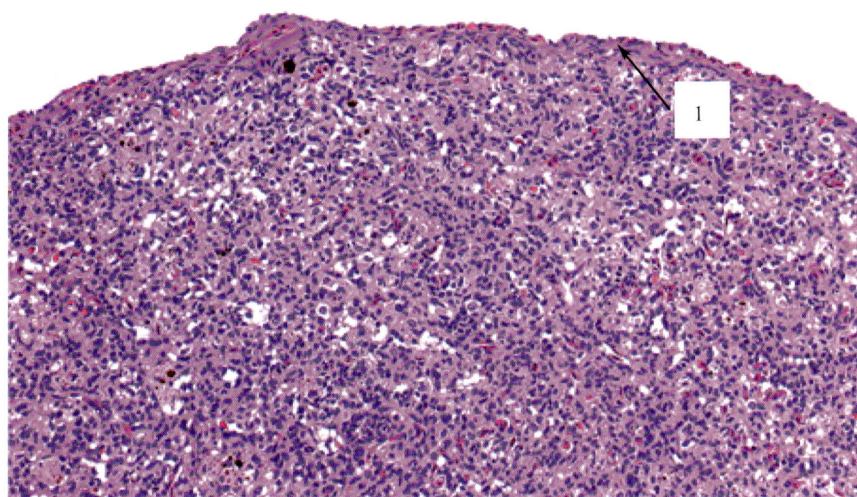

图 10-6
蟾蜍脾 3
（HE 染色，200 倍）

1—外膜

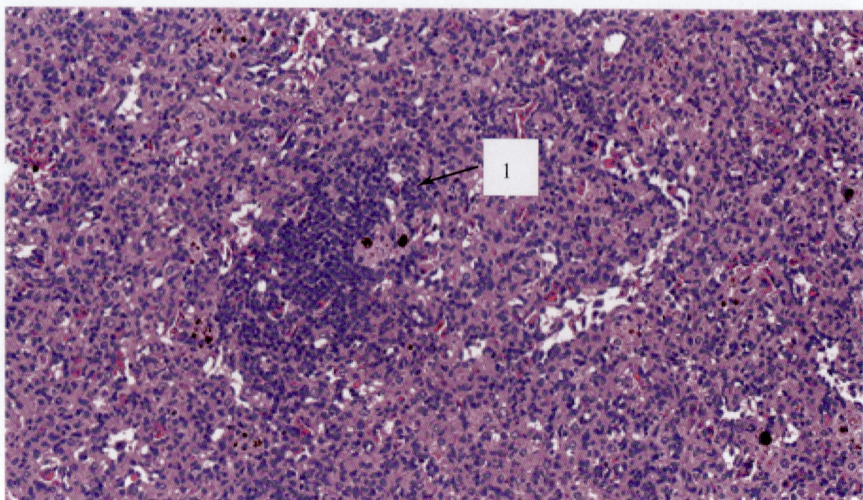

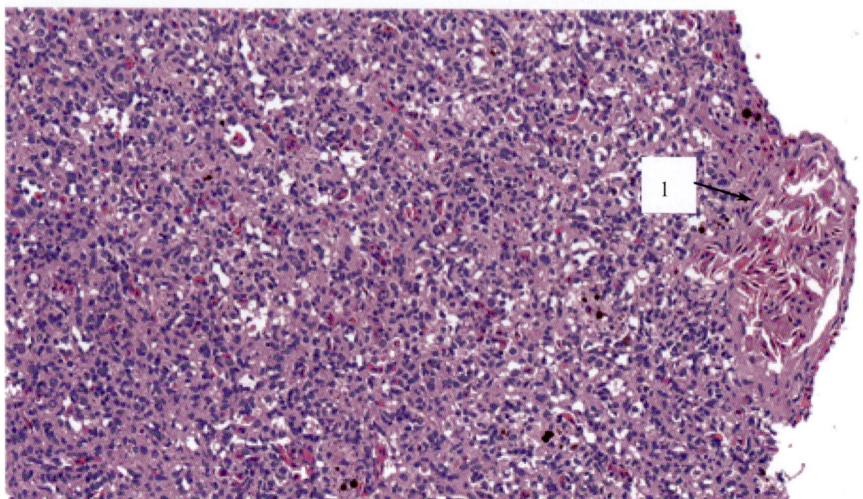

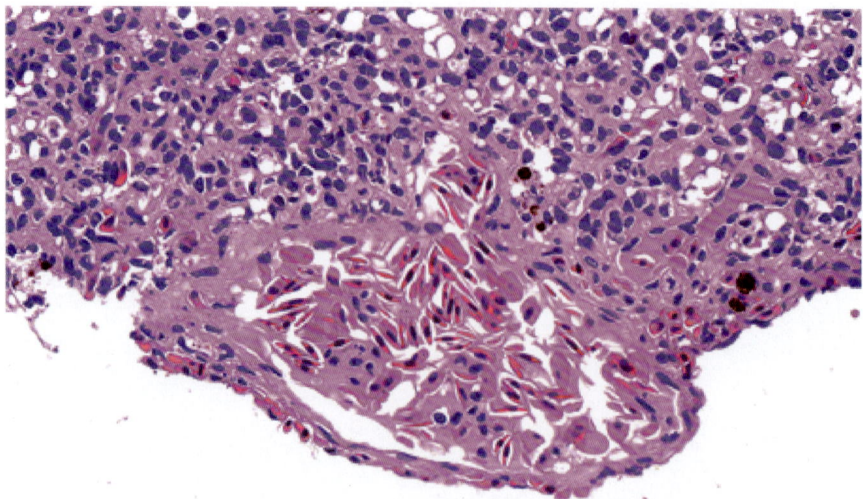

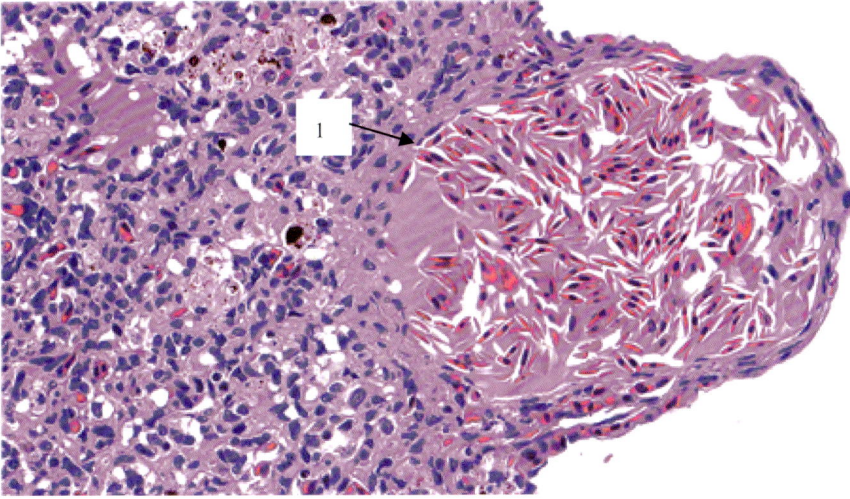

图 **10-10**
蟾蜍脾 7
（HE 染色，400 倍）

1—外膜下小血管

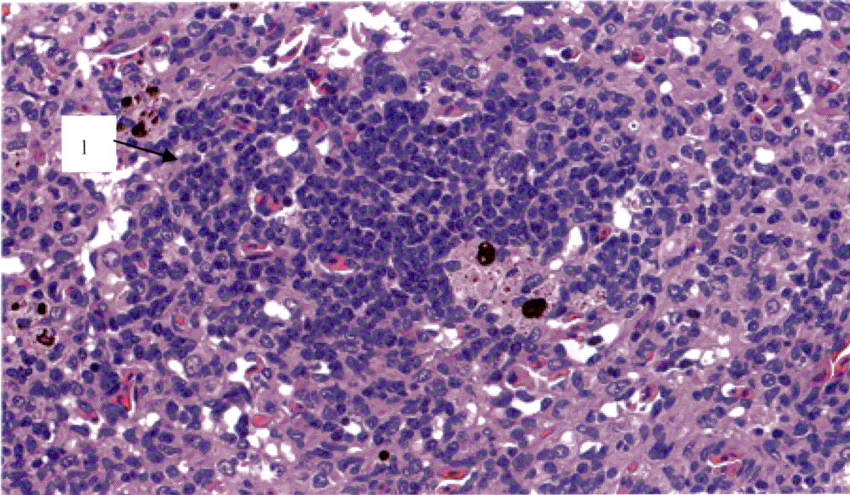

图 **10-11**
蟾蜍脾 8
（HE 染色，400 倍）

1—淋巴组织

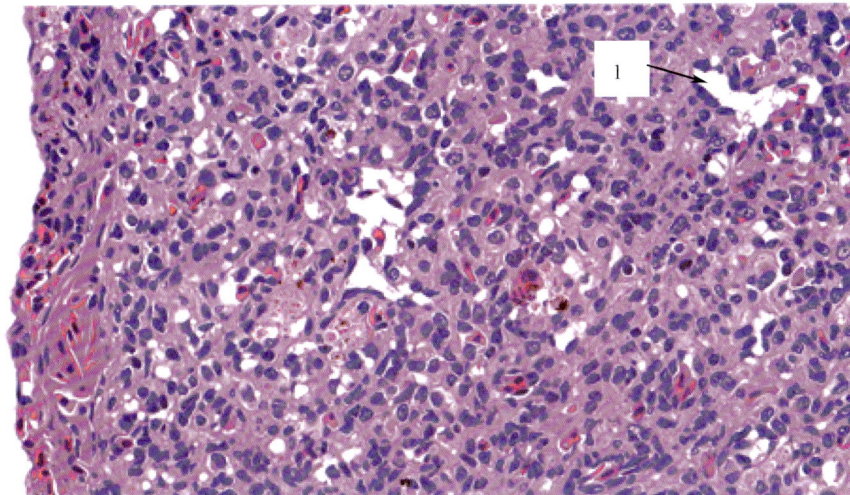

图 **10-12**
蟾蜍脾 9
（HE 染色，400 倍）

1—毛细血管

第二节　胸　腺

胸腺头部左右各一，紧接上鳃盖下，腺体扁平，呈小薄片状。

一、组织结构

被膜伸入胸腺将实质分隔为由皮质和髓质构成的腺小叶。

1. 被膜与间质

被膜和间质均由含有较多胶原纤维和少量弹性纤维的结缔组织构成。

2. 实质

主要由皮质和髓质形成胸腺小叶。

（1）皮质（cortex）主要由位于胸腺浅层、染色较深的小淋巴细胞和少量中淋巴细胞组成。皮质内仅有少量毛细血管分布，大量胸腺细胞和少量巨噬细胞填充于胸腺上皮细胞构成的支架间隙内。

① 胸腺上皮细胞　细胞呈星形，与结缔组织相邻的一侧呈完整的扁平上皮状，细胞的另一侧则有一些突起，通过桥粒连接成网状。

② 胸腺细胞　为 T 细胞前身，密集分布于皮质内。先发育为外周大而幼稚的早期胸腺细胞，然后移向髓质形成较小而成熟的胸腺细胞。淋巴干细胞进入胸腺后大部分凋亡，少数经过毛细血管后静脉到达周围淋巴器官或淋巴组织。

（2）髓质（medulla）　位于胸腺深层，大量胸腺上皮细胞间稀疏分布有淋巴细胞、少量初始 T 细胞、巨噬细胞、交错突细胞和肌样细胞。

① 上皮性网状细胞　核清晰可见，多呈球形、卵圆形或长椭圆形，染色质少，髓质染色淡，分泌胸腺激素。

② 胸腺小体（thymic corpuscle）　又称哈索尔小体，由扁平状上皮细胞呈同心圆排列构成。外周的细胞核明显，可分裂；近中心处细胞核含较多角蛋白，逐渐退化；中心内细胞核完全角化，呈强嗜酸性染色。

（3）血 - 胸腺屏障（blood-thymus barrier）

①结构　由有完整紧密连接的连续毛细血管内皮、基膜、含巨噬细胞的血管周隙、上皮基膜和连续的胸腺上皮构成。

②功能　维持胸腺局部环境稳定，阻挡抗原物质进入，促进胸腺细胞发育。

见图 10-13 ～图 10-26。

二、功能

与家畜胸腺相似，产生具有细胞免疫功能的 T 细胞，并分泌胸腺激素，参与细胞免疫应答。

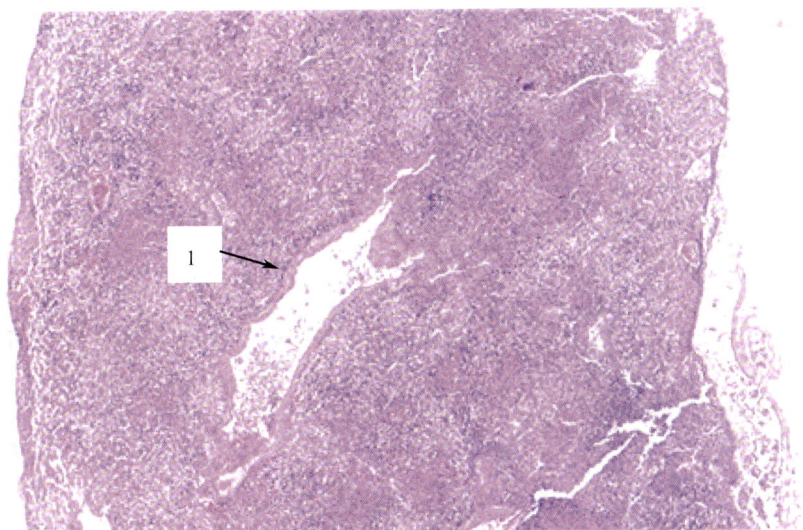

图 10-13
鲢鱼胸腺 1
（HE 染色，13 倍）

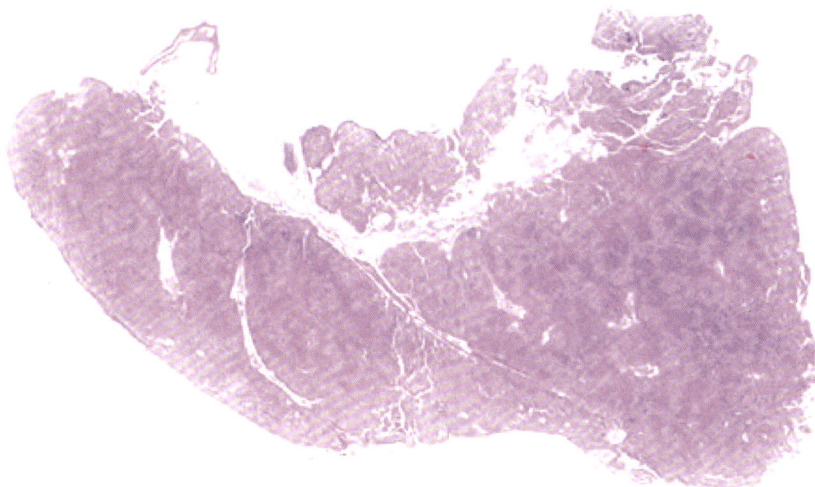

图 10-14
鲢鱼胸腺 2
（HE 染色，50 倍）

1—小静脉

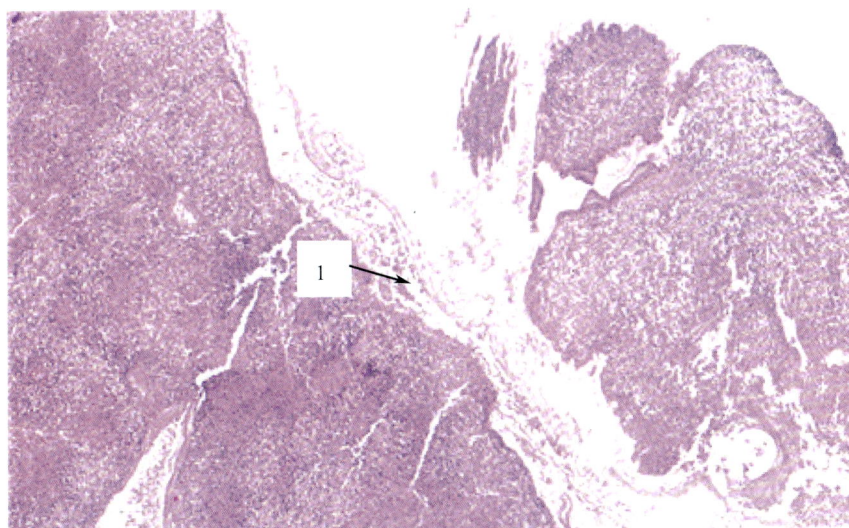

图 10-15
鲢鱼胸腺 3
（HE 染色，50 倍）

1—叶间结缔组织

图 10–16
鲢鱼胸腺 4
（HE 染色，100 倍）

1—胸腺小叶

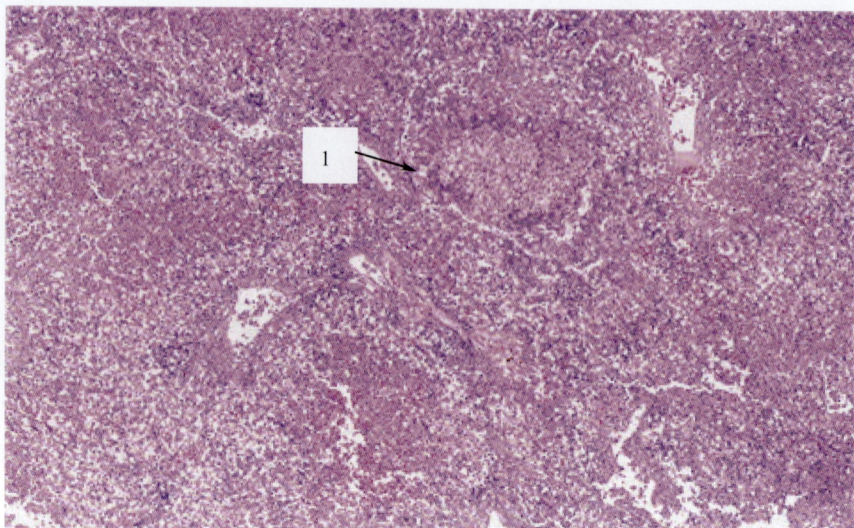

图 10–17
鲢鱼胸腺 5
（HE 染色，100 倍）

1—胸腺小叶；
2—小静脉；
3—叶间结缔组织

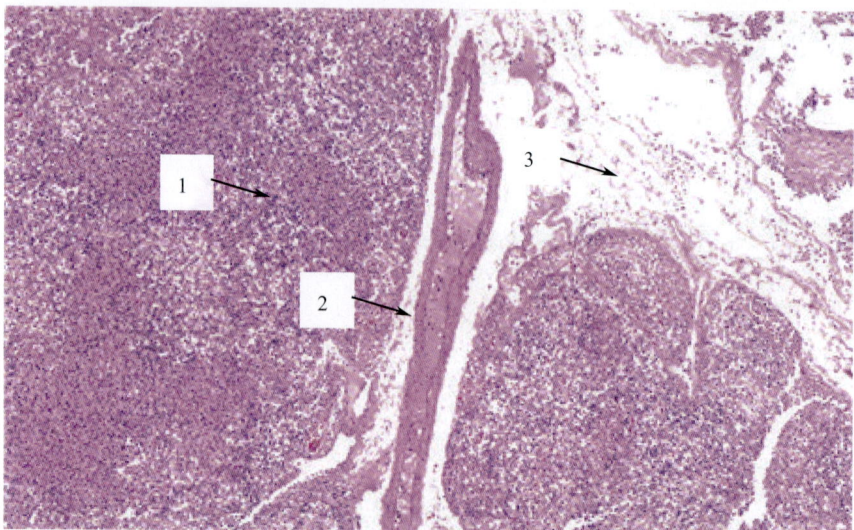

图 10–18
鲢鱼胸腺 6
（HE 染色，200 倍）

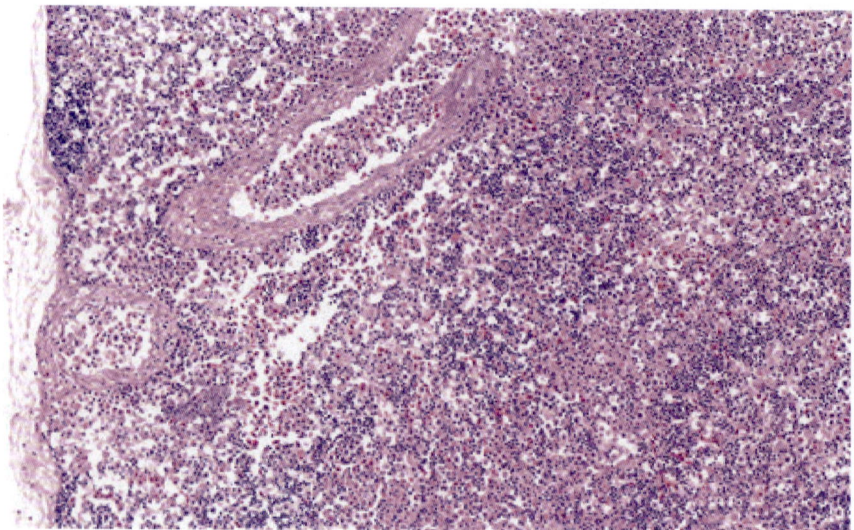

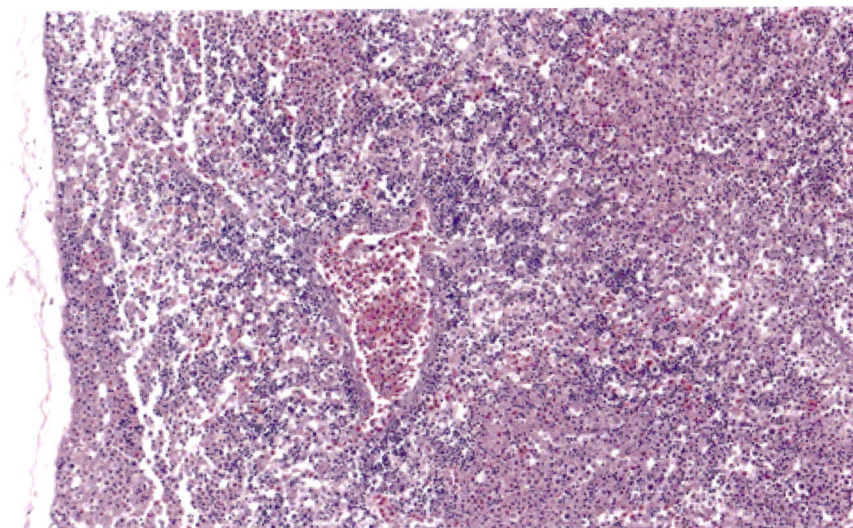

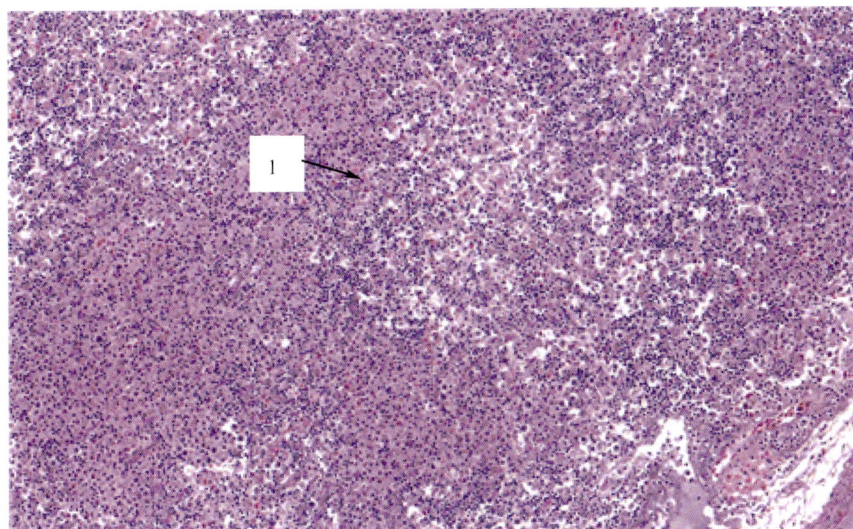

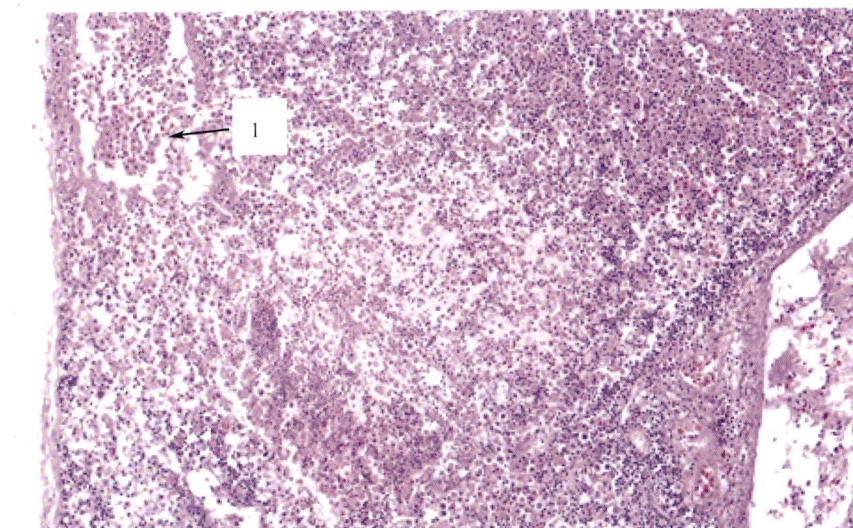

图 10-22
鲢鱼胸腺 10
（HE 染色，400 倍）

1—白细胞；
2—红细胞；
3—血管壁平滑肌

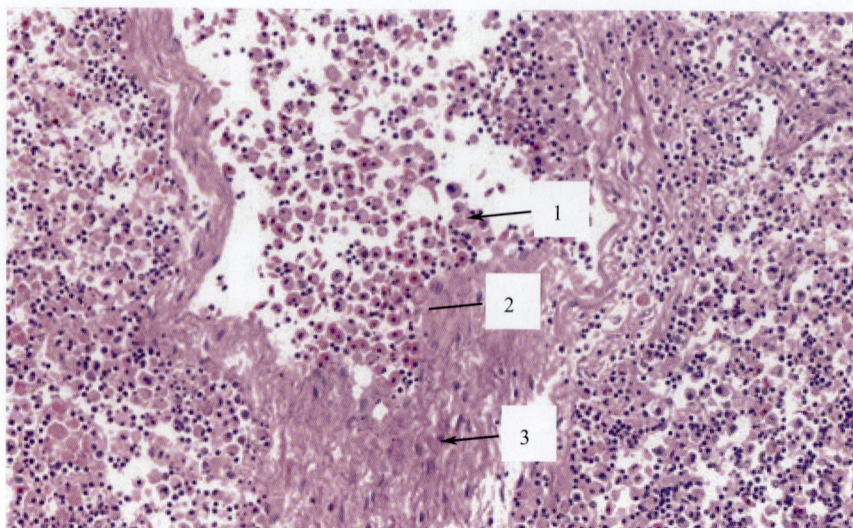

图 10-23
鲢鱼胸腺 11
（HE 染色，400 倍）

1—静脉

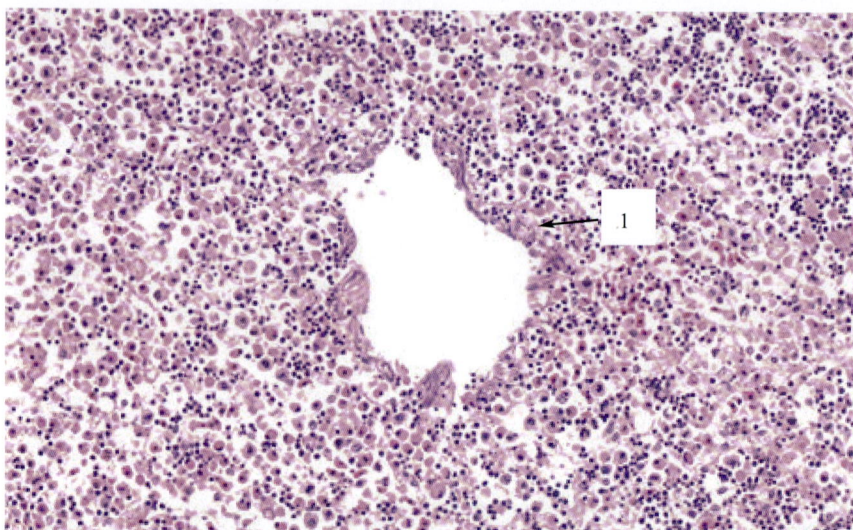

图 10-24
鲢鱼胸腺 12
（HE 染色，400 倍）

1—淋巴组织

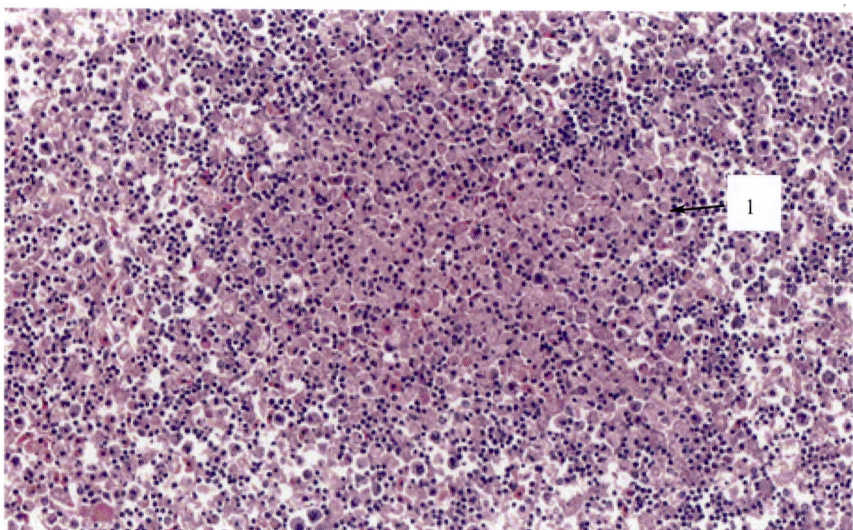

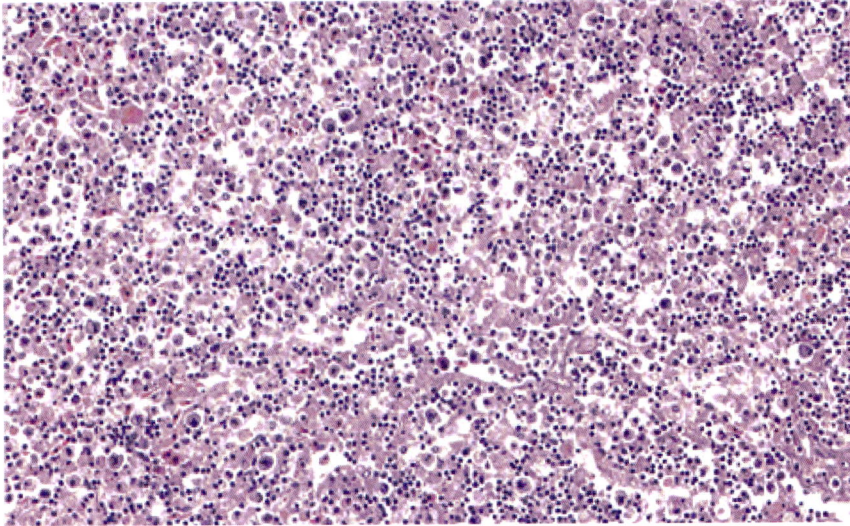

图 10-25
鲢鱼胸腺 13
（HE 染色，400 倍）

1—淋巴组织

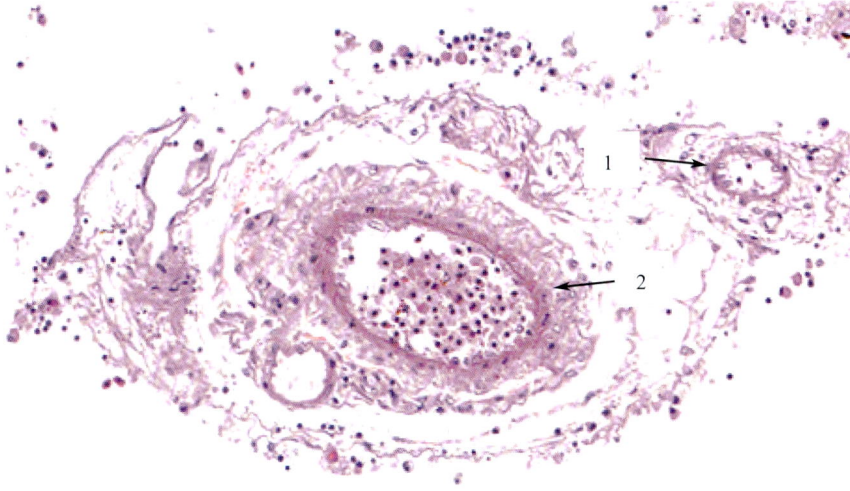

图 10-26
鲢鱼胸腺 14
（HE 染色，400 倍）

1—小静脉；
2—小动脉

第三节　淋巴组织

肾、肠壁固有层、肝脏、心脏及生殖腺等都有弥散淋巴组织分布。

一、肾淋巴组织

位于肠壁内，由弥散淋巴组织和淋巴小结构成。

二、肠淋巴组织

为淋巴管壁内的淋巴小结。

三、眼睑淋巴组织

位于第三眼睑深处的黏膜淋巴组织，又称瞬膜腺，具有局部免疫功能。

见图 10-27 ~ 图 10-39。

图 10-27
中华鳖肠系膜淋巴结 1
（HE 染色，60 倍）

1—淋巴组织；
2—外膜

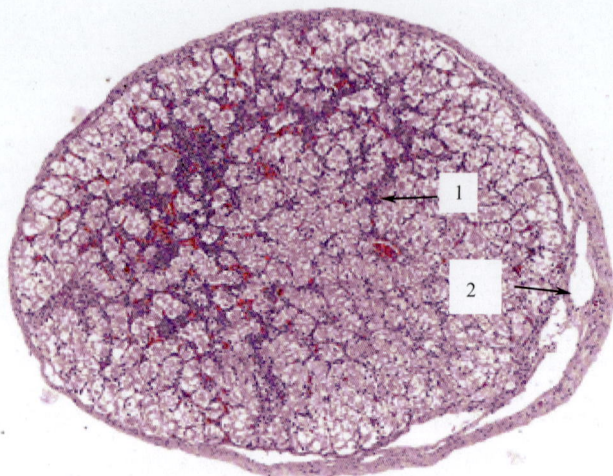

图 10-28
中华鳖肠系膜淋巴结 2
（HE 染色，200 倍）

1—血细胞；
2—淋巴组织

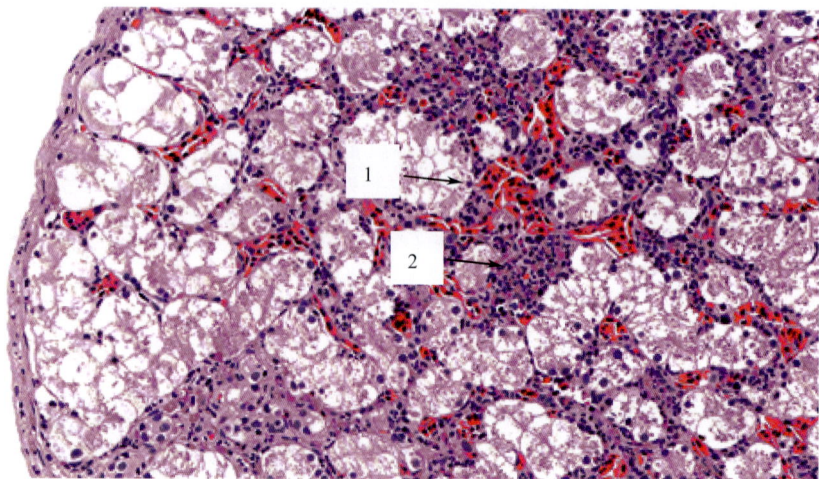

图 10-29
中华鳖肠系膜淋巴结 3
（HE 染色，200 倍）

1—血细胞；
2—小静脉

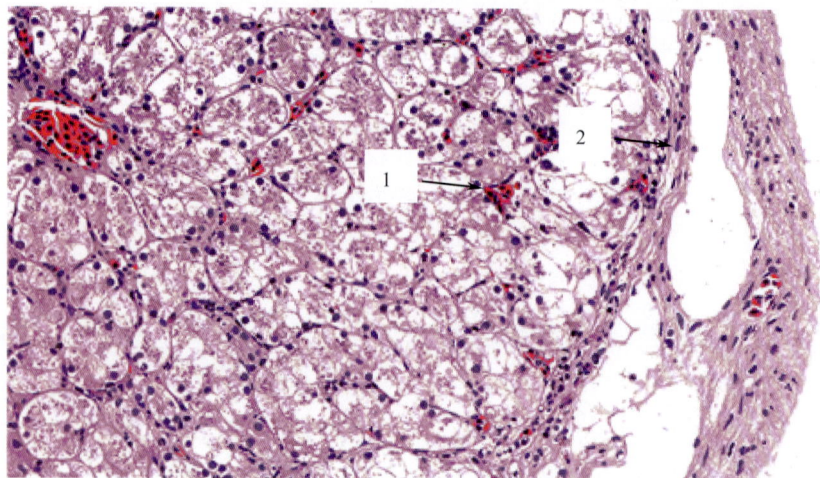

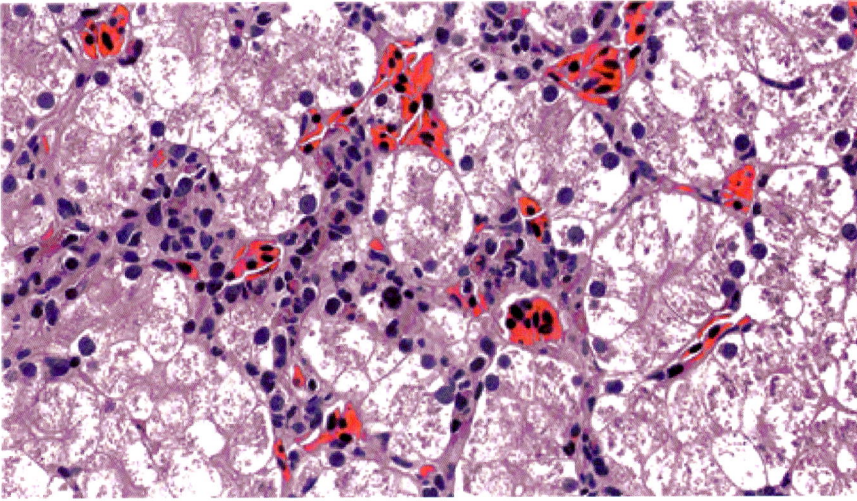

图 **10-30**
中华鳖肠系膜淋巴结 4
（HE 染色，400 倍）

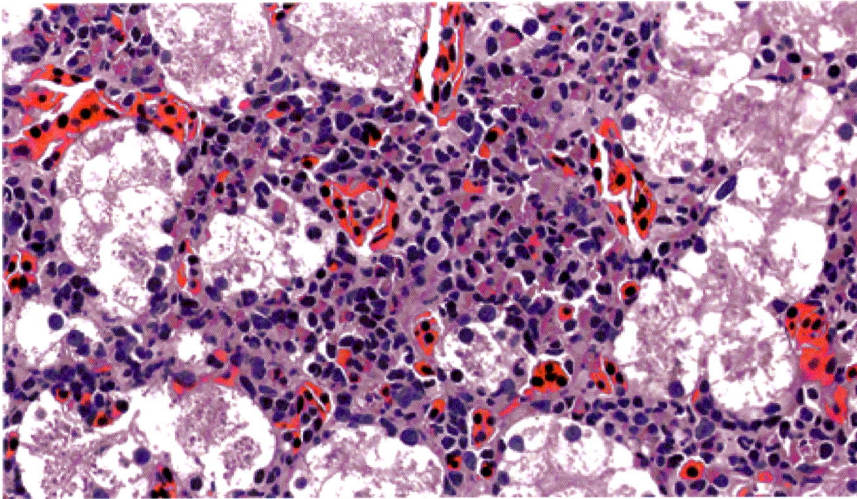

图 **10-31**
中华鳖肠系膜淋巴结 5
（HE 染色，400 倍）

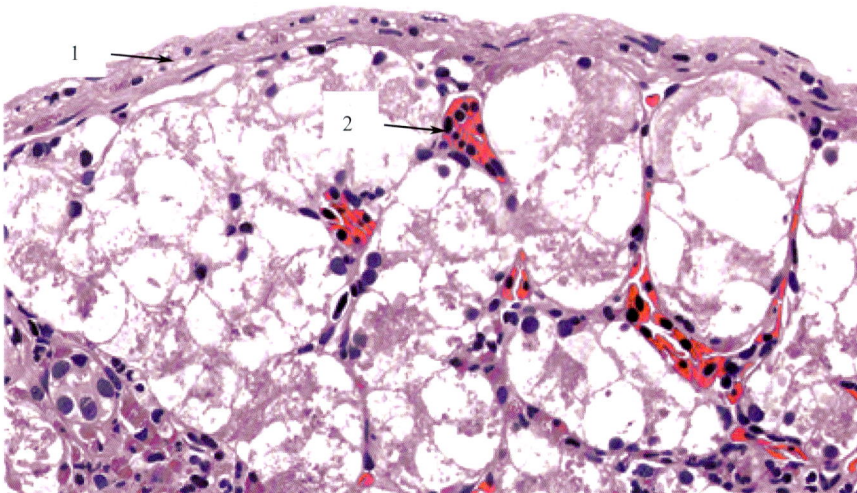

图 **10-32**
中华鳖肠系膜淋巴结 6
（HE 染色，400 倍）

1—外膜；
2—血细胞

图 10-33
中华鳖淋巴结 1
（HE 染色，60 倍）

1—小动脉

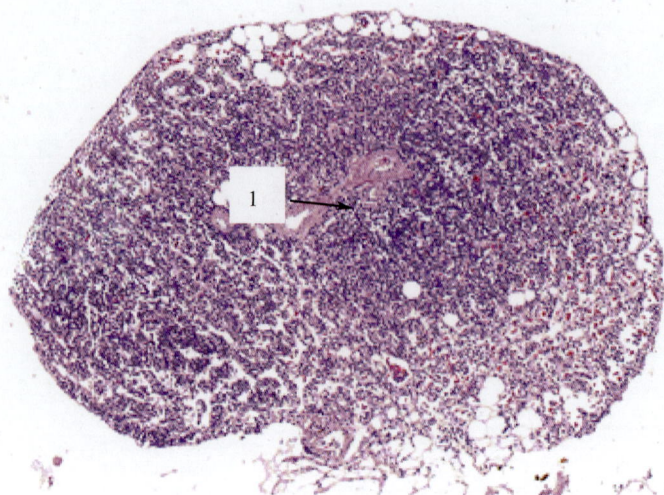

图 10-34
中华鳖淋巴结 2
（HE 染色，100 倍）

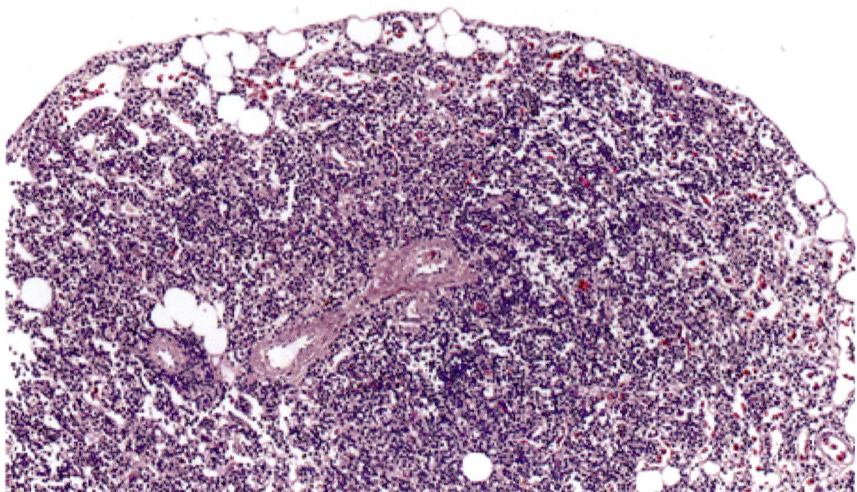

图 10-35
中华鳖淋巴结 3
（HE 染色，200 倍）

1—淋巴组织；
2—血细胞

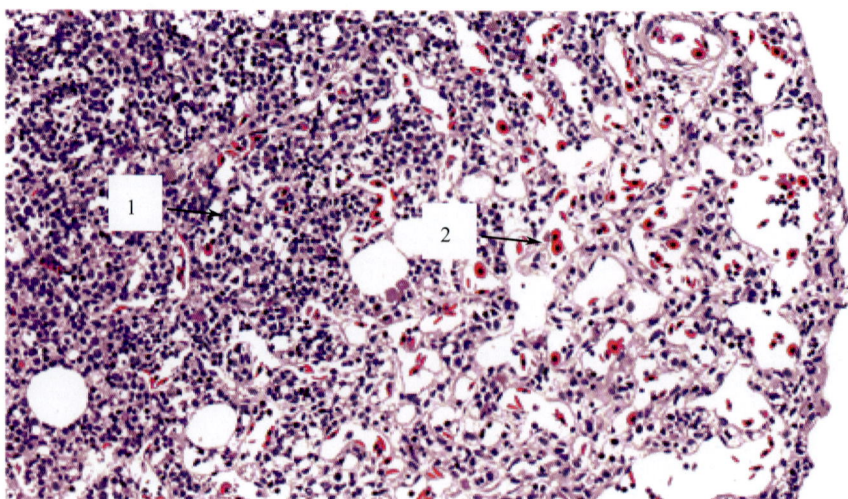

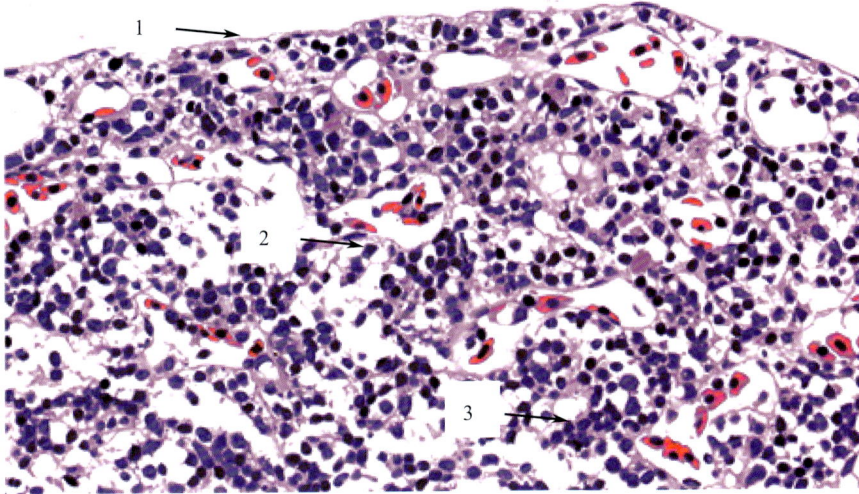

图 10-36
中华鳖淋巴结 4
（HE 染色，400 倍）

1—外膜；
2—血细胞；
3—淋巴组织

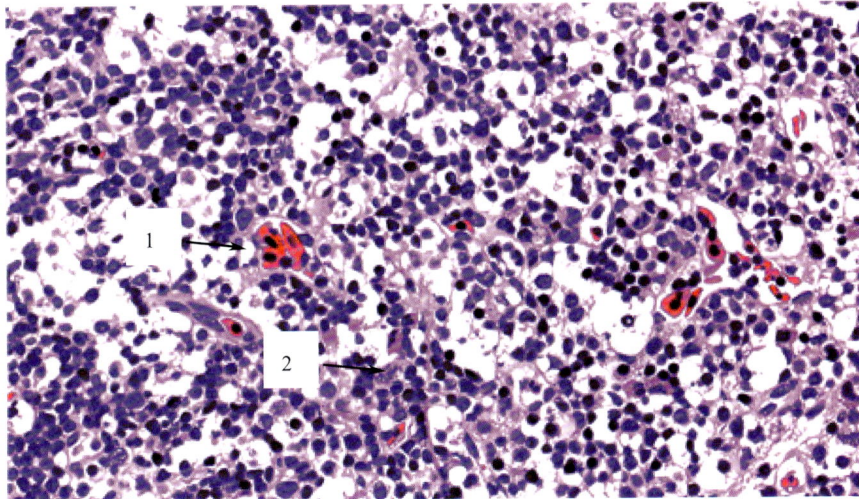

图 10-37
中华鳖淋巴结 5
（HE 染色，400 倍）

1—血细胞；
2—淋巴组织

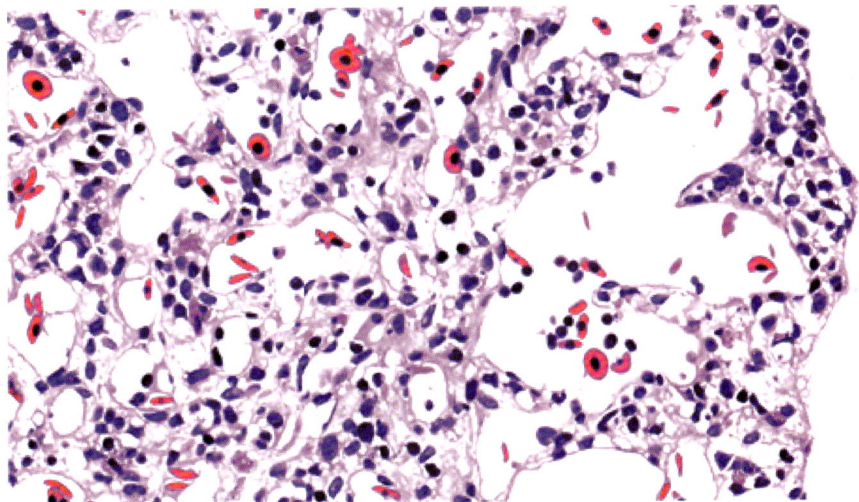

图 10-38
中华鳖淋巴结 6
（HE 染色，400 倍）

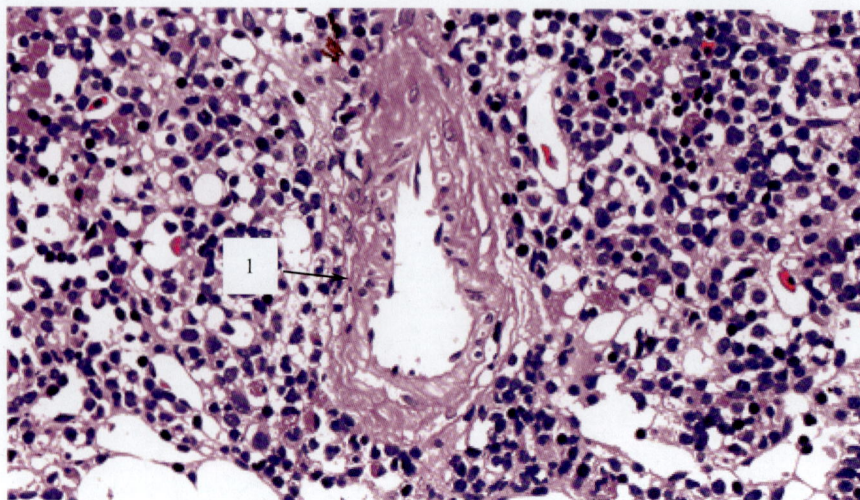

第十一章　神经系统与感觉器官

第一节　神经系统

神经组织（nervous tissue）由神经细胞、神经胶质细胞和间质组成，是神经系统的主要组成成分。

一、脑

脑（brain）位于颅腔内，脑各部内的腔隙（称脑室）充满脑脊液。脑由前向后分为大脑、中脑、间脑、小脑、脑桥和延髓。脑内分布着很多由神经细胞集中形成的神经核，并有大量上、下行的神经纤维束通过。

二、脊髓

脊髓（spinal cord）是中枢神经系统的一部分，穿行在椎管内，前端连接延髓，向脊柱两侧发出成对的神经。脊髓的灰质在内，呈 H 形（蝴蝶形），主要由神经细胞构成；白质在外，主要由有髓神经纤维构成。

三、神经

神经（nerve）广泛分布在全身各处与内脏器官，由周围神经系统的神经纤维聚集成束构成。多数神经内含有感觉神经纤维、运动神经纤维和自主神经纤维。与肌组织相似，神经也有外膜 - 神经外膜、束膜 - 神经束膜、内膜 - 神经内膜。

神经外膜（epineurium）为包裹在一条神经表面的结缔组织被膜。神经束膜（perineurium）为位于一束神经纤维表面、由几层扁平细胞和结缔组织围成的被膜。紧密连接（tight junction）为细胞之间、对进出神经纤维束的物质起屏障作用的连接结构。神经内膜（endoneurium）为神经内每条神经纤维表面的薄层结缔组织形成的被膜。

1. 神经元

神经元（neuron）为神经结构与功能的基本单位，由胞体和突起构成。神经元有树突和轴突两种突起，细胞核大而圆，位于胞体中央，着色浅，核仁大。细胞膜感受刺激、产生并传递神经冲动。细胞质含有大量神经原纤维、尼氏体、线粒体和高尔基体。

2. 胞体

胞体含有细胞质、尼氏体及神经原纤维等。尼氏体为位于胞体和树突内、呈强嗜碱性染色的斑块状或小颗粒状，富含粗面内质网和游离核糖体，合成更新细胞器所需的结构蛋白、神经递质所需的酶类和神经肽。

神经原纤维（neurofibril）由神经丝（neurofilament）和神经微管（neural microtubule）集束构成，在核周体内交织成网，并向树突和轴突延伸到达突起末梢。神经丝是由神经丝蛋白构成的极微细的中空管状结构中间丝，构成神经元的细胞骨架，在神经元内起支持和运输的作用。

3．突起

（1）树突（dendrite）神经元有一或多个树突。树突可发出许多短小分支突起，形成树突棘（dendritic spine），极大地扩展了神经元接受刺激的表面积。

（2）轴突（axon）轴突由轴丘发出，仅有一条。轴突处无尼氏体，染色较浅。轴突粗细接近一致，有侧支垂直轴突分出。轴突末端较多的分支形成轴突终末。轴突处的胞膜称轴膜，轴突起始段轴膜较厚，产生沿轴膜向终末传递的神经冲动。

四、血 - 脑屏障

血脑屏障（blood-brain barrier）包括由脑毛细血管壁、基膜、神经胶质细胞和结缔组织形成的血液与脑细胞之间的屏障和由脉络丛形成的血液与脑脊液之间的屏障。血脑屏障阻止某些有害物质由血液进入脑组织，维持脑组织内环境稳定。

血脑屏障选择性允许营养和代谢产物通过，阻止血液中某些物质进入脑组织，从而发挥维持脑内环境稳定的功能。

见图 11-1 ～图 11-97。

图 11-1
鲢鱼脑
（HE 染色，10 倍）

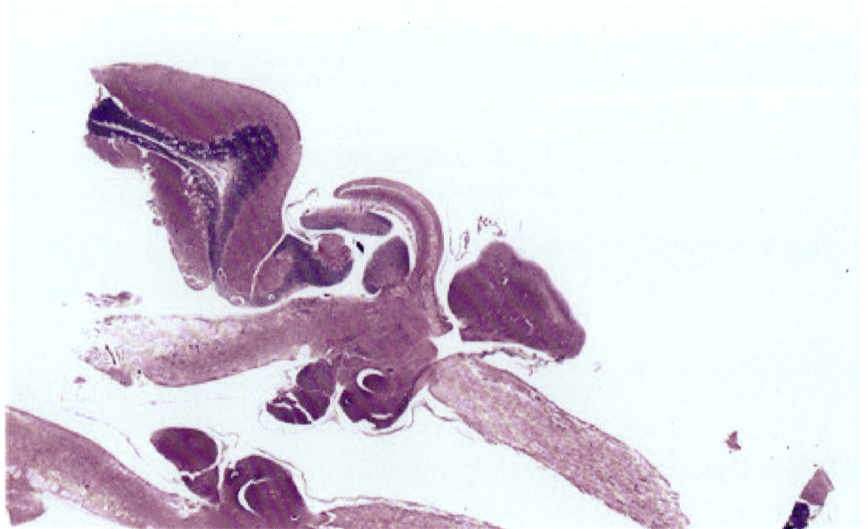

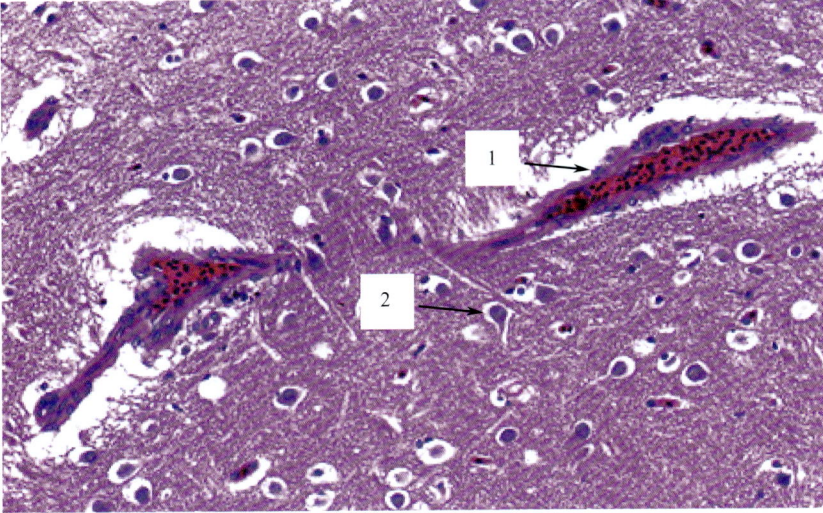

图 11-2
鲢鱼大脑 1
（HE 染色，400 倍）

1—小血管；
2—神经细胞

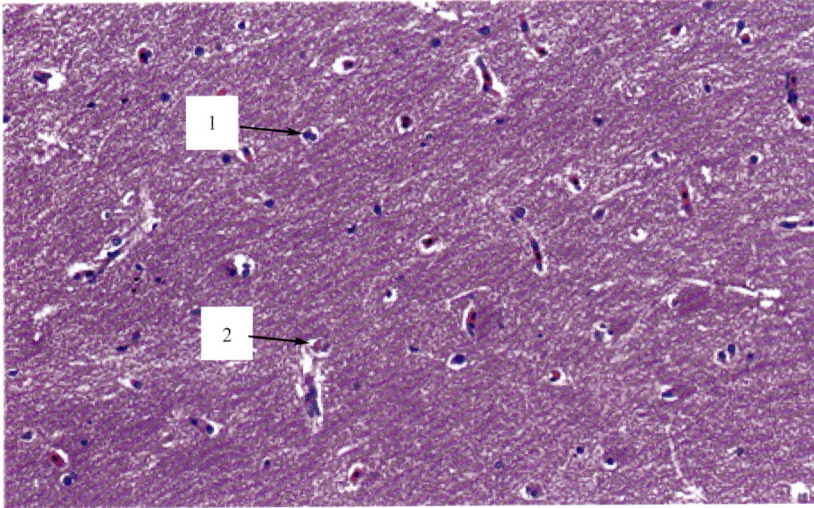

图 11-3
鲢鱼大脑 2
（HE 染色，400 倍）

1—神经细胞；
2—毛细血管

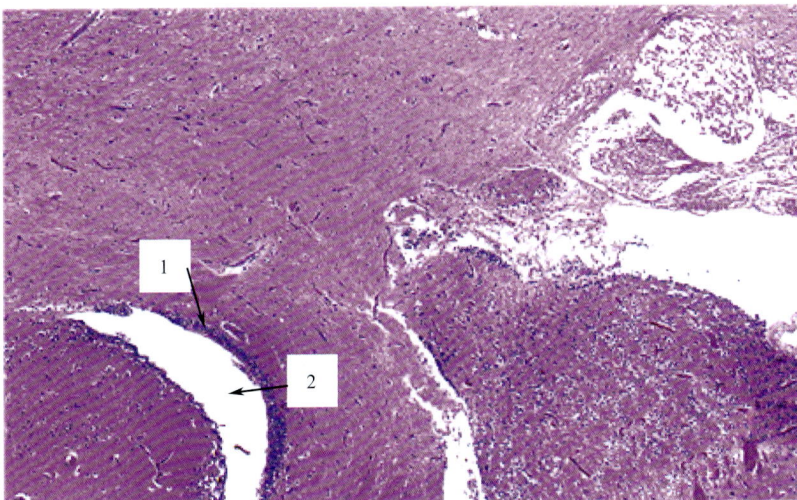

图 11-4
鲢鱼间脑 1
（HE 染色，100 倍）

1—脑室室管膜上皮细胞；
2—脑室腔

图 11-5
鲢鱼间脑 2
（HE 染色，400 倍）

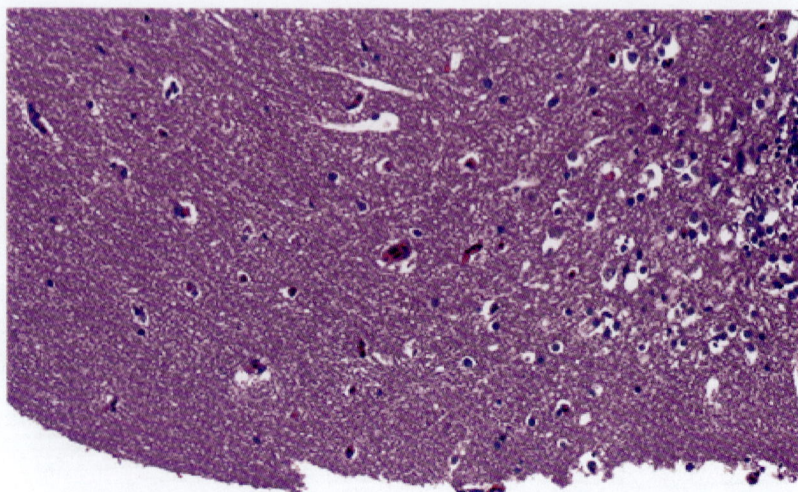

图 11-6
鲢鱼间脑 3
（HE 染色，400 倍）

1—脑室室管膜上皮细胞；
2—神经细胞

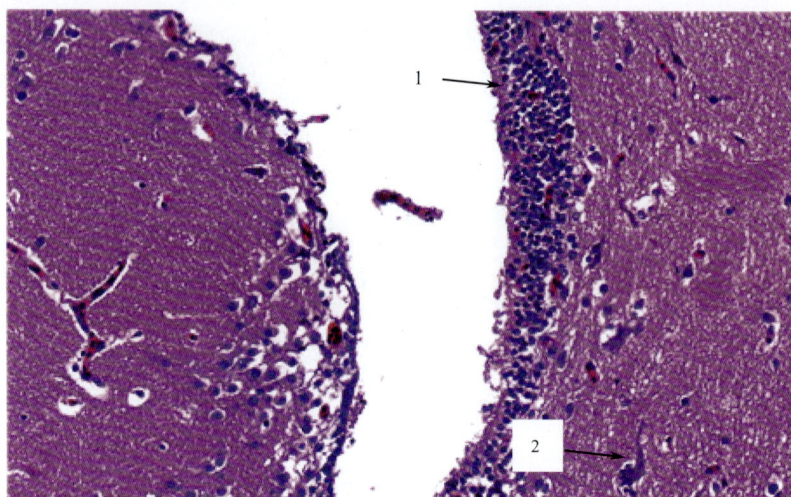

图 11-7
鲢鱼间脑 4
（HE 染色，400 倍）

1—间脑

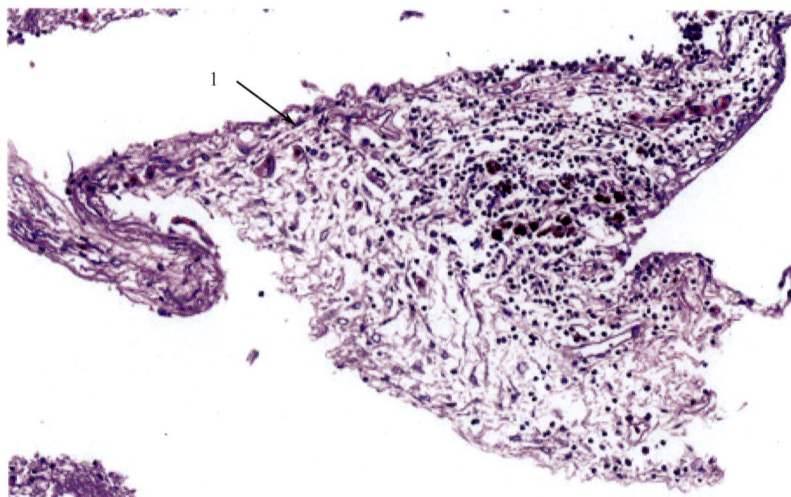

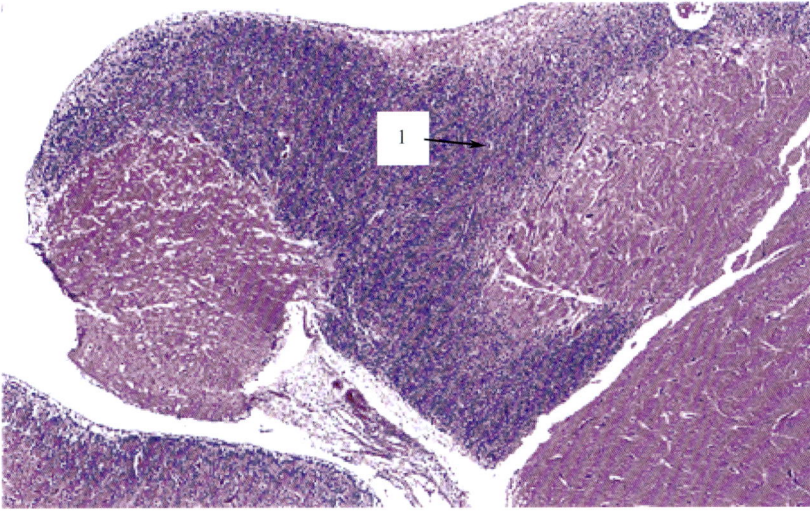

图 11-8
鲢鱼中脑 1
（HE 染色，80 倍）

1—中脑

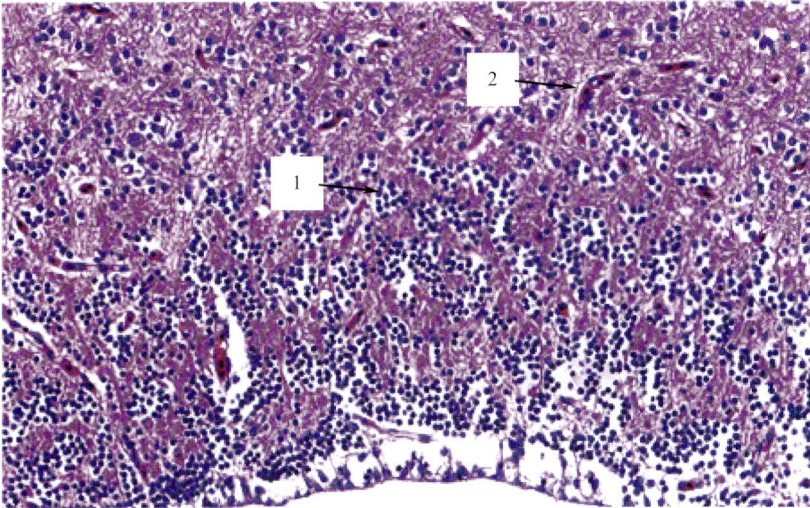

图 11-9
鲢鱼中脑 2
（HE 染色，400 倍）

1—神经细胞；
2—血细胞

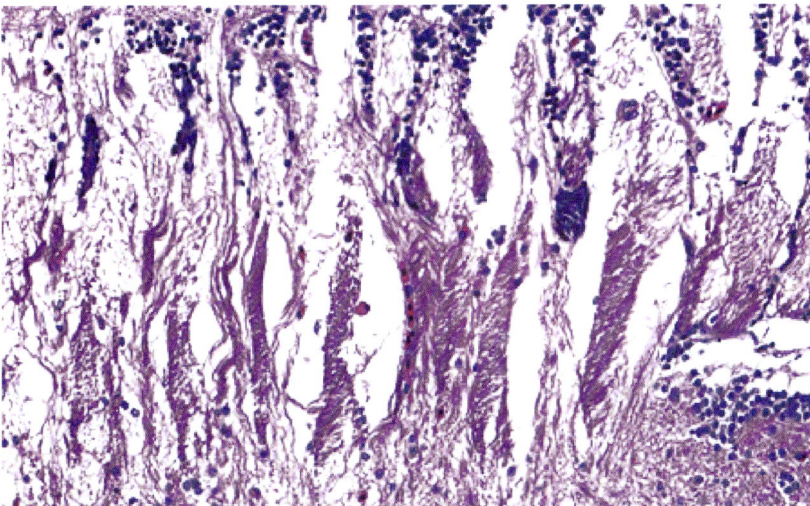

图 11-10
鲢鱼中脑 3
（HE 染色，400 倍）

图 11-11
鲢鱼中脑 4
（HE 染色，400 倍）

1—神经细胞；
2—毛细血管；
3—神经纤维

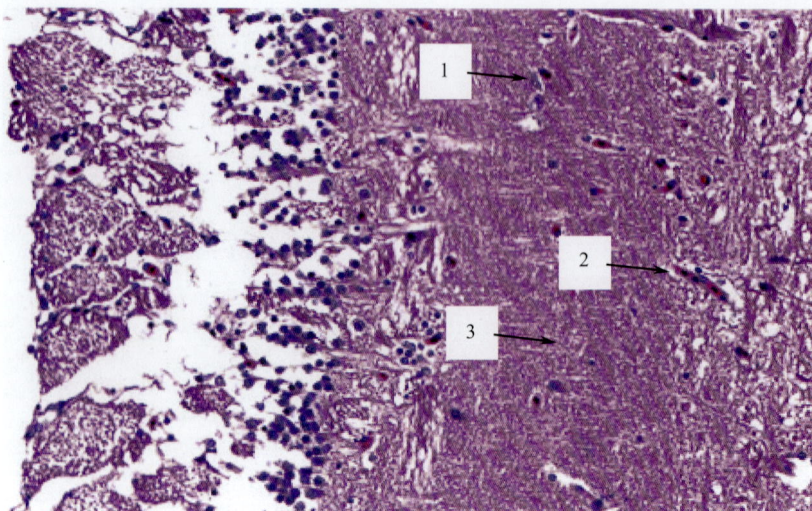

图 11-12
鲢鱼中脑 5
（HE 染色，400 倍）

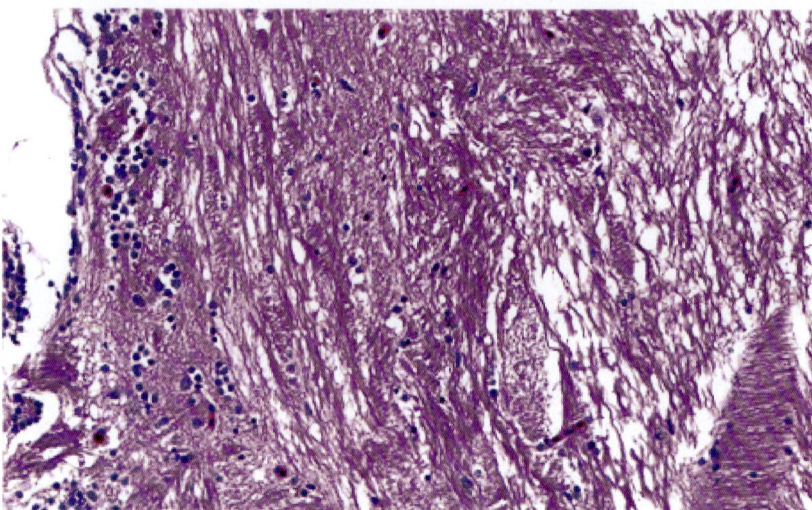

图 11-13
鲢鱼中脑 6
（HE 染色，400 倍）

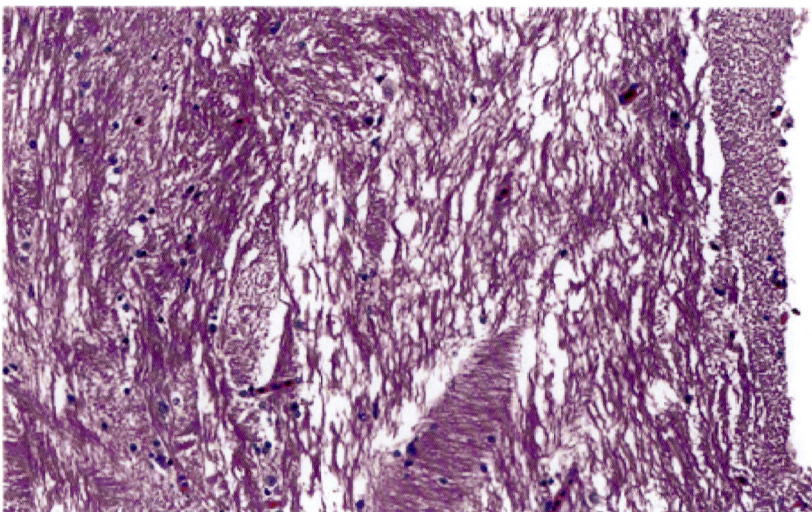

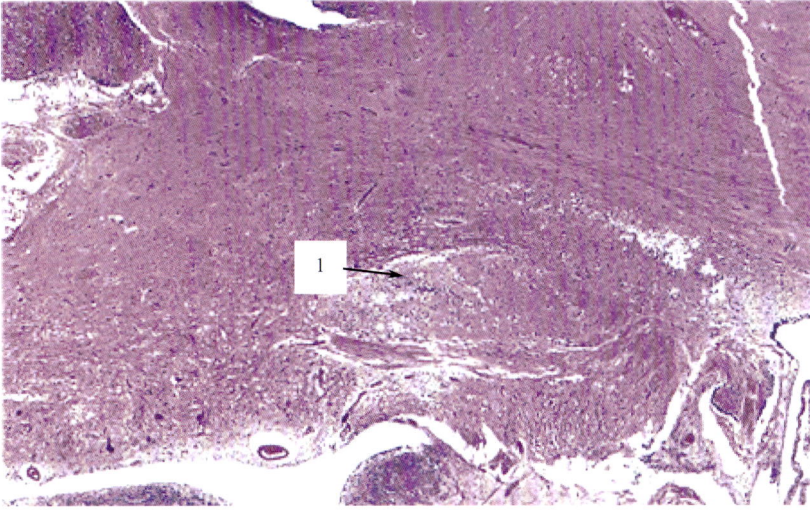

图 11-14
鲢鱼脑桥
（ HE 染色，60 倍 ）

1—脑桥

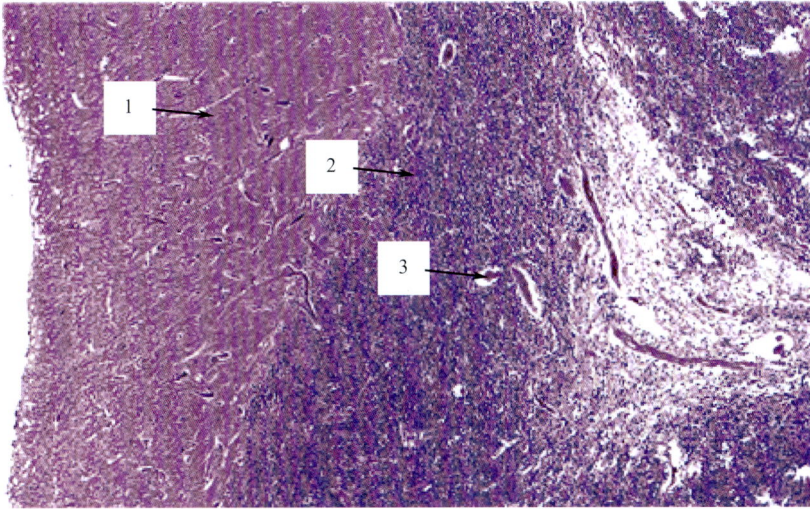

图 11-15
鲢鱼小脑 1
（ HE 染色，100 倍 ）

1—神经纤维；
2—神经细胞；
3—毛细血管

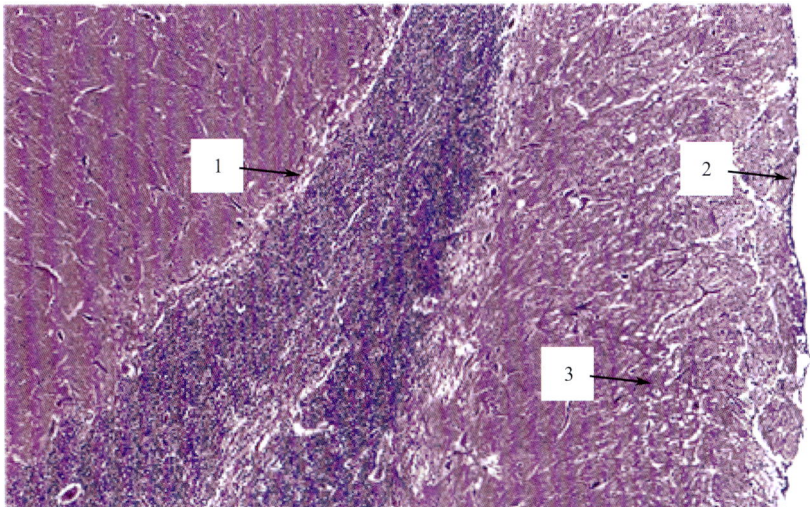

图 11-16
鲢鱼小脑 2
（ HE 染色，100 倍 ）

1—神经细胞；
2—外膜；
3—神经纤维

图 11-17
鲢鱼小脑 3
（HE 染色，400 倍）

1—神经细胞

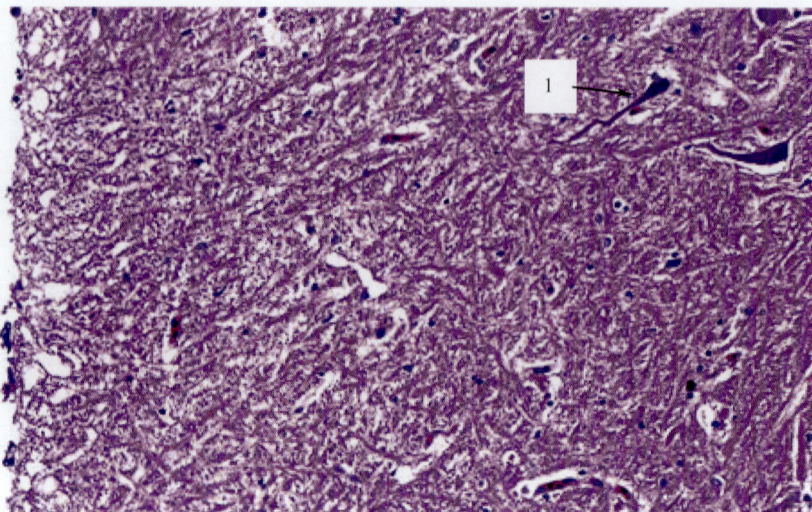

图 11-18
鲢鱼小脑 4
（HE 染色，400 倍）

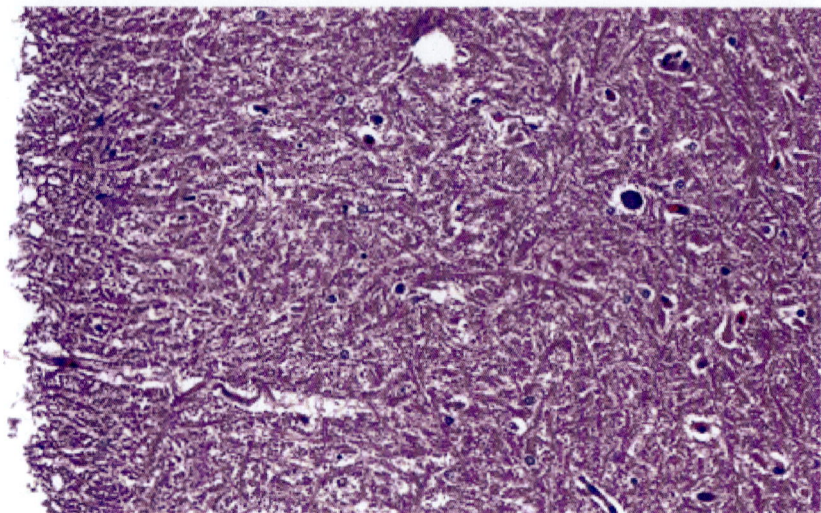

图 11-19
中华鳖前脑
（HE 染色 20 倍）

1—脑半球

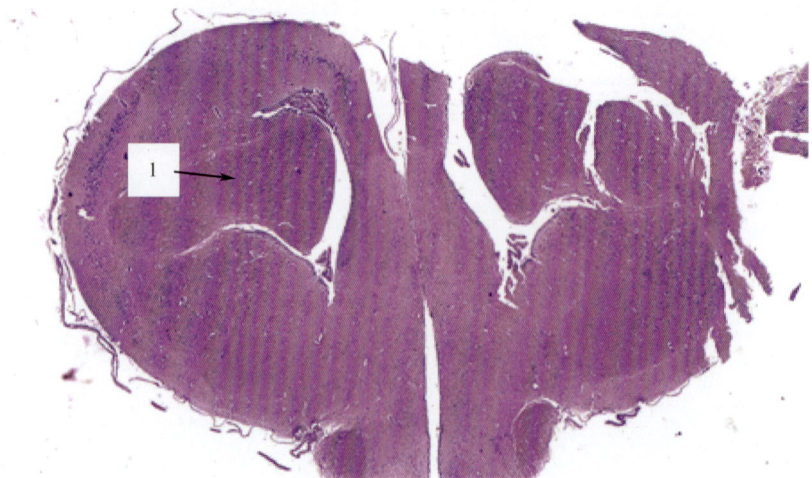

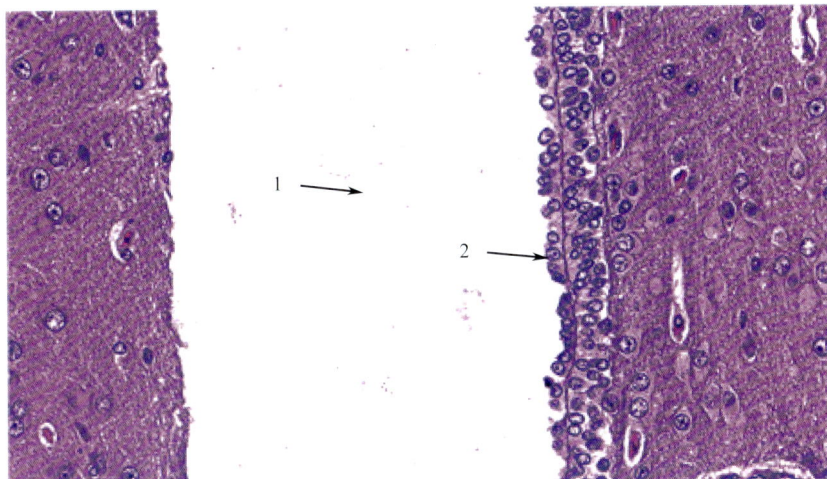

图 11-20
中华鳖前脑侧脑室
（HE 染色，400 倍）

1—脑室；
2—上皮细胞；

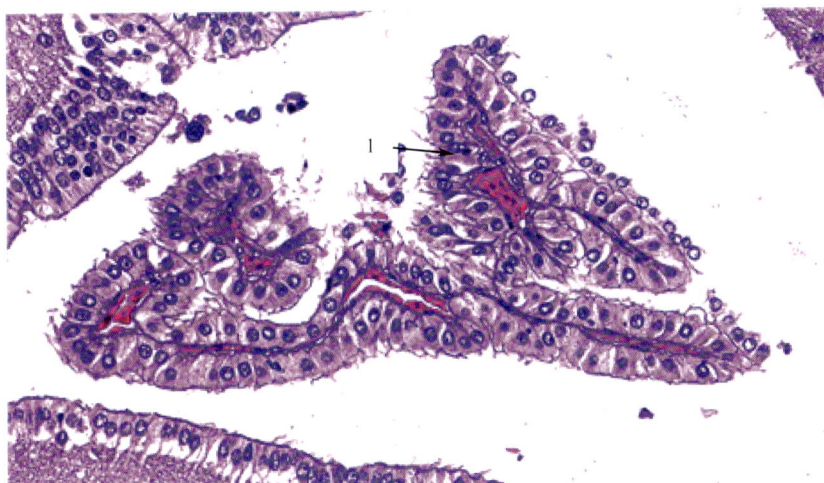

图 11-21
中华鳖前脑侧脑室脉络丛
（HE 染色，400 倍）

1—脉络丛

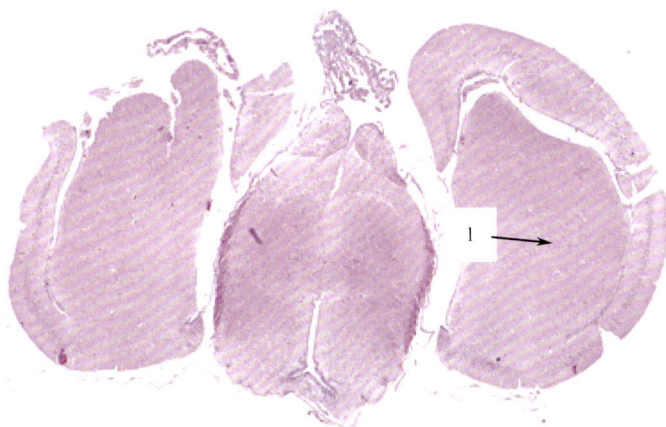

图 11-22
中华鳖后脑
（HE 染色，15 倍）

1—脑半球

图 11-23
中华鳖后脑脉络丛 1
（HE 染色，100 倍）

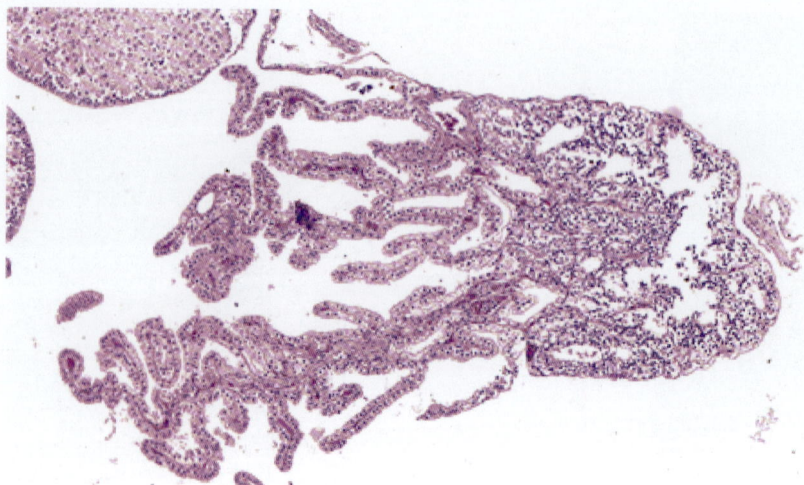

图 11-24
中华鳖后脑脉络丛 2
（HE 染色，200 倍）

1—脉络丛

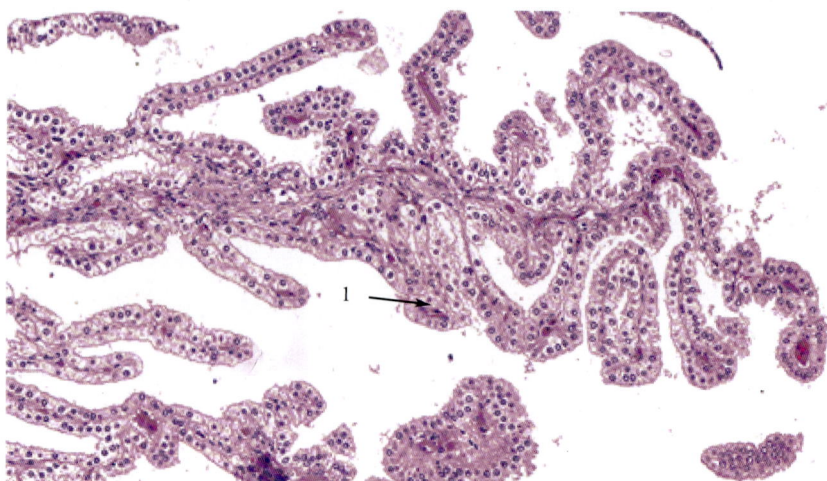

图 11-25
中华鳖后脑脉络丛 3
（HE 染色，400 倍）

1—脉络丛细胞

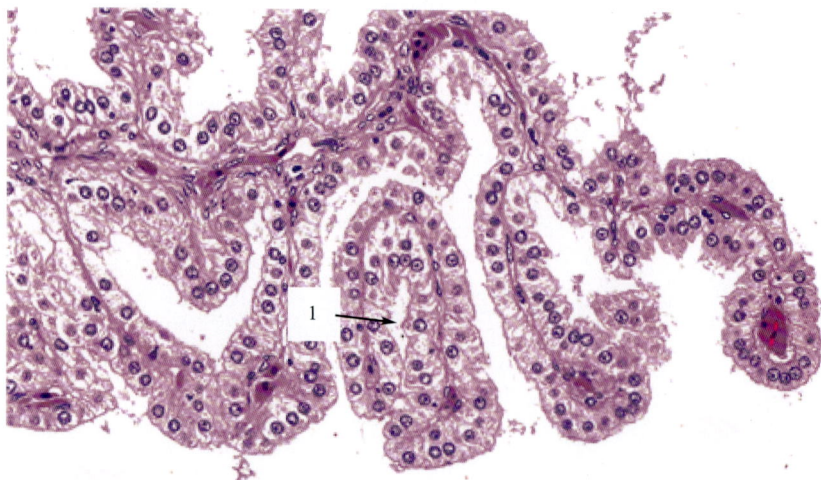

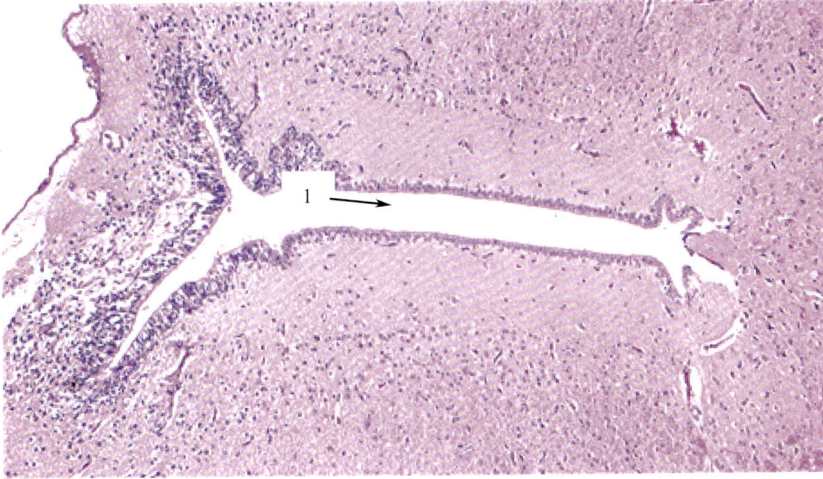

图 **11-26**
中华鳖后脑脑室
（HE 染色，100 倍）

1—脑室

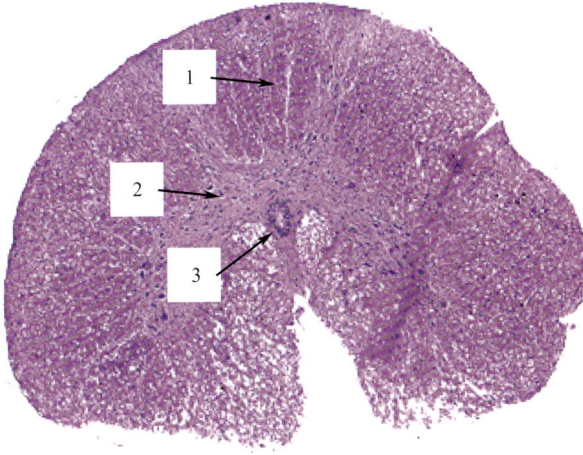

图 **11-27**
中华鳖脊髓 1
（HE 染色，70 倍）

1—白质；
2—灰质；
3—脊髓中央管

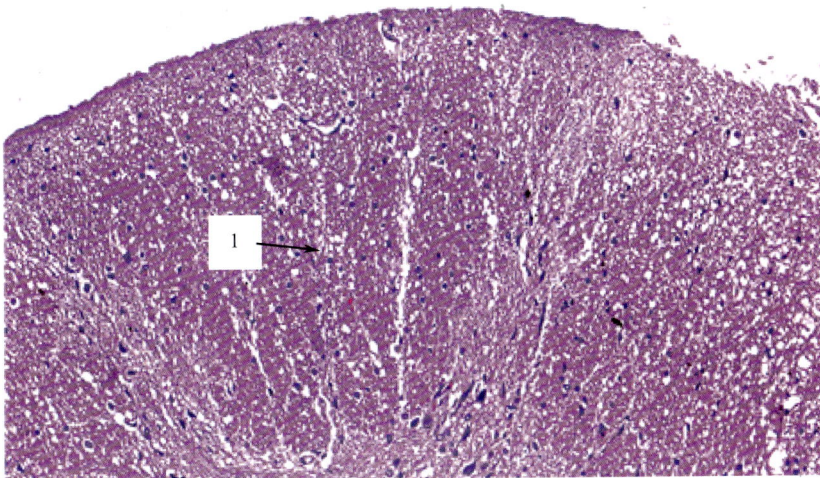

图 **11-28**
中华鳖脊髓 2
（HE 染色，200 倍）

1—白质

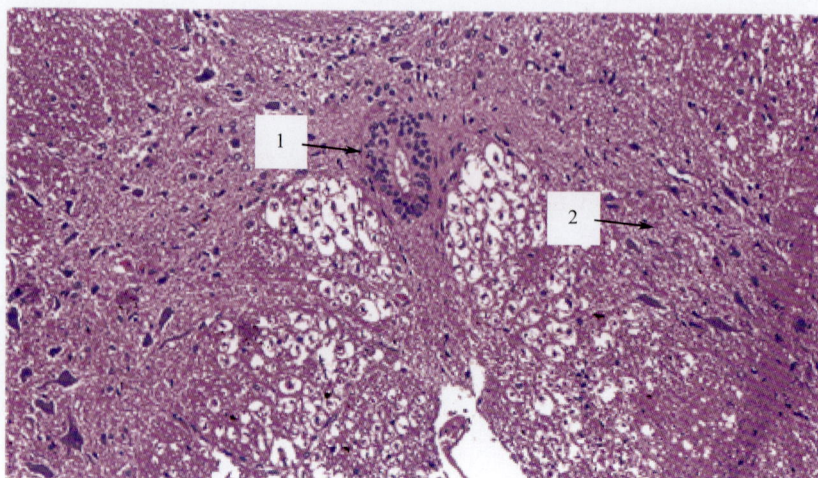

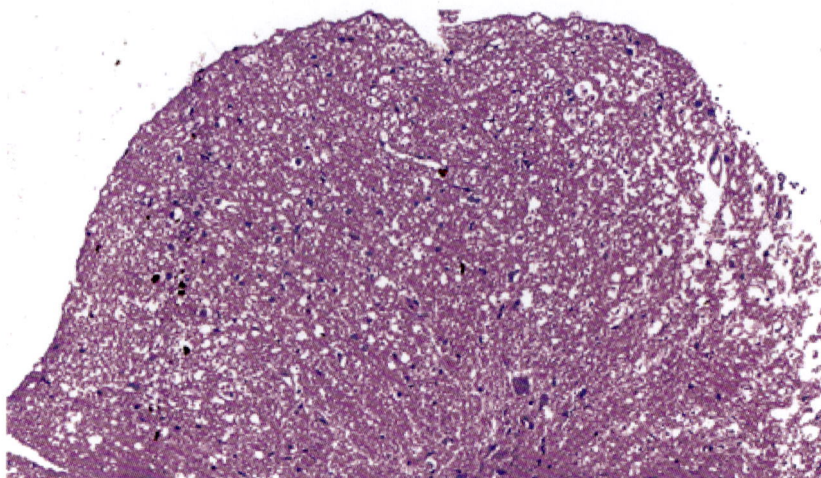

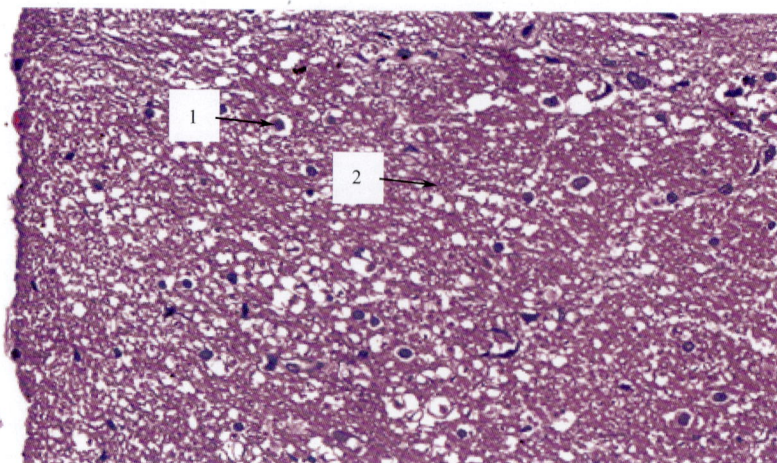

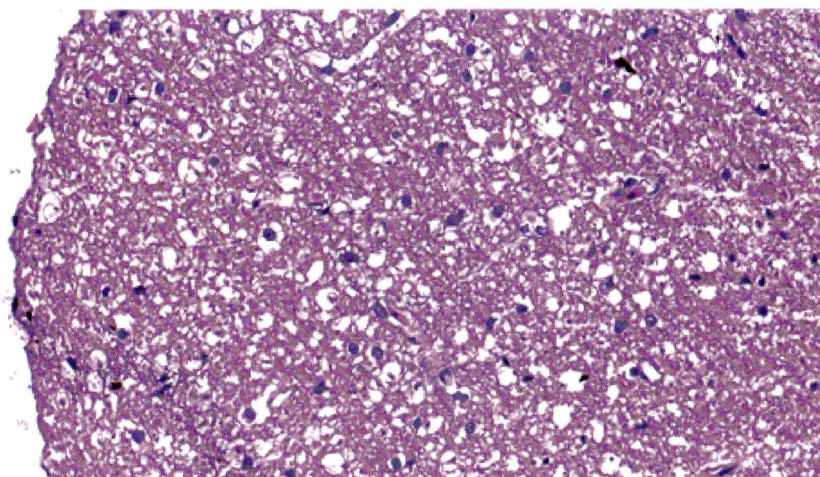

图 11-32
中华鳖脊髓 6
（HE 染色，400 倍）

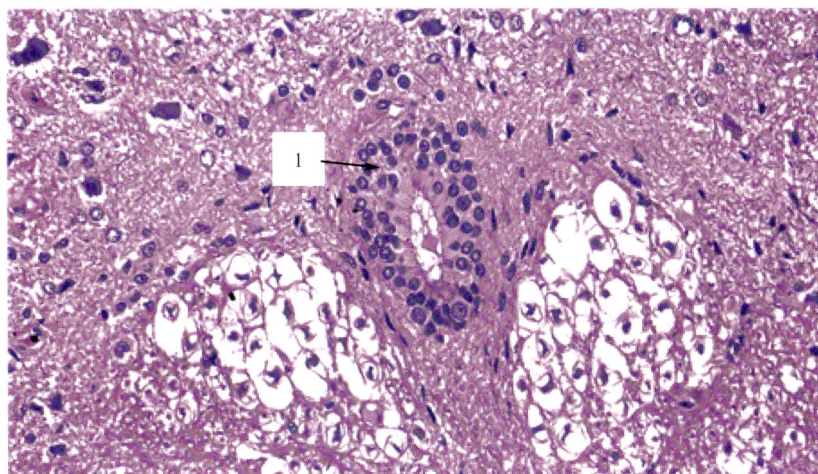

图 11-33
中华鳖脊髓 7
（HE 染色，400 倍）

1—脊髓中央管

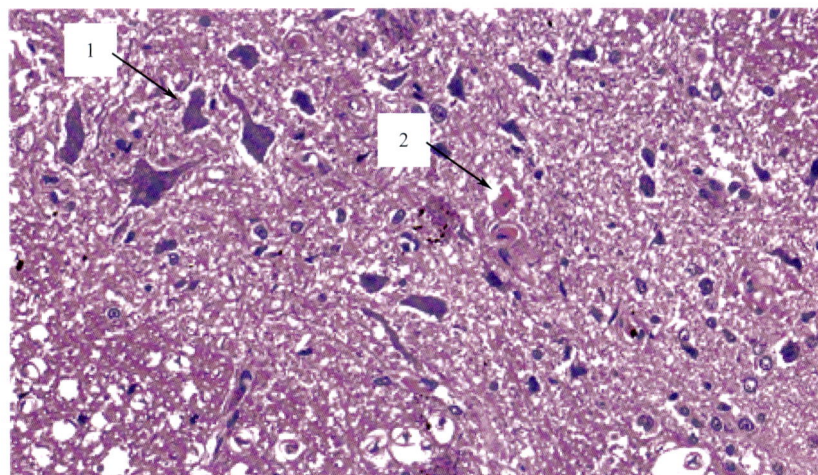

图 11-34
中华鳖脊髓 8
（HE 染色，400 倍）

1—神经细胞；
2—血细胞

图 11-35
中华鳖脊髓 9
（HE 染色，400 倍）

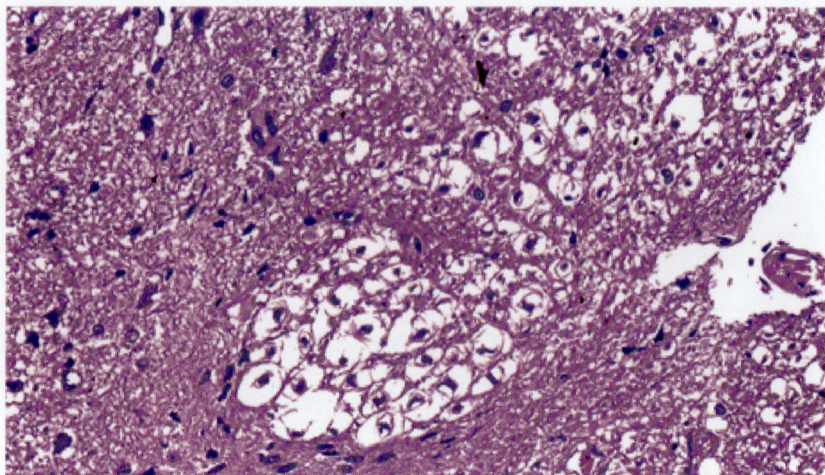

图 11-36
中华草龟前脑
（HE 染色，15 倍）

1—脑半球

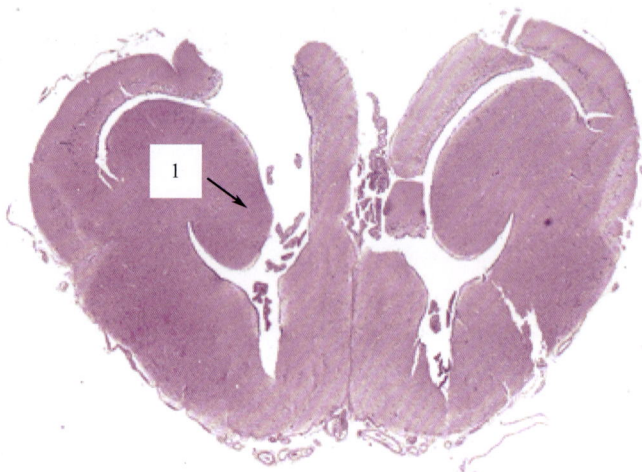

图 11-37
中华草龟前脑脉络丛 1
（HE 染色，200 倍）

1—脉络丛

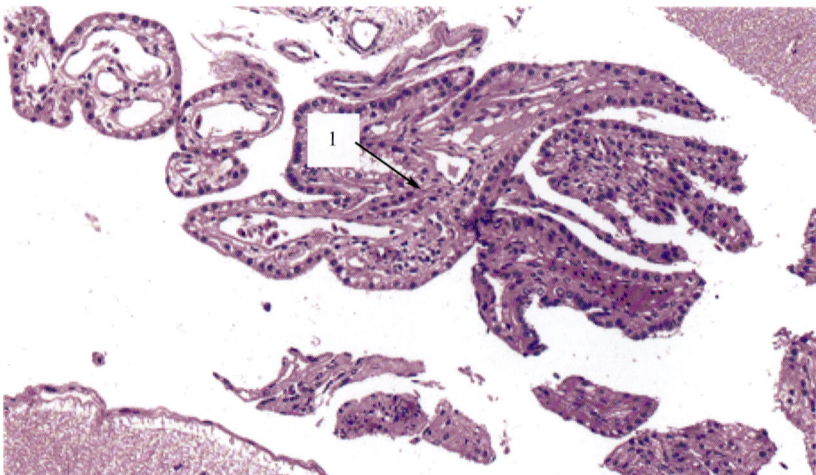

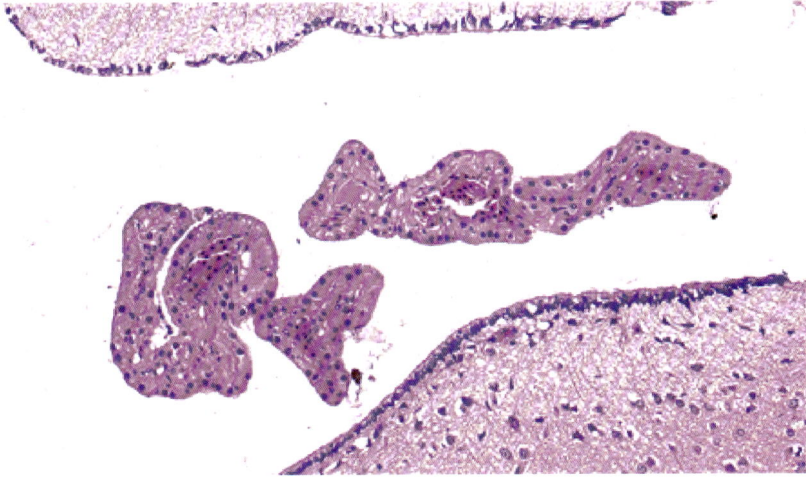

图 11-38
中华草龟前脑脉络丛 2
（HE 染色，200 倍）

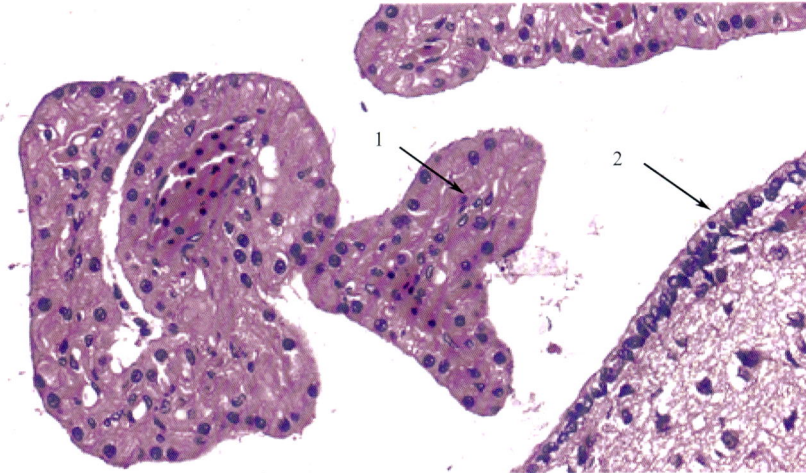

图 11-39
中华草龟前脑脉络丛 3
（HE 染色，400 倍）

1—脉络丛；
2—脑室上皮

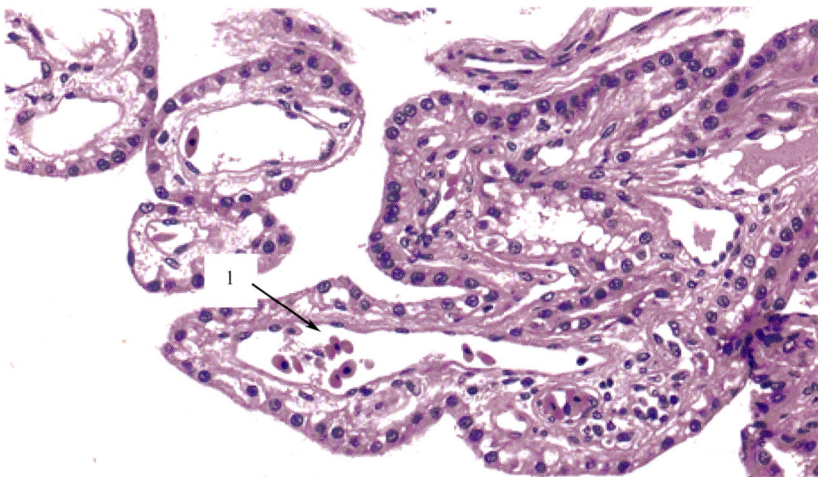

图 11-40
中华草龟前脑脉络丛 4
（HE 染色，400 倍）

1—脉络丛血细胞

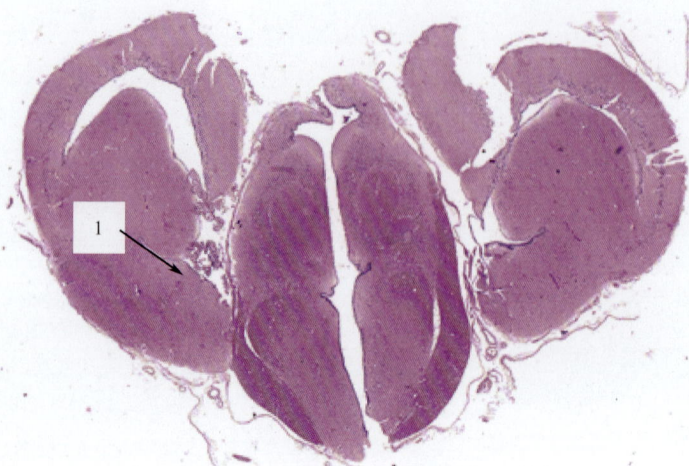

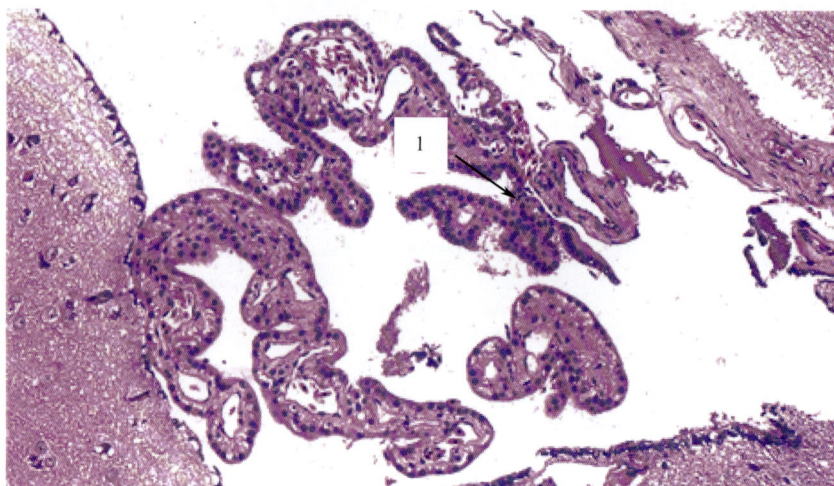

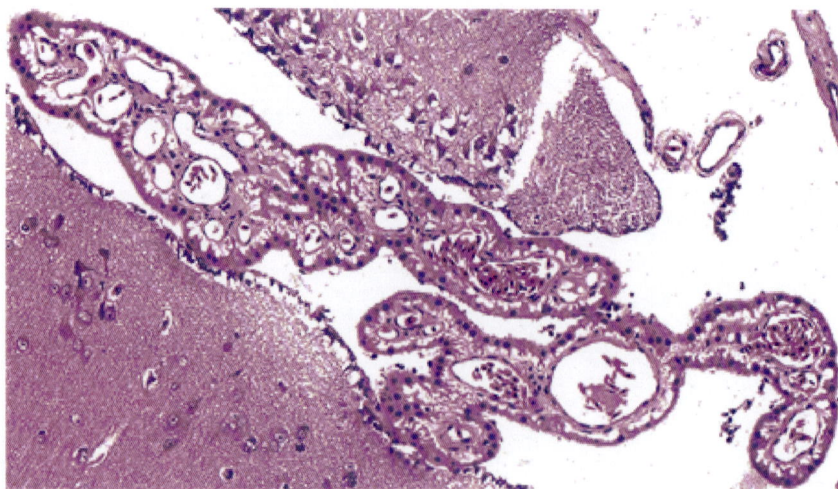

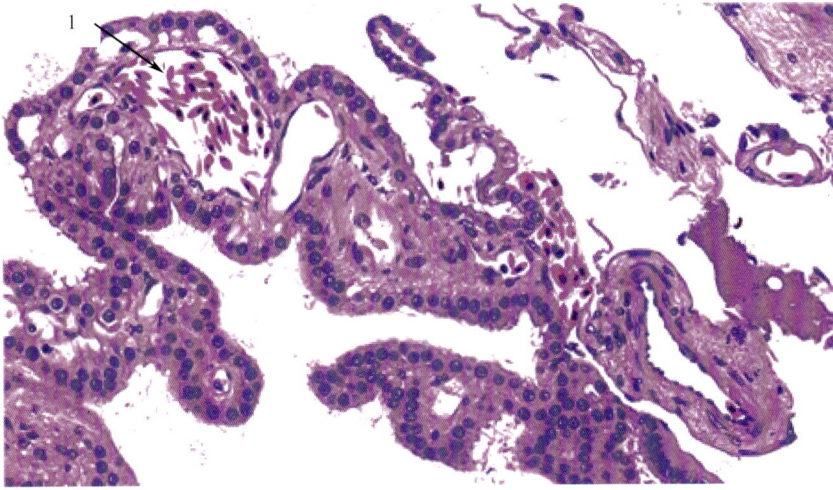

图 11-44
**中华草龟后脑侧脑室脉
络丛 3**
（HE 染色，400 倍）

1—脉络丛血细胞

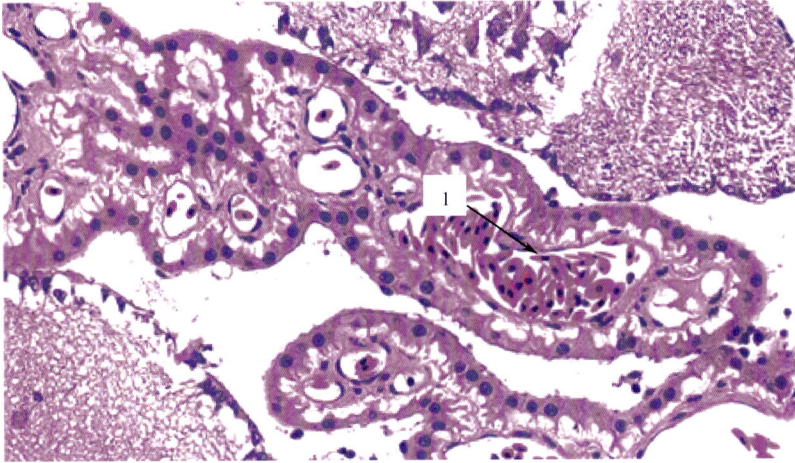

图 11-45
**中华草龟后脑侧脑室脉
络丛 4**
（HE 染色，400 倍）

1—脉络丛血细胞

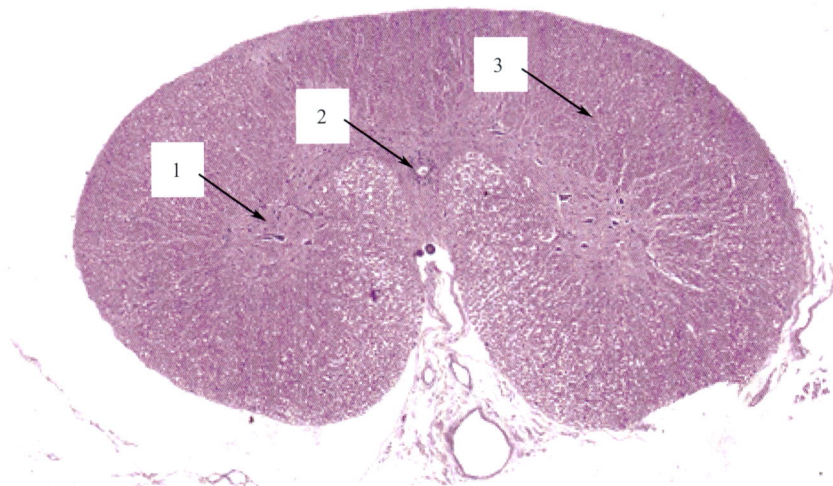

图 11-46
中华草龟脊髓
（HE 染色，65 倍）

1—灰质；
2—脊髓中央管；
3—白质

图 11-47
中华草龟脊髓背侧皮质 1
（HE 染色，200 倍）

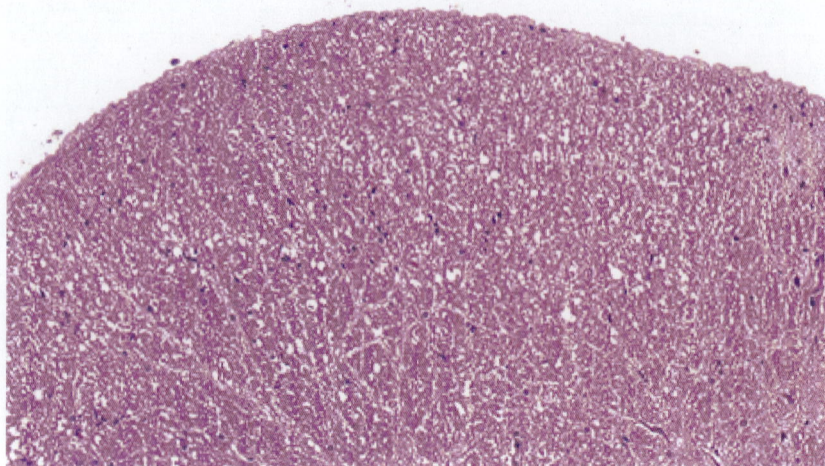

图 11-48
中华草龟脊髓背侧皮质 2
（HE 染色，400 倍）

1—神经细胞

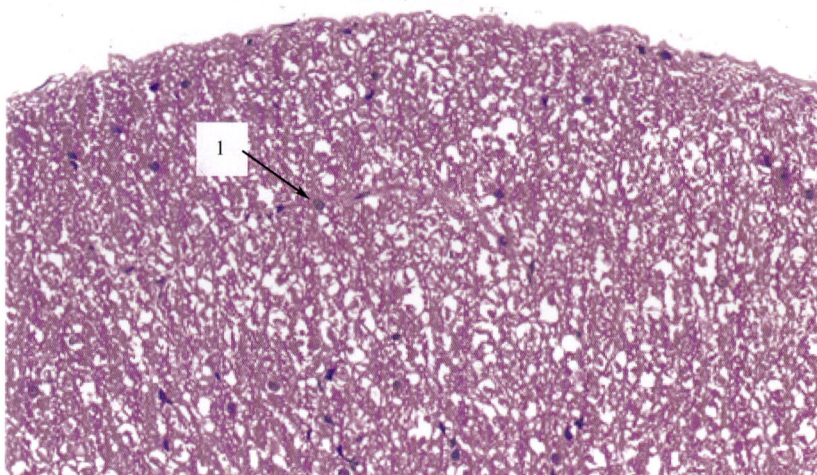

图 11-49
中华草龟脊髓背侧皮质 3
（HE 染色，400 倍）

1—神经细胞

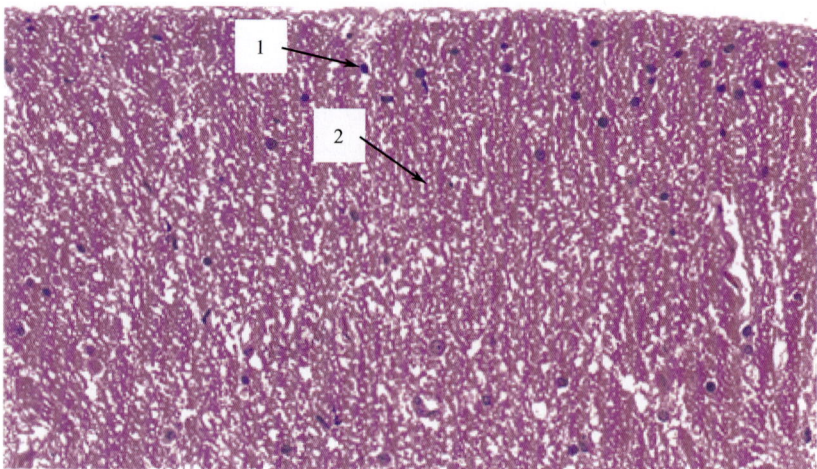

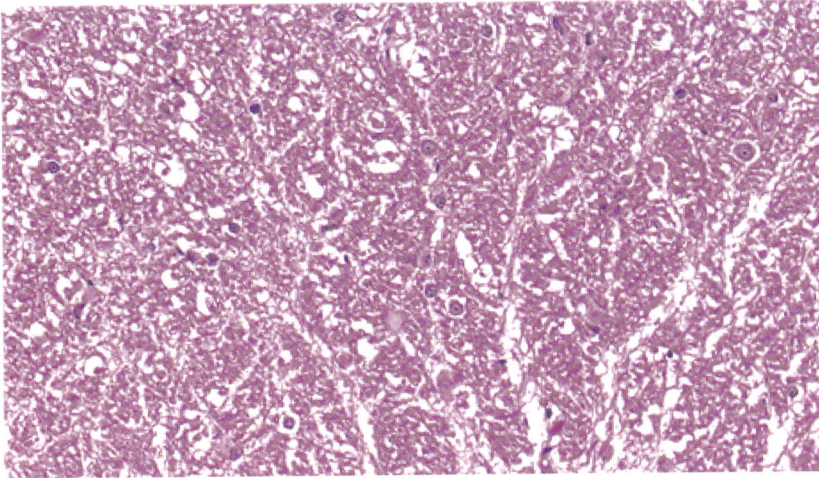

图 **11-50**
中华草龟脊髓背侧皮质 4
（HE 染色，400 倍）

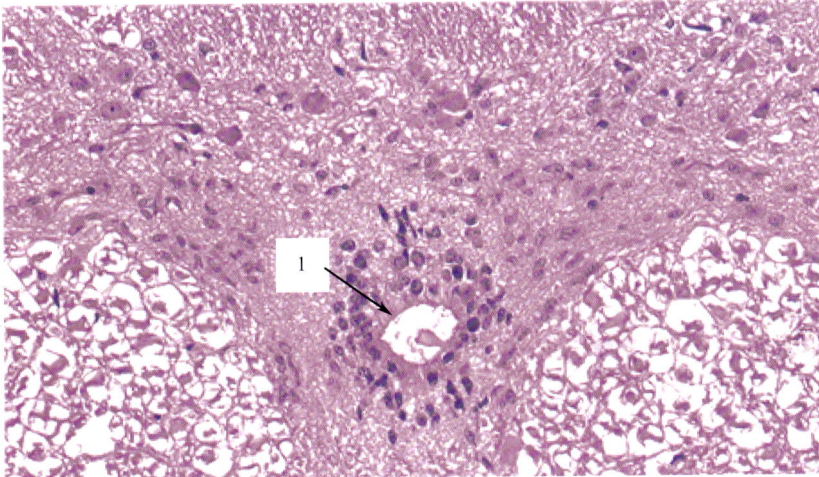

图 **11-51**
中华草龟脊髓中央管
（HE 染色，400 倍）

1—脊髓中央管

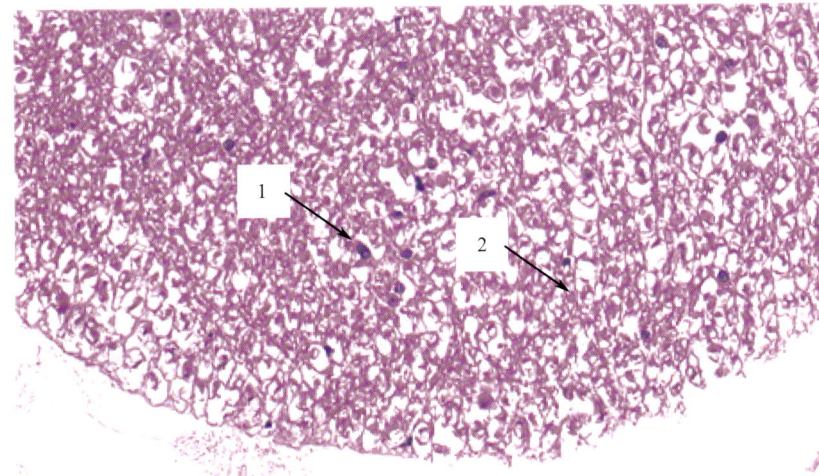

图 **11-52**
中华草龟脊髓腹侧皮质
（HE 染色，400 倍）

1—神经细胞
2—神经纤维

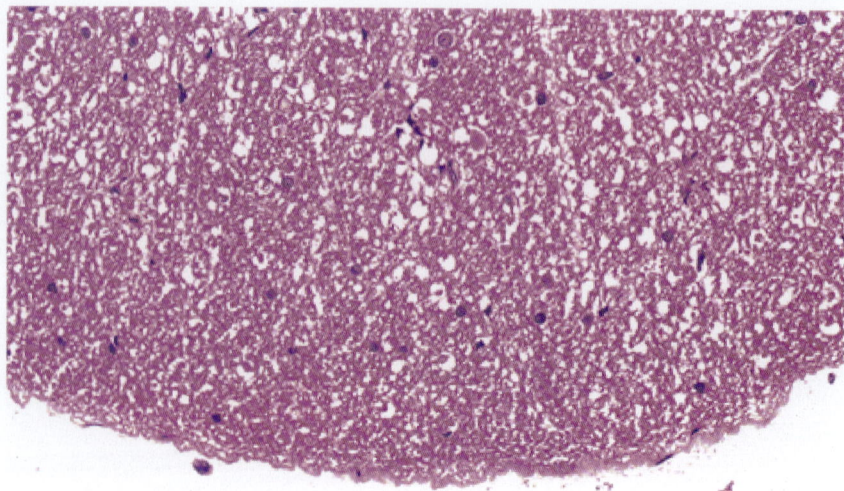

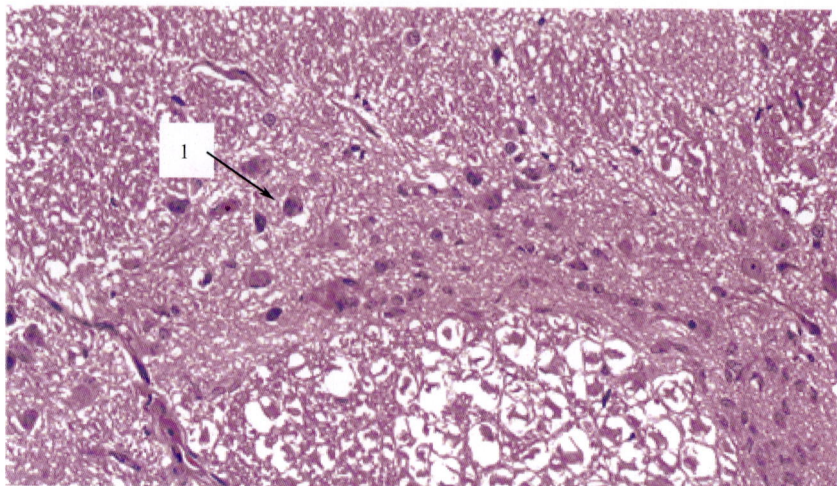

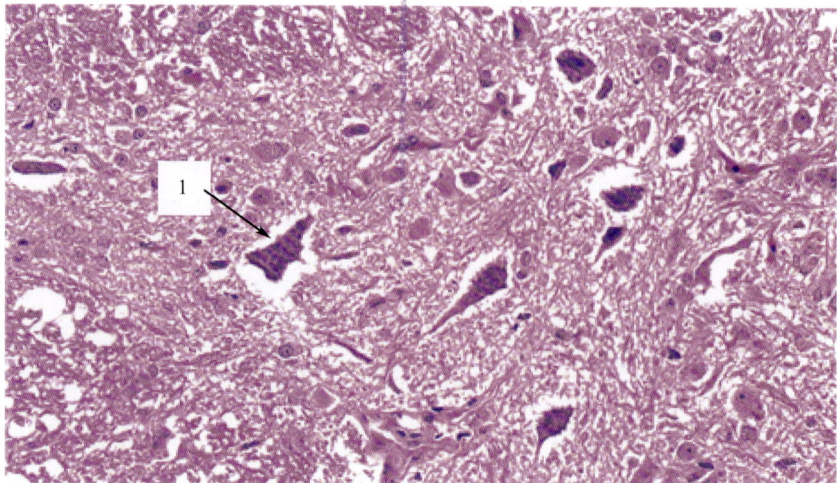

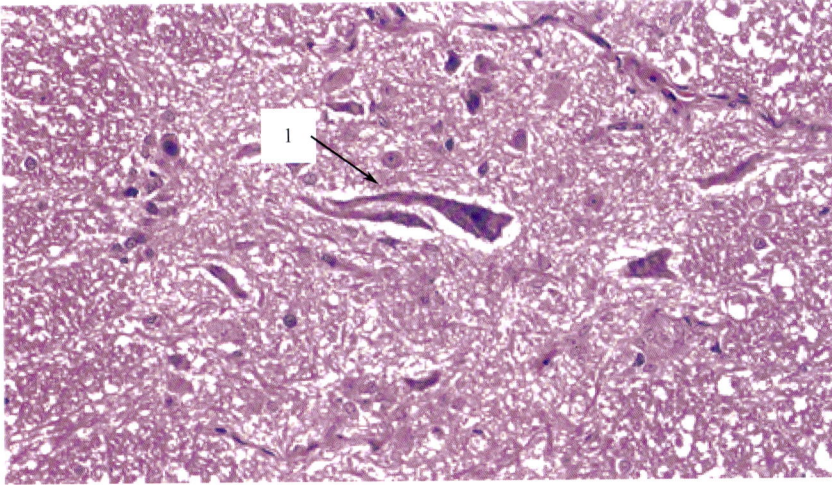

图 **11-56**
中华草龟脊髓髓质 3
（HE 染色，400 倍）

1—神经细胞

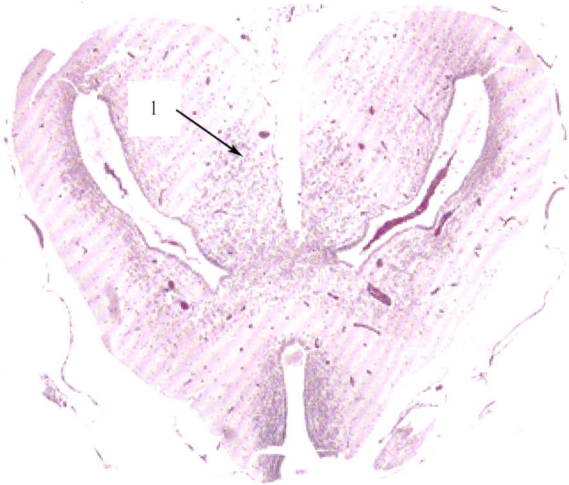

图 **11-57**
蟾蜍前脑 1
（HE 染色，30 倍）

1—脑半球

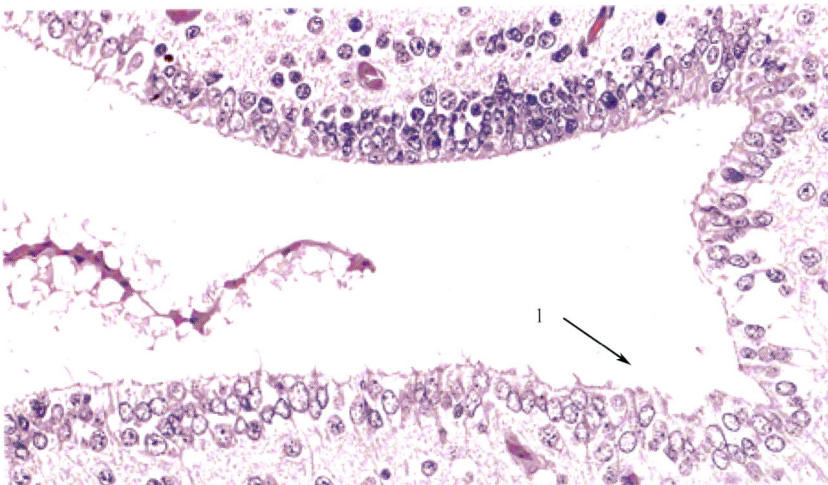

图 **11-58**
蟾蜍前 2
（HE 染色，400 倍）

1—脑室室管膜上皮细胞

图 11-59
蟾蜍后脑 1
（HE 染色，45 倍）

1—脑室

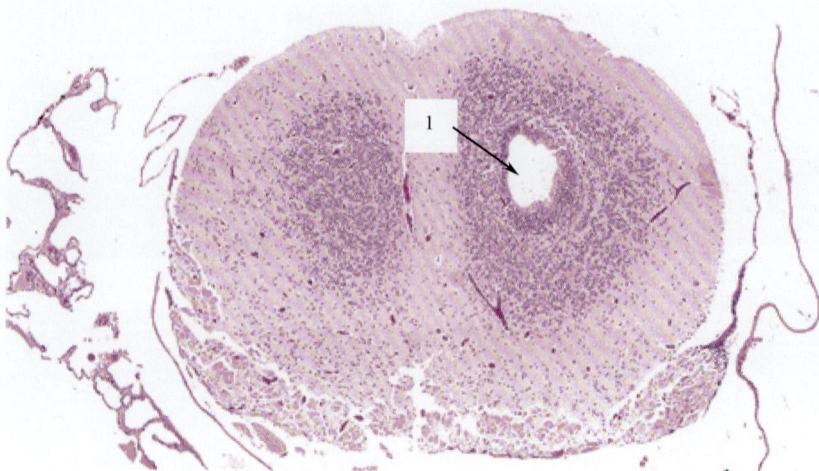

图 11-60
蟾蜍后脑 2
（HE 染色，400 倍）

1—脑室室管膜上皮细胞

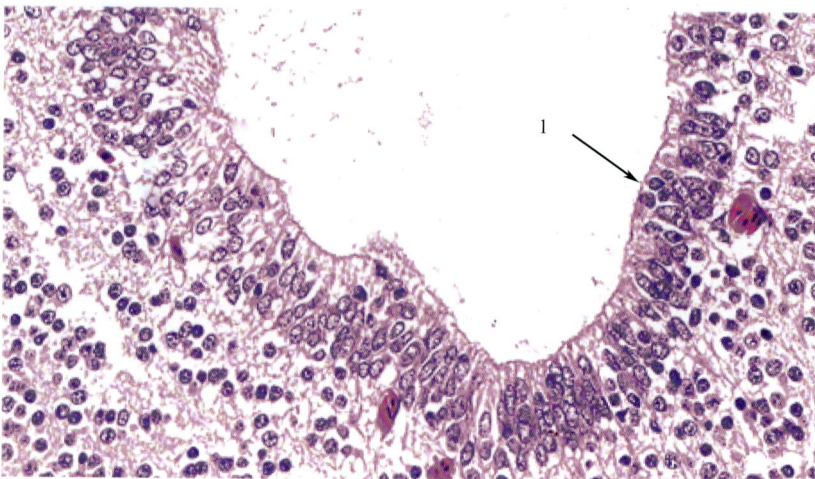

图 11-61
蟾蜍后脑 3
（HE 染色，400 倍）

1—脑室室管膜上皮细胞

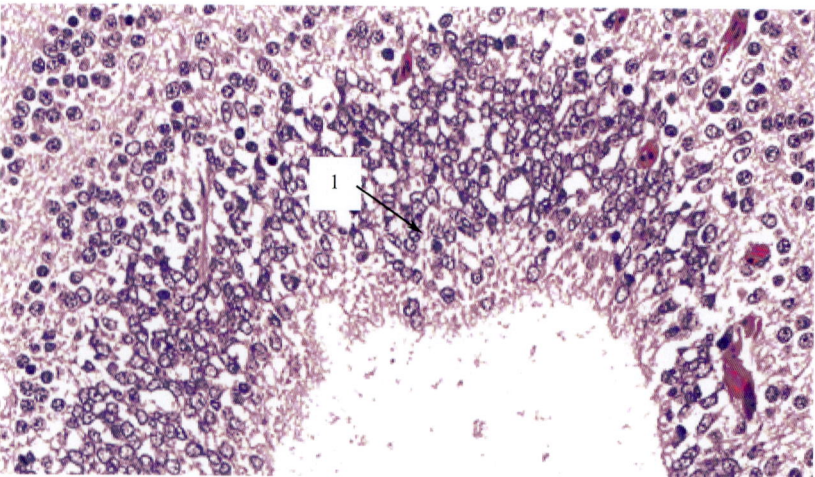

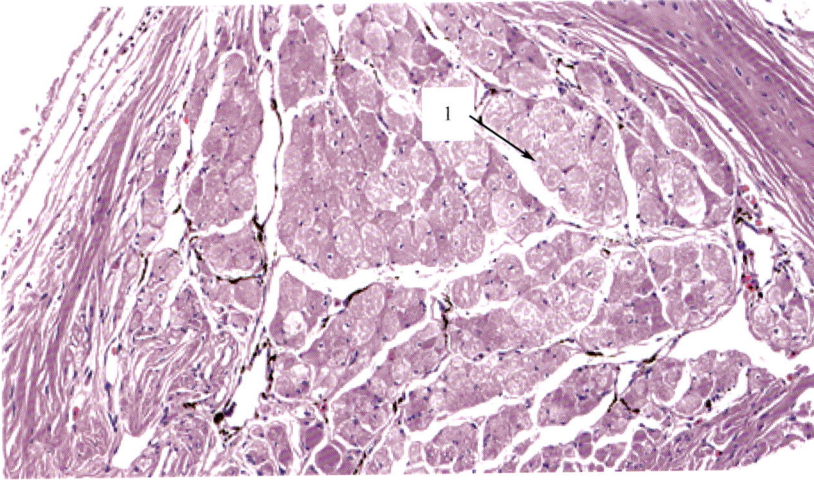

图 11−62
中华鳖视神经 1
（ HE 染色

1—神经细胞

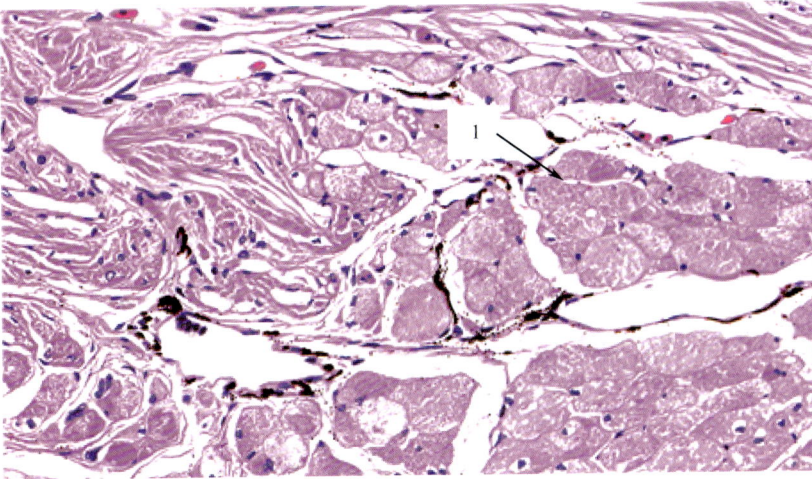

图 11−63
中华鳖视神经 2
（ HE 染色，400 倍 ）

1—神经细胞

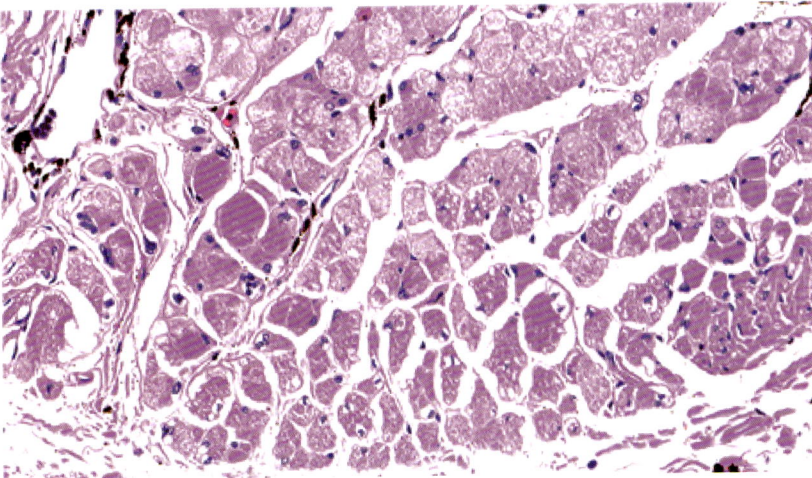

图 11−64
中华鳖视神经 3
（ HE 染色，400 倍 ）

图 11-65
中华鳖视神经 4
（HE 染色，400 倍）

1—神经细胞；
2—毛细血管

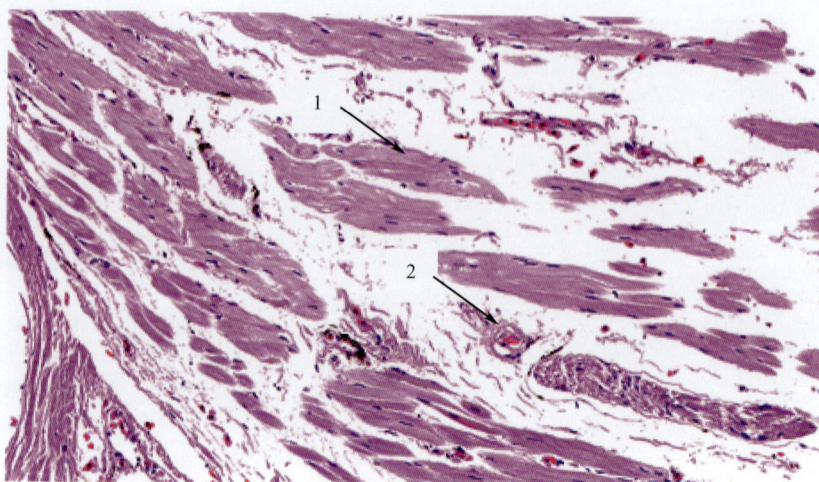

图 11-66
中华鳖颈神经 1
（HE 染色，100 倍）

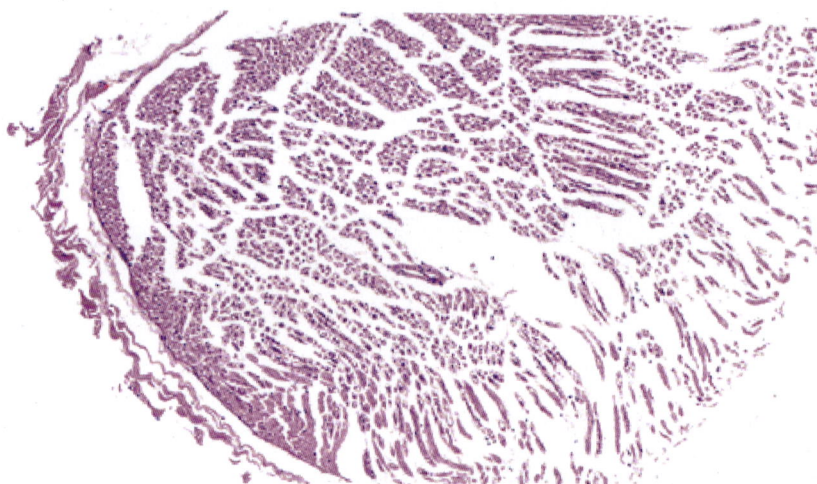

图 11-67
中华鳖颈神经 2
（HE 染色，200 倍）

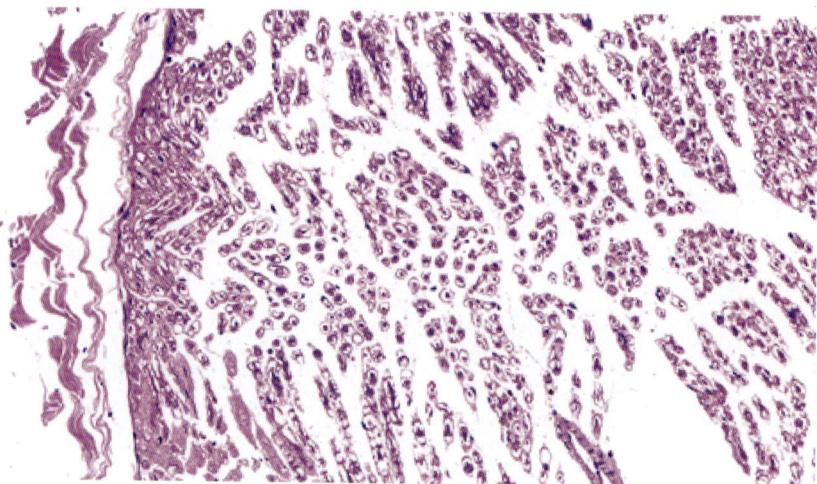

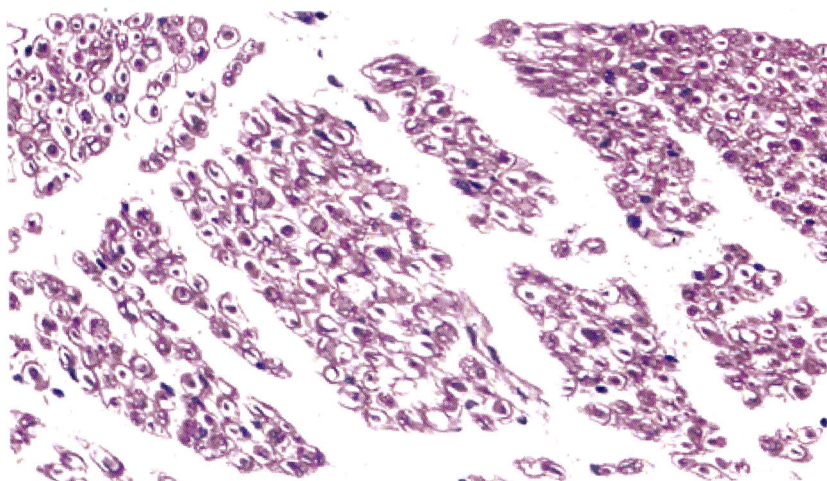

图 11-68
中华鳖颈神经 3
（HE 染色，400 倍）

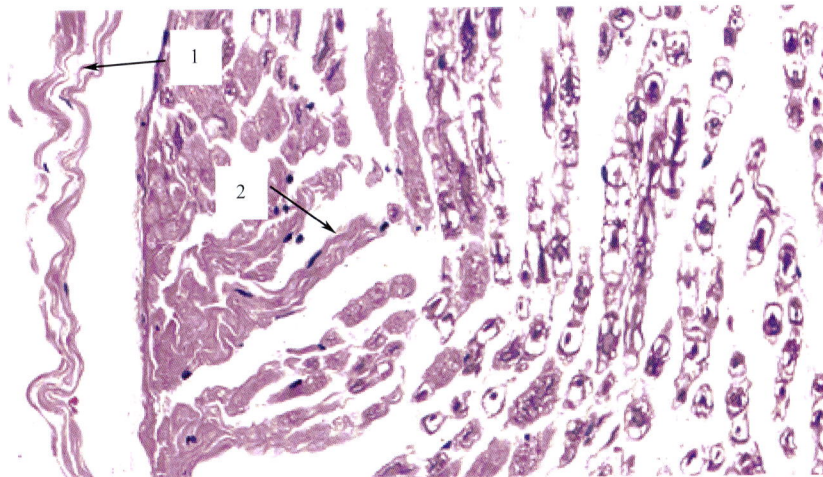

图 11-69
中华鳖颈神经 4
（HE 染色，400 倍）

1—外膜；
2—神经细胞

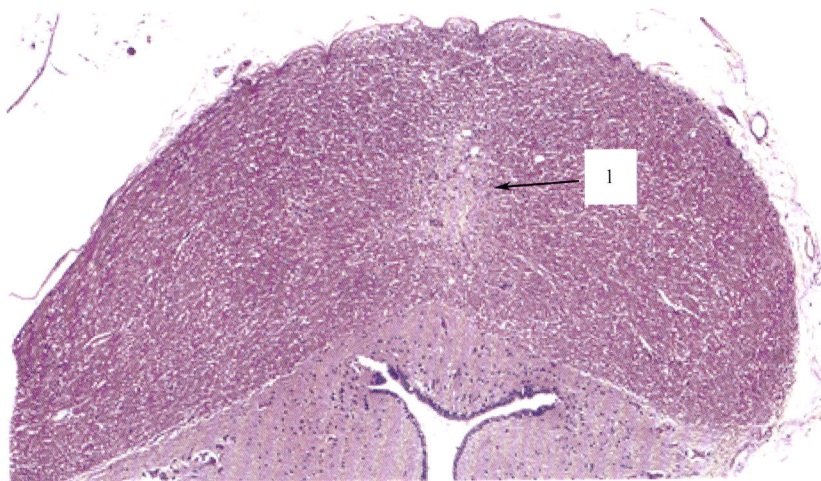

图 11-70
中华草龟视神经 1
（HE 染色，70 倍）

1—视神经

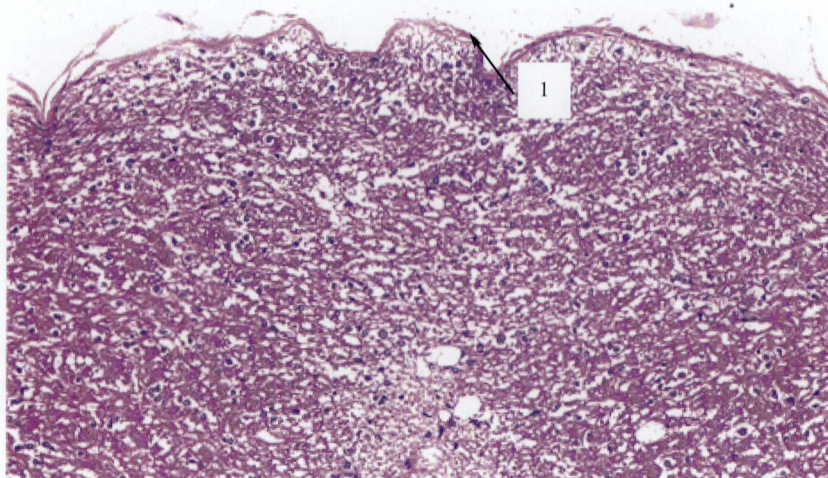

图 11-71
中华草龟视神经 2
（HE 染色，200 倍）

1—外膜

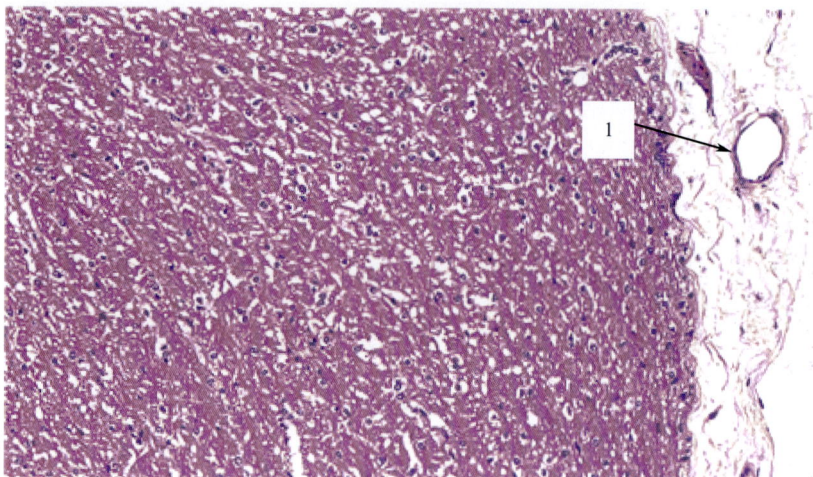

图 11-72
中华草龟视神经 3
（HE 染色，200 倍）

1—外膜小血管

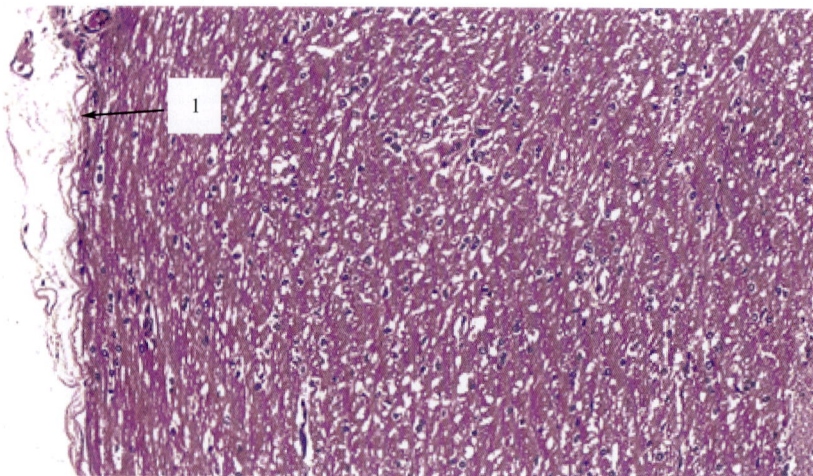

图 11-73
中华草龟视神经 4
（HE 染色，200 倍）

1—脑软膜

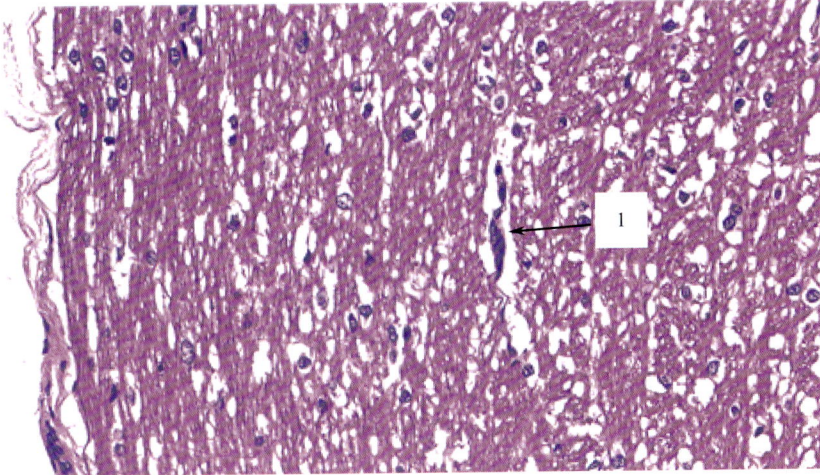

图 **11-74**
中华草龟视神经 5
（ HE 染色，400 倍）

1—毛细血管

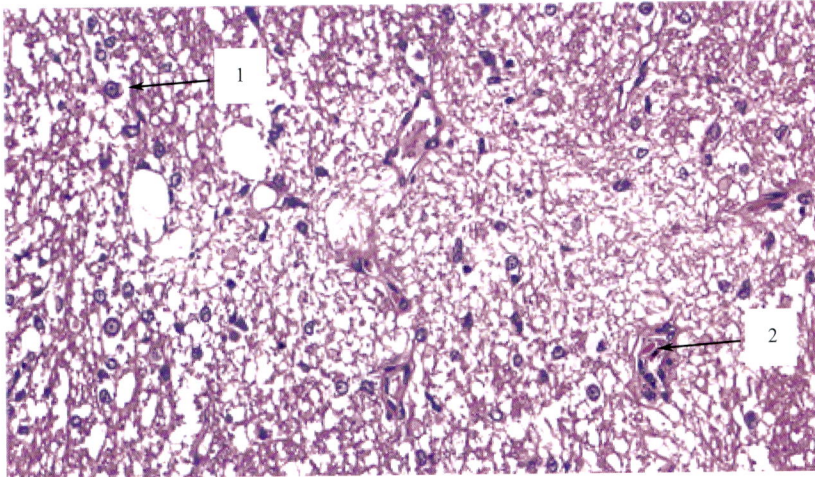

图 **11-75**
中华草龟视神经 6
（ HE 染色，400 倍）

1—神经细胞；
2—毛细血管

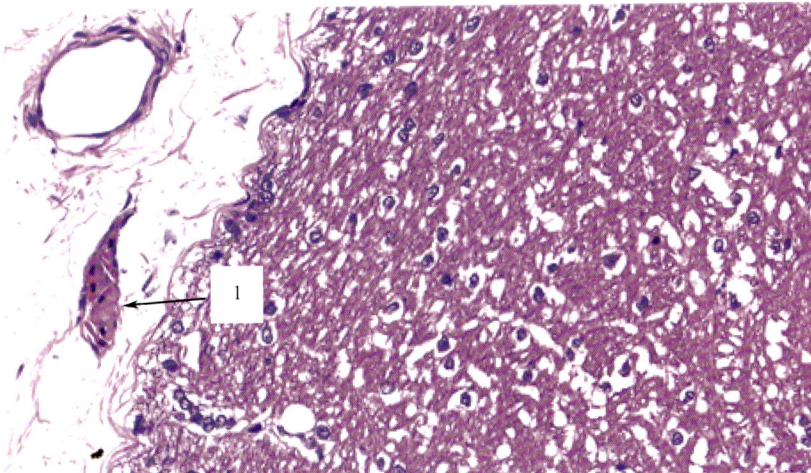

图 **11-76**
中华草龟视神经 7
（ HE 染色，400 倍）

1—脑蛛网膜毛细
血管

图 11-77
中华草龟视神经 8
（HE 染色，400 倍）

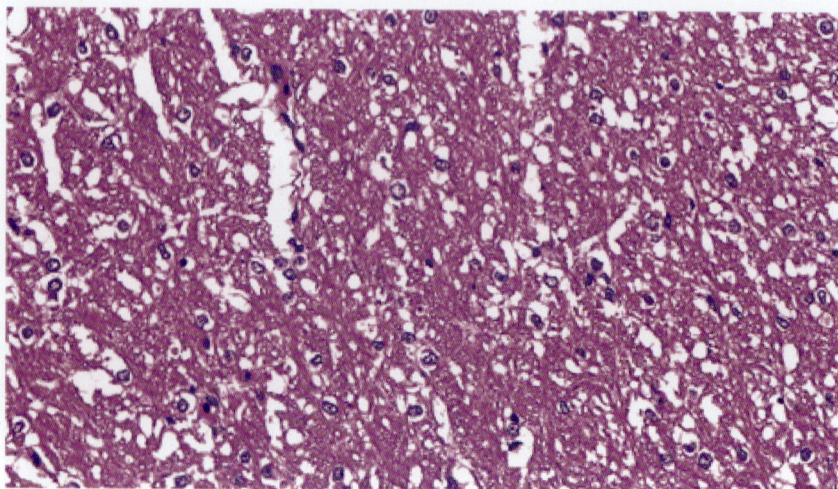

图 11-78
中华草龟臂神经 1
（HE 染色，100 倍）

1—神经外膜；
2—臂神经

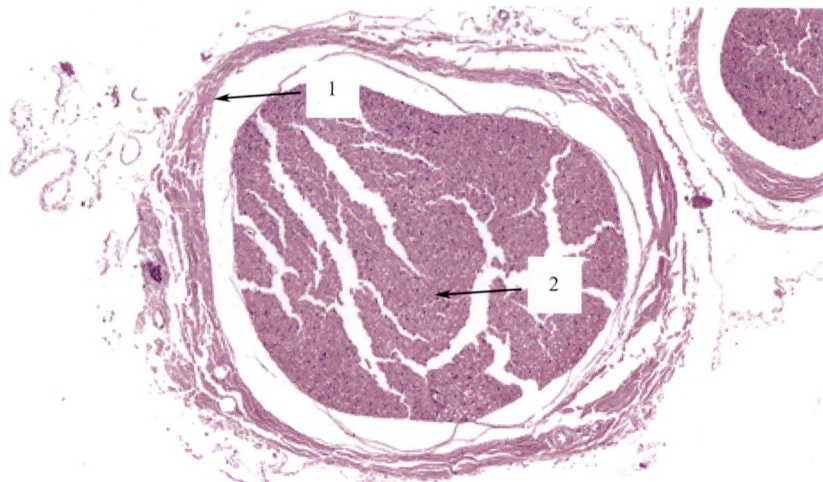

图 11-79
中华草龟臂神经 2
（HE 染色，400 倍）

1—神经外膜；
2—臂神经

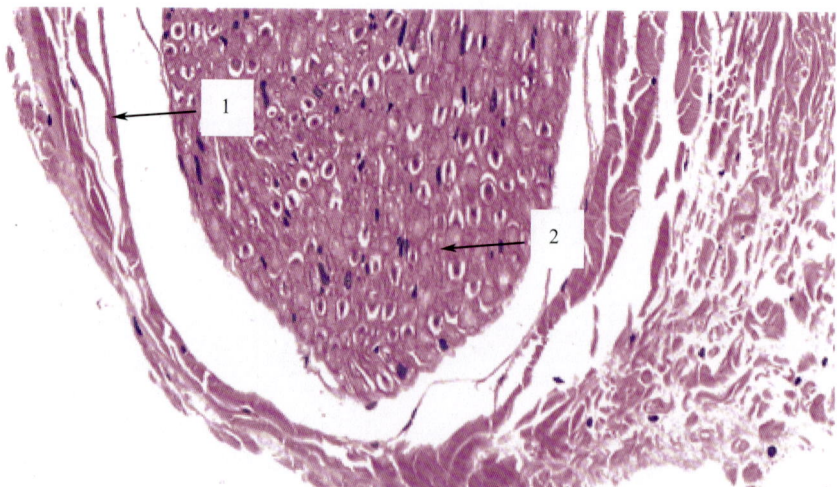

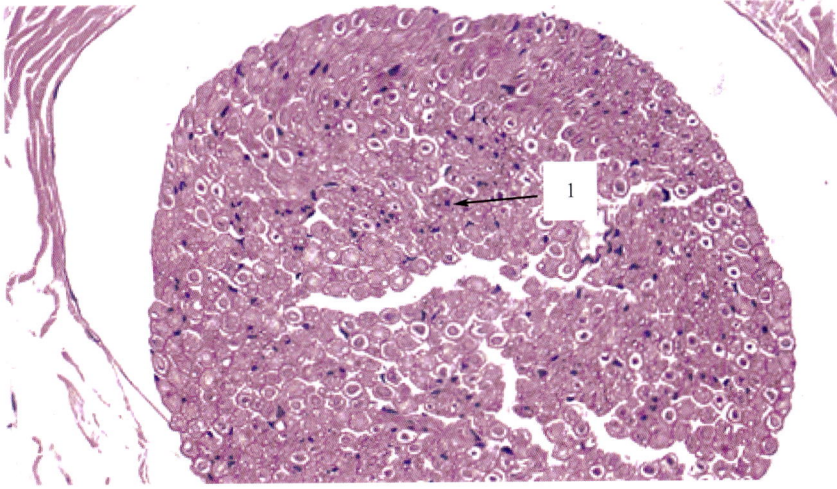

图 11-80
中华草龟臂神经 3
（HE 染色，400 倍）

1—臂神经细胞

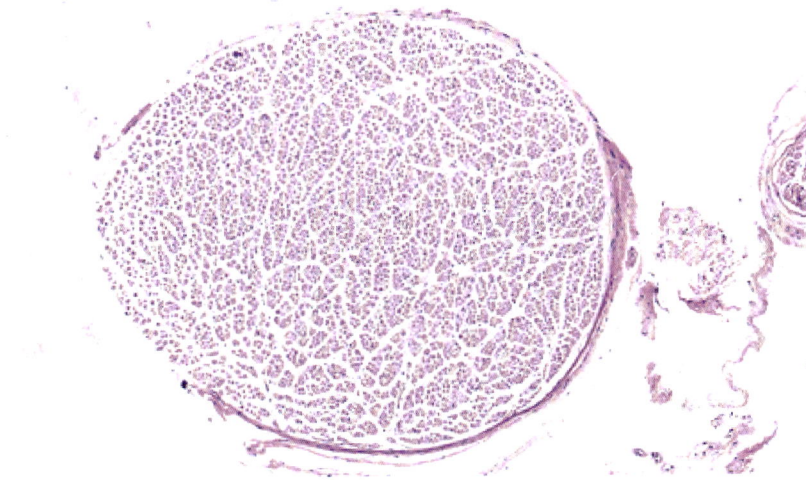

图 11-81
牛蛙脊神经 1
（HE 染色，75 倍）

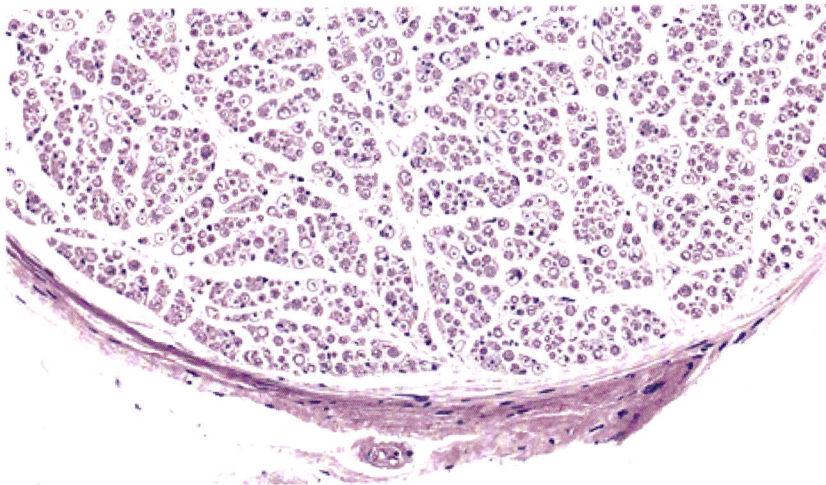

图 11-82
牛蛙脊神经 2
（HE 染色，200 倍）

图 11-83
牛蛙脊神经 3
（HE 染色，400 倍）

1—神经细胞；
2—神经外膜毛细血管

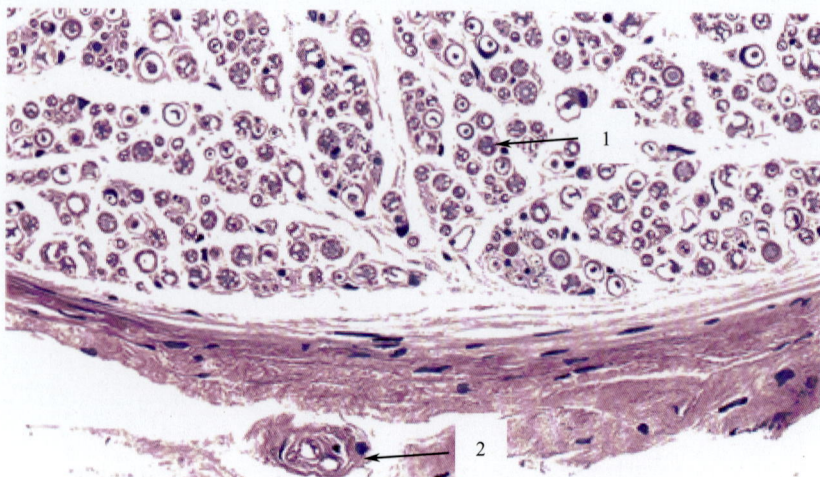

图 11-84
牛蛙脊神经 4
（HE 染色，400 倍）

1—神经细胞

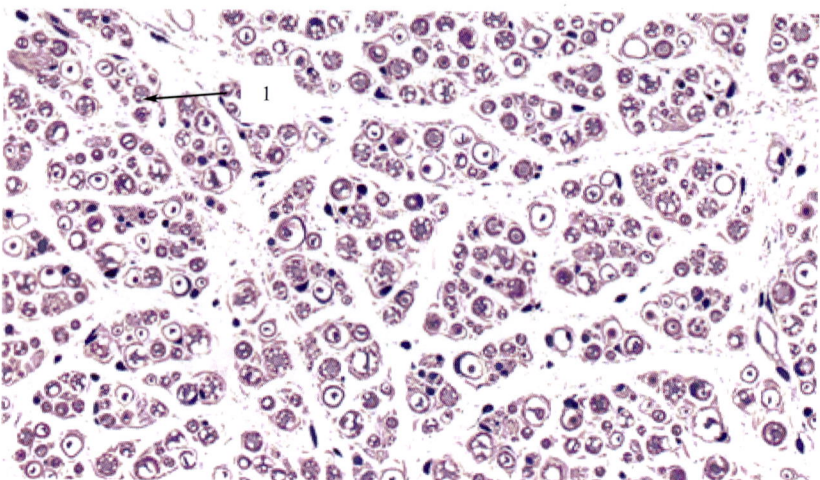

图 11-85
牛蛙脊神经 5
（HE 染色，400 倍）

1—神经细胞；
2—神经外膜

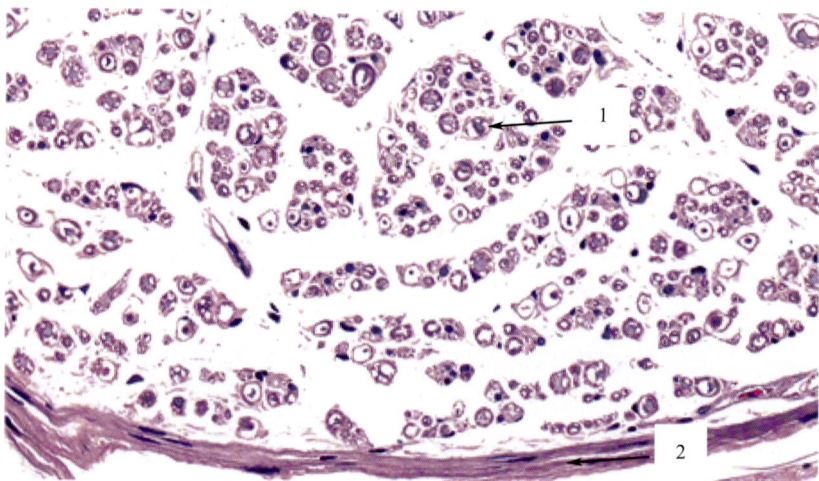

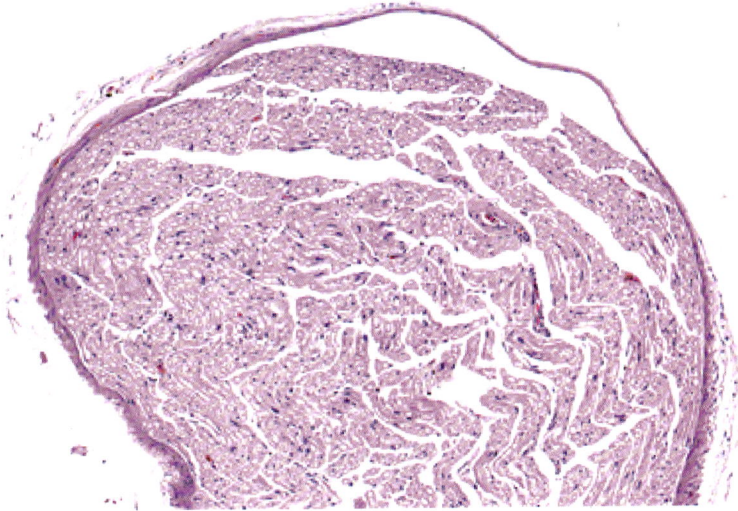

图 11-86
牛蛙坐骨神经 1
（HE 染色，100 倍）

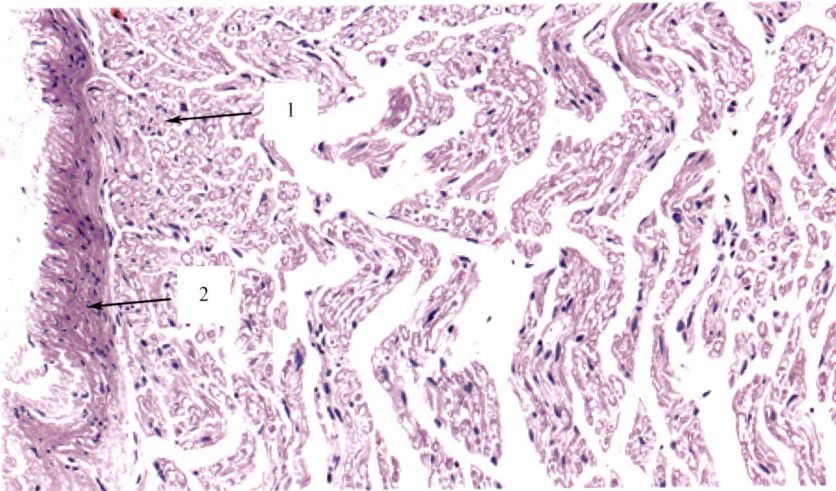

图 11-87
牛蛙坐骨神经 2
（HE 染色，200 倍）

1—神经细胞；
2—神经外膜

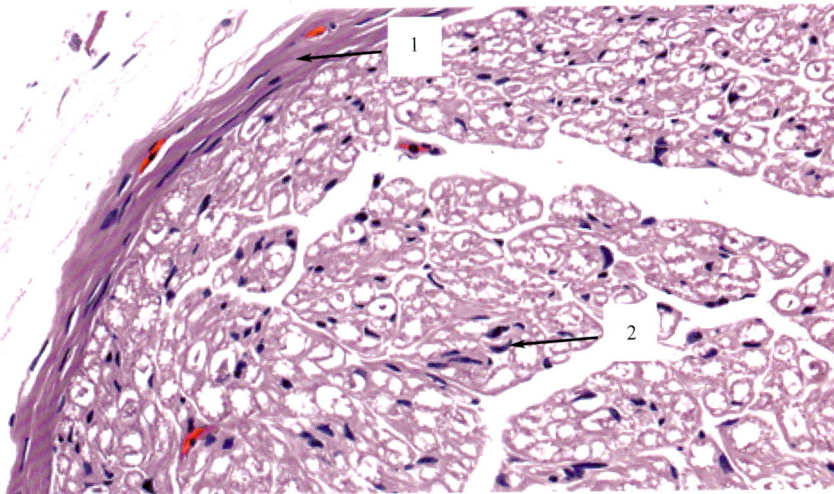

图 11-88
牛蛙坐骨神经 3
（HE 染色，400 倍）

1—神经外膜；
2—神经细胞

图 11-89
牛蛙坐骨神经 4
（HE 染色，400 倍）

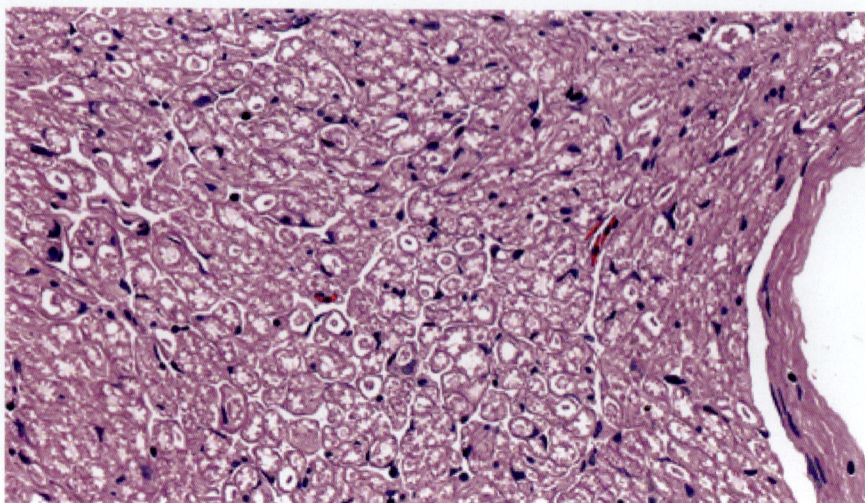

图 11-90
蟾蜍臂神经 1
（HE 染色，100 倍）

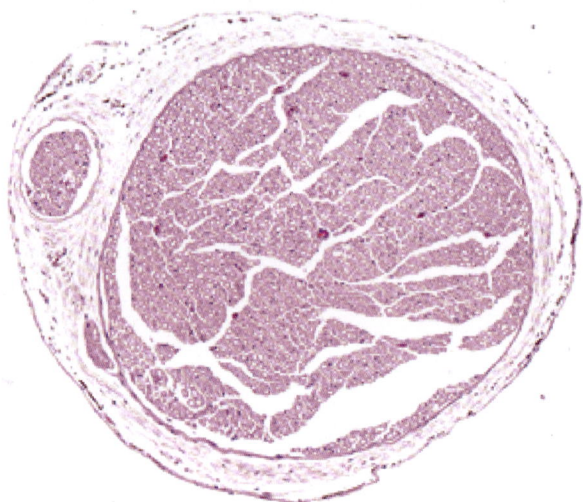

图 11-91
蟾蜍臂神经 2
（HE 染色，200 倍）

1—神经细胞；
2—神经外膜

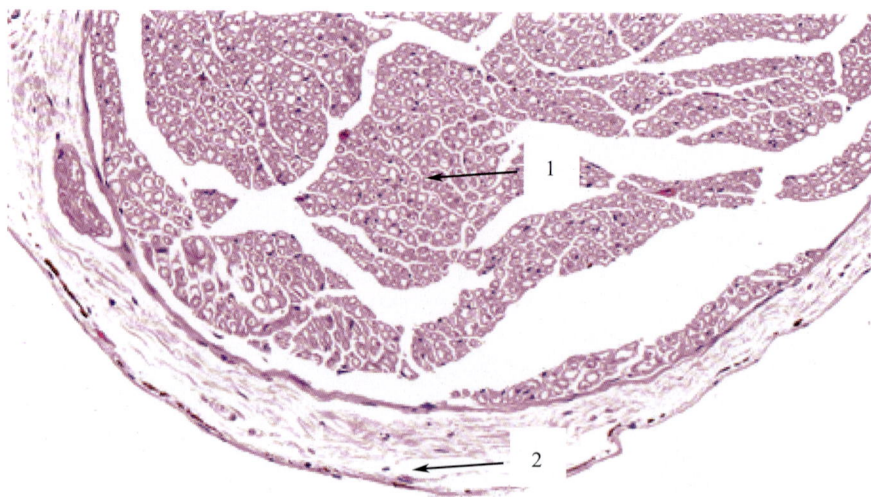

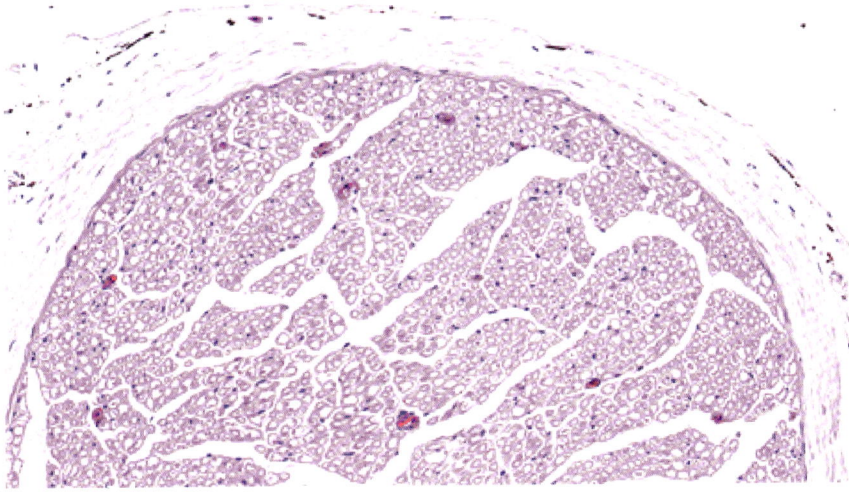

图 11-92
蟾蜍臂神经 3
（HE 染色，200 倍）

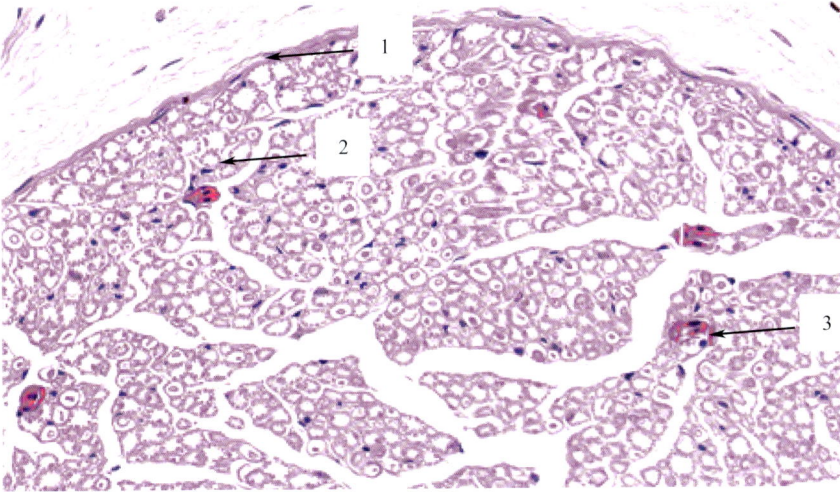

图 11-93
蟾蜍臂神经 4
（HE 染色，200 倍）

1—神经外膜；
2—神经细胞；
3—毛细血管

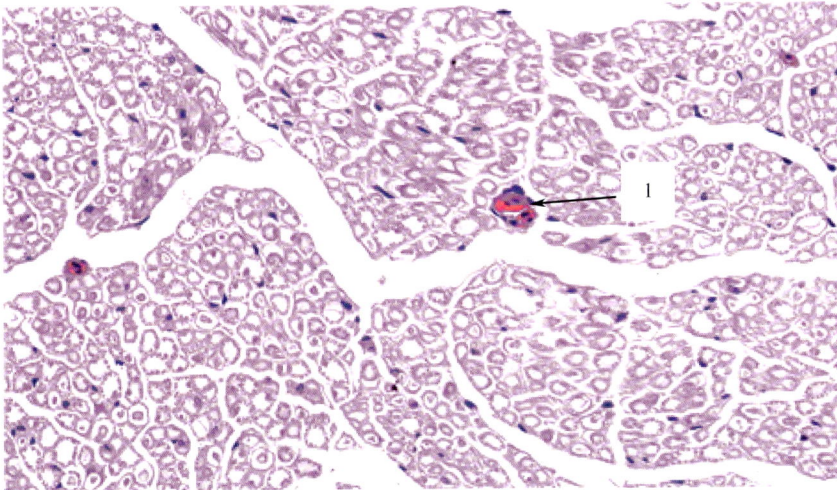

图 11-94
蟾蜍臂神经 5
（HE 染色，400 倍）

1—毛细血管

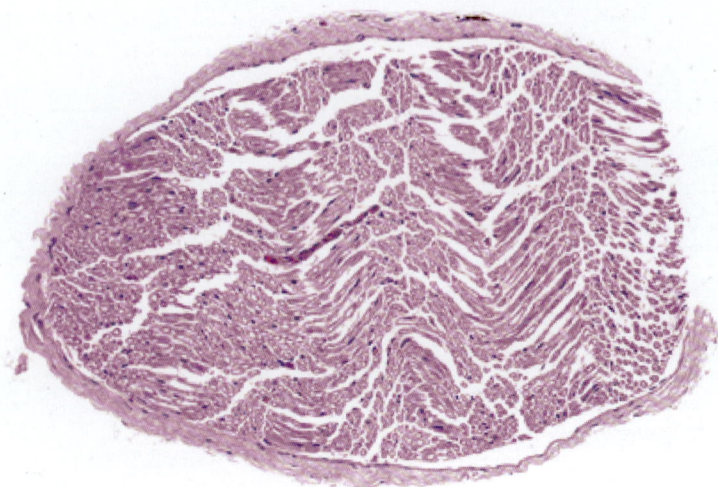

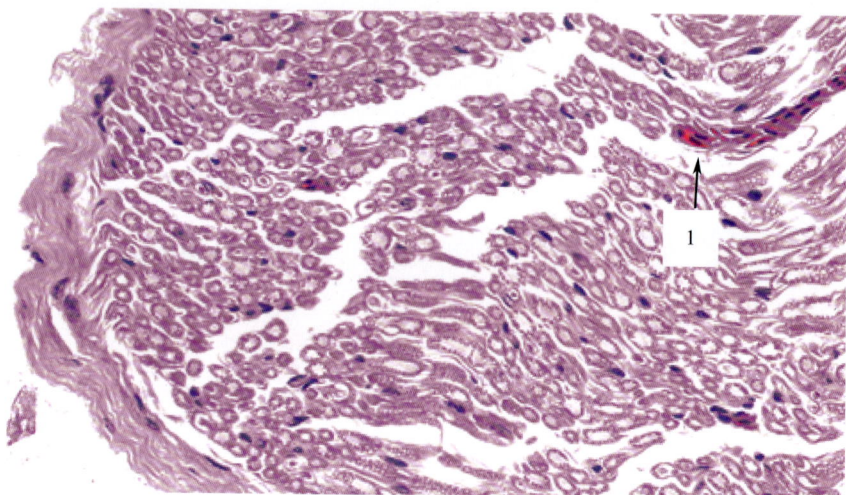

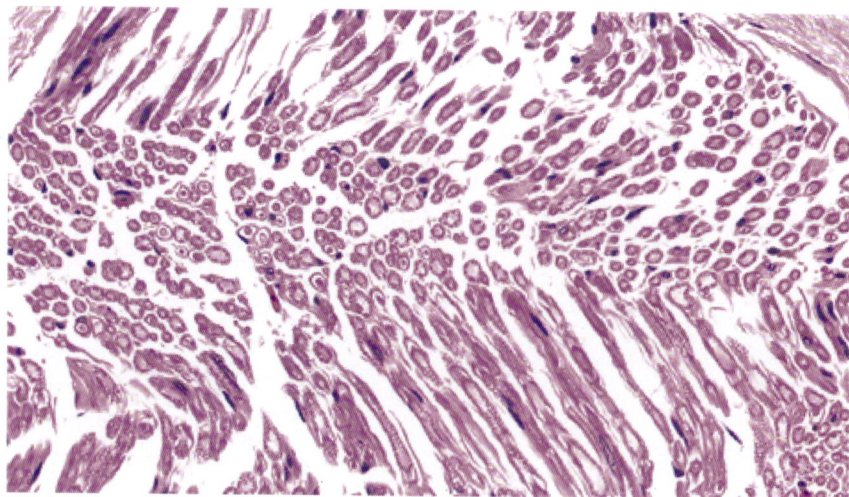

第二节　眼

眼（eye）是动物感知外界重要的感觉器官，位于眶窝及眶窝周围，由眼球、分布于眼上的血管、神经及辅助装置共同构成。眼球位于眼眶内，后端有视神经形成视交叉后与脑相连。能感受光刺激，并将刺激转变为神经冲动传入中枢，从而产生视觉。

一、眼球

眼球（eyeball）壁由角膜、巩膜、虹膜、脉络膜、视网膜和血管膜构成。内容物包括睫状体、晶状体、眼房水和玻璃体。眼球功能为成像。

二、附属器

眼的附属器对眼起支配、辅助、保护及支持作用，包括眼眶、眼睑、结膜、泪腺和眼外肌。见图 11-98 ～图 11-137。

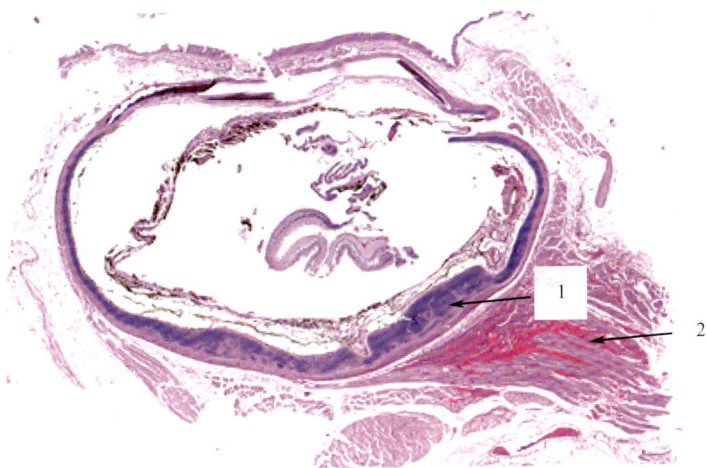

图 11-98
中华鳖眼
（HE 染色，20 倍）

1—眼球壁；
2—视神经

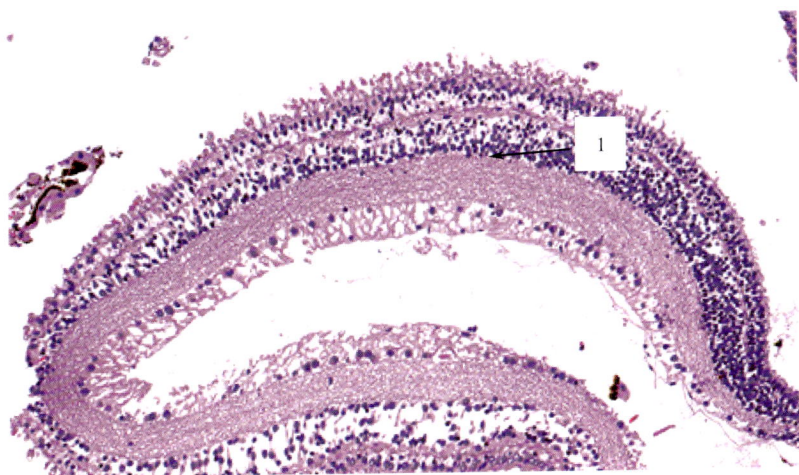

图 11-99
中华鳖眼视网膜 1
（HE 染色，200 倍）

1—视网膜

图 11-106
中华草龟视网膜
（HE 染色，200 倍）

1—视网膜

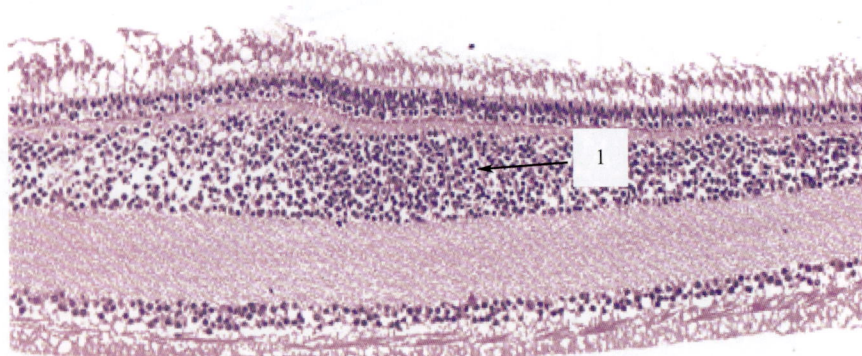

图 11-107
中华草龟晶状体
（HE 染色，60 倍）

1—晶状体

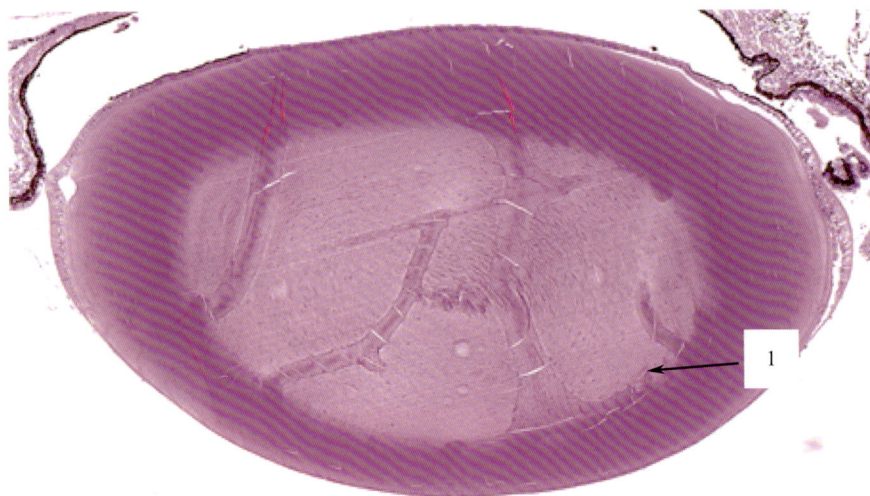

图 11-108
中华草龟眼睫状膜 1
（HE 染色，400 倍）

1—睫状膜上皮细胞

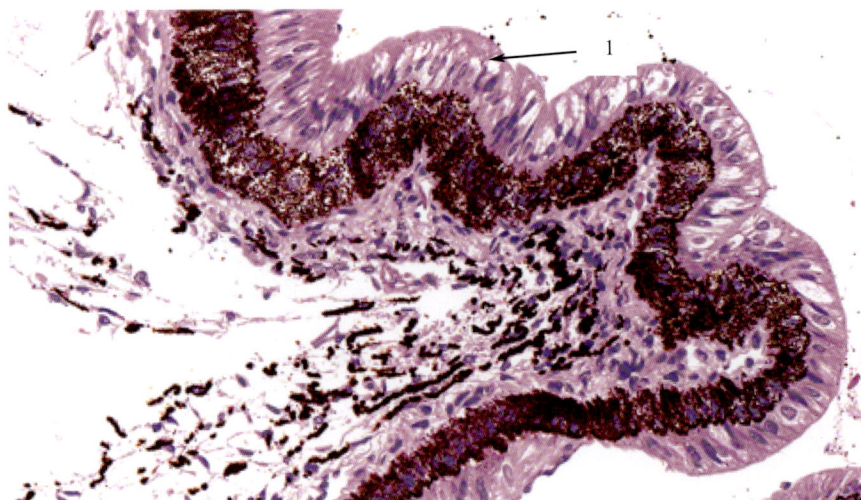

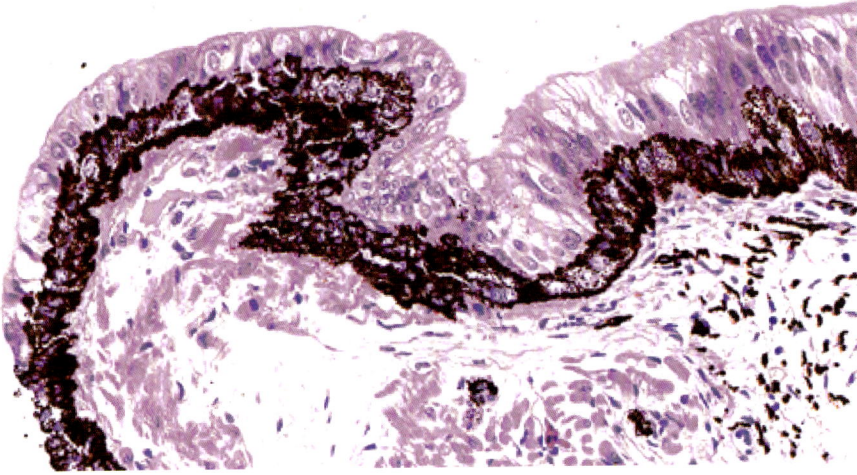

图 **11-109**
中华草龟眼睫状膜 2
（HE 染色，400 倍）

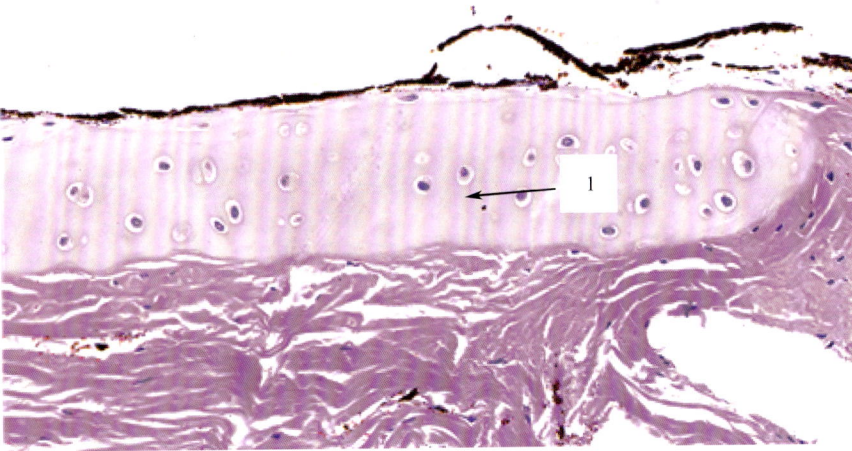

图 **11-110**
中华草龟眼睫状膜
（HE 染色，400 倍）

1—软骨

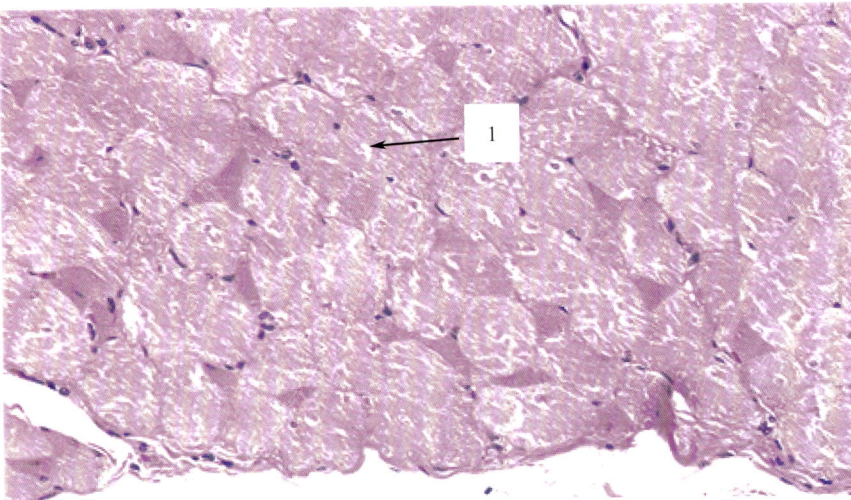

图 **11-111**
中华草龟眼球肌 1
（HE 染色，400 倍）

1—眼球肌

图 11-112
中华草龟眼球肌 2
（HE 染色，400 倍）

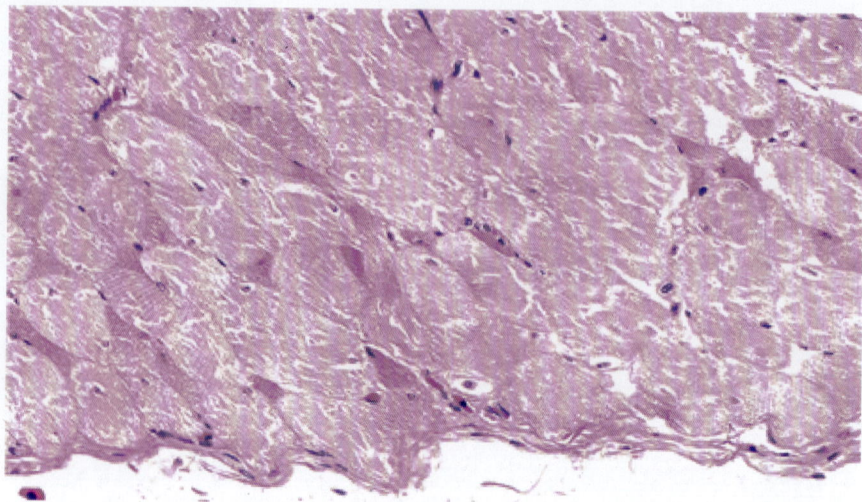

图 11-113
中华草龟眼睑 1
（HE 染色，50 倍）

1—眼睑

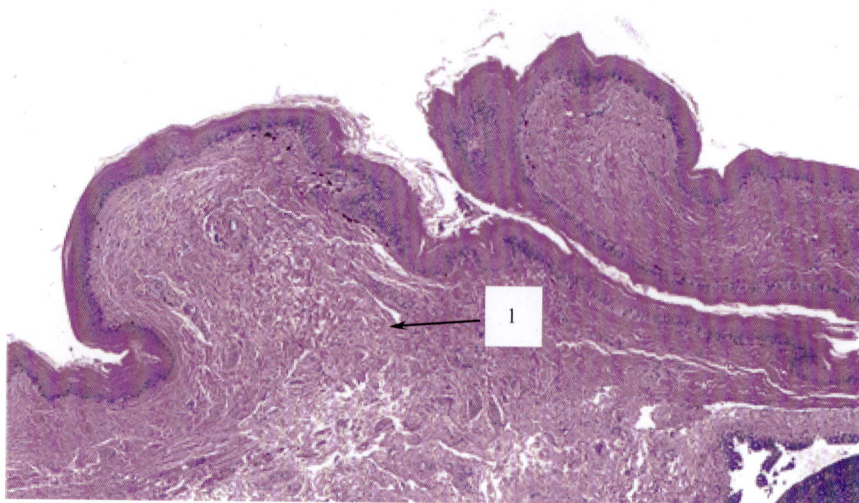

图 11-114
中华草龟眼睑 2
（HE 染色，200 倍）

1—眼睑复层柱状上皮；
2—固有层

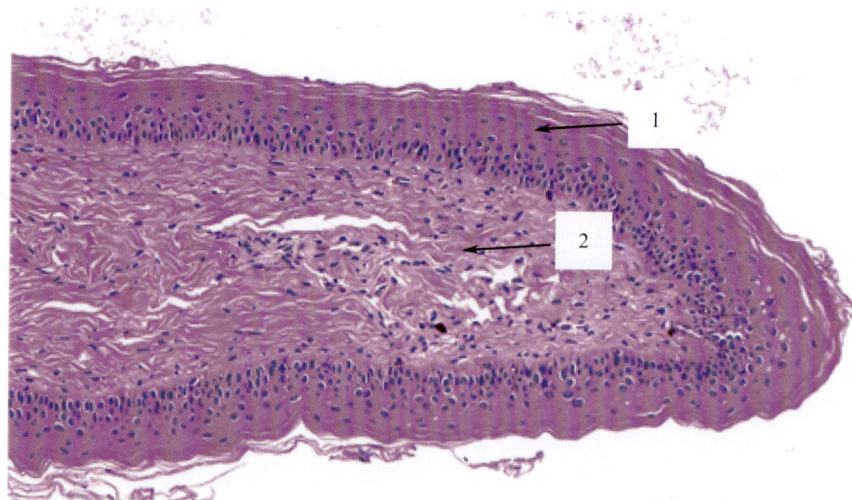

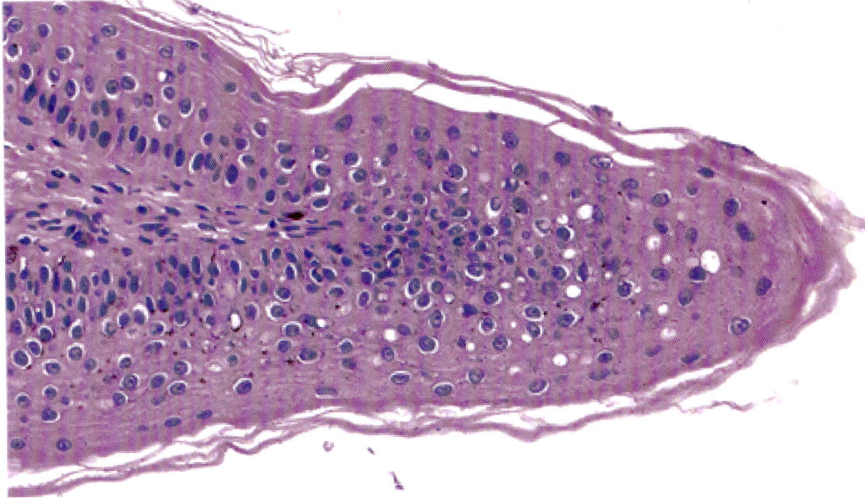

图 **11-115**
中华草龟眼睑 3
（HE 染色，400 倍）

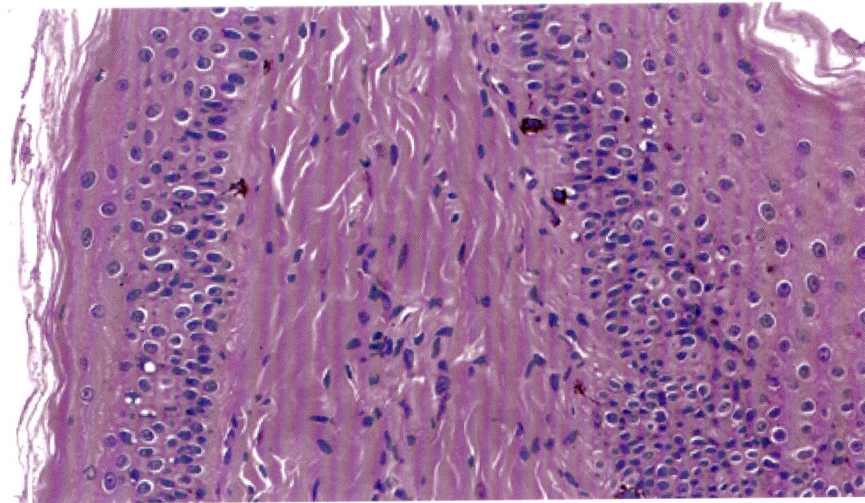

图 **11-116**
中华草龟眼睑 4
（HE 染色，400 倍）

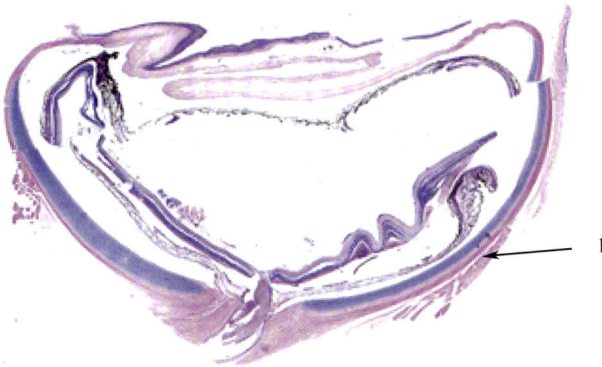

图 **11-117**
牛蛙眼 1
（HE 染色，100 倍）

1—眼球

图 11-118
牛蛙眼视网膜 1
（HE 染色，100 倍）

1—视网膜

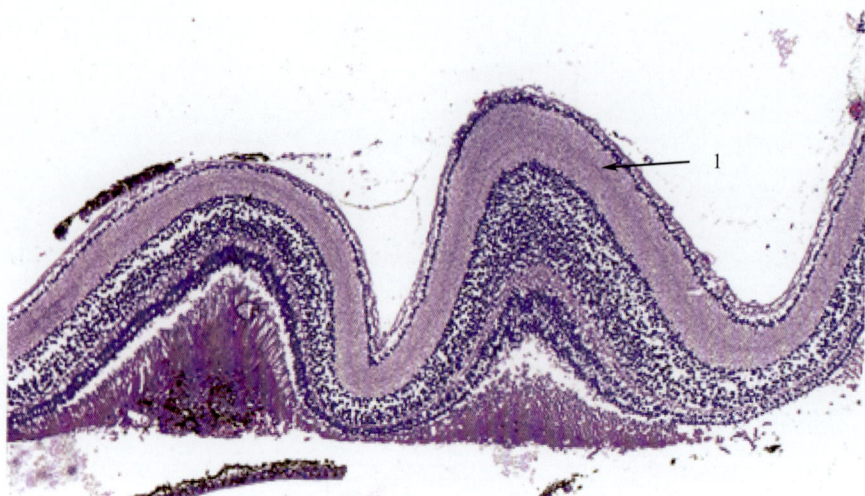

图 11-119
牛蛙眼视网膜 2
（HE 染色，200 倍）

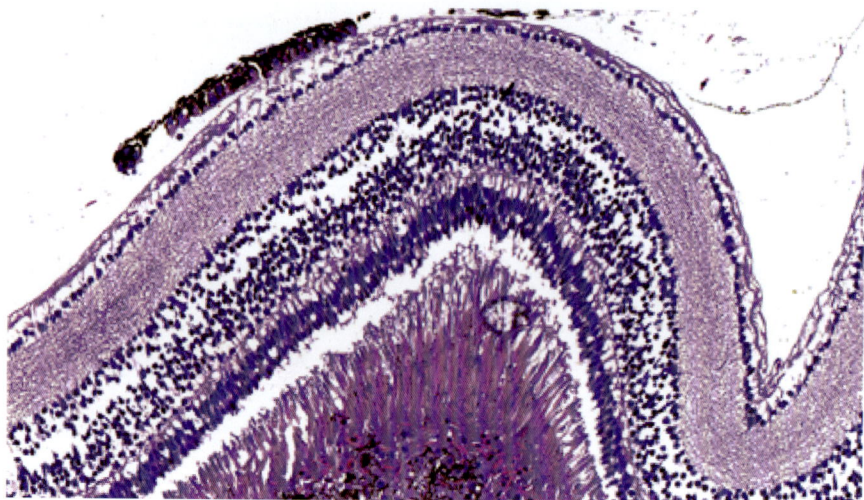

图 11-120
牛蛙眼视网膜 3
（HE 染色，400 倍）

1—视网膜细胞

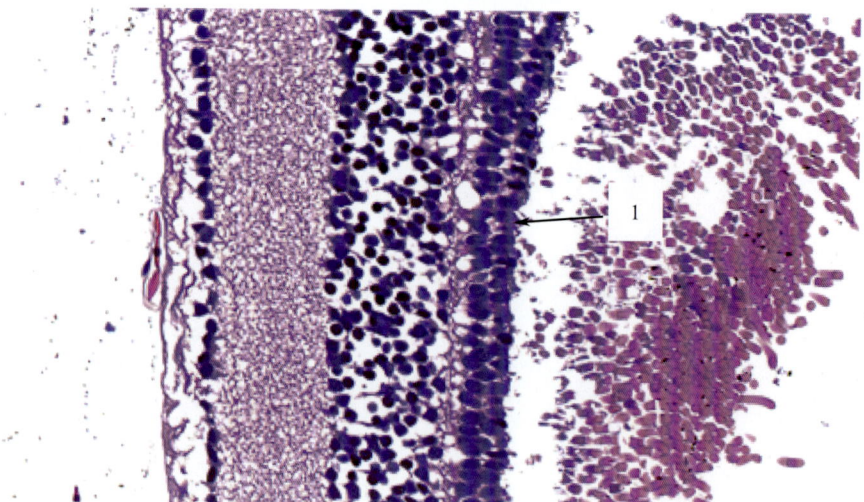

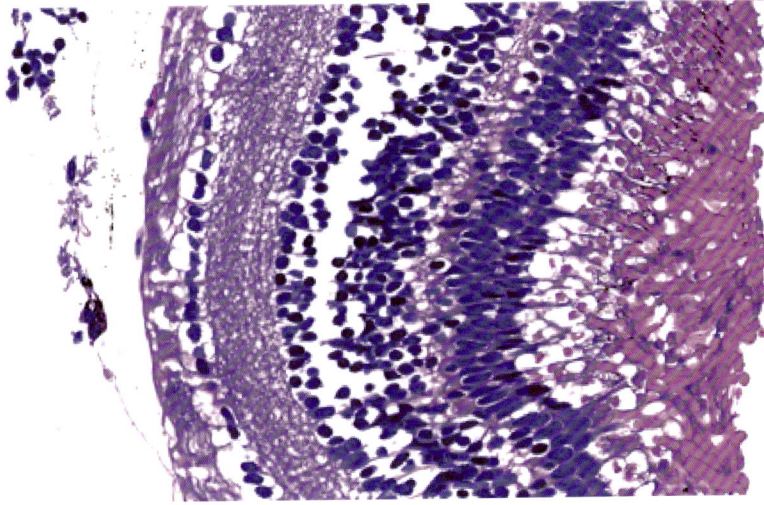

图 **11-121**
牛蛙眼视网膜 4
（HE 染色，400 倍）

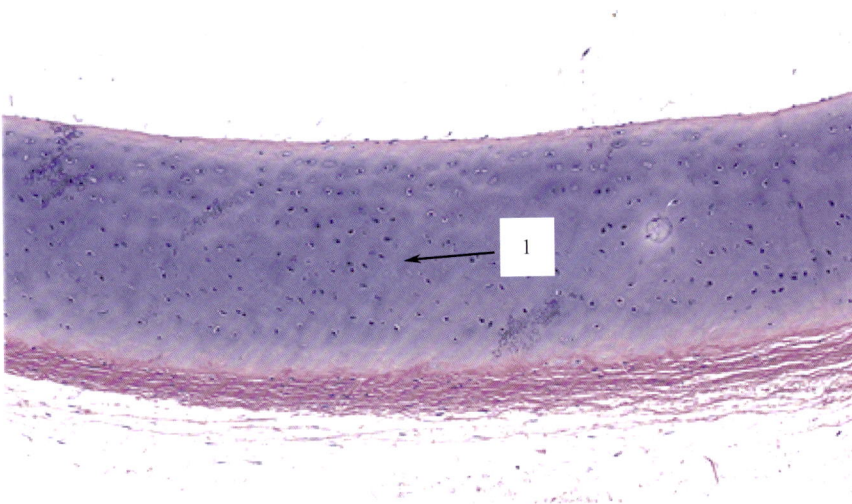

图 **11-122**
牛蛙眼球壁软骨
（HE 染色，100 倍）

1—软骨

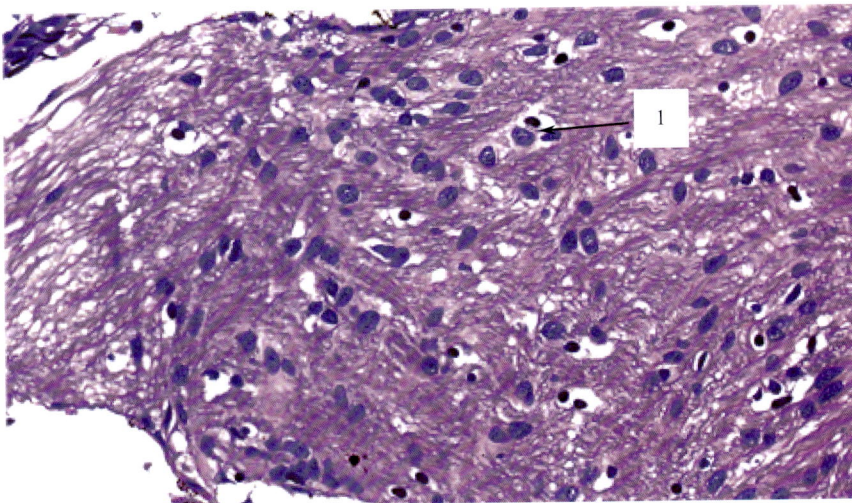

图 **11-123**
牛蛙视神经
（HE 染色，400 倍）

1—神经细胞

图 11-124
牛蛙眼球肌
（HE 染色，400 倍）

1—眼球肌

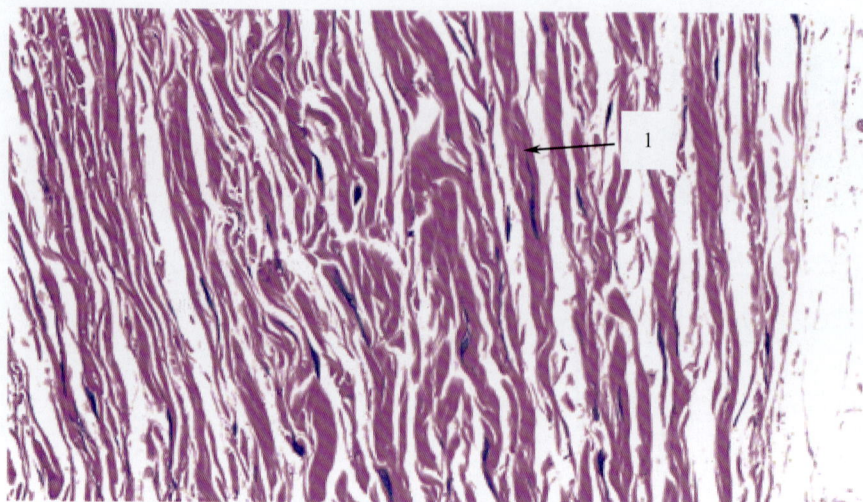

图 11-125
牛蛙眼睑 1
（HE 染色，50 倍）

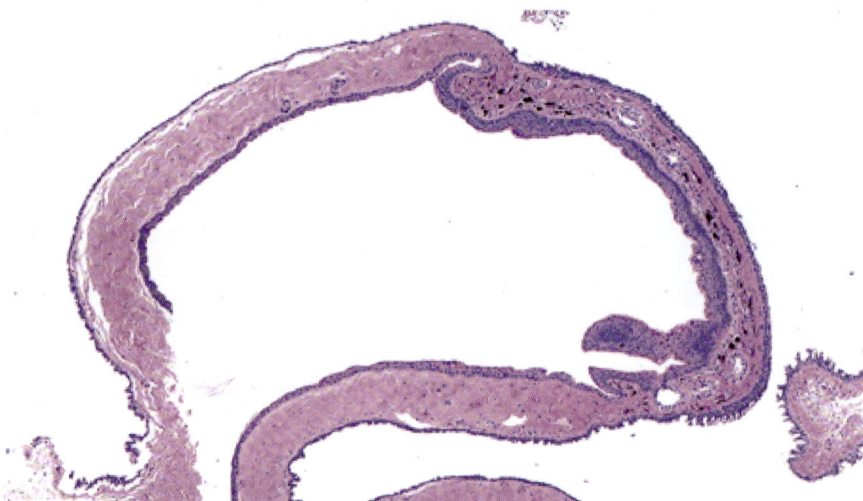

图 11-126
牛蛙眼睑 2
（HE 染色，100 倍）

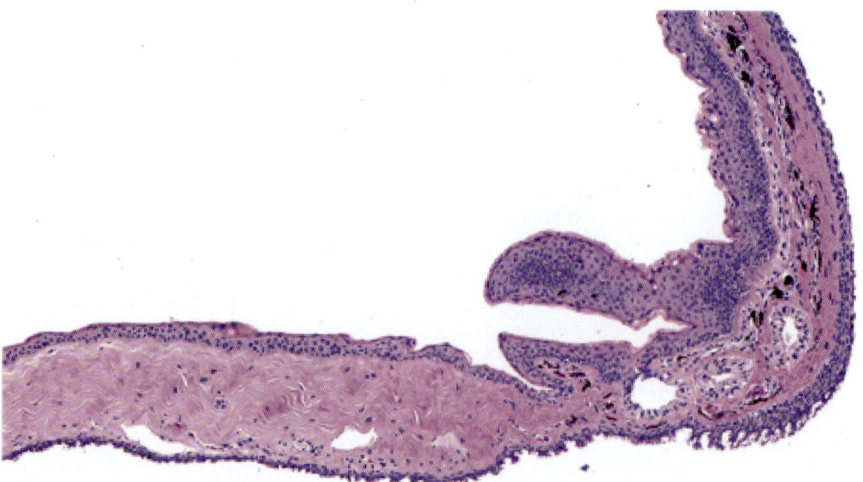

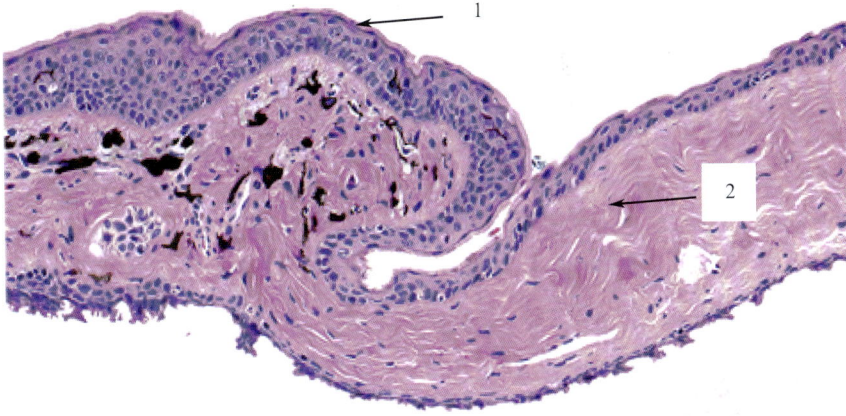

图 11-127
牛蛙眼睑 3
（HE 染色，200 倍）

1—眼睑复层柱状上皮；
2—固有层

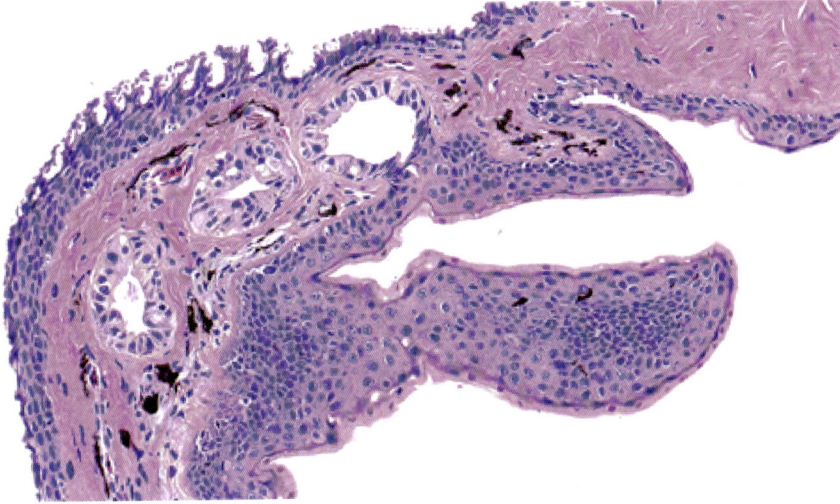

图 11-128
牛蛙眼睑 4
（HE 染色，200 倍）

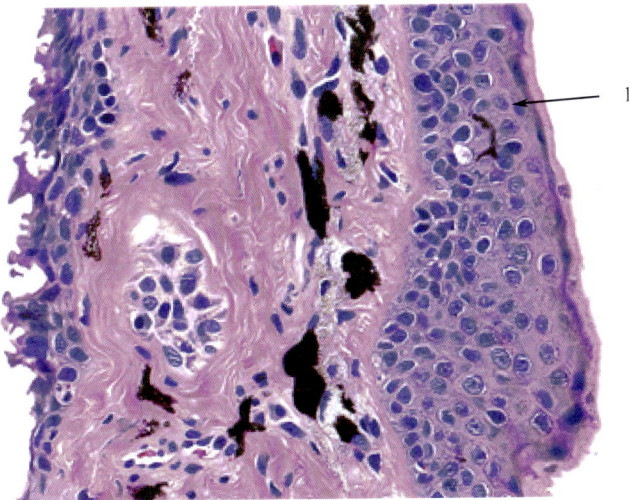

图 11-129
牛蛙眼睑 5
（HE 染色，400 倍）

1—眼睑复层柱状上皮
细胞

图 11-130
牛蛙眼睑 6
（HE 染色，400 倍）

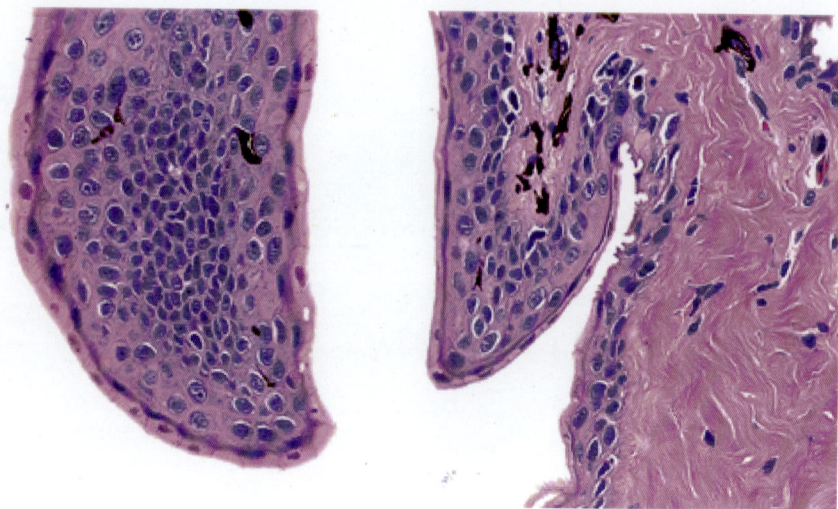

图 11-131
蟾蜍眼
（HE 染色，15 倍）

1—眼球晶状体

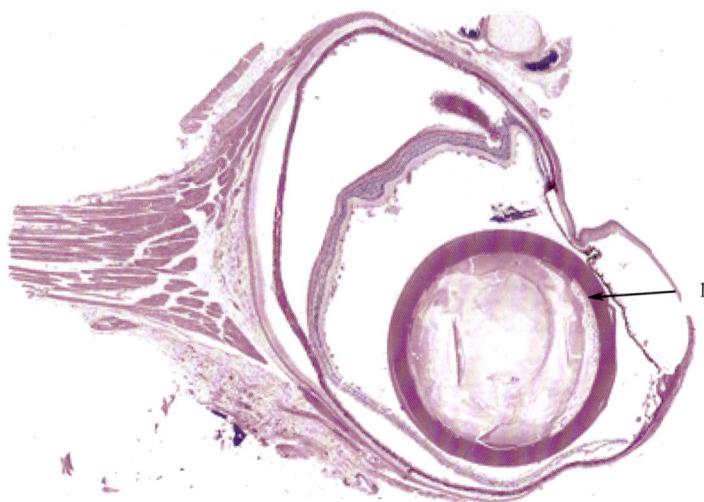

图 11-132
蟾蜍眼角膜
（HE 染色，400 倍）

1—视网膜细胞

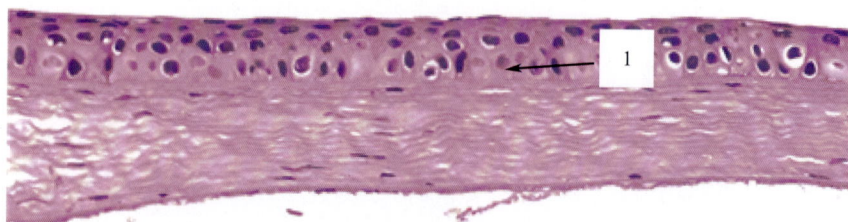

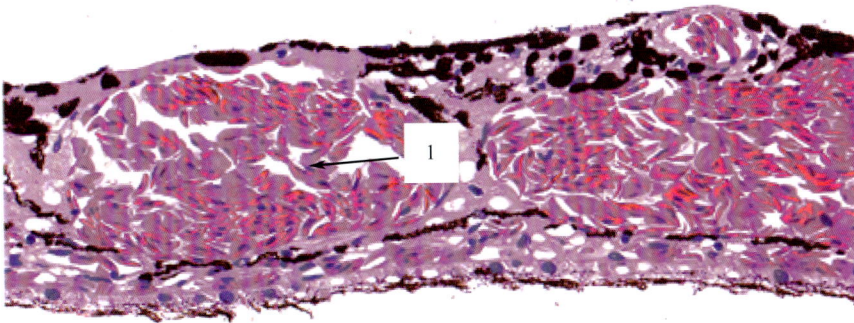

图 11-133
蟾蜍眼睫状膜 1
（HE 染色，400 倍）

1—睫状膜血细胞

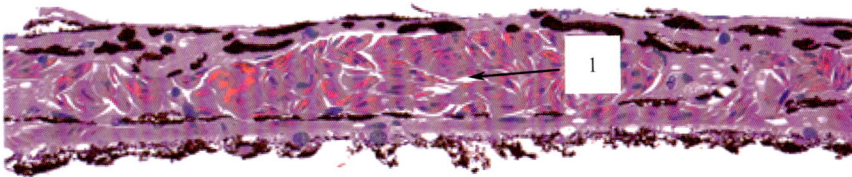

图 11-134
蟾蜍眼睫状膜 2
（HE 染色，400 倍）

1—睫状膜血细胞

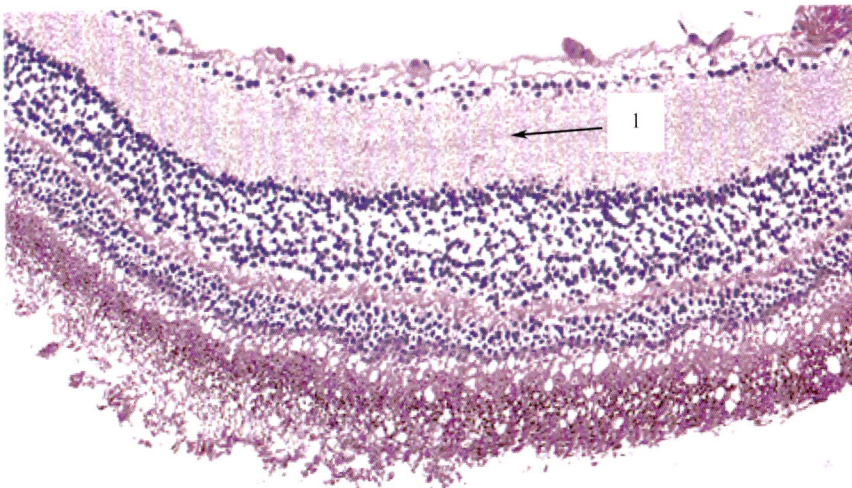

图 11-135
蟾蜍眼视网膜 1
（HE 染色，200 倍）

1—视网膜

图 11-136
蟾蜍眼视网膜 2
（HE 染色，400 倍）

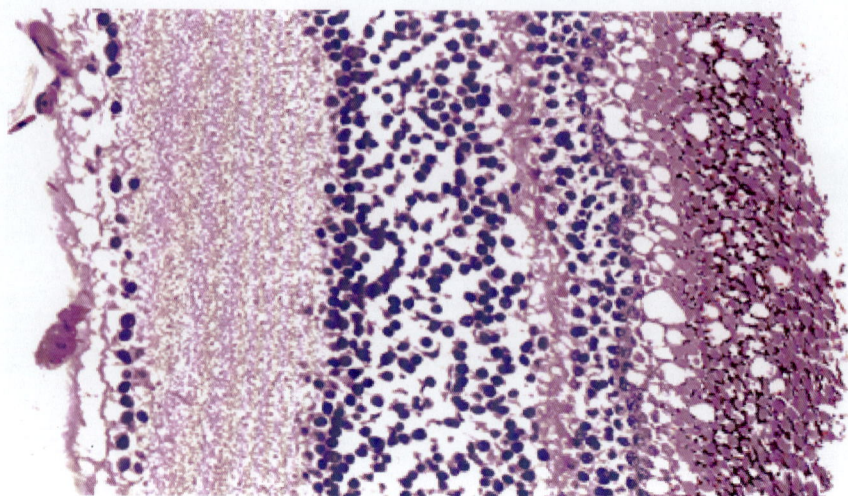

图 11-137
蟾蜍眼球壁软骨
（HE 染色，400 倍）

1—软骨基质；
2—软骨细胞；
3—外膜

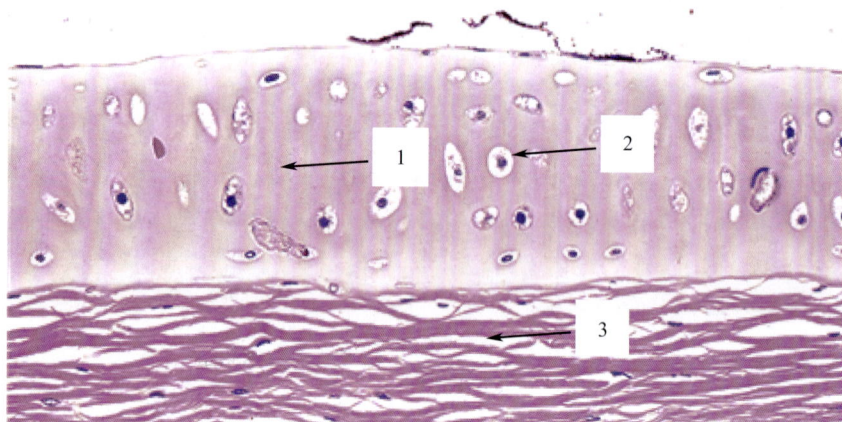

第十二章 内分泌系统

第一节 垂体

水产动物垂体与哺乳动物相似，由腺垂体和神经垂体构成。

一、组织结构

1. 腺垂体

腺垂体（pituitary gland）细胞包括催乳素分泌细胞、促甲状腺激素分泌细胞、促肾上腺皮质激素分泌细胞、促卵泡激素分泌细胞和促黄体素分泌细胞、生殖激素分泌细胞及促黑素细胞激素分泌细胞等。神经细胞排列成滤泡状、索状或团状，垂体细胞周围包绕着富含血管的结缔组织。位于间脑底壁的管状突起形成漏斗柄（infundibular stalk），向前与神经叶连接。

2. 神经垂体

神经垂体（neurohypophysis）由大量垂体细胞、神经纤维及含有毛细血管的结缔组织构成。神经纤维主要来自视上垂体束，被神经胶质细胞的突起覆盖。神经部的功能为贮存由视上核（supraoptic nucleus）和室旁核（nuclei paraventricularis）分泌的催产素（oxytocin）和加压素（pitressin）。

见图 12-1～图 12-17。

二、功能

合成和分泌生长激素、催乳素、促黑激素、促甲状腺激素、促肾上腺皮质激素、卵泡刺激素和黄体生成素，调节生长、发育、生殖、代谢等活动。

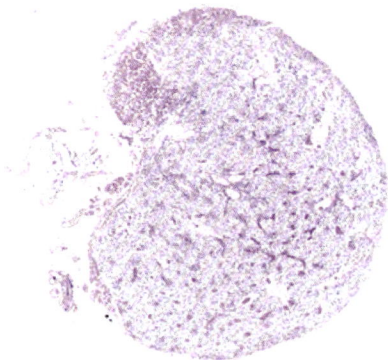

图 12-1
草鱼垂体 1
（HE 染色，50 倍）

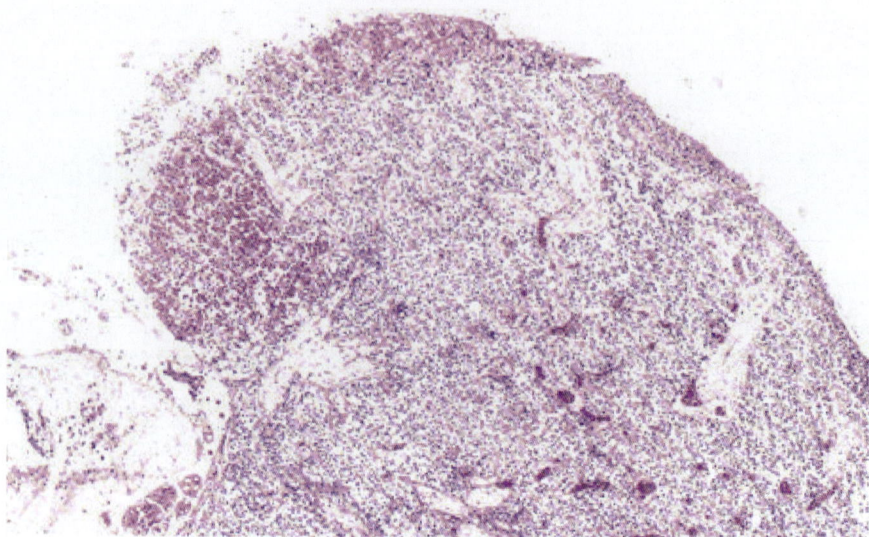

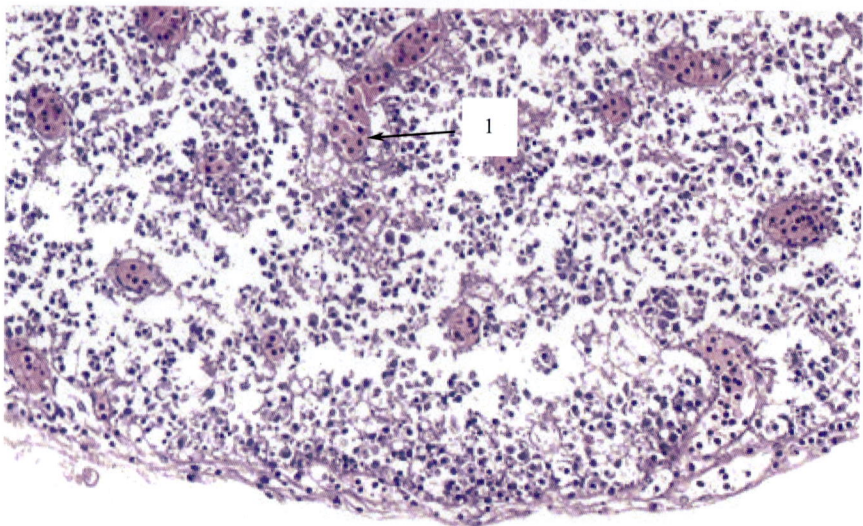

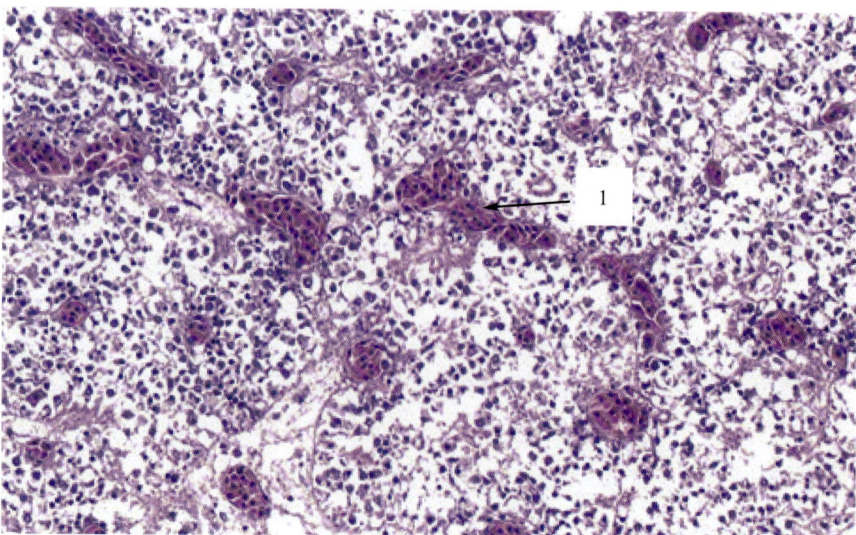

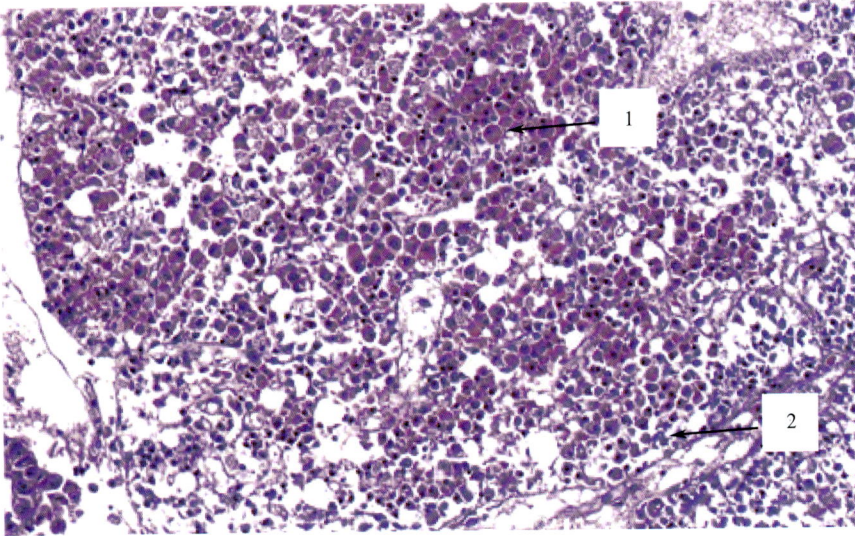

图 12-5
草鱼垂体 5
（HE 染色，400 倍）

1—松果体嗜酸性细胞；
2—嗜碱性细胞

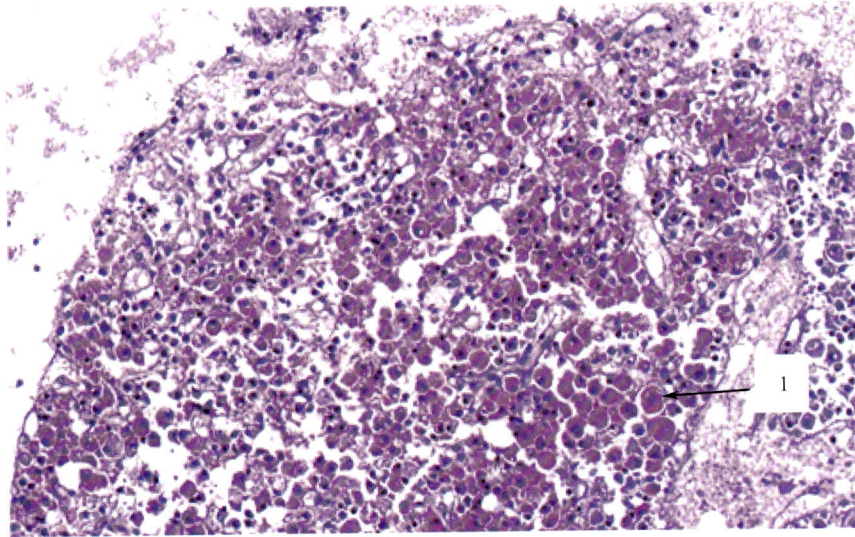

图 12-6
草鱼垂体 6
（HE 染色，400 倍）

1—松果体嗜酸性细胞

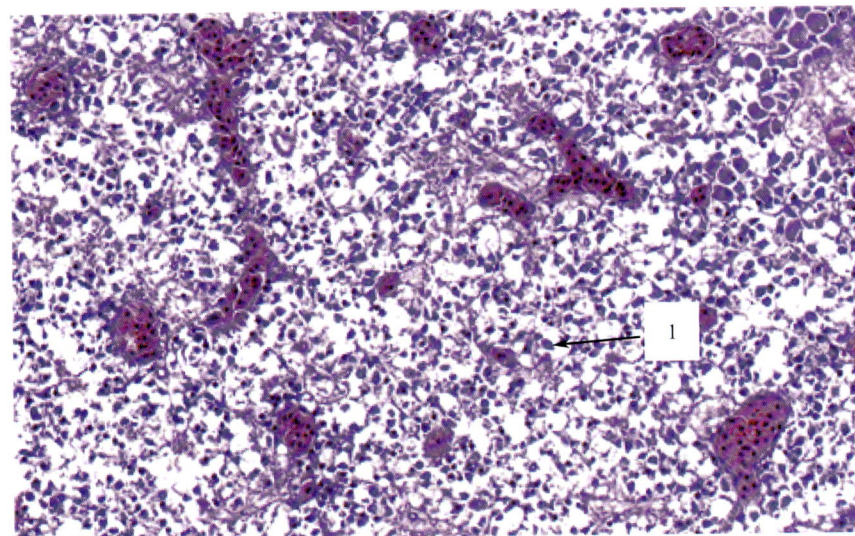

图 12-7
草鱼垂体 7
（HE 染色，400 倍）

1—松果体嗜碱性细胞

图 12-8
草鱼垂体 8
（HE 染色，400 倍）

1—松果体嗜酸性细胞；
2—嗜碱性细胞

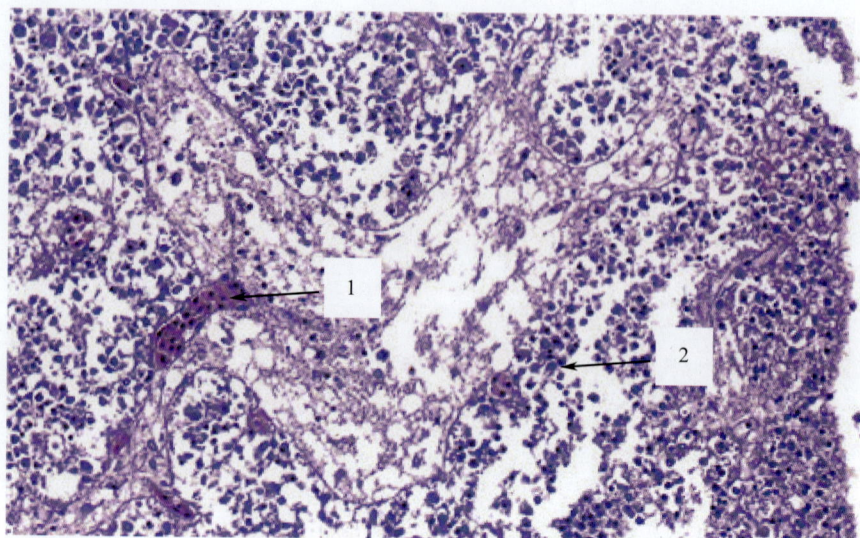

图 12-9
草鱼垂体 9
（HE 染色，400 倍）

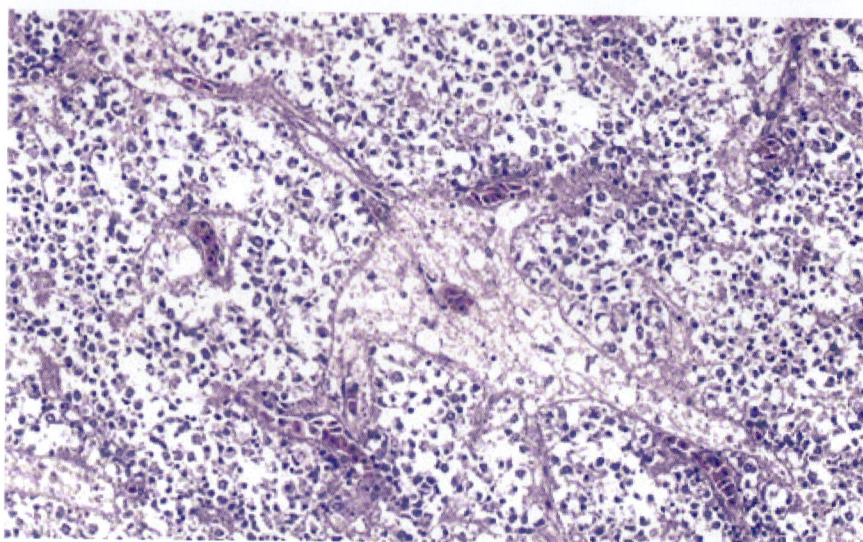

图 12-10
鲢鱼垂体 1
（HE 染色，70 倍）

1—松果体嗜酸性细胞；
2—嗜碱性细胞

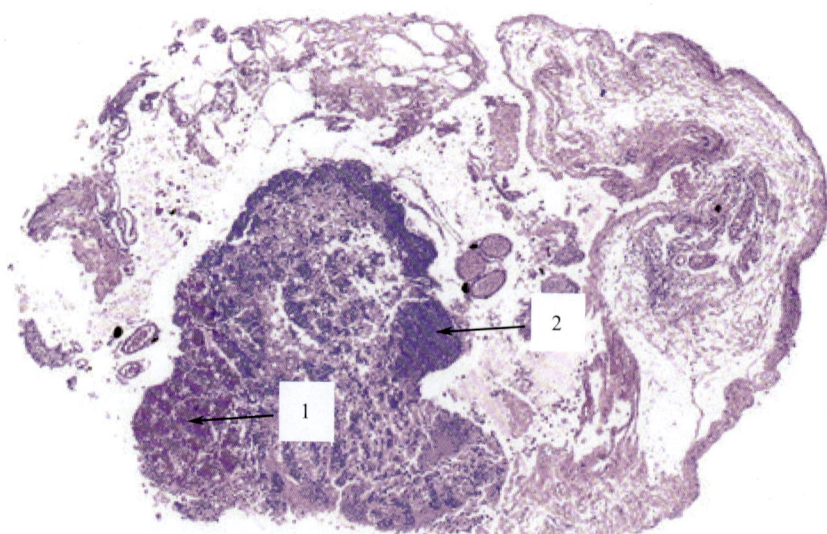

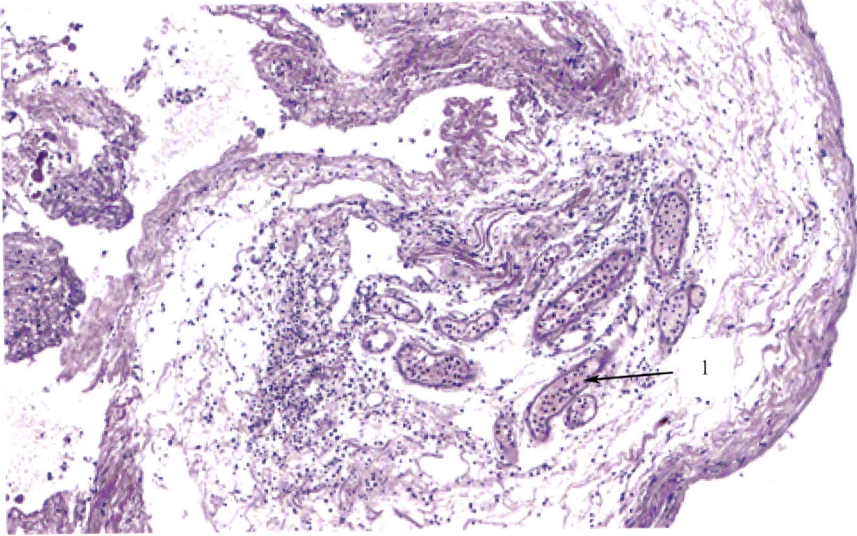

图 12-11
鲢鱼垂体 2
（HE 染色，200 倍）

1—松果体嗜酸性细胞

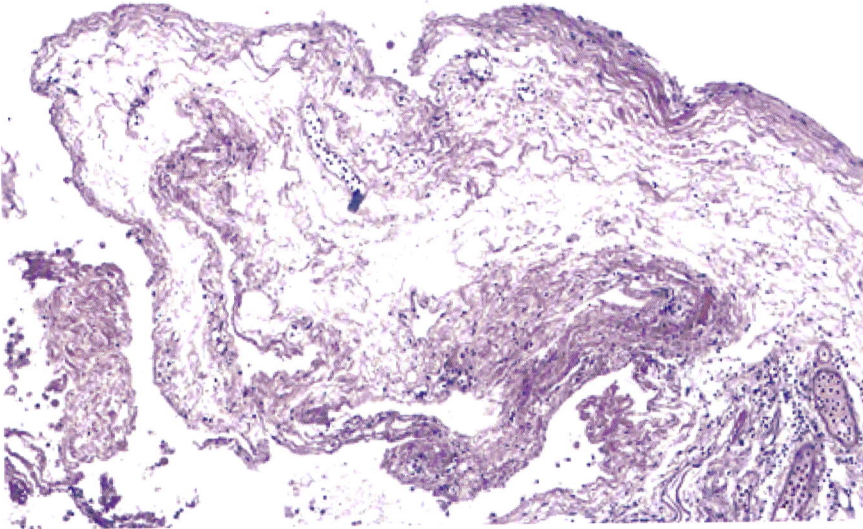

图 12-12
鲢鱼垂体 3
（HE 染色，200 倍）

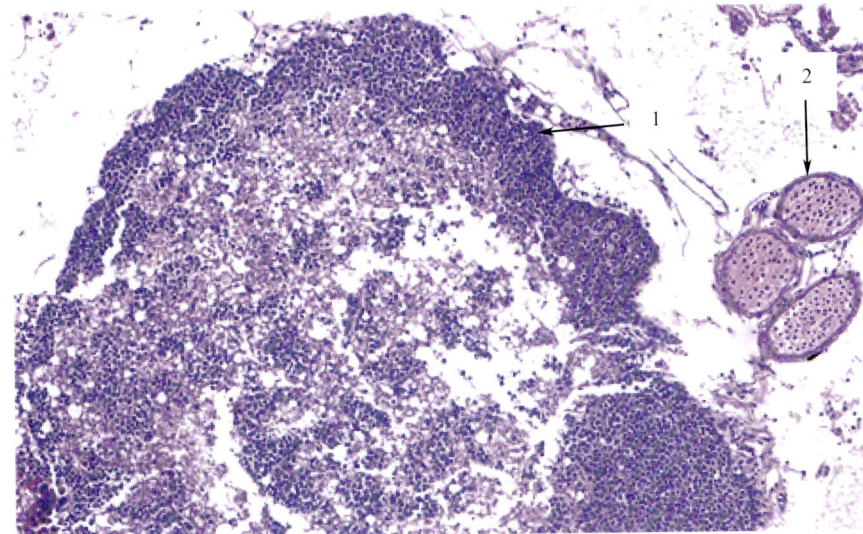

图 12-13
鲢鱼垂体 4
（HE 染色，200 倍）

1—松果体嗜碱性细胞；
2—嗜酸性细胞

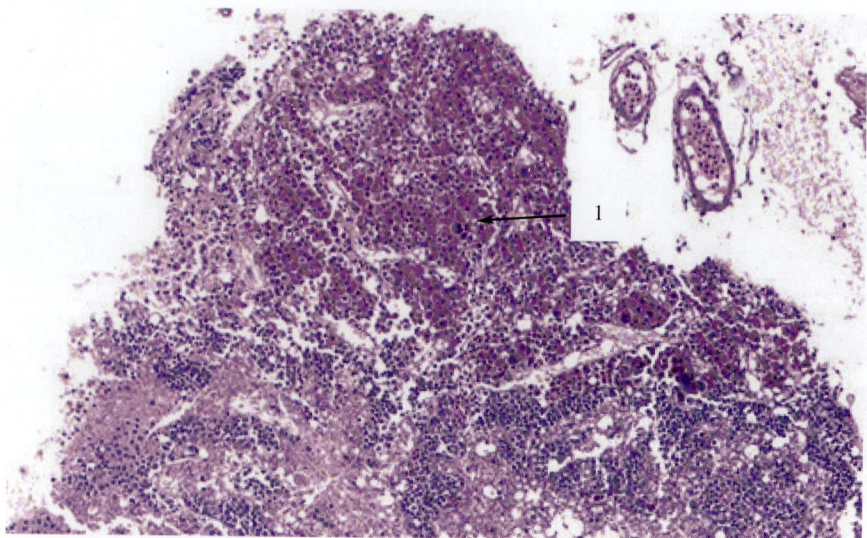

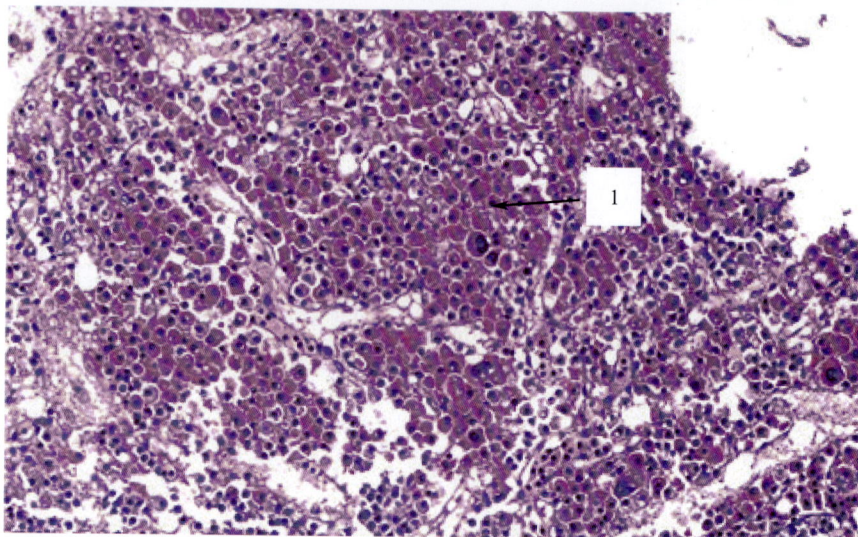

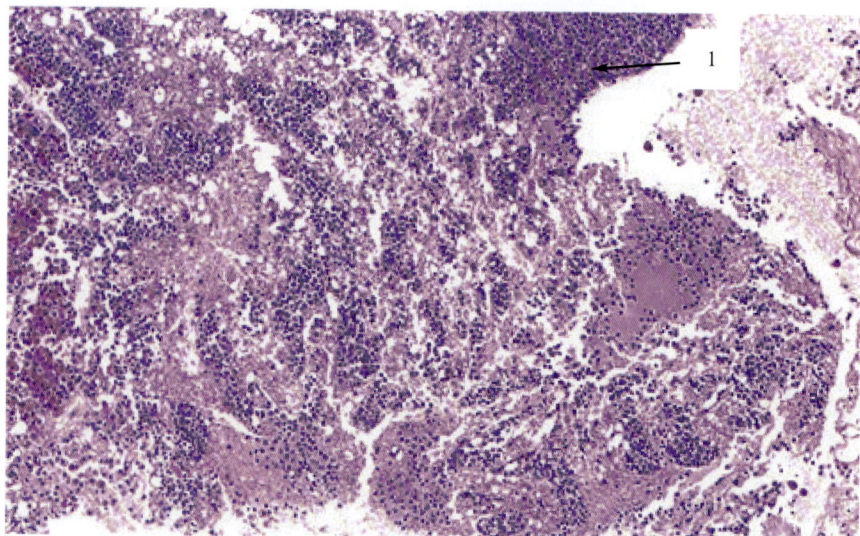

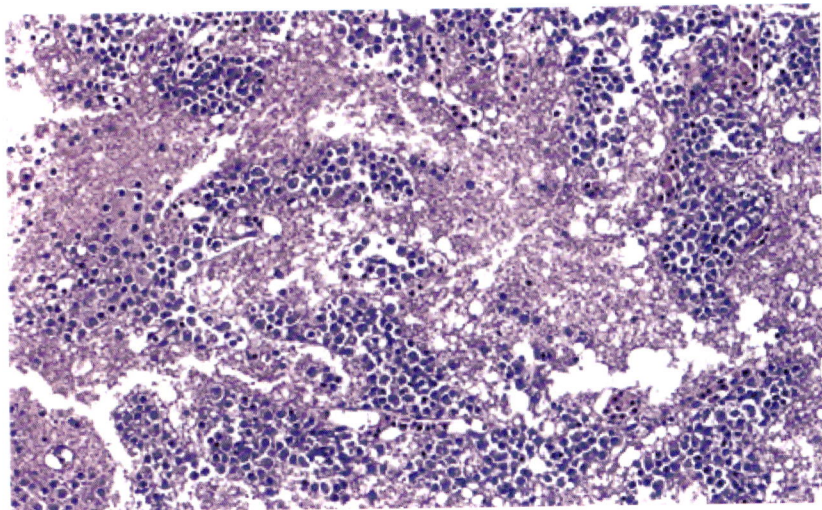

图 12-17
鲢鱼垂体 8
（HE 染色，400 倍）

第二节　甲状腺

水产动物甲状腺（thyroid）组织结构与家畜甲状腺的组织结构基本相同。鱼类的甲状腺多为弥散性的，有的分布在腹主动脉及鳃区的间隙组织里，有的随着入鳃动脉进入鳃，有的分布到眼、肾脏和脾脏等处，有的成为一对独立位于腹主动脉两侧。

一、组织结构

1．被膜

甲状腺的表面覆盖有致密结缔组织被膜，少量结缔组织伸入腺体内部形成滤泡间结缔组织。

2．实质（parenchyma）

球形细胞构成滤泡，滤泡细胞游离端具有微绒毛，滤泡腔内有均质的嗜酸性胶状物质。当甲状腺处于静止状态时，滤泡腔内充满胶状物质，滤泡细胞呈扁平状。当甲状腺功能活动旺盛时，滤泡腔内胶状物质减少，滤泡上皮细胞变为立方形或柱状。

见图 12-18 ～图 12-20。

二、功能

参与调节机体的代谢、生长及生殖等活动。

图 12-22
中华鳖肾上腺 2
（HE 染色，100 倍）

1—球状带；
2—小动脉；

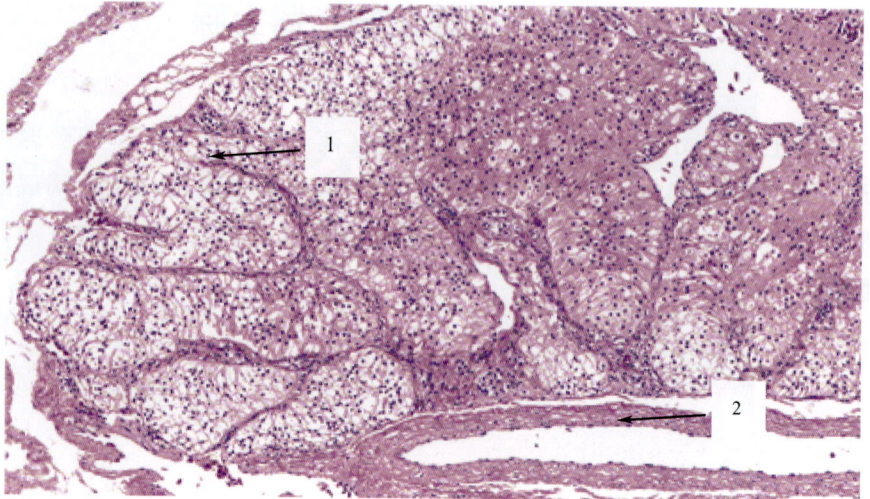

图 12-23
中华鳖肾上腺 3
（HE 染色，200 倍）

1—球状带

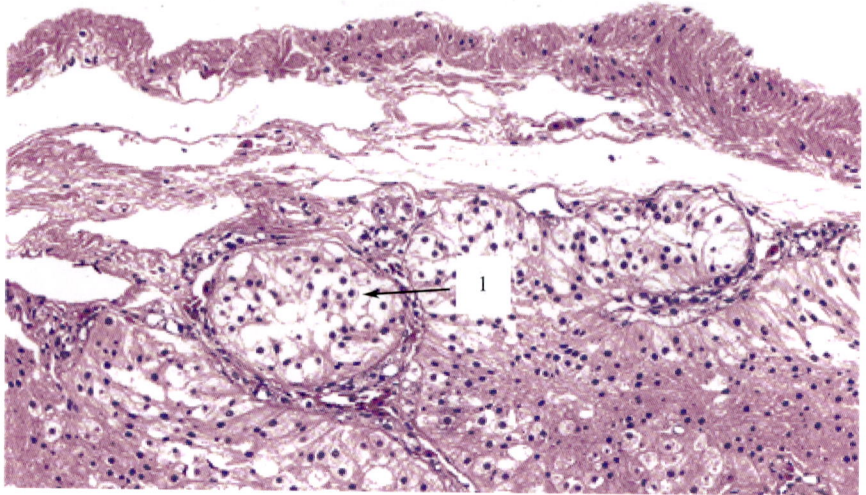

图 12-24
中华鳖肾上腺 4
（HE 染色，200 倍）

1—束状带

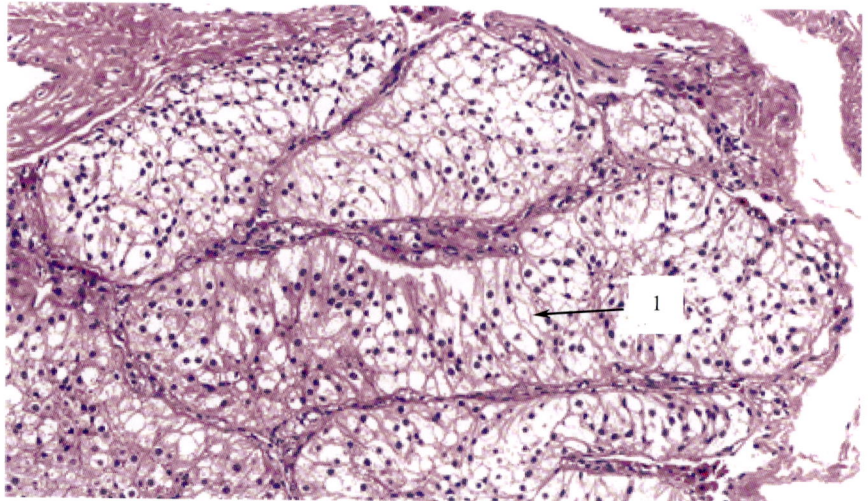

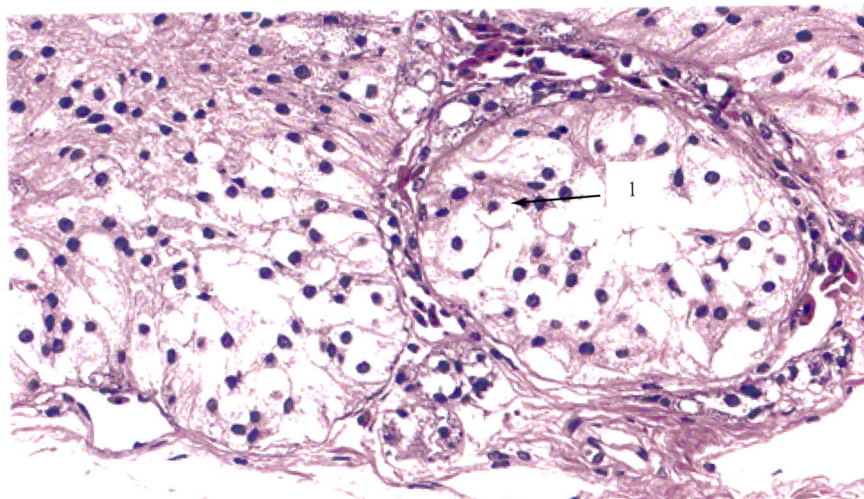

图 12-25
中华鳖肾上腺球状带
（HE 染色，400 倍）

1—球状带

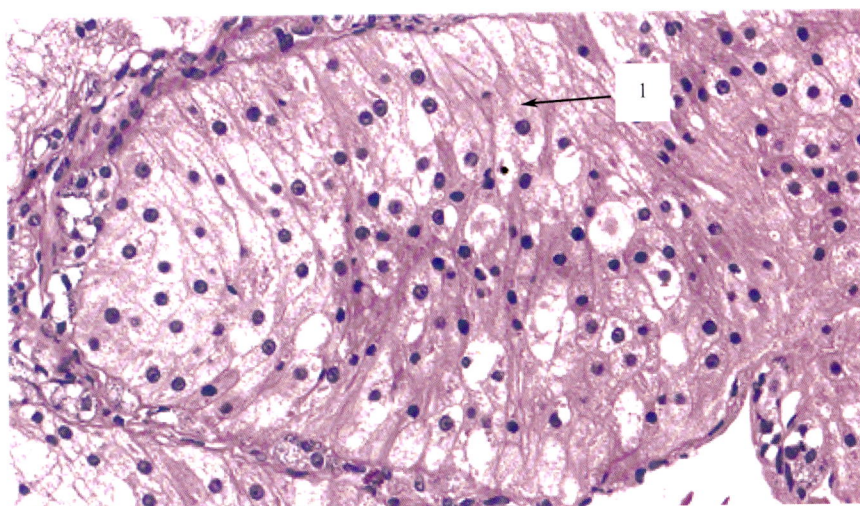

图 12-26
中华鳖肾上腺束状带 1
（HE 染色，400 倍）

1—束状带

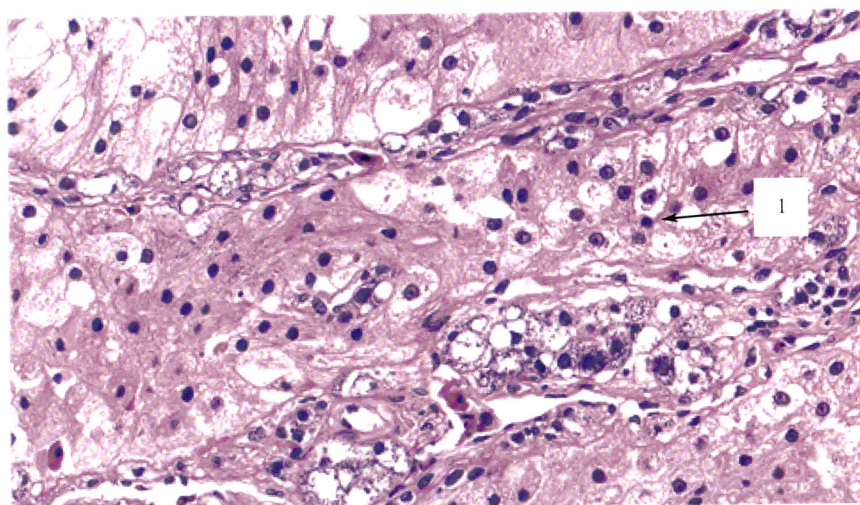

图 12-27
中华鳖肾上腺束状带 2
（HE 染色，400 倍）

1—束状带

图12-73
单螺杆挤出造粒机
(料斗式, 浸浴)